Learning and Teaching Early Math

The Learning Trajectories Approach (Second Edition)

儿童早期的数学学习与教育

——基于学习路径的研究

[美] 道格拉斯·H. 克莱门茨 朱莉·萨拉马 著
Douglas H.Clements Julie Sarama

张俊 陶莹 李正清 等 译
张俊 审校

教育科学出版社
·北京·

出 版 人　李　东
责任编辑　徐　杰
版式设计　博祥图文　沈晓萌
责任校对　贾静芳
责任印制　叶小峰

图书在版编目（CIP）数据

儿童早期的数学学习与教育：基于学习路径的研究 /（美）道格拉斯·H.克莱门茨，（美）朱莉·萨拉马著；张俊等译. —北京：教育科学出版社，2020. 5（2022.8重印）
书名原文：Learning and Teaching Early Math：The Learning Trajectories Approach, 2nd Edition
ISBN 978-7-5191-2123-5

Ⅰ. ①儿…　Ⅱ. ①道…　②朱…　③张…　Ⅲ. ①数学教学—儿童教育—研究　Ⅳ. ①O1

中国版本图书馆CIP数据核字（2020）第006047号

北京市版权局著作权合同登记　图字：01-2014-8691号

儿童早期的数学学习与教育——基于学习路径的研究
ERTONG ZAOQI DE SHUXUE XUEXI YU JIAOYU——JIYU XUEXI LUJING DE YANJIU

出版发行	教育科学出版社		
社　　址	北京·朝阳区安慧北里安园甲9号	邮　　编	100101
总编室电话	010-64981290	编辑部电话	010-64989386
出版部电话	010-64989487	市场部电话	010-64989572
传　　真	010-64891796	网　　址	http://www.esph.com.cn
经　　销	各地新华书店		
制　　作	北京博祥图文设计中心		
印　　刷	保定市中画美凯印刷有限公司		
开　　本	787毫米×1092毫米　1/16	版　　次	2020年5月第1版
印　　张	39.75	印　　次	2022年8月第3次印刷
字　　数	580千	定　　价	120.00元

图书出现印装质量问题，本社负责调换。

译者序：学习路径与儿童数学教育

《儿童早期的数学学习与教育——基于学习路径的研究》一书中文版终于出版了。美国丹佛大学道格拉斯·H. 克莱门茨教授基于大量研究文献，梳理了儿童早期数学学习的进程，即学习路径。这个研究的成果反映在两本书中，本书是其中更偏向实践应用的一本。

作者强调学习路径是循证教育（evidence-based education）的基础。也就是说，教师首先要了解儿童有关某个数学内容的学习路径，才有可能设计相应的教学活动，帮助儿童沿着这一路径向前发展。这与我国长期以来提倡的“以学定教”的原则是吻合的。

有的读者可能会质疑，学习路径不就是我们所说的儿童发展的年龄特点吗？这两个概念之间有什么区别吗？为什么不沿用年龄特点的提法？的确，书中提到儿童有关某个数学内容的学习路径时，也都列出了各个水平的典型年龄。但这只是参考，而不是常模，更不是标准。以我个人的理解，作者更中意学习路径的概念而非发展的年龄特点，与当代对儿童学习的新认识密切相关。儿童的能力是成熟、经验及教学的复合体。甚至对于曾非常流行的“发展适宜性”的提法，当代研究者也逐渐认识到，它不是一个简单的年龄概念，而是建立在儿童先前的学习机会基础之上。

儿童的数学学习路径，是以先天数学能力为起点，与认知发展水平相适应，具有文化差异和个体差异的数学学习进程。很多研究已经证实，儿童早期的数学

能力发展，具有明显的文化差异和个体差异。然而，尽管存在明显的差异，其学习路径却是共同的。2009 年，该书初版刚刚面世时，我阅读此书后惊讶地发现，这些基于美国文化背景的研究所描绘出的学习路径，与我们在长期的儿童数学教育实践中获得的经验是高度吻合的。我相信此书对我国广大学前教育工作者会有启发，这也是我一直广泛介绍此书并力促引进翻译的原因。

我国当下的学前数学教育实践，仍面临着一些问题和困难。如，很多教师对于儿童数学学习的路径并不了解，这是造成大量无效教学的重要原因。另外，由于幼儿园课程的模式多从过去的学科课程转向综合主题课程，亦导致数学教育内容的系统性遭到削弱。我认为，学科的系统性可以是显性的，也可以是隐性的，但无论采用何种课程模式，教师的心中都要有学科。相信学习路径可以启发我们对数学学科的系统性有新的认识。也许我们不应像过去那样把系统性机械地理解成教学内容的先后顺序，而应把系统性看成是儿童学习进程和教学的循序渐进。这样的话，我们的数学教育也就真正做到以儿童为中心了。

最后，衷心感谢教育科学出版社对我的信任，委托我主持本书的中文版翻译工作。我只是做了一些组织工作，大量繁复的翻译工作都是由国内一批对数学教育有研究的青年学者承担：第一章，张俊；第二章至第四章，李正清；第五章至第六章，汪光珩、李秀勋；第七章至第九章，李秀勋；第十章至第十二章，赵振国；第十三章至第十四章，臧蓓蕾；第十五章至第十六章，陶莹。全书由张俊统稿。因时间仓促，水平有限，疏漏在所难免，也恳请大家不吝指正。

南京师范大学　张俊

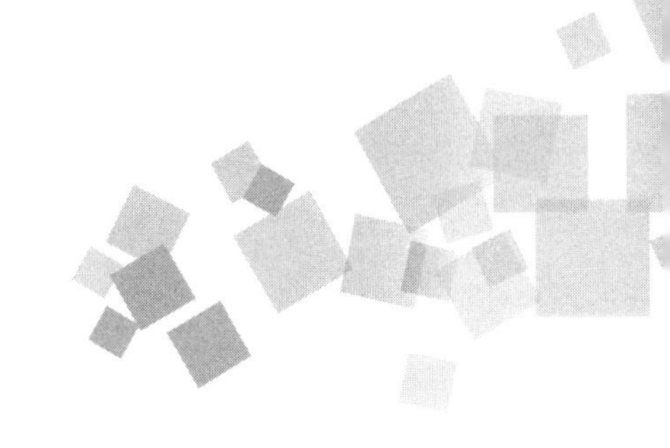

简　介

在这本针对职前和在职教师的重要著作里，早期数学专家道格拉斯·H. 克莱门茨和朱莉·萨拉马向我们展示了学习路径如何帮助我们诊断儿童的数学理解水平，并给予相应的指导。学习路径打开了一扇窗，它让我们看到儿童，看到他们数学推理背后那些内在的兴奋和好奇，进而也让教学更加充满欢乐。它帮助教师理解全班及个别儿童知识和思维发展的不同水平，这对于满足每名儿童的需要非常关键。直接地说，这本书言简意赅地概括了当前有关儿童怎样学习数学，以及如何把教学建立在儿童现有水平基础上从而实现更有效的教学。

《儿童早期的数学学习与教育——基于学习路径的研究》第二版中包含最权威的、以研究为基础的资料，它将帮助教师理解儿童早期数学学习路径，成为真正的专业工作者。新版包括以下内容：

* 明确了学习路径和新的《共同核心州立标准》之间的联系
* 增加了模式的内容
* 增加了上百个最新研究成果

道格拉斯·H. 克莱门茨是美国丹佛大学教授，肯尼迪中心早期儿童学习的讲座教授，马尔西科早期学习与读写研究中心执行主任。

朱莉·萨拉马是美国丹佛大学教授，肯尼迪中心创新性学习技术的讲座教授。

数学思维与学习研究

艾伦·H. 舍恩菲尔德，丛书编辑

Artzt, A. F., Armour-Thomas, E., & Curcio, F. R. (2008). *Becoming a Reflective Mathematics Teacher: A Guide for Observations and Self-Assessment* (2nd ed.).

Baroody, A. J. & Dowker, A. (2002). *The Development of Arithmetic Concepts and Skills: Constructive Adaptive Expertise.*

Boaler, J. (2002). *Experiencing School Mathematics: Traditional and Reform Approaches to Teaching and Their Impact on Student Learning* (rev.ed.).

Carpenter, T. P., Fennema, E., & Romberg, T. A. (Eds.) (1992). *Rational Numbers: An Integration of Research.*

Chazan, D., Callis, S., & Lehman, M. (2009). *Embracing Reason: Egalitarian Ideals and the Teaching of High School Mathematics.*

Clements, D. H. & Sarama, J. (2014). *Learning and Teaching Early Math: The Learning Trajectories Approach* (2nd ed.).

Clements, D. H., Sarama, J., & DiBiase, A.-M. (2003). *Engaging Young Children in Mathematics: Standards for Early Childhood Mathematics Education.*

Cobb, P. & Bauersfeld, H. (Eds.) (1995). *The Emergence of Mathematical Meaning: Interaction in Classroom Cultures.*

Cohen, S. (2004). *Teachers' Professional Development and the Elementary Mathematics Classroom: Bringing Understandings to Light.*

English, L. D. (1997). *Mathematical Reasoning: Analogies, Metaphors, and Images.* English, L. D. (2004). *Mathematical and Analogical Reasoning of Young Learners.*

Fennema, E. & Romberg, T. A. (1999). *Mathematics Classrooms that Promote Understanding.*

Fennema, E. & Nelson, B. S. (1997). *Mathematics Teachers in Transition.*

Fernandez, C. & Yoshida, M. (2004). *Lesson Study: A Japanese Approach to Improving Mathematics Teaching and Learning.*

Greer, B., Mukhopadhyay, S., Powell, A. B., & Nelson-Barber, S. (Eds.) (2009). *Culturally Responsive Mathematics Education.*

Kaput, J. J., Carraher, D. W., & Blanton, M. L. (Eds.) (2007). *Algebra in the Early Grades.*

Kitchen, R. S. & Civil, M. (Eds.) (2010). *Transnational and Borderland Studies in Mathematics Education.*

Lajoie, S. P. (Ed.) (1998). *Reflections on Statistics: Learning, Teaching, and Assessment in Grades K–12.*

Lehrer, R. & Chazan, D. (1998). *Designing Learning Environments for Developing Understanding of Geometry and Space.*

Li, Y. & Huang, R. (Eds.) (2012). *How Chinese Teach Mathematics and Improve Teaching.*

Ma, L. (2010). *Knowing and Teaching Elementary Mathematics: Teachers' Understanding of Fundamental Mathematics in China and the United States* (2nd ed.).

Martin, D. B. (2006). *Mathematics Success and Failure Among African American Youth: The Roles of Sociohistorical Context, Community Forces, School Influence, and Individual Agency* (2nd ed.).

Martin, D. B. (Ed.) (2009). *Mathematics Teaching, Learning, and Liberation in the Lives of Black Children.*

Petit, M. M., Laird, R. E., & Marsden, E. L. (2010). *A Focus on Fractions: Bringing Research to the Classroom.*

Reed, S. K. (1999). *Word Problems: Research and Curriculum Reform.*

Remillard, J. T., Herbel-Eisenmann, B. A., & Lloyd, G. M. (Eds.) (2011). *Mathematics Teachers at Work: Connecting Curriculum Materials and Classroom Instruction.*

Romberg, T. A. & Shafer, M. C. (2011). *The Impact of Reform Instruction on Student Mathematics Achievement: An Example of a Summative Evaluation of a Standards-Based Curriculum.*

Romberg, T. A., Carpenter, T. P., & Dremock, F. (Eds.) (2005). *Understanding Mathematics and Science Matters.*

Romberg, T. A., Fennema, E., & Carpenter, T. P. (Eds.) (1993). *Integrating Research on the Graphical Representation of Functions.*

Sarama, J. & Clements, D. H. (2009). *Early Childhood Mathematics Education Research: Learning Trajectories for Young Children.*

Schliemann, A. D., Carraher, D. W., & Brizuela, B. M. (2006). *Bringing Out the Algebraic Character of Arithmetic: From Children's Ideas to Classroom Practice.*

Schoenfeld, A. H. & Sloane, A. H. (Eds.) (1994). *Mathematical Thinking and Problem Solving.*

Schoenfeld, A. H. (2010). *How We Think: A Theory of Goal-Oriented Decision Making and its Educational Applications.*

Senk, S. L. & Thompson, D. R. (2003). *Standards-Based School Mathematics Curricula: What Are They? What Do Students Learn?*

Sherin, M., Jacobs, V., & Philipp, R. (Eds.) (2010). *Mathematics Teacher Noticing: Seeing Through Teachers' Eyes.*

Solomon, Y. (2008). *Mathematical Literacy: Developing Identities of Inclusion.*

Sophian, C. (2007). *The Origins of Mathematical Knowledge in Childhood.*

Sternberg, R. J. & Ben-Zeev, T. (Eds.) (1996). *The Nature of Mathematical Thinking.*

Stylianou, D. A., Blanton, M. L., & Knuth, E. J. (Eds.) (2010). *Teaching and Learning Proof Across the Grades: A K–16 Perspective.*

Sultan, A. & Artzt, A. F. (2010). *The Mathematics that Every Secondary School Math Teacher*

Needs to Know.

Watson, A. & Mason, J. (2005). *Mathematics as a Constructive Activity: Learners Generating Examples.* Watson, J. M. (2006). *Statistical Literacy at School: Growth and Goals.*

Wilcox, S. K. & Lanier, P. E. (2000). *Using Assessment to Reshape Mathematics Teaching: A Casebook for Teachers and Teacher Educators, Curriculum and Staff Development Specialists.*

Wood, T., Nelson, B. S., & Warfield, J. E. (2001). *Beyond Classical Pedagogy: Teaching Elementary School Mathematics.*

Zazkis, R. & Campbell, S. R. (Eds.) (2006). *Number Theory in Mathematics Education: Perspectives and Prospects.*

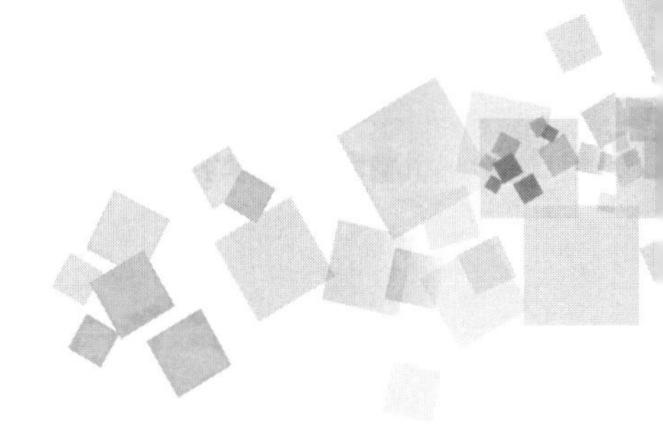

目　录

前　言 …… 1

致　谢 …… 1

第一章　年幼儿童与数学学习 / 1

什么是学习路径？ …… 3

其他关键目标：策略、推理、创造性和积极心向 …… 9

学习路径和“搭建积木”项目 …… 10

结语 …… 12

第二章　数、量、感数 / 13

最早的数能力：近似数量表征系统 …… 14

感数的类型 …… 15

感数与数学 …… 16

沿着学习路径向前 …… 16

数量识别和感数的学习路径 …… 23

结语 …… 30

第三章　唱数和点数 / 31

数数的观念转变 …… 32
唱数 …… 34
点数 …… 36
零和无穷 …… 38
小结 …… 40
经验与教育 …… 41
结语 …… 69

第四章　比较、排序与估计 / 71

比较和相等 …… 72
排序和序数词 …… 73
估计 …… 75
经验与教育 …… 76
结语 …… 97

第五章　计算：早期加法与减法及数数策略 / 99

最初的计算 …… 100
计算：数学的定义与属性 …… 101
加法和减法问题的结构（以及其他影响难度的因素） …… 102
计算的数数策略 …… 104
元认知策略与其他知识 …… 107
小结 …… 107
经验与教育 …… 108
结语 …… 137

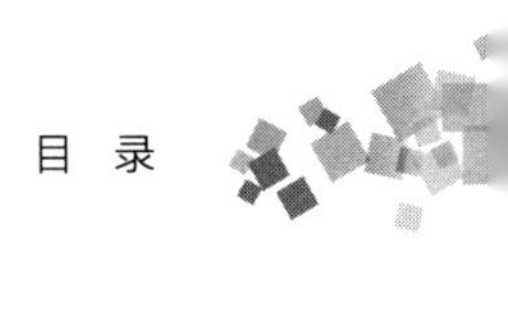

第六章　计算：数的组成、位值、多位数加减法 / 139

数的组成 …… 140

经验与教育 …… 143

分组和位值 …… 151

经验与教育 …… 154

多位数加减法 …… 155

经验与教育 …… 157

数的组成和多位数加减法的学习路径 …… 168

结语 …… 185

第七章　空间思维 / 187

空间定向 …… 188

表象与空间视觉化 …… 192

经验与教育 …… 194

结语 …… 213

第八章　图形 / 215

儿童对图形的学习 …… 217

对特定图形的思考与学习 …… 221

三维图形 …… 226

全等、对称和变换 …… 227

音乐与几何 …… 228

经验与教育 …… 228

结语 …… 256

第九章　图形的组合与分解 / 257

三维图形的组合 …… 258

二维图形的组合与分解 …… 259
分拆二维嵌套图形 …… 260
经验与教育 …… 260
结语 …… 276

第十章　几何测量：长度 / 277

学习测量 …… 278
长度测量 …… 279
经验与教育 …… 282
结语 …… 295

第十一章　几何测量：面积、体积和角度 / 297

面积测量 …… 298
经验与教育 …… 301
体积 …… 309
经验与教育 …… 309
长度、面积和体积的关系 …… 313
角和旋转测量 …… 314
经验与教育 …… 314
时间、重量和钱怎么学习 …… 318
结语 …… 320

第十二章　其他内容领域 / 321

模式和结构（含代数思维） …… 322
经验与教育 …… 325
数据分析和概率 …… 338
经验与教育 …… 339

结语 …… 344

第十三章 数学过程与实践 / 345

推理和问题解决 …… 348

分类和排序 …… 349

经验与教育 …… 350

结语 …… 354

第十四章 认知、情感和公平 / 355

思维、学习、情感、教学 …… 356

学习：过程与问题 …… 357

结语 …… 398

第十五章 早期儿童数学教育：背景与课程 / 399

早期儿童教育背景：历史与现状 …… 400

现代早期教育——数学在哪儿 …… 402

家庭 …… 406

课程与活动——强调数学 …… 414

结语 …… 438

第十六章 教学实践与教学方法 / 439

教学观念和基本教学策略 …… 440

有目的、有计划的教学 …… 442

运用学习路径 …… 443

形成性评估 …… 443

互动、讨论和联系数学 …… 445

高期望 …… 447

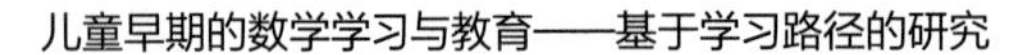

培养积极的数学态度 …… 447
天才和资优儿童 …… 448
有特殊学习需求的小学生——数学学习障碍和数学困难 …… 449
协作学习 / 同伴辅导 …… 457
游戏 …… 460
教育时机 …… 467
直接教学、以儿童为中心的教学方法、发现学习、游戏
——怎样才能促进数学知识和自我调控能力 …… 468
项目 …… 471
时间 …… 471
混龄教学 …… 472
班级规模与教师助手 …… 472
练习或重复经验 …… 474
操作物和“具体”表征 …… 474
技术——电脑（iPad、平板电脑、手机等）和电视 …… 486
把教概念、技能和问题解决整合在一起 …… 503
结语 …… 504

参考文献 / 509

前　言

敢于教的人，一定不会停止学习。

——约翰·坎顿·达纳（John Cotton Dana，1856—1929）

尽量想出一个最大的数字，再加上 5。然后你想象一下如果你有那么多数量的蛋糕。哇哦，那可是比你能想到的最大的数还要多 5 个哦！

——一名 6 岁儿童

所有人都知道，有效教学指的是“建立在学生现有的水平上”以及帮助他们基于已经知道的知识来建构新知。但是说比做更容易。数学的哪些方面更为重要？哪些不那么重要？我们如何诊断一名儿童知道了什么？我们如何建构他们的知识：往什么方向，用什么方式？

我们相信学习路径能回答这些问题，能帮助教师们成为更有效的专业人员。正如很重要的一点是，它们为教师打开了窗口，用新的方式看待儿童和数学，把教学变得更好玩，因为儿童的数学推理本身就是令人印象深刻而愉快的。

学习路径有三个部分：①一个特定的数学目标；②儿童到达这个目标的发展路径；③一系列帮助儿童沿着路径前进的教学活动。所以，理解了学习路径的教师就可以理解数学，理解儿童数学思维与数学学习的方式，以及如何帮助儿童学得更好。

学习路径联系了理论与实践，它把儿童与数学联系在一起，它也把教师和儿童联系在一起。它帮助教师理解她们的班级以及班级中的个体的知识和思维水平，这是满足儿童需要的关键。（公平问题对我们和国家都很重要。整本书的设计就是在帮助你如何教所有的儿童。第十四章至十六章将专门详细地讨论公平问题）本书将帮助你理解儿童早期的数学的学习路径，以成为真正的专业人员。

当然教学是发生在一定背景之中的。十年来，我们有幸和几百位早期教育工作者一起工作，产生了很多新的教学想法，我们还受邀进入他们的课堂，用他们的孩子来检验这些想法。我们希望能和读者分享这些协作工作的点滴。

背景

1998 年，我们在美国科学基金（NSF）的资助下，开始了一个为期四年的项目。该项目“搭建积木——数学思维的基础，从学前班到小学二年级的基于研究的教材开发”的目的，是创造和评估一个基于理论研究和开发框架的幼儿数学课程。基于对早期教与学的理论与研究，我们确定“搭建积木”课程的基本途径应该是寻找儿童活动中的数学，从儿童的活动中发展数学能力。为了达到这个目的，搭建积木项目的所有方面都以学习路径为基础。教师们已经发现将搭建积木课程与学习路径相结合，是一个有力的教学工具。

十多年后，我们仍在寻找激发早期数学研究及开发的新机会。来自美国教育部教育科学研究院（Institute of Education Science，IES）和美国科学基金（NSF）的资助使得我们可以在过去十年间和上百位教师、上千名儿童近距离工作。所有这些机构和个人都对本书及其姐妹篇有贡献。此外，这些项目还增强了我们的信心，我们的基于学习路径以及在每一步都有严格实证检验的教学法，反过来也对数学教育领域的所有工作者有所贡献。我们形成了一种和教育者全方位合作的模式——从教师到管理者，从培训者到研究者，并应用到 IES 的“技术支持的和基于研究的教学、评估和专业发展”（technology-enhanced，research-based，instruction，

assessment，and professional development，TRIAD[①]）项目中。

本书的姐妹篇

我们相信我们的成功不仅由于参与本项目的人员的贡献，还由于我们致力于将研究中所做的所有东西都落地。因为这项工作中涉及了大量的研究，我们决定出版两本书。本书的姐妹篇——《早期儿童数学教育研究：幼儿的学习路径》(*Early Childhood Mathematics Education Research:Learning Trajectories for Young Children*)（Sarama & Clements，2009）综述了学习路径所依据的基础研究，重点放在那些描述学习路径的研究；也就是说，儿童在某个数学领域内概念和技能的自然发展进程（大多数引用的研究都在姐妹篇中，尽管我们在本书的再版中添加了一些新的研究文献）。本书则描述和解释了这些学习路径可以怎样运用到课堂中。

阅读本书

我们用简明扼要的语言概括了有关儿童怎样学习、怎样基于儿童的已知建构其知识的现有认识。在第一章，我们引入了年幼儿童的数学教育的话题。我们讨论了为什么人们对幼儿数学教育特别感兴趣，以及布什总统的美国数学顾问委员会（常称为美国数学委员会或 NMP）（NMP，2008）的建议是什么。接下来，我们具体描述了学习路径的概念。在结尾我们简要介绍了搭建积木项目并解释了学习路径如何成为它的核心。

后面的大部分章节都分别针对一个数学主题，我们描述了儿童如何理解和学习那个数学主题。这些简要的描述在本书的姐妹篇——《早期儿童数学教育研究：幼儿的学习路径》（Sarama & Clements，2009）中可以找到更为展开的研究综述。接下来，我们描述了从生命开始的经验到基于课堂的教育如何影响儿童对该主题

① 和很多缩写一样，TRIAD 基本上可行。我们戏谑地请求大家接受将“professional development”中的 p 省略的做法。

的学习。第二章至第十一章都有对该章节主题的学习路径的详细描述。

不要仅仅阅读那些主题章节，尽管你只是想要教某个主题！在最后三章，我们讨论了一些将以上思想运用于实践的重要问题。第十四章，我们描述了儿童的数学思维以及他们的情感卷入，最后也探讨了公平问题。第十五章，我们讨论了早期数学教育发生的背景以及所采用的课程。第十六章，我们综述了我们有关具体教学实践的认识。这三章的话题是本书独有的，在姐妹篇中没有相对应的章节，因此我们在本书中相对作了更多的文献综述。同时也列出了清晰的实践启示。

面对不同需要的儿童，要想有效地教学，请阅读第十四章、第十五章尤其是第十六章。有些读者可能想在读完第一章就开始读这几章。无论你选择什么方式，请知晓那些描述儿童在每个主题的学习和有效教学的学习路径，只是故事的一个部分——而另一重要的部分则在最后三章里。

这不是一本典型的“教学锦囊”书。然而我们相信，它将是您作为早期数学教师所能读的最实用的书。很多与我们合作过的教师都说，一旦他们理解了学习路径和在课堂实施的方式，他们以及他们所教的儿童将发生永远向善的改变。而且，他们也改变了自己的信念和那些不当的错误概念，如很多教师仍然持有的观念。

- 幼儿还没做好数学教育的准备。
- 数学是为那些有数学基因的聪明儿童准备的。
- 简单的数字和形状就足够了。
- 语言和读写比数学更重要。
- 教师应该给儿童提供丰富的物理环境，并且退后，让儿童游戏。
- 数学不应该作为一个独立的学科来教。
- 对幼儿进行数学的评估是不恰当的。
- 儿童仅仅通过和具体物体的互动来学习数学。
- 电脑在数学教学中的运用是不合适的。

——松·李、金斯堡（Sun Lee & Ginsberg，2009）

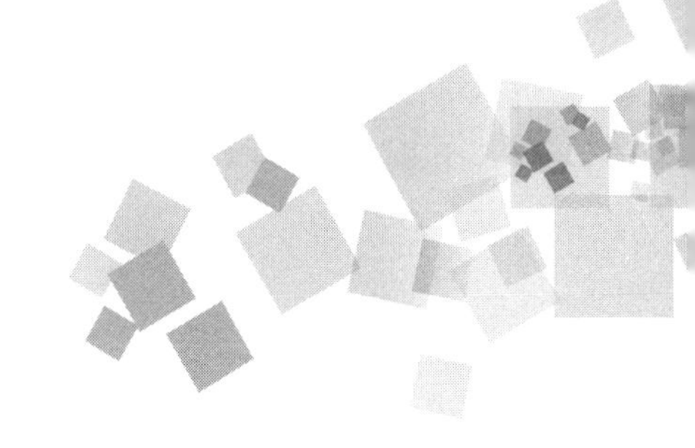

致　谢

对资助机构的感谢

我们希望对那些不仅提供了经济支持，还提供了智力支持的资助机构表示感谢。这些资助机构的支持形式包括项目官员的指导，尤其是最近，美国教育科学研究院（Institute of Education Sciences, IES）的卡罗琳·埃班克斯和克里斯蒂娜·S.钦以及美国科学基金（National Science Foundation, NSF）的伊迪丝·S.古默，以及有机会与其他机构合作、参与项目并参加会议与同事交流想法。

这里报告的想法和研究得到了以下所有机构的支持。本书中表达的任何意见、结论和建议都是作者的意见，并不一定反映资助机构的意见。

Barrett, J., Clements, D. H., & Sarama, J. *A longitudinal account of children's knowledge of measurement.* Awarded by the NSF (Directorate for Education & Human Resources (EHR), Division of Research on Learning in Formal and Informal Settings (DRL)), award no. DRL-0732217. Arlington, VA: NSF.

Barrett, J., Clements, D. H., Sarama, J., & Cullen, C. *Learning trajectories to support the growth of measurement knowledge: Prekindergarten through middle school.* Awarded by the NSF (EHR, DRL), award no. DRL-1222944. Arlington, VA: NSF.

Clements, D. H. & Sarama, J. *Building blocks—Foundations for mathematical thinking, prekindergarten to grade 2: Research-based materials development.* Awarded by the NSF (EHR, Division of Elementary, Secondary & Informal Education (ESIE), Instructional Materials Development (IMD) program), award no. ESI-9730804. Arlington, VA: NSF.

Clements, D. H. & Sarama, J. *Scaling up TRIAD: Teaching early mathematics for understanding with trajectories and technologies—Supplement.* Awarded by the IES as part of the Interagency Education Research Initiative (IERI) program, a combination of the IES, the NSF (EHR, Division of Research, Evaluation and Communication (REC)), and the National Institutes of Health (NIH) (National Institute of Child Health and Human Development (NICHD)). Washington, D.C.: IES.

Clements, D. H. *Conference on standards for preschool and kindergarten mathematics education.* Supported in part by the NSF (EHR, ESIE) and the ExxonMobil Foundation, award no. ESI-9817540. Arlington, VA: NSF. In Clements, D. H., Sarama, J., & DiBiase, A.-M. (Eds.). (2004). *Engaging young children in mathematics: Standards for early childhood mathematics education.* Mahwah, NJ: Lawrence Erlbaum Associates.

Clements, D. H., Sarama, J., & Layzer, C. *Longitudinal study of a successful scaling-up project: Extending TRIAD.* Awarded by the IES (Mathematics and Science Education program), award no. R305A110188. Washington, D.C.: National Center for Education Research (NCER), IES.

Clements, D. H., Sarama, J., & Lee, J. *Scaling up TRIAD: Teaching early mathematics*

for understanding with trajectories and technologies. Awarded by the IES as part of the IERI program, a combination of the IES, the NSF (EHR, REC), and the NIH (NICHD). Washington, D.C.: IES.

Clements, D. H., Sarama, J., & Tatsuoka, C. *Using rule space and poset-based adaptive testing methodologies to identify ability patterns in early mathematics and create a comprehensive mathematics ability test.* Awarded by the NSF, award no. 1313695 (previously funded under award no. DRL-1019925). Arlington, VA: NSF.

Clements, D. H., Sarama, J., Bodrova, E., & Layzer, C. *Increasing the efficacy of an early mathematics curriculum with scaffolding designed to promote self-regulation.* Awarded by the IES, Early Learning Programs and Policies program, award no. R305A080200. Washington, D.C.: NCER, IES.

Clements, D. H., Sarama, J., Klein, A., & Starkey, P. *Scaling up the implementation of a pre-kindergarten mathematics curricula: Teaching for understanding with trajectories and technologies.* Awarded by the NSF as part of the IERI program, a combination of the NSF (EHR, REC), the IES, and the NIH (NICHD). Arlington, VA: NSF.

Clements, D. H., Watt, D., Bjork, E., & Lehrer, R. *Technology-enhanced learning of geometry in elementary schools.* Awarded by the NSF (EHR, ESIE), Research on Education, Policy and Practice (REPP) program. Arlington, VA: NSF.

Sarama, J. & Clements, D. H. *Planning for professional development in pre-school mathematics: Meeting the challenge of Standards 2000.* Awarded by the NSF (EHR, ESIE), Teacher Enhancement (TE) program, award no. ESI-9814218. Arlington, VA: NSF.

Sarama, J., Clements, D. H., Duke, N., & Brenneman, K. *Early childhood education in the context of mathematics, science, and literacy.* Awarded by the NSF, award no. 1313718 (previously funded under award no. DRL-1020118). Arlington, VA: NSF.

Starkey, Prentice, Sarama, J., Clements, D. H., & Klein, A. *A longitudinal study of the effects of a prekindergarten mathematics curriculum on low-income children's*

mathematical knowledge. Awarded by the Office of Educational Research and Improvement (OERI), U.S. Department of Education, as Preschool Curriculum Evaluation Research (PCER) project. Washington, D.C.: OERI.

对麦格劳－希尔集团的感射

作者和出版方感谢麦格劳－希尔集团允许他们在本书中使用许多屏幕截图。

第一章　年幼儿童与数学学习

波士顿在下雪，幼儿教师萨拉·加德纳（Sarah Gardner）班上的孩子们陆续来园。她这一整年都在致力于高质量的数学教育，不过她仍然很惊讶孩子们跟踪情境的能力：他们一直在说着“现在，来了 11 个了，还有 7 个没来。现在，来了 13 个了，还差 5 个。现在……”。

为什么这么多人对年幼儿童的数学感兴趣？[①] 根据前总统布什组建的美国数学顾问委员会（NMP）的发现，数学对当代全球经济的作用越来越重要，但美国人的数学成绩却在下降。同时，美国人的数学成绩早在小学一年级、幼儿园，甚至学前班[②] 阶段（如，Mullis, Martin, Foy, & Arora, 2012；全部文献参见 Samara & Clements, 2009）就远低于大多数国家！美国儿童甚至没有机会学习在许多其他国家所教的程度较深的数学内容（再次提醒，大部分研究文献请参见本书的姐妹篇：Samara & Clements, 2009）。

> 在20世纪的大部分时间，美国拥有无敌的数学实力——不管是从在其中工作的数学专家的学识渊博程度和数量来衡量，还是从它的工程、科学的规模和质量，以及金融的领导地位，以及其众多人口中数学教育的程度来衡量。但是，如果其教育系统没有实质性和持续的变化，美国将在21世纪让出其领导地位。
>
> ——美国数学顾问委员会[③]（NMP, 2008, p. xi）

> 大部分儿童在进入幼儿园之前，已经掌握了大量有关数及其他数学方面的知识。这很重要，因为儿童带进幼儿园的数学知识跟他们随后——小学、初中甚至高中的数学学习都有关系。不幸的是，大部分来自低收入背景的儿童入园时的知识远远少于中等收入背景的儿童，他们之间在数学成绩上的差距从学前阶段到12年级不断地扩大。
>
> ——美国数学顾问委员会（NMP, 2008, p. xvii）

在长大之后，成长在低资源社区和高资源社区的儿童之间会存在更大、更有害的鸿沟。这几十年来，收入鸿沟和成就鸿沟都在拉大（Reardon, 2011）。特别对这些儿童来说，他们的学习与发展要取得长期的成功，需要在早期的“承诺的几年（years of promise）”（Carnegie Corporation, 1998）里拥有高质量的经验。研究已发现，早期的这几年对数学的发展特别重要。从生命的头几年开始，儿童就有能力学习数学，发展对数学的兴趣。

---

① 正如前言中提到的，有关这一点以及本书中所有论述的详细的研究综述都可参见本书的姐妹篇《早期儿童数学教育研究：幼儿的学习路径》（Samara & Clements, 2009）。

② 根据美国的学制，幼儿园（或称K年级）指的是入小学前的一年，相当于中国的幼儿园大班。而学前班（Pre-K）指的是幼儿园之前的阶段，相当于中国的幼儿园小班、中班。——译者注

③ 本书作者之一道格拉斯·克莱门茨也是这个国家数学委员会的成员，并且是报告的作者之一，具体请参见 http://www.ed.gov/about/bdscomm/list/mathpanel/。

他们进入幼儿园和一年级时所知道的东西，能够预测他们往后几年的数学成绩——甚至贯穿整个学校生涯。而且，他们在数学上所知道的东西，能够预测他们往后的阅读成绩。当然，他们早期的识字水平也能预测其往后的阅读能力……，但这就够了。因为数学能预测数学和往后的阅读，看来数学是认知的核心成分（Duncan et al., 2007； Duncan & Magnuson, 2011）。

如果我们国家的儿童在起步时知识有限，后期的学业成绩也落后于其他国家，那还可能有亮点吗？是的。在高质量的早期教育课程中，年幼儿童能令人惊讶地投入对数学概念的深入探究中。他们能用自然且激发动机的方式，学习数学技能、问题解决和数学概念。年幼儿童喜爱以数学方式思考，这一点使得我们有理由让幼儿学习数学。他们因自己的思想（正如前言的开头所描述的那名 6 岁儿童）和他人的思想而兴奋。要让儿童全面发展，我们必须发展儿童的数学。而且，教师也喜爱高质量的数学课程中来自儿童的推理和学习。在早期教育阶段，高质量的数学不是把小学的算术推到年幼儿童面前。相反，好的教育允许儿童在他们游戏和探索世界的时候获取数学经验。每年都有相当大比例的儿童在托幼机构中接受教育。身为教师，有责任给所有儿童带来数学的知识和思维的快乐，尤其是那些还没能接受高质量教育的儿童。好的教师可以用基于研究的“工具”来迎接挑战。

> 幸运的是，大量旨在提升学前儿童（尤其是来自低收入背景的）数学知识的教学方案已经取得令人鼓舞的结果。教室里现在已经可以运用来自对学习的科学研究的有效技术来提升学生的数学知识。
>
> ——美国数学顾问委员会（NMP, 2008, p. xvii）

这些工具包括有关如何帮助儿童用适宜和有效的方法学习的具体指导。在本书中，我们把这些知识拉到一起，提供一个核心的工具：早期数学中每个主题的“学习路径（learning trajectories）”。

什么是学习路径？

儿童的学习与发展遵循自然的发展进程。举个简单的例子，他们学习爬行、

走路，然后跑、跳，直到快速和灵巧地跳跃。这是运动发展进程的不同水平。同样，儿童的数学学习也遵循着自然的发展进程，用他们自己的方法学习数学技能和概念。

当教师理解数学的每个主要领域或主题的发展进程，以及基于它们的序列活动时，他们创设的数学学习环境就会特别具有发展适宜性和有效性。这些发展的道路就是本书的“学习路径”的基础。学习路径帮助我们回答这几个问题：我们应该建立什么目标？我们从哪里开始？我们怎么知道往哪里去？我们怎么到达那里？

图 1.1　卡门·布朗　（Carmen Brown）在鼓励儿童“数学化（mathematize）”

学习路径有三个部分：①数学目标；②儿童到达目标的发展道路；③一套教学活动或任务，和上述道路中每个思维水平相匹配，帮助儿童发展到更高的思维水平。让我们来看看这三个部分。

目标：数学的大概念（big ideas）

学习路径的第一个部分是数学目标。我们的目标包括“数学的大概念”——

一些概念和技能，在数学中是最核心的，相互关联的，并且这些概念和技能与儿童的思维相匹配，并对儿童未来的学习具有生成性。这些大概念出自一些大的教育项目，包括来自美国数学教师理事会（NCTM）、美国数学顾问委员会（NMP）的项目（Clements & Conference Working Group, 2004； NCTM, 2006； NMP, 2008），特别是《共同核心州立标准》（Common Core State Standards, CCSSO/NGA, 2010）。如，有一个大概念是计数可以用于找出集合里有多少个东西。

发展进程：学的道路

> 人类出生时就有了对数量的基本感知。
>
> ——吉尔里（Geary, 1994, p.1）

学习路径的第二个部分包括思维的不同水平，它们一个比一个复杂，儿童沿着它用自己的方式发展，并达到数学目标。也就是说，发展进程描述了儿童在发展对某个数学主题的理解和技能时所经过的典型道路。

数学能力的发展从生命之初就开始了。正如我们将要看到的，年幼儿童在出生时，就在数、空间感、模式等方面拥有某种类似数学的能力。然而，年幼儿童的概念和他们对情境的解释与成人是完全不同的。正因为此，好的教师会小心地不去假定儿童“看见”了情境、问题或成人的解决方案。相反，好的教师会解释儿童正在做、正在想的，努力从儿童的角度来看当前情境。类似的，当他们和儿童互动时，这些教师也会从儿童的角度出发来考虑教学任务和他们的行为，以便帮助儿童发展到下一个思维水平。这使得早期幼儿教育既高要求，又高回报。

我们的学习路径为每个发展进程的每个水平提供了简单的标签和范例。在表1.1中，“发展进程”栏描述了在计数的学习路径中的三个主要发展水平（这只是一个范例，事实上还有其他的水平——完整的学习路径将在第三章描述）。在描述儿童每一个概念的“发展进程”时，都包括儿童在每个水平上的思维和行为的范例。

教学任务：教的道路

学习路径的第三个部分包括匹配于发展进程中每个思维水平的一整套教学任务。这些任务的设计旨在帮助儿童学习到达某个思维水平所需要的概念和技能。也就是说，作为教师，我们可以用这些任务来促进儿童从一个已有水平向目标水平发展。表 1.1 的最后一栏提供了教学任务的范例。（再次提醒，第三章中完整的学习路径不仅包括所有的发展水平，也包括每个水平的教学任务。）

总之，学习路径描述了学习的目标、儿童在各个水平的思维和学习过程、他们可能投入的学习活动。人们经常会提出有关学习路径的问题。你可以就你感兴趣的问题阅读我们对那些问题的回应，或者等你读了后面章节中更多具体的学习路径之后，再回到这个部分来。

表 1.1　计数的学习路径举例

年龄（岁）	发展进程	教学任务
1—2	**唱数（Chanter）（口头）** 唱“歌”或有时无法区分的数词。 数给我听。 “一，二三（two-twee），四，七（sev-,en），十。”	在不同情境中重复数数序列的经验。其中可以包含唱歌；手指游戏，如“这个老人”；数上下楼梯；以及只是为了好玩而口头数数（你能数到多少？）。
3	**对应（Corresponder）** 至少对直线排列的小集合物体，保持数词与物体之间一一对应（一个数词对应一个物体）。 数： □ □ □ □ “1，2，3，4” 也许用重数一遍的方法或用任意数词来回答“有多少”的问题。	• 厨房数数：儿童每次点击物体时，电脑也会同时大声报出1—10的数字。如，点击一个食物，数过的食物就会被咬一口。

续表

年龄（岁）	发展进程	教学任务
3	**点数到［10 Counter（10）］** 点数至多10个物体。也许能够写数字来表征1—10。也许能够判断一个数之前或之后的数，但必须从1开始数。 准确地点数排成直线的9块积木并说出一共有9个。 4后面是什么？“1，2，3，4，5。5！”	• 数数塔（至多到10）：在前一天阅读形状空间。询问在塔的不同部位用什么形状比较适合。用不同的物体来垒高。鼓励儿童竭尽所能地垒高，数一数自己一共垒了多少块积木。

有关学习路径的常见问题（FAQ）

*为什么要用学习路径？*学习路径可以让教师帮助儿童用自然发展的方式来建构他们的数学——同时也包括他们的思维。对儿童自然状态下思维的研究形成了学习路径，因此，我们知道所有的目标和活动都在儿童发展的能力范围之内。我们也知道每一个水平提供了构成下一个水平的发展基石（*developmental building block*）。最后，我们知道这些活动提供了保证学业成功的数学基石（*mathematical building blocks*），因为它们所依据的研究已经让很多儿童在学业上取得了优势。

*儿童什么时候处在某个水平？*当儿童的大多数行为反映了某个水平的思维——包括概念和技能，我们就确定儿童“在”这个水平上。但是，他们在学习时常常会表现出一些属于下一个或前一个水平的行为。

*儿童可以在同一时间做多个水平的工作吗？*是的，尽管大多数儿童主要是做某一个水平的活动，或者是在两种水平的活动之间转换（当然，如果他们疲倦了或分心了，他们可以做低一点水平的操作）。水平不是“绝对的阶段”。它们是复杂的成长过程中的“界碑”，用以表示区分不同的思维方式。所以，也可以把它看成是不同思维和推理模式的一个序列。儿童在不同水平之间持续学习，并从某个水平过渡到下一个水平。

*儿童可以向前跳跃吗？*是的，尤其是如果有独立的“子主题”时。如，我们

把许多计数的能力结合成一个带有子主题（如，口头数数技能）的“计数”序列。很多儿童学会点数 10 个或以上的物体以后才在 6 岁学习口头数到 100；而有些则在更早的时候就可以学习大数量口头数数的技能。口头数数技能的子主题仍然需要跟进。这里存在另一种可能性：儿童可能学习得非常深入，这样在拥有了比较丰富的学习经验之后，看上去向前跳过了好几个“水平”。

*所有水平在本质上是类似的吗？*大多数水平是思维的水平——一段特别的时期，一种具有质的差别的思维方式或模式。然而，一些只是“达到的水平”，类似我们在墙上给儿童的身高做个标记；那只是简单表示儿童已经得到了更多的知识。如，认识数字“2”或“9”：儿童跟随着学习路径，最开始是匹配，然后认识，再后会命名数字（Wang, Resnick, & Boozer, 1971）。然而，一旦他们达到了那个水平，儿童一定也会学习命名（或者写）其他更多的数字，但在这个水平，并不要求儿童有更深或更多的复杂思维。所以，有些路径比其他路径更受自然的认知发展的限制。常常这种限制的关键成分就是某个领域的数学发展；也就是说，数学是一个高度次序化、层级化的领域，一些概念和技能的学习一定要在另一些内容之前。

*学习路径和单纯的范围与次序有什么不同？*当然它们是相关的。但是，它们不是所有儿童要学习的内容，它们没有覆盖所有单个的“事实”，而是强调“大概念”。而且，它们关乎儿童的思维水平，而不仅仅是数学问题的答案。如，个别的数学问题可以让不同思维水平的儿童用不同的方法解决。

*每个路径都只代表一条道路吗？*广义地说，会有一条主要的发展道路；然而，对某些主题来说，它们有“子路径”，即主题中的分支。如前所述，第三章的计数学习路径包含口头数数和点数物体，它们是相关的，但是在某种程度上又可以独立发展。有时候，命名可以使之更清晰。如，在比较和排序中，一些水平是有关“比较者”的水平，而另一些则是有关建立“心理数线”的。类似的，“组成”和“分解”的相关子路径也容易区分。有时为了澄清，我们将标题下的子路径用斜体字注明，如，形状的内容中，“部分”和“表征”是形状路径里的子路径。

有关学习路径使用的常见问题（FAQ）

*这些发展水平如何支持教学？*这些水平帮助课程开发者和教师计划活动、开展教学和进行评估。教师理解了学习路径（尤其是作为其基础的发展水平）就会变得更有效和高效。通过有计划的教学，鼓励非正式的、偶发性的数学学习，教师帮助儿童在适宜的水平上进行深度的学习。

*表中有年龄。*我是不是应该计划帮助儿童在与他们年龄相对应的水平上获得发展？不是！表中的年龄是儿童发展这些概念的典型年龄。但这只是个粗略的指南——儿童的差别很大。而且，这些年龄常常是儿童在没有高质量教育条件下所达到的底线。所以，这些是“开始水平”，不是目标。我们已经发现，如果提供高质量的数学经验，儿童的发展能够比其同伴高出一到几年的水平。

*这些教学任务是教儿童达到更高思维水平的唯一方式吗？*不是，有很多方式。不过，已有一些研究证据表明，对其中的某些情况，这些是特别有效的方式。在另一些情况下，它们说明了能有效达成某个思维水平的适宜活动的类型。此外，教师在教授数学内容时需要运用各种教学策略来呈现任务、指导儿童完成任务等。

*学习路径和共同核心的教学是否一致？*很不幸，有些人把“教共同核心”解释为每条标准教一次，然后依次前进。我们的观点以及很多研究的观点是，学习不是知识和技能的全或无的掌握（Sarama & Clements, 2009； Sophian, 2013）。共同核心和《课程焦点》（CFP）的目标是个界碑，但好的课程与教学总是通过儿童的一日生活铺就他们的学习路径。他们在更高、更复杂和更概括的水平上学习概念。最后，当我们在写共同核心时——至少在写目标和发展进程时，我们是从写学习路径开始的。所以，学习路径是共同核心的核心。学习路径不是基于那种“一次过的教学”理念。

其他关键目标：策略、推理、创造性和积极心向

学习路径是围绕主题来组织的，但它们所包括的不止事实和概念。过程（或

数学实践）和态度在每一个主题里面都很重要。第十三章将聚焦于一般性的过程，如问题解决和推理。但这些一般性的过程也是每个学习路径不可分割的组成部分。同样，特殊过程也是融于每个学习路径之中的。如，组合的过程——放在一起和分成部分——无论对于数和算术（如，加减），还是几何（形状组合）都是重要的基础。

> 和数学内容一样重要的是：一般性的数学过程，如问题解决、推理和证明、交流、联系、表征；特殊的数学过程，如组织信息、模式、组合，以及心智习惯，如好奇、想象、发明、坚持、实验的意愿、对模式的敏感。所有这些都应该包括在高质量的早期数学课程中。
>
> ——克莱门茨、会议工作组（Clements & Conference Working Group, 2004, p.57）

最后，其他一般性的教育目标也永远不能忽略。下面的方框中所提到的“心智习惯”包括好奇、想象、发明、冒险、创造和坚持。这些是所谓**积极心向**的目标的重要组成部分。儿童需要把数学看成可感知的、有用的、有趣的，把自己看成具备数学思维能力的。儿童还应该欣赏数学的核心——美和创造。

所有这些都应该体现在高质量的早期数学教育课程中。这些目标已经包含在本书的教师建议里。而且，第十四章、第十五章和第十六章还讨论了如何达到这些目标。这些章节讨论了不同的教学情境（包括早期的学校情境与教育）、教育公平、情感、教学策略等问题。

学习路径和“搭建积木”项目

“搭建积木”是美国科学基金（NSF）资助的项目[①]，旨在发展从学前班（Pre-K）到小学二年

> 我们工作的最重要前提是从学前到8岁的所有儿童都能够并且应该具备数学能力。

① “搭建积木——数学思维的基础（从学前班到小学二年级）：基于研究的材料研发”项目由美国科学基金资助道格拉斯·H. 克莱门茨和朱莉·萨拉马（项目编号 ESI-9730804），主要是创建和评估基于理论研究和发展框架的幼儿数学课程。我们将在第十五章描述这个框架和研究的细节。为了披露所有内容，我们随后通过出版商提供这个课程并收费。所有研究均由独立的评估者和评价者完成。

级的由软件支持的数学课程。积木项目的设计意图是让所有的幼儿来建构数学的概念、技能和过程。“搭建积木”这个名字有三层意思（见图 1.2）。首先，我们的目标是帮助儿童发展主要的数学的积木——也就是前面所描述的大概念。第二个相关的目标是发展认知的积木：一般性的认知和（高级的）元认知过程，如，从移动和组合形状到高级的思维过程（如自我调节）。第三个是最直接的——儿童应该用积木做许多用途，而数学学习就是其中之一。

> 数学能力包括 5 个方面：
>
> 1. 概念理解——理解数学概念、运算和关系
> 2. 过程熟练——灵活、准确、高效、适当地执行过程的技能
> 3. 策略能力——用公式表示、表征、解决数学问题的能力
> 4. 适应性推理——逻辑思维、反思、解释和辩解的能力
> 5. 积极心向——把数学看成是可感知的、有用的、有趣的，外加上勤奋的信念和自我效能感
>
> ——基尔帕特里克、斯威福、芬德尔（Kilpatrick, Swafford, & Findell, 2001, p.5）

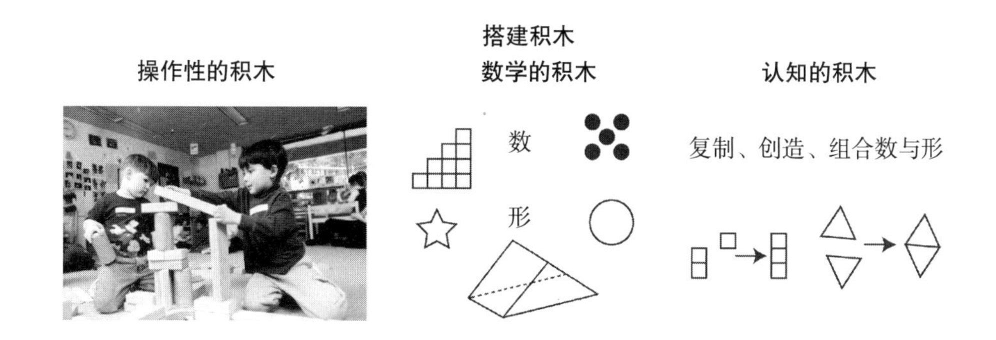

图 1.2 “搭建积木”项目的命名原因是我们想运用儿童诸如搭积木的操作（线上和线下）来发展儿童数学的和认知的积木——意指为未来学习打下基础（参见 http://buildingblocksmath.org）

基于早期儿童教与学的理论和研究（Bowman, Donovan, & Burns, 2001; Clements, 2001），我们确定搭建积木项目的基本取向应该是寻找儿童活动中的数学，从儿童的活动中发展其数学。为了做到这一点，搭建积木项目的所有方面都以学习路径为基础。所以，学习路径的大部分例子都来自我们在该项目中发展、

检验和评估课程的工作。

结语

针对这个背景，让我们在第二章到第十二章来探索学习路径。第二章开始于数这一关键主题。儿童最早理解数是什么时候？他们是怎么做的？我们如何帮助他们发展最初的概念？自始至终，我们强调数学过程（或称实践）和态度。而且，在最后几章将提供一些有关理解儿童、社区、文化以及有效教学策略等工具的指南。你在阅读接下来有关学习路径的几章之前，至少可以先浏览一下第十三章。

第二章　数、量、感数

在一个6个月大的婴儿面前悬挂三幅图：第一幅图有两个圆点，其他两幅分别有一个和三个圆点。婴儿听到三声鼓声，随后她的目光转移到有三个圆点的图上。

在继续往下阅读之前，你如何理解这项令人吃惊的研究发现？这么小的婴儿到底是如何做到的？在直觉层面，这个婴儿已经能够觉察到数和数的变化。当继续发展并且能够与口头数的数相联系时，这种能力被称作感数（subitizing）——快速识别集合的数量，源于拉丁语“突然到达”。换言之，人们看到一个小的集合时几乎能够立即判断出其中所包含的物体数量。研究显示，这是年幼儿童应该发展的一种主要能力。来自资源匮乏社区及有特殊需要的儿童往往感数能力发展迟缓，进而损害了他们的数学发展。因此，我们讨论的第一条学习路径就包含了“近似数量表征系统”（ANS）和感数。

最早的数能力：近似数量表征系统

无论是人还是动物都能够不用语言对数进行表征。猴子和鸟通过训练能够区分1 ：2（或更大）比例（而不是2 ：3）的小集合与大集合（视觉圆点或声音）（Starr，Libertus，& Brannon，2013）。如，它们能够判断出图 2.1 中是白色还是灰色的圆点更多。

把 4 个物体放在屏幕右后方，1 个物体放在屏幕左前方，然后从右边移动 1 个物体到左边，看到整个过程的雏鸡会立即跑向屏幕右侧（Vallortigara，2012）。

绝大多数没有特殊残疾（如威廉姆斯综合征）的儿童都具备这种能力，似乎这是一种与生俱来的能力，它为今后学习数字知识奠定了基础。6 个月的婴儿能够分辨 1 ：2 的比例（见图 2.1），9 个月时已能够辨别比例为 2 ：3 的集合（如 10 和 15 相比）。即使在控制了年龄和语言能力之后（Libertus，Feigenson，& Halberda，2011a），近似数量表征系统依然与学前班儿童的数学能力紧密相关（Mazzocco，Feigenson，& Halberda，2011），对于数能力较弱的儿童来说，这种相关更加明显（Bonny &

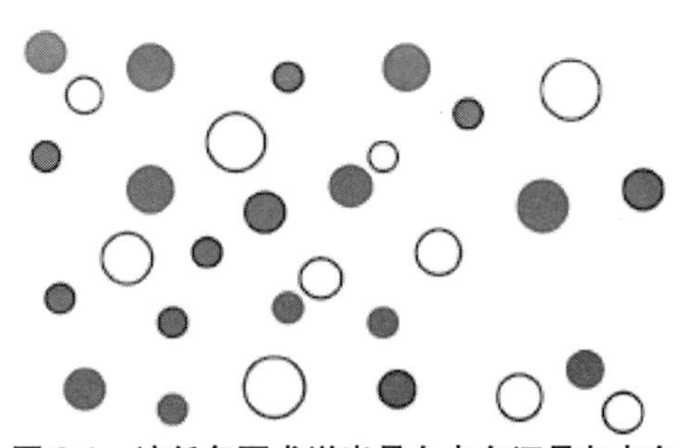

图 2.1　该任务要求说出是白点多还是灰点多

Lourenco，2013）。尽管如此，研究表明这些能力是可以发展的（如，让儿童在特制的视频游戏中进行相似数量的比较）。

感数的类型

感数与近似数量表征系统的不同之处在于其目的是判定某个集合包含的确切数量。若你“只是看看”在一个小集合中有多少物体，你使用的是感知性感数（Clements，1999b）。如，你能够看见骰子上的三个点并且迅速说出“3”。这三个点是同时被直观感知到的。

有证据表明八个点超越了感知性感数的极限，那么你又是如何看见多米诺骨牌上的八个点并且“刚好知道”总数的呢？这时你使用的是概念性感数——先看到部分再组合成整体。也就是说，你把多米诺骨牌的一个面看作由四个点组成的部分，也就是“一个 4”；把整个多米诺骨牌看作由两组四个点组成的整体，也就是“一个 8”。这依然是感数，只是整个过程发生得非常迅速，通常很难被意识到。

感数的另一种分类方式是以被感数物体的种类为分类标准的。之前所说的多米诺骨牌的例子就是一种空间模式。除此之外，还有时间和动觉模式，包括手指模式、节奏模式和空间听觉模式。通过概念性感数，创造并使用这些模式可以帮助儿童发展抽象的数和计算策略。如，儿童在接数时使用时间模式：“我知道还有三个，所以我只要数 9……10，11，12”（有节奏地三次使用手指，每一拍都数一个数）。儿童还会运用手指模式计算加法问题。如，3+2，儿童会竖起三根手指，然后再竖起两根（有节奏地一根一根竖起），把最终竖起的手指作为答案“5”。不能进行概念性感数的儿童一般在学习这类计算的过程中存在障碍。尽管开始时儿童只能感知很小的数量，但这却是进一步建构更加复杂的大数计算程序的“垫脚石”。

感数与数学

感数能力虽然很早就开始发展，但是它并不是一种“简单基础”的数学能力。感数引入了很多基本的基数概念——“有多少”、“多”和“少”、部分和整体及其关系、初步计算，以及一般所说的数量概念。这些概念共同发展，彼此相关交织，为小学、中学、高中甚至更高层次的数学学习奠定基础。

当我们在这里讨论很多关于儿童最初学习感数的细节时，我们不能因小失大——忽视儿童未来数学学习的宏大图景。当然我们也不能无视这精彩的开始，尽管他们还那么小，却能够如此深刻地思考数学。

沿着学习路径向前

增加数量

很明显，集合的大小是决定感数任务难度的一个重要因素。三岁或更早之前，儿童能够区分包含一个物体和不止一个物体的集合。第二年，他们就能够辨别包含两个、三个物体的集合。四岁儿童已能够分辨包含至多四个物体的集合，接下来感数与点数相连接，这一点将在第三章再谈。

物体的排列方式

影响感数的另一个因素是物体的空间排列。对于年幼儿童来说，直线排列最简单，其次是矩形排列（每排成对排列）和“骰子”或“多米诺骨牌”排列，最难的是随机排列。在本章最后的学习路径中，我们会详细阐明。

经验与教育

两名学前班儿童正在观看游戏表演。“看！有小丑！”保罗大叫。“还有三匹马！”他的朋友南森也呼喊起来。两名儿童都有了很棒的经验，但只有南森有**数学经验**。可能在其他儿童看来是一匹匹棕色、黑色和有斑点的马，南森也看到了相同的颜色，但他还看到了数量——三匹马。这种差异可能是由于南森的老师

和家人在学校和家里留心讨论数字产生的。尽管儿童对数量很敏感，但与他人的互动对于学习感数是必不可少的，感数学习并不是“靠自己”发展的（Baroody，Li，& Lai，2008）。那些注意并同时感知到数量的儿童往往在数技能上领先于其他儿童（Edens & Potter，2013）。

首先，让我们讨论下数量的敏感性，如近似数量表征系统。对所有大小（包括动作、音调等）的集合的数量进行判断可能有助于增强儿童的近似数量表征系统（Libertus，Feigenson，& Halberda，2011b）。这通常并不一定以数词为标志，而是以诸如“多”“少”（圆点）或“长”“短”（距离长度或时长，详见第四章）这类词语为标志。对于特别年幼的儿童，多通道感觉刺激的冗余（intersensory redundancy）可以帮助他们把注意力集中在数上，如，一个弹跳的球你看得越久，听到越多响声的时间越长（Jordan，Suanda，& Brannon，2008）。

接下来，我们来讨论用确切的数字表示集合的数量。在儿童掌握了诸如形状和颜色等某些物理属性的名称和分类之后，父母、教师和其他照料者就应该开始用数字命名小集合（Sandhofer & Smith，1999）。大量这样的数字命名经验会先帮助儿童在数量术语（数，有多少）和数词之间建立联系，随后建立数词与基数概念的联系（“二”就是……），最终在特定数量的各种表征之间建立联系。反例对于澄清数的界限也很重要。如，“哇！那不是两匹马，那是三匹马！”。对于那些对数学不感兴趣或者数学能力较弱的儿童，教师与他们讨论数显得尤为重要（Baroody，Lai，& Mix，2006）。如，在操作物体中融入诸如数与形的数学知识，提高他们对操作材料的兴趣（Edens & Potter，2013）。

与这种基于研究的实践相对的是，错误的教育经验（Dewey，1938/1997）会让儿童把集合当作具体形象的排列，然而这并不准确。理查德森（2004）曾说她几年前就已经认为她的孩子理解了诸如骰子上的知觉模式。然而，当她后来要求儿童复制这些模式时，令人惊讶的是儿童并没有使用与骰子数量相同的棋子。如，有些儿童用九个圆点画了一个“X”，然后把它叫作“五”（见下页图 2.2）。如果进行合适的任务与密切的观察，她会发现孩子们所理解的模式竟然不是用数字表示的，甚至都没有准确地想象排列方式。在理解和促进儿童的数学思维时，这

样的洞察是很重要的。

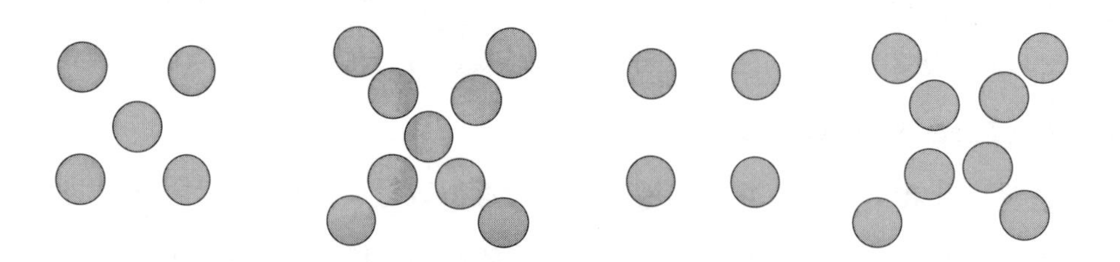

五的典型排列　　　　　　　　　　并不是五：儿童摆放的“X”和正方形排列

图 2.2　儿童只理解了 5 的简单模式——左图。当要求他们排列 5 的模式时，一些儿童摆出了如图右侧所示的排列方式（例如，“X”和正方形）

课本和“数学书”所呈现的集合通常都不利于进行感数。书中的图片有很多制约因素，包括嵌入复杂的图案、表格的单元不同、不对称，以及不规则的排列（Carper，1942；Dawson，1953）。如，有 5 只鸟，但它们各不相同，有在树干上的，在树枝上的，在叶子上，在花朵上，在太阳下——你明白我的意思。如此复杂的画面阻碍了概念性感数，提高了错误率，并且鼓励了简单的一个接一个点数。

由于课程本身或者缺乏关于感数的知识，绝大多数教师并没有对感数做足工作。一项研究显示，儿童的感数能力从幼儿园初到幼儿园末不进反退（Wright，Stanger，Cowper，& Dyson，1994）。怎么会这样？也许下面这样的互动随处可见。一个孩子转动骰子，说“5”。在一旁观察的教师说“数一数”，于是孩子开始一一点数。此间发生了什么？教师认为她的工作是教孩子数数。但是，孩子运用的是感数——在这样的情境中运用感数比点数更加合适！然而，教师在无意间告诉孩子她的方法并不好，应该数数。

与此相反，一些研究为帮助儿童发展感数提供了指导方案。在数数前用数字命名小集合避免了数数中序数词（按顺序数每一个物体）和基数词的使用转换，可以帮助儿童理解数词和基数概念（“有多少”）（见 Fuson，1992a）。简而言之，感数小集合可以更迅速、更简单、更直接地提供多种多样的实例，并且与数词和数概念的反例相对（Baroody，Lai，& Mix，2005）。感数可以用来帮助儿童进行早期有意义的数数（详见第三章）。因此，那些说“数一数”的教师不仅不当地

伤害了儿童的感数能力，还损害了他们数数和数感[1]的发展。

数量识别和感数活动的另一个好处在于不同的排列方式暗示了同一数字的不同组合方式（见图 2.3）。

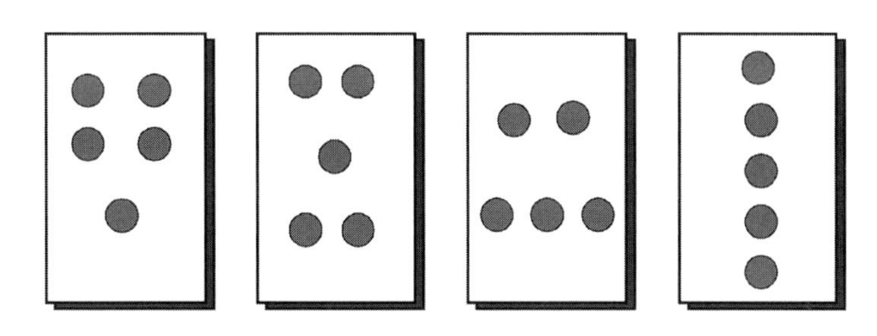

图 2.3　概念性感数的排列方式表明可以把 5 看作 4+1，2+1+2，2+3 或 5

发展早期数量识别——感数的基础

每一个人，尤其是 3 岁之前儿童的教师，是不是都想听到最简单但最重要的可以帮助儿童识别物体数量的“活动”？你可以在日常互动中尽可能频繁地使用数词。不要说“把桌上的杯子拿走，这样才有空间”，而要说“我们需要桌上有更多的空间，你能把桌上的三个杯子拿走吗？”。不需要刻意地进行这样的对话，仅仅在有意义的时候使用数词。你可以给孩子的父母类似的建议。

其他活动还包括“数自己”。教师问儿童几岁了，儿童不仅需要说出数字，还要伸出对应数量的手指。还可以问儿童有几条手臂，让他们挥一挥手臂。用“手”“手指”“腿”“脚”“脚趾”“头”“鼻子”“眼睛”“耳朵”替换“手臂”，重复提问。活动中还可以加入动作，如，“动一动你的十根手指”会很有趣！故意混着说一些不对和对的话，如，“我有四个耳朵……三只脚……五个眼睛”，让儿童判断你说得对不对。如果儿童觉得不对，就问“那你有几个呢？你是怎么知道的”。

① “数感”包含许多数技能，包括数字的组成与分解，识别数字的相对大小，处理数字的绝对大小，使用基准数字、连接表征、理解算术计算、创造策略、估算，以及拥有理解数字的心理倾向。

专门的感数活动

有很多活动都能够促进感知性感数和概念性感数。其中最直接的活动也许就是“快速瞄准”（Wheatley，1996）或者“快照”（Clements & Sarama，2003a）。如，告诉儿童必须快速地“拍下”他们看到了几个物体——他们必须在头脑中拍一张“快照”。给儿童2秒看一个集合，然后盖上集合，随后要求儿童取相同数量的物体或者说出数量。根据研究结果，先把小数量的物体排成直线，然后排成矩形，再按骰子式排列。等儿童学会了再更换排列方式，换更大的数量。

下面有很多“快照”活动的变式，值得一试。

- 让儿童根据“快照”的排列方式动手操作建构相同的排列方式（注意图2.2所示的错误理解）。
- 用计算机玩“快照”游戏（见图2.4）。

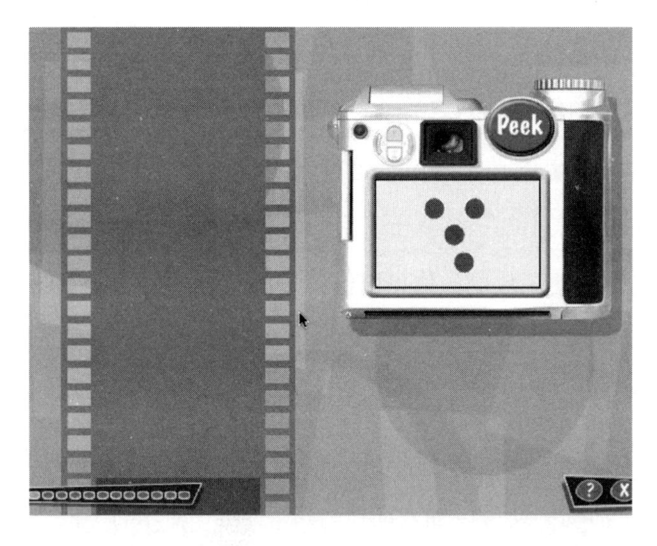

图2.4a　搭建积木中“快照”活动的初级水平。一开始，向儿童呈现不同排列的圆点2秒

图 2.4b　然后要求他们点击相应的数字。需要的话，他们可以再用 2 秒看一眼圆点

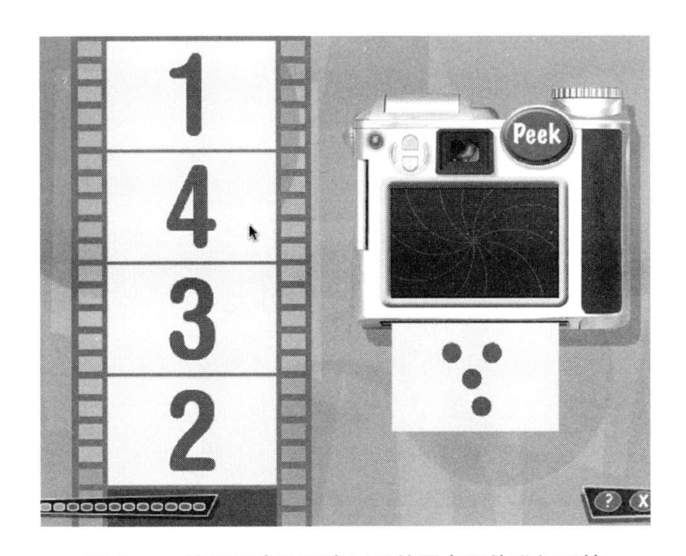

图 2.4c　使用语音和再次展示的圆点图片进行反馈

• 匹配游戏。除了一张卡片之外，其他所有卡片上都印有相同数量的图案，要求儿童找出不同的卡片（这也涉及早期分类，详见第十二章和第十三章）。

• 注意集中游戏（也称为“记忆”游戏）。同一数量，卡片上圆点排列方式不同的卡片若干，每次选择一张卡片看 2 秒，根据记忆选出圆点数量相同的卡片。

• 给每名儿童发一些卡片，卡片上印有 0—10 个点并且排列方式各异。让儿童把卡片平铺在面前。然后说一个数字，儿童需要尽快找到与之匹配的卡片，并把

卡片举起来。每次游戏更换不同的卡片，更换不同的排列方式。随后，用书面数字作为目标数字。可以使用这些卡片改编其他的卡片游戏（Clements & Callahan，1986）。

• 在一块大广告板上放上各种排列形式的圆点。让儿童聚集到你的周围，手指任何一个集合让儿童尽快说出其数量。每次活动旋转广告板。

• 让儿童说出比快照图片上数量多一（随后多二）的数量。他们也可以用数字卡片或者写出数字来回答，或者找到和你所示图片排列方式相匹配的图片。

• 鼓励儿童在自由时间或静止活动中玩其中的任何一种游戏。

• 模式可能是时间性的、动觉的，包括节奏模式和空间听觉模式。能调动儿童积极性的感数和数字书写活动应该包括听觉节奏。让儿童每人拿一块白板在教室里分散坐下，教师来回走动，然后停下来发出一些声响，如，用固定的拍子摇铃三下。儿童在白板上写下数字 3，举起来（或者如图 2.5 所示竖起三根手指）。同样，这个活动也可以用来发展概念性感数。如，拍了几次手：拍、拍、拍、停、拍、拍、拍。

图 2.5　儿童听到三声铃响，竖起三根手指

从课堂讨论到课本上的各种活动中，为了鼓励概念性感数，可以告诉儿童数量集合应该满足这些参考原则：① 集合不应该嵌入在图画背景中；② 集合里的单元应该使用简单图形，诸如统一的圆形或正方形（而不是动物图片或者其他图形的混合）；③ 应该强调规律的排列方式（包括对称，对学前儿童的直线排列和对稍大儿童的矩形排列是最简单的）；④ 图形和背景应该对比鲜明。

若要进一步发展概念性感数，不仅仅只是简单地展示图片，应该让儿童经历很多真实的生活情境，如，手指模式，骰子和多米诺骨牌的排列方式，鸡蛋包装盒（“双层结构”），队列（横排和竖排，详见第十一章拓展讨论）。经常讨论，尤其要注意让排列方式“看起来很容易知道有多少”。如此考虑周到的互动建构式经验是建立空间感并将其与数感连接的有效方式（Nes，2009）。如，他们可以画出有特定数量花瓣的花朵，可以画出或者用操作材料搭建有特定数量窗户的房子，这样他们或者别人就能感知数量了。

鼓励并帮助儿童发展更加复杂的加减法（详见第五章、第六章，学习路径将其作为更加高级的概念性感数）。如，一名儿童在解决“4+2”时可以使用接数的方法“4，5，6”，但是当要求他用接数“4，5，6，7，8，9”解决“4+5”时，他不能接数 5 个及以上的数。因此，接数 2 给了他一个理解“接数”是如何起作用的机会。随后，他可以通过发展概念性感数或者发展其他学习路径来学习接数更大的数。最终，儿童会把数量模式既看作一个整体（作为一个单位）又看作组合的一部分（个别的单元）。在此阶段，儿童就能够把数量和数量模式看作单位的单位（Steffe & Cobb，1988）。如，儿童能够反复回答比一个数“多 10”的数是什么。“比 23 多 10 的是？”“33！”“再多 10？”“43！”

数量识别和感数的学习路径

由于感数本身的特性，感数的学习路径很明确。正如图 2.6 中《课程焦点》（CFPs）（NCTM，2006）和《共同核心州立标准》（CCSS）中的数学部分（CCSSO/NGA，2010）所表述的那样，目标就是增加儿童可以感数的数量。

为了达成目标，表 2.1 提供了学习路径的另外两个部分：发展进程和教学任务。（需要注意的是，所有学习路径表格中的年龄都只是近似的，因为何时达到某一发展进程在很大程度上取决于儿童的经验。接受高质量教育的儿童会比“一般”儿童提早掌握学习路径上的某些能力。）以之前所述的“快照”活动为基本的教学活动，学习路径展示了不同数量、不同排列方式的圆点，用以举例说明促进这

一水平能力发展的教学活动。尽管本书在学习路径中所展示的活动可以组成一个基于研究的早期课程，但是一个完整的课程所应包含的内容应该更多（例如，学习路径和其他需要考虑的因素之间的关系，详见第十五章）。

我们强烈建议你完整地阅读并学习学习路径（见下页表2.1）。如若仅仅粗略“浏览”，你会错过包括思维水平及与其紧密关联的教学活动在内的关键知识。

延伸感数的学习路径。作为延伸，小学高年级学生可以用“快照”的修改版提高数字估计能力。如，向学生展示数量过多，无法准确感数的集合。鼓励他们在估数策略中运用感数。强调运用良好的策略尽量“接近”目标，而不是获得精确的数字。开始时使用规则的几何形状排列，最后再加入随机排列。尤其对于高年级学生，鼓励他们建构更加复杂的策略：从猜测到尽可能多的点数，进而使用比较策略（“比之前的多”）和分组策略（“他们四个一组分散。我在头脑中每四个圈成一组，然后数了六组。所以，24！”）。学生参加这样的活动之后，确实表现得比之前更好，使用了更加复杂的策略和参照标准（Markovits & Hershkowitz, 1997）。对于所有的感数活动，都要经常停下让儿童分享他们的策略。如果儿童还不能很快地基于位值和算术运算发展出更加复杂的策略，那么此时就并不是进行估数活动教学的最佳时期。“猜测”并不属于数学思维。（详见第四章。）

学前班

***数与运算：*发展对整数的理解，包括对应概念、点数、基数概念、比较（CFP）**

儿童发展对整数意义的理解，不用数数的方法识别小集合的物体数量……

幼儿园

***数与运算：*表征、比较、整数排序、集合的分合（CFP）**

儿童选择、组合、运用有效的策略来回答数量问题，包括快速识别小集合的数量……

儿童选择、组合、运用有效的策略来回答数量问题，包括快速识别小集合的基数（CCSS, p.9）

图 2.6 《课程焦点》（CFP）和《共同核心州立标准》（CCSS）中关于感数的目标[①]

① 高年级学生以不同的方式运用感数，如，支持数数概念和技能的发展，解决算术应用题。这些目标在接下来的章节会有所强调。

表 2.1　数量识别和感数的学习路径

年龄（岁）	发展进程	教学任务
0—1	**对数还没有精确的认识（Pre-Explicit number）** 在第一年中，能对数去习惯化，但尚无精确的、有意掌握的数知识。对婴儿而言，一个固体就是他所认识的第一个集合（1或2）。 数给我听。 “一，二三（two-twee），四，七-（sev, en），十。”	• 注意集合：除了提供感知觉丰富、可操作的环境以外，还可以用一些单词，如“多”和添加物品的动作来引导对数目比较的注意。
1—2	**命名小的集合（Small Collection Namer）** 命名由1—2个，有时3个元素组成的集合。 展示一双鞋，说“两只鞋”。	• 数自己：详见前文。 • 我看见数字：用手势表示（1或2，当儿童能力具备时可以是3的）集合，说“这是两个球，两个”。当儿童能力允许时，让他们说有几个。应该把这一活动作为贯穿全天的师幼互动活动的一部分。 • 命名“是2”的集合。可以举“是”的例子，也可以举“不是”的例子，如，说“那不是2，那是3”，或者，拿出三个2的集合和一个3的集合，让儿童找出“跟其他不一样的那个”，并讨论为什么是这个，为什么不一样。 • 棋盘游戏—小数目：用特殊的骰子（数字立方）或者只有一个、二个、三个（随后加入0）点子的转盘玩棋盘游戏。 • 感数小集合：把集合摆放成规范的结构样式，如下图所示3的结构，观察儿童给它们命名用了多长时间。

续表

年龄（岁）	发展进程	教学任务
3	**创造小的集合（Maker of Small Collections）** 非言语地创造与另一个集合数目相同的小集合（集合内数目不超过4，通常为1—3），通过心理模式进行，如，不用非得通过匹配进行（具体过程参见数的比较），也可以用言语表达出来。开始时不一定能够识别空间结构，但能够点数（Nes，2009）。 给儿童展示一个3的集合，儿童创造出另一个3的集合。	• 按数取物：让儿童为人数很少的一群儿童取相应数量的饼干。 • 集合复制：摆出一个小的集合，说“3块积木”。把它们盖起来。让儿童完成一个数目与这个集合数目相同的集合。在他们完成后，也盖起来。然后大声说“嗒哒”，同时展示这个集合。比较这两个集合，问儿童它们的数目是否一致。命名这个数目（如，“都是3个”）。 • 快照：在电脑上或不用电脑通过匹配物品来玩快照游戏。
4	**感知性感数（4以内）（Perceptual Subitizer to 4）** 迅速认出快速展示的4以内的集合，并能说出每个集合的数目。 看到快速展示的4个物品时，说“4”。	• 快照：用集合（1—4）的物品玩快照游戏。把物品摆成一排或其他简单的结构，让儿童说出每个集合的数目。从小的数和简单的结构样式开始，当儿童达到足够的能力和自信水平时，逐渐增加到适宜的难度。 4 容易 中等 困难

续表

年龄（岁）	发展进程	教学任务
5	**感知性感数（5以内）（perceptual subitizer to 5）** 迅速认出快速展示的5以内的集合，并能说出每个集合的数目。在业已熟悉的情形（如他们最初的学习经验）之外也能够识别并使用空间和数量结构。 看到快速展示的5个物品时，说“5”。	• 快照：在电脑上或不用电脑进行快照游戏，匹配5以内的数字和点子。 用点子卡片玩快照游戏，从小的数和简单的结构样式开始，随着儿童水平的提高，难度也逐渐增加。 5 容易 中等 中等偏难 困难（包括自己任意排列）

续表

年龄（岁）	发展进程	教学任务
5	**概念性感数（5以内）（conceptual subitizer to 5）** 看到快速展示的5时，能口头给各种5的排列方式命名。 “5！为什么？我看见了3和2，所以我说5。”	• 快照：调整快照图形，用各种不同组合排列形式来发展儿童的概念性感数和加减概念。目标是鼓励儿童发现加数和总数（如，2个橄榄加2个橄榄是4个橄榄）。（Fuson, 1992b, p.248）。
	概念性感数（10以内）（conceptual subitizer to 10） 看到快速展示的6个，而后增加到10个的排列组合，能运用分组的方法做到口头命名。 “我头脑里呈现了2个3还多了1个，所以是7。”	• 快照：在电脑上或不用电脑通过匹配数字和点子来进行快照游戏。电脑版本的反馈会强调“3和4组成7”。
6	**概念性感数（20以内）（conceptual subitizer to 20）** 看到快速展示的20以内的结构化排列组合，能用分组的方法口头命名。自发地使用自上而下的策略感数初学的数量（Nes, 2009）。 “我看见了3个5，5、10、15。”	• 整5和整10的运算：用整5和整10的方框帮助儿童从视觉上认识加法的组合，并过渡到心算。（同时，确保儿童能够自行复制类似的结构。详见第十一章和第十二章“空间结构”。）

续表

年龄（岁）	发展进程	教学任务
7	**包含位值和跳数的概念性感数（conceptual subitizer with place value and skip counting）** 看到快速展示的结构化排列组合，能用分组、跳数和位值的方法口头命名。 “我看见了很多个10和2，所以是10、20、30、40、42、44、46……46！”	• 快照：在电脑上或不用电脑通过匹配数字和点子来进行快照游戏。
8	**包含位值和乘法的概念性感数（conceptual subitizer with place value and skip multiplication）** 看到快速展示的结构化排列组合，能用分组、乘法和位值的方法口头命名。 “我看见了很多个10和3，所以我想，5个10是50，4个3是12，一共是62。”	• 快照：用排列好的组群玩快照游戏，用以支持日渐复杂的心理策略和操作，如，问儿童“下列图片中一共有多少个圆点？”。

满足特殊需要

特殊人群需要对感数进行特别关注。因为概念性感数通常依赖于精确的计算技能，教师需要尽早弥补儿童的感知性感数和点数能力（Baroody，1986）。教师需要在使用骰子和多米诺的游戏中，提高儿童对常规模式的熟练程度，同时面对

特殊人群时不要把具备诸如感数之类的基本数学能力看得理所应当。

如下页图 2.7 所示，当有心理障碍和学习困难的儿童在学习识别数字的 5 和 10 结构时，5 和 10 结构的排列模式能够更好地帮助他们。“这样的排列方式帮助儿童识别数字，并且将这种模式运用到总数计算中。这样的数字图片对于儿童而言非常重要。”（Flexer，1989）类似的，手指的视动觉模式也能够帮助儿童掌握和为 10 的重要数字组合。

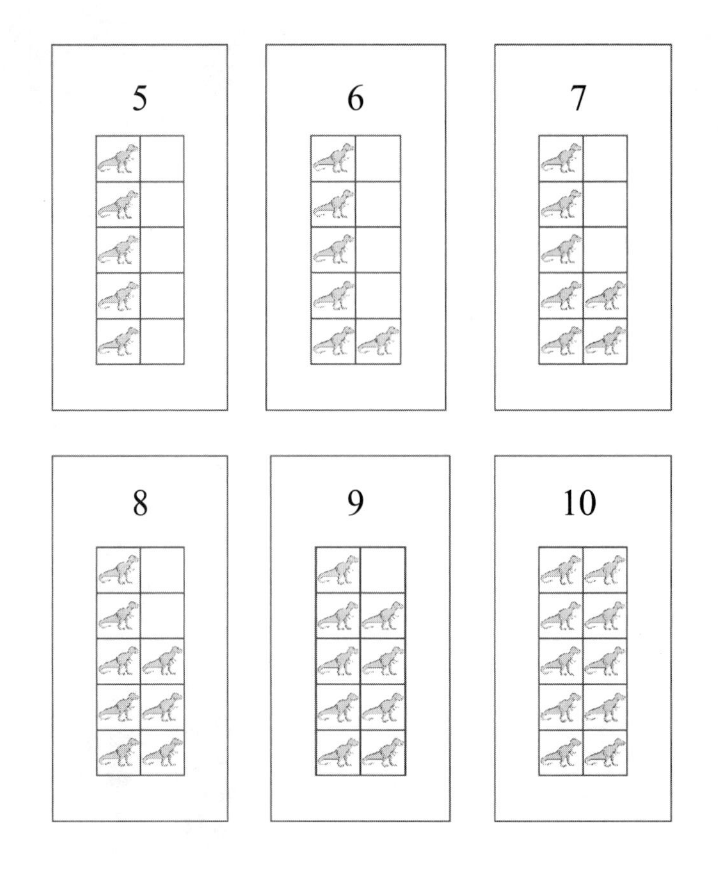

图 2.7　5 和 10 结构的模式识别

结语

“感数是儿童数的理解发展中的基本技能”（Baroody，1987，p.115），必须得到发展。但是，感数并不是将集合量化的唯一方式。点数是一种更加综合更加强大的方式。我们将在第三章进行详细论述。

第三章　唱数和点数

在四岁生日前，艾比有五个火车头。一天，她拿着三个走进来，爸爸说："其他几个呢？"她承认说："我弄丢了。"爸爸问："弄丢了几个？""我有1、2、3。（指着空中）4、5……，所以丢了两个，4和5。（停顿）不！我要让这些（指着三个火车头）做1、3、5。所以2和4丢了。还是丢了两个，但是它们的数字是2和4。"

至少对于小数字，艾比已经能够抽象地理解数数了。她可以把三个火车头对应到1、2、3或者1、3、5，而且，她可以数数。这就是说，她把数东西应用到了数数字。发展如此复杂的数数需要什么概念和技能呢？大多数年幼儿童是如何理解数数的？他们还可以学习什么？

早期的数知识包括很多相互关联的方面，其中四个方面尤其突出。第一，小数量的识别与感数，我们在前一章进行了学习；其他三个方面都与数数有关。第二，学习10或者10以上有序排列的数词，即唱数。第三，点数物体，也就是说数词与物体一一对应。第四，理解数数时说出的最后一个数字表示已数的物体数量。（还有很多方面，包括用日渐复杂的数数策略进行问题解决，这些我们会在后面的章节讨论。）儿童通常通过不同的经验学习这些技能，但是逐渐在学前期把它们联系起来（Linnell & Fluck, 2001）。

数数的观念转变

20世纪中期，皮亚杰对数的研究极大地影响了人们对早期数学的观念。其中，强调儿童在学习中的主动作用以及儿童建构数学概念的深度是其众多积极影响中最突出的两点。然而，也有一个观点来源于皮亚杰的负面影响：在儿童理解数目守恒之前，数数是没有意义的。如，当被测试者要求给自己拿取相同数量的蜡烛时，一名四岁的女孩使用了一一对应的方法，如下页图3.1所示。

但是，当测试者如下页图3.2所示的那样把自己的蜡烛分开摆放时，儿童就会认为测试者有更多的蜡烛。甚至让儿童数一数这两组蜡烛都不能帮助他们得到正确答案。

皮亚杰的拥护者相信，在数数变得有意义之前，儿童需要发展能够理解数目守恒的逻辑能力。逻辑包含了两类知识。第一种是“类包含”，如能够理解这样的问题：有12颗木珠，其中8颗蓝色，4颗红色，蓝色木珠的数量比红色木珠的数量多。这如何与数数相关呢？皮亚杰的拥护者认为，儿童若要理解数数，必须先能够理解每一个数都包含了之前的数（见下页图3.3）。

逻辑知识的第二种是“序列”。儿童在能够按序说出数词的同时还能够按序排列要数的物体，这样才能做到每一个物体只数一遍（这对幼儿来说并不简单，在面对散乱的集合时更是如此）。而且，儿童还必须理解每一个数字在数量上都比前一个数多一（见下页图 3.4）。

这两类知识都言之有理。儿童必须学习这些概念才能很好地理解数。然而，儿童在掌握这些概念之前就已经学习了很多关于数数的知识。并且，实际上并非在有意义数数之前必须获得这些知识，相反，数数能够帮助儿童理解逻辑知识。也就是说，数数能够促进分类和序列知识的发展（Clements，1984）。

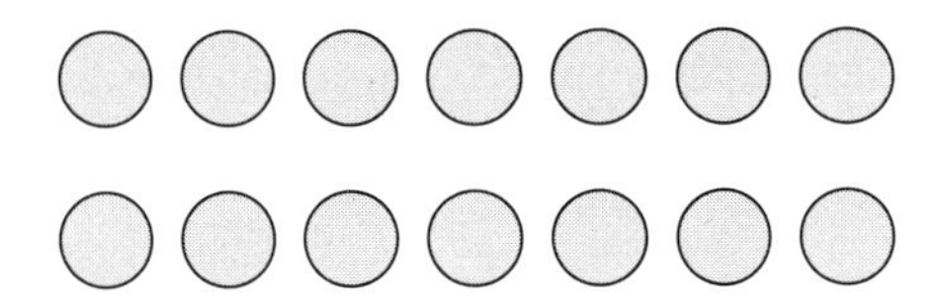

图 3.1　成人摆放了第二层的蜡烛并要求儿童为自己拿取相同数量的蜡烛，儿童使用了一一对应的方法

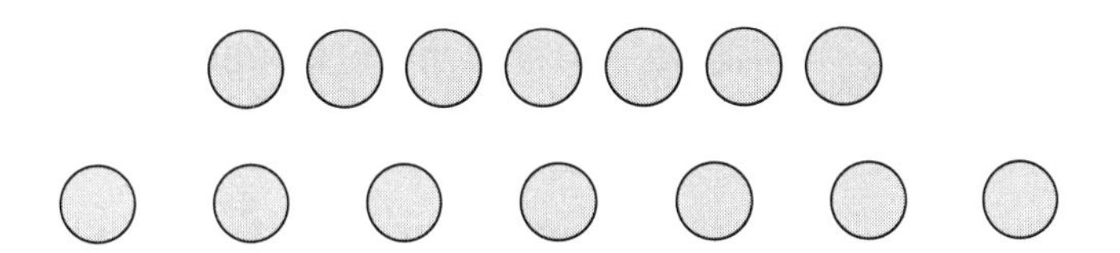

图 3.2　成人把自己的蜡烛分开排列，儿童便认为成人的蜡烛比自己的多

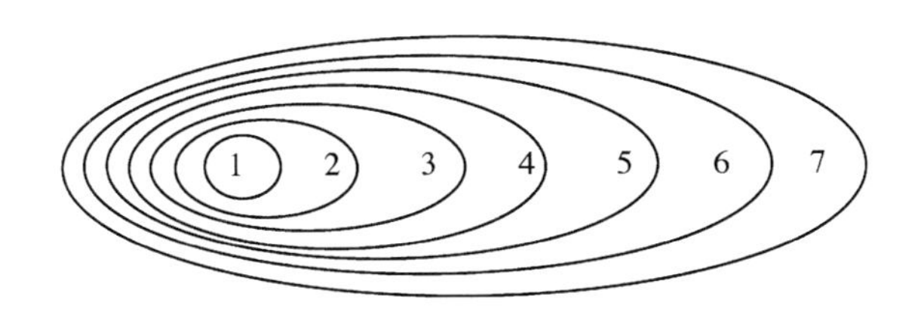

图 3.3　数的层级包含（基数或“有多少”的属性）

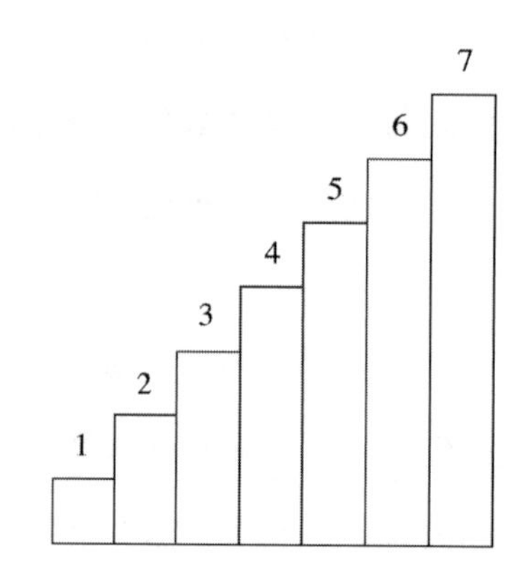

图 3.4 数的序列（或顺序）属性

唱数

唱数的数学

尽管小数量计数普遍存在于人类文明中，但是大数量的计数就需要借用数字系统了。阿拉伯数字系统主要基于两个方面（Wu，2011）。第一，只有十个被称为“数字（digit）”的符号（0、1、2、3、4、5、6、7、8、9）。第二，利用这十个数字在不同的地方来表示所有的数字，这就是“位值（place value）”的概念。于是，任何数字都是它每一个“数字”和“位置”乘积的总和，如，1926 是 1 个千，9 个百，2 个十和 6 个一。当数到 9 的时候，我们接下来用十位上的 1 和个位上的 0 作为“占位符”来表示下一个数字：10。接下来，我们在个位用十个数字来更替，10—19，这时个位数字用完，我们把 2 放在十位：20。所以，21 意味着我们已经从 0 到 9 循环了两遍，因此知道我们数了 20 遍多加 1 遍。

儿童唱数的发展

这部分说明解释了为什么我们使用术语“唱数（verbal counting）”而不是“机械数数（rote counting）”——20 之后，儿童并不仅仅是“机械记忆”，还需要使用数学模式和结构。而且，那些能够从任意数开始数的儿童在所有数字任务中的表现都更加出色，因此，熟练地唱数并不是机械的，而是基于对数字结构的认识。另外，还有些其他原因。如果没有唱数，数量概念就不会发展。如，能够从任意

数开始数的儿童在所有数字任务中的表现都更加出色。儿童认识到数字从它们所在的系统嵌入中获得顺序与意义，并且掌握了一系列生成适当数序的关系与规则，而非回忆。

语言是很关键的。如，无法有效使用语言、口语或符号模型的聋人，在谈论大于 3 的集合时并不总能伸出正确数量的手指，或当目标集合大于 3 时也不总能正确地将一个集合里的物体数量与目标集合相匹配（Spaepen，Coppola Spelke, Carey, & Goldin-Meadow, 2011）。类似的，跨文化研究显示，数数的学习也因所学数词系统语言的不同而不同（详见本书的姐妹篇）。如，中文与很多东亚语言类似，有着比英文更加规则的数词排序。不论中文还是英文，数字 1 到 10 都是任意的，20 之后的数都遵循先十位后个位的命名规则（如“twenty-one”）。然而，中文（和很多亚洲语言）却有着两点显著的不同。

第一，10 的整数直接反映了十位数的名称（“two-tens”而不是“twenty”；“three-tens”而不是“thirty”），并且 11—20 也遵循命名规则（如，“ten-one”“ten-two”等）而不是“eleven，twelve……”。三岁之前，不同文化的儿童学习 1—10 都很类似，然而英语儿童学习“teens”，尤其是 13—15，所花时间更长，所犯错误更多。只有美国儿童会出现类似“twenty-nine、twenty-ten、twenty-eleven”这样的错误；中国儿童并不会出现（另见第六章位值）。除此之外，还有诸如文化实践之类的很多互相交织的因素。例如，在中国亲戚们都被称作“大哥、二哥”，一周七天被称作“星期一、星期二、星期三”，等等（Ng & Rao, 2010）。

第二，亚洲数词的发音都很迅速，这创造了另一个明显的认知优势（Geary & Liu，1996）。相比于英语和西班牙语数词，亚洲数词的工作记忆负荷更小（Ng & Rao, 2010），更有利于学习一一对应。荷兰语儿童甚至比英语儿童学习数词更加困难：他们的“22”叫作“2 和 20”，把个位数置于词首。

唱数的学习需要数年的时间。开始，儿童只能说一些数词，但不一定是按序排列的。随后，他们会从头说出一串数字，但是并不把每个数词当成独立的单词（类似地，儿童可能把“l-m-n-o-p”说成一个词）。接着，他们能够区分每一个数词，

学习数到 10、20，甚至更多。在这以后，儿童能够从任意数词开始接数，也就是所谓的“从 N 接数（N+1，N−1）”水平。随后，他们学习跳数，数到 100 及以上。最终，儿童自己完全掌握了数词（“接数”详见第四章）。

点数

如第二章所示，命名一个小集合所包含的物体数量需要成人或年长儿童用数词标名集合的相关经验（“这里有两块积木”），这样的经验可以让儿童建立起对数词意义的理解，如告知总数，能够把集合中的可数物体与集合包含的物体数量联系起来，这是儿童早期数概念发展的一个重要里程碑。最初，在数完之后儿童并不知道集合中的物体数量。若被问道有多少，他们通常会再数一遍，就好像“有多少”的问题是一个数数的指令而非回答集合中的物体数量。儿童必须明白数数时所说的最后一个数词表示已数物体的数量。

因此，为了能够点数，儿童不仅需要学会唱数，还需要掌握：①用手指或移动物体的方法将数词与物体一一对应；②最后一个数词所指代的基数概念（“有多少个物体”）。这个过程如图 3.5 所示。

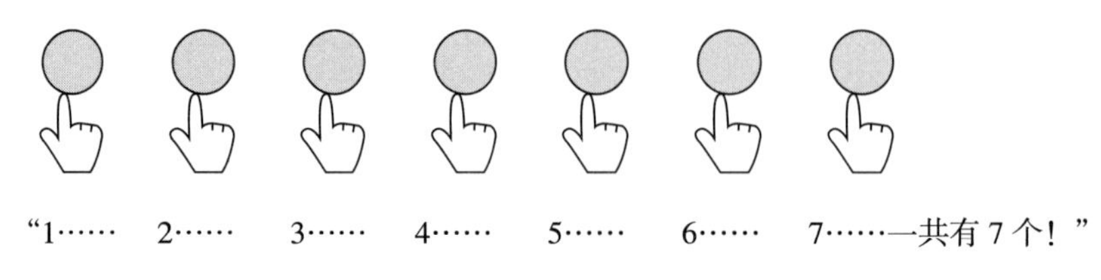

图 3.5　点数，包含一一对应与基数概念（“有多少”）

点数是很多方法的基础。运用点数，能够确定无法感数的较大集合的数量。点数是今后所有数技能所必需的基础。

不仅如此，点数还是第一个也是最基础最重要的运算法则。也就是说，数与代数中几乎所有的一切都或多或少地依赖于点数。运算法则通常用于指代表征与加工多位数的算法（如“竖式加法”），那为何点数是一种运算法则呢？因为运算法则是一种逐步解决某一特定类型问题的方法。点数就是儿童首先学会的一种

逐步进行问题解决的方法——确定有限集合包含的元素数量。

对于3岁儿童而言，最简单的集合排列方式是只有少数几个物体排成一条直线，并且在儿童数数的过程中能够触碰到这些物体。在3—5岁期间，儿童通过练习逐步掌握更多的数数技能，绝大多数儿童都能应对数量较大的集合。

儿童还需要学习很多其他的数数技能。他们需要根据某一指定的数字取物，也就是按数取物。对于成人，数数也许是一件再简单不过的事情。然而，对于儿童，为了取出4，他们必须记录所要取物的数量，进行一一对应，同时在每一次计数时判断所说的数词是否到了4。在掌握这样的能力之前，他们必须不断努力进步。

随后，儿童需要学习点数不同排列方式的物体，记住已经数过和还没数过的物体。最终，在数数时不需触碰或移动物体就能点数集合，甚至能够点数看不见的物体。如，研究人员赖斯·斯泰菲正和5岁的布伦达一起。斯泰菲拿出3个正方形，他告诉布伦达还有4个藏在布的下面，问布伦达一共有多少个正方形。布伦达企图掀起遮布，被斯泰菲阻止了。布伦达点数了可见的3个正方形。

布伦达：1、2、3。（依次触摸每一个可见物体。）

赖斯·斯泰菲：这儿还有4个（敲了一下遮布）。

布伦达：（掀起遮布，露出2个正方形。）4，5。（触摸了每一个，然后放回遮布。）

赖斯·斯泰菲：好的，我给你看2个。（展示了2个。）这儿有4个，你数数看。

布伦达：1、2（然后开始数可见的）3、4、5。

赖斯·斯泰菲：这儿还有2个（敲了下遮布）。

布伦达：（企图掀起遮布。）

赖斯·斯泰菲：（拉回遮布。）

布伦达：6、7（触摸最后2个正方形）。

布伦达企图掀起遮布的行为说明她意识到了被遮盖的正方形，她想要点数集合。但是，她却做不到，因为感受不到。她可以把可见的物体当作可数实体，却不能想象物体。随后，她数了研究者的手指，用以替代研究者藏起的6个物体。当研究者告诉她有6个弹珠被藏起来时，布伦达说：“我没看见不存在的6个！”在随后的发展中，儿童能在心里复制可数实体。布伦达还没有达到这个水平。

儿童还要学习在加入或者移除一个物体的情况下如何使用向前数或向后数的方法快速判断集合所含物体的数量。最终，儿童掌握诸如“接数”或“倒数”之类更加复杂的数数策略来解决计算问题，这部分内容我们将在第四章进行详细阐述。

图 3.6　点数事件和物体。在“跳数字”游戏中，儿童点数或者感数所见的手指数量，随后跳动相应的次数

零和无穷

5 岁的道恩正在电脑屏幕上输入指令来改变物体的移动速度。指令“设置速度为 100”会让物体迅速移动，“设置速度为 10”则会让移动变缓。她尝试了诸如 55 这样的限速，也尝试了诸如 5 和 1 这样很慢的速度。突然，她激动地召唤小伙伴和教师。参观的西摩 · 佩波特和教师都很费解：什么让她这么激动？没有什么发生啊。

他们发现“没有什么”确实发生了。0！道恩输入了指令“设置速度为 0”，于是物体便停止运动了。道恩说物体正在“移动”，只不过速度是 0。0 是一个数字！不是“什么也没有”，而是一个真正的数字。佩波特认为这样的发现直击数学学习的核心。这个故事也说明了 0 并不是一个明显的概念。0 的创造远远晚于数

数。然而，三四岁的儿童却能够学会使用 0 来表示没有物体。

儿童用不同的方式理解 0，并且建立了特殊的规则来解释这个特别的数字。同样，那些很难理解的 0 的特殊属性也反过来促进了儿童数学的发展。0 在儿童日渐发展的数知识中扮演了特殊的角色，因为儿童必须认识到 0 的规则，这样的经验是建立算术结构普遍规则的基础。

晚餐时，一位父亲询问他二年级的儿子在学校里学到了什么。

儿子：我知道了如果你乘以或者除以 0，答案都是 0。

父亲：如果你用 2 乘以 0，答案是多少？

儿子：0。

父亲：2 除以 0 呢？

儿子：0。

父亲：2 除以 2 呢？

儿子：1。

父亲：2 除以 1 呢？ 2 包含了几个 1？

儿子：2。

父亲：2 除以 $\frac{1}{2}$ 呢？ 2 包含了几个 $\frac{1}{2}$？

儿子：4。

父亲：2 除以 $\frac{1}{4}$ 呢？

儿子：8。

父亲：如果我们除以一个接近 0 的数，会发生什么？

儿子：答案会变得越来越大。

父亲：现在你怎么看 2 除以 0 等于 0？

儿子：这是不对的。答案是多少？

父亲：看起来好像并没有答案。你觉得呢？

儿子：爸爸，答案难道不是无穷大吗？

父亲：你从哪儿知道的无穷大？

儿子：巴斯光年。

（改编自 Gadanidis, Hoogland, Jarvis, & Scheffel, 2003）

在倒数、标记数轴等活动中，一年级学生会呈现出对0各种不同的理解（Bofferding & Alexander，2011）。有些学生会把0作为终点，拒绝标记0左侧的数字，或者给所有0左侧的数字都进行标记。还有些学生在数轴上遗漏0。这提示我们需要更好地与学生交流大于0的数和负数（尽管这部分内容是高年级课程标准所强调的）。

小结

早期数知识包括很多相互关联的方面，包括识别和命名小集合的物体数量（迅速识别小数量就是感数），学习数字名称并且最终能够按序排列数词至10以上，点数物体（如，数词与物体一一对应），理解数数时所说的最后一个数字指代了已数物体的数量，学习使用数数策略解决问题。儿童一般通过各种不同的经验分别学习不同的方面，但是在学前期，他们逐渐将这些方面联系起来（Linnell & Fluck，2001）。如，年幼儿童在关注小集合数量的同时，也在学习唱数，与此同时还处于数字连串的集合点数阶段（开始时并不能做到准确地一一对应）。这些不同能力的增长伴随着各自数技能的使用逐渐变得密不可分：数量识别促进了唱数和感数能力，进一步支持了点数技能中一一对应和基数概念的发展（Eimeren，MacMillan，& Ansari，2007）。熟练的点数技能进一步促进更加高级的感知性感数和概念性感数的发展。这四个方面的发展都是从最小的数字开始，逐渐增加数量。除此之外，每个方面都有各自显著的发展阶段。

如，小数量的识别最先是一至两个物体的非言语识别，随后能够快速识别并区分1—4个物体，最终能够概念性感数更大的（组合）集合。当儿童的感数能力从感知阶段发展到概念阶段时，他们数数和操作集合的能力也一并从感知阶段发展到概念阶段。

经验与教育

从最年幼的儿童到一年级学生，很多从事早期教育的教师都低估了他们数数和学习数数的能力。儿童从幼儿园到一年级期间没能学会一点关于数数的知识，这再经常不过了。课本“介绍”儿童业已掌握的数数技能，花费大量的时间在同一个数字上，如 3，随后变成 4，然后是 5……，通常忽略 10 以上的数字。研究提醒我们必须做出一些积极的改变。

唱数

最初，唱数包括学习 1—10 甚至 20 的数词序列，这对于说英语和西班牙语的儿童是一个任意的序列。其中，有一些明显的规律（Fuson，1992a）。开始时，数词仅仅是一首“演唱的歌”（Ginsburg，1977）。儿童或多或少地从一般语言或 ABC 中学习到一些序列。于是，节奏和歌曲就发挥了作用，尽管需要注意区分每一个单词并且理解每一个单词都是一个数词（如，有些儿童开始时会把两个物体与两个音节相连接“se-ven”）。除此之外，唱数的规律和结构也要予以重视，帮助年幼儿童理解十进制、位值和数词结构（Miller，Smith，Zhu，& Zhang，1995）。让美国儿童比现在更早地熟悉阿拉伯数字也许会起到补偿作用。此外，轶事纪录中用英语单词翻译东亚数词结构的方法也值得推荐（“ten—one，ten—two……two—tens，two—tens—one，two—tens—two……”）。这样做的目的是帮助儿童将十位上的数字与十位数的名称联系起来。如果儿童曾经把早期数学活动当作混乱随意、需要记忆的经验，这样的方法不仅有利于儿童按序计数，而且可以缓解这类经验给儿童信念系统所带来的潜在有害影响（Fuson，1992a）。

如果儿童犯错，则要强调准确性的重要，并且鼓励他们慢慢地仔细数数（Baroody，1996）。可以邀请儿童和你一起数数。然后让他们自己再独立完成一遍相同的任务。如果需要的话，可以让儿童一个数一个数地重复你。“我说完一个数，你说一样的数。‘1’。”（停顿）如果没有回应，重复一遍“1”，然后告诉儿童说“1”。如果儿童说“2”，你就说“3”，如此继续，让儿童重复或接数你说

的数字。如果儿童自己数数时仍旧犯错，可以把这个活动作为每天特殊的“热身”练习。

最后，用“唱数”这个词来替代“机械计数”这个不当的术语。甚至对于年幼儿童，唱数在数字系统中都应该是有意义的一部分（Pollio & Whitacre，1970）。

点数前的语言

数词在命名小集合中扮演着重要角色（见第二章感数），我们要引导儿童参与包含数字的情境，让儿童自觉地意识到数字。如，一个小女孩正和她的小狗坐着，这时另一只小狗走进了院子。她说：“两只小狗！”于是她找妈妈要了“两份食物”款待每一只小狗。再如，研究人员格雷森·惠特利正在用多米诺骨牌和一名4岁的儿童互动。这名儿童会用骨牌建构形状，但并没有注意到骨牌上的点子数量。当他把一些骨牌放在一起的时候，惠特利说：“这两块放一起，因为它们上面都有三个点。”说完之后过了一会儿，儿童仍然在拼搭，但是已经开始注意点子，并且把有相同点数的骨牌放在一起。这就是他理解“3”的抽象概念的开始。研究建议，在儿童开始关注点数之前就应提供诸如此类的多样化的经验。

感数和计数

发展感数概念时，要有意识地尝试将计数与感数的经验相联系。年幼儿童会使用感知性感数作为计数的单位，并建立他们初步的基数概念。如，即使已经数过了集合，儿童第一次对数词基数意义的理解仍然可能来源于对可感数的小集合数量的命名（Fuson，1992b；Seffe，Thompson & Richards，1982）。

我们应该使用多种方法将计数与儿童对小集合数量的识别联系起来。强调数数是知道“有多少”的一条有效的策略：把4个小圆片握在手里，让儿童数出你在手里一共藏了多少个小圆片。用另一只手拿出一个放在儿童面前，让他们看见并注意到这个小圆片。强调计数的数字“1”告诉了我们这里有多少。如此重复，直至数完所有4个小圆片。张开空无一物的双手，问儿童这里原来一共有多少个圆片。同意儿童说的有4个，因为我们数过。用新的物体和新的数字重复游戏，

并且让儿童和你一起口头计数。需要注意的是，在计数时，儿童听到的每一个数词（序数词）都要与观察到的物体集合的数量一致。另一个方法是，让儿童计数可以感数的集合。然后加上或者拿走一个物体，让儿童再数一次。

儿童可以运用感知性感数、计数和模式的能力进一步发展概念性感数。这种更高级的快速分组并计数集合的能力反过来能够支持数感和计算能力的发展。一名一年级的学生向我们解释了这个过程。

> 看见一个3×3排列的圆点，她马上就说“9”。问她是怎么做到的，她回答说：“大约4岁在幼儿园的时候，我要做的只有数数。就像这样1、2、3、4、5、6、7、8、9，我用心记下了每一个数字。5岁的时候也不断反复练习。于是我就知道了这是9，就像这样（手指着排列的9个圆点）。”
>
> ——金斯堡（Ginsburg，1977，p.16）

点数

当然，儿童还需要丰富的数数经验，不仅和别人一起数，还要自己独立数。点数物体需要大量的练习进行协调，让儿童在数数时触摸物体以及把物体排成一列都可以帮助儿童点数。尽管儿童必须在整个数数过程中集中注意努力完成连续的协调练习，但是他们已经准备好了，特别是引入了节奏韵律。这样的过程可以大大提高数数的准确性（Fuson，1988），当你观察到儿童数数出错时，让他们“放慢速度”和“努力数正确”应该是首选的干预方法。有些家长和教师并不鼓励儿童手指物体，或者认为在简单任务中儿童如果使用了一一对应的方法，那么在更加复杂的任务中他们便不再需要辅助性地使用该方法（Linnell & Flunk，2001）。但是，只用眼睛注视会提高错误率，并且这种错误可能会内化。因此，当发现儿童点数错误时，要允许并且让家长鼓励儿童用手指物体作为另一个策略（Fuson，1988，1992a；Linnell & Fluck，2001）。要鼓励有特殊需要的儿童，如，学习困难儿童慢慢地认真点数，把数过的物体移动到另一个地方（Baroody，1996）。

基数概念是在数数教学中最经常被忽略的方面之一，它的作用没有被教师和家长准确领会（Linnell & Fluck，2001）。可以使用上文所述的策略，这些策略是

为了强调序数与基数在不同方面的联系而专门设计的。除此之外，在观察儿童时，教师通常对准确的点数过程表示满意，但很少在点数之后问儿童“有多少”。教师要使用这个问题来评价并促进儿童从点数到基数的衔接和转换。要设法了解儿童的概念形成以及讨论点数的好处和目的，并且创设能够让成人和儿童都有机会生成点数需求的环境。

为了发展这些概念和技能，儿童需要在必须知道“有多少”的情境中获得丰富的经验。家长会问“有多少”，但仅仅当作一个点数数的要求，而不是从点数向基数的转换（Fluck，1995；Fluck & Henderson，1996）。反而，专栏 3.1 中的那些活动强调了所数集合的基数大小。这些活动要求儿童知道基数，并且有些活动隐藏了物体，如此一来要求说出“有多少”就不会被误解为再数一遍的要求。

当有数数的需求时，儿童尤其应该数数。如，让儿童拿 3 块饼干，拿和桌上人数相同数量的吸管，等等。这些情境强调了对复数的意识，特定的基数目标以及数数的活动。从这个方面而言，绝大多数的数数任务都应该强调情境和目标，强调数数的基数结果，而不仅仅是数数活动本身（Steffe & Cobb，1988）。桌子旁有多少把椅子（所以有多少儿童能坐在那儿）？多少儿童在中间？

儿童喜欢数他们爬过的台阶数，尤其是他们能够“完成某事”的次数，如，相互击打皮球让皮球不落地的次数。

当然，儿童喜欢数数，成人甚至完全不明白其用意。数一数有多少个街区？这面墙上有多少块砖？一项研究表明，大班儿童结对点数一些材料，这样的合作点数通过拓展儿童策略的范围和复杂程度促进了个体的认知发展，如，在点数隐藏集合的物体时需要记清别人点数动作的数量（Wiegel，1998）。这些任务是基于数数的发展过程设计的，这是其一个重要特点（Steffe & Cobb，1988）。

根据之前的研究，索菲安评价了一个为促进儿童点数过程中的单位意识而设计的课程，因为对单位的深入理解是今后数学学习的概念基础。从测量的角度出发（Davydov，1975），这些活动强调了我们从点数或其他测量操作中获得的数字结果依赖于所选择的单位，并且一种单位可以组成更加高阶的单位或拆分成更低阶的单位。研究结果在统计意义上中度显著（Sophian，2004b）。

该领域的研究（Baroody，1996）和对积木课程项目的研究建议，当儿童犯错时，如下这些教学策略是有效的。见专栏 3.1。

专栏 3.1 针对特定数数错误的教学策略

一一对应错误（包括记清那些已经数过的错误）：

• 强调准确的重要性，鼓励儿童慢慢地、认真地“每个物体只数一遍”。

• 必要时，要解释数清楚的策略。如果物体可以移动并且在活动中值得这样做，那么推荐把物体移到另一堆或另一个地方的策略。另外，还可以用语言描述计划，如，“从上往下数、从顶部开始一个一个数”，然后一起执行计划。

• 如果儿童返回重新开始计数（如，在环形的排列中）：

①阻止并告诉他们已经数过了这个物体。建议他们从能够记住的一个物体开始（如，“顶上”、“角落”或者“蓝色”的那个——任何在活动中讲得通的一个；如果没有显著标志，那就用一些方法进行标记）。

②当儿童在电脑游戏“厨房计数”（见表 3.1）中点数时，让他们点击物体，同时标记已经数过的物体。如果儿童点击已经标记的物体，就立即提醒他这个物体已经数过。

基数（“有多少原则”）错误：

• 让儿童再数一遍。

• 演示集合的基数原则。也就是说，点数集合时依次指向每一个物体，然后用画圈的手势示意所有物体并说“一共五个”。用简单排列的小集合（可以感数）来演示基数原则（详见第二章的快照活动）。

基数错误（按数取物——知道何时停止）：

• 提醒儿童目标数字，让他们再数一遍。

• 点数集合，说明这不是所要的数字，让儿童再试一次。

• 若取得太少，快速点数现有集合，让儿童增加另一种物体，当他完成时，说“这才是——”。允许儿童添加不止一个物体，只要没有超过总数。

• 若取得太多，让儿童拿走一些物体，然后再数一遍。因此，要快速点数现

有集合，说“太多了。拿走一些，我们还有——”。

•演示一遍。

有指导的点数序列（当上述方法还不够充分时）：

•让儿童一边用手指每一个物体一边大声数数。如果需要，建议给儿童一些如何才能数得清楚的策略。

•如果纠正之后仍旧出错，说“和我一起数”，提出你打算进行示范的数数策略。让儿童手指每一个物体的同时说出正确的数词，这样和儿童一起数完。

•演示基数原则——重复最后一个数词，用画圈的手势示意所有物体，说“这就是这里一共有多少”。对于“按数取物”，强调目标数字，说“5，这就是我们想要的”。

跳数：

•说“再试一次”。（提醒儿童目标数字）

•说“和我一起数，每十个一数”。（如果数物体，每次选择合适的数量）

•说“像这样每十个一数（演示）。现在，和我一起数”。

零的教学

教育能够改变儿童对零的学习。如，和其他幼儿园相比，一所大学幼儿园用一年时间增加了儿童对零的理解（Wellman & Miller，1986）。因为年幼儿童通常有不同的方法来解决包含零的情境和问题（Evans，1983），对术语“零”和符号“0”的使用应该尽早开始，因为它与概念的发展紧密相关——对真实世界“没有”的讨论或不包含任何元素的集合数量。应该有一些这样的活动，倒数到零，用零命名集合（一些不合情理的情况，如，房间里大象的数量），减去具体的物体来制造这样的集合，把零当作最小的整数进行讨论（非负整数）。最终，这样的活动可以引导出一些简单的概括性原则，如，加上零并不改变数值，关于零的知识和其他数字的知识的整合。

语言、数字和点数

小心而持久地应用数词是感数和计数的基础。理解除数量之外其他方面都不相同的同一数字的多种例子和反例是大有益处的（Baroody et al.,2006）。

同样的，有意义地使用数字（“1”或“4”）帮助儿童发展数概念。儿童可能最早3岁最晚6岁就开始使用数词的书面表征，这完全取决于家庭和幼儿园环境（Baroody et al.,2005）。诸如“罐头”之类的数字游戏强调了数量表征，可以激发儿童的学习动机。4个封口的罐头无序排列，里面分别放有数量不同的物体。儿童必须找到物体数量和教师要求相同的罐头。很快，在介绍完这个游戏之后，教师发现了一个新的特点：儿童会在便签纸上写字来帮助他们找到正确的罐头（Hughes，1986）。儿童会使用图像表征或者数字表征。

的确，一些课程使用了不同类型的游戏来发展儿童的计数能力（详见第十五章）。甚至3岁的儿童在成人介绍之后就能成功地和同伴玩这样的游戏（Curtis，2005）。计数和数词命名的教学能够帮助儿童将他们的知识迁移到其他方面，如加减法。但儿童对于某些技能却无法进行迁移，如比较（Malofeeva, Day, Saco, Young, & Ciancio, 2004）。因此，需要在计数的学习路径中加入“赛跑”游戏等其他活动（详见第四章）。

电脑游戏是另一个有效的方法。在引入类似“罐头”之类的数字游戏之后，积木课程的电脑游戏通常会要求儿童通过点击数字来对问题做出回应（数字写在“卡片”上，最初用5个和10个一列的圆点表征），或是读一个数字然后复制相同数量的集合。进行这些活动的儿童比对照组那些同样学习数字的儿童表现更好（Clements & Sarama，2007c）。对于大班或者更年长的儿童，乐高活动也对包括连接数词与数量概念在内的数词使用有类似的促进作用（Clements，Battisa，& Sarama，2001；Clements & Meredith，1993）。

这些活动在教学上有四个显著特点。第一，符号具有儿童能够理解的数量意义，同时建立在语言表征的基础上。第二，最初由儿童自己创造他们的表征方式。第三，这些符号在活动的情境中是有用的。第四，儿童能够在情境与符号之间来回转换。

对于把儿童的注意集中到数量的表征与反思上，书面数符号能够发挥举足轻

重的作用。符号的使用与理解提供了一种促进数字交流的共同的认知模式，尤其对于年幼儿童与更年长的人之间，甚至会成为儿童数字认知模式的一部分，而符号的使用与理解能够对数概念产生影响（Munn，1998；然而芒恩更加强调书面符号，而不是口头语言的符号）。然而，在完全依赖符号沟通之前，应该有具体的情境和数字运算的口头问题解决来为儿童提供丰富的经验，如加减法。在学前班，缓慢、非正式、有意义地使用数字比强调程序而非数量意义的传统方法更加有效（Munn，1998）。

因此，要帮助儿童明确地在每一个口头和书面符号之间建立联系，与“具体感官”（详见第十六章）的数量情境建立联系，鼓励他们将数字作为情境的符号和推理的符号来使用，重点应该放在用数学的方式进行思考，在合适的时候辅之以符号。

数数的学习路径

数数的学习路径比第二章感数的学习路径要复杂得多。首先，很多概念和技能的发展让水平变得更加复杂。其次，数数的学习路径有三个分支，它们是唱数、点数和数数策略。这三方面相互关联又独立发展。如，如果父母只教授了儿童唱数，那么他可能在唱数方面会发展得很好（“我能数到300！”），但是并不能熟练地理解点数。绝大多数水平都涉及点数（也因此没有进一步标明），那些主要涉及唱数的技能被标记为“唱数”，那些开始主要倾向唱数但也能应用于点数情境的技能被标记为“唱数和点数”。那些被标记为“策略”的技能对于支持计算能力尤其重要，并且逐渐与第五章所说的计算策略成为一个整体（甚至完全相同）。（数数是儿童计算能力的一个主要预测指标；详见 Passolunghi，Vercelloni，& Schadee，2007）。

提高儿童的唱数能力，有意义地进行点数，学习日益复杂的数数策略，这些目标的重要性显而易见。［见图3.7，描述了《课程焦点》（CFP）和《共同州立核心标准》（CCSS）的要求。］以这些为目标，表3.1展示了学习路径的另外两个方面，发展进程和教学任务。（注意学习路径表格里所有的年龄都只是大约估计，

因为掌握某项能力的年龄通常在很大程度上依赖于经验。）

学前班

数与运算：发展对整数的理解，包括一一对应、数数、计数和比较的概念（CFP）

儿童发展对整数意义的理解，通过数数识别小集合中的物体数量——第一种也是最基本的数学运算法则。理解数词所指代的数量。使用一一对应点数 10 个及以上的物体。理解点数时所说的最后一个数词表示“有多少”，用数数的方法确定数量和比较数量（使用类似“比……多”和“比……少”的语言）。

幼儿园

数与运算：整数的表征，比较和排序，集合的分解与组成（CFP）

儿童使用包括书面数字在内的方法进行数量表征，解决数量问题，如，点数集合中的物体、按数取物等。选择、联合、运用有效的策略来回答数量问题，包括按数取物、点数合并集合中的数量以及倒数。

点数和基数（CCSS 幼儿园）

知道数字名称和点数序列。

1. 1 个 1 个或 10 个 10 个地数到 100。

2. 在知道的数列中从任意指定的数开始接数（而不是必须从 1 开始）。

3. 书写 0—20 的数字。用 0—20 的书面数字表征物体的数量（0 表示没有物体）。

用点数判断物体数量。

4. 理解数字和数量之间的关系；将点数与基数相联系。

a. 点数物体时，以标准顺序说出数字名称，有且仅有一个数词与每一个物体匹配，有且仅有一个物体与每一个数词匹配。

b. 理解最后一个数词表示所数的物体数量。不论物体如何排列或按何种顺序点数，物体的数量不变。

c. 理解每一个连续的数词指代比前一个数多一的数量。

5. 用点数来回答大约包含 20 个物体的“有多少”问题，这些物体的排列方式可以是

一条直线、长方形、圆形，或者 10 个左右分散排列的物体；指定 1—20 之间的任意数，按数取物。

测量与统计（CCSS 幼儿园）

将物体分类并点数每一类的物体数量。

3. 将物体分成指定类别；点数每一类物体的数量并通过点数将类别排序（将每类物体的数量限制在 10 或 10 以内）。

一年级

数、运算与代数：发展对加减法及基本的事实提取策略的理解（CFP）

在前期小数字理解的基础上，儿童发展整数加减的策略，理解点数与加减运算之间的关联（如，加 2 表示接数 2）。

数与运算：发展对整数关系的理解，包括分解成 10 和 1（CFP）。

儿童理解数词的序列顺序，相对的数量大小，以及在数字线上的表征。

运算与代数思维（CCSS 一年级）。

20 以内的加减。

5. 将点数与加减相联系（例如，接数 2 就是加 2）。

6. 20 以内的加减，显示 10 以内加减的流畅性。使用策略，如，接数；凑 10（如，8+6=8+2+4=10+4=14）；用数的分解凑 10（如，13−4=13−3−1=10−1=9）；运用加减法之间的关系（如，知道 8+4=12，就知道 12−8=4）；以及建立更容易知道总数的等价形式（如，6+7 使用知道的等价形式 6+6+1=12+1=13 来计算）。

十进制的数与运算（CCSS 一年级）

扩展数数序列。

1. 数到 120，从任意小于 120 的数开始。在这个范围里，能够读写数字，用书面数字表征物体数量。

二年级

数、运算与代数：发展对十进制数字系统和位值概念的理解（CFP）

（儿童）理解十进制数字，包括以百、十、个为单位和倍数的计数方法。

在前期小数字理解的基础上，儿童发展整数加减的策略。理解点数与加减运算之间的关联（例如，加 2 表示接数 2）。

数与运算：发展对整数关系的理解，包括分解成 10 和 1（CFP）

理解数词的序列顺序，相对的数量大小，及在数字线上的表征。

十进制的数与运算（CCSS 二年级）

从相同数量物体集合中理解乘法的基础。

3. 确定一个集合中的物体数量（最多 20）是奇数还是偶数。如，运用两个一数的方法配对或点数物体；用两个相同加数求和的等式表示一个偶数。

十进制的数与运算（CCSS 二年级）

理解位值。

2. 数到 1000 以内；5 个、10 个、100 个地跳数。

图 3.7　《课程焦点》（CFP）和《共同州立核心标准》（CCSS）中数数的目标

我们强烈建议你仔细阅读表 3.1 中的学习路径。数数是一个重要能力，这个学习路径的表格远非简单地“展示活动”。表格总结了关于数数不同水平的核心知识以及与之紧密相关的教学活动。学习发展进程，并思考为什么每一个活动能够帮助儿童发展每一个水平的数学思维。

表 3.1　数数的学习路径

年龄（岁）	发展进程	教学任务
1	前数数（Pre-Counter）（口头）没有口头数数。 无序地命名一些数词。	• 我看见了数字：将数词与数量相联系（详见第二章表2.1中的最初水平），数词是数数序列的组成部分。
	唱数（Chanter）（口头）唱“歌”或有时无法区分的数词。	• 口头数数：在不同情境中重复数数序列的经验。其中可以包含唱歌；手指游戏，如“这个老人”；数上下楼梯；只是为了好玩而口头数数（你能数到多少？）。

续表

年龄（岁）	发展进程	教学任务
2	**复述（Reciter）**（口头）分开的数词口头数数，“5”以上不一定按照正确顺序。 “1、2、3、4、5、7。” 物体、动作、数词多对一（大约1岁8个月）或极度死板地一一对应（2岁6个月）。 数两个物体“2、2、2”。 如果知道的数词比物体的数量多，在最后快速地说出数词；如果物体数量更多，“循环”数词（生硬地罗列所有数词）。	• 数数和赛车：随着电脑一起口头数数，每次在跑道上添加一辆车。
3	**复述到10［Reciter（10）］**（口头）口头数到10，有些能够与物体一一对应，但要么继续生硬地一一对应，要么表现出错误（例如，漏数、重复数）。按数取物时，会说出目标数字。 “1（表示第一个），2（表示第二个），3（开始手指），4（停止手指，不过依旧表示第三个物体），5……9、10、11、12、13、15……”。 要求取5个物体，点数3个，说“1、2、5”。	• 数数和动作：让所有儿童从1数到10或一个合适的数字，每数一个数做一个动作。如，“1”（摸头），“2”（摸肩），“3”（摸头），等等。
	对应（Corresponder） 至少对直线排列的小集合物体，保持数词与物体之间一一对应（一个数词对应一个物体）。 ● ● ● ● “1、2、3、4。” 也许用重数一遍的方法回答“有多少”的问题，或者不遵守一一对应或正确数序使得最后一个数词是想要的数词。	• 数数和动作依旧可以发展这个能力。 • 厨房数数：儿童每次点击物体时，电脑也会同时大声报出1—10的数字。如，点击一个食物，数过的食物就会被咬一口。

续表

年龄（岁）	发展进程	教学任务
4	**点数小数量** ［Counter（Small Numbers）］准确地点数至多5个排列成直线的物体，并且用最后一个数词回答“有多少”的问题。当物体可见，尤其是小数量时，开始理解基数。 ●　●　●　● “1、2、3、4……4！”	• 盒子里的骰子：让儿童点数少量的骰子。把骰子放进盒子里，盖上盖子。然后问儿童有几个骰子被藏起来了。若儿童准备好回答，让他们在便签纸上写下数字（或你自己写）并标记在盒子上。把骰子倒出来，和儿童一起数一遍核对。如此用另外不同的数量重复进行。待所有盒子都标记完成，让儿童“找出有3个骰子的盒子”。一旦正确的盒子被打开，说“3个！”。 • 活力比萨2：儿童最多点数5个物体，按照目标数字的要求把馅料放在比萨上。  • 活力比萨之自由探索：儿童通过给比萨添加馅料来探索数数和相关的数量问题。可以给儿童设置挑战和项目，如，让一名儿童做出一个“模型”，让另一人复制，等等。 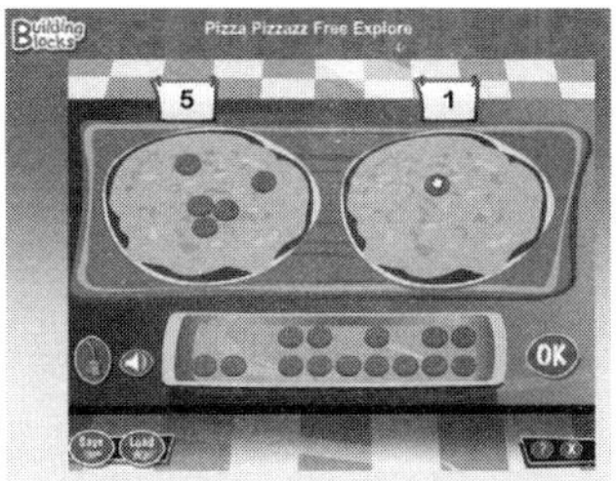 • 少了哪种颜色：小组中的每名儿童选定一种不同的颜色。每人拿5支相同颜色的蜡笔，和分配的颜色一致。确认之后，每人把所有的蜡笔放进同一个盒子里。然后选

续表

年龄（岁）	发展进程	教学任务
4		择一名儿童当“狡猾的老鼠”。每个人都闭眼，“老鼠”秘密地取出一支蜡笔藏起来。其他儿童需要数一数他们的蜡笔，看看“老鼠”偷走了哪种颜色的蜡笔。 ● 越野赛数数游戏：儿童用骰子（实物游戏）或点子（电脑游戏）来确定数字（1—5），然后在棋盘上向前移动相应的格子数。通常不使用电脑进行棋类游戏。 ● 越野赛形状游戏：儿童确定多边形的边数（3、4或5），然后在棋盘上向前移动相应的格子数。
	点数到10［Counter（10）］点数至多10个物体。也许能够写数字来表征1—10。 准确地点数排成直线的9块积木并说出一共有9个。 也许能够判断一个数之前或之后的数，但必须从1开始数。 4后面是什么？“1、2、3、4、5。5！” 正在发展口头数数到20。	● 数数塔（至多到10）：在前一天阅读形状空间。提问在塔的不同部位什么形状比较适合（如，“三角形积木适合做底部吗？”）。用不同的垒高物体来创设情境。鼓励儿童竭尽所能地垒高，数一数自己一共垒了多少块积木。

续表

年龄（岁）	发展进程	教学任务
4		• 数数书：阅读好的数数书，如，安野光雅的数数书。问儿童究竟能用多少块积木垒高塔。为儿童安排指定区域，让他们竭尽所能地垒高塔。让儿童估计他们的塔上有多少块积木。在拆掉之前和他们一起数积木，数量越多越好。然后儿童可以更换区域。阅读最好的数数书之一，莫里斯·桑达克（Maurice Sendak）的《一是约翰尼》（*One Was Johnny*）。讨论房间是如何变得拥挤的，因为当你每数一个数时房间里就多了一个人（随后是少一个人）。让儿童表演这个故事。 • 数数瓶：数数瓶里装着特定数量的物体，让儿童不触摸物体来数数。一直使用同一个瓶子，每周改变瓶子里的物体数量。让儿童倒出物体进行点数，然后把他们数数的结果在便签纸上写下来并展示出来。 • 造楼梯1：在楼梯的轮廓线上增加阶梯，达到目标高度。

续表

年龄（岁）	发展进程	教学任务
4		• 恐龙商店1：确认能够表征格子里恐龙数量的数字。 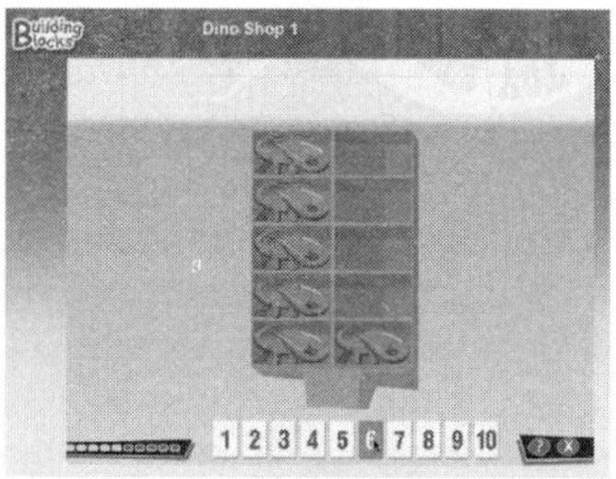 • 恐龙商店之自由探索：儿童通过摆放桌上的聚会用品，探索数数和数字相关的主题。给儿童设置挑战和项目。让一名儿童做出一个“模型”，让另一人复制，等等。  • 数字记忆1——数数卡片：儿童在“专注”的卡片游戏里匹配相同的卡片（每张卡片都包括数字和对应的圆点）。 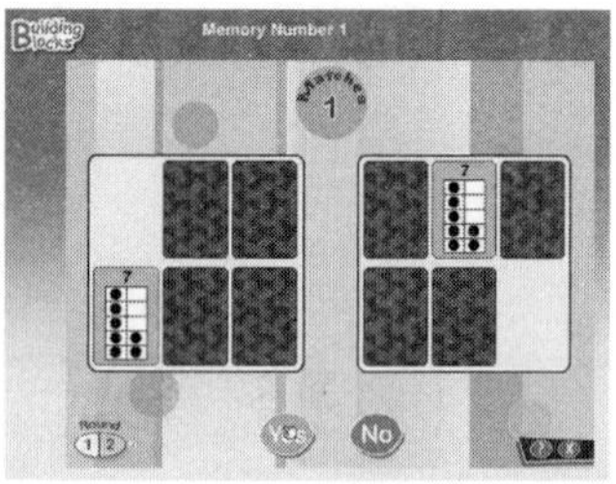

续表

年龄（岁）	发展进程	教学任务
4		• 数字线赛跑：给儿童不同颜色的数字线。其中一名儿童掷骰子，然后向庄家索取相同数量的小圆片，一边数数一边沿着他的数字线放置小圆片。然后，一边再次大声数数一边沿着小圆片移动游戏棋子，直到棋子放在最后一个小圆片上。问儿童谁最接近目标以及他们是怎么知道的。 • 数学中的前和后：儿童判断并选择恰好在目标数字之前或之后的数字。
	取物（小数量）［Producer（Small Numbers）］点数至多5个物体。认识到数数与情境中摆放的物体数量有关。 按数取物：4个物体。	• 数动作：在过渡环节，让儿童数一数跳了几次，拍了几次手，或者其他动作。然后让他们重复相同的动作和数量再做一次。开始时，和儿童一起数动作。随后，示范并解释如何安静地数数。能够理解做多少个动作的儿童将会停止，其他人仍会继续。 • 活力比萨3：儿童在比萨上添加和目标数字数量相匹配的馅料（至多5个）。

续表

年龄（岁）	发展进程	教学任务
4		• 比萨/饼干游戏1：儿童结对游戏。儿童A掷骰子，然后在自己的盘子里放置相应数量的小圆片。儿童A问儿童B“我对吗？”，一旦儿童B同意儿童A是正确的，儿童A便用小圆片在自己的比萨上放上馅料。两名儿童交换角色，直到所有的比萨都被放上馅料。 • 数字火车游戏：儿童识别骰子（实物棋类游戏）或者电脑所显示的数字（1—5），然后在棋盘上向前移动相应数量的格子。 • 派对时间3：儿童在托盘上放置和目标数字数量相匹配的物品（最多10个）。

续表

年龄（岁）	发展进程	教学任务
5	**点数和按数取物10个及以上［Counter and Producer（10+）］**准确点数至多10个物体，然后更多（大约可以30个）。明确理解基数（数字如何告诉我们有多少）。即使在不同的排列中，也能分清已经数过和没有数过的物体。用写字或者画图的方法来表征1—10（然后20，然后30）。 *点数19个散乱的小圆片，数数时通过移动小圆片来准确点数。* 知道下一个数字（通常到20多或30多）。分离数词的十位和个位，并且开始将数词/数字的每一个部分联系到它所表示的数量。 发现别人数数的错误，如果被要求认真尝试，能够消除自己在（手指物体）数数中的绝大多数错误。	● 数数塔（超过10个）：（基本说明详见之前。）为了让儿童数到20甚至更多，让他们用其他的物体造塔，如硬币。儿童尽可能把塔建高，放上更多的硬币，但并不会把已经放好的硬币矫正直。目标是先估计然后通过点数知道最高的塔里有多少枚硬币。为了数到更多，让儿童利用模式造“墙”。他们会尽力建造更长的墙，这会让他们数到更大的数字。 变式： 1.两人游戏，轮流放置硬币。 2.掷骰子决定每次放置多少枚硬币。 3.在任何数字情境下都能采用这个活动。如，当每人扶着塔的两个角时，两名儿童能拿多少个食品罐头，如汤（或者其他重物）？用很大或很小的罐头重复这个游戏。在你的指导下，他们也可以尝试用罐头来造塔（根据大小排序，大的在底部）。 ● 数字跳跳：举起一张数字卡片，然后让儿童先说出数字。和儿童一起多次做你选取的动作（如跳、点头、拍手）。用不同的数字重复游戏。确保使用到0。

续表

年龄（岁）	发展进程	教学任务
5		• 恐龙商店2：儿童在盒子里添加和目标数字相匹配的恐龙。 • 糊涂先生数数：给一个像成年人、有些傻的木偶取名糊涂先生。告诉儿童糊涂先生经常犯错。让儿童帮助糊涂先生数数。他们听糊涂先生数数，发现错误，改正错误，然后和他一起数数，帮助他“回答正确”。让糊涂先生大致按照如下的发展顺序犯错： 1. 唱数的错误 （1）顺序错误（1、2、3、5、4、6） （2）漏数（……12、14、16、17） （3）重复数（……4、5、6、7、7、8） 2. 点数的错误 一一对应错误，如，遗漏物体；数数—手指对应错误，如，说一个数词，但手指物体两次，反之亦然（但手指与物体仍然一一对应）；手指—物体对应错误，如，手指物体一次，但表示多个物体，或对一个物体手指多次（但数数与手指仍然一一对应）。 3. 基数/最后数词的错误 说出错误的数字作为“最终答案”［如，数3个物体，数“1、2、3（正确，但是然后说），一共4个！”］。

续表

年龄（岁）	发展进程	教学任务
5		4. 记不清哪个已经数过的错误 再数一次，如，“回头”或一个物体再数一次。 当物体不是直线排列时漏数物体。 • 数字记忆2——从数数卡片到数字：儿童在电脑或者实物的“专注”卡片游戏里，把有圆点的卡片和相应的数字卡片匹配。 • 数字记忆3——从圆点到圆点：儿童在“专注”卡片游戏里，把格子里的圆点卡片和与之数量相同的散乱的圆点卡片匹配。

续表

年龄（岁）	发展进程	教学任务
5	**从10倒数（Counter Backward from 10）**（口头和实物）能够口头或者在从集合中移动物体时，从10到1倒数。 “10、9、8、7、6、5、4、3、2、1！”	• 数数和动作——向前和向后：让所有儿童从1数到10或其他一个合适的数字，每数一个数做一个动作，然后倒数到0。如，从蹲下开始，然后一点一点站起来，同时数到10。然后倒数到0（慢慢坐下来）。 • 发射：儿童站着从10或者一个合适的数字开始倒数，每数一个数字就往下蹲一点。数到0之后，跳起来欢呼：“发射！” • 疯狂倒计时：儿童按序从10到0点击数字。
6	**从任意数开始数（相邻数）[Counter from N（N+1,N−1）]**（口头和实物）口头或者利用实物从不是1的数开始数（但是仍然记不清数了几个数）。 要求“从5数到8”，数“5 、6、7、8”。 立刻知道之前或者之后的数。 提问“7前面是什么”，说“6”。	• 多一个，接数：让儿童数两个物体。加一个提问“现在多少个？”，让儿童用接数来回答。（前几次可以从1开始数来检查。）再加一个，如此继续直到数到10。换一个不同的数字重新开始。当儿童可以做到的时候，提醒他们“小心！我现在有时候要加不止一个了！”，有时候加2个，甚至3个到集合里。如果儿童看上去需要帮助，使用木偶作为教学策略；如，“嗯，有4个，多1个就是5个，再多1个就是6个。6。就是6个！”。 • 现在几个：在盒子里放物品，让儿童数。提问“现在盒子里有多少个？”，加一个，重复问题，然后用点数全部物品的方法检查儿童的答案。重复，偶尔检查。如果儿童准备好了，有时加两个物体。 变式：在咖啡罐里放硬币。宣布罐子里有一定数量的物体。然后让儿童闭眼，当有添加物体掉进去的时候，用听的办法接数。

续表

年龄（岁）	发展进程	教学任务
6		在不同的情境中重复这个类型的数数活动，一次添加的物体越来越多（0—3）。用故事创设问题情境；如，鲨鱼吃小鱼（儿童作为“鲨鱼”吃掉零食桌上的鱼形饼干），玩具小汽车和卡车在停车场停车，超级英雄把强盗扔进监狱，等等。 • 我想的数是几：拿出一组数卡，从中抽一张藏起来，让儿童猜一猜你藏的是几。当一名儿童猜对时，你可以兴奋地出示卡片；在此之前，告诉儿童他们猜的大了还是小了。当儿童更熟练时，可以问他们为什么会这么猜，如，“我知道4比它大，而且2比它小，所以我猜是3！”。添加线索（如，你猜的比这个数大2），重复这一活动。在过渡环节进行。  • 无敌透视眼2：（见第四章）。 • 造楼梯2：儿童选择合适的一摞单位方块，填进一组楼梯。［“从任意数开始数（相邻数）”的基础］开始使用连接在一起的方块建造楼梯。 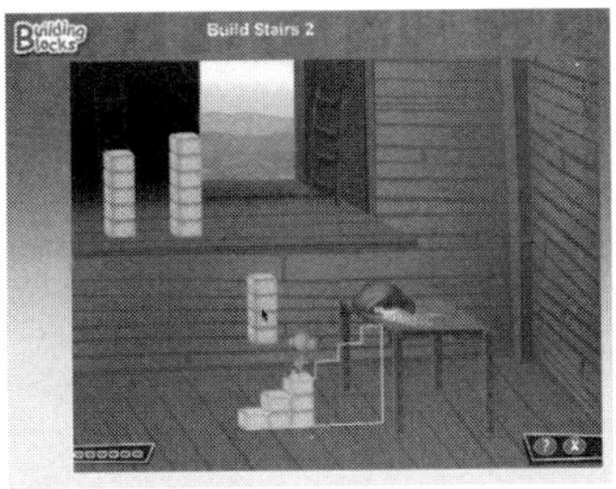

续表

年龄（岁）	发展进程	教学任务
6		• 造楼梯3：儿童识别能够表征在序列中缺少的数量的那个数字。开始使用连接在一起的方块。 • 从海里到岸边：儿童用（简单的）接数来识别数量。在游戏板上向前移动一定的格子数，移动的格子数比5个一行的格子里的点子数多1。用或不用电脑进行该游戏均可。

续表

年龄（岁）	发展进程	教学任务
6	**10个一数至100（Skip Counter by 10s to 100）**（口头和实物）在理解的基础上数到100或以上，如，看出某个数量中10的组群并以10为单位来数（与乘法和代数思维有关，见第七章和第十三章）。 “10、20、30……100。”	• 自己跳数：当全班欢呼“2”的时候（然后4、6……），每数一次一名儿童将双手举过头顶。5个一数的时候，一次举起一只手，如此重复（或10个一数的时候同时举双手）。 • 学校供应商店：儿童每10个一数，直到不超过100的目标数字。
6	**数到100（Counter to 100）**（口头）数到100。能从任意数开始，数到十位数改变的时候（如，从29到30）能正确数下去。 “……78、79……80、81……”	• 数数你上了几天学：从开学起，每天都在教室墙上添加写有数字的胶带，最终可以环绕教室一周。每天都从1开始数，并且添加当天对应的数字。10的倍数用红色书写。偶尔（如，第33天）只数那些红色的数字：10、20、30（十、二十、三十）……，然后继续数剩下的“单个的数”：31、32、33。用两种方法数10的倍数：“10、20、30、40”，也可以“一个10、两个10、三个10、四个10”。
6	**运用模式来接数（Counter on Using Patterns）**（策略）能利用数字模式（空间、听觉或韵律）来记住数了几个。 “哪个数比5大3？”儿童数的时候感受到数了3下，“5……6、7、8”。	• 现在盒子里有几个：（基本规则见上） 建议：教师表现出难以置信的样子，说：“你怎么会知道？你都没看到它们呢！”让儿童解释。 注意：如果儿童需要帮助，建议他们用手指点数，便于区分哪些已经数过。 • 好主意：给儿童呈现一个数字和格子里的点子。从这个数字开始接数，确定总数，然后在游戏板上向前移动相应的格子数。

续表

年龄（岁）	发展进程	教学任务
6		
	跳数（Skip Counter）（口头和实物）在理解基础上2个一数、5个一数。 数物体“2、4、6、8……30”。	• 跳数：除了10个一数之外，用跳数来数成组的物体，如，数鞋子（2个一数）、数全班儿童的手指（5个一数）。 • 书架：在把书放进推车上的时候，从某个数“接着数”（一组10个）。 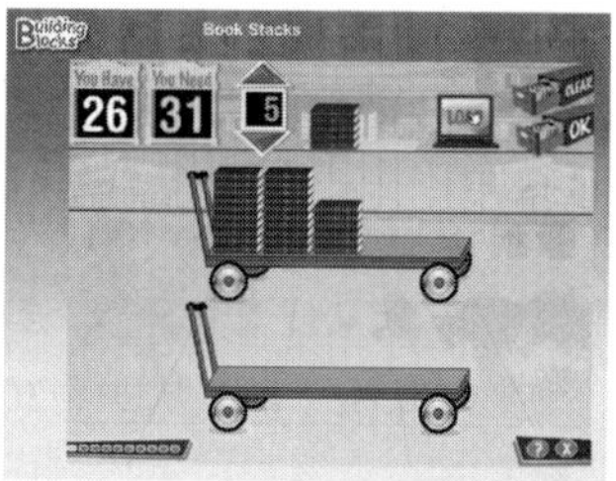 • 轮胎回收：5个一数最多到100，或2个一数最多到40。 
	表象计数（Counter of Imagined Items）（策略）对隐藏物体的心理表象进行计数。 问：“这儿有5根薯条，餐巾纸下还有5根，一共多少根？”说：“5……”，然后对着餐巾纸特定的地方（4个角）点4下说：“6、7、8、9。”	• 藏起来几个：藏起来几个东西，告诉儿童藏的数量，然后出示另外一些东西，问一共有几个。

续表

年龄（岁）	发展进程	教学任务
6	**记住数了几个（Counter on Keeping Track）**（策略）能记住数了几个，最初需借助实物，后来则可以"数自己数了几下"。能从指定数字（正、倒）接着数1至4个。 比6大3的是几？"6……7（伸一根指头）、8（伸两根）、9（伸三根）。9。" 比8小2的是几？"8……7是1个，6是2个。6。"	• 小菜一碟：在游戏板上，用骰子把两个数相加计算总数（总数从1到10）。然后在游戏板上向前移动相应的格子数。鼓励儿童从大数开始接着数（如，3加4，数"4……5、6、7！"）。 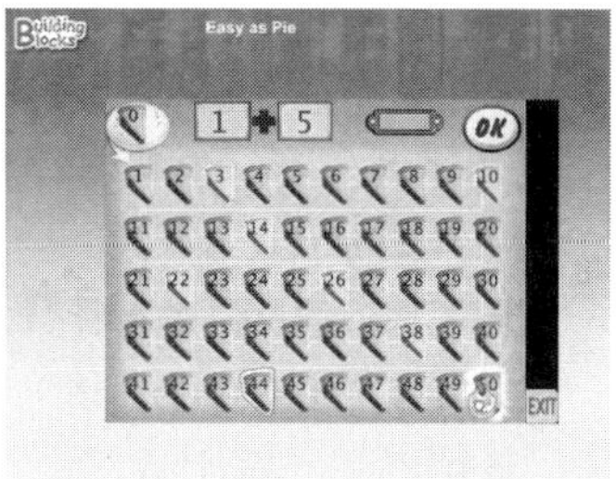 • 很多袜子：把两个数相加计算总数（总数从1到20）。然后在游戏板上向前移动相应的格子数。鼓励儿童从大数开始接着数（如，2加9，数"9……10、11！"）。  • 棒蛋：儿童使用策略来识别三个数中哪两个相加会让他们用最少的次数到达游戏板的终点。通常，这意味着选择最大的两个数相加，但有时其他的组合会让你到达奖励的格子或者避开后退的格子。 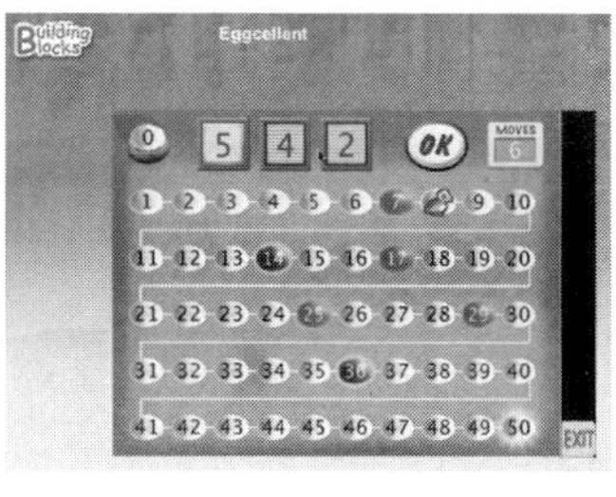

续表

年龄（岁）	发展进程	教学任务
6	**理解数量单位/位值（Counter of Quantitative Units/Place Value）** 理解十进制系统和位值概念，包括以100、10、1为单位计数，以其倍数计数。对10的集合进行计数时，若有必要，能将其分解为10个1。 能根据某个数字所在的数位，判断它的值。 以10和1为单位进行计数。 能用不常见的单位进行计数，如，出现既有整个也有半个的情况时，能以“整个”为单位进行计数。 看到3个完整的塑料鸡蛋和4个半个的鸡蛋，会说一共有5个鸡蛋。	• 几个鸡蛋：出示一些完整的，和一些被分成两半的塑料鸡蛋，问儿童一共有几个鸡蛋。也可在“玩具商店”等情境中进行类似游戏，用其他材料（如，蜡笔和拆开的蜡笔）。
	数到200（Counter to 200）（口头和实物）准确数到200及以上，能识别1、10、100的模式。 “159后面是160，因为50后面是60。”	• 数数你上了几天学：拓展之前的活动（第65页）。
7	**数目守恒（Number Conserver）** 即便面临知觉干扰（如，集合中物体间隔加大），仍始终保持数目守恒（相信数量没变）。 数了2行物体，发现数量相等；其中一行的间隔加大后，说：“它们的数量都没变，只不过那些变长了。”	• 狡猾的狐狸：用动物玩偶讲故事。有一只很狡猾的狐狸，它告诉其他小动物：拿食物的时候，一定要拿两排当中最多的那排。但是，他把食物少的那排铺得很分散，食物多的那排却没有这么做。问儿童怎样才不会被狐狸骗到。
	正数和倒数（Counter Forward and Back）（策略）能数出自己数了几个（连续数或跳数）。认识到十位上的顺序跟个位上的顺序是一样的。	（见第五章，有更多发展此项能力的活动。） • 数学-O-范围：儿童在百数图中识别数字（能够表征比目标数字多10、少10、多1、少1），以显示被部分遮挡的照片。

续表

年龄（岁）	发展进程	教学任务
7	比63小4的是几？“62是1个，61是2个，60是3个，59是4个，所以是59。” 比28大15的是几？“2个10加1个10是3个10。38、39、40，还有3个，所以是43。” 对多位数的认识，能灵活地在顺序视角和组成视角间转换。 能基于理解，倒数20个或以上。	• 算出真相：儿童把1—10的数字与0—99的数字相加，直到达到100。也就是说，如果他们“停在”33并且得到了8，他们必须输入41来达到那个格子，因为在他们走过之前格子并没有用数字标记。

结语

数数是儿童学会的第一个也是最基本的数学运算法则。早期的数数能够预测今后的数学成就甚至今后的阅读流畅性（Koponen, Salmi, Eklund, & Aro, 2013）。应该尽早地好好帮助每一名儿童学习数数——包括数数的所有复杂方面。

第二章描述了感数，本章描述了数数。这些都是儿童用来确定集合数量的主要方法。在很多情况下，他们需要做得更多。如，他们也许希望比较两个数或者将几个数排序。这就是我们在第四章要介绍的内容。

数数对于今后的学习也很重要。因为数数融合了点数、数量关系、位值（第四章）、计算的数数策略（第五章），我们将在这些章节中讨论数数的这些不同方面的能力。

第四章　比较、排序与估计

杰瑞米和他的姐姐杰西正在争论谁的点心比较多。“她的多！”杰瑞米说。“并没有！”杰西说，“我们一样多。”“不，看，我有1、2、3、4，你有1、2、3、4、5。”“听着，杰瑞米。我有块饼干碎成了两半。你不能每半都数。如果你要数，我可以把你所有的都掰成两半，这样你就有办法比我多了。把那两半放在一起数。1、2、3、4，4个！我们的一样多。”

杰西继续争论说她更喜欢一整块饼干而不是两个半块。好吧，这是另一个故事。杰瑞米和杰西的数数方法，你觉得哪一种更好，为什么？在什么情境中你需要数分开的东西，什么情境会让你误入歧途？

第二章介绍了儿童在生命最初几年掌握或发展数量比较能力的概念。然而，在很多情境中，尤其是在那些既可以看成离散数量（可数物体）又可以看成连续数量（数量可分，如物体总量）的情境中，准确地比较是很有挑战的，正如杰瑞米和杰西关于饼干的争论。在这一章，我们讨论比较，以及两个与此紧密相关的行为：排序——必须比较多个数量并把它们从小到大排序；估计离散数量——必须把一个数量和基准相比较或者一种对一定数量物体的直觉感觉（第十一章和第十二章讨论连续数量）。

比较和相等

正如我们在第二章所看到的，儿童在生命的最初几年开始建立集合之间的等价关系很可能只是依靠建立直觉层面的一一对应。尤其当儿童学会数词、感数和数数时，这个能力已经有了相当的发展。例如，在某些日常情境中，早至两三岁的儿童就能准确地比较集合，但对于教师提出的任务，要在两岁半到三岁半之间才会显示出这个能力的萌芽。他们能够成功完成很多不同的任务，如第三章第68页中小学阶段的数目守恒任务。

在数目守恒任务中，即使让儿童分别点数两个集合也并不能帮助他们得到正确的答案。或者要求儿童给两个木偶分配物品，即使教师已经数出了第一个集合的数量，他们仍然不知道另一个木偶所有物品的数量。这样的任务超出了他们的"工作记忆"负荷，儿童不知道如何用数数的方法进行比较。

排序和序数词

数词排序和序数词的数学

数词排序是判断两个数词中哪一个比另一个“大”的过程。在形式上，对于两个整数 a 和 b，如果规定 b 比 a 大，那么在数数中（详见第三章）a 排在 b 之前。任意两个数之间必须满足一种关系：$a=b$，$a<b$ 或 $b<a$。相等在这里表示等价。

也就是说不必“完全相同”（有些比较在这层意义上是相同的，如，6=6），但至少等价（4+2 在数值上和 6 相等）。这样的等价关系具有**反身性**（和自己相等，x=x）、**对称性**（x=y 表示 y=x）、**传递性**（如果 x=y，y=z，那么 x=z）。

我们也可以在“数字线（number line）”上定义（和思考）数词排序——用不同的数字来标识一条线上的点。这为数字提供了几何 / 空间模型。通常，数字线的组成包括一条水平直线和一个被指定为 0 的点。0 的右侧，等距排列着被标记为 1、2、3、4 的点，就像尺子一样。整数用这些点进行标识（见图 4.1）。从 0 到 1 的线段被称为“单位线段”，1 这个数被称为“单位”。一旦我们确认了这些，所有的整数在这条线上就被确定了（Wu，2011）。

因此，当我们定义数字线时，$a<b$ 也表示数字线上的点 a 在 b 的左侧。类似的表述例如 $a<b$ 和 $b>a$ 被称为“不等式”。当整数被用来按序排列物品时，被称为“序数词”。通常，我们使用序数词“第一、第二、第三……”，但不总是如此：“5 号”可以用来标记排在队伍里的人，但却没有序数意义，因为并没有用“第五”来进行表述。

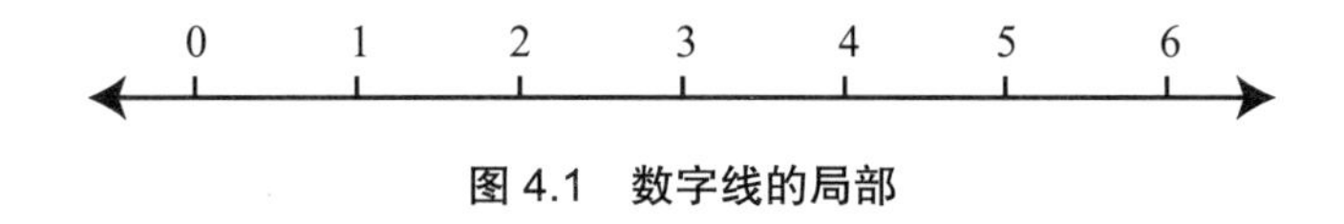

图 4.1　数字线的局部

数词排序

名叫艾的雌性黑猩猩已经学会了使用阿拉伯数字来表征数量。通过点击触摸屏上合适的数字，它能够从 0 数到 9，并且能够将数字 0—9 按序排列。

——川合、松泽（Kawai & Matsuzawa，2000）

数词排序的能力对于学前儿童而言当然也不是太具有发展的挑战！而且，较早地进行关于“哪个多”的对话对所有年龄阶段的儿童都有好处。第二章中指出儿童能够发展他们天生的近似数量表征系统（ANS）的能力。比较不同集合的数量可以加强儿童的近似数量表征系统，并且应该成为经常发生的非正式经验的一部分（Libertus et al.，2011b）。应该使用和发展诸如“多”和“少”（圆点）或“长”和“短”（距离或时间的长度）之类的词汇。研究表明，这样的经验可以加强儿童对近似数量表征系统的使用，对其今后数量和计算的学习都大有益处。多通道感知的冗余（intersensory redundancy）——如，你看见一个球不停弹跳，看得越久，听见的噪声越多——可以帮助年幼儿童注意到数量（Jordan et al., 2008）。

把数字排序和数数相联系（详见第三章）的时候，我们可以判断 a 和 b 是否是整数，如果 b 比 a 的位数多，那么 a<b（所以 99<105）。如果 a 和 b 的位数相同，从左往右比较第一个不同的数字，如果 a 的比 b 的小，那么 a<b（215<234）。

使用这种推理的能力明显需要很多年的发展。当然，儿童也不一定使用我们所描述的这种方法来进行数量比较。儿童会发展出使用感数、配对及数数的方法进行数量排序的能力。如，四五岁的儿童就能够回答诸如“哪个更多，6 还是 4？”这样的问题。和中等收入家庭的儿童不同，低收入家庭的 5 岁和 6 岁儿童也许都还不能判断两个数中哪个更大，如，6 和 8，或者哪个数字更接近 5，6 还是 2（Griffin, Case, & Siegler,1994）。和更具优势的同伴相比，他们并没有发展出表征数量的“心理数线（mental number line）”。（尽管有人认为心理数线是一种天生的“引导程序”能力，但事实并非如此。我们能够感知数量，虽然不是所有的都是空间数量，但必须通过经验建立心理数线。Núñez，2011；Núñez, Doan, & Nikoulina, 2011。）所有儿童都必须学会这样的推理：如果两个集合的点数结果是 9 和 7，那 9 的集合比较多，因为 9 在数数序列中排在 7 之后。

找出一个集合比另一个多（少）几个的难度要高于简单比较两个集合哪一个更多。儿童必须理解较少物体集合的数量是包含在较多物体集合的数量之内的。也就是说，他们必须在心里建构较大集合的“一部分”（和较小集合相等），这部分是无法用视觉表征的。然后，他们必须判断“另一部分”或较大的集合，并

且找出多少物体包含在“剩余总量”之内。

序数词

序数词通常（但不必须）包含表示序列或排列位置的词，如，“第一、第二……”。同样的，序数词有不同的特点（如，序数词的意义和它们所表述的序列相关）。绝大多数典型美国家庭的儿童很早就开始学习诸如“第一”“第二”“最后”之类的词语，但是却很晚才开始学习其他序数词。东亚的语言在基数词和序数词上使用相同的词语，这能够帮助那些儿童尽早地学习序数词（Ng & Rao，2010）。

估计

估计并不仅仅是“猜测”——它至少是一种受过数学教育的“猜测”。估计是一个要求对数量进行粗略的暂定评价的问题解决的过程。估计有很多种类，加之通常对估计和（胡乱的）“猜测”的混淆，导致了对这一技能的糟糕的教学。最常被讨论的估计种类是：估测、估数和估算（Sowder，1992a）。估测，如，“这个房间大约有多宽？”将在第十一章和第十二章进行论述。估算，如，“17×22大约是多少？”已经被广泛研究（详见第六章）。估数通常包括的程序与策略和估算的程序类似。如，为了估计电影院里的人数，人们需要选取一个样本区域，统计在此区域内的人数，然后乘以电影院里这样区域的估计数量。早期的估数也包含着类似的程序（如，尝试“想象10个”在瓶子里，然后每10个一数），甚至根据基准（10“看起来像这些”，50“看起来像那些”）或只凭直觉进行直接的单一估计。另一种估计是“数字线估计”，如，在任意长度、给定端点（假定1到100）的数字线上标记数字的能力。构建这种心理结构的能力对于年幼儿童尤其重要，因此我们下面要开始介绍这种估计能力。

数字线估计

建立起日渐熟练的“心理数线”是一项重要的数学目标。这种能力支持着计

算、估计以及其他数学过程的发展和表现。在学习心理数字列表之后，第一个技能也许就是形成数字的线性表征。但是，绝大多数人倾向于夸大数字线开始一端的数字间距，因为对于那些数字更加熟悉，同时低估数字线末端的数字间距。因此，并不是如图 4.1 所示的那般在数字线上表征数字，由于对小数字有更多的经验和更高的熟悉程度，人们倾向于如图 4.2 所示的那般表征数字。（想一想，对你而言，一千和一百万“间隔多远”，十亿和万亿是否也类似地间隔，还是说，它们仅仅是“非常大的数字”。）

提高儿童的数字线估计能力对于提高他们的表征能力，进而提高数知识，具有广泛的积极影响。而且，与高收入家庭学前儿童相比，低收入家庭学前儿童的估计能力揭露了他们在理解数字大小上的缺陷。因此，帮助低收入家庭儿童学习数字线估计尤为重要。

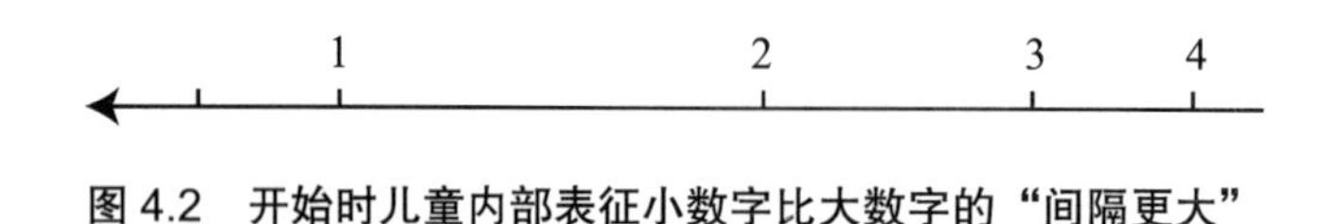

图 4.2　开始时儿童内部表征小数字比大数字的“间隔更大”

估数

一旦儿童学会了感数（第二章）和数数（第三章），他们还能够估计集合中的物体数量吗？也许会让你感到惊讶，并不能。儿童需要很好地学习这些基础技能，并且构建数字和“基准”集合的心理表现，来帮助他们准确地进行估数。

经验与教育

数字比较

为了比较数字，儿童需要了解数数结果的重要性。为了帮助他们形成概念，可以提供多种有意义的任务和情境（可做一些熟悉的日常比较，如食物的数量），这一过程中数数是一项必须完成的相关策略和推理。在这些比较的情境中提示儿童进行数数，然后验证数数可以得出正确的判断。

当然，儿童还必须意识到如何利用数数来比较两个集合的数量。他们必须能够思考：“我数了6个圆形和5个正方形，所以圆形更多，因为我们数数的时候6在5的后面。”为了达到这个目标，儿童还必须理解每一个数字在数量上都比它之前的数字多1［回顾第三章，第60页的“从N开始数（N+1，N−1）”水平］。

甚至在被认为“简单的”情境中，语言如果运用得好，都能够变得出人意料的复杂，并且能够支持学习。告诉一名5岁的儿童她有7分钱，问她能够买些什么（Lansdell，1999）。随后，儿童用了“多一个”这个短语；也就是说，一个价值8分钱的东西比她所有的钱“多一个”。然后，对于价值少一分钱的物品，她说她有“比少一个多一个”。她认为她可以用7分钱买那个物品（价值6分钱）。教师给了她7分钱让她拿着，这个女孩自言自语地思考说：“没问题，可以买这个东西。”随后，教师介绍了找零（change）的概念：“你还剩下一分钱，对吗？一分钱找零。真是太棒了。”教师后来又问女孩如果买5分钱的商品会有什么结果，那个女孩说：“我有两分钱找零。”

第二天，她对这个词语有些困惑，但不是因为概念。教师纠正了她的说法，肯定了她计算的准确性，同时示范了正确的说法。很快，从那之后，change（兑换）被用来表示把美分（pennies）兑换成其他硬币。令人印象深刻的是，小女孩依旧能够更加自信地正确使用change的两种意思（找零和兑换）。

研究表明，非正式的谈话和语言是这种互动中最为重要的方面，对于数学术语的澄清和介绍也很重要。很多数学术语可能含混不清，通常是由于它们可能还包含非数学的其他含义。教师封闭式的问题和直接的陈述帮助儿童理解特定的新的数学含义。除此之外，开放式的问题帮助教师了解儿童的概念和意义。

因此，教师需要知道这些潜在的含义模糊的词语，在儿童理解概念之后再向他们介绍新的词语和意义，并且在使用这些词语的过程中小心谨慎、保持一致。为了达到这一目标，我们需要观察儿童对这些词语的使用，建构儿童自己的语言，在实践经验中讨论其新的含义（Lansdell，1999）。

顺序和序数词

序数词也许比点数的基数词更加难以理解，同时这两组数词通常很难联系起来①。然而，一些日常活动还是很容易进行的，这些活动中包含一些重复的经验，如，问儿童在队伍里谁排第一、第二、第三，还可以明确地讨论序数词与基数词的对应关系（如，“谁是第二个？‘第二’表示队伍里的二号”）以及计划一些包含着这种关系的活动。如，在搭建积木课程（Clements & Sarama，2007c）中，儿童使用连接起来的方块建造并标记楼梯，在电脑里则使用正方形和数字。同时，楼梯会少一层或几层。这些活动鼓励儿童注意到第二层楼梯是数字2（有2个方块），以此类推。总结性评价表明，该活动对儿童有关顺序关系和序列的理解及技能有很深刻的积极影响。

儿童还可以通过观察添加和取走物体所造成的结果，学习有关的顺序关系（Cooper，1984；Sophian & Adams，1987）。可以积累一些加减小数量（尤其是重复的加上/减去1）的不同经验。对于那些有困难的儿童，包括学习障碍儿童，类比会很有帮助。如，如果儿童无法判断哪一个集合数量更多，把数量和儿童的年龄相联系，如，“杰克7岁，苏5岁，谁大？……你是怎么知道的？”。

最后，这样的经验帮助儿童理解和运用数目守恒。出人意料的是，策略的多样化（使用不同的方法解决问题）也能够帮助儿童完成数目守恒任务（Siegler，1995）。该研究包含3种训练条件：反馈正确性，反馈时要求证明自己的推理，以及反馈时要求证明**研究者**的推理。最后一种训练条件最为有效（尽管反馈/解释的要求相互混杂，最后一种条件可以看见别人的观点和对正确回答的解释）。儿童使用多种类型的解释，而且对研究者推理的解释比对自己推理的解释更加多样化。因此，语言表达和策略多样化的好处是显而易见的。

数字线估计

对于小学一、二年级的儿童，让他们在数字线上标记数字也许会有帮助，但

① 这在英语中是个问题，one、two、three和first、second、third确实无法对应，但对于中文则不存在这个问题，基数词之前加上“第”就变成序数词。——译者注

对于年幼儿童就比较困难了。棋类（“竞速”）游戏能够发展所有儿童的数字线估计能力，以及数量级、数数和数字识别能力，也应鼓励家长在家和孩子玩游戏。棋类游戏［“竞速”类游戏，如，糖果乐园（Candyland）或爬坡与梯子（Chutes and Ladders）］之所以有益，是因为它们为儿童在数字排序和比较数字大小时提供了多种线索（Siegler & Booth, 2004）。在游戏中，方框里的数字越大就表示儿童移动棋子的距离越远，儿童移动的格子数就越多，儿童所说的数词就越多，游戏进行的时间就越长。棋类游戏能够比较容易地和室内活动成功地整合在一起，乃至在学前班阶段（Ramani，Siegler，& Hitti，2012）。

值得注意的是，通过数字线估计提高数感（number sense）并不是让儿童完成“数字线”任务或者用数字线解决问题。数字线模型的使用实际上对于儿童来说是非常困难的，也许是因为儿童很难理解点和距离（矢量）的双重数字表征（Gagatsis & Elia，2004）。对于幼儿园儿童，印好的数字线并不是一个简单或者明显的工具（Skoumpourdi，2010）。

估数

尽管有研究者表示已经成功地通过活动促进了儿童估数能力的发展，但另外一些研究取得的有限效果也提示，对于学龄早期在这些活动上花费大量的时间应当持谨慎态度。小学阶段的任何年级都最好遵守以下一些指导原则。第一，确保感数、数数，特别是数字线（像棋类游戏的路径）估计这些技能有比较好的发展。感数技能至少应发展到小数量水平，数数和数字线估计技能至少应发展到可估计数量的水平。第二，帮助儿童较好地发展并理解基准（“我知道 10 个小圆片看起来是什么样子”）。同样地，基准最初也许可以在数字线估计任务中受益发展，随后扩展到包含那些数量的物体集合的表象（不同的排列方式，详见第二章）。第三，在一个很短的教学单元中，应该更多地期待在学习路径的一个水平内获得发展。第四，确保儿童学会把数量和数字联系起来，这对于计算也很重要。这项技能对于发展日益复杂的基本计算组合（“事实”）的策略十分重要（Vanbinst, Ghesquiere, & Smedt, 2012）。再一次强调，精确的识别（感知性感数和概念性感数）

和粗略的估计都对今后的计算学习有所帮助（Obersteiner, Reiss, & Ufer, 2013）。

数的比较、排序、估计的学习路径

与数数类似，数的比较、排序、估计的学习路径十分复杂，这是因为有很多概念和技能的发展进程，同时每一个子领域都有很多子路径。

该领域目标的重要性对比较、排序和估计的一些方面（关于多位数的比较详见第六章，长度的比较详见第十章）而言显然易见。这些目标在《课程焦点》（CFP）和《共同核心州立标准》（CCSS）中涉及的部分详见图 4.3。

以这些为目标，表 4.1 展示了学习路径的另外两个方面——发展进程和教学任务。（注意学习路径表格里所有的年龄都只是大约估计，因为掌握某项能力的年龄通常在很大程度上依赖于经验。）

学前班

数与运算：发展对整数的理解，包括一一对应、数数、计数和比较的概念（CFP）

儿童通过匹配集合和比较数量，使用一一对应的方法来解决问题。用数数的方法确定数量和比较数量（使用类似“比……多”和“比……少”的语言），并且根据物体数量将集合排序。

幼儿园

数与运算：整数的表征，比较和排序，集合的分解与组成（CFP）

儿童使用包括书面数字在内的方法进行数量表征，解决数量问题，如，对集合的数量进行比较并排序。

点数和基数（CCSS 大班）

比较数量

6. 识别一个集合中的物体数量和另一个集合相比，是更多、更少，还是相等，如，使用匹配和数数的策略。（所包含的集合至多有 10 个物体）

7. 比较 1—10 之间以书面数字表征的两个数字。

一年级

数与运算：发展对整数关系的理解，包括分解成 10 和 1（CFP）

儿童对整数（至少到 100）进行比较和排序，发展对这些数字相对大小的理解，并解决有关的问题。理解数词的序列顺序，相对的数量大小及在数字线上的表征。

十进制的数与运算（CCSS 一年级）

理解位值

3. 基于十位和个位的意义，比较两个两位数，用 >、=、< 记录比较的结果。

二年级

数、运算与代数：发展对十进制数字系统和位值概念的理解（CFP）

儿童发展对十进制数字系统和位值概念（至少到 1000）的理解。他们对十进制数字的理解包括以百、十、个为单位和倍数的计数方法，以及对数量关系的理解，这可以通过不同方面展现出来，包括数字的比较和排序。

十进制的数与运算（CCSS 二年级）

理解位值

4. 基于百位、十位和个位的意义，比较两个三位数，用 >、=、< 记录比较的结果。

测量与统计（CCSS 大班）

测量与估计标准单位长度

3. 使用英寸、英尺、厘米、米等单位估计长度。

图 4.3　《课程焦点》（CFP）和《共同核心州立标准》（CCSS）中数的比较、排序、估计的目标

表 4.1　数的比较、排序、估计的学习路径

年龄（岁）	发展进程	教学任务
0—1	**多对一的对应（Many-to-One Corresponder）** 比较：将物体、单词或动作进行一一对应、多对一对应或者混在一起。 在一个点心模中放入好几块积木。	• 非正式的匹配：提供丰富的感知、操作环境，其中包括能引发匹配活动的物体。
2	**一一对应（One-to-One Corresponder）** 比较：将物体严格进行一一对应（2岁时）。会使用诸如“多”、“少”或“相等”这样的词语。 在一个点心模中放入一块积木，如果积木有剩余，会设法去找更多的容器，并将剩余的积木一一放入。 隐约意识到“多于/少于”的关系，但仅限于比较小的数量（从1岁到2岁）。	• 激发一一对应：提供能激发一一对应活动的物体（如，用来放鸡蛋的托盒和刚好相配的塑料鸡蛋）。 • 一一对应：讨论儿童做出的，或者可能会做出的对应。“每个玩具娃娃都有一块积木可以当座位了吗？”“每名儿童都有喝的了吗？”
	物体对应（Object Corresponder） 比较：将物体进行一一对应，不过可能并没有充分理解这一举动是在创造相等量（2岁8个月）。	• 一一对应拼图：提供小积木或者简单形状的拼图块，每个拼图块或者积木都会被放在拼图中一个对应的洞中。 • 刚刚好——配对：让儿童将两组刚好能进行配对的物品进行匹配，如，一支画笔配一个颜料罐。在这个水平上，将两组物品分两堆摆放，让儿童一对一地进行匹配。

续表

年龄（岁）	发展进程	教学任务
	给每个饮料盒插入一根吸管（吸管有剩余时并不担心），但是并不知道吸管和饮料盒的数量是相等的。	• 摆餐具：让儿童给玩具娃娃或者玩具动物摆餐具，可能的话在娃娃家区域进行，使用一个真的或者模拟的餐桌。儿童应该为玩具娃娃或者玩具动物布置好足够的纸盘（玩具盘）、餐巾、餐具。和儿童讨论，让他们认识到一一对应其实是在创建相等的组："如果知道了其中一组的数量，那么也就知道了另一组的数量。" 其他一些会让儿童感到有趣的情境还包括，每个棒球队的队员都有一顶帽子或其他类似的问题。
2	**感知比较（Perceptual Comparer）** 比较：比较数量差别非常大的集合（如，一个至少是另一个的两倍）。 出示10块积木和25块积木，能指出25块积木那一堆更多。 如果两组物品数量相近，那么数量要很少。比较时能使用"一""二"这样的词语。（2岁8个月） 对数量分别为2和4的两组物品进行比较时，能指出4个物品的那组数量更多。	• 非正式比较：在许多不同的情境中，非正式地讨论哪个更多，如，比较两个建筑的砖头数量或者两堆石头的数量。 • 活力比萨1：让儿童选择匹配的比萨。
3	**第一、第二的序数计数（First-Second Ordinal Counter）** 序数：能识别出序列中的"第一"以及"第二"个物体。	• 是谁先：和儿童讨论谁希望成为一列中（或上场击球等）的第一位和第二位，逐渐扩展到更大的序数。
	对相同的物品进行非言语的比较（Nonverbal Comparer to Similar Items）（1—4个物品）	• 公平吗：将小数量的物品分给两个人（玩具娃娃、玩具动物），让儿童判断是否公平——如果两个人都有数量相等的物品。

续表

年龄（岁）	发展进程	教学任务
3	比较：对含有1—4个物品的集合进行口头的和非口头的比较（“仅通过看”）。物品必须相同。可以使用表示数量的词语，如，用“二”和“三”进行小数目集合的比较（3岁2个月），能使用“三”或者其他词语（3岁6个月），能将顺序关系从一个集合迁移到另一个集合。 能认识到···和···是相等的，并且和··与··是不同的。	• 比较圆片：提前在一个盘子里放两个小圆片，在另一个盘子里放四个小圆片。用一块黑布盖住有四个小圆片的盘子。向儿童展示两个盘子，其中一个被盖住。告诉儿童把手放在腿上，仔细安静地观看，然后教师快速地掀起遮盖，这样他们就能和另一个盘子进行比较。问儿童：“这两个盘子里的圆片数量一样吗？”
	对不同的物品进行非言语的比较（Nonverbal Comparer to Dissimilar Items） 比较：对小数量的相等集合进行对比，能说出它们的数量是相等的。 比较三个贝壳和三个点子，然后会说出“它们数量相同”。	• 比较不同的东西：同上，选择不同的物品进行比较。
4	**匹配比较（Matching Comparer）** 比较：通过匹配对包含1—6个物品的集合进行比较。 给每只狗一根玩具骨头，并能说出狗和骨头的数量相等。	• 匹配比较：让儿童确定勺子和盘子的数目是否相等（或者其他类似的情景），必要时提供反馈，和儿童谈论如何“确定”以及如何想出的。 • 晚会时间1：让儿童将晚会使用的餐具和餐垫进行匹配，练习一一对应。

续表

年龄（岁）	发展进程	教学任务
4		• 金发姑娘和三只熊：阅读或者讲述《金发姑娘和三只熊》的故事，讨论故事中熊和其他东西的一一对应。提问：“故事中有几只碗？”“几把椅子？”“你怎么知道的？”然后再问：“有没有足够的床给熊睡？你怎么知道的？” 总结一一对应能够创建相等的组。也就是说，“如果知道了一个组中熊的数量，那么也就知道了另一个组中床的数量”。 让儿童在区域活动时间再次阅读故事，并对其中的道具进行匹配。
	计数比较（相同大小）[Counting Comparer（Same Size）] 比较：通过计数进行准确的比较，但是仅限于数量比较少并且大小相同的物品（1—5个）。 将两堆积木（每堆有5个）进行计数，并说出这两堆积木数量相同。 一组物品数量多而尺寸小，另一组物品数量少但是尺寸大的时候，儿童在比较两组数量时会犯错。 能准确数出两个数量相等的集合所包含的物品数量，但是问到儿童时，他们会说物品尺寸大的那组数量更多。	• 比大小游戏：儿童两人一组进行游戏，需要两套或者更多的牌（1—5）。教儿童洗牌（将所有的牌面向下，打乱顺序放在一起），然后把牌平均分给两名儿童（一人一张轮流发牌），两名儿童的牌都牌面向下放着。 两名儿童同时翻看自己最上面的那张牌，然后比较谁的牌大。 牌面点数大的儿童要说“我的大”，然后把对手的牌收过来。 如果两张牌点数相等，那么两人同时翻开下一张牌比较大小。 直到所有的卡片都被比较过，游戏结束，手中牌多的儿童获胜。 

续表

年龄（岁）	发展进程	教学任务
4		开始时使用有数字和点子的卡片，随后使用只有点子的卡片。开始先使用数字比较小的，慢慢向大数目过渡。也可以在电脑上玩这个游戏（好比下面这个游戏）。 • 数字比较1——点和数：在这个比较游戏中，儿童要比较两张卡片，选出其中点数大的。  • 快速比较：提前将三个小圆片放在一个盘子中，将5个小圆片放在另一个盘子中。用一块深色的布盖在有5个小圆片的盘子上。给儿童出示两个盘子，其中一个盖着布。请儿童仔细安静地看，把手放在膝盖上。快速揭开盘子上的布，请儿童比较两个盘子里的小圆片。两秒钟后重新把布盖上。问儿童“两个盘子里的小圆片数量一样多吗？”，如果儿童说“不是”，继续询问“哪个盘子里的小圆片多？”，让儿童指出盘子或说出小圆片数量。“哪个盘子里的小圆片少？”必要的时候，再次揭开盘子上的布。不再盖上布，问儿童每个盘子里各有多少个小圆片。让儿童了解5比3多，因为数数的时候5在3的后面。

续表

年龄（岁）	发展进程	教学任务
4	**心理数线（5以内）（Mental Number Line to 5）** 数字线估计：有感性经验支持时，能够联系自己数数的经验，利用这些知识来确定相对的大小和位置。 在一端为0另一端为5的线段上，能将3放在中间。	• 谁年龄大：问儿童2岁和3岁哪个年龄更大，在需要时提供反馈。让儿童解释他们是怎么知道的。 • 竞赛游戏：使用数线板进行棋盘游戏（数线板上排列着10个相邻的方格，方格里依次写着数字1—10），用骰子掷出数字“1”或“2”，然后用棋子在数线板上移动相应的数量，一边移动一边说出在数线板上经过的数字。 • 计数行进游戏：识别出点框中的点子数（1—5），然后在游戏板上向前移动相应数量的步数。  • 形状行进游戏：判断左下角框里的图形有几条边（3、4或5），然后在游戏板上向前移动相应数量的步数。  • 少了哪一层：给儿童呈现一个用小立方体搭成的逐层增加数量的积木塔，1、2、3、4、3、2、1，让儿童闭上眼睛，然后抽掉第一个3块那一层。然后问儿童“少了哪个？”，“为什么这么说？”，“他们数了吗？”，出示取走的那一层，数一数立方体的数量。

续表

年龄（岁）	发展进程	教学任务
4		重复玩这个游戏，这次抽走第二个3块那一层。然后问儿童少了哪一层，为什么这么说。 • 造楼梯3——少了哪一层：儿童可以在电脑上玩这个游戏。游戏中的楼梯少了一层，儿童需要确定这层楼梯的数字。  • 数字火车游戏：儿童识别出数字并在游戏板上向前移动相应数量的步数。在电脑或者实物棋盘上进行这个游戏，有助于儿童建立数的相对大小的知识。 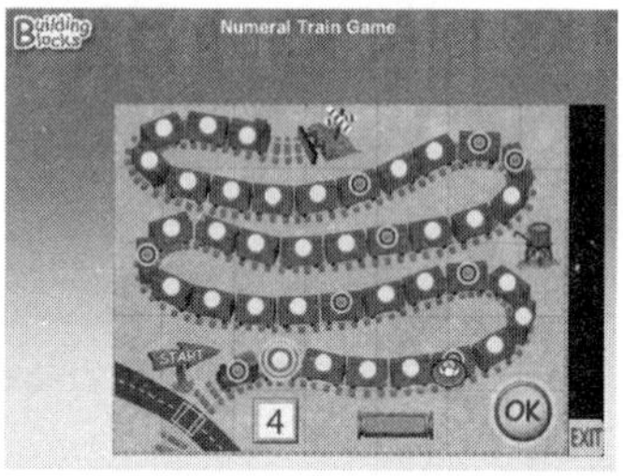
5	**计数比较（5）［Counting Comparer（5）］** 比较：通过计数进行比较，当数量较多的集合中物品尺寸较小时，能通过数数说出到底哪种物品多哪种物品少。 能准确数出两个相等的集合，并说出它们数量相等，即使其中一个集合中的积木尺寸更大一些。	• 记忆游戏——数字：两名儿童一组进行游戏，需要一套点卡和一套数卡。将卡片牌面向下分两列摆放，游戏者轮流选牌，翻开，然后出示。如果卡片不匹配，那么将卡片牌面向下放回。如果两人的卡片匹配，那么游戏者就将牌自己保存。

续表

年龄（岁）	发展进程	教学任务
5		 • 找数字——比较：开始活动前，把几块比萨（纸盘子）遮盖起来，每个上面都用不透明的遮盖物盖着，每块比萨上面都有数量不等的香肠片（小圆片）。给儿童呈现一个有3片或者5片香肠的比萨，然后让儿童在遮盖物下面找到匹配的比萨。 • 刚刚好——计数：让儿童将两组刚好能配对的物品进行匹配，如，给桌旁的每名儿童发一把剪刀。在这个水平上，儿童需要去另一个房间取剪刀，因此他们必须数数。这里也可以进行“摆餐具”游戏（参看上面）——确保儿童进行数数。
	序数计数（Ordinal Counter） 使用序数数数：能识别并使用“第一”到“第十”的序数词。 能识别出谁是“这一行的第三个”。	• 序数建筑公司：儿童通过移动建筑物两层之间的物体学习序数的位置。 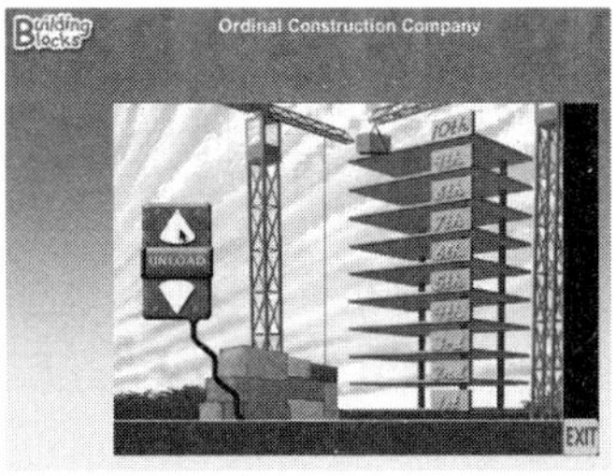

续表

年龄（岁）	发展进程	教学任务
5	**空间范围的估计——小/大（Spatial Extent Estimator-Small/Big）** 估数：用“小数”（1—4）表示所占空间较小的一组物品，使用“大数”（10—20，或者更大的数）表示占空间大的。儿童对数字表示的“少/多”有自己的判断，这个认识也会随着需要估计的（即TBE）集合的大小而变化。 将9个物品散放着，给儿童呈现1秒钟，然后问有多少。儿童会回答“50”。	• 估数罐子：将物品放在盖好盖子的透明罐子里，就像之前的“数数罐子”活动一样。告诉儿童现在它是“估数罐子”，要开始估计罐子里的物品数，将儿童估计的数字和他们的名字写在便签纸上，然后贴在罐子上。到了周末，把罐子里的东西倒出来数一数，比较一下估计的数目和实际数出的数目。开始时使用比较大的物品，因此5—10个比较适合，随后变成比较小的物品（因此数量更多）。让儿童在周末讨论他们进行估数的策略，鼓励他们使用基准进行估数（“我知道10大约这么多，所以我想，10、20、30……”）。
	计数比较（10）［Counting Comparer（10）］ 比较：当数量较多的集合中物品尺寸更小时，能通过数数说出到底哪种物品多哪种物品少。集合中的数目可以到10。 能准确数出两个含有9个物品的集合，并说出它们数量相等，即使其中一个集合中的积木尺寸更大一些。	• 比大小游戏：儿童两人一组进行游戏，需要两套或者更多的数卡（1—10，含有点子和数字，随后可以使用只有点子的）。将所有的牌面向下洗牌后分别发给两名儿童。两名儿童同时翻看自己最上面的那张牌，然后比较谁的牌大。牌面点数大的儿童要说“我的大”，然后把对手的牌收过来。如果两张牌点数相等，那么两人同时翻开下一张牌比较大小。直到所有的卡片都被比较过，游戏结束。

续表

年龄（岁）	发展进程	教学任务
5		• 糊涂先生——比较：告诉儿童糊涂先生需要别人帮助他进行比较。比较物品尺寸不同的集合，例如，教师出示4块积木和6个尺寸更小的小物件，然后假装是糊涂先生，说“积木的个头大，所以肯定是积木的数量多”，让儿童数一数到底哪组数目多，并解释为什么糊涂先生错了。 • 积木塔——哪个多哪个少：呈现两座塔，一个在地板上用8块相同的积木搭成，另一个在椅子上用7块同样的积木搭成。问儿童哪座塔更高。讨论儿童在比较过程中使用的各种策略，进行总结，虽然椅子上的塔很高，但是从塔底到塔顶的高度比较短，因为和地上的塔相比，椅子上的塔所用的积木要少一块。
6	**心理数线（10以内）（Mental Number Line to 10）** 数字线估计：能够利用内部表象和数的关系的知识来确定相对大小和位置。 4和9中哪个数更靠近6?	• 比大小游戏：（见上文） • 少了哪一层（同上，1—10） • 我想的数是几：使用1—10的数字卡，选择并藏起来一个数字，告诉儿童藏了一张数字卡，让他们猜测是哪张，当有儿童猜对时，很高兴地揭开那张卡片。如果儿童没有猜对，告诉他们猜的结果是大于还是小于藏起来的卡片上的数字。 随着儿童玩得越来越熟练，问他们为什么这样猜，如，“我知道藏起来的卡片上的数字比4小比2大，所以我猜它是3”。 重复这个游戏，增加一个线索，如，“你猜的数字比我的数字大2”。在过渡环节做这个游戏。 • 火箭发射1：让儿童估计1—20中离目标数字最近的数字。

续表

年龄（岁）	发展进程	教学任务
6		 • 太空竞赛：儿童从一堆不断变动的数字中做选择，选择的这个数字可以让他在这个游戏面板的数字运动中到达最后目的地。较好的数字往往是（但不一定）两个数字中较大的一个。 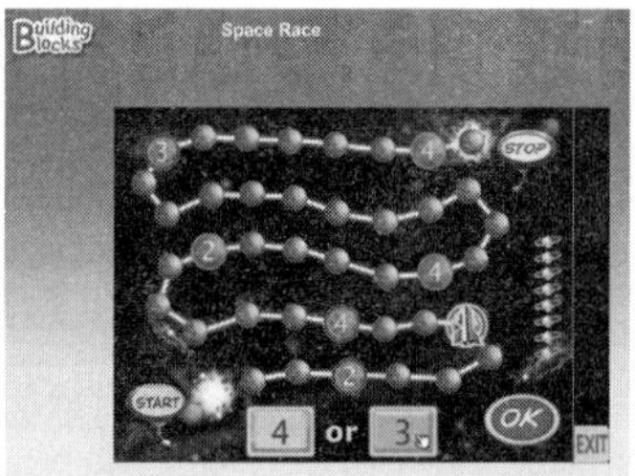
	6以上的排序（Serial Orderer to 6+） 比较/排序：数字和集合（先从包含数目小的集合开始）的排序。 给1—5个点子卡片排序。 按用单位来表征的长度排序。 给1—10块立方块组成的塔排序。	• 造楼梯1：让儿童用相连的立方块建梯子。鼓励 他们数一数每阶梯子需要多少块立方块，请他们说出数字。 延伸：让儿童藏起梯子的某一阶，然后你指出哪一阶被藏起来了，然后再把它插进去。 让儿童打乱阶梯顺序，再按顺序排好。 

续表

年龄（岁）	发展进程	教学任务
6		• 造楼梯2：按顺序补充楼梯中空缺的部分。  • 造楼梯3：在数字序列中指出所缺的数字（楼梯序列中所缺楼梯的方块数）。  • 排点卡：把点卡1—5按从左到右的顺序放在儿童面前，让儿童描述这种模式。让儿童大声数出这些点卡上的点子数目，当你持续将后续的点卡放入这个序列时，让儿童预测下一个数字是什么。儿童最终可以自己在数学区将这些点卡按顺序排列。 • 无敌透视眼1：将数卡按1—10的顺序从左到右排列在儿童面前，并跟儿童一起大声唱数这些数字。然后将这些卡片按原来的顺序背面朝上放着。 让一名助手任意指向一张卡片，使用透视眼（实际是从1数到这一张，以明确它是几），告诉儿童这张卡片上的数字是几，助手将卡片翻过来展示给儿童看，证明你答对了，然后再将卡片翻过去。

续表

年龄（岁）	发展进程	教学任务
6		用另一张卡片重复进行此活动。 指某一张卡片，让儿童用同样的方式使用他们的透视眼。提醒儿童哪里是1，然后指向2，让儿童自发地回答他觉得这张卡片是几，然后翻过卡片来看是否回答正确。 • 无敌透视眼2：这个活动变式鼓励儿童正数和倒数数字。 将数卡按1—10的顺序排列，并和儿童一起数它们。 然后将卡片按顺序背面朝上放，告诉儿童这是无敌透视眼的新玩法，在儿童猜测后将卡片翻过来给他们看。 指向任何一张卡片，让儿童使用他们的无敌透视眼回答卡片上的数字是几。然后将卡片翻转过来给儿童看他们的回答是否正确，并让卡片正面朝上放着，告诉儿童你这样做是有用意的。 指向正面朝上卡片右边的卡片，让儿童使用他们的透视眼判断这张卡片上的数字是几。问儿童他们是怎么知道的。和儿童讨论可以从这张面朝上的卡片往前数。 让这两张卡片都正面朝上，用这些卡片右面的扣放的卡片重复此游戏。

续表

年龄（岁）	发展进程	教学任务
6	**空间范围估计（Spatial Extent Estimator）** 估计：扩展物品的类别和数量，从小的数（通常是被感知到而不是估计），到中等的数（如10—20）和大的数。需要估计物体的排列形式会影响估计的难度。 给儿童展示散开的9个物体一秒钟，并问他们有几个，儿童回答："15个"。	• 估数罐子：（同上） • 估计有几个：在专门设计的教学情境里（如，全班集体活动时，展示一张有一定数量点子的大图表），或者其他情况（如，操场上的一群鸟），然后让儿童估计物体的数量。与儿童讨论估计的策略，可以让一些儿童说出自己的策略，然后鼓励他们将这些策略应用于新的情境。
7	**位值比较（Place Value Comparer）** 比较：通过理解位值含义来比较数目。 "63比59大，是因为6个10大于5个10，即使9比3大。"	• 快照比较：用位值模式进行比较。 也可参见第六章位值活动。
	心理数线（100以内）（Mental Number Line to 100） 数字线估计：使用心理表象和数字之间关系的知识，包括十进位制，来确定数字的相对大小和位置。 提问："哪个数字离45更近，30或50？"答："45离50近，只是差了5，但是30不是。"	• 我想的数是几：（同上，但是口头进行或者使用一个空的数线——一个以0—100以内某数字开头，然后用儿童的估计来填满数线）。 • 火箭发射2：让儿童估计1—100以内离目标数字最近的数字。 • 很多袜子：儿童加两个数字以找到总数（1—20），然后在游戏中前进到相应数字的位置。尽管这个活动及下一个活动主要教授加法知识，但是在游戏板上（1—50，随后50—100）的移动同样有助于儿童建立心理数线。 

续表

年龄（岁）	发展进程	教学任务
7		•算出真相：儿童将1—10的数值加上0—99的数值，得到一个100以内的总和。也就是说，如果他们在33上，并且得到一个8，就必须输入41才可以到达指定位置，因为格子上是没有数字的（至少在儿童移动经过之前）。这对儿童发展心理数线尤为重要。 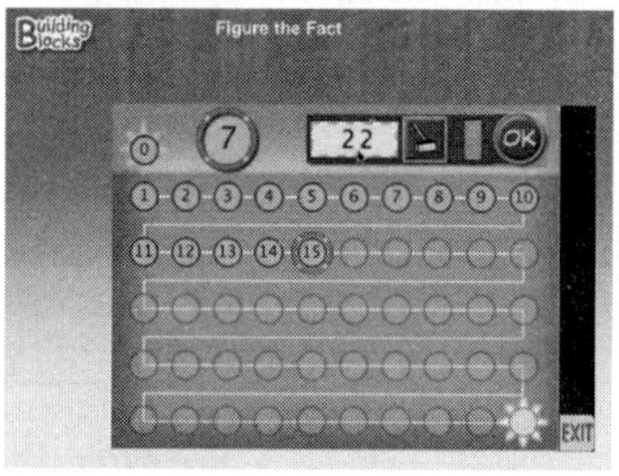 第六章的位值活动和其他高水平的学习路径中的活动也可以很好地发展此能力。
	通过直觉性量化的扫视估计（Scanning with Intuitive Quantification Estimator） 估数 给儿童展示散开的40个物体一秒钟，并问他们“有几个”，儿童回答：“大约30个。”	•猜猜有几个：（同上）
8	**心理数线到千（Mental Number Line to 1000）** 数字线估计：使用心理表象和数字关系的知识、数值知识等，来确定数字相应的大小和位置。 提问：“2000和7000哪个数字更接近3500？”回答：“70是两倍的35，但是20仅仅和35差15个，所以100个20，2000更接近。”	•我想的数是几：（同上，0—1000） •火箭发射3：让儿童估计1—1000中离目标数字最近的数字。 

续表

年龄（岁）	发展进程	教学任务
8	**基准估计（Benchmarks Estimator）** 估数：起初，点数要估计物体的一部分，把这个数字作为估计的基准点，估计下一个数目。后期，运用粗略地看的策略来确定基准点。 看到11的时候，说："它比20更接近10，所以我猜是12。" 在一秒内展示45个分散的物体，问："有多少个？"回答："大约有5个10，50个。"	•估计有几个：（见上）在这个或下个水平的游戏中强调策略的使用。
	组合估计（Composition Estimator） 估数：起初，在看到一个规则的排列时，运用感数来确定子集的量，运用重复相加和倍数来进行估计。然后，可以扩展到不规则的排列。最后，还能把要估计的物体分解和划分为合适的子集，然后运用乘法重新组合，以估计出数字。 展示散开的87个物体，让儿童估计，儿童回答："这些大概是20个，20、40、60、80，80！"	•估计多少个：（见上）在这一水平上强调策略的使用。

结语

在很多情境中，人们希望比较、排序或估计物体的数量，还有另一种常见的情境，包含把集合以及集合的数量放在一起或者分开，这些加减的运算将是第五章的重点。

第五章　计算：早期加法与减法及数数策略

亚历克斯，5岁。她的弟弟，保罗，3岁。

亚历克斯跳着进入厨房并宣布：当保罗6岁时，我就8岁了；当保罗9岁时，我就11岁了；当保罗12岁时，我就14岁了（一直数到保罗18岁，她自己20岁）。

父亲：天哪！你究竟是怎么算出这些的？

亚历克斯：这很简单。你只要数“3—4—5”（说到“4”的时候很大声，还一边拍着手，说出结果时也非常有节奏感，轻—响—轻的模式），然后数“6—7—（拍手）—8”，接着数“9—10—（拍手）—11”。

——戴维斯（Davis，1984，p.154）

这是超常儿童才具有的卓越表现吗？还是说，这预示着所有年幼儿童都具有学习计算的潜力？若是如此，那么计算的教学可以多早开始？又应该多早开始呢？

最初的计算

我们发现，儿童在生命初期就具有对数量的感知。同样，他们似乎也有对计算的感知。如，如果增加了一个物体，婴儿好像能预料到物体多了一个。图 5.1 就是这样的实验。5 个月的婴儿，首先看到屏幕后藏了一个玩偶，随后看到有一只手把另一个玩偶放到屏幕后，当移走屏幕显现的结果是错误时，婴儿看的时间比起看正确结果的时间更长一些（违反期望的程序；Wynn，1992）。

有关感数（第二章）以及早期计算的研究表明，婴儿能够直观地以单个物体（他们能“跟踪到的”）而非数群的方式表现小的数目（如，2）。相对地，他们却以数群的方式而非单个物体表现大数目（如，10）——但是，他们可以合并这类数群，并能直观地预测出确切的结果。如，5 个小圆点为一组，显示有两组被合并到一起——想象在图 5.1 中摆放玩偶的位置上有 5 个圆点，随后从屏幕下方滑入另外 5 个圆点——婴儿可以区分 5（错误结果，同下页图 5.1 中“不可能”的结果）和 10（正确结果）两种结果。同样地，2 岁儿童的表现表明，他们已经明白增加使数量变多，拿走使数量减少。他们所使用的直观的数量估计可能是天生的，并有助于后期精确计算的发展。然而却没有表明这一直观的数量估计能力直接造成和决定了明确且准确的计算。

在许多研究中，研究者认为儿童在 3 岁左右就开始明确理解小数目的加法和减法。然而，直到 4 岁时大多数儿童才能够准确地解决稍大一点数目的加法问题（Huttenlocher，Jordan，& Levine，1994）。

大多数儿童得到约 5 岁半时才能在有实物的情况下解决大数目的问题。然而，这并非发展上的不足，而是受到经验的限制。随着经验的获得，3—6 岁儿童都可以学习“数全部”，甚至是“接着数”的基本策略。

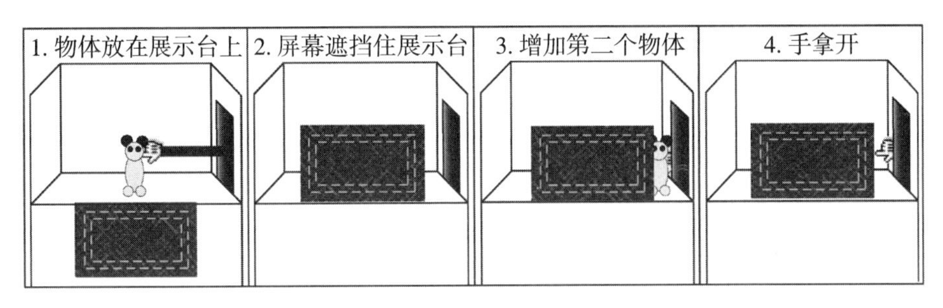

随后……

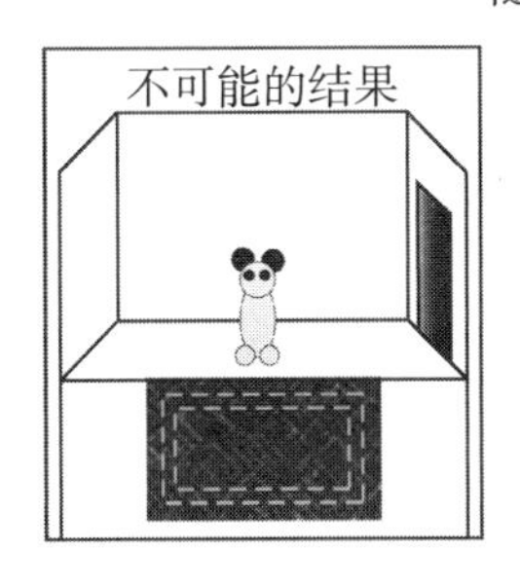

图 5.1　5 个月婴儿对增加一个物体的敏感度实验

计算：数学的定义与属性

在数学领域，可以根据数数来界定加法（Wu，2011）。它把计算与数数联系起来（特别是量的增加，也就是接着数，1 加上一个数字）。3 + 8 的总和就是从数字 3 开始数 8 个数字后的整数结果：3……4、5、6、7、8、9、10、11（Wu，2011）。尽管以下这个任务可能让人难以接受，但 37+739 的总和就是从数字 37 开始数 739 个数字后的数字——37……38、39……774、775、776。总体而言，任何两个整数 a 和 b，其总和就是从数字 a 开始数 b 个数字的结果（Wu，2011）。

我们也可以间隔着数数。如，我们间隔 10 数 10 次，那就是 100。相同的，间隔 100 数 10 次，就等于 1000，依次类推。所有这些都符合我们在第三章、第四章中所了解的数数内容。因此，计算 47 + 30 可通过以 10 为间隔的数数来解决——47……67、77。位值是计算的基础，这个问题我们将在第六章中再做讨论。

从计算最初的发展来看，具有两个属性：

1. 加法结合律：（a + b）+ c = a +（b + c）。如，通过心理加法策略使计算

得以简化，4 + 4 + 6 = 4 + （4 + 6） = 4 + 10 = 14。

2. 加法交换律：a + b = b + a。年幼儿童往往难以明确理解这些定律，但却能直觉地使用这些定律（然而，一些研究表明，儿童在数数中使用交换律时能够理解交换律的概念，Canobi，Reeve，& Pattison，1998）。如，交换律，试想一个空玩具盒里放进了多少辆玩具车，如果是取决于先放进卡车还是放进轿车，是一件多怪的事。

减法并不遵循这些定律。从数学意义上来看，减法是加法的逆运算；也就是说，减法是以相反数（加法逆元）−a 表示任何数字 a，a + −a = 0。又或者说，以 8 − 3 为例，不同之处在于需要求的数字，几加上 3，结果是 8。所以说，c − a = b 意味着 b 就是使算式 a + b = c 成立的那个数字。因此，尽管有点复杂，但仍可以把（8 − 3）看作（5 + 3） − 3 = 5 + （3 − 3） = 5 + 0 = 5。还有就是，由于我们知道减法和加法是一对逆运算，因此可以认为：

8 − 3 = □

就相当于：

8 = 3 + □

减法也可以通过数数来直观地理解：与加法不同的是，8 − 3 是从数字 8 开始往回数 3 个数字后获得的整数——8……7、6、5。因此，如果问“8 − 3 等于几？”，其实就相当于问“几加上 3 等于 8？”。并且，从数字 8 往回数 3 个数字后得到（8 − 3）的结果——8……7、6、5。这个过程与减法“拿走”的概念是一致的。所有这些概念都是相同的，对于我们来讲很自然。但对于儿童来说，要理解减法的所有这些概念都是“同一回事”，却要花很多时间和练习。

因此，加法和减法都可以通过数数来理解，这也是儿童进一步学习这些算术运算的方式。儿童理解运算的此种方式便是本章的重点。

加法和减法问题的结构（以及其他影响难度的因素）

在大多数计算中，数字越大，问题的难度越大。即使是个位数的计算问题，

也是如此，原因在于个人进行算术运算的次数以及个人必须运用到的运算策略。例如，儿童解决被减数（从“整体”减去的那部分）大于 10 的减法问题时，比起解决被减数小于 10 的减法问题时，会使用更为复杂的策略。

除了数字的大小外，问题的类型或结构也是决定问题难度的主要因素。问题的类型取决于未知数及其所在的情境。共有四类不同的情境，详见表 5.1 中的四行内容。表中双引号内的名称被认为是在班级讨论时最有用的。每一行中的类型，在具体问题中都有三种变型，任何一种变型都有可能是未知数。有些题目中，如，“部分—部分—整体”问题中的未知部分，事实上，未知的部分在不同的情境中并没有本质的区别，因此这种情况并不影响题目的难度。另外一些题目，如，加入问题的结果未知，中间数未知，或开始数未知，则难度的差异很大。结果未知的问题比较简单，中间数未知的问题中等难度，而开始数未知的问题是最难的。这在很大程度上是由于儿童所面对的每种类型的情境模拟或“行动”逐步增加的难度。学习这些问题类型可以有效地对任何词语上的问题进行分类。

表 5.1　加法和减法的问题类型

类型	开始数/部分未知	中间数/差未知	结果/和未知
加入（“加的变化”） 加入的动作增加集合中的数量。	**开始数未知** □ + 6 = 11 艾尔有一些球，随后他又有了6个球，现在他有11个球，那么一开始他有多少个球？	**中间数未知** 5 + □ = 11 艾尔有5个球，他又买了些，现在他有11个球，那么他买了多少个球？	**结果未知** 5 + 6 = □ 艾尔有5个球，他又有了6个，那么他总共有多少个球？
分开（“减的变化”） 分离的动作减少集合中的数量。	**开始数未知** □ − 5 = 4 艾尔有一些球，他给了巴布5个球，现在他有4个，那么一开始他有多少个球？	**中间数未知** 9 − □ = 4 艾尔有9个球，他给了巴布一些，现在他有4个，那么他给了巴布多少个球？	**结果未知** 9 − 5 = □ 艾尔有9个球，他给了巴布5个，那么他还剩下多少个球？

续表

类型	开始数/部分未知	中间数/差未知	结果/和未知
部分—部分—整体（“集合”） 两个部分形成一个整体，但没有具体的动作——未知数的情境是静态的。	**部分（“组成”）未知** 10 6 10 6 艾尔有10个球，一些是蓝色的，6个是红色的，那么蓝色的球是多少个？	**部分（“组成”）未知** 10 4 10 4 艾尔有10个球，4个是蓝色的，其余的是红色的，那么红色的球是多少个？	**整体（“总共”）未知** 4　6 4　6 艾尔有4个红球和6个蓝球，那么他一共有多少个球？
比较 比较两个集合中对象的数量。	**较小数未知** 7 2 艾尔有7个球，巴布比艾尔少2个球，那么巴布有几个球？ （较难的表达方式：“艾尔比巴布多2个球。”）	**差未知** 7 5 “将得不到”：艾尔有7条狗和5根骨头，那么有多少条狗将得不到骨头？ 艾尔有6个球，巴布有4个球，那么艾尔比巴布多几个球？ （也可以说成：巴布少几个球？）	**较大数未知** 5　2 艾尔有5个弹球，巴布比艾尔多2个，那么巴布有几个弹球？ （较难的表达方式：“艾尔比巴布少2个弹球。”）

计算的数数策略

大多数人在解决计算问题时都能发明自己的策略，年幼儿童的策略尤其具有创造性和多样性。如，学前班到一年级的儿童能发明并使用各种隐蔽的和明显的策略，包括数手指、手指模式（如概念性感数）、口头数数、回忆（“刚好知道”

固定的组合）、推断组合（“推断事实”，如，“双倍加 1”：7 + 8 = 7 + 7 + 1 = 14 + 1 = 15）。儿童是灵活的策略家，会根据他们对题目难易程度的理解使用不同的策略。

模拟和数数策略

策略常出现在儿童模拟问题情境时。也就是说，学前班和幼儿园那么小的儿童也能运用实物或图画（详见第十六章中“操作物和具体表征”的内容）的方法来解决问题。来自资源较少社区的儿童在解决口头问题时会更困难一些。

数数策略

3—4 岁的学前儿童在听故事的过程中被问问题，如，帮助一名面包师。让儿童数一排物品，然后把这排物品藏起来，并增加或减少 1 个、2 个、3 个物品。让儿童先预测结果，然后再数一数进行确认。即便是 3 岁的儿童也能理解预测与数数确认预测结果之间的差异。所有儿童都能由加法或减法给出一个数字，这个数字一定与加法数量增加、减法数量减少的原理一致。儿童还会做出其他合理的预测。他们通常都能数正确，并且答案对于预测来说是完全准确的（Zur & Gelman，2004）。

从发展的角度来看，大多数儿童最初使用的是“数全部”的方法。如下页图 5.2 所示，5 + 2 的情境中，使用这一策略的儿童会数所有的物品形成一个包含 5 个东西的集合，然后再多数 2 个东西，最后，数出所有的物品——如果他们不数错——就能报告结果“7”。这些儿童一旦理解了故事中的语言和情境，他们就会自然而然地使用数数的策略来解决故事情境中的数字问题。

儿童掌握了这些策略后，他们最终则会简化地使用它们。4 岁的儿童会开始自行使用“接着数”的方法；如，解决前面的问题时会这样数，“5……6、7。7！”，拖长音地数 5 可能代替了原本一个一个地数。这个就像数了 5 个东西的集合。一些儿童一开始使用的是传统的策略，如“简化—求和”的策略，即类似数全部的策略，但只数一次；如，在解答 4 + 3 的问题时，数 1、2、3、4，……，5、6、7，

并得出答案7。重要的是，儿童在这样的情境中可以通过一个中介平台持续数（Tzur & Lambert，2011）。他们需要有能力预见从一个集合中的数字开始数数，直到持续数到第二个集合中的数字后停下的数数行为（特别是当集合中的物品并不存在时）。

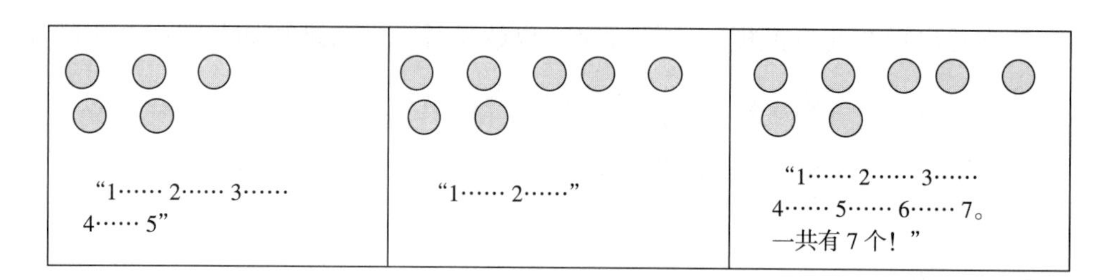

图5.2 使用“数全部”方法解决加法问题的过程（5+2）

随后，儿童通常会接着使用“从大数开始数起”的策略，大多数儿童一旦发明了这个策略后就会乐意使用。如，呈现2 + 23这样的问题，这个通过数数可以予以解决的问题，经常能给儿童提示，发明或采用这一策略。因此，数数技能——特别是复杂的数数技能——在计算能力的发展过程中具有重要作用。数数可以简便而快速地预测儿童在幼儿园及后期的计算能力。知道下一个数字（详见第三章“从任意数开始数”的水平）也可以预测儿童在小学一、二年级时算术成绩和加法运算的速度。

针对递增数集的“接着数”，以及相对应的针对递减数集的“倒着数”，对于儿童来说是很有效的计算策略。然而，却是算术刚开始发展时的策略。在未知增加量的情况下，儿童采用“往大的数”来找到未知增加量。如果原来有6个东西，现在有9个东西，儿童则会通过数数得知增加的量，“6……，7、8、9，是3个”。如果9个东西减少后还剩下6个，儿童则会从9倒着数到6来算出减少的量（分开的中间数未知），如下表述：“9、8、7、6，是3个。”然而，倒着数，特别是数大于3的数，对于大多数儿童来说都是困难的，除非他们在这方面具有很好的能力。

相反，全世界很多地方的儿童都学会用“往大的数”到总和来解决减法问题，

因为儿童觉得这样更简单。如，应用题“桌上有 8 个苹果，孩子们吃掉了 5 个，现在还有几个？”的问题可以通过以下思考予以解决，“我从 8 个里拿走 5 个，所以 6、7、8（每数 1 个伸出一根手指），那么在 8 个里还剩下 3 个”。当儿童充分认识到可以通过把 6 个东西放回去，并从 6 数到 9 求得减少的量（如，9 − □ = 6），他们开始建立减法是加法逆运算的概念，并了解可以用加法代替减法。这一概念需要好几年才能逐步建立起来，但可能在学前阶段就萌发了，在有效指导下幼儿园儿童也能够使用。

元认知策略与其他知识

即使是解决简单的应用题，除了知晓数数策略之外，还需要更多的能力。儿童必须具备对语言的理解，包括对词义和语法的理解，还要熟悉语言所表述的情境。并且，应用题的解决都是在特定的社会文化背景之中，同时，这些背景也会影响儿童解答应用题。如，不好的教学会使儿童采用无效的“对应策略”，或教儿童使用找“关键词”的方法，如，找到问题中“剩下”或“减少”的词，然后根据文中的内容，从较大的数字中减去较小的数字。当然，如果问题是：弗兰克拿掉了 3 块饼干，还留有 7 块，那么最开始他有多少块饼干？那么前文中提到的方法就不管用了。

当儿童认识到没有即时策略解决问题时，他们通常不会运用“启发式的”，或一般策略或其他表述来解题。启发式的教学，例如“画一幅画”或“把问题进行分解”并未显著有效。然而，元认知或自我调节的教学，通常包括启发式的内容，却表现得更有利于解题（Verschaffel, Greer, & De Corte， 2007）。第十三章会聚焦这方面的问题解决过程。

小结

婴幼儿对于一些成人视为算术的情境非常敏感。他们可能会具备一些与生俱

来的数感能力，但局限于非常小的数字，如，2 + 1。此外，他们也可能会跟踪个别物体。但不管怎样，相对于传统皮亚杰所描述的，婴幼儿拥有一个更为丰富的算术基础。

随着年龄的增长，儿童会借助实物以及感知和 / 或数数来解决较大数字的问题（但还是不够大，如，3 + 2）。随后，儿童发展的是基于前期问题解决策略的更为高效的数数和组合策略。儿童学会从特定的数字开始数（而不是只从 1 开始数），生成该数字前面或后面的数，并能在数列中形成数的序列。儿童会思考数字序列，而不仅仅是说出它（Fuson，1992a）。这样的思考可使儿童的数数能力成为问题解决的有效表征工具。因此，教育者应当学习儿童使用数数策略以及解决问题的过程，以此了解儿童在不同年龄阶段的优势和不足。儿童学习的内容应包括复杂的知识、理解，以及技能发展，通常还应包括一系列策略的综合运用。学习的策略越复杂，选用的策略越有效，那么运用策略的速度和准确性也会逐步提高。（NMP，2008）。

经验与教育

每个年龄阶段的儿童都应有机会学习算术。在美国，实际上应当以儿童现有的感知、建模和数数能力为基础，让所有儿童有比现行的加法和减法学习更好的机会。然而，这一现状却如此普遍，因此这一部分将就如何实现高质量的教学进行讨论。

实现高质量经验与教育的困难

理念上的局限。儿童从 3 岁起开始学习算术，在特定情境中可能更早。然而，大多数教师和其他专业人士并不认同算术教学是合适的，也不认为非常年幼的儿童能用算术的方法思考问题。因此，年幼儿童难以获得高质量的算术教育经验就不让人意外了。

通常的教学。教学可以帮助儿童进行算术运算，但却忽略了儿童对概念的理

解。儿童具有初步建构不同问题类型的能力，但学校教学却使儿童提出疑问："我该做什么，是加还是减？"并且让儿童犯更多的运算错误。相反，对算术情境的非正式建构和理解应当被提倡，教学也需要以儿童的非正式知识为基础（Frontera，1994）。

教材。在太多的美国传统教材中，只有加法和减法问题中最简单的有关加入或分开类型中结果未知的内容（Stigler，Fuson，Ham，& Kim，1986）。这是非常不幸的，因为①大多数幼儿园儿童已经能够解决这些类型的问题，②其他国家小学一年级课程中已经包含了表 5.1 中所有的类型（p.103）。

教材对于感知或数数的作用也很小（这两方面的自动化发展有助于算术推理），并且未强调复杂数数策略的使用。儿童年龄越小，这些教学方法就越有问题。难怪美国学校教育对于儿童计算精确度的积极作用不明显，对于儿童使用策略的作用也较难确定。

另外，教材中涉及小数目的所有问题类型的内容也不够充足。在一个幼儿园教材中，在 100 种加法组合中，只呈现了 17 种，且每种类型呈现的次数很少。

计算的数数策略教学

有理由相信，目前有关计算的数数策略教学并不充足。如，跟踪研究的结果表明，尽管许多年幼儿童有所获益，在小学一年级时能通过应用有效的心理策略解决计算问题，但仍有相当比例的小学高年级学生仍然以无效的数数策略解决计算问题（Carr & Alexeev, 2011；Clarke, Clarke, & Horne, 2006；Gervasoni，2005；Perry,Young-Loveridge, Dockett, & Doig，2008）。早期较多地运用复杂的数数策略，包括二年级时使用的流畅性和精确度，会对后期的计算能力产生影响。即使使用操作策略的儿童也需持续运用复杂的策略（Carr & Alexeev，2011）。

我们可以怎样做得更好？教师希望儿童在运用复杂策略方面有所进步，但实际进步往往并不能替代以学校算法教学为基础的初级策略，如，列式加法（见第六章）。相反，有效的教学反而能帮助儿童缩减并调整他们早期的创造。

常规方法。正如我们反复看到的，有关计算的研究所得出的最主要的启示之

一在于，要把儿童的学习技能、行为、概念以及问题解决联系起来。因此，要与儿童一起提出问题，建立联系，并使联系可见的方式解决这些问题。鼓励儿童使用愈加复杂的数数策略，寻求路径，并理解加法与减法之间的关系。

其他研究证实了儿童在解决较难的计算问题时，在发明、使用、分享以及解释不同策略方面表现出的进步。儿童理解并使用的不同策略的数量可预测儿童后期的学习。

接着数。鼓励儿童掌握新的策略。一开始先帮助儿童学好在“从数字 n（n + 1，n − 1）开始数”的水平数数。这一内容有助于儿童学习新策略，原因在于儿童常常认为可以用“往后数数字”的策略（数字 n 后的数字就是和）解决 n + 1 任务，并由此掌握接着数的策略。特别是那些有学习障碍的儿童，更需要帮助他们学习往后数数的技能，让他们逐步有一个“良好的开端”。所有儿童都可以从旨在发现 n + 1 和 1 + n 以及 n + 0 = n 和 0 + n = n 计算规则的教学中获益，并且这也可以通过计算机学习（Baroody，Eiland，Purpura，& Reid，2012，2013）。另外，激励儿童开始使用从大数数起的策略，并提出使用该策略可以简化很多的问题，如，1 + 18。儿童起初只能在他人的提示下接着数，慢慢地，有时也会自我思考（“哎哟！我已经知道这里一共有多少个！”）后使用或又恢复到数全部物体。给儿童类似这样的任务（如，以 8 + 1 来开始 n + 1，或者以 3 + 21 来鼓励儿童在更多问题的解决中使用接着数的策略）并激励儿童使用接着数的策略（“你能从 21 开始，用更快的方法来数一数吗？”）使儿童内化计算过程，并且理解接着数与数全部的策略可以得到相同结果但却更为有效（Tzur & Lambert，2011）。

如果有些儿童没能自己发现接着数的策略，还是采用数全部的方法，那么可以鼓励儿童理解并使用辅助的技能。如，呈现数字 6 和 4 并让儿童呈现相对应的数量，然后让儿童数一数总共有多少。在儿童数的过程中，当他数到 6 的时候，指出这是第一组（即 6 个对象）的最后一个数字。当他数到这个最后的数字时，指着数字卡片说：“看，这个也是 6，就是这里一共有多少。”然后让儿童重新数，并很快打断儿童，直到儿童理解当他数到这个对象时他就数到 6 了。随后，指着第二组的第一个数字（加数）说：“看，这里有 6 个，所以这个（用夸张的动作

从第一个加数的最后一个对象跳跃着指向第二个加数的第一个对象）就是数字 7 了。”如果需要的话，可以在儿童数第一个加数时用问题打断他：“这里（第一个加数）是多少？这个（第一个加数中的最后一个对象）数了多少？那么这个呢（第二个加数的第一个对象）？” 直到儿童能够理解并轻松回答这些问题。

这样的数数策略教学对于有数学学习困难的儿童特别有效。按部就班地依照这个成熟方案进行教学也被认为是最有效的（Fuch et al.，2010，他们也倡导只要可能，儿童也可以恢复使用原先的策略）。

数全部以及其他策略，包括正着数和倒着数，并非得出答案的好策略。比起教儿童纸笔运算的方法，儿童还能发展形成更为有效的部分—部分—整体关系的方法。

加 0（加法恒等元素，additive identity）。这个是关于任何数加上 0 都是该数字本身，或者是关于 n + 0 = n 的简单理解（0 被称为加法恒等元素）。儿童可以将此作为一项普遍规则来学习，因此并不需要做包括 0 在内的组合的练习。

*交换律*通常无须直接教学就能学会。同时呈现类似 3 + 5 和倒过来的 5 + 3 的题目，并让儿童系统地重复练习，有利于儿童掌握交换律。

逆运算。同样的，儿童在接受正式学校教育前使用计算原理，如逆向原理，应当在课程设计及教学实施前予以考虑。一旦幼儿园的儿童能够口头数出小的数字，并且理解加法和减法恒等的原理，那么他们就可以解决包含 1 的逆运算（n + 1 − 1 =__?）并能慢慢地做到最大数为 4。一个有效的教学策略是，首先加上或取走相同数量的物体，和儿童讨论逆运算的原理，随后提出以下问题：加上几个物体并取走相同数量，但是不同的物体。研究表明，儿童在逆运算问题上的表现更好，特别是在使用图片表现逆运算操作过程的情况下（Gilmore & Papadatou Pastou，2009）。

研究还表明，与小学二年级和三年级的学生明确讨论加法与减法之间的逆向关系有助于儿童理解并使用相关的概念（Nunes，Bryant，Evans，Bell，& Barros，2011）。首先，儿童看包含故事问题的漫画（如，一个邮递员有一些信，送了 12 封，现在还剩下 29 封，那么一开始他有多少封？），由于这个问题让儿童在开始计算前就要运用逆运算，因此可以让儿童用计算器展示他们是如何解决该问题的。这些儿童比起那些没有学过的儿童，在解决逆运算问题的过程中表现得更好。而那些学过逆运算和正运算（非逆运算）混合问题的儿童比那些在一定范围内学习过逆运算问题的儿童表现得更好（Nunes et al.，2011）。

*自我发现还是直接指导？*有些人认为必须由儿童自己发现计算的策略。然而其他人则断言，儿童理解数学关系才是关键，而具体教学方法的作用却不那么重要。我们对以往研究（可见姐妹篇）的回顾表明：

• 尝试让学前儿童形成感知、数数以及其他的能力，并在具体的情境中解决计算问题。

• 随后，让儿童解决半具象的问题，儿童在解决这类问题时会对隐藏的但事先操作或者观察的集合进行推理。

• 鼓励儿童发现他们自己的策略——与同伴一起或在教师积极的引导下——讨论并解释他们的策略。

• 尽快鼓励儿童运用更为复杂、有效的策略。

表征

表征的形式是年幼儿童解决算术问题的重要因素。

*课程中的表达。*小学低年级的学生倾向于忽略用作装饰的图，例如，一道配有公共汽车图（其他什么也没有）的应用题，问上下车的儿童人数。儿童会注意到图片中包含了解决问题所需的信息，但也不总是借助图片中的信息；也就是说，儿童必须对图片进行解释，收集那些文字中没有的必要信息（这种解释更难；Elia，Gagatsis，& Demetriou，2007）。装饰性的图片应避免。应该以教会学生使用含有信息的图片为教学目标。

学生往往还会忽略或困惑于数轴的表征。如果教师运用数轴进行算术教学，那么学生应该学习在数轴表征和符号表征之间进行转换。一项研究表明，在同伴的精心指导下，用数轴来解决加数缺失问题（如，4+__=6）是有效的，并且受到教师以及表现不佳的一年级学生的欢迎。辅导者可使用以下简化版的教学步骤。

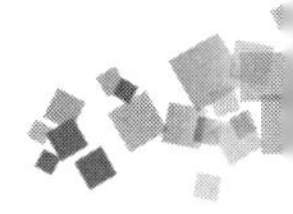

1. 这个符号是什么？

2. 你准备朝哪个方向走？（在数轴上）

3. 要填的数字在等号前还是等号后？（前一个问题有点难）

4. 第一个数字是什么？把你的铅笔放在第一个数字上，这个就是开始的地方。

5. 把第二个数字确定为目标。

6. 跳几格？

7. 在空格中填写数字并朗读完整的等式来验算。

还有一些重要的细节。首先，这一教学干预仅在同伴使用数轴进行展示和指导时才有所帮助——数轴本身并没有用。其次，如果儿童解决加数缺失问题的准确率降低的话，则表明练习错误是没有帮助的。最后，一些未经证实的证据表明，同伴给作为辅导者的同学一些反馈也是非常重要的。因此，如今通常的运用表征的教学，特别是几何 / 空间 / 图画表征，对于绝大多数儿童而言都是不够的，应当给予更多的关注。

语言：总是重要的。当然，一个关键的表征工具就是儿童的口头语言。它对于让儿童对问题类型进行命名是很有用的。尽管要花时间，但研究表明这是有用的（Schumacher & Fuchs，2012）。儿童可以角色扮演问题情境，用自己的话进行描述，并使用任何一种在本节中讨论到的表征方式（教具、图表等）。随后，儿童便能够使用数学表达式描述问题中的关系，如，B−s = D，其中“B”是较大的数，“s”是较小的数，“D”是差。鼓励儿童相互描述问题和他们的解决策略，也可向全班描述。对儿童的想法进行反馈，用清晰、一致的数学词汇来阐述，在适当的时候进行解释。

使用表示关系的语言。这个在讨论比较问题时特别重要。教师应该对相关术语的含义以及在问题情境上下文中“更多”和“更小 / 更少”的对称关系进行明确说明（引自 Schumacher & Fuchs，2012）。如，在确定比较问题的类型后，对“更多”“更小”“更少”的特定含义进行说明。讨论如何确定哪个数量更多或更少。

对表 5.1 中的问题进行思考，“艾尔有 7 个球，巴布比艾尔少 2 个球，那么巴布有几个球？”“艾尔比巴布多 2 个球”的表达，应该简化为“艾尔的球比巴布的球多”，便于理解和明确两者的关系。同样的，教学生说和写不同的陈述关系的话，那么“巴布比艾尔少 2 个球”，就变成了“艾尔比巴布多 2 个球”。

在这个研究中，教小学二年级学生以上内容后，可继续教以下内容。首先，确定了问题类型及合适的数学表达后，B−s = D，学生在解决比较的问题中确定未知的部分，并在表达时用 x 代替。接下来，学生确认并写出别的数字。最后解决问题，解出 x。这些儿童的表现优于那些接受传统教法的儿童以及经过“计算”干预的儿童（Schumacher & Fuchs，2012；更多细节内容详见该研究）。

教具[①]。关于教具，是计算器还是手指？许多教师把这些策略视为支持物，但并不鼓励儿童过早使用（Fuson，1992a）。但是，与此矛盾的是，那些最擅长用物体、手指、数数解决问题的儿童，却是未来最少使用低复杂度策略的，因为他们对自己的答案有信心，并且能逐步做到准确、快速回忆或组合（Siegler，1993）。因此，帮助并鼓励所有儿童，特别是那些来自低收入社区的儿童，使用这些策略帮助他们建立信心。努力让儿童回忆得太快反而会使这种发展变慢且令儿童不安。相反，尽可能快地掌握数数策略——但不能太快，并且讨论怎样有效使用策略，为什么策略是有用的，以及为何一个新的策略是可取的，这些都将帮助儿童建立意义和信心。

教具在什么阶段是必需的？儿童在任何年龄段都可能有一定的思维水平。学前儿童最初需要教具对算术任务及其中包含的数字符号赋予意义。在某些情况下，年龄较大的儿童也需要具象的表征。如，莱斯·斯蒂芬让一年级学生布伦达数 6 颗玻璃弹珠放到他手里。然后他把这些弹珠盖起来，又出示了另 1 颗，并问一共有多少颗弹珠。布伦达说 1 颗。当他说出他藏着 6 颗弹珠时，布伦达坚决地说：“我没有看到 6 颗！”对于布伦达来说，如果不对物体数数的话就没有数量（Steffe & Cobb，1988）。成功的教师会对儿童做什么和说什么进行解释，并尝试从儿童的

① 许多重要且复杂的关于教具的问题将在第十六章进行详尽讨论。

视角看问题。以儿童的理解为基础，成功的教师会推测儿童能从他或她的经历中学到或者提取到什么。相似的，当他们与儿童互动时，他们也会从儿童的视角考虑自己的行为。如，布伦达的老师，可能会把 4 颗弹珠藏起来，然后鼓励布伦达伸出 4 根手指并用这 4 根手指代表被藏起来的弹珠。

*手指——最好的教具？*教儿童用手指做加法的有效方法，可以促成儿童个位数的加法和减法，而用传统方法教儿童数物体或图片的话，这个过程一般需一年多的时间（Fuson，Perry, & Kwon，1994）。本研究中的特定策略是用手指着数数而不是写字（即使是减法）。食指表示 1，加上中指表示 2，以此类推，竖起 4 根手指表示 4。加上大拇指表示 5（所有手指都竖着），大拇指和食指表示 6，以此类推。儿童接下来会用手指着数第二个加数。大多数儿童到二年级时会开始心算；较多来自低收入家庭的儿童在整个二年级时仍使用掰手指的方法，但他们对能加和减较大的数目感到自豪。教育者应该注意到不同的文化，如，在美国、朝鲜、拉丁美洲和莫桑比克的传统文化中，用手指表示数字的非正式方法是不同的（Draisma，2000；Fuson et al.，1994）。

正如之前我们看到的，如果教师过早尝试不让儿童使用手指，儿童也会把手指放在眼睛看不见的“桌子下面”，或者采用帮助不大和容易出错的方法。此外，大多数复杂的方法都会阻碍儿童。

*超越操作物。*一旦儿童掌握了成功使用实物作为操作物的策略，他们在解决简单算术任务时常常就可以不使用操作物。为了鼓励儿童这样做，可以让儿童数出 5 个玩具，并把玩具放在一个不透明的容器内，然后再数出 4 个玩具，也放到这个容器内，随后让儿童在不看的情况下算出一共有多少个玩具。

由儿童创作的*图和表*都是很重要的表征工具。如，求 6 + 5 的和，儿童可以先画 6 个圈，再画 5 个圈，然后把 6 个圈中的 5 个圈和之后画的 5 个圈圈在一起组成 10，随后就可以说出总和是 11 了。又如另外一个例子，详见表 5.1，凯伦・富森发现，在问题类型“集合”中的第二种图表形式对儿童解题更为有用（Fuson & Abrahamson，2009）。他们把这种图表称为“数山”，并借用“小不倒翁”的故事进行介绍，一些不倒翁倒向山的一边，另一些则倒向山的另一边。他们在山两

边的圈里都画上点，然后进行不同的组合。这种类型的问题都是从总和（如，10=4+6）开始数字运算的，然后再记录他们可以得出的所有组合（10=0+10；10=1+9……）。第十三章将继续陈述关于儿童在问题解决中使用图表的研究。

算术问题解决的教学

算术问题解决教学的一个重要问题是了解问题类型的呈现顺序，大致的发展阶段如下。

1. *（1）加入，结果未知（变化加数）；（2）部分—部分—整体，整体未知；（3）分开，结果未知（改变减数）*。儿童可以直接进行这些问题的运算，一步接着一步地。如，儿童可能像下面这样解决加入的问题：“摩根有3颗糖（儿童数3个物体），然后又多了2颗糖（儿童再多数了2个物体）。那么他一共有多少颗糖？（儿童数了数，然后说出“5”）”这时应该关注儿童说的数学词汇，如，“总共”表示“一共”或“全部”。

2. *加入，加数未知；部分—部分—整体，部分未知*。要具备解决该问题类型的能力，需经历发展的三个阶段。第一，儿童学习用“接着数”的方法解决前两种问题类型［第1点中的（1）和（2）］。第二，儿童学习解决最后一种问题类型［第1点中的（3）］。“分开，结果未知”的问题用“接着数”的方法（把11- 6想成6+ □ = 11，再“接着往大的数字数”，然后记住数过的5个数字）或者“倒着数”（那些能熟练进行倒着数的儿童可以用这种方法）。无论哪种情况，都需要专门的教学。如果所有的幼儿教师都能在学前期及其后阶段，认真负责地教会儿童倒着数的技巧，那么倒着数的方法是最有效的。而“接着数”的方法在明确帮助儿童理解如何把减法转换成缺少加数的加法问题时是最有效的。这也表明该方法的另一个优势：突出了加法与减法的关系。第三，最后一点，儿童学习应用这些策略解决两种新的问题类型；如，从“开始”的数字数起，接着数到总和，然后用手指记下数过的数字，并报告该数字。

3. *开始数未知*。儿童能用交换律把开始数未知的加法问题转换为适用于“接着数”的问题（如，□ + 6 = 11 变成 6 + □ = 11，随后接着数并记下数的数字）。

或者，儿童也可以用逆运算把□ −6 = 5 变成 6 + 5 = □。这样的话，所有的问题类型都可以用由组合得出的新方法进行解决（使用一个已知组合，如，5 + 5 = 10，并推导出另一个组合，如，6 + 5，得出“多 1 个”或者 11——具体内容将在第六章中讨论）。

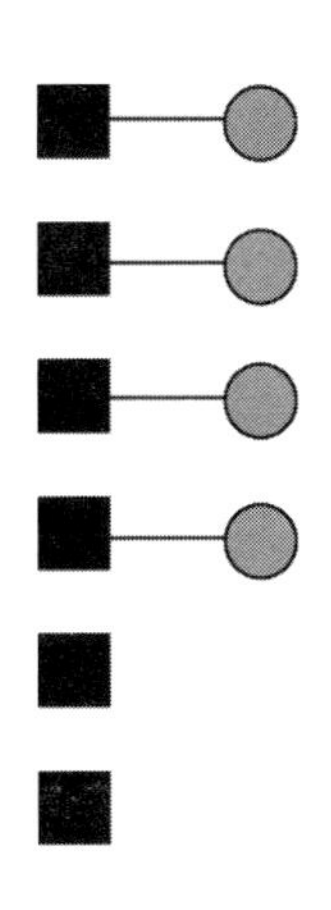

图 5.3　比较问题的对应图示

还有一类问题——比较——使儿童面临一些特别的困难，包括词汇的难度。很多儿童把“更小”或“更少”理解成“更多”的同义词（Fuson & Abrahamson，2009）。儿童在很多情境下听到更大（更高，更长）的术语比更小（更短）的术语更加频繁，因此他们需要学习很多数学词汇。比较有许多方式，其中一种方式更为简便。先说“乔纳有 6 颗糖”再说“胡安妮塔比乔纳多 3 颗糖”的表达顺序，比起“他比胡安妮塔少 3 颗”更为简单，因为前者指出了胡安妮塔有多少颗糖。研究显示，针对“有 5 只鸟和 3 条虫”，问题“有几只鸟吃不到虫？”比起问题“鸟比虫多几只？”更简单（Hudson，1983）。因此，在介绍这些问题时可以采用这样的表达，也可鼓励儿童画出对应的图示，如图 5.3。

随后，儿童可以采用表 5.1 中的条形图的方式。在表述比较问题时改用相似的措辞有益于儿童的学习，如，把问题“A 比 B 多多少？”变成“B 要多几个才和 A 一样多？”。最后，让儿童来改变问题的陈述，包括把“更少”改成“更多”。更进一步，尽管教科书上常用减法的方法解决比较问题，但更多的儿童却采用加

数未知的接着数或顺着加的方法来解比较的问题。之所以接着数或顺着加的方法可以模拟比较的情境，原因在于两个加数（较小且不同的数量）在等式的一边相加，可以和单独写在等式另一边的较大的数量平衡。

总而言之，儿童从教学中可以在以上问题的两个方面获得收益。第一，理解情境，包括对情境中“发生了什么”的理解，以及描述该情境的语言。第二，对数学结构的理解，如，通过加法中的加数与和及由此转换成的减法中的减数、被减数和差，或通过解决加数缺失的问题，如，$\square + 3 = 8 - 2$，来学习部分—整体的关系。初学者，学习表现差的儿童，还有那些有认知障碍或学习困难的儿童，尤其可以从情境教学中获益。而学习经验更多或学习表现较好的儿童则从数学教学中受益更多。这类数学教学应当包含相同的教学情境，又对情境的相似性进行讨论，从而帮助儿童把部分—整体的知识在问题中予以运用（如，“我们知道什么？对了，我们知道整体和其中一部分。整体是多少呢？其中一部分呢？我们尝试要解的是什么呢？对了！另一个部分。所以，我们应该用什么策略呢？……”）。

专门设计的故事情境可以作为相关教学内容来帮助儿童对部分—整体的问题有一个大概的理解。如，一位教师讲一个关于爷爷给他两个孙子送礼物的故事，或者，也可以说，两个孩子给他送礼物的故事。另一个是关于住在两个岛上的孩子乘船去学校的故事。儿童用部分—部分—整体的图示来呈现故事（类似表 5.1 中部分—部分—整体的图表）。

启示——简短的小结

所有年龄适宜性（从 3 岁起）活动，包括感数、计数、数数策略以及逐步增多的加法和减法情境（问题类型），都应当在一年级结束之前包含所有问题的类型。活动的重点应当在意义和理解上，并通过讨论予以强化。如果不理解原理，那么进行的就是缓慢和无效率的学习。然而学龄儿童常因为乏味和一知半解的学习而难以理解问题的目标和关系。必须持续关注活动对儿童的意义。以下强调的是其他一些意义，当然，这些意义都已编写在本章的学习路径中。

- 对于最年幼的儿童，使用与问题相关的实物材料（不要使用结构化的“数

学教具”），可以支持儿童使用非正式的知识解决算术问题。

• 从儿童的解题方法开始教学，确保从问题最初的字面分析开始，也就是“在这个情境中正在发生什么？”，随后结合概念理解的发展，建构更为复杂的数字和计算的策略。

• 让儿童构建多种支持性的概念和技能。感数是数数策略，如，接着数以及将在下一章中讨论的，用小数字组合/分解的方法来进行加法和减法等的重要支持。简单的数数练习可以迁移到加法和减法中，但数数技能也应该包括熟练地正着数和倒着数，从任意数开始往任意方向数，对前一位数字或后一位数字命名，“有规律地接着数”，“记下数的数字”以及在数序中最终嵌入数量。

• 给儿童提供各种经验，包括创造、运用、分享和解释不同的策略，以帮助儿童发展适应的计算知识和技能。

• 开展用于表征的教学，特别是几何/空间/图像的表征。

• 避免使用仅起装饰作用的图片和图表，因为这些会被儿童忽视（或令儿童困惑），并且对问题解决不起作用，仅仅是增加了教材的厚度（NMP，2008）。

• 让儿童解释和验证解决方法，不要让儿童“核对”自己的解题过程。检查对大多数年幼儿童来说都是没有帮助的，然而验证，如，向其他人解释“为什么你是对的”，既可以建构概念和解题步骤，也可以当作对核对解题过程的有意义介绍。

• 选择适宜的课程，避免出现绝大多数美国教材中的难度；教学应当减少所采用课程的局限性。

小结：向儿童呈现一系列加法和减法的类型，并鼓励他们发明、调整、使用、讨论和解释各种他们觉得有意义的解决策略。大多数儿童可以从4岁开始学习这些内容，并且在幼儿园及一年级时就能掌握这样的概念和技能。当儿童处于点数可感知物体的水平时，可以鼓励儿童把两个集合放在一个盒子里，数一数所有的东西，形成合并并得出总的数量的动作。大多数儿童能很快学会对两个集合的操作并想象成一个可以计量的集合。随后他们就可以用越来越多样化的策略来解决

问题。让儿童给集合加一个或两个，以鼓励他们注意到集合中数量的增加，并把数数和增加联系起来（倒着数、拿走以及减法也可用类似的方法）。一些儿童需要重新数数，但大多数儿童，即使是在学前阶段，也可以根据经验学习相加。在所有例子中，应强调儿童使用有意义的策略。即使是有特殊需要的儿童，也可以和他们一起使用那些强调理解、意义、模式、关系以及策略发明的方法，只要能坚持且有耐心地使用（Baroody，1996）。非正式的策略，如，知道如何加 0 或 1，也应该鼓励儿童学习；研究表明，如果以适当的节奏，那些有学习障碍的儿童也能学会这些模式和策略（详见第十五章和第十六章中有关有特殊需要的儿童的更多内容）。其他的意义将在本章和其他章节的学习路径中呈现。

加法和减法的学习路径（强调数数策略）

由于涉及很多概念和技能的发展进程，因此加法和减法的学习路径是复杂的。该领域目标的重要性显而易见：基础教育的内容主要关注的是算术。图 5.4 表明了这些目标在《课程焦点》（CFP）以及《共同核心州立标准》（CCSS）中出现的位置。鉴于儿童会使用不同的策略解决问题，在此处，或在下一章里，或在两处都列出了标准，略显随意。应在不同领域关注算术是如何在标准中予以反映的。

基于这些目标，表 5.2 提供了学习路径中另外两个构成要素，发展进程以及教学任务。注意，在所有学习路径表中的年龄都是大约估计，因为掌握的年龄常常在很大程度上依赖于儿童的已有经验。最后一个重要的注释：大多数策略在一年或更长的时间内，用于解决小数目（总数为 10 或更少时）将会是有用的，随后在解决大数目时也能起作用（Frontera，1994）。在给儿童设计任务时，应当考虑到这一点。

我们强烈建议你学习并理解图 5.4 和表 5.2 中的内容，记住学习路径。这些并不是可以跳过的插图：教师必须掌握这里总结的知识点，成为真正的专业人士。

学前班

与课程焦点的联系 数和运算

儿童运用数字的意义想出解决问题的策略，并对实际情境予以回应。

幼儿园

数与运算：表征、比较、整数排序、合并以及分离集合（CFP）

儿童运用数字，包括书写数字，来表征数量并解决数量的问题，例如，用实物解决简单的合并和分离的情境。选择、结合以及应用有效的策略来解决数量问题，包括对合并集合内的数字进行数数和倒着数。

运算与代数思维（CCSS）

把加法理解为放在一起和添加，把减法理解为分离和拿走。

1. 用实物、手指、心理意象、图画、声音（如拍手声）、情境表演、口头解释、表达式或方程式来表征加法和减法。[图画不必显示细节，但应当表现问题中的数学要素。（无论标准中是否提到图画，皆可运用。）]

2. 解决加法和减法的应用题，以及 10 以内的加减法，如，用实物或图画来表征问题。

4. 在数字 1—9 中，找到数字和已知数字相加合成 10，如，通过使用实物或图画，并用图或方程式记录答案。

一年级

数、运算与代数：加法和减法理解的发展，以及对基本的加法事实和相关的减法事实的理解（CFP）

儿童以早期小数目的学习经验为基础，发展了整数加法和减法的策略。运用各种方式，包括离散的实物，基于长度的模式（如，可连接立方体的长度），以及数轴理解“部分—整体”、“添加”、“拿走”以及“比较”的情境，发展对加法和减法意义的理解和策略，解决算术问题。儿童理解数数与加法和减法运算间的关系（如，加上 2 等同于“接着数 2”）。他们使用加法定律（交换律和结合律）进行整数计算，并发明和使用基于这些定律的越来越复杂的策略（如，数 10）来解决包含基本事实的加法和减法问题。通过比较各种解决策

略，儿童可把加法和减法联系起来，理解两者是逆运算。

运算与代数思维（1. CCSS 中的 OA）

表征和解决包含加法和减法的问题。

1. 用 20 以内的加法和减法解决包含添加、拿走、放在一起、拆开和比较等情境的应用题，涉及不同位置上数字未知的情况，如，用实物、图画以及用符号表示未知数的方程式来表征问题。（CCSS 指的是表 1 中的词汇表，词汇表上的信息类似于本章中的表 5.1。）

2. 解决含有三个整数且总和小于或等于 20 的应用题，如，用实物、图画以及用符号表示未知数的方程式来表征问题。

理解并运用运算定律以及加法和减法间的关系。

3. 运用运算定律作为解决加法和减法的策略。如，如果已知 8 + 3 = 11，那么也就知道 3 + 8 = 11。（加法交换律）要计算 2 + 6 + 4，后两个数相加为 10，所以 2 + 6 + 4 = 2 + 10 = 12。（加法结合律）（学生不必使用这些定律的正式术语。）

4. 把减法理解为加数未知的加法问题。如，把减法 10 – 8 理解为找到那个加上 8 等于 10 的数字。

20 以内的加法和减法。

5. 把数数和加法、减法联系起来（如，把接着数 2 理解为加上 2）。

6. 会做 20 以内的加法和减法，熟练运算 10 以内的加法和减法。使用策略如接着数；凑十（例如，8 + 6 = 8 + 2 + 4 = 10 + 4 = 14）；把数字分解成 10 和几（如，13 – 4 = 13 – 3 – 1 = 10 – 1 = 9）；运用加法和减法间的关系（如，知道 8 + 4 = 12，就知道 12 – 8 = 4）；创造等效的但更为简便的方法算出总和（如，通过创造出等式 6 + 6 + 1 = 12 + 1 = 13 算出 6 + 7）。

解决加法和减法方程式。

7. 理解等号的含义并且能判定包含加法和减法的等式是对还是错。如，以下哪个等式是对的，哪个是错的？ 6 = 6，7 = 8 – 1，5 + 2 = 2 + 5，4 + 1 = 5 + 2。

8. 可以算出包含三个数的加法或减法等式中的未知整数。例如，可以算出以下每个等式中使等式成立的未知数。

8 + ？ = 11，5 = ？ − 3，6 + 6 = ？

二年级

数、运算与代数：快速回忆加法事实以及相关减法事实的能力得到发展，并且熟练进行多位数的加法和减法（CFP）

儿童用他们对加法的理解来发展基本加法事实及相关减法事实的快速回忆能力。他们运用他们理解的加法和减法方式（如，合并集合或拆分集合或使用数轴），数字的关系和定律（如，位值），以及加法定律（交换律和结合律）来解决代数问题。儿童发展、讨论并使用有效、准确以及普遍的方法来进行多位整数的加法和减法。他们挑选并运用合适的方法来求和及差，或根据问题情境及数字进行心算。他们流利进行有效计算的能力得到发展，包括整数加法和减法的标准算法，理解计算过程的原理（以位值和运算定律为基础），以及运用这些解决问题。

与课程焦点的联系　数与运算：儿童运用位值和运算定律创造已知数的等价表征（如，把 35 表示为 35 个 1，3 个 10 和 5 个 1，或者 2 个 10 和 15 个 1），并书写、比较多位数，给它们进行排序。他们运用这些概念组成和分解多位数。儿童可以用加法和减法解决各种问题，包括涉及测量、几何和统计的应用以及一些非常规的问题。为三年级做准备，他们开始解决包含乘法的问题，开始理解乘法就是重复相加。

运算与代数思维（2. CCSS 中的 OA）

20 以内的加减法。

2. 熟练进行 20 以内加减法的心算。（详见标准 1. OA 中第 6 点心算策略列表。）到二年级末期，通过回忆就知道两个个位数的和。（详见本书的后续章节。）

用等量的实物作为乘法运算的基础。

3. 确定一组实物（最多为 20）是奇数还是偶数，如，通过把实物分成组或两个两个地数实物；通过写等式表示两个相同加数的和为一个偶数。

测量与数据（2. CCSS 中的 MD）

测量并用标准单位估计长度。

4. 通过测量确定一个物体比另一个物体长多少，用标准长度单位表示长度差。

解决时间和金钱的问题。

8. 解决包含美元账单、二十五美分、十美分、五美分以及一美分的应用题，适当使用货币符号 $ 和 ¢。如，如果你有 2 个十美分和 3 个一美分，那么你有多少美分?

对数据进行表征和解释。

10. 用图画和条形图（使用单一单位）表征最多有四种数据的集合。利用条形图中的信息，解决简单的放在一起、分开和比较的问题。[《共同核心州立标准》（CCSS），可参考术语表，表 1，内容与本章中表 5.1 相似。]

图 5.4 《课程焦点》（CFP）和《共同核心州立标准》（CCSS）中有关加法和减法的学习目标（强调数数策略）

表 5.2 加法和减法的学习路径（强调数数策略）

年龄（岁）	发展进程	教学任务
1	**前外显的加减（Pre-Explicit +/-）**对加法和减法的感知，结合组群方式，还是感性的。非正式的加法。 还没有表现出对加法和减法的理解。	通过加法和减法情境获取日常基本经验：除了提供丰富的感知、可操作环境，使用如“更多”这样的词汇，以及添加实物的动作可直接引起对比较与组合的注意。
2—3	**非语言的加减（Nonverbal +/-）**用非语言方式对非常小的集合进行相加和相减。 呈现2个物体，随后把1个放在一张餐巾纸下，确定或构成一个含有3个物体的集合与之“匹配”。	用最小的数字解决非语言的问题“加入，结果未知”或“分开，结果未知”（拿走）：如，先给儿童看2个物体，再在一张餐巾纸下放1个物体，然后问儿童一共有多少个。 ● 活力比萨4：儿童进行总数在3以内的加法和减法（用呈现的实物，但随后会藏起来），并使结果与目标数量相匹配。 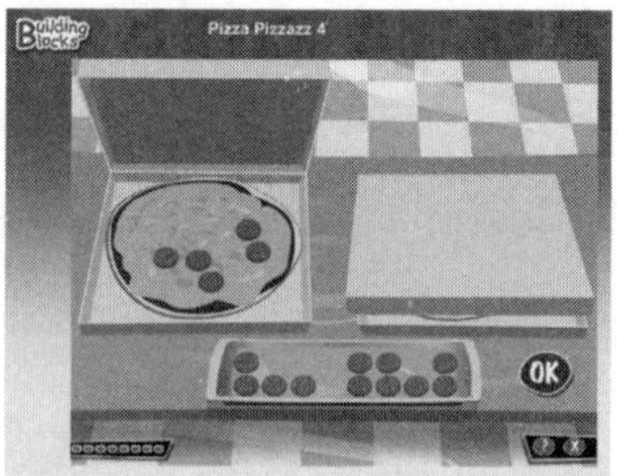

续表

年龄（岁）	发展进程	教学任务
4	**小数目的加减（Small Number +/−）**用“数全部”实物的方法，找到和为3 + 2 的加法问题的答案。 问儿童“你有2个球，又得到1个，一共有几个？”，先数出2，再多数出1，随后数出全部3个：“1、2、3……3！”	解决“加入，结果未知”或“分开，结果未知”（拿走）的问题，数目＜5： “你有2个球，又得到1个，一共有几个？” • 应用题：告诉儿童解决简单的加法问题，可以用玩具来表示问题中的对象。最多用5个玩具。 告诉儿童你想买3个三角龙玩具和2个暴龙玩具。然后问儿童一共是多少个恐龙玩具。 问儿童是如何知道答案的，并用其他问题进行重复。 • 手指应用题：让儿童尝试用手指解决简单的加法问题。用非常小的数目。儿童应该在解决每个问题后把手放在自己的膝盖上。 在解决以上问题时，引导儿童一只手伸出3根手指，另一只手伸出2根手指，然后再重复提问“一共有多少？”。 问儿童是如何知道答案的，并用其他问题进行重复。 • 恐龙商店3：根据顾客的要求，儿童把2盒玩具恐龙的数量相加（数字框）并点击目标数量来表示总量。

续表

年龄（岁）	发展进程	教学任务
4—5	**寻找结果量的加减（Find Result +/–）**借助实物，用直接数、数全部的方法，找到加入（“你有3个苹果，又得到3个苹果，你一共有多少个苹果？”）和部分—部分—整体（操场上有6个女孩和5个男孩，一共有多少个孩子？）的问题答案。 问儿童“你有2个红球和3个蓝球，你一共有几个球？”，让儿童数出2个红的，再数出3个蓝的，随后数出全部5个。 通过把物体分开来解决拿走的问题。 问儿童“你有5个球，给汤姆2个，你还剩下几个球？”，儿童数出5个球，拿走2个，随后数出剩下的3个。	• 应用题：儿童运用教具或自己的手指来表示对象，解决以上所有类型的问题。 分开，结果未知（拿走）问题：“你有5个球，给汤姆2个，你还剩下几个球？”儿童数出5个球，拿走2个，随后数出剩下的3个。 部分—部分—整体，整体未知的问题：儿童可以解决的问题，如，“你有2个红球和3个蓝球，你一共有几个球？”。 注：在所有教师主导的活动中，依次呈现两数交换的组合：先5 + 3，随后3 + 5。通过这样的学习，大多数儿童可以获得交换律的策略。并且，鼓励儿童使用简化—求和的策略（计算5 + 3，“1、2、3、4、5……6、7、8……8！”），该策略为“接着数”策略的转变。 • 摆放场景（加法）——部分—部分—整体，整体未知的问题：儿童在一定场景里玩玩具，并合并成组。例如，儿童在纸上摆放4个霸王龙和5个雷龙，然后数出全部9个恐龙，就可以看出一共有多少个恐龙了。

续表

年龄（岁）	发展进程	教学任务
4—5		• 恐龙商店3：商店里的顾客让儿童合并2个购买要求，把2个盒子里的玩具恐龙相加（数字框）并点击目标数量来表示总量。 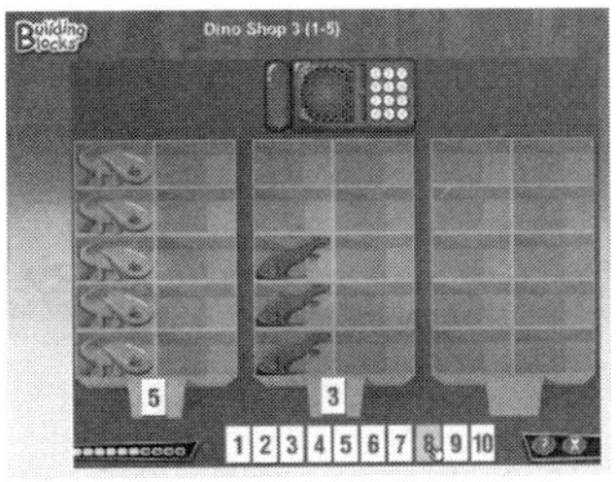 • 从树上下来：儿童把2组点子相加，确定总数并用数字标识出来，随后在游戏板上前移对应的格数。  • 比较游戏（加入）：给每组儿童2套或更多套数的数卡片（1—10）。打乱并把卡片均匀发给玩家，正面朝下。玩家同时翻2张卡片并相加，随后比较谁的更大。较大的玩家说“我的较大！”并拿走对手的卡片。如果卡片相加的数相等，则每位玩家翻开另一张卡片以打破平局。 当所有的游戏卡片都翻过之后，有更多卡片的玩家赢。 变式：如果不让玩家拿走卡片，则这个游戏没有玩家赢。

续表

年龄（岁）	发展进程	教学任务
4—5	**变成N（Make It N）**加上数字后，不必从1开始数，使“一个数字变成另一个数字”。不（必要）表征加了多少（在这类中等难度的问题中，表征加数并不做要求）（Aubrey，1997）。 问儿童“这个木偶有4个球，但它应该有6个，怎么把它变成6个？”。一个手伸4根手指，当再伸出2根手指时，马上从4接着数，并说“5、6”。	• 找到5：儿童把1—5颗豆子放在一起，然后把它们藏在杯子下面。搞混杯子。然后2个2个地，儿童尝试找到2个杯子，底下的豆子合起来正好是5颗。一旦儿童会玩了，则增加豆子的数量。 • 做对它：儿童解决如下问题，“这个木偶有4个球，但它应该有6个，把它变成6个”。 • 恐龙商店4：从一个盒子里的x个恐龙开始，再加上y，达到总数为z个恐龙（最多10个）。 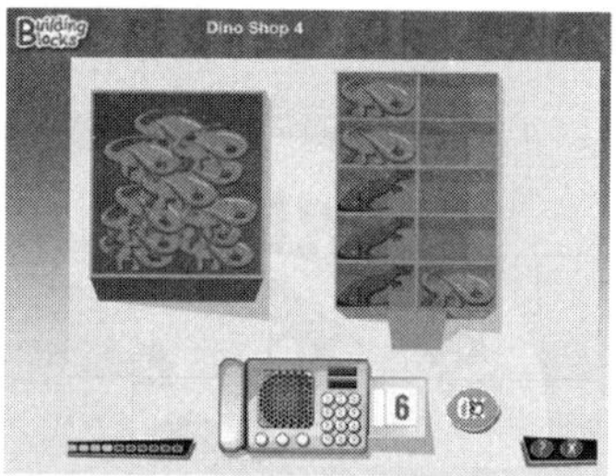 • 活力比萨5：儿童将比萨上的装饰物（最大为10）相加，以达到所要求的总数量。  • 从海里到岸边：儿童用（单纯地）接着数的方法算出总数。他们在游戏板上向前移动了一些距离，比五格和十格的点数多一个。

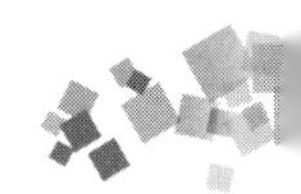

续表

年龄（岁）	发展进程	教学任务
4—5	**寻找变化量的加减（Find Change +/–）** 通过加上一个数，找到缺失的加数（5＋_＝7）。 加入，数全部：问儿童“你有5个球，后来又得到更多的球，现在你一共有7个球，你得到多少个球？”，数出5，再从1开始重新数到5，随后加上更多的，数出“6、7”，再数一数加上的球，就找到答案2。（一些儿童会用到自己的手指，并运用手指模式，往小的数数一数。） 分开，数全部：问儿童“妮塔有8张贴纸，她给了卡门一些贴纸。现在，她有5张贴纸。她给了卡门多少张贴纸？”，数8个物体，分出一些直到剩下5个，随后数一数拿走的部分。 通过在简单情境中匹配来进行比较。 匹配，数余下的部分：问儿童“这里有6只狗和4个球。如果我们给每只狗一个球，那么有多少只狗拿不到球？”，数出6只狗，给其中4只狗匹配4个球，然后数一数没有球的狗有2只。	注意第三章中“我在想一个数字”有助于发展相关的数数技巧。 • 解决“加入，中间数未知”的问题，如，“你有5个球，后来又得到更多的球，现在你一共有7个球，你得到多少个球？”，儿童可以用2种颜色的球解决这个问题。 • 解决“部分—部分—整体，部分未知”的问题：“操场上有6名儿童，2名是男孩，剩余的是女孩，有多少名女孩？” 这个类型的问题对于大多数儿童来说可能较有难度，由于要求从初始对象中分出加上的对象并记住，因此，儿童可能要等达到高一个水平时才能独立解决。儿童可能用到手指和手指模式。如果先形成一个部分则可能“接着加”，如果数出6则可能“从……中分开”，去掉2，随后数剩下的部分。 然而，在支持性的语言及引导下，很多儿童能学会解决这类问题。如，以上问题中使用“男孩和女孩”，说“其他的都是”。最后，说已经先知道总和也是有帮助的。

续表

年龄（岁）	发展进程	教学任务
5—6	**数数策略的加减（Counting Strategies +/-）**采用手指模式和/或接着数的方法，找到加入（“你有8个苹果，又得到3个……”）和部分—部分—整体（“6个女孩和5个男孩……”）问题的总和。 接着数：“4，又多了3，是多少？”“4……5、6、7（采用有节奏的，或手指模式来记录）。7！” 数到几：解决加数缺失（3+__=7）或比较的问题，可以采用数到几的方法，如，边伸手指边数“4、5、6、7”，再数出或看出伸了4根手指。 问儿童“你有6个球，你还得多要几个球才能有8个球？”，随后说“6，7（伸出第一个手指），8（伸出第二个手指）。2个”。	• 现在有几个：让儿童数一数你放在盒子里的物体。问“盒子里有多少个物体？”，然后加1，重复问题，随后用数全部的方法来检查儿童的答案。再重复，偶尔检查。当儿童掌握之后，有时加2，最后逐步递增。 变式：把硬币放在一个咖啡罐里，说出放进罐子里的硬币的数量。随后让儿童闭上眼睛，用耳朵听的方法接着数出后来放进去的硬币数量。 • 更多的装饰：儿童使用“比萨”的图片和褐色的圆点来做装饰。教师让儿童在比萨上放5个装饰物，然后问如果他们再放3个的话，他们一共有多少个。让儿童接着数一数然后回答，再把装饰物放在比萨上并进行核对。 • 双重比较：儿童比较卡片总数，并确定哪个更多。鼓励儿童运用较为复杂的策略，如，接着数。 • 解决“加入，结果未知”和“部分—部分—整体，整体未知”的问题：“4，又多了3，是多少？” • 鼓励儿童使用接着数：儿童总是用接着数来代替直接数（数全部的策略），特别是当接着数的策略用起来更方便时，如，当第一个加数非常大（23）而第二个加数非常小（2）的时候。

续表

年龄（岁）	发展进程	教学任务
5—6		• 教儿童接着数的技巧：如果儿童在使用接着数的策略时需要帮助，或者不能自发地使用接着数的策略，则教他们辅助的技巧。 用数字卡片列出问题（如，5＋2）。在每张卡片下面把要数的对象排成一行数出来。指着第一个加数集合中的最后一个对象。当儿童数到最后这个对象时，指着数字卡片，同时说："看，这个也是5，这个也表示这里一共有多少个点。" 解决另一个问题。如果儿童再次从1开始数第一个集合，尽快打断他们并询问他们数到第一个集合的最后一个数字时，他们会说几。强调他们说的数字和数字卡片上的数字是一样的。 指着第二个集合里的第一个点，然后说（如，5＋2）："看，这里有5，所以这个（指的手指，做一个夸张的跳跃动作，从第一个集合的最后一个对象跳到第二个集合的第一个对象）就是数字6了。" 用新问题进行重复。如果儿童需要更多的帮助，则在他们数第一个集合时用问题"这里有几个（第一个集合）？所以这个（第一个集合的最后一个对象）是什么数字？"来打断他们的数数。 • 应用题1：儿童在电脑上或不在电脑上解决应用题（总和最大为10）。 • 翻转10和形成10：详见第六章。很多儿童，特别是在第一次玩的时候，会使用数数策略来完成这些游戏中的任务。 • 好主意：给儿童呈现一个数字和格子里的点子，儿童根据这个数字来确定总数，然后在游戏板上向前移动相应数量的空格。

续表

年龄（岁）	发展进程	教学任务
5—6		 • 小菜一碟：儿童加上2，然后找到总数（总数为1—10），随后在游戏板上向前移动对应的空格数。这个游戏鼓励儿童从较大的数字开始数起（如，计算3 + 4时，儿童会这样数“4、5、6、7！”）。 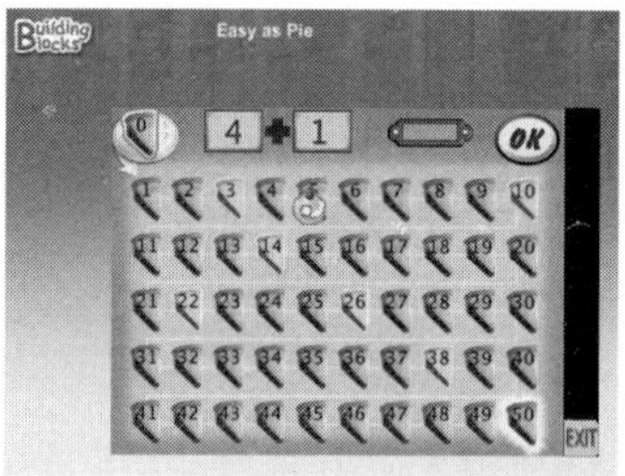 • 很多袜子：儿童加上2，然后找到总数（总数量为1—20），随后在游戏板上向前移动对应的空格数。这个游戏鼓励儿童从较大的数字开始数起（如，计算2 + 9时，儿童会这样数“9……10、11！”）。 

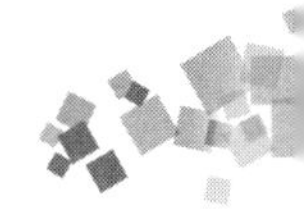

续表

年龄（岁）	发展进程	教学任务
6	**部分—整体的加减（Part-Whole +/-）**对部分—整体有最初的理解。可以灵活运用策略解决之前所有的问题类型（可以使用一些已知的结合律，如，5 + 5 = 10）。	• 解决“分开，结果未知”问题：“你有11支铅笔，送给别人7支，你还有多少支？”，鼓励儿童采用倒着数的方法——或者，尤其是上面这个例子里的数字，正着数——来确定差。和儿童讨论每种策略何时使用是最有效的。另外，“加入，中间数未知”，“部分—部分—整体，部分未知”以及“比较，差不同”（如，妮塔有8张贴纸，卡门有5张贴纸，妮塔比卡门多几张？）。
	有时可以做“开始数未知”（如，__ + 6 = 11）的题目，但要反复尝试才行。 问儿童“你有一些球，然后你又得到6个球，现在，你有11个球。那么你一开始的时候有几个球？”，先拿出6，再拿出3，数一数并得到9。拿出3的时候多加1并说“10”，随后再多拿1个。从6正着数到11，再重新数一数这些加上的数字，并说“5”。	• 巴克利的骨头：儿童解决加数缺失的问题，如，4 + __ = 7。 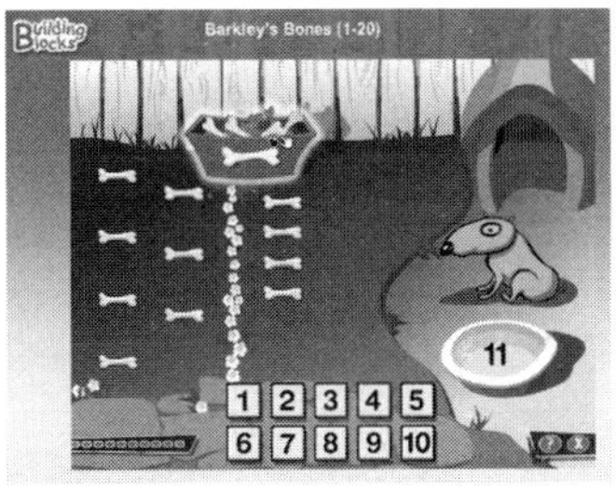 • 应用题2：儿童在电脑上或不在电脑上解决应用题（个位数加法和减法）。 

续表

年龄（岁）	发展进程	教学任务
6		• 藏东西：在黑布下藏4个筹码，给儿童看7个筹码。告诉儿童，有4个筹码藏起来了，并让儿童尝试一下，告诉你一共有多少个筹码。或者，告诉儿童一共有11个筹码，问他们有多少个筹码藏起来了。让儿童讨论解决的策略。用不同的总数重复以上问题。 • 棒蛋：儿童使用一些方法来确定3个数字中的哪两个相加，能使他们以最少的步数到达游戏板上的最后一个格子。通常，这意味着要算出最大2个数的总和，但有时其他的结合也能让儿童正好走完或者避免倒回来走的情况。 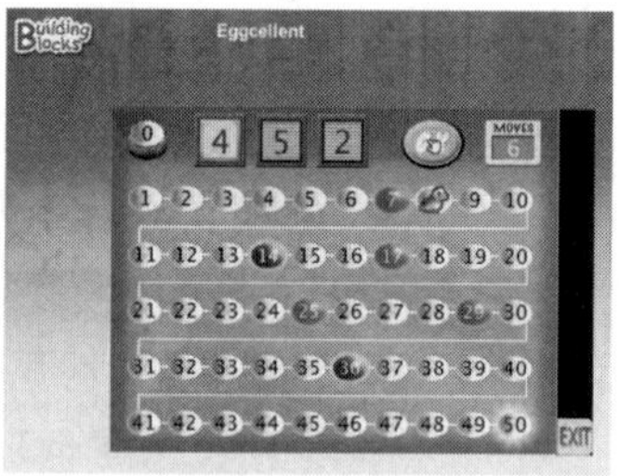
6—7	**数中数的加减（Numbers in Numbers +/–）**当一个数是整体中的部分时，能辨认出来，并且能同时记住这个部分和整体；能用数数的策略解决“开始数未知”（如，_ + 4 = 9）的问题。	• 解决“开始数未知”的问题：“你有一些球，随后你又得到4个球，现在你有9个球。一开始的时候，你有多少个球？” • 翻转卡片：*轮流进行*。儿童滚动2个数字立方体（1—6），相加，并翻转1—12的数字卡片。儿童翻转与立方体总和相等数的任何卡片组合。随后，把仍然正面朝上的卡片总和记录下来。总和最小的玩家赢。市面上有售的玩具，如“醒来吧，巨人”或“关上盒子”。 • 猜猜我的规则：让全班儿童猜猜你的规则。儿童给出数字（如4），随后教师记录下来： 4 → 8 儿童可能会猜，规则是“加倍”。但，游戏继续进行：

续表

年龄（岁）	发展进程	教学任务
6—7		4 → 8 10 → 14 1 → 5…… 儿童随后猜规则是“加4”。但儿童不能说出来。如果他们认为自己猜出来了，他们就试着也给出箭头右边的数字。如果给的数字是对的，教师就记录下来。只有当（大多数）全部儿童都能这么做了，才和儿童讨论规则。
	问儿童“你有一些球，随后你又得到4个球，现在你有9个。一开始的时候你有多少个？”，数一数，伸出手指：“5、6、7、8、9。”看一看手指，然后说“5个”。	• 函数机器：儿童通过观察一系列使用相同加法或减法值的操作（+ 2，−5，等），确定一个数学函数（“规则”）。 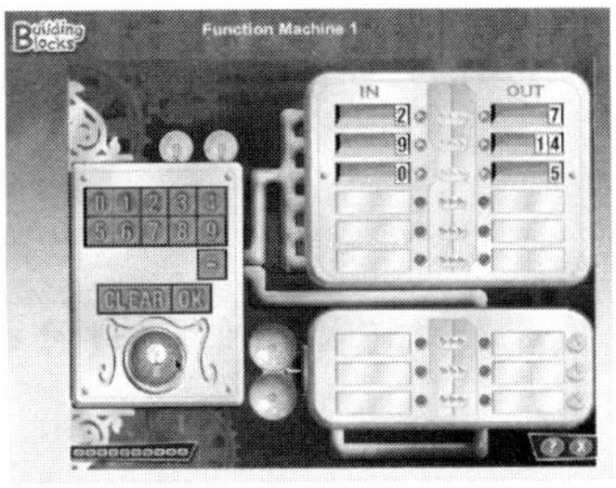
	推论的加减（Deriver +/–）使用灵活的策略和推论组合（如，“7 + 7是14，那么7 + 8是15”）解决所有类型的问题。包括“拆分后凑十”（BAMT，第六章中有详细解释）。能同时思考3个数字的总和问题，并能把一个数字的部分转移到另一个数字中，能知道一个数字的增多和另一个数字减少。 问儿童“7加8是多少？”。 思考：7+8→7+（7+1）→（7+7）+1 = 14 + 1 = 15。 或者，使用拆分后凑十（BAMT）	个位数问题的所有类型。 • 井字游戏：画一个井字格，在格子旁边写上数字0、2、4、6、8、0和1、3、5、7、9。玩家依次划掉其中一个数字，并把这个数字写在格子里。一个玩家只用偶数，另一个玩家只用奇数。谁在一行（或列、斜线）里三个数字的总和先达到15为赢家（Kamii，1985）。把总和改为13后，变成一个新的游戏。 • 21点：扑克牌游戏，其中A可以表示1或者11，2和10表示它们本身的值。庄家给每人2张牌，包括他自己在内。 每轮进行时，每位玩家手里的牌如果总和小于21，则可以再要一张牌，或者“不要牌”。

续表

年龄（岁）	发展进程	教学任务
6—7	的方法，思考：8 + 2 = 10，因此把7分成2和5，把2和8相加形成10，然后再加上5，得出15。 能10个10个地数和/或1个1个地数，来解决简单的多位数加法（有时是减法）。 “20 + 34等于多少？”，儿童运用可连接的立方体从20数起，30、40、50、再加4，等于54。	如果要的新一张牌导致总和超过21，则玩家出局。游戏进行到所有人都“不要牌”。 总和最接近21的玩家为赢家。 变式：一开始可以先玩总和为15。 • 多位数的加法和减法：“28 + 35等于多少？”（详见第六章）
7	**问题解决的加减（Problem Solver +/–）** 用灵活的策略和已知的结合律，解决所有类型的问题。 问儿童“如果我有13，你有9，那么如何让我们有相同的数量？”，然后说“9和1是10，多3形成13。1和3是4。所以我还要多4个！”。 用10个10个数和1个1个数的方法来解决多位数问题（数数的方法不用于解决“加入，中间数未知”的问题）。 “28 + 35等于多少？”递增的方法：20、30、40、50；随后数58、59、60、61、62、63。	解决个位数问题的所有类型的问题结构（详见第六章中关于多位数问题的内容）。

结语

在第二章和第三章里，我们发现儿童可以用不同的方法确定集合的数量，例如，感知和数数。他们也可以用不同的处理方法解决计算任务。本章强调了以数数为基础的计算方法。第六章将描述以组合为基础的方法。儿童常使用这两种方法，甚至二者结合，正如之前已叙述过的更为复杂的策略（如，推论的 +/ －）。

第六章　计算：数的组成、位值、多位数加减法

我发现做（简单加法）时不用手指更方便，因为有时我会搞混它们，当我不关注总和时，做加法就会变得很难。我会注意手指是不是数对了……，这个会花点时间。所以这样比起用脑子算，时间会更长。关于“用脑子算”，艾米丽指的是在脑子里想象由点排成的列。如果她喜欢用这种方法，那么她为什么不只用这种想象的方法呢？她为什么还要用手指呢？她是这么解释的：如果我们不用手指，老师就会想：“为什么他们不用手指算呢？……他们只是坐在那边想。”一般认为，我们用手指算会更简单……，其实这是不对的。

——格雷和皮塔（Gray & pitta，1997，p.35）

你认为，教师应该让艾米丽使用实物，还是应该鼓励儿童采用复杂的算术推理？比方说，让艾米丽先使用心理意象，然后再帮助艾米丽对数字进行分解和重构，如，采用“双倍—加—1”的方法（把 7+8 算成 7+7=14，然后再 14+1=15）。本章将论述关于复杂数的组合问题的三个内容：计算组合（“事实”）、位值以及多位数的加减法。

数的组成

组成和分解数是加法和减法的另一种方法，多与计数策略一同使用，正如“双倍—加—1”的策略。“双倍”的部分就是数的组合（把要双倍的部分放在一起，两个 7，算出 14），然后以计数为基础再加上 1。概念性感数是数的组合的一个重要实例（见第二章）。

整体—部分关系的初级能力

学步儿在非言语、直观、感性的情境中学习认识整体—部分的关系，并且能用非言语的方式表征构成特定整体的部分（如，・・和・・构成・・・・）。在 4—5 岁阶段，儿童从日常情境中学习整体由更小的部分构成，因此整体大于其构成的部分；然而，两者也不总是有准确的量化关系。也就是说，儿童学习非数值的部分—部分—整体概念要略早于数值上的概念（Langhorst,，Ehlert, & Fritz，2012）。然而，两者是同步发展的“子路径”；其中一个并不是学习另一个的先决条件。

学步儿通过学习知道，集合可以按不同的顺序进行组合（即使他们不能明确认识到组合是由更小的组合构成的）。学前班儿童表现出对交换律的知觉认知（把 3 加上 1 得出的组合与把 1 加上 3 得出的组合的数是一样的），随后，是对结合律的知觉认知（把 4 加上 2，再把得出的组合加上 1，最后得出的组合与先加 2 和 1，再加上 4 得出的组合的数是一样的）。

随后，儿童学习把这些概念运用到更为抽象的情境中，包括特定的算术问题

（Langhorst et al.，2012），如，“2”和“2”构成“4”。到那个时候，儿童对数字 2 和 3“藏在”5 里，正如数字 4 和 1 也“藏在”5 里的认识能力会有所发展（Fuson & Abrahamson，2009）。更确切地说，儿童到 4 岁或 5 岁时能明确认识整体—部分的关系。最终，他们甚至可以用完整的部分—部分—整体图式解决“开始数未知”的问题。

总之，儿童对交换律的早期、原始理解先有所发展，随后依次是加法的组成（较大的集合由较小的集合构成），合并集合的交换律以及结合律。因此，儿童最早在 5 岁前，就已经开始能解决需要运用部分—整体进行推理的问题了，例如，加入或分开，中间数未知的问题。然而，教师可能需要帮助儿童看到这些类型问题之间的相关性，并在这些类型的问题中运用对部分—整体关系的理解。

以对部分—整体的理解为基础，儿童能学习用多种方法把一个集合分成部分，并形成（到最后，是所有的）数的组合构成一个已知数，如，8 由 7+1、6+2、5+3 等构成。计算组合（arithmetic combinations）[①] 的方法是建立在前一章中提到的以计数为基础的策略之上的，是对这一策略的补充。

学习基本的组合（“事实”）并达到熟练 [②]

对高质量数学教育的建议是，绝不要忽略儿童对最后能熟练掌握基本的数的组合的需要，如，4+7=11。那些阅读很多媒体报道的人可能会对此感到惊讶，因为文章宣称美国数学教师顾问委员会（NCTM）在 2000 年发布的《学校数学的原理和标准》，以及 2006 年发布的《课程焦点》（CFP）中都与他们的第一套标准“反方向”地强调“基本事实”（实际情况是委员会从未强调过它们，而是想要一个适当的平衡）。无论如何，《课程焦点》（CFP）以及《国家数学小组报告》（NMP，2008）都明确对教育目标的重要性达成了共识。但这并不意味着目标的真正本质，

---

① 也就是中国所称的“数的组成”。这里根据字面意思翻译成“计算组合”。——译者注

② 我们用“组合（combination）”一词代替通常使用的“事实（fact）”，有两个原因。首先，“事实”意味着它们是言语知识，需要通过背诵来记住。我们则相信，它们是数的关系，可以通过多种方式去理解，而这些理解方式是必须由儿童去建构的。其次，与“事实”不同，“组合”意味着组合两个数得到另一个数，而且存在多种相互关联的组合方式（3+2=5，2+3=5，5=2+3，5−2=3 等）。

以及何时、如何最好地达成目标也同样达成了一致的意见。我们来仔细看一下研究的结果。

*澄清事实：对儿童有害的错误认识。*世界范围内的研究都表明，在美国，大多数人对计算组合的看法，以及儿童对计算组合的学习及其使用的语言都可能弊大于利（Fuson，个人交流，2007）。如，我们听到“对事实的记忆”以及“回忆你的事实”。这其实是对学习过程（本节内容）以及教学过程（下节内容）中发生的事情的误解。正如第五章中所述，儿童通过长期的发展过程才能理解数的组成。并且，儿童还应该直观地学习计算的属性、模式及其相互关系的知识，理论上还应同时以一种整合了计算组合的方式学习其他知识和技能。这正是我们不使用术语“事实”的一个原因——很好地理解计算组合的意义远远超过知道一个简单而孤立的“事实”。如，儿童注意到 n 和 1 的总和不过就是计数序列中 n 之后的数字，从而使组合的知识与熟练的计数相结合。

研究表明，形成基本的组合并不仅仅是“查找”的过程。回忆（retrieval）是这个过程中的一个重要部分，但仍有许多大脑系统发挥着作用。如，包括工作记忆、执行（元认知）控制，甚至空间“心理数轴”的系统都支撑着计算组合的知识（Gathercole, Tiffany, Briscoe, Thorn, & The, 2005；Geary，2011；Geary, Hoard, & Nagent，2012；Passolunghi et al.，2007；Simmons,Willis，& Adams，2012）。另外，就减法计算而言，专门负责减法的区域和专门负责加法的区域都会被激活。因此，当儿童真正理解 8−3=5，他们也就理解 3+5=8，8−5=3，等等，所有这些“事实”都是相关的。这一情况也使研究得出以下结论，造成基本组合问题的主要原因，特别是那些可能有或已经经历学习困难的儿童，是由于在学前阶段和学校的早期教育中缺少发展数感的机会（Baroody，Bajwa，& Eiland，2009，p.69）。

由此得出的启示是，儿童需要长时间的适当练习。并且，由于计数策略并不激活相同的系统，因此需要引导儿童学习更为复杂的组合策略。最终，练习不应是“无意义的训练”，而应是在有意义且有数量关系的情境中进行。许多策略都有助于形成数感，并让精于计算的儿童知道并运用多种策略。如果曾有教育工作者需要一个关于反对教儿童“一个正确做法”的理由，这个便是了。在下一节中

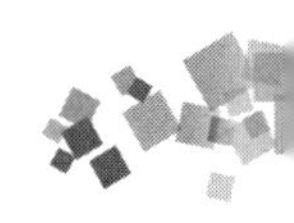

将对其他不利于儿童的错误教学观念进行讨论。

经验与教育

如此，儿童应当有能力进行策略性推理，并把策略用于不同的情境中，且能简单而快速地回忆起任何适合的计算组合的答案。那么，究竟如何促进这种适应性知识（adaptive expertise）的发展呢？

无效的策略是哪些呢？

近来有一些大规模的尝试让儿童直接记住事实的教学，造成了惨重的后果。2008 年加利福尼亚州的教材中有教一年级儿童记住所有的事实，但对二年级儿童却少有指导。结果仅有 7% 的儿童表现出一定的进步（Henry & Brown，2008）。

到底发生了什么呢？原因在于存在两个与回忆基本组合相悖的教学实践：

1. 在一年级时使用了加州批准的含有回忆内容要求的教材。
2. 限时的测验。

使用数字抽认卡既没坏处，也没好处。大量有关小数目的作业也是如此。我们发现，没有理解或策略的记忆其实并不好。另一个不好的做法是，过于频繁地呈现数目小的加数而非大的加数的算术问题。但那正是大多数美国教材中的做法。而有较好的数学学业成就的国家则相反，如东亚国家（NMP，2008）。

有效的策略是哪些呢？

加利福尼亚州的研究表明，一些做法是成功的，如采用思维策略。这样的策略包括以下这些。

1. 概念性感数：最早的学校加法教育

早在儿童 4 岁时，教师就使用概念性感数来发展以组合为基础的加法和减法

概念（详见第二章）。这样的学习经验提供了加法的早期基础，正如“儿童在‘2个橄榄加2个橄榄就有了4个橄榄’中看到了加数与和”一样（Fuson，1992b，p.248）。感数活动的一个作用在于，不同的排列意味着对同一个数目的不同看法。儿童能够通过操作实物发现一个已知数目的所有不同的数组合（如5个对象）。在一个故事情境中（如两个不同围栏里的动物），儿童能够把5个对象分成不同的部分（4和1、3和2）。类似地，儿童通过使用或不使用电脑，都能形成“数图”——用有标签的子集对已知数做尽可能多种的排列；详见下页图6.1中的例子（Baratta-Lorton，1976）。

2. 交换律和结合律

教师可以为儿童更早、更切实地发展这些认识和技能做很多事。学前班和幼儿园的教师可以提出让儿童通过操作解决的问题，并确保依次提出“3再加上2”和“2再加上3”的问题。在许多游戏中，儿童把已知数分解成多种不同的子集，并对这些子集进行命名，这种做法是很有效的。如，儿童沿视线放置4个立方体，并用一个透明塑料板“盖住”1个，随后说出“1和3”。然后再盖住3个，并说出“3和1”（Baratta-Lorton，1976）。

确保儿童理解无论加数的顺序是怎样的，6和3的总和都是9。很多儿童是自己逐步形成这些认识和策略的。如果课程中或教师以交换的方式呈现问题（先呈现6+7，紧接着呈现7+6，正如前面提到的小数目），其他儿童也能形成这些认识和策略。但仍然有些儿童可能还需要明确关于原理的教学。在以多种组合和顺序呈现等量集合的基础上，帮助儿童把对实物的理解与对实物进行不同的操作联系起来，然后再到明确的数值概括。无论是哪种形式，这样的教学都可能帮助儿童发展更为复杂的策略，并与儿童对计算原理的知识及儿童不常解决的问题联系起来。特别是丰富的教学内容或许可以确保儿童理解较大的集合是由较小的集合累加组合而成的，并运用交换律学习从较大的加数开始数的策略。

图 6.1　积木软件活动“数图”

无论儿童是感数，或是感数后再计数，即使是尚在幼儿园的儿童也能从发现一个数的全部分解中获益——所有的数对，都“隐藏在”别的数字中。列出这些数对，有助于儿童发现模式，并能展现一种表示等式的方式，这种方式扩展了传统的、局限的，仅把等号看作“答案在其后”的观点（Fuson，2009；Fuson，& Abrahamson，2009）：

6=0+6

6=1+5

6=2+4

6=3+3

6=4+2

6=5+1

6=6+0

实际上，为了防止成人仍然认为最好还是用 5+1=6 这种形式，一定要注意仅使用这种形式会限制儿童的思维，并导致儿童出现更多的错误（McNeil，2008）。

3.“双倍”以及“n+1”规则

特殊的模式是有益于且便于儿童发现的。这些特殊模式之一就包括“双倍”（3+3，7+7），这个模式也可转变成结合律，如，7+8（“双倍—加—1”）。儿童能够出乎意料地轻易学会双倍（如，6+6=12）。儿童似乎靠自己或通过简短的讨论或运用软件练习，就能发展双倍加（或减）1（7+8=7+7+1=14+1=15）。然而，首先应确保儿童能很好地建立诸如 n+1（任何数加 1 正是下一个计数的数）这样的规则。

4. 5 与 10 的模式

另一个特殊的模式就是“5 与 10 的模式”。这个模式支持把数分解出 5 个和 10 个（如，6 由 5+1 构成，7 由 5+2 构成），如图 6.2 中所示。

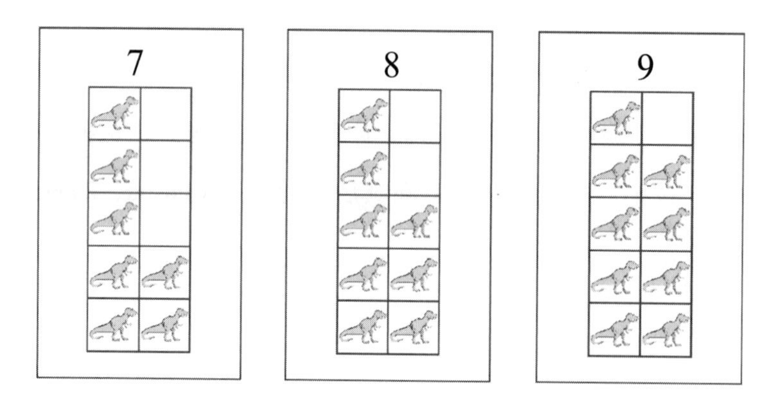

图 6.2　5 与 10 的模式可以帮助儿童分解数并学习结合律

5. 拆分后凑十的策略

日本的儿童通常和美国的儿童一样经历相同的发展过程，其他研究者也确定儿童都是从“数全部”到“接着数”，然后再发展结合律和分解—组合策略。然而，两国儿童的学习路径却是不同的。但他们都会形成一个简单的策略：拆分后凑十（BAMT），这个策略在加利福尼亚研究中也被认定为是最有效的策略。

在学习该策略之前，儿童已经经历了许多相关的学习经历。他们发展了扎实的数字和数数的知识（如，沿着数数的学习路径发展），还包括数字十几的结构就是 10+ 另一个数，这正如在亚洲语言中更为直接的表述（“13”就是“10 和 3”）。儿童还学习了 10 以内的加法和减法（如，第五章学习路径中的“寻找结果量的加减”），

以及把数拆分成 5 和别的数（如，图 6.2 中所示，7 就是 5+2）。

随着这些思维水平形成后，儿童在理解组合 / 分解发展过程中也能发展其他水平的思维能力（就是本章最后提到的学习路径中“4 的组合，随后 5”……直到 10 的组合）。如，儿童把小于或等于 10 的数“拆分成部分”。儿童用 10 的框架结构解决含有十几的数字的加法和减法（10+2=12，18−8=10），以及含有三个加数的加法和减法（如，4+6+3=10+3=13，以及 15−5−9=10−9=1）。

到了那个时候，拆分后凑十的策略会有所发展。（逐渐熟练的）整个过程总共有四个教学阶段。在第一阶段，教师引出、评价、讨论儿童发明的策略，鼓励儿童使用这些策略解决各种问题，同时支持儿童把数的视觉感知与符号表征相联系，正如儿童所学习的，从广泛地使用，到减少使用，直至完全淘汰。如，在第一步，教师提出问题，如，9+4。随后，教师拿出 9 个筹码和 4 个筹码，并问道：“我需要什么数才能把 9 变成 10 呢？”这时，儿童已经知道把 10 拆分成部分，所以他们能说出“1”。随后，教师从 4 里拆出 1，组成 10，并且强调，还剩下 3。教师提醒儿童 9 和 1 可以组成 10，引导儿童看到 10 个筹码和 3 个筹码，并想到 10−3（记得儿童也学到了这个）。接着，教师把这个过程，如图 6.3 中的系列一般，用具象的图示，把教学的整个过程表征出来。

到第二阶段，教师重点讨论数学的特性以及有利的方法，特别是“拆分后凑十”。在 9 加上另一个数的问题之后，教师可以提出 8 加上另一个数的问题（随后是 7 等）。在第三阶段，儿童已经熟练掌握了拆分后凑十的策略（或其他方法）。在第四阶段，分段练习可以让儿童记住这些策略并提高效率，同时帮助儿童运用这些策略到加法情境中，并作为更为复杂方法的一个组成部分。

特拉普和加利莫尔的模型（Tharp & Gallimore, 1988）中提到帮助儿童的策略，其中教师广泛采用提问和认知调整的方法，以及反馈、建模、较少的讲授和指导。教师也使用其他策略，以儿童的概念和表现为基础，把第一阶段的课程纳入进来。所有策略都是可取且被认可的。要求儿童尝试表达他们的观点及策略，以及对其他策略的理解。发明策略的儿童可以给策略命名，随后让儿童给“最有效的”策略进行投票，大多数最有效的都是类似拆分后凑十这样的策略。

9 + 4
1

数字间的斜线表明先找到可以与9组成10的那部分数。

9 + 4
1 3

4可以分成两个部分，1和3。

9 + 4
1 3
10

圈起来的部分表示数字如何组合成为10。

9 + 4 = 13
1 3
10

表明10和3可以相加得到13。

图6.3 拆分后凑十策略的教学阶段

到第二阶段，教师复习不同的方法，并从数学的角度比较不同的方法，并让儿童给“最有效”的方法投票。把新型问题（如，加上8）与之前已经解决的问题（加上9）联系起来。教师也把概念的讲授重点从拆分后凑十策略的最初的教学阶段转移到后面的步骤（见图6.3）。在作业方面，儿童可以在家长的支持下，进行复习和预习。

在第三阶段，儿童通过练习逐步掌握拆分后凑十的策略。在日文中，“练习”的意思是对不同的观念和经验同时“揉捏着”学习。儿童不仅自己练习，而且还要参加集体的（全体回答）、集体中个人的以及独立的练习。在集体中进行个人练习时，教师让个别儿童回答问题，但要再问全班儿童，“这个回答对吗？”，让儿童再把答案大声说出来。所有的练习都要强调概念间的联系。“揉捏知识”的学习常用于提高流畅性及理解度。第四阶段是分段练习。这个阶段并非死记硬背式地学习或机械地练习，而是对学习路径中的概念进行清晰、高质量的运用。

6. 组合策略

大量学习这样的策略对于不同能力水平的儿童都是有益的。并且，尽管拆分后凑十的策略是一个有效的策略，且比起其他策略来说，对于后期多位数的计算更有帮助，但该策略并非儿童学习的唯一策略。“双倍 ±1”及其他策略也是值得学习的内容。

当然，好的策略应当一起运用，从而形成可根据问题有效应用的能力。例如，第二章中“数量识别和感数的学习路径”中针对“概念性感数（20以内）”水平的活动（p.28）。请注意5与10的结构是如何为拆分后凑十的策略提供了基本的、图像化的支持——这些都能提升概念性感数水平。

有风险儿童的强化干预

在本书中我们多次主张，有些儿童难以在第五章及本章中提到的学习路径中获得发展。在此，我们强调，如果儿童到了一年级，甚至是二年级时还没有获得发展，这样的儿童则更需要强化的干预（详见第十四章至第十六章）。

*实现流畅性。*研究证实了帮助儿童实现计算组合流畅性的几条指导原则，也就是促进适应性知识发展的准确无误的知识和概念及策略。

1. 遵循学习路径，让儿童首先发展专门领域的概念和策略。先理解，后练习。

2. 确保分段练习，而不是集中练习。如，与其花 30 秒集中学习 4+7，还不如先学习一遍，然后学习其他的组合，再回过来学习 4+7。并且，最好对所有的组合进行短时间、高频率的练习。最终，进行这些练习应相隔一天或以上，以便形成长期记忆。

3. 使用短时间、高频率的偶然强化。举个简单的例子，让儿童看一个书面的组合，随后盖上，复制、比较并获得奖励，以高过之前的得分（Methe，Kilgus，Neiman，& Chris Riley-Tillman，2012）。如，奖励可以赢得自由活动时间（详见 Hilt-Panahon，Panahon，& Benson，2009）。

4. 其他简单的研究性策略，包括“对问题进行录音”以及“渐进式练习”（Codding et al.，2009）。

• 对问题进行录音——朗读问题并录音，随后给儿童一点时间写下答案，并念出答案。

• 渐进式练习——首先，教师确认儿童已经知道哪些组合，再告诉儿童一个未知组合，随后对这个未知组合复述九次，并把这个未知组合放在九个已知事实中进行识别。

5. 在所有情况中，确保教学策略是适合儿童需要的。举例来说，能准确答题但回答速度较慢的儿童能从定时练习中获益；然而对那些还在努力准确答题的儿童来说，上面的第三个和第四个策略或许才有所帮助（Codding et al.，2009）。

6. 尽管定时测验常常没什么实效（Henry & Brown，2008），但实施得好的

提速练习却有效且重要。提速练习的指导比起对无速度要求练习的指导更为有效（Fuch et al.，2013）。将提速练习整合有关知识和关系的教学，包括强调回忆的内容以及整合用于纠错的有效计数策略的教学，会有利于复杂计算的流畅性及其能力的发展（Fuch et al.，2013）。

7. 同样地，运用包括研究性策略的练习软件（详见姐妹篇）。

8. 确保练习能持续促进关系思维及策略性思维能力的发展。如，练习应当涉及所有形式的所有组合，这能帮助儿童理解组合的属性，包括交换律、加法逆运算以及等式，同时也能支持儿童对基本组合的回忆：

5+3=8 3+5=8 8−5=3 8−3=5

8=5+3 8=3+5 3=8−5 5=8−3

举个实例，教师制作“数山”的卡片，如图 6.4 中所示（Fuson & Abrahamson, 2009）。儿童盖住三个数字中的任何一个数字，并给他的同伴看，让同伴说出盖住的那个数字。凯伦·富森（个人交流，Houghton Mifflin Harcourt, 2013）也用了其他表征方式来表示部分—部分—整体的关系，详见图 6.4。

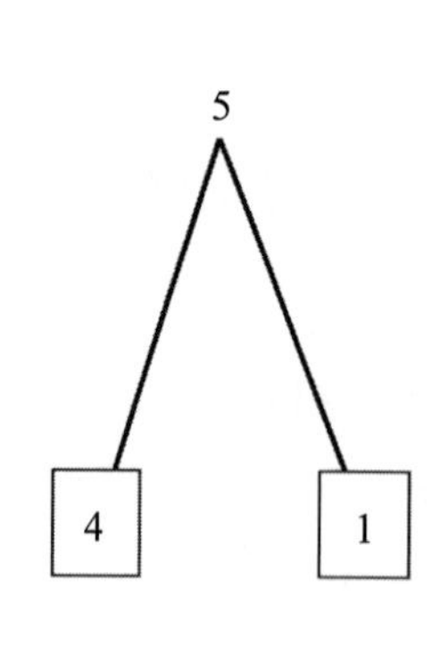

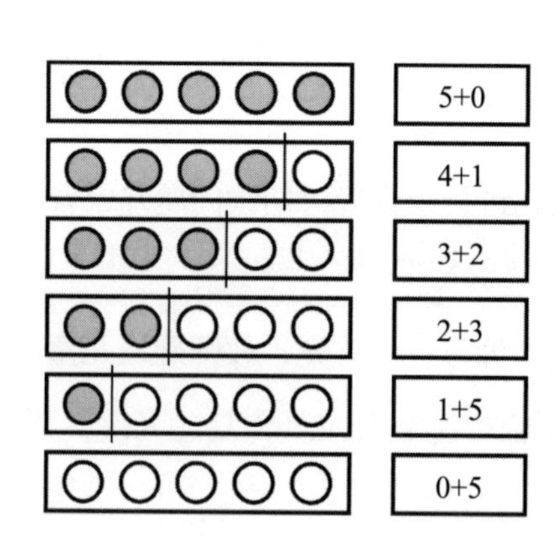

图 6.4 “数山”（做成卡片用于练习计算组合）以及其他部分—部分—整体的表征

这表明，不仅仅只有计算组合才是自然发生的。儿童也应该熟练掌握相关的推理策略。如，积木软件不仅提供了遵循指导原则的练习问题，而且还根据在特

定类型的解决方案中最有效的策略给出了每组组合。举例来说，该软件最初归类了能很好符合拆分后凑十策略的所有组合。

组合的教学：小结

早期数学教育的一个重要目标就是儿童对加法和减法组合知识的灵活性、流畅性、准确性的发展。学习这些组合并非死记硬背。看到和使用模式以及建立联系都能使儿童在其他任务中自由使用认知资源。儿童可以把他们学到的模式举一反三，并运用到没有学过的组合中（Baroody & Tiilikainen，2003）。强调鼓励儿童寻找模式及关系的数字组合教学，可以概括问题解决情境，也能让儿童对于其他任务不用特别关注和费力。

科学是事实；就像房子是石头造的，所以科学是事实构成的；但一堆石头不是一座房子，而一组事实也不一定就是科学。

——朱尔斯·亨利·庞加莱（Jules Henri Poincairé）

分组和位值

是什么决定了儿童对十进制理解的发展？不是儿童的年龄，而是儿童的经验。如，运用拆分后凑十的策略，帮助儿童凑十来解决加法和减法的问题，并发展位值的概念。位值是第二章至五章中学习路径的内容之一，但此处将直接聚焦分组和位值的概念。

分组和位值概念的发展

数学的扩展。分组构成了乘法以及用不同单位测量的基础。特定的分组可把集合分成 10 的群组。也就是说，一个数的集合可用单位 1、10、100 或 1000 来测量，也可写成多位数，数字的值则由其所在的位值决定。如，数字 5 在 53 中表示 50（5 个单位的 10），但是在 1508 中，5 表示 500（5 个单位的 100）。为了理解

比 10 大的数字，儿童必须以早期数的认知以及分解 / 组成为基础，从而理解数字十几就是 1 个 10 和另外一些数，并随后理解超过 19 的数字就是一些 10 和另外一些数。从数字十几开始，写数字和理解数词都与 10 的群组联系起来（如，11 就是 1 组 10 和 1 个 1）。

从第三、五、六章中有关数数、比较和加法的内容中，可以了解到，35 就是比 30 多数 5 个数的结果。相类似地，435 就是比 400 多数 35 个数的结果。因此，435=400+30+5（Wu，2011）。符号“435”在印度—阿拉伯数字系统中的深层含义表示：每个数都表示不同的量，由其在这个符号中的位置决定。数的位值表示该数的值或量，正如“4”在“435”里表示“400”（但“4”在“246”里表示“40”）。400+30+5 的总和，用于分别表示每一个数字的位值，被称为数的扩展计数法（expanded notation）。

*儿童对分组和位值的理解。*学前儿童从等分开始理解分组。这样的分组以及分成若干个 10 的特定分组都表明与计数技能无关。然而，加法组合的经验似乎对理解分组和位值有帮助作用。

教师总是相信，儿童对位值的理解是由于儿童有这个能力，如，把数字放进“10 和 1 的表”中。然而，问这些儿童“16”中的“1”是什么意思，他们很可能会说表示“1”（或意味着单独 1 个），也可能会说“1 个 10”。还有，儿童能把 10 美分换成 10 个 1 美分，并加上 6 个 1 美分，组成 16；但却拒绝从 10 美分中减去 6 个 1 美分，因为儿童从根本上认为 10 美分和 10 个 1 美分不是等量的。这些只是众多任务中的两个，用以说明不理解位值的儿童，和已经发展或已经完全理解位值概念的儿童之间的差别。

有许多分类系统描述了儿童从零起点发展到丰富位值知识的不同思维水平。以下内容是一个综合（所有引用请参见本书姐妹篇，但主要依据了 Fuson，Smith，& Lo Cicero，1997；Fuson，Wearne，et al.，1997；Rogers，2012）。

- 只说“1”的儿童对位值几乎不理解。他们常用 16 个实物的群组来表示“16”，但他们不理解数字的位值概念。

• 儿童理解“26”表示20个立方体和6个立方体，但会把“二十六”写成“206”。可能可以识别并运用等量的表征，如，3个100=30个10=300个1。

• 儿童能通过数两组10（10、20），并一个一个地接着数（21、22、23、24、25、26），来创建一组26个立方体。

• 儿童数“1个10，2个10……”（或者“1，2个10”），随后再像之前那样数好多个1。

• 儿童把数词（二十六）、数字（26）以及数量（26个立方体）联系起来。他们能够理解546等于500加40加6，并能用多种策略来解决多位数的问题。

• 儿童理解数系统的指数性质。

• 儿童能用他们所理解的知识解决基于其他基数的问题。

比起儿童不太熟悉的数（如，1000以内的数），儿童对于小的数（如，最大到100）可能有更高水平的能力。儿童最终需要理解500等于5个100，40等于4个10，等等。儿童也应知道所有相邻的位置都有相同的交换值：左边位置的1个单位相当于右边位置的10个单位，反之亦然。

语言和位值。正如之前提到的，英语中表示13，并非用“3 10”或者更好的“10-3”等方式；表示20，并非用“2 10”或者更好的“2个10”等方式。在其他的语言中，如，汉语，其中13读作“十三”，对于儿童来说就更加方便一些。同样的，尽管都是10，只是表示的方式不同，但“十几”或“几十”在英语中却都不**读作**10。在书写时，10的模式更为清晰，但由于写的数字太简洁，反而会误导儿童：52看起来就是5和2并排写，并不表示50或以5个10开头。尤其不幸的是，10之后的最开始的两个数字甚至都没有表示“十几”的词根。相反，“11”和“12”出自古英语，表示“多1”（10之后）和“多2”。下一节中将帮助儿童针对这些挑战提出建议。

经验与教育

随着儿童看到以 10 个一组呈现的量并将其与口头数词和书面数字对应起来，他们在学习理解我们的口头数词和书面数字中十进制的分组方式。他们可能把 52 块积木数成若干 10 和 1 个单位，但计数和堆砌积木并不能代替学习概念和符号。儿童必须思考并讨论这些概念。他们可能一边计数，一边假装在堆积木，“11 是 1 个 10 和 1，12 是 1 个 10 和 2……，20 是 2 个 10”，等等。儿童必须综合各种经验，从而形成以 10 为基础的概念，更为重要的是，以 10 为一个新的单位（1 个 10 包含 10 个 1）。通常一起使用的数词以及正规的 10 和 1 的数词（52 是“5 个 10 和 2 个 1”）有助于儿童学习表示分解和组成的语言。另外，让学前班和幼儿园的儿童解决简单的加法问题可以帮助儿童形成理解位值的基础。在第三章至第五章里关于计数、比较以及加法的学习路径与这些研究的结果也是相符合的。

因此，共有两种互补的方法可以学习分组和位值。第一种方法直接聚焦学习特定范围内（十几，或者 100 以内的数）的数的位值。第二种方法则运用计算问题的情境来学习位值，这种方法将在随后的内容里予以讨论。

在第一种方法中，儿童在学习计算之前先学习位值的概念。如，儿童可能会玩“银行”的游戏，在游戏中儿童掷两个数字立方体，并获得相应的美分（也可以从一套游戏币里只选用美元），但如果儿童有 10 个或更多美分的话，儿童须在轮到他们时把 10 分换成 1 角。第一个获得 100 分的儿童获胜。儿童清点教室里的用品，或为集会准备椅子，或准备一个派对，或组织一次科学实验——在这些活动中，都需要把项目按 10 和 1 来计数并进行分组。类似的游戏还包括在目标物上套圈或其他物体，并累积得分。

在一个活动里，儿童用“美分条纹”的纸板或纸来表示 10 和 1，把 10 个美分分成两组，每组 5 个，放在正面；1 角放在背面（基数为 10 的积木显得贵些）。最终，儿童通过画画来解决问题。儿童画出一列 10 个圈或点，10 个 10 个地、1 个 1 个地计数，并用 10 根小棒和 10 的一列联系起来。当儿童明白 10 根小棒意味着 10 个 1 时，他们就会画出 10 根小棒和一些 1 了。用 5 个一组的方式画 10 和 1

可以减少错误，并能帮助儿童一眼就能看清楚数量。在最初的 5 组 10 根小棒后要留一些空间，这样就可以水平地画出 5 个圈（或点），随后，剩下的圈就在下面一个个地画成一行。

在这个活动过程中，教师说“78”以及“7 个 10，8 个 1”。一些儿童仍然在一个多位数里查看和操作数字，就像是个位数一样；因此，此处介绍许多教育者都使用的“密码卡”。把卡片放在前面，用以说明位值系统，如下页图 6.5 所示。

高质量的教学多使用教具或其他事物用以说明并记录数量。而且这些教具在足够多的使用后就会成为思维的工具（详见第十六章），用来说明位值的概念，并解决问题，包括算术问题。最终，就可以用符号代替这些教具了。

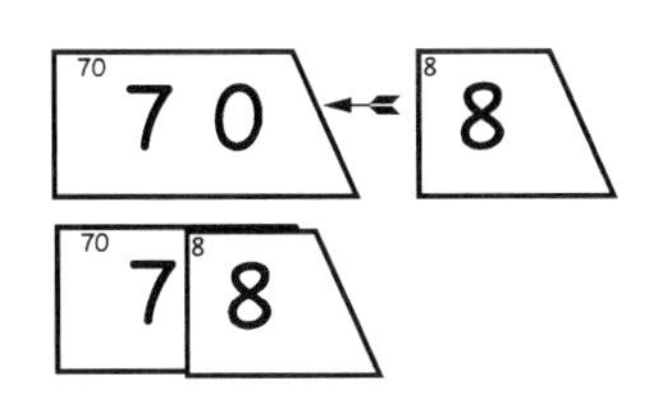

图 6.5　位值“密码卡”

多位数加减法

几乎所有能完全理解算术的人，都不得不以自己的方式重新学习。

——沃伦・科尔伯恩（Warren Colburn，1849）

概念性知识，特别是十进制的概念影响着儿童如何理解、学习以及使用算法。回忆算法的一步步过程，能确保解决特定类别的问题。计算算法是一种循环算法，它以有限的步骤解决计算问题，如算术问题。无论已知数的值是太多（加上）还是太少（减去），加法和减法中交换的和结合的特性，如数值，还有，组成与分解，高效、准确的多位数计算方法都是把数分解成其所在数位的数量（由于是一个位数做完，再做后一个位数，因此是“循环”进行的）（回忆第五章“计算：数学的定义与属性”中的讨论）。

包括10个10个数和1个1个数（见第三章）在内的策略，能随着儿童对计算和位值理解的发展而改变，从而增进对多位数加法和减法知识的理解。儿童计数策略的复杂化能自然促进他们在计算中发展对位值的理解。儿童可能把38分成10个10个的和1个1个的，也可能把47分成10个10个的和1个1个的，但不会10个10个和1个1个地数，然后得出38和47的总和。这鼓励儿童以10为单位进行思考，就像以1为单位一样，并用10组成7个10，或70。在把1组成15个1之后，儿童就能把总和转化为70和15的和了。为了得出这个总和，儿童从15中拿出10，并把这个10“给了”70，因此总和就是80多5，也就是85。这样的策略是对诸如10个和1个一数的计数策略的改良，就同得出总和为8和7的特定策略一样（如，从7中拿走2分给8，随后用10加5），也是对包括一个个数在内的计数策略的改良。

为了运用这些策略，儿童需要使数字概念化，包括整体（如，数字本身的单位）和部分（单个的单位）。部分是“单位的单位”，如，100是1个100，也是10个10。理解这些概念的儿童可以不停地回答诸如比另一个数字“多10”是什么数字的问题。“比23多10是几？”“33！”“再多10呢？”“43！”

因此，这是学习位值以及多位数计算的发展过程的第二种方法。如同其他发展过程一样，位值理解的发展水平并不是绝对或同步的。儿童可能使用基于分解—组合和以计数为基础的策略，或者以数列为基础，如，在解决横式计算题148+473时使用策略的灵活组合。如，儿童可能会这样说，“100和400是500，70和30也是100，所以就是600。随后数8、9、10、11……以及另一个10，就是21。所以，就是621”。

然而，这些儿童在解决竖式问题时可能会退回一个较低的水平，在解决如下问题时可能会出错。

$$\begin{array}{r} 148 \\ +473 \\ \hline 511 \end{array}$$（儿童忽略了需要进位的数。）

竖式的格式会使儿童把每一个数都看成个位数，即使这个数字所在的位置是其他的位值。对这类算法“错误”的研究还有更多的例子，如下所示。

$$\begin{array}{r} 73 \\ -47 \\ \hline 34 \end{array}$$
（儿童在每一个数位上都用较大的数减去较小的数。）

$$\begin{array}{r} 802 \\ -\ 47 \\ \hline 665 \end{array}$$
（儿童忽略了 0，从 8 里“借位”了两次。）

这些对我们来说都是教训。教算法远不止教步骤，它包括关系、概念以及策略。确实，如果从概念上讲，那么大多数儿童都不会犯这些类型的错误。另外，教算法也不只是教“计算”——它为未来大多数数学奠定了基础，包括代数。

经验与教育

前文中的内容表明，掌握扎实的关于属性的知识以及计数的过程、位值、算法能帮助儿童使用恰当的算法，并把他们掌握的知识运用到新的情境中。没有这些概念，儿童就会常常出错，如，不管实际上应该从哪个数中减去哪个数，只管从较大的数中减去较小的数。很多这样的错误，源自儿童把多位数看成是一串个位数，却不考虑在数学情境中数字的位值和作用（Fuson，1992b）。太多美国儿童学习运算的步骤却不理解位值概念，这是一个全国性的问题。

一些人认为，“标准的算法”事实上对儿童有害。例如，没有教儿童算法的班级比起教算法的班级来说，到儿童二、三年级，甚至是四年级时，在诸如心算 7+52+186 的题目上都表现得更好（Kamii & Dominick，1997，1998）。另外，当儿童出错时，没有教过算法的儿童的答案更具合理性。而教过算法的儿童到四年级时，在解决总和大于 700，甚至 800 的题目时给出的答案（对于那些掌握概念性知识及数感的儿童来说）都是无意义的。他们也会给出像“4、4、4”这样的答案，

表明他们没有把数字看成是有位值的，而只是一系列单个的数。研究者还认为，标准算法对儿童有害的原因在于，它促使儿童放弃了自己的思考，并且它也“没有教”位值。

这可能是由于不好的课程或教学缺乏对儿童思维的了解。传统的教学与儿童自己的策略以及概念的理解脱节，算法的出现代替了数量的推理。算法有目的的一列列地进行计算，但不关注数字本身的位值。教师大多直接教标准的算法，而忽视儿童基本能力的发展过程，如计数策略，并且允许儿童做出无意义但却是规定的运算程序，尽管这与儿童对数概念的理解无关。

相反，课程和教学既强调概念理解及过程技能，又强调灵活运用多种策略，从而使儿童掌握同等的技能，但更熟练、灵活地运用这些技能，并对概念的理解更好。这样的教师常常问儿童，他们是如何解决问题的以及为什么他们的方法有效。

总体而言，高质量的教学强调概念、过程和联系，而且强调儿童的意义建构。例如，使用数量的可视化表征以及概念和技能之间的关系可能很重要。教师说：“这里有 8 个 10 和 7 个 10 就是 15 个 10，这等于 1 个 100 和 5 个 10。”必要时，教师可以用基数为 10 的教具进行说明。这样的教学通常是必需的，但仅仅这样是不够的。儿童需要自己理解这些过程。儿童先描述并解释他们在做什么，然后再用数学语言进行说明。特别是在一定程度的理解上，儿童需要有能力适应过程。

这正是一些人认为儿童应该在学习正式算法之前自己先创造策略来解决多位数计算题的主要原因之一。也就是说，儿童的非正式策略可能是发展位值和多位数计算概念及技能的最好开端。这些策略与正式的书面的运算方法有明显不同。如，儿童偏向于从左算到右，然而正式的加法和减法运算则是从右算到左的（Kamii & Dominick，1997，1998）。这样做的原因并不仅仅在于可以鼓励儿童的创造性思维——尽管这点正是研究发现的惊人结果。正如前所述，一组研究者相信，算法的教学对儿童的思维有害。正如一个例子所示，教师给班上儿童看的题目里只包含一个以“99”或“98”结尾的加数（如，366+199）。大多数情况下，儿童都使用标准算法。只有一名儿童，之前没有学过这些算法，于是就把 366+199 改成 365+200，随后得出总和为 565。然而，只有三名儿童使用了这种方法——其余所

有的儿童仍然“把数字排成队”，并一位数一位数地进行计算。

凯米指责，标准算法导致儿童不愿意思考问题。当教师停止教儿童时，差异是“令人震惊的”（Kamii & Dominick，1998）。如，教师停止教标准算法，并让儿童自己思考一年后，16 名儿童中有 3 名儿童得出了 6+53+185 这道题目的正确答案，这 3 名儿童都用了标准算法，还有 2 名儿童也用了标准算法（都做错了），另有 18 名儿童使用了自己的策略，其中 15 名得出了正确答案。

因此，凯米相信，至少对于整数的加减法而言，过早把运算方法教给儿童，弊大于利。但是，许多人会问，如果儿童做错呢？凯米认为，儿童关于问题情境的推理，足以帮助全班儿童纠正任何错误。问一名二年级的儿童，107 加 117 是多少。第一组儿童从右开始加起，得出 2114。第二组儿童认为 14 是两位数，所以不能写在一个位置上，所以应该只写 4，那么答案就是 214 了。第三组儿童认为，14 中的 1 要写下来，这是因为 1 更为重要，所以答案应该是 211。第四组儿童还加上了 10，因此得出答案为 224。儿童讨论并为自己一方的观点争论。儿童通过使用每种方法进行验证。到 45 分钟结束之前，全班儿童唯一全部认可的就是有四个不同的正确答案显然是不可能的。（这便是很多教师听到这个案例后最担心的部分——没有让儿童带着正确的答案回家，是不是就是不道德的。）

在随后的教学中，班里所有儿童都构建出一个正确的算法。尽管儿童偶尔做错，但他们仍然被鼓励坚持自己的观点，直到他们相信自己算的过程是不对的。儿童的学习，是通过对自己想法的修正实现的，而不仅仅是“接受”新的程序。

这些相似的研究都支持同一个观点，就是发明自己的程序往往是一个良好的开端（Baroody，1987）。正如之前所提到的，他们也对在解决多位数加法和减法问题的情境中开展位值的教学进行了说明（Fuson & Briars，1990）。

儿童的发明必要吗？一些研究者主张，在这个阶段，发明并非是关键特征。相反，他们为儿童进行意义建构的重要性而争论，无论儿童是否发明、改编或复制一个方法。

意义建构可能是最关键的；然而我们相信，大部分研究表明，儿童的发明能促进多位数相关概念、技能以及问题解决的发展。这并不意味着，儿童必须发明

每一个程序，但儿童的概念发展、自适应的推理以及技能，却是同时发展的，并且，儿童最初的发明可能在达成这些目标时特别有效。最后，我们还相信，儿童的发明是数学思维的创造性表现，且有其自身的价值。

算法前的心理程序。许多研究者相信，书面算法的使用介绍得为时过早，而更为有利的一种方法是使用心算。凯米的著作及研究举例说明了这种方法。标准的书面算法阻碍了对从哪里开始以及给数分配什么位值等的思考。这对于早已理解的人来说是有效的，但对初学者起到了消极的作用。相比之下，心理策略来自且支持深层的概念。以往教过的儿童通常需要花很长一段时间来掌握算法，有时他们也常常无法掌握。如果在教书面算法之前，配合使用实物或图片，先教、先用心算（并且在整个教育过程中进行练习）的话，儿童会学得更好些。

这样的心算会培养灵活的思考者。不灵活的儿童主要采用标准纸—笔算法的心理图像。计算 246+199 时，他们会照着如下进行计算：9+6=15，15=1 个 10 和 5 个 1；9+4+1=14，14 个 10=1 个 100 和 4 个 10；1+2+1=4，400；所以，445——并且，他们经常做错。

相反，灵活的儿童则会照着下面的步骤进行计算：199 接近 200；246 + 200 = 446；拿走 1，就是 445 了。灵活的儿童也会使用如下的策略来计算 28 + 35：

- 补偿法：30+35=65，65-2=63（或者 30+33=63）
- 分解法：8+5=13，20+30=50，63
- 跳跃法，或“从一个数开始”：28+5=33，33+30=63（28+30=58，58+5=63）。

补偿法和分解法的策略都与十进制积木块（base-ten blocks）及其他类似的教具一致，然而，跳跃法则与 100 的图表或数轴（特别是空的数轴，将在本章后面的内容中讨论）一致。对于许多儿童来说，跳跃法更为有效和准确。如，在减法中，使用标准算法的儿童常常出现“从较大数中减去较小数”的错误，如 42−25，得出的答案为 23。

通过游戏，可以对跳跃法进行针对性的练习。如，在“11 的游戏”中，儿童

旋转两根指针（可以用部分未弯曲的回形针围绕铅笔尖旋转）。举例来说，如果他们转到的数字是图 6.6 中显示的数字，他们则必须从 19 中减去 11。随后他们把一个筹码放在结果上，数字 8（出现在两个位置上）——只要其中一个还空着。他们的目标是首先在一排中（水平的、竖直的或斜线的）占有四个位置。强调只有 1 个 10 和 1 个 1 的加法或减法，有助于儿童理解并构建对跳跃法的稳定使用。当然，可能还有很多变化，如，把 11 变成 37，或者加上、减去 10 的倍数。建议儿童尝试和同学或朋友一起玩这个游戏。

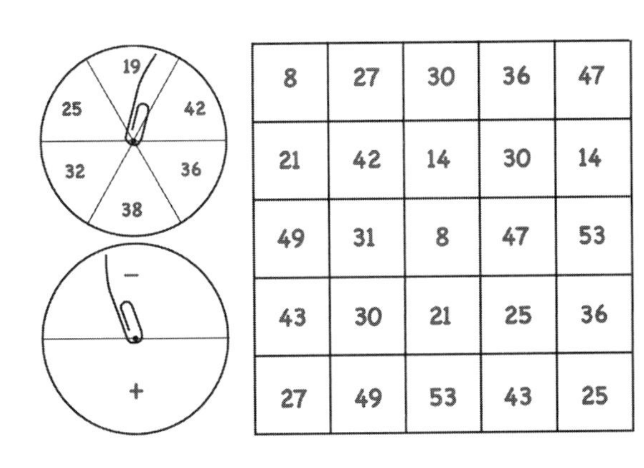

图 6.6　11 的游戏

同样的，乐透游戏的改进版中有一个买卖的情境，它被成功地用在一个两位数的加法情境中，激发并指导一年级的儿童学习（Kutscher，Linchevski，& Eisenman，2002）。儿童把它们所学的知识迁移到班级情境中。

荷兰人最近提倡使用“空数轴”支持跳跃法。有报告称，使用该模式，可支持更为智能的算术策略。“空数轴”就是一把没有标数字的尺，但仍简单保持着数的顺序，并标有“跳跃”的尺寸（但并没有按照一定比例），如图 6.7 所示。

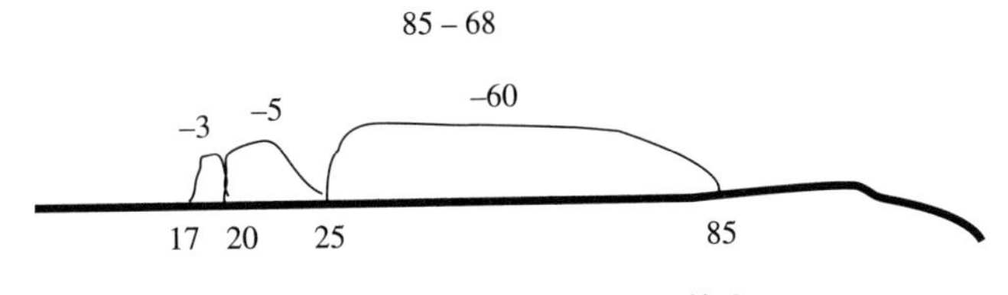

图 6.7　“空数轴”有利于算术

其他研究者相信，分解和跳跃策略都是有价值的，但都不必先学（Wright，Stanger，Stafford, & Martland，2006）。跳跃法更像一种心算策略，用“空数轴”作为记录，但还不是计算的手段。由此可见，儿童应该使用“空数轴”来记录他们在心理上做的运算，因此，“空数轴”变成了一种书面表征方式，一种与同伴和教师交流想法的方式。

儿童也会把这些策略合并起来。如，儿童可能先分解，然后再使用跳跃法：48+36——40+30=70；70+8=78；78+2=80；80+4=84。他们也可能使用组成或其他变换策略，例如，34+59→34+60−1，因此，94−1=93（Wright et al.，2006）。

不要只是鼓励儿童使用这两种策略，也应帮助儿童把它们联系起来。如，跳跃法可能不强调10进制，但仍保留着数感。分解法强调位值，但可能导致错误。使用并联系两者，可以有意识地解决两者的数学问题，用一种策略去验证另一种，可能是最有效的方法。

另一种旋转指针的游戏可以为这些策略提供大量有趣的练习。如，“转4”的游戏就类似于“11的游戏”，除了第二个旋转指针表示的是在第一个指针转出的数上加上或减去的量。这个可以用多种方法来玩。下页图6.8表示的是无须重新组合的减法（试试看！）。也可以设计别的游戏涉及需要重新组合的减法，需要和不需要重新组合的加法，或加减法的混合运算。

“一连4个”是类似的游戏，在这个游戏里，每位玩家有12个同色的筹码（如有可能“可看透”）。每位玩家从左侧方框里选择两个数字，求出它们的和，（在同一轮中）并用筹码盖住它们（见下页图6.9）。玩家同时把对应在右侧的方框里的数也用筹码盖起来（该筹码保留）。第一个能用他/她的筹码把4个连成一行的为赢家（来自凯米，1989年，该版本应归功于格雷森·惠特利与保罗·科布；凯米的书里还包含了很多其他游戏）。

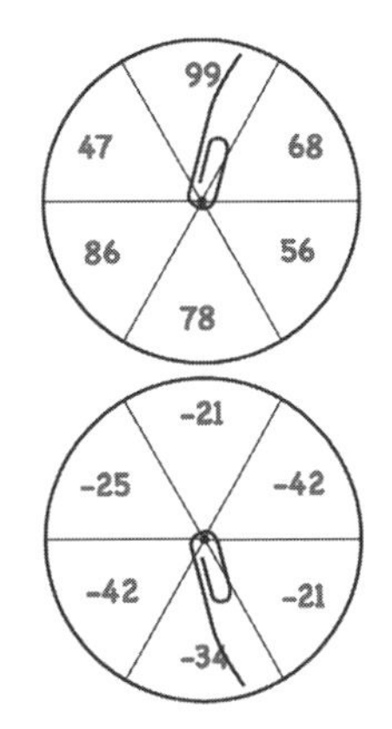

78	47	52	65	57
57	72	14	22	44
36	31	53	57	43
34	22	61	65	26
5	26	13	53	35

图 6.8　“转 4”游戏

5	6	7
8	9	10
11	12	13

16	21	18	13	18
19	20	12	20	23
22	24	19	21	16
17	11	23	22	14
14	15	15	17	25

图 6.9　“一连 4 个”游戏

在结束这个话题前，我们注意到，当儿童几乎没有形成策略的时候，说他们“使用”“跳跃”策略，或许是不准确的（如，最年幼的儿童）。也就是说，他们可能不是慎重考虑之后再选择和运用策略的，而只是把计算建立在他们熟悉的某些数字关系上。一名二年级儿童在做 39+6 时，可能并没有认真地想过——甚至都不知道“跳跃”策略，就决定先把 1 和 39 加起来，随后再加 6 的“剩余部分”（如，5）到 40，最终得出 45。这样明确的知识和决定可能来源于使用数字关系的重复经验。起初，这些都是“运算中的定理”（Vergnaud，1978），直到心理上重新描述后才成为明确的策略。从教学的角度来看，这意味着最初的教学目标与其说是教策略，不如说是发展数关系的方案，再运用它们来构建策略，并讨论包括强调数学原理

在内的策略。

哪种算法? 有很多关于是否要教标准算法的争论。在绝大多数情况下，这样的争论产生了更多的争论，而非解决办法，这有许多原因：

• 并没有单一的标准算法。在美国及世界范围内，在使用许多不同的算法（如，见表 6.1 中算法 a 和 b），所有这些方法都是有效的（Kilpatrick et al., 2001）。

• 那些被教师当作“标准”的算法，在外人看来，却没有什么不同，数学家也相信这些算法都只是对基于运算的一般位值的简单改造（记录数字的常用方式）。也就是说，表 6.1 中的减去同一位值，以及组成 / 分解中的所有算法都是有必要的；这些算法都只是实施过程，但都记成稍有不同的方法。

许多美国标准算法的这种变形（见下页表 6.2）都是有用的（Fuson, 2009）。对于初学者，或者那些有学习困难的儿童来说，记录每一个显示完整位值的加法，如表 6.2b，能够促进他们知识和技能的发展。一旦实现了这一点，表 6.2c 中所示的，可理解的且数学上更理想的算法，就会优于表 6.1a 中的标准，原因如下。第一，用相近的数字写成的数（如“13”），对儿童来说保持着数字“13”的起源。第二，“从最上面开始加起”的儿童，先加（通常较大的）数，可以让儿童不必始终记着其中一个数（被加到“进位的”1 上）。相反，较大的数先加，而加“1”容易则最后加。

类似的，注意表 6.1c（与表 6.1a 相比）中的减法运算。每个需重新组合的地方，首先帮助儿童只关注需要重新组合的，并先进行重组。

表 6.1　“不同的”标准算法

a. 分解——美国传统的方法				
$\begin{array}{rrr} 4 & 5 & 6 \\ -1 & 6 & 7 \\ \hline \end{array}$	$\begin{array}{rrr} & 4 & \\ 4 & \cancel{5}^{1} & 6 \\ -1 & 6 & 7 \\ \hline \end{array}$ 加10到6个1，从5个10里借位。	$\begin{array}{rrr} & 4 & \\ -4 & \cancel{5}^{1} & 6 \\ -1 & 6 & 7 \\ \hline & & 9 \end{array}$ 减法，16–7。	$\begin{array}{rrr} 3^{1} & 4 & \\ -4 & \cancel{5}^{1} & 6 \\ -1 & 6 & 7 \\ \hline & & 9 \end{array}$ 加10个10到4个10，从400中借位。	$\begin{array}{rrr} 4 & \cancel{5} & 6 \\ -1 & 6 & 7 \\ \hline 2 & 8 & 9 \end{array}$ 减法，14－6（个10），3–1（个100）。
b. 相等加数——欧洲和拉美的方法				
$\begin{array}{rrr} 4 & 5 & 6 \\ -1 & 6 & 7 \\ \hline \end{array}$	$\begin{array}{rrr} 4 & 5^{1} & 6 \\ -1^{1} & 6 & 7 \\ \hline \end{array}$ 加10到6个1，形成16个1，再加1个10到6个10（这里1加6个10，但不是16个10）。	$\begin{array}{rrr} 4 & 5^{1} & 6 \\ -1^{1} & 6 & 7 \\ \hline & & 9 \end{array}$ 减法，16−7。	$\begin{array}{rrr} 4^{1} & 5^{1} & 6 \\ -1^{1} & 6 & 7 \\ \hline & & 9 \end{array}$ 加10个10到5个10，1个100到1个100。	$\begin{array}{rrr} 4^{1} & 5^{1} & 6 \\ -1^{1} & 6 & 7 \\ \hline 2 & 8 & 9 \end{array}$ 减法，15－7（个10），4−2（个100）。
c. 更便利且数学上更理想的算法——美国算法的变形（Fuson，2009）				
$\begin{array}{rrr} 4 & 5 & 6 \\ -1 & 6 & 7 \\ \hline \end{array}$	$\begin{array}{rrr} 3^{1} & 4 & \\ 4 & \cancel{5}^{1} & 6 \\ -1 & 6 & 7 \\ \hline \end{array}$ 所需的每处都重新组合。	$\begin{array}{rrr} 3^{1} & 4 & \\ 4 & \cancel{5}^{1} & 6 \\ -1 & 6 & 7 \\ \hline 2 & 8 & 9 \end{array}$ 每处都减。		

表 6.2　标准加法运算的变形

a. 美国传统的方法			
$\begin{array}{rrr} 4 & 5 & 6 \\ +1 & 6 & 7 \\ \hline \end{array}$	$\begin{array}{rrr} & 1 & \\ 4 & 5 & 6 \\ +1 & 6 & 7 \\ \hline & & 3 \end{array}$ 加法，6+7，写3在1的位置上，10个1进位形成1个10。	$\begin{array}{rrr} 1 & 1 & \\ 4 & 5 & 6 \\ +1 & 6 & 7 \\ \hline & 2 & 3 \end{array}$ 加法，6+5+1（十位数），写2在10的位置上，10个10进位形成1个100。	$\begin{array}{rrr} 1 & 1 & \\ 4 & 5 & 6 \\ +1 & 6 & 7 \\ \hline 6 & 2 & 3 \end{array}$ 加法，1+4+1（百位数），写6在100的位置上。
b. 过渡的算法——写下所有的总和（Fuson，2009）			

续表

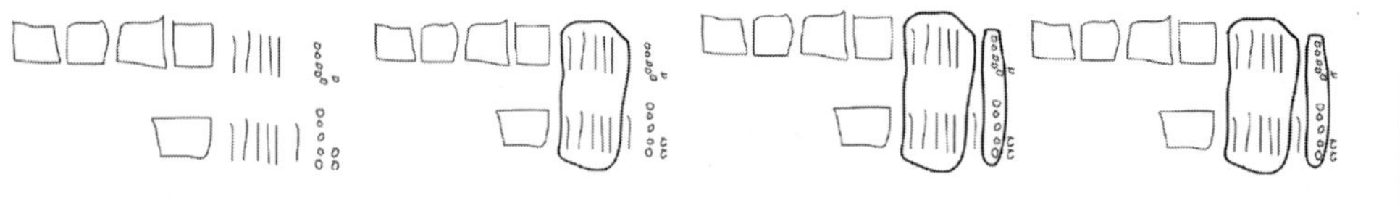			
4 5 6 +1 6 7	4 5 6 +1 6 7 5 0 0	4 5 6 +1 6 7 5 0 0 1 1 0	4 5 6 +1 6 7 5 0 0 1 1 0 1 3 6 2 3
c. 更便利且数学上更理想的算法——美国算法的变形（Fuson，2009）			
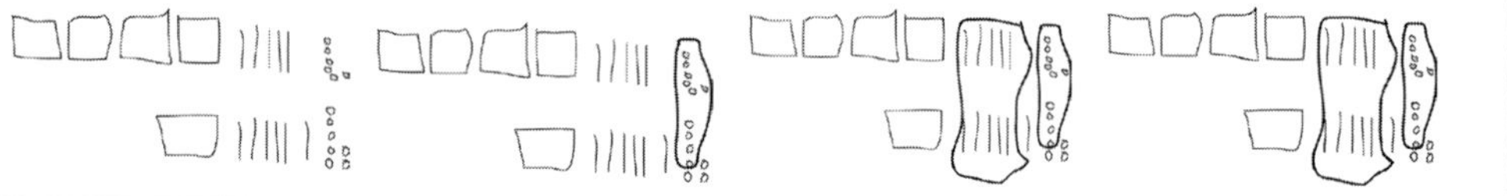			
4 5 6 +1 6 7	4 5 6 +1 6 7 3 加法，6+7，写“13”但在1的位置上写3，以及1个10在10的一列下。	4 5 6 +1 6 7 2 3 加法，5+6+1个10，写“2”在10的位置上，以及1个100在100的一列下。	4 5 6 +1 6 7 6 2 3 加法，4+1+1个100。

一旦这些都完成了，减法运算就可以一个接着一个完成了（Fuson，2009）。不在两个过程之间“切换”可以更好地聚焦每一个过程。

这些“更便利且数学上更理想的算法”是美国标准运算方法的简单变形。然而，这些方法可以有效地帮助儿童构建技能和概念（Fuson，2009）。

对于任何变形来说，基数为10的教具和图画都能支持组成和分解方法的学习——特别是在保持概念和步骤之间的联系上。表6.2b和表6.2c对图画的使用进行了说明。（注意两者之间的两点基本不同之处，位值分组的顺序以及分组的方式。）教具或图画有助于说明不同的位值数应分别相加，以及特定的数应组合而形成更高位值的单位。

研究表明，关键在于指向意义和理解的教学。注重灵活应用多种策略的教学有助于儿童构建明确的概念和步骤。儿童学习根据问题的特点调整自己的策略。相反，只关注运算步骤的教学会导致儿童盲目地遵照这些步骤。对数学以及儿童

对数学的理解，包括儿童可能运用的不同策略和算法，都有助于儿童创造并使用适宜的计算。如果儿童先发明了自己的策略，那么他们从一开始就比那些专门被教算法的儿童出错更少。

*概念的教学对数学能力的支持。*先教概念性的知识，同时教程序性的知识。在教育过程中让儿童越早发展自己的方法越好。当儿童发展了标准的算法，可与儿童的非正式策略和推理联系起来。已呈现的变形的算法可以帮助儿童同时构建概念和过程。关于这一点，可以翻看本章的学习路径。

为了支持问题解决，应使用有力的表征。如，“条形图”或“插图”在东亚国家（新加坡、日本）广泛使用，作为问题情境是一致且有益的表征（Murata，2008）。表5.1 就是这一方式的简单版，用以说明问题的类型。图 6.10 中显示的是更为具体的教师和学生表征这些问题的一些可能的类型。

让儿童推理！即使儿童已经发展了书面的算法，仍然坚持玩诸如“接近 100”（或 1000）的游戏，确保儿童在算术中思考位值的问题。儿童可以用数字卡片（0—9），两人一组地玩，给儿童每人 6 张。儿童从 6 张中选出 4 张，并把它们摆成一个两位数加法的形式，尝试让和尽可能接近 100。如，一名儿童分到的数字是 5、3、0、8、6、9、1，他可能摆出：

$$\begin{array}{r} 86 \\ +13 \\ \hline \end{array}$$

这个可以得出 99，因此她得 1 分。得出的和最接近 100 的人（如果和为102，则得分为“2”——得“1 分”的人赢）得 1 分。这样的游戏可以提高儿童的数学智力，并保持有意义的算法。（如果只给每名儿童 4 张卡片，那么这个游戏会更具挑战性；也可以玩和接近 1000 的游戏。）

*开始学习乘法以及乘法推理。*即使在给儿童正式介绍乘法之前，儿童也能解决包含乘法和除法的问题（如，分享）。位值便是建立在这些概念的基础上，但还需要有更多的经验。其中重要的一个是面积的测量问题，更多关于这个话题的讨论内容详见第十一章。另外，儿童也有能力解决许多乘法的问题。最近的一项研究表明，儿童解决特定类型的问题要好于其他类型。通常，教师会通过重复的

加法来介绍乘法。“汤姆有 3 个东西，随后迈克又给了他 3 个”等诸如此类，“那一共有多少个？”。尽管所有问题类型中有些是有用的，但研究者认为，多对 1 的对应问题在帮助儿童学习乘法推理方面更有效（Nunes, Bryant, Evans, & Bell, 2010）。如，汤姆想在每个（插图的）盆里都放 3 枝花，他需要买多少枝花？聋儿往往在入学时乘法知识储备得较少，但相似的教学策略也能帮助他们学习乘法推理（Nunes, Bryant, Burmant, Bell, Evans, & Hallett, 2009）。

球的总数是多少？

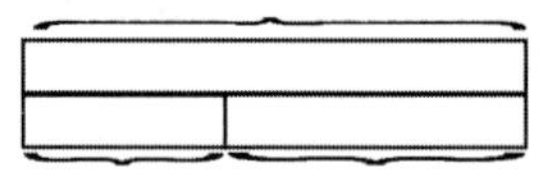

红球：4 个　蓝球：6 个

阿尔有 4 个红球和 6 个蓝球，他总共有多少个球？

球的总数是：10 个

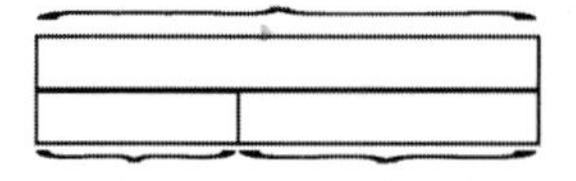

蓝球：4 个　红球：多少个？

阿尔有 10 个球，其中 4 个是蓝球，剩余的都是红球，红球有多少个？

巴布有多少个弹球？

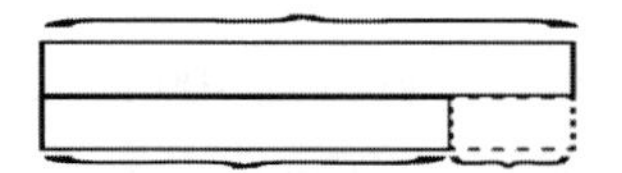

阿尔有 5 个弹球　多 2 个弹球

阿尔有 5 个弹球，巴布比阿尔多 2 个，巴布共有多少个弹球？

图 6.10　把条形图作为问题解决的工具

数的组成和多位数加减法的学习路径

以提升儿童计算能力为目标的重要性是显而易见的。图 6.11 表明了这些目标

在《课程焦点》（CFP）以及《共同核心州立标准》（CCSS）中出现的位置。当然，由于儿童能使用不同的策略解决大多数问题，因此许多内容与前几章的相关内容是一样的。另外，请注意在许多领域中的标准是如何反映计算的。

为了达到这个目标，表 6.3 提供了学习路径的两个额外组成部分：发展进程和教学任务。在这个学习路径上有三个重要的注意事项。

1. 不同于其他学习路径，表 6.3 应分为两个部分，第一部分是数的组成，第二部分为多位数的加减法。这样做是强调，第二部分早已包含在第五章学习路径的发展进程中了，本章是要强调其对应的教学任务。

2. 注意，位值是所有数域的基础，因此在第二章至五章，包括本章中，都加以强调，本章不过是最为聚焦位值的。

3. 再次说明，所有学习路径表中的年龄仅仅是大致年龄，因为儿童获得知识的年龄常常非常依赖经验。

学前班

与课程焦点的联系 数与运算

儿童能够运用数字的多种意义创造出各种策略，用于解决问题、对实际情境做出反应。

幼儿园

数与运算：整数的表征、比较与排序，集合的合并、分解（CFP）

儿童运用数字（包括书面数字）来表征数量、解决数量问题，如，用实物模拟简单的合并与分解情境。他们会选择、组合和运用多种有效的策略来解答数量问题，包括数出合并集合的数和倒数。

运算与代数思维（CCSS 中的 K.OA）

理解加法的意义是合并和添加，理解减法的意义是分开和拿走。

1. 运用实物、手指、心理表象、图画、声音（如拍手）、演出相应的情境、口头解释、表达式、等式来表征加减。[画图无须体现细节，但需要体现问题中的数学内容。（CCSS

中所有提到画图之处，都是如此。）]

3. 用一种以上的方法将 10 以内的数分解为两部分。如，用实物或画图的方法进行分解，并用画图或等式（如，5=2+3 和 5=4+1）记录每种分法。

4. 对 1—9 中的任意数，发现加上几得 10。如，用实物或画图的方法解答，并用画图或等式做记录。

5. 熟练进行 5 以内加减运算。

一年级

数、运算与代数：发展对加减意义的理解和解决基本加减问题的策略（CFP）

儿童解决整数加减问题的策略是在他们对较小数量的加减经验基础上发展起来的。他们会运用多种模型，包括实物、基于长度的模型（如，连成长条的方块）、数字线，来模拟“部分—整体”“添加”“拿走”“比较”情境，从而发展对加减意义的理解和解决这类算术题的策略。儿童认识到计数和加减运算之间的联系（如，“加上”2 等价于“接着数”2 个数）。他们会运用加法运算律（交换律和结合律）进行整数的加法运算，还会基于这些运算律创造和运用更加复杂的策略（如，“凑十”法）来解决那些涉及基本事实的加减问题。通过对多种解题策略的比较，儿童将加法和减法看作互为逆运算。

运算与代数思维（CCSS 中的 1. OA）

表征并解决涉及加减的问题。

1. 运用 20 以内加减法解决各类文字应用题，涉及的情境包括添加、拿走、合并、分开、比较，未知量在各种位置。如，用实物、图画、等式（其中用一个符号表示未知数）来表征问题。（CCSS 提及其术语表、表 1，其内容与本书中的表 5.1 非常相似。）

2. 解决涉及 20 以内三个整数加法的文字应用题。如，用实物、图画、等式（其中用一个符号表示未知数）来表征问题。

理解并运用运算律和加减互逆关系。

3. 把运算律用作加减策略。如，已知 8+3=11，则可知 3+8=11。（加法交换律）2+6+4 中，后两数相加得 10，所以 2+6+4=2+10=12（加法结合律）（学生无须掌握运算律的规范术语）。

4. 把减法看作加数未知的问题。如，通过找到 8 加几得 10，来解决 10–8。

20 以内加减。

6. 做 20 以内加减时，表现出能熟练进行 10 以内加减。运用接数、凑十（如，8+6=8+2+4=10+4=14）；通过分解某数凑十（如，13–4=13–3–1=10–1=9）；运用加减互逆关系（如，已知 8+4=12，则可知 12–8=4）；创造等价但简化（或已知）的加法算式（如，把 6+7 转换为自己已知的式子 6+6+1=12+1=13）。

解加减算式。

7. 理解等号的意义，判断加减等式是否成立。如，下列等式中哪些成立，哪些不成立？6=6，7=8–1，5+2=2+5，4+1=5+2。

8. 判断含三个整数的算式中的未知数。如，确定能让 8+？=11，5=？–3，6+6=？这些等式成立的未知数。

十进制的数与运算（CCSS 中的 1. NBT）

运用对位值的理解和运算律进行加减运算。

4. 100 以内加法，包括两位数加一位数、两位数加 10 的倍数，用具体的模型或图画和基于位值的策略，运算律，和/或加减的互逆关系；将其策略与某种书面方法联系起来，并解释其推理过程。认识到两位数相加时，十位加十位、个位加个位，有时需凑 10 进位。

5. 对一个两位数，无须计数就能找出比它大 10、小 10 的数；解释其推理过程。

6. 10—90 范围内 10 的倍数减去 10 的倍数（差为正数或零），用具体的模型或图画和基于位值的策略，运算律，和/或加减的互逆关系；将其策略与某种书面方法联系起来，并解释其推理过程。

二年级

数、运算与代数（CFP）

儿童运用他们对加法的理解，发展出对基本加法事实及相关减法事实的快速回忆。他们运用自己对加减模型的理解（如，合并或分解集合、运用数字线），数的关系和属性（如，位值），及加法运算律（交换律和结合律）解决算术问题。儿童发展、讨论并运用有效、

准确且广泛适用的方法来解决多位整数的加减问题。他们会根据情境和涉及的数，选择并运用适宜的方法来估计和、差或进行心算。他们能熟练使用整数加减的有效程序（包括标准算法），理解程序背后的依据（位值和运算律），并运用它们解决问题。

与课程焦点的联系 数与运算：儿童能运用位值和运算律创造出给定数的等价表征（如，用 3 个 10 和 5 个 1，或 2 个 10 和 15 个 1 来表示 35），并进行多位数的书写、比较和排序。他们运用这些观念进行多位数的组合与分解。儿童运用加减来解决多种问题，包括用于有关测量、几何、数据的问题和非常规问题。作为对三年级的准备，他们能解决涉及乘法情境的问题，对于“乘法即连加”形成初步的理解。

运算与代数思维（CCSS 中的 2. OA）

表征并解决涉及加减的问题。

1. 运用 100 以内加减解决一步或两步文字应用题，涉及的情境包括添加、拿走、合并、分开、比较，未知量在各种位置。如，用图画、等式（其中用一个符号表示未知数）来表征问题。（CCSS 提及其术语表、表 1，其内容与本书中的表 5.1 非常相似。）

20 以内加减。

2. 运用心算策略熟练地进行 20 以内加减。（参看标准 1. OA. 6 所列的心算策略。）二年级末，熟记所有的两个一位数相加的和。

解决物体等分问题，为乘法奠定基础。

3. 判断一组物体的数量（20 以内）是奇数还是偶数。如，把物体配对，或两个一数；写出等式，把偶数表示为两个相等的加数之和。

4. 用加法算出摆成长方形队列的物体（5 行以内、5 列以内）的总数；写出等式，把总数表示为多个相等的加数之和。

十进制的数与运算（CCSS 中的 2. NBT）

运用对位值的理解和运算律进行加减运算。

5. 运用基于位值的策略，运算律，和 / 或加减互逆关系，熟练解决 100 以内加减问题。

6. 运用基于位值和运算律的策略，完成 4 个以内两位数的加法。

7. 1000 以内加减，用具体的模型或图画和基于位值的策略，运算律，和 / 或加减的互逆关系；将其策略与某种书面方法联系起来。认识到三位数做加减时，百位加减百位、十

位加减十位、个位加减个位，有时需凑十、百进位或退位。

8. 对 100—900 之间的给定数，能通过心算加减 10 或 100。

9. 根据位值和运算律对加减策略的依据进行解释。（解释过程可能会用到图画或实物。）

测量与数据（CCSS 中的 2.MD）

用标准单位进行长度的测量和估测。

4. 通过测量来判断一物比另一物长多少，以标准的长度单位来表示长度差。

把加减与长度建立联系。

5. 运用 100 以内加减解决长度单位相同的文字应用题。如，用图画（如，画出的尺子）和等式（其中用一个符号表示未知数）来表征问题。

6. 在数字线示意图上，均匀分布的各点依次对应数字 0、1、2……，把整数表征为从 0 开始到该点的长度；在数字线示意图上表征 100 以内整数的和、差。

解决时间、货币问题。

8. 解决涉及美元、25 分硬币、1 角、5 分、1 分的文字应用题，正确使用 $ 和₵符号。如，如果你有两个 1 角和三个 1 分，你有多少分?

表征并解释数据。

10. 用示意图和柱形图表征包含四个以内类别的数据集。运用柱形图呈现的信息，解决简单的合并、分开、比较问题。（CCSS 提及其术语表、表 1，其内容与本书中的表 5.1 非常相似。）

图 6.11 加减运算与位值的目标（侧重数的分合、熟练、位值和多位数加减），来自《课程焦点》（CFP）和《共同核心州立标准》（CCSS）

表 6.3 数的组成与多位数加减法的学习路径

年龄（岁）	发展进程	教学任务
0—2	**对部分一整体关系的前认识（Pre-Part-Whole Recognizer）** 只能以非言语的方式识别部分和整体。认识到多个集合能以不同	数的分合——基本的日常经验：如前面各章所述，基本的生活经验是有益的。

续表

年龄（岁）	发展进程	教学任务
0—2	的顺序进行组合，但不能明确认识到一个集合是由多个更小的集合相加、合并得到的。 看到4块红积木和2块蓝积木，能直觉地意识到“所有积木”包括红色和蓝色积木，但问到一共有几块积木时，可能会说出一个小的数字，如1。	
3—4	**对部分—整体关系的不精确认识（Inexact-Part-Whole Recognizer）** 知道整体大于部分，但不能精确量化。（先是对交换律的直觉认识，然后能借助实物认识到结合律，继而在更抽象的情境，包括数字中做到这一点。） 看到4块红积木和2块蓝积木，被问到一共有几块时，会说出一个“大数”，如5或10。	基本的数学经验：其他各章学习路径中的经验也适宜发展这些能力。关系尤为密切的是感数（第二章）、计数（第三章、第五章）、比较（第四章）、分类（第十二章）。
4—5	**4的分合，随后是5（Composer to 4，then 5）**	• 手指游戏：让儿童用手指来表示数字。（活动间隙时双手放在膝盖上。）这些活动应简短、有趣、多次重复，分散在许多天里进行。

续表

年龄（岁）	发展进程	教学任务
4—5	知道数的各种组合。能迅速地说出任一整体的部分，或根据部分快速说出整体。 展示4个物品，悄悄藏起来1个，展示剩下的3个。能迅速说出藏了1个。	让儿童用手指表示4。“想一想，做一做，说一说，告诉同伴你是怎样做到的。现在换一种方法，再告诉你的同伴。” “现在每只手伸出相同数量的手指来表示4。” “用手指表示5”，并讨论：“你用了一只手还是两只手？”，“你还会其他的方法吗？”，等等。 重复上述任务，但是要求“不能用拇指”。 挑战儿童，要求他们两只手伸出相同数量的手指来表示3或5。讨论为什么做不到。 • 兔耳朵：在这一变式中，让儿童用数字当作兔耳朵——把手放在头上，用不同的方法表示数字1—5。因此，他们能看到别人的方法，却需要对自己的方法形成心理表象。 • 伸直弯曲：在另一个活动中，让儿童用一只手表示4。问他们几根手指是伸直的，几根手指是弯曲的（只在一只手上）。在几天或几周之内，用0、1、2、3、5来重复玩这个游戏。 • 啪（5以内）：选择3—5中的任意数，用相应数量、同种颜色的可连接方块组装成一辆火车。把火车藏到背后，取下一部分，然后展示剩余的部分。让儿童判断你背后还有几个方块，讨论他们解决问题的方法。 儿童可以结对玩这个游戏，轮流把方块火车放到背后并取下一部分。先让对方猜背后有几个，再展示并验证。

续表

年龄（岁）	发展进程	教学任务
6	7的分合（Composer to 7） 知道7以内数的组合。能迅速说出任一整体的部分，或根据部分快速说出整体。10以内数的双倍相加。 展示6个物品，悄悄藏起来4个，展示剩下的2个。能迅速说出藏了4个。	• 啪（7以内）：（规则同上） 凑数：儿童决定要凑哪个数，如7。他们拿3副牌，拿走所有数字大于或等于7的牌，把剩下的牌打乱。儿童轮流抽一张牌，尝试用它和剩余的其他牌组合成7，做到的拿走这几张牌。如果不能做到，必须把抽取的牌放回去。用完所有牌时，拥有最多牌的人获胜。改变要凑的数，重新进行此游戏。 • 数字快照6：儿童从四个选项中找出与目标图像匹配的那个。 
	10的分合（Composer to 10） 知道10以内数的组合。能迅速说出任一整体的部分，或根据部分快速说出整体。20以内数的双倍相加。 “9加9等于18。”	• 手指游戏：让儿童用手指来表示数字。（活动间隙时双手放在膝盖上。）让儿童用手指表示6。“告诉同伴你是怎样做到的。” “现在换一种方法，再告诉你的同伴。” “现在每只手伸出相同数量的手指来表示6。”用其他偶数（8、10）重复这个游戏。 让儿童用手指表示7，并讨论他们的反应。他们还会其他方式吗? 重复上述任务，但是要求“不能用拇指”。（你能表示10吗？）挑战儿童，要求他们每只手伸出相同数量的手指来表示3、5、7。讨论为什么做不到。 • 兔耳朵：在这一变式中，让儿童用数字当作兔耳朵——把手放在头上，用不同的方法表示数字6—10。

续表

年龄（岁）	发展进程	教学任务
6		• 伸直弯曲：让儿童用一只手表示6，问他们几根手指是伸直的，几根手指是弯曲的（只在一只手上）。在许多天里，用0—10的所有数字重复玩这个游戏。 • 翻10：该卡片游戏的目标是积攒最多的和为10的成对卡片。给每组儿童提供3副0—10的卡片。每名儿童分到10张卡片后，摞起来、面朝下扣好。其余卡片放成一摞，作为公牌，面朝下扣放在两个玩家之间。最上面的一张翻过来，面朝上。 玩家1翻开他最上面的卡片，如果这张卡片跟那张公牌合起来是10，他就可以拿走并保留这一对。（每次公牌最上面的那张拿走后，再翻一张。） 如果合起来不是10，玩家把手中的卡片面朝上放到公牌摞的旁边，让大家能看到卡片上的数字，并在接下来的游戏中使用这些卡片。（因此，两个玩家之间会有一排面朝上的"垫牌"）。 无论配对成功还是垫牌，都轮到对方翻他最上面的卡片。 如果展示的卡片中有一张可以用来配成10，玩家可以保留这一对。 如果玩家发现展示的卡片中有一对可以配成10，他可以选择不翻自己最上面的卡片而要这对卡片。 两个玩家轮流，直到双方都翻开了自己所有的卡片。积攒对数最多的玩家获胜。 • 凑10：目标是用所有的卡片凑10并避免额外的卡片剩下。给每组儿童提供两副0—10的卡片，外加一张卡片，上面的数字是0—10间的任意一个数（这张最后会成为凑不成10的卡片）。如，用下面方式中的一种：

续表

年龄（岁）	发展进程	教学任务
6		1. 两副0—10的卡片，上面有点子和数字，另加一张5的卡片。 2. 两副0—10的卡片（只有数字），另加一张5的卡片。 变式（2人游戏）：把所有卡片分发给两个玩家。玩家先把各自手里能凑成10的所有对子都配好，放在自己的得分摞里。把剩余的卡片捏在手中。轮流从对方手中抽出一张卡片（不能看）。如果能凑成10，就把这一对放在得分摞里。凑不成10的则留在手中。游戏结束时，将有一个玩家手中剩下那张额外的卡片。 • 拍10： 目标是用所有的卡片凑10并最先出完。给每组儿童提供4副1—10的卡片。 变式（2—4人游戏）： 发给每个玩家6张卡片。剩余的卡片面朝下放在中间。 一个玩家翻开最上面的卡片，其余玩家迅速判断自己能否用那张卡片和手中的某张卡片凑成10。如果能，就拍出手上那张卡片。最先拍出卡片的人必须用它来凑成10。如果不能，则需收回这张卡片，并从中间那摞上再取一张。 玩家轮流翻开最上面的卡片。 当有玩家出完手中卡片或中间的那摞卡片翻完时，游戏结束。出完或手中剩余卡片最少的玩家获胜。 变式（如果出现同时拍出卡片的问题）： 如果能跟翻开的卡片凑成10，他们可以拍出自己手中的卡片。拍出卡片的人首先要问“是10吗？”。 必须所有玩家同意两张卡能凑成10才行。 • 记10游戏： 每对儿童需要两副1—9的数字卡片。

续表

年龄（岁）	发展进程	教学任务
6		把卡片面朝下排列成两个3×3的队列。玩家轮流从每个队列选卡片、翻卡片并展示。 如果两张卡片合起来不是10，把卡片重新翻过去。如果是10，玩家赢得卡片。 可增加卡片，使游戏玩更长时间。 ● 啪（10以内）：（规则同上） ● 凑数（10以内）：（规则同上） ● 数字快照8：儿童从四个选项中选出与目标图像匹配的那个。
7	**十位和个位的分合（Composer with Tens and Ones）** 把两位数看作十位和个位的组；对角币和分币进行计数；运用重新组合的方法，做两位数的加法。 “17加36可以看成17加3得20，再加33，等于53。”	说明：以上有关10的所有游戏都可以换成更大的数进行，以扩展儿童数的组合的知识。 ● 凑和：6副1—10的数字卡片混合在一起，并分发给玩家。一个玩家扔3个数字骰子，并说出它们的和。所有玩家都试着用尽可能多的方式凑出这个和。最先用完手中卡片的人获胜。 ● 敬礼：一副牌去掉人头牌（即J、Q、K），A当作1，分发给三个玩家中的两个（Kamii, 1989）。 两个玩家面对面坐着，牌面朝下放好。第三个玩家说“敬礼”，这两个玩家拿起自己牌堆中最上面的一张牌放在自己额头上，这样其余两个玩家能看见牌，但自己看不见。 第三个玩家宣布两张牌的和，另两个玩家尽快先说出自己那张牌上的数，先说出的人得到这两张牌。得到最多牌的人获胜。

续表

年龄（岁）	发展进程	教学任务
7		• 十位和个位的分合：给儿童展示可连接的方块——4块和10块相连的，3块和1块相连的——2秒（如，藏在布下），问他们看见了多少。讨论他们是怎么知道的。用新的数量重复玩这个游戏。 告诉儿童下面是一个真正的挑战。藏起来的有2块和10块相连的，17块和1块相连的，一共是多少？儿童回答后，立刻展示并验证。 放4组蓝色组块（10个方块相连成一组），1组红色组块（10个方块相连成一组），4组红色组块（1个方块为一组），告诉儿童你一共有54块方块，其中14块是红的，问他们蓝的有几块。 • 数字快照10——50以内点数配对：儿童从四个选项中选出与目标图像匹配的那个。 说明：由此往后，最重要的活动都包含在感数的学习路径中。参见第二章，第29页，特别是“包含位值和跳数的概念性感数”和“包含位值和乘法的概念性感数”这两个水平。
6—7	**推论的加减（Deriver +/–）** 用灵活的策略和推论的组合（如，“7+7等于14，所以7+8等于15”）来解决所有类型的问题，包括“拆分后凑十”（Break Apart to Make Ten, BAMT）。能同时考虑到加法算式中的三个数，	多位数的加减 对所有类型的个位数问题，能用派生的组合和（越来越多地用）已知的组合来解决。 （说明：儿童应该在达到“以10为单位按群计数到100”和“数到100”的水平后，再进行以下活动；参见第三章的学习路径。）

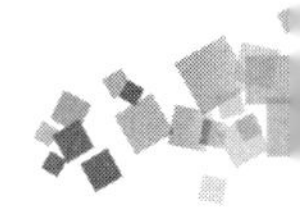

续表

年龄（岁）	发展进程	教学任务
6—7	并把一个数的某个部分转给另一个数，意识到一个数的增加和另一个数的减少。 问："7加8等于几？"思路：7+8→7+（7+1）→（7+7）+1=14+1=15。 或者，用拆分后凑十的方法。思路：8+2=10，所以把7分解成2和5，2加8得10，再加5得15。 通过加10和/或1的办法，解决简单的多位数加法（经常还可以做减法）。 "20+34等于几？"用可连接方块数出20、30、40、50，再加4，得54。	• 整十的加减：最初，分别用整5、整10的方框，或10个一组的可连接方块来呈现类似40+10的问题，问：一共有多少个点子（方块）？有几个10？添加一个10，再次询问。慢慢变成一次添加多个10。 • 重复至消失：重复进行上述活动，直到儿童能流畅地完成。必要的话，教师可示范解决问题的过程。把展示的物品尽可能快地藏起来，使儿童形成视觉的心理模式。最终演变为只口头提出问题。 随后，再进行减去10的倍数的活动（如，80-10）。 • 在整十上加：呈现诸如70+3、20+7这样的问题。运用与上面相同的策略，先摆出2个10，再摆出7个1。如果儿童需要额外的支持，可每次添加1个并逐一计数。描述结果（"27……意思就是2个10和7个1"），鼓励儿童用更快的方法解决下一个问题。 • 重复至消失：同上。 • 十位上的加减：呈现诸如73+10、27+20这样的问题。运用与上面相同的策略，先摆出7个10和3个1，再每次添加1个（或多个）10。 • 不进（退）位的加减：以如下方式呈现问题：先呈现2+3，随后22+3，接着72+3，等等（待儿童熟悉这一模式后，可把12+3纳入其中）。反复进行。 • 数学-O-范围：儿童通过判断百数表中的数字（其值比目标数字多10、少10、多1或少1），揭开图画中隐藏的部分。

续表

年龄（岁）	发展进程	教学任务
7	**解决加减问题（Problem Solver +/–）** 用灵活的策略和已知的组合，解决所有类型的问题。 问："如果我有13，你有9，怎样才能让我们的数相同呢？"答："9加1得10，再加3得13。1加3得4，再给我4个就可以了！" 能解决多位数的加减问题，用加10和1的方法，或组合10和1的方法（后者不用于合并情境、改变量未知时）。 "28+35等于几？" 累加思路：20+30=50；+8=58；再+2=60，再加3=63。 组合思路：20+30=50；8+5可看成8加2再加3，所以得13；50加13得63。	解决所有问题结构类型的个位数问题。 • 进位加法：呈现需要进位的问题，如，77+3、25+7。同上，先借助操作材料，必要时可做示范，直至儿童能进行心算，或借助画图（如空的数字线）解决。 • 重复至消失：同上。 • 算出真相：儿童在0—99间的数上加1—10间的数，总和100以内。即，如果现在"位于"33，得到了8，则需输入41从而到达相应的位置，因为33后面的数字未显示，只有"走过"以后才会显示出来（也可参见第六章）。 • 退位减法：呈现需要进位或退位的问题，如，73+7、32−6。同上，先借助操作材料，必要时可做示范，直至儿童能进行心算，或借助画图（如空的数字线）解决。 • 运用操作材料进行十位和个位的加减：用整5、整10的方框，或可连接方块来呈现加法问题。呈现1个10和4个1。问"一共有多少个点子（方块）？"，添加1个10和3个1，再次询问。持续进行，每次添加1—3个10和1—9个1，直到接近100。然后问"现在一共有多少？还需要多少才能到100？"。 运用不同的操作材料，如，代币或硬币。 • 重复至消失：同上。

续表

年龄（岁）	发展进程	教学任务
7		• 用空的数字线做两位数的加减：在空的数字线下面，呈现加法（随后呈现减法）问题（见下图上部的“35+57”）。让儿童“出声”地解决问题，在空的数字线上呈现他们的思考（见下部的“35+57”）。 35 + 57 +50　+5　+2 35　85　90　92 35 + 57 从45+10这样的问题到73−10，再到27+30、53−40，然后再到…… • 十位和个位的加法：在空的数字线下面呈现加法问题，同上。从无须进位的问题开始，如，45+12，27+31，51+35，然后转到需要进位的问题（如，49+23，58+22，38+26），以及需要转换的问题，如，互补［如，57+19→56+20或57+20−1；43+45（44+44）；22+48等］。 允许儿童使用那些对他们来说“管用”的策略，但鼓励他们从逐个计数向更复杂的策略转变。 借助位值操作材料或画图呈现类似的问题，如，十进制积木，或相应的画图（见表6.2）。运用不同的操作材料，如，代币或硬币。 • 重复至消失：同上。 • 十位和个位的减法：在空的数字线下面呈现减法问题，同上。从无须退位的问题开始（如，99−55，73−52，59−35），然后转到需要退位的问题（如，81−29，58−29，32−27等），以及需要转换的问题，如互补，如，83−59（84−60，或83−60+1），81−25，77−28等。

续表

年龄（岁）	发展进程	教学任务
7		关注“从大数上减去小数”的错误（如，58-29，个位上9-8而不是正确的8-9）。 借助位值操作材料或画图呈现类似的问题，如，十进制积木或相应的画图（参见文本）。 运用不同的操作材料，如，代币或硬币。 • 重复至消失：同上。 • “11”的游戏：参见第161页和图6.6。
7—8	**多位数加减（Multidigit +/–）** 用凑十和之前的所有策略，解决多位数的加减问题。 问：“37-18等于几？”答：“从3个10中拿走1个10，还有2个10。再把7全部拿走，是2个10和一个0……20。还要再拿走1，得19。” 问：“28+35等于几？”思路：30+35得65，但加数是28，所以要比65少2，得63。	• 藏起来的10和1：告诉儿童你把56块红色的可连接方块和21块蓝方块藏在布下了。问：一共有多少块？ 逐渐演变到需要进位的问题，如，47+34。 再到无须退位的减法问题（85-23），进而是需要退位的（51-28）。 • 转4游戏：参见第163页和图6.8。 • 一连4个：参见第163页和图6.9。 变式：玩“5个一组”的游戏，使用更大的加数。 变式：呈现两块小方块，一块上面的数字较大，另一块上面的数字较小。让儿童做减法。 • 应用题：儿童在电脑上（或不用电脑）解决多位数的文字应用题。（参见第六章） 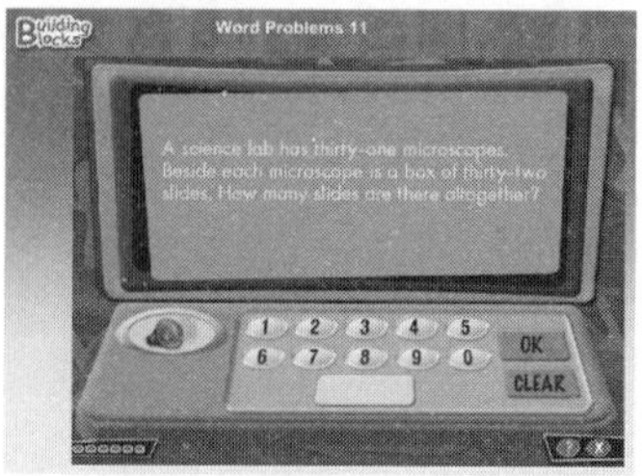 • 跳到100：用数字方块，其中一块上面的数字是1—6，另一块是10、20、30、10、20、30。两组轮流掷方块，然后从0开始，在他们现在所处的位置上加上这一数字。先到达或超过100的那组获胜。

续表

年龄（岁）	发展进程	教学任务
7—8		变式：从100倒跳到0。 • 计算器“凑100”：一名（或一组）儿童输入一个两位数，另一方只需要输入一个加数，使总数达到100。得分可以累计。 变式：儿童（或小组）只能加上1—10间的一个数。两组轮流输入，总数先达到100的那组获胜。 • 更多位数的加减：呈现这类问题：“374-189等于多少？”“281+35等于多少？”

结语

到此为止，我们的讨论一直侧重于数。然而，在数概念中似乎存在着很强的空间成分，早期的数概念尤其如此。如，一些研究显示，儿童最初的数量认知的核心是空间的。本章中的十进制积木等操作材料和数字线等表征方式也都是空间的。空间和图形的知识，本身就与数的知识同等重要，甚至更重要。第七章将介绍空间思维，第八章、第九章将具体介绍几何思维。

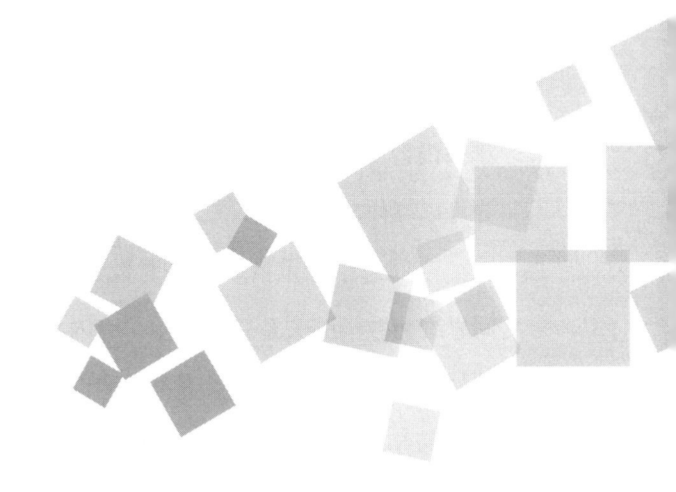

第七章　空间思维

往下读之前，请思考一下：看到本章标题时，你觉得“空间思维”应该包含哪些内容？在你平常的一周时间里，你都会怎样“空间地思考”？其中哪些你认为可以算作“数学的”？

空间思维很重要，它是对数学能力有贡献的一项基本的人类能力。然而，空间思维与数学的关系并不简单。有时候“视觉思维”是“好”的，有时候却不是。例如，很多研究表明，具有某些空间能力的儿童数学能力更强。

但是，其他研究则显示，以言语—逻辑方式加工数学信息的儿童，他们的表现优于以视觉方式进行加工的儿童。同时，数学思维中的表象贫乏也会带来麻烦。到了第八章我们会详细介绍，一个概念可能出现和某个单一表象联系过于密切的情况。如，把“三角形”的概念跟“底边水平的等边三角形”这样的单一表象联系在一起，会制约儿童的思维。

可见，空间能力对许多数学内容的学习都很重要，但它所起的作用却难以捉摸，即便在几何中它的影响也是复杂的。空间能力主要有两种：空间定向与空间视觉化（Bishop, 1980; Harris, 1981; McGee, 1979）。空间定向领域有大量的研究，我们将首先探讨这一领域，随后探讨空间视觉化与表象。

空间定向

捣蛋鬼丹尼斯在地图上看他们一家开车途经了哪里，他一副很震惊的样子说：“两天？才走了三英寸？”

——利本（Liben，2008，p. 21）

空间定向是指你知道自己在哪儿以及应该怎么走，也就是说，理解空间中不同位置间的关系。空间定向最初是基于你自己的位置和运动，最终会基于包括地图和坐标系在内的更抽象的视角。空间定向这一基本能力不仅与数学知识有关，还与我们怎样记忆事物有关。

和数一样，空间定向被研究者看作是一个核心领域，其中有些能力是与生俱

来的。如，婴儿能把自己的视线聚焦在某个物体上，随后他们的视线开始跟随运动的物体；学步儿能运用自身所处环境的整体形状信息完成定位任务。而且，和数一样，有些空间定向能力是人与动物共有的。如，小鸡能运用周围环境的几何信息完成自身的再定向（Lee, Spelke, & Vallortigara, 2012; Vallortigara, Sovrano, & Chiandetti, 2009）。此外，和数一样，这些早期能力会随着经验和社会影响而发展。儿童会怎样理解、表征空间关系和导航（navigation）呢？他们什么时候能表征这些知识并最终把它们数学化？

空间定位与直觉导航

儿童的“心理地图”是什么样的？不管是儿童还是成人，都不是真的“在脑海中有张地图”——也就是说，他们的“心理地图”并不是一张纸质地图的心理图像。不过，人们在认识空间的过程中确实会形成个人独特的知识。他们会发展出两种空间知识：第一种是基于自己的身体——基于自身的参照系；第二种是基于其他物体——基于外部的参照系。儿童年龄越小，两个参照系的关联就越不密切。两种参照系都有初期和后期两个类型。下面分别进行介绍。

*初期的基于自身和外部的参照系。*基于自身的参照系与儿童自身的位置和运动有关。初期的类型是反应学习（response learning），儿童会注意到与特定目标相关的运动模式（Newcombe & Huttenlocher，2000）。如，儿童会逐渐习惯于从一个高椅子上向左看，看家长做饭。

基于外部的参照系是以环境中的地标为基础的。地标通常是熟悉且重要的事物。儿童通过线索学习（cue learning），把一个事物与附近的地标联系起来，如，玩具在沙发上。在生命最初的几个月里，儿童就具备了这两种类型的参照系。

*后期的基于自身和外部的参照系。*后期的基于自身的参照系是路径整合（path integration），这时儿童能记住自身运动的大致距离和方向，也就是说，他们能记住“自己走过的路线”。早在 6 个月大的时候（当然 1 岁时更是如此），儿童就能在移动自己的身体时，比较准确地运用这一策略。年龄较小的学龄儿童能画出从家到学校的、简单的地标式地图（landmark map）（Thommen, Avelar, Sapin,

Perrenoud，& Malatesta，2010）。

更有效的基于外部的参照系是位置学习（place learning），它和人们对“心理地图”一词的直觉印象最为接近。儿童会记住某个位置相对于地标的距离和方向，据此储存它的方位信息。如，儿童寻找玩具时会以房间的四面墙作为参照系。

空间定位能力为将来学习坐标系奠定了早期的、内隐的基础。这一能力从人生第二年就开始发展，并在随后的一生中不断完善。随着儿童的发展，他们能越来越好地运用上述每一类空间知识，还知道在什么情况下应该运用哪种空间知识，他们还会对这四类知识进行整合。

空间思维

在人生第二年，进行符号思维所需的关键能力开始发展。这些能力支持了多种数学知识的发展，包括外显的空间知识。如，观察物体时，儿童学会采用他人的视角。他们不但学会协调观察物体的不同视角，还会运用外部参照系（就像在位置学习中那样）来产生各种视角。

*大范围环境中的导航。*儿童还能学会在较大环境中导航。这需要整合多种表征，因为不管从哪个视角都只能看到部分地标。学前班儿童中只有年龄较大的能知道熟悉的路线上各地标间的相对距离，从而掌握成比例的路线。不过，至少在某些情况下，年龄较小的儿童也能将不同的位置以某种关系沿着路线摆好（比如，他们能从一个地点指出另一个地点，即便自己没有亲身走过连接二者的路）。

即使 3.5 岁的儿童也能在教室里准确地往返于自己的座位和教师的桌子之间。自主产生的运动非常重要。如果不运动，幼儿就无法想象出同样的运动，也不能准确地指出某个地点；但是当他们实际行走、转弯时，就能想象和再现这些运动，并准确地指出某个地点。也就是说，他们能够建立这些地点的心理表象并运用这些表象，但这一能力只有通过身体运动才能表现出来。学前班至一年级的儿童，需要借助地标或边界才能完成这类任务。到了三年级，儿童就能运用更大、包含更多内容的参照系（观察者位于情境中）。

可见，这些复杂的概念和技能是随着年龄而发展的。然而，成人的空间概念

也不是完全准确的。如，所有人都会直觉地将空间视为以自己的家（或其他熟悉的地点）为中心。人们还会觉得离中心越近空间密度越大，因此同样的距离，离中心越近给人的感觉越远。

空间语言。英语儿童学习新的空间词汇（如，on、in front of）或理解已知的空间词汇时，往往会忽略事物的具体形状。而当他们学习新的物体名称时，他们往往会对它的具体形状给予同样多的关注。如，给 3 岁儿童呈现一个放在盒子边的陌生物体，告诉他们“This is acorp my box”，他们会关注这个物体相对盒子的位置而忽略它的形状。他们相信 acorp 指的是一种空间关系。如果告诉他们的是“This is a prock”，他们就会关注这个物体的形状。

英语儿童学会的第一批空间词汇，包括里（in）、上（on）、下（under），还有竖直方向上的词汇上（up）、下（down）。这些词汇最初的含义是空间关系的变化。如，上（on）最初不是指某物在另一物上面，而是把某物贴着另一物放的动作。

第二批词汇是接近性的，如，旁边（beside）、中间（between）。第三批是涉及参照系的，如，前（in front of）、后（behind）。儿童学会左、右则要晚得多，他们在许多年中一直会混淆二者，通常直到 6—8 岁才能充分理解（不过学前班儿童关注这些词汇有助于他们的自身定位）。

到 2 岁时，儿童已具备学习空间语言所需的许多空间能力。此外，有些人注重让儿童学习事物名称，其实相比之下儿童运用空间词汇要更频繁，而且往往更早。而且，即便是 19 个月的婴儿发出的一个单音节词，如，“in”，它实际反映的空间能力比我们的第一印象要更为广泛，因为相关的情境很多，如，想爬到购物车的婴儿座里时说“in”，在沙发垫子底下寻找他刚刚放到垫子缝隙里的硬币时说“in”等。

模型与地图

儿童从几岁起开始运用和理解空间表征？从俯视的角度观察过以后，连 2 岁儿童都能找到障碍物后面的妈妈。但只有到了 2.5 岁后，儿童才能在看了相应空间

的图片后找到玩具的位置。3 岁时，儿童能用风景玩具（如，房子、汽车、树木）搭建一些简单却有一定意义的模型，不过这一能力直到 6 岁时仍很有限。如，幼儿在搭建自己教室的模型时，能把材料正确地分区（如，把表演区的材料放在一起），但却考虑不到区和区之间的联系。

类似的，从 3 岁起（到 4 岁更是如此），儿童能理解地图上人为规定的符号，如，蓝色的长方形代表蓝沙发，或“X 表示一个点”；在另一张地图上，他们能认出线条表示道路……，但可能会把网球场看成一扇门。在简单情境中，他们能借助地图进行导航（即沿着某条路线走）。

坐标系与空间构造（spatial structuring）

在成人提供坐标系并指导儿童使用的情况下，那么即使是幼儿，也都能运用坐标系。但在面对传统任务时，他们乃至更大的儿童都没有能力（或不会自发地）制作和运用坐标系。

要理解空间可以组织成网格图（grid）或坐标系，儿童必须学会**空间构造**。空间构造是对空间中的一个或一组物体构建其组织形式的心理操作。儿童一开始会把网格图看成一组方格，而不是两组互相垂直的线；逐渐地，他们认识到网格图是按行、列组织起来的，开始理解网格图中的顺序关系和距离关系。对坐标系而言，坐标值必须与网格线联系起来，并以有序的坐标对的形式跟网格图上的点联系起来。最终，这些认识也要和网格图的顺序关系和距离关系整合起来，把它们理解为一个数学系统。

表象与空间视觉化

视觉表征在我们的生活中是非常基础而重要的，在数学的大部分领域中也是如此。空间表象是对物体的内部表征，与真实物体相似。与表象相关的心理过程有四个：生成表象；检查表象，回答与该表象有关的问题；保持表象，以便进行其他心理操作；变换表象。

空间视觉化能力，就是生成和操作（包括移动、匹配、合并）二维和三维物体的心理表象所涉及的心理过程。空间视觉化可以指导人们在纸上或电脑屏幕上绘制图画或示意图。如，儿童可以生成某个几何图形的心理表象，保持这一表象，然后（可能要在更复杂的图形中）寻找和它相同的图形。为了做到这些，他们可能需要对该图形进行心理旋转，这是儿童需要学习的最重要的变换之一。这些技能直接支持了几何、测量等主题的学习，但也可用于其他各个数学主题的问题解决（如，算术中数字线的使用）。

儿童必须发展移动心理表象的能力。他们最初的表象是静态的，而非动态的。这些表象能在心理上再现，甚至可以检查，但不一定能变换。只有动态的表象，才能让儿童在心理上将一个图形（如，一本书）的表象"移动"到另一个地方（如书架上，看这么放合不合适），或在心理上移动（平移）、旋转一个图形的表象，从而把它跟另一个图形做比较。对儿童来说，平移似乎是最简单的，然后是翻转和旋转。不过，变换的方向也会影响到翻转和旋转的相对难度。任务不同，儿童的表现也不同，这是自然的；如果任务简单而且有线索，如，图形边缘有明确的标记，且没有"翻转后的图形"这样的干扰项，那么连四五岁的儿童也能完成旋转任务。

或许是由于阅读教学，一年级儿童对镜像字母（如 b 和 d）的区分要比幼儿园儿童好，但他们也会把几何图形之间方向上的差别看成有意义的，而实际上并不是这样（正方形旋转后并不会"变成"菱形！——见第八章）。因此，需要在不同的情境中明确讨论，图形的方向和把两个图形叫作"一样的"什么时候有关，什么时候无关。

研究表明，先天失明者与视力正常者的表象有些方面相似，有些方面不同。如，他们能通过触摸和运动来建立物体的表象，包括它们的空间范围或大小。不过，只有视力正常者才能根据距离的不同对物体生成不同大小的表象，这样表象就不会溢出固定的表象空间；他们生成的物体表象所处的距离，跟真实物体所对着的视角是相同的。因此，视觉表象的有些方面是视觉性的、先天失明者不具备的，但有些方面可以通过多种模块激活（Arditi, Holtzman, & Kosslyn, 1988）。

表象类型与数学问题解决

表象有多种类型，根据其特征和儿童运用方式的不同，有些是有益的，有些是有害的。高成就儿童的表象具有一个概念性和关系性的核心。这些儿童能把不同的经验联系起来，从中抽象出共同点。低成就儿童的表象往往是以表面特征为主。教学或许能帮助他们发展出更成熟的表象。

- 高成就儿童的图式表象（schematic images）更全面、抽象，包含了与该问题相关的空间关系，从而可以支持问题解决（Hegarty & Kozhevnikov, 1999）。
- 低成就儿童的图画表象（pictorial images）无助于（实际上会阻碍）问题解决，表征的主要是问题情境中事物或人表面上的视觉特征。

如，以下的问题："在一条笔直的路两端，一个人分别种下一棵树，然后他沿着路每隔 5 米就种一棵树。这条路长 15 米，能种几棵树？"研究者发现，高成就儿童报告的是他们的图式表征中的数学关系，如，"我（心里）有张道路的图，没有树，每隔 5 米就有个东西，不是树，只是某个东西"。低成就儿童报告的则是图画表征，如，"我只看见一个男人沿着路在种树"。如果让他们画图，二者的区别如图 7.1 所示。

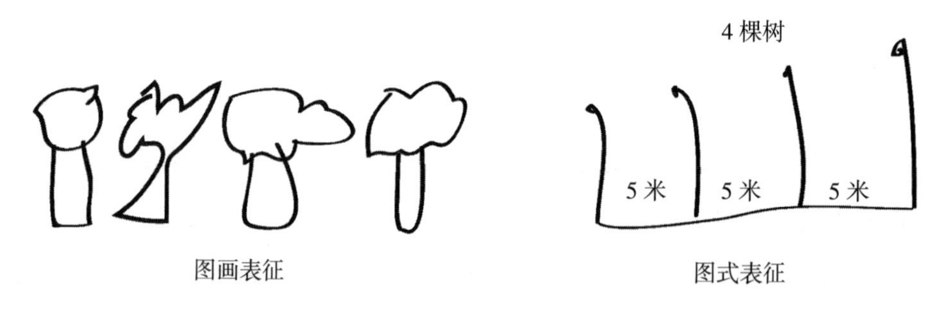

图 7.1 "沿路种树"问题的图画表征和图式表征

经验与教育

孤立地传授各种空间技能（尤其是对有特殊需要的儿童）的做法由来已久，但多数并不成功。整合的方法更有前景，下面我们对此进行介绍。

空间定向、导航与地图

对所有年龄的儿童来说（对最年幼的儿童尤其如此），运动的经验有利于成功完成空间思维任务。这意味着对所有幼儿来说将此类经验最大化是颇有益处的；这一点似乎不言而喻，但有些机会并不是人们目前所愿意提供的。如，在某些社会中，年幼的女孩只被允许在自家院子里玩耍，而同龄的男孩则被允许探索周围的环境。

为了发展儿童的空间定向能力，布置校园环境时应在教室内外都做一些有趣的设计。同时，也应在地标和路线方面提供偶然的和有计划的经验，并经常讨论各种尺度上的空间关系，包括区分自己的身体部位、区分各种空间运动（向前、向后）、找到丢失的东西（“在紧挨着门的桌子下面”）、整理物品、远足后找到回家的路。语言的丰富性非常重要。

儿童还需在模型和地图方面得到专门的指导。学校的经验非常有限，无法将地图技能与其他课程领域（包括数学）建立联系。绝大多数学生过了儿童早期仍然不能有效地使用地图。

研究给出了若干建议。提供关于使用地图的指导，明确地将真实空间与地图建立联系，包括真实物体与地图上图标的一一对应，都可以帮助儿童理解地图——还有符号。运用倾斜视角的地图（图上的桌子能看到桌腿）能改善学前班儿童随后在平面地图（鸟瞰图）任务上的表现。对于非常小的儿童，告诉他们模型是把某一空间放到“压缩机”里得到的，可以帮助他们把模型看作对这一空间的符号表征。

此外，还可以在非正式活动中鼓励儿童用模型玩具来制作这一空间的地图。儿童可以用树、秋千和沙箱的剪纸，在毡板上摆出一幅简单的操场地图。这诚然是良好的开端，但模型和地图最终不应停留在简单的图标式图画地图，而应该挑战儿童去运用几何对应物。应该帮助儿童把地图符号在“抽象”层面和“具体感知”层面的意义联系起来（Clements, 1999; 也可参看第十六章对这些术语的解释）。

与之类似的是，许多儿童的困难之处不在于对空间的错误理解，而在于具体感知的参照系和抽象的参照系之间的冲突。要引导儿童①发展建立空间中物体关

系的能力；②扩展这一空间的尺度；③将空间信息初级和高级的意义及其运用联系起来；④发展心理旋转能力；⑤超越“地图技能”，在当地进行真实的地图运用（Bishop, 1983）；⑥发展对地图中的数学的理解。

要和儿童共同提出下面四个数学问题：方向——往哪儿走，距离——走多远，位置——在哪儿，身份——什么对象。回答这些问题，儿童需要发展多种技能。他们必须学会处理抽象、概括、符号化等绘图过程。有些地图符号是图标性质的，如，飞机表示机场，但其他符号更为抽象，如，以圆圈代表城市。儿童最初会用建筑模型来制作地图，然后可以画图表示物体的布局，之后可以用实景“缩小版”的地图，最终能够使用有抽象符号的地图。即便对于年幼儿童，有些符号也是有益的。过度依赖直观的图片和图标会阻碍儿童对地图的理解，如，会使儿童以为地图上标记为红色的道路实际上真的是红色的（Downs, Liben, & Daggs, 1988）。与此类似，儿童需要对方向和位置发展出更为成熟的概念。儿童应该掌握环境中的方位，如，上空（above）、上面（over）、后面（behind）。他们应该发展导航概念，如，向前、向后、直走、拐弯。年龄稍大的儿童可以在教室内部的简单路线图中表征这些概念。

以上面的开端为基础，儿童可以发展其他导航概念，如，左、右、前，以及地理方向（如，东、西、南、北）。视角和方向对地图和真实世界的一致程度是特别重要的。任何年龄的儿童中都会有人在使用和真实世界不够一致的地图时出现困难。同时，他们需要补充视角方面的具体经验。如，可以让他们从不同视角辨别积木的结构，匹配同一结构不同视角的画像，或找出某张照片是从哪个角度拍摄的。这类经验有助于解决视角混淆的问题，如，学前班儿童在航拍照片上“看到”建筑物的门和窗的情况（Downs & Liben, 1988）。应循序渐进地引入这些任务。几何中的现实主义数学教育流派大量使用了有趣的空间任务和地图任务（Gravemeijer, 1990），但遗憾的是，对其教育效果的研究很少。

小学生能以数学的方式制作地图、表征位置和方向。三年级学生在制作操场地图时，可以从最初的基于直觉的图画转而使用极坐标（用角度和距离来确定一个位置）（Lehrer & Pritchard, 2002）。步测促进了对特定方向上的长度的描述，绘制地图使得学生能对这一空间进行描绘。学生了解到原点、比例等概念的有用性，

以及多个位置之间的关系。

将身体运动、纸笔任务和电脑任务结合起来，能促进数学技能与地图技能的发展。这类空间学习可以是非常有意义的，因为它可以和年幼儿童移动自己身体的方式一致（Papert, 1980）。如，儿童可以在玩 Logo 乌龟[①] 的过程中抽象、概括方向和其他地图概念。向乌龟发出类似向前 10 步、右转、向前 5 步这样的指令，他们可以学会定向、方向、视角等概念。如，图 7.2 所示的“寻宝”游戏中，会给儿童一个清单，上面的物品都是乌龟需要找到的。从网格图的中心开始，他们要命令乌龟向前 20 步，右转 90 度，向前 20 步——汽车就在那儿。现在他们找到了汽车，就可以给乌龟发出其他指令去找别的东西了。

走过这些路线，随后在电脑上再现它们，有助于儿童对自己的导航经验进行抽象、概括和符号化。如，一名儿童在对“路线”的几何概念进行抽象时，他说到“路线就像虫子从紫色颜料上爬过以后留下的痕迹”（Clements et al., 2001）。Logo 还可以控制地面上的乌龟机器人，对某些人群有特别的益处。如，失明或弱视的儿童可以使用电脑控制的地面乌龟来发展左右等空间概念和准确的对向运动（facing movements）。

很多人认为地图是“透明”的——任何人都能立即“看穿”地图所代表的真实世界。事实并不是这样。儿童对地图的误解为此提供了明确的证据。如，有些儿童以为地图上的河是一条路，有的认为地图上的某条路不是路，因为“它太窄了，两辆车并排走不下”。

① 作者开发的一个教学软件的名字，以下对 Logo 均未翻译。——译者注

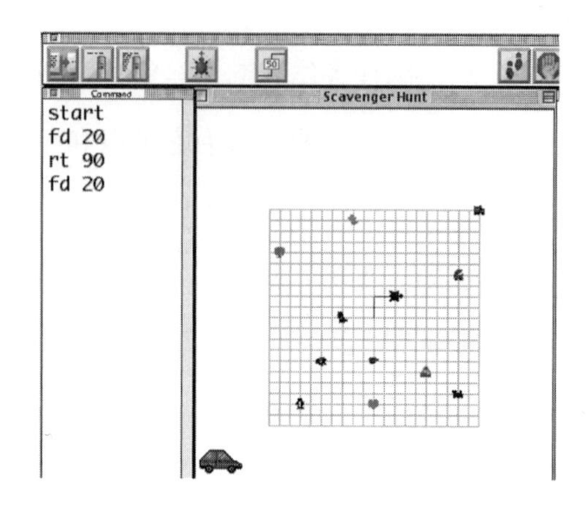

图 7.2　乌龟数学（Turtle Math）中的“寻宝”游戏（Clements & Meredith, 1994）

*坐标系。*儿童需要学会理解网格标签代表的意思并最终把它们量化，为此他们需要把自己数数的动作和这些量、标签联系起来。他们需要学会在心理上把网格图构造为用“概念尺（conceptual rulers）”（“心理数线”——见第十章）进行分割和测量的二维空间。也就是说，他们需要把坐标系看作以两条互相垂直的数字线来组织二维空间——每个位置都是两条数字线上的坐标值相交之处。

一开始，真实情境有助于坐标系的教学，但在整个教学过程中应该清晰表达出数学目标和视角，而且当儿童不再需要时应尽早撤去这些情境（Sarama, Clements, Swaminathan, McMillen, & González Gómez, 2003）。电脑环境能进一步促进儿童能力的发展，并使他们意识到清晰概念和精确工作的必要性。打开和关闭坐标网格，可以帮助儿童形成坐标系的**心理**表象。基于坐标系的电脑游戏（如，“战舰”）能帮助较大的儿童学习位置概念（Clements et al., 2003）。如果儿童输入一个坐标以移动某物却发现它往相反方向走了，这时他得到的反馈是自然的、有意义的、非评判性的，因此非常有用。

Logo 既能帮助儿童学习“路径”（基于自我的参照系，以自己的运动和所走路线为依据），也能帮助他们学习“坐标”（基于外部的参照系）概念，以及如何区分二者。移动 Logo 乌龟的一种方式是给它“向前 100”和“向右 90”这样的指令。这种路径视角不同于坐标指令，如，“setpos ［50 100］”［把位置设定为

坐标（50，100）］。图 7.3 展示了莫妮卡的“叠层蛋糕项目”。

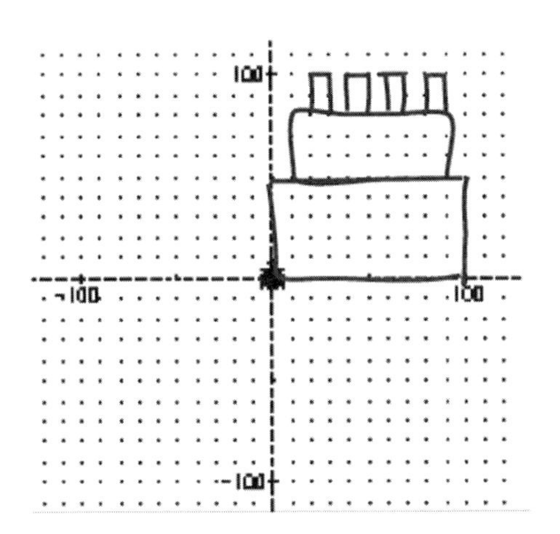

莫妮卡选择叠层蛋糕任务作为自己的项目。她在点阵图纸上画出了自己的计划，如上图所示。

她数点阵图纸上的空间，确定了蛋糕层数以及蜡烛的长和宽，轻松写出了它们的长方形程序。

在电脑上画出底层蛋糕后，她尝试了 jump to [1 10] 和 jump to [0 50]，说：“我在这一点上总是有点小问题。”她细心地十个十个数，发现需要的是 jump to [10 50]。

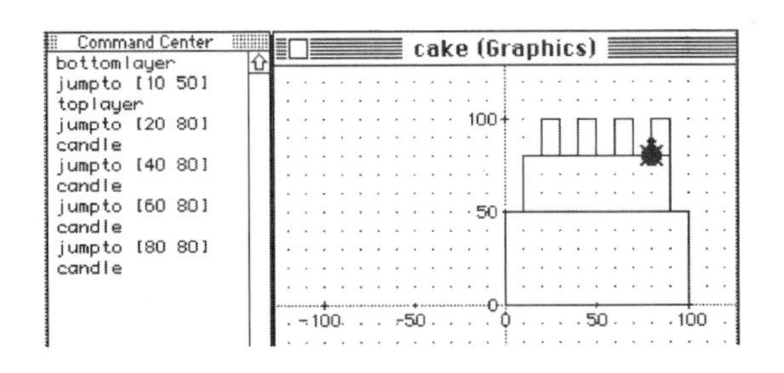

这时她打开了网格图工具，说：“现在开始变难了。”她打算用 jump to [10 70]，但是看到乌龟最后到达的位置后，她把输入先后改为 jump to [10 80] 和 jump to [20 80]。

她输入了蜡烛程序。她看了看自己画的图，觉得不喜欢一开始画的蜡烛的分布方式，决定不按原来的图做了。她从（20, 80）开始数，输入 jump to [40 80] 和蜡烛程序。老师问她，如果不数数，能不能从刚才的指令知道下一个 jump to 指令是什么。她说应该是 [80 80]，在上一个 jump to 上增加 40。可当她看到结果后，就把输入先后改成了 [70 80]、[60 80]。最后的 [80 80] 和蜡烛程序完成了第一个蛋糕作品。

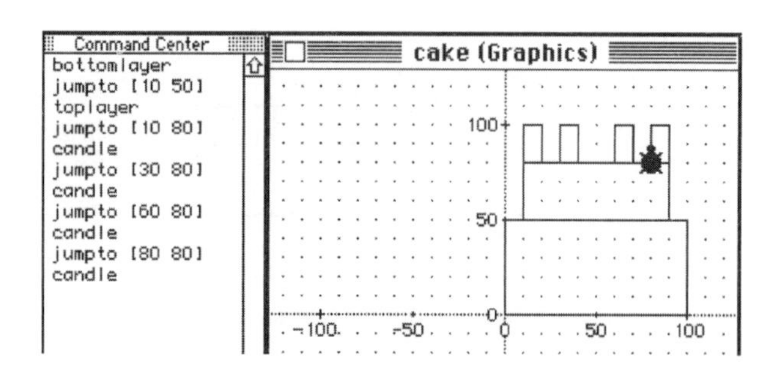

她对蜡烛的位置不满意，想移动两个。她直接根据正确的 jump to 指令进行了移动，将输入改为 [10 80] 和 [30 80]。她的自信显示，她已经理解了每个命令和它的效果之间的联系。

图 7.3　莫妮卡对 logo 路径指令和坐标指令的使用

从图中可以看出，她不仅会用路径指令，包括长方形程序，还知道每个指令和它的图画效果之间的联系，改变每个坐标产生的效果，路径指令和坐标指令之间的区别。一开始，莫妮卡曾困惑于区域和线条的区分，凭借感觉对路径长度做出不少错误的判断，还把两个坐标对理解成四个独立的数字。因此，她的叠层蛋糕项目显示了她在数学上重要的进步。

这一研究还对一些普遍使用的教学策略提出了警示。如，我们曾无数次记录下“向上”和“X 轴在底部”等说法，这些说法在四个象限的网格图中并不适用。此外，“向上”策略还会阻碍儿童把坐标整合为一个坐标对并用它代表一个点（Sarama et al., 2003）。

建立表象与空间视觉化

早在学前班时期，美国儿童在空间视觉化与表象任务上的表现就不如日本和中国等国儿童。这些国家对空间思维提供了更多的支持，如，他们会运用更多的视觉表征，对儿童绘画能力的期待更高。

因此，我们能够也应该做得更多。应聪明地运用单位积木（也称单元积木，unit blocks）、拼图和七巧板等操作材料（见第十六章）；应鼓励儿童在学校和家里玩积木和拼图；应鼓励女孩玩“男孩的玩具”（真是令人遗憾的说法），帮助她们发展更高的视觉—空间技能。此外，还可以和她们谈论这些游戏。多数教师

在男孩身上花费的时间要多于女孩，而且通常和男孩在积木、建构、玩沙、攀爬等区域互动，和女孩则通常在戏剧表演区互动（Ebbeck, 1984）。在你自己的教学中应注意这一点——要帮助所有儿童全面发展各项能力。最后，应鼓励所有儿童在进行解释时运用手势，这样可以提高他们的空间视觉化技能（Ehrlich, Levine, & Goldin-Meadow, 2006）。

可以运用几何"快照"活动建立空间视觉化与表象。用幻灯片或黑板呈现一个简单的造型 2 秒钟，然后请儿童尝试画出自己看到的东西。随后，让他们互相比较自己的画，讨论自己看到了什么。对图 7.4，不同的儿童把这三个三角形分别看作"一艘正在下沉的帆船"、一个正方形里面有两条线、信封、"盒子里有个 y"。这些讨论对于发展词汇和从其他视角看待事物的能力都非常有价值。对更年幼的儿童，可以呈现模式积木（pattern block）的组合 2 秒钟，然后让他们用自己的模式积木再现这一造型。

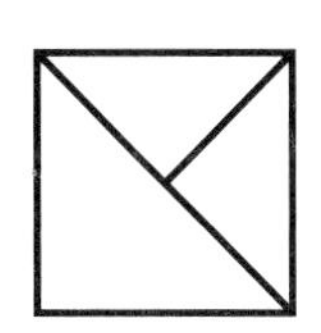

图 7.4 "快照"—几何

这些活动可以引发强调图形属性的高质量讨论。这类表象 / 记忆任务还会引发围绕"我看到了什么"展开的有趣讨论（Clements & Sarama, 2003a; Razel & Eylon, 1986, 1990; Wheatley, 1996; Yackel & Wheatley, 1990）。请儿童用多种不同的媒介来表征他们对于"儿童的一百种语言"的记忆和想法（Edwards, Gandini, & Forman, 1993），可以帮助他们建立空间视觉化和表象。

触觉—运动任务要求儿童识别、命名和描述放在"摸箱"里的事物和图形（Clements & Sarama, 2003a）。与此类似，在电脑上执行几何运动可以帮助儿童学会这些概念（Clements et al., 2001）。涉及几何运动——平移、翻转、旋转——的活动，不管是玩拼图（见第九章）还是 Logo，都能提升空间知觉。通过多媒体用拼块构造图形，既可以建立表象，也可以建立几何概念（见第八章）。二维、

三维图形的分解与组合（如，搭积木）非常重要，以至于整个第九章都是关于这些过程的讨论。

尽早建立空间能力是有效且高效的。如，旨在发展空间思维的课对二年级儿童的促进作用要大于对四年级儿童的（Owens, 1992）。在这 11 次课上，儿童需要描述图形之间的异同，用一些图形组合出别的图形，用小棍摆出图形的轮廓，进行角的比较，用五格骨牌[①]玩拼图并发现它们的对称性。在一次关于空间思维的随机现场测试中，这些儿童的表现优于控制组，这种差异可归因于二年级儿童。个体学习、合作学习、全班讨论等各组之间没有发现差异。几乎所有导致关于做什么的启发式和概念化的互动都发生在师生之间，而非学生之间 （Owens, 1992）。因此，要主动地教。

而且，还要主动地用操作材料和多媒体来教。在一项针对一年级儿童的研究中，运用操作材料或多媒体的组得分高于两种方式均不使用的组。表现最好的组同时用了多媒体和操作材料（Thompson, 2012）。其中的教学活动旨在发展空间技能，不过是围绕三维（立体）图形来组织的。儿童会讨论它们的特征，动手操作它们，确定哪些能垒高、滑动或滚动，并根据二维的模式或展开图（见第九章）进行搭建。

回忆一下，图画表象通常是低成就儿童使用的，实际上会妨碍他们的成功。它们表征的主要是问题中所描述的事物或人表面上的视觉特征。而我们想让所有儿童使用的，是高成就儿童经常使用的图式表征。如，图 7.5 中右侧的图式表征更有用。

问题：胡安和丹在分 44 美元。胡安分到的比丹多 12 美元。丹得到了多少钱？

---

① 四格骨牌为俄罗斯方块，有 5 种不同的形状，五格骨牌则有 12 种不同的形状，故别称“伤脑筋十二块”，也可音译为“潘多米诺骨牌”。可追溯至中国古代宋徽宗宣和年间的骨牌，与七巧板、孔明锁、华容道、九连环等并称为中国古典益智玩具。20 世纪 40 年代受到西方数学家垂青，他们极力提倡，一时风靡全球。（摘自腾讯博客“伤脑筋十二块与潘多米诺拼图”）——译者注

图画表征　　　　图式表征

图 7.5　图画表征（无用）与图式表征（有用）

因此，简单地鼓励儿童用图画或示意图进行“视觉化”可能毫无用处，真正的视觉化更为概括和抽象。它们包含了与问题有关的空间关系，因此能支持问题的解决（Hegarty & Kozhevnikov, 1999）。第五章（如，表 5.1）、第六章（如，图 6.3、图 6.7）中的算术示意图就属于这种图式表象，在许多数学情境中都是有用的。教师应帮助儿童发展和运用特定类型的图式表象。

空间思维的学习路径

作为目标，“丰富儿童的几何与空间知识”的重要性仅次于数的目标，而且这些目标之间是（或应该是）密切相关的。图 7.6 展示了《课程焦点》（CFP）和《共同核心州立标准》（CCSS）中的这些目标。鉴于几何与空间思维的主题之间、各年级之间的相互关联性，我们将所有这些主题的目标放在了一起，包括第七至九章的目标，也包括三年级的目标。对本章来说，需特别注意《课程焦点》（CFP）的学前班和一年级目标、《共同核心州立标准》（CCSS）的 K.G.1。

学前班

几何：识别形状，描述空间关系（CFP）

儿童在考察物体的形状，审视它们的相对位置时，从两种不同的空间视角发展空间推理能力。他们发现周围环境中的各种形状，并用自己的语言进行描述。他们通过组合二维和三维图形进行绘画和设计，并解决“哪个拼块会适合拼图中的空位”这类问题。他们用

上面（above）、下面（below）、挨着（next to）等词汇描述物体间的相对位置。

幼儿园

几何：描述图形与空间（CFP）

儿童用几何概念（如，形状、方向、空间关系）理解物理世界并用相应的词汇进行描述。他们识别、命名和描述多种图形，如，以各种形式（如，不同的大小或方向）呈现的正方形、三角形、圆形、长方形、（正）六边形、（等腰）梯形，以及球体、立方体、圆柱体等三维图形。他们运用基本图形和空间推理为周围环境中的物体搭建模型，并构造更复杂的图形。

几何（CCSS 中的 K.G）

1. 识别并描述图形（正方形、圆形、三角形、长方形、六边形、立方体、圆锥体、圆柱体和球体）。

2. 用图形的名称来描述周围环境中的物体，并用上面（above）、下面（below）、旁边（beside）、前面（in front of）、后面（behind）、挨着（next to）等词汇描述这些物体之间的相对位置。

3. 无论图形的方向、整体大小如何，均能正确命名图形。

分辨二维图形（在平面内，“平平的”）和三维图形（“立体的”）。

4. 分析、比较、创造和组合图形。分析和比较不同大小和方向的二维、三维图形，运用非正式语言描述它们的共同点、不同点和组成部分（如，边数和顶点数 /“角数”）及其他特征（如，边长相等）。

5. 通过用部件（如，小棍和泥丸）组合图形、画出图形等方式，为真实世界中的物体搭建模型。

6. 用相同的简单图形组合成大的图形。如，“你能把这两个三角形的边完全合在一起，组成一个长方形吗？”。

一年级

几何：组合和分解几何图形（CFP）

儿童组合、分解平面和立体图形（如，用两个全等的等腰三角形组合成一个菱形），从而建立对部分–整体关系、原始图形和组合图形各自属性的理解。组合图形时，他们从不同视角和方向识别这些图形，描述它们的几何特征与属性，确定它们的异同，从而为测量和初步理解全等、对称等属性奠定基础。

几何（CCSS 中的 1. G）

对图形及其特征进行推理。

1. 区分定义性特征（如，三角形是封闭的且有三条边）与非定义性特征（如，颜色、方向、整体大小）；构造和画出具有定义性特征的图形。

2. 用二维图形（长方形、正方形、梯形、三角形、半圆和四分之一圆）或三维图形（立方体、长方体、直圆锥、直圆柱）构造组合图形，并用组合图形再次组合新的图形。儿童无须掌握“长方体”等正式名称。

3. 把圆形和长方形分成相等的两份和四份，用“一半”“四分之一”等词汇和“……的一半”“……的四分之一”等短语描述等分后的各份。把整体描述为两个或四个等份。通过这些例子理解，如果把整体分成更多的等份，每一份会更小。

二年级

几何联系（CFP）

在解决数据、空间、空间中的运动方面的问题时，儿童估计、测量并计算长度。儿童通过组合和分解二维图形，有意识地用小图形的组合替代大图形或用大图形替代许多小图形，运用几何知识和空间推理为理解面积、分数和比例奠定基础。

几何（CCSS 中的 2. G）

对图形及其特征进行推理。

1. 识别并画出具有指定特征的图形，如，指定的角数或全等的面数。识别三角形、四边形、五边形、六边形和立方体。

2. 把长方形按行和列分成等大的小正方形，通过计数确定小正方形的总数。

3. 把圆形和长方形分成相等的两份、三份或四份，用“一半”“三分之一”“……的一半”“……的三分之一”等词汇描述等分后的各份，并把整体描述为两个一半、三个三

分之一或四个四分之一。认识到同一个整体可以有不同的等分方法，分成的形状不一定相同。

三年级

几何：描述并分析二维图形的性质（CFP）

儿童根据边和角对二维图形进行描述、分析、比较和分类，并把这些特征与图形的定义联系起来。儿童对分解、组合与变换多边形从而构造其他多边形的过程进行探究、描述和推理。通过构造、画出和分析二维图形，儿童理解二维空间的特征与属性以及这些特征与属性（包括全等和对称）在问题解决中的应用。

几何（CCSS 中的 3. G）

对图形及其特征进行推理。

1. 理解不同类别的图形（如，菱形、长方形等）可以具有共同的特征（如，都有四条边），这些共同特征可以定义更大的图形类别（如，四边形）。认识到菱形、长方形和正方形都是四边形的特例，并且能画出不属于以上子类的四边形。

2. 把图形分成面积相等的几份。用整体的单位分数表示每份的面积。如，把一个图形分成面积相等的 4 份，把每份的面积描述为图形面积的 1/4。

图 7.6　几何与空间思维的目标（对应第七、八、九章），来自《课程焦点》（CFP）和《共同核心州立标准》（CCSS）

在这些目标的基础上，表 7.1 呈现了学习路径的另外两个组成部分，即发展进程和教学任务，涉及空间思维的两条学习路径：空间定向（地图与坐标系）、空间视觉化与表象。地图的学习路径与儿童空间构造能力发展的关系越来越密切，空间构造能力是将空间组织为两个维度的能力，第十二章将对此做详细介绍（因为它对理解面积至关重要，注意图 7.6 中标准 2.G 的第 2 条）。读者可能会注意到，这条学习路径中的教学任务并非具体的活动，而是一般性的建议，这种不同反映了我们的想法：① 目前关于这条学习路径在儿童数学发展中的具体作用的证据很少；② 这类活动可以在其他学科的课程中进行（如，社会研究课）；③ 这些活动

最适宜的开展方式，通常是作为日常活动的一部分，非正式地进行。

然而，这两条学习路径仅仅代表了空间思维在数学中作用的一小部分。我们已经看到，空间与构造思维对（视觉）感数、数数策略和计算都至关重要。这些空间知识对后面几章要介绍的几何、测量、模式、数据呈现及其他主题都是最重要的。因此，对空间思维的关注应贯穿于整个课程中，并明确地包含在上述各章的学习路径中。

表 7.1　空间思维的学习路径

年龄（岁）	发展进程	教学任务
a.空间方位（包括地图和坐标系）		
0—2	**运用地标和路径（Landmark and Path User）** 儿童自己没有相对地标运动时，能根据距离地标找到它附近的一个物体或位置。 理解最初的空间关系与方位词汇。	• 提供感知信息丰富、可操作的环境，给予充分的自由，鼓励动手操作和在环境中运动。婴儿爬得越多，在空间关系上就学得越多。 • 运用空间词汇引导儿童关注空间关系：最初强调里面（in）、上面（on）、下面（under），还有竖直方向上的上（up）、下（down）。
2—3	**运用本地-自身参照系（Local-Self Framework User）** 如果目标物体已事先明确，即便儿童自己相对地标运动了，仍能根据距离地标找到它附近的物体或位置。 确定空间中的水平线或竖直线（Rosser, Horan, Mattson, & Mazzeo, 1984）。	• 走几条不同的路线，说说你看到的地标：在路线上的几个不同地点，请儿童指出多个地标分别在哪里。 • 运用空间词汇引导儿童关注空间关系：强调接近性的词汇，如，旁边（beside）、中间（between）。让3岁儿童按图画所示找到物体位置。 • 请儿童拼搭积木来表征简单的场景和位置（更多关于搭积木的介绍见第九章）。如果儿童感兴趣，可以搭一个教室模型，指着其中的一个位置，告诉他们它表示实际教室中的这个位置藏有“奖品”。用“压缩机”的观念帮助他们理解模型是教室空间的一种表征。

续表

年龄（岁）	发展进程	教学任务
4	**运用较小的本地参照系（Small Local Framework User）** 即便目标物体没有事先明确，儿童在运动之后仍能定位物体。能全面搜索一个小的区域，通常运用环形搜索模式。 在有意义的情境中，能根据两个轴上的多个位置来推断其所在直线，并确定它们在哪儿相交。	• 运用空间词汇引导儿童关注空间关系：强调涉及参照系的词汇，如，在……前面（in front of）、在……后面（behind）。开始学习左（left）、右（right）。 • 鼓励家长在能直接用手指或出示时也尽量不要这么做，而是用言语指导代替（“它在桌子上的袋子里”）：让儿童互相提口头问题，如，找出一个丢失的物体（“在门边的桌子下”），整理物品，远足后找到回家的路等。 • 藏宝地图：在自由活动时间，向儿童发出挑战，请他们根据教室或操场的简图找到你藏起来的神秘“宝藏”。有兴趣的儿童可以画出他们自己的地图。从有倾斜度的地图开始（如，桌椅都能看到腿）。 • 探索并谈论户外空间，在保证安全的前提下，尽可能地给儿童（无论男女）自由，允许让他们按自己的想法活动。鼓励父母也这么做。 • 走过并讨论不同的路线，哪条更长，哪条更短。问为什么某条路更短。 • 鼓励儿童用玩具搭建房间或操场的模型。
5	**运用本地参照系（Local Framework User）** 运动后仍能定位物体（将自己的位置与多个地点分别联系起来），并保持物体布局的整体形状不变。能表征物体相对地标的位置（如，大致在两个地标正中间），并在开放区域或迷宫中始终记住自己的位置。在简单情境中，有的儿童能运用坐标标签。	• 计划和讨论不同的路线，走哪条路最好，为什么。画出路线图，表示不同的路线会“路过”或看到什么。 • 运用空间词汇引导儿童关注空间关系：强调上述所有的词汇，包括左和右的学习。 • 鼓励儿童搭建教室的模型，用积木或家具玩具表征教室里的物体。讨论哪些东西“互相挨着”或具有其他空间关系。 • 操场地图：儿童可以用树、秋千和沙箱的剪纸，在毡板上摆出一幅简单的操场地图。可以讨论如果移动操场上的一个东西（如，桌子），操场地图该怎样改变。在地图上指出那些坐在树边（上）、秋千旁（上）或沙箱旁（里）的儿童相应的位置。在操场上玩“寻宝”游戏时，儿童可以设定方向或线索，并按照它们来搜寻。

续表

年龄（岁）	发展进程	教学任务
5		• 探索并谈论户外空间，在保证安全的前提下，尽可能地给儿童（无论男女）自由，允许他们按自己的想法活动。鼓励父母也这么做。（这条建议适于所有年级。） • 鼓励儿童标记路线，如，用遮蔽胶带标出从桌子到废纸篓的路线。在教师的帮助下，儿童可以画出这条路线的地图。（有的教师会给废纸篓和门拍照，然后把它们的照片贴在一张大纸上。）可以把这条路线途经的物体（如，一张桌子或一个画架）加到地图上。 • Logo：让儿童置身年龄适宜的乌龟数学环境中（Clements & Meredith, 1994; Clements & Sarama, 1996）。让他们在这类环境中互相辅导。 • 请儿童解决二维矩阵问题（如，按同行同色、同列同形把所有物体放好），或在地图上运用坐标系。
6	**使用地图（Map User）** 运用有图画线索的地图给物体定位。 能推断两个坐标，理解它们结合起来能确定一个位置，并能在简单情境中运用坐标标签。	• 运用空间词汇引导儿童关注空间关系。强调上述所有词汇，和左、右的多种含义。 • 地图：继续前面的活动，但强调四个问题：方向——往哪儿走，距离——走多远，位置——在哪儿，身份——什么对象。注意在地图上运用坐标系。 • 当你在电脑上找到儿童的家或学校时，让儿童在互联网的航拍照片上找到这些位置。 • 让儿童规划路线，运用地图规划环游校园的路线，然后按路线游览。 • Logo：让儿童置身年龄适宜的乌龟数学环境中（Clements & Meredith, 1994; Clements & Sarama, 1996）。让他们在这类环境中互相辅导。 • 在所有适当的情境中运用坐标系，如，儿童用钉板绷图形时，请他们说出钉板上点（“钉”）的位置。

续表

年龄（岁）	发展进程	教学任务
7	**绘制坐标图（Coordinate Plotter）** 能在地图上阅读和绘制坐标系。	• 让儿童画出简单的示意图，如，自己家的周边、教室、操场或学校。讨论各自对同一空间的表征之间的差异。所给任务中，地图的方向应该与实际空间一致。向儿童展示几个地图和模型，借助语言和醒目的标志对它们进行明确的比较，帮助儿童形成表征性的理解。 • “战舰”类游戏很有用。在所有的坐标任务中，引导儿童发展以下能力： 1. 把网格图看作由线段或直线（而不是区域）构成。 2. 认识到直线的位置要精确，而不是把它们看作模糊的边界或表示间隔。 3.学会沿着细密的（坐标轴之外的）竖直线或水平线走。 4. 将两个数字整合为一个坐标。 5. 理解坐标标签是用来表示位置和距离的——①对网格标签的含义进行量化；②把自己计数的动作与这些量和标签联系起来；③将这些观念归入与网格图、计数/算术都相关的“部分—整体图式”。④并且在这一图式中建构比例关系（Sarama et al., 2003）。 • Logo和电脑上的坐标游戏、活动，能促进儿童对坐标系的理解和相关技能。（Clements & Meredith, 1994; Clements & Sarama, 1996）
8+	**按路线图走（Route Map Follower）** 能按照简单的路线图走，对方向、距离的把握更准确。 **运用参照系（Framework User）** 运用包括观察者和地标的一般参照系。即便精确测量会很有帮助也不会自发运用，除非有人指导。 即便空间关系变换了，仍然能理解和绘制地图。	• 鼓励儿童参与实际使用地图和制作地图的任务，与“寻宝”类似，先在儿童熟悉的环境中进行，然后在不那么熟悉的环境中。将坐标系地图纳入其中。（参见本书第七章中“空间定向、导航与地图”中的内容；Lehrer & Pritchard, 2002。） • Logo：让儿童置身乌龟数学环境中，其中已经把地图转换为电脑程序。（Clements & Meredith, 1994; Clements & Sarama, 1996）

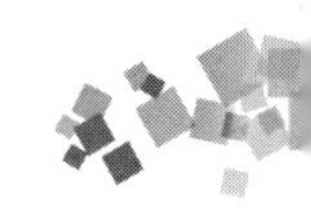

续表

年龄（岁）	发展进程	教学任务
b.空间视觉化与表象		
0—3	**简单平移（Simple Slider）** 能将图形移动到某个位置。	●我的画：要求儿童运用建构积木或模式积木复制一幅简单的“画”。
4	**简单旋转（Simple Turner）** 在简单任务中可以完成心理旋转。 对于顶部有颜色的图形，在实际动手移动之前，能正确地识别出它“这样转”（演示转90°）后，会像三个图形中的哪一个。	●我的画——隐藏版：给儿童看一幅简单的“画”，呈现5—10秒后盖住，要求儿童用建构积木或模式积木复制。（也可参看第八章的“几何快照”。） ●请儿童试着转一个圆形物体让它看起来像圆形/椭圆形的：玩影子游戏，让一个长方形的影子变成非长方形的平行四边形（“长菱形”），或者相反。 ●拼图：请儿童完成拼图、模式积木和简单的七巧板拼图，并讨论怎么移动图形让它们刚好放进去（更多介绍见第八章）。鼓励家长引导儿童玩各种拼图游戏，并在玩的过程中和他们讨论（对女孩尤其要这样）。 ●摸箱：通过触箱里的物体来识别其形状（更多介绍见第八章）。请儿童旋转一个有明显标记的图形，使它跟另一个相同的图形方位一致。 ●快照—几何：呈现简单的模式积木造型，持续2秒，请儿童复制出来。（更多介绍见第九章。）
5	**开始平移、翻转和旋转（Beginning Slider，Flipper，Turner）** 能运用正确的运动形式，但方向、距离并不总是准确。 知道要翻转一个图形才能和另一个图形匹配，但翻错了方向。	●摸箱：通过触箱里的物体来识别更多的形状（更多介绍见第八章）。 ●七巧板拼图：请儿童完成七巧板拼图，讨论他们是怎么移动图形让它们刚好放进去的（更多介绍见第八章）。 ●几何快照2：呈现简单的图形造型，持续2秒，让儿童根据记忆（表象）把它从四个造型中选出来。

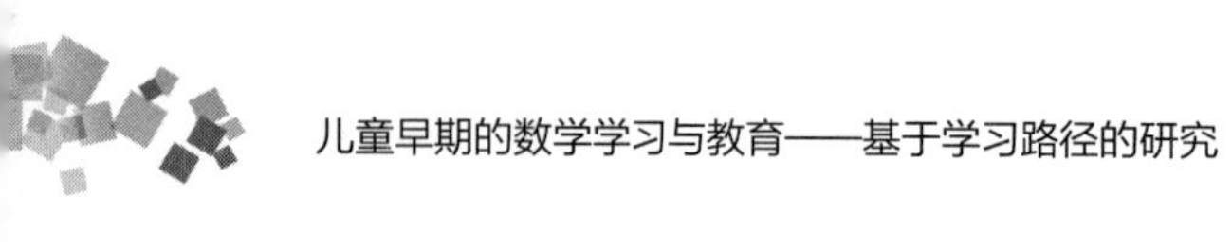

续表

年龄（岁）	发展进程	教学任务
5		• 几何快照3：儿童从四个选项中找出目标图形的“对称整体”。
6	**运用平移、翻转、旋转（Slider，Flipper, Turner）** 用操作材料进行平移和翻转（通常只能做水平和竖直方向的），能进行45°、90°和180°的旋转。 知道一个图形必须顺时针转90°才能刚好放进拼图中。	• 几何快照：呈现一个或多个图形，持续2秒，请儿童画出来。 • 几何快照4：请儿童根据记忆（表象），从四个复杂程度中等的造型中，选出与目标图形一样的。
7	**沿对角线运动（Diagonal Mover）** 能沿对角线平移和翻转。 知道一个图形必须沿斜线（45°方向）翻转才能刚好放进拼图中。	• 几何快照6：儿童根据记忆（表象），从角的度数不同的几何图形中选出与目标图形一样的。
8+	**表象运动（Mental Mover）** 能运用心理表象，预测图形移动的结果。 “如果你把它转120°，它就会刚好变成这样。”	• 模式积木拼图和七巧板拼图：问儿童要用多少个特定图形才能覆盖另一个图形（或图形的造型）。儿童进行预测，记录自己的预测，然后去动手验证。（更多介绍见第九章。）

结语

视觉思维是一种与有限的、表面的视觉观念绑定的思维。儿童通过学习操作动态表象，丰富自己的图形表象库，将自己的空间知识与言语—分析性知识联系起来，能够超越这种视觉思维，达到与概念联系的灵活的空间思维。因此，下面关于图形、图形组合的这两章中介绍的教学活动，同样对儿童的空间思维有重要影响。

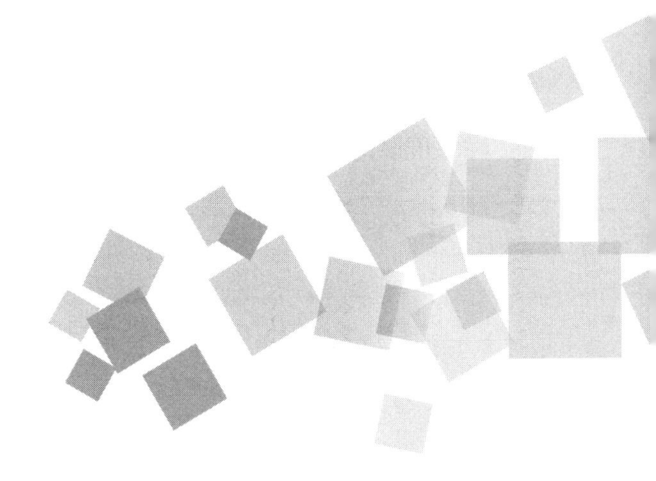

第八章　图形

一名幼儿的话让他的老师印象深刻，他说自己知道这个图形（见图 8.1a）是三角形，因为它有“三条直直的边和三个角”。可是，过了一会儿他又说，图 8.1b 不是三角形。

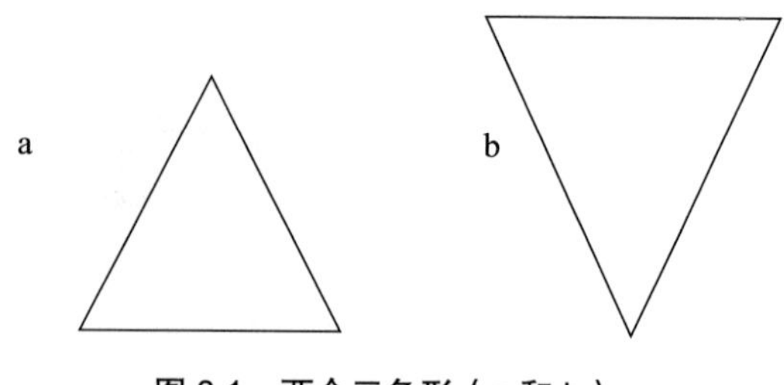

图 8.1　两个三角形（a 和 b）

师：它有没有三条直直的边呀？

幼：有。

师：你刚才说，三角形还应该有什么？

幼：三个角。它有三个角。

师：很好！所以……

幼：它不是三角形。因为它上下颠倒了！

这名幼儿有没有理解三角形呢？你觉得是什么促使他对于三角形的思考？更一般地说，作为教育者，我们应该怎样帮助儿童发展几何图形的数学概念？我们为什么要这么做？

图形是认知发展中的一个基本概念。如，婴儿主要利用形状来学习物体的名称。图形也是几何中的一个基本概念，在数学的其他领域中也是如此。遗憾的是，几何是美国学生数学中最薄弱的主题之一。即便是在幼儿园时期，美国儿童对图形的认识也要少于其他国家的儿童。而且到 3 岁时，来自资源匮乏社区的儿童对图形的认识也少于来自资源丰富社区的儿童（Chang, Zmich, Athanasopoulou, Hou, Golinkoff, & Hirsh-Pasek, 2011）。好消息是，他们已有的认识足以支持进一步的学习，他们能很快学会很多东西，而且他们也喜欢玩图形。

儿童对图形的学习

似乎显而易见的是，我们学习图形的方式就是看到它们并说出它们的名字。然而有些研究者——如皮亚杰——认为事实不完全是这样，甚至这并不是我们学习图形的主要方式。皮亚杰认为，儿童并不是“读出”他们的空间环境，而是通过主动操作周围环境中的形状，甚至主动转动自己的眼球观察形状，从而建构他们对图形的认识。而且，即便儿童能命名正方形，他们的认识可能也是很有限的。如，如果儿童用手摸了一个藏起来的正方形后不能判断并说出它是什么形状，皮亚杰就认为他们并没有真正理解“正方形”的概念。

皮埃尔和迪娜·范·耶勒（Pierre & Dina van Hiele）夫妇也认为儿童会建构自己的几何认识。他们还描述了儿童建构几何认识所经过的各种思维水平。如，最初儿童分不清各种图形，稍后他们能分清了，但只是在视觉上——他们把图形当作整体来看。他们可能会说某个图形是“长方形”，因为“它看起来像一扇门”。他们并没有思考图形的定义性特征或属性。

二维图形的数学

在继续介绍之前，我们需要先界定一些几何术语。“特征（attributes）”是指一个图形的任何特点。其中有些是“定义性特征”。正方形的各边必须都是直边（数学中的“边”是指线段——各处都是直的）。有些是“非定义性特征”。儿童可能会考虑到一个图形正面朝上或者描述它是“红色的”，但这些特征都跟这个图形是不是正方形无关。有些定义性特征描述的是图形的组成部分，如，正方形有四条边。还有些特殊的特征，我们称之为“属性（properties）”，描述的是组成部分之间的关系。正方形的四条边必须长度相等。“相等”描述的是各边之间的关系。与此类似，正方形的直角依赖于各边之间的另一种关系：邻边互相垂直。

到了几何思维的下一个水平，儿童能根据图形的定义性特征来识别和描述图形。如，儿童会把正方形理解为有四条等边和四个直角的平面图形。对图形属性的认识是通过观察、测量、绘画和建造模型建立起来的。直到更大一些，通常要

到中学甚至更晚一些，儿童才能认识到图形类别之间的关系（见图 8.2）。如，多数儿童会错误地认为，正方形不是长方形（事实上正方形是一种特殊的长方形）。

*图形的定义。*以下的定义旨在帮助教师理解学前班儿童具体数学概念的发展并和他们谈论这些概念。它们并不是正式的定义，而是综合运用数学语言和日常语言所做的简单描述。专栏 8.1 中的图形是指二维图形。

专栏 8.1　二维图形

∠ 角（Angle）：相交于一点（即顶点）的两条线。

○ 圆形（Circle）：平面上到一个点（即圆心）的距离等于定长的所有点构成的图形。圆形是“完美的圆”，也就是说，每个圆的曲率是一个常数。

闭合（Closed）：组成二维图形的各条线段互相连在一起，且过每个顶点有且仅有两条边、各边互不交叉时，我们称这个二维图形是闭合的。（曲线图形的判断标准与此类似。）

全等（Congruent）：形状、大小完全相同，可以相互重叠（“叠放在一起”时完全重合）。

六边形（Hexagon）：有六条直边的多边形。

风筝形四边形（Kite）：一种有四条边的多边形（四边形），两组邻边的长度分别相等。

轴对称（Line symmetry）：如果一个平面图形在某直线一侧的部分沿该直线翻转后即为另一部分，则称该图形是轴对称（或镜面对称）的。如果沿该直线折叠，图形的两个部分会完全重合。

八边形（Octagon）：有八条直边的多边形。

方向（Orientation）：一个图形相对于基线旋转的角度。

平行线（Parallel lines）：方向相同、距离处处相等的两条直线（如，铁轨）。

平行四边形（Parallelograms）：两组对边分别平行的多边形（四边形）。

五边形（Pentagon）：有五条直边的多边形。

平面（Plane）：平直的表面。

△ 多边形（Polygon）：由三条或三条以上的直边围成的闭合的平面图形。（左侧图中画的是三角形，但所有的四边形、五边形、八边形等也都是多边形。）

四边形（Quadrilateral）：有四条直边的多边形。

长方形（Rectangle）：有四条直边（即四边形）、四个直角的多边形。与所有的平行四边形一样，长方形的对边是平行且等长的。

菱形（Rhombus）：四条直边长度都相等的四边形。

直角（Right angle）：互相垂直的两条射线，就像生活中的门口一角那样相交于一点。直角常被非正式地称为“方角”，度数为 90°。

旋转对称（Rotational symmetry）：如果一个图形旋转不足一整圈就能与自身完全重合，则称它是旋转对称的。

图形（Shape）：由点、线或面构成的二维或三维图形。

正方形（Square）：四条直边长度都相等、四个角都是直角的四边形。正方形既是特殊的长方形，也是特殊的菱形。

梯形（Trapezoid）：一组对边平行的四边形。（有人坚持，只有一组对边平行的才是梯形，即图 8.2a 中所示；其他人则认为，梯形至少要有一组对边平行，因此所有平行四边形都是梯形的子集。）

△ 三角形（Triangle）：有三条边的多边形。

图形之间的关系。图 8.2（a）和图 8.2（b）展示了图形类别之间的关系。如，图 8.2（a）中的所有图形都是四边形。其中一个合适的子集是平行四边形，其两组对边分别平行。平行四边形又有一些子类。如果平行四边形的各边长度都相等，则称为菱形。如果平行四边形的各角相等，则它们都应该是直角，这样的平行四边形称为长方形。如果同时符合这两点——既是菱形又是长方形——则称为正方形。

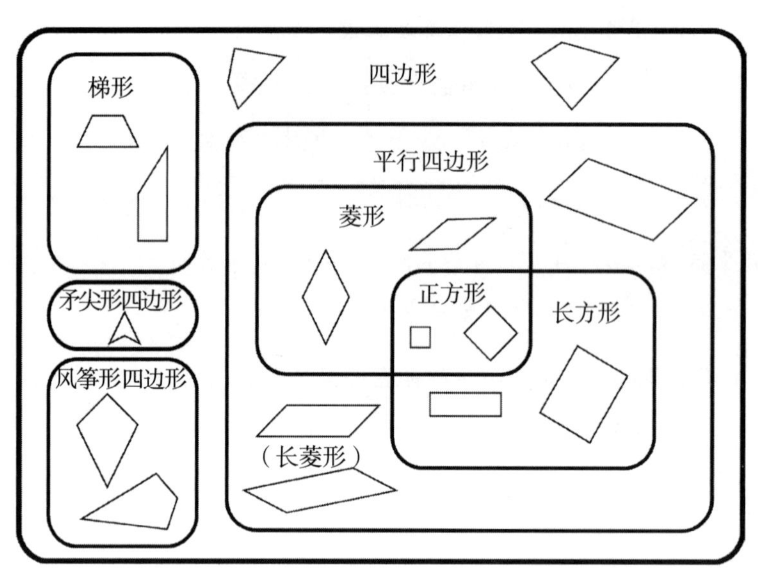

（a）四边形

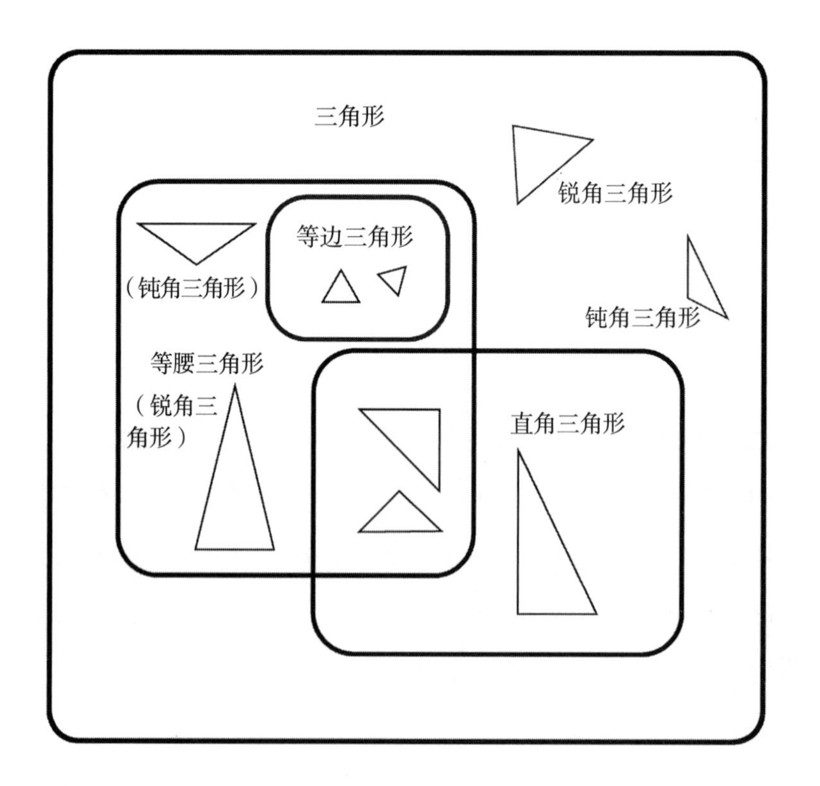

（b）三角形

图 8.2 （a）四边形和（b）三角形的文氏图

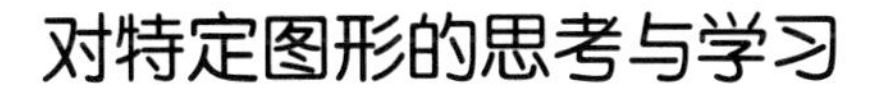

对特定图形的思考与学习

儿童从出生的第一年起，对图形就是敏感的。而且他们更喜欢闭合、对称的图形，如图 8.3 中所示，许多文化中的大多数人都是如此，即便是那些很少或没有与其他文明交流的文化也不例外。

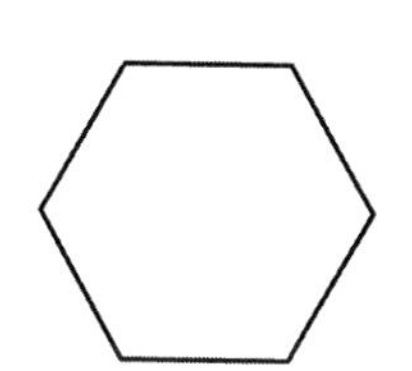
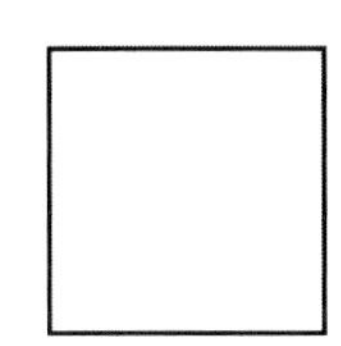
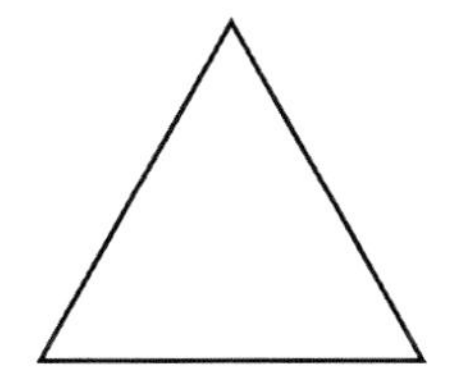
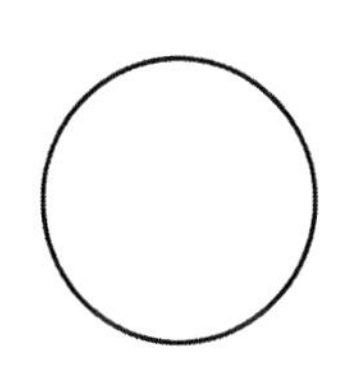

图 8.3　二维图形的原型，封闭、对称，为多数人所偏爱

文化影响了这些偏好。我们广泛考查了教儿童认识图形的材料，这些材料来自图书、玩具店、教师参考资料商店、商品目录等。除了极少数例外，这些材料都以严格死板的方式向儿童介绍三角形、长方形和正方形（近些年来这一点正在发生变化）。三角形通常是等边三角形或等腰三角形，而且底边是水平的。多数长方形是水平放置的，而且长是宽的 2 倍。所以并不奇怪，在整个小学阶段，许多儿童会说正方形旋转以后“不再是正方形，现在它是菱形”（Clements, Swaminathan, Hannibal, & Sarama, 1999; Lehrer, Jenkins, & Osana, 1998）。

因此，儿童往往只能看到每种图形的典型形式——我们称之为“原型”（图 8.3 中展示的图形就是这四类图形的原型）。他们不常见到和谈论这些图形的其他实例（我们称之为“变式”）。反例——在测验或教学中常称之为“干扰项”——不属于相应的图形类别。如果反例与原型之间总体相似性很小或没有，则称之为“明显的干扰项”；如果与原型看上去高度相似但缺乏至少一个定义性特征，则称之为“困难的干扰项”（对儿童我们常用“迷惑项”这一说法）。图 8.4 以三角形为例做了展示。

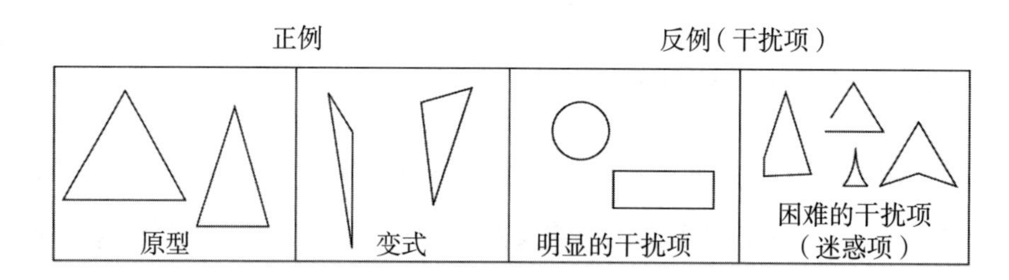

图 8.4　三角形的原型、变式、明显干扰项、困难干扰项

对于常见图形，儿童会形成哪些视觉原型和认识呢？圆形——只有一种基本原型，只有大小的变化——是儿童最容易识别的图形。92% 的 4 岁儿童、99% 的 6 岁儿童能从图 8.5 所示的各种图形中准确地识别出圆形（Clements et al., 1999）。只有几名年龄最小的儿童选择了椭圆和另一个曲线图形（图形 11 和 10）。如果儿童对圆形做了描述，大多会说它是“圆圆的”。因此，对这些儿童来说，圆形识别起来很容易，但描述起来有点难。

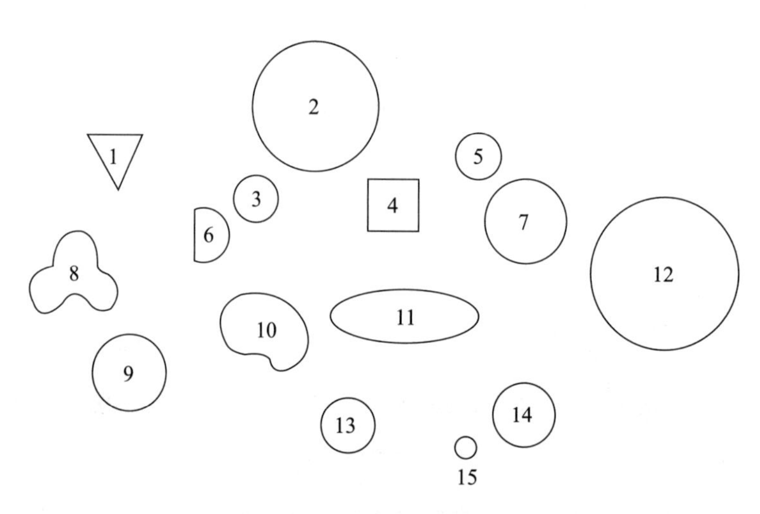

图 8.5　儿童标记出圆形

儿童也能较好地识别正方形：4 岁、5 岁、6 岁儿童的准确率分别有 82%、86%、91%。较小的儿童可能会把非正方形的菱形（如图 8.6 中的图形 3）误选为正方形；不过，他们在识别没有水平底边的正方形（图形 5 和 11）时的准确率并不逊色。如果教学上应对不当，这一混淆——旋转图形会改变它的名称——会一直持续到 8 岁。使用操作材料或绕着放在地板上的大图形走的时候，儿童被方向（图

形“转”的方式）误导的情况会少一些。当儿童根据图形的定义性特征（如，边的数量和长度）解释自己的选择时，他们的选择会更准确。

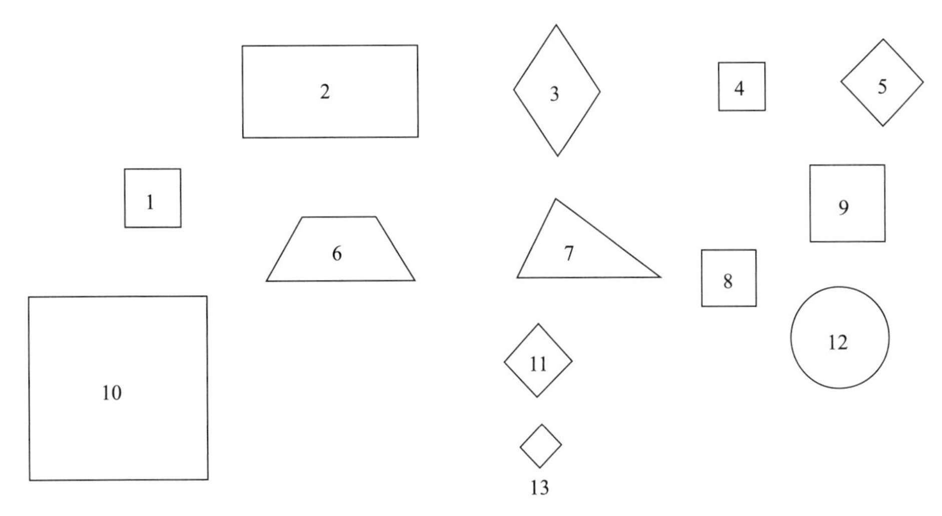

图 8.6　儿童标记出正方形（改编自 Razel & Eylon, 1991）

儿童识别三角形和长方形的准确率要差一些。不过，他们的得分并不低，对三角形的准确率约有 60%（见图 8.7）。从 4 岁到 6 岁，儿童首先经过的阶段是把许多图形看作三角形，随后的阶段是“收紧”自己的标准从而拒绝某些干扰项，同时也拒绝了一些实例。儿童的视觉原型似乎是等腰三角形。尤其是在没有接受高质量几何教育的情况下，他们会被不对称或宽高比——高与底边的比值——偏离原型所误导（如，“又长又瘦”的三角形，如图形 11）。

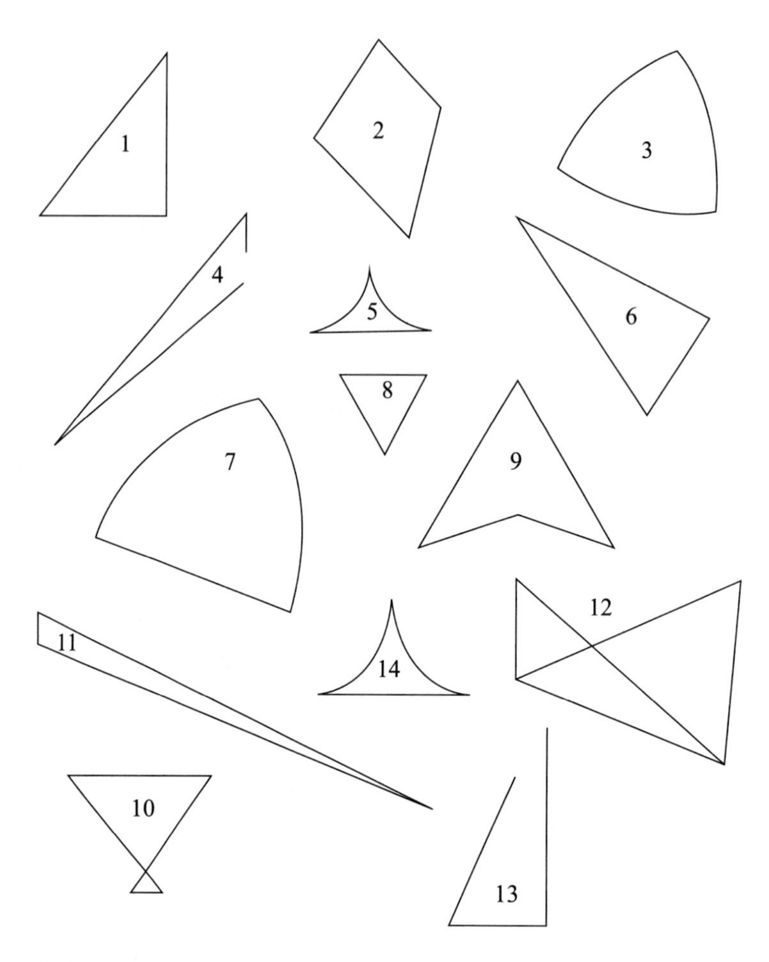

图 8.7　儿童标记出三角形（改编自 Burger & Shaughnessy, 1986 和 Clements & Battista, 1991）

儿童倾向于把“长的”平行四边形或直角梯形（图 8.8 中的图形 3、6、10、14）看作长方形。所以，儿童对长方形的视觉原型应该是有两条长的平行边、角“接近”直角的四边形。

只有少数儿童能正确地把正方形（图 8.8 中的图形 2 和 7）看作长方形。它们具有长方形的所有属性，所以应该被选出来。对许多自身没有接受过良好几何教育的成年人来说，这是令人苦恼的。但这是鼓励儿童数学地、逻辑地思考的好机会——即便大的文化氛围并非如此。

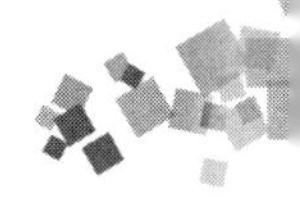

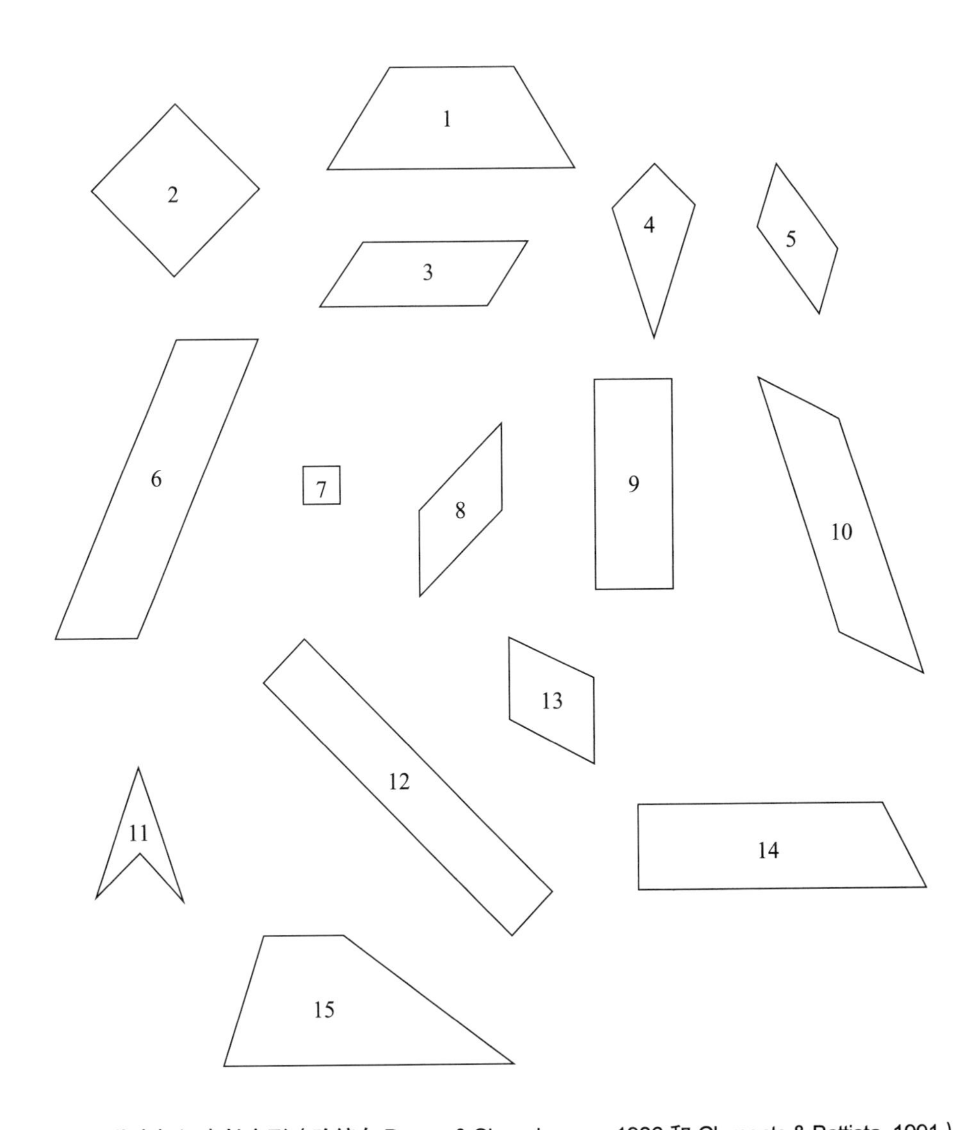

图 8.8 儿童标记出长方形（改编自 Burger & Shaughnessy, 1986 和 Clements & Battista, 1991）

尽管这项研究中的儿童在识别三角形和长方形时的准确率要差一些，但他们的表现却显示出他们已经有了相当多的认识，特别是考虑到这些测验的抽象性，以及其中所用图形的多样性。令人沮丧的是，儿童从早年直至六年级学到的东西非常少（参看本书姐妹篇中的图表）。

在游戏中，儿童对“模式与图形”表现出的兴趣和参与度多于其他六类内容中的任何一类。他们的行为中约有 47% 是对图形的识别、分类和命名。他们画图形的能力也在发展（详见本书姐妹篇）。最后，儿童所做的远不止命名图形，上

述涉及图形的行为是儿童的许多游戏的重要组成部分。当然，这些游戏也涉及三维图形。

三维图形

和二维图形一样，儿童在三维图形方面的学校作业中表现不佳。原因与二维图形类似。儿童会提到许多特征，如，尖、相对大小、细等，通常是非几何的、非定义的特征。

他们常常会运用二维图形的名称，很可能意味着他们并没有明确地区分开二维和三维。小学低年级教科书中只学平面图形，可能导致了初学立体图形时的某些困难。

两项有关研究请儿童把立体图形和它们的展开图（二维图形的“模式”或布局，可以“围成”三维图形）配对。当立体图形和展开图是由相同的连接在一起的材料制成时，幼儿的表现相当成功（Leeson,1995）。另一项更难的任务中，幼儿在画出展开图时遇到了更多的困难（Leeson, Stewart, & Wright, 1997），可能是因为他们无法用更为抽象的材料将这一关系进行视觉化。

三维图形的数学

图形的定义。与二维图形一样，下面关于三维图形的定义是为了帮助教师理解学前班儿童具体数学概念的发展并和他们谈论这些概念。它们并不是正式的数学定义，而是综合运用数学语言和日常语言所做的简单描述。

专栏 8.2　三维图形

△锥体（Cone）：一种三维图形，底面为圆形（也可以是其他曲线图形），圆形各点和位于圆形上方的顶点间的连线形成一个曲面。

立方体（Cube）：一种特殊的正棱柱，各面均为正方形。

柱体（Cylinder）：一种三维图形，有两个相同（全等）且平行的圆形底

面（或其他图形，通常为曲线图形），由一个曲面将两个底面连在一起。（我们遇到的柱体多为正圆柱，不过和棱柱一样，也有斜的。）

棱柱体（Prism）：一种三维图形，有两个相同（全等）且平行的多边形底面（各边为直边的二维图形），连接两个底面相对应的各边是长方形（适用于我们通常遇到的正棱柱，如果连接各边的是平行四边形，则为斜棱柱）。

棱锥体（Pyramid）：一种三维图形，底面为多边形，与底面上方的顶点由三角形相连。

球体(Sphere)：一种三维图形，是“完美的圆球”，球上各点距离定点(球心)的距离为定长。

全等、对称和变换

除了对图形的初步认识，幼儿对于对称、全等和变换也形成了一些初步的认识。正如我们看到的，即便是婴儿至少也对某些对称图形敏感。学前班儿童在玩模式积木时，运用和提到旋转对称的情况跟轴对称或镜面对称一样多，如，把等边三角形描述为“很特别，因为你把它转一点点，它就又跟自己重合了”（Sarama, Clements, & Vukelic, 1996）。他们还会在自己的游戏中创造出对称关系（Seo & Ginsburg, 2004）。如，学前班儿童乔斯把一块二倍单位积木放在垫子上，又把两块单位积木放在二倍单位积木上，把一个三角形单位积木放在中间，建造出一个对称的结构。

许多幼儿根据图形之间总体上相同点多于不同点来判断全等（这两个图形“一样”吗？）。不过，学前班以下的儿童不会进行彻底的比较，他们可能会把有旋转关系的图形判断为“不一样”。直到 7 岁左右，儿童仍然无法注意到复杂图形的所有组成部分之间的关系。直到 11 岁时，大多数儿童的表现才接近于成人。

不过，在引导之下，即便是 4 岁儿童以及部分更小的儿童也能对某些任务形成判断全等的策略。他们越来越多地意识到图形之间在几何方面的差异，从只考虑图形的某些组成部分转变为考虑这些组成部分之间的空间关系。大约一年级时，

他们开始用重叠法——把一个图形移到另一个图形上来检验它们是否完全重合。

总之，同时教图形识别和图形变换，对儿童的数学发展具有重要意义。传统的教学方法孤立地教“正方形”和“长方形”等图形类别，可能是儿童难以把这些图形类别和它们的特征联系在一起的原因。用一点一点逐渐加长长方形短边的方法，可以使儿童形成动态的直觉：正方形就是这样产生的。

音乐与几何

许多人推测音乐和数学存在联系，但证据却很少。不过，一项研究显示，大量的音乐训练与几何方面表现的改善存在关联，如，发现几何属性、把距离与数量联系起来（Spelke, 2008）。

经验与教育

经过尝试，一个学步儿把一个正方形的钉子放进了正方形的洞里。她对图形有何认识？她在幼儿园和小学还会学习什么？她可能会学到什么？

讨论具体经验之前，我们需要先讨论一下时间——在确保儿童掌握数和计算方面存在很大压力的情况下，还有时间学习几何和测量等空间方面的内容吗？答案是肯定的，原因有以下几点。首先，《共同核心州立标准》（CCSS）和其他标准明确指出，几何与测量是至关重要的数学内容。其次，研究明确表明，让儿童学习这些空间方面的内容不会妨碍其他内容的学习（Gavin, Casa, Adelson, & Firmender, 2013），实际上还会支持数和计算的学习（Sarama & Clements, 2009）。

二维图形

经验和教学对儿童几何知识的掌握起着重要的作用。如果儿童缺乏图形方面的经验，如果儿童接触到的图形实例和反例非常死板，没有涵盖该图形的各种变式，

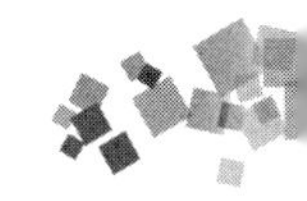

那么他们对该图形的心理表象和认识也会非常死板、有限。如，许多儿童只能接受底边水平的等腰三角形，如图 8.4 所示的“原型”。而其他儿童则在很小的年龄就学到更为丰富的概念，如，在此前提到的图形识别任务中，最小的 3 岁组中有一名儿童的得分高于所有 6 岁组儿童。

这一点非常重要。儿童的观念早在 6 岁时就开始定型。因此，对所有 3—6 岁儿童提供更好、更丰富的学习几何图形的机会，至关重要。

引导儿童关注图形，提供相应的语言，对从婴儿和学步儿往上所有年龄的儿童都是重要的。几何与其他领域一样，需要所有教师运用精确、充分的数学语言。如，学步儿的教师可以观察儿童对什么感兴趣，并介绍图形的变式和比较。

作为例子，请阅读一位对促进儿童数学思维发展感兴趣的教师和一名学步儿之间的互动过程（Björklund, 2012）。一名两岁的学步儿阿尔宾正在对积木和球进行分类。

安妮特：真棒，你有多少个球啊，阿尔宾？

阿尔宾：有这么多（继续分类）。

安妮特：我们来数一数，好吗？有多少呢？我来帮你数，从几开始呢？1、2、3（每次指一个球）。

阿尔宾：不要（看着别的方向）。

发现阿尔宾对数数不感兴趣后，教师很快把关注点从数字转向其他数学概念。

安妮特：你管它叫什么？（指着两个大的椭圆形积木中的一个。）

阿尔宾：……桶。

安妮特：是啊，它像一个桶……你觉得还有别的像桶吗？

阿尔宾：是的（把黄色积木放到另一个杯子里）。

安妮特：我们来找一找好吗？

阿尔宾：（很快举起一个黑色的球）黑色的！

安妮特：嗯，黑色的；它是桶吗？

阿尔宾：不是，圆的（展示给安妮特看）。球。

安妮特：还有好玩的桶吗？

阿尔宾：（在满是积木和球的盒子里急切地找，拿起一块小积木）这有一个。

教师找到了这名儿童感兴趣的点，进而引导她进行图形的比较。

当然，语言含义的清晰非常重要。如，“直”的意思是一条线没有弯曲或拐角，但在非正式的情形下它有多重含义，包括竖直的或水平的。再举一例，许多4岁儿童声称自己知道三角形有“三个顶点和三条边”，然而其中有一半儿童并不确定“顶点”或“边”是什么意思（Clements, 1999）。与东亚语言相比，英语中的数词序列存在更大的挑战。如，在东亚的那些语言中，“四边形”（quadrilateral）的名字很简单，就是“四—边—形”（four-side-shape）。尖锐的角则称为“锐角”（sharp angle）。用英语或西班牙语教这些概念时，则需要充分讨论才能说清楚相应词语的含义。与数学中大多数其他内容相比，对于几何的学习来说语言显得更为重要（Vukovic & Lesaux, 2013）。

而且，尽管表面特征通常主导着儿童的判断，但他们还是能学习一些言语知识，有时还会加以运用。对这类言语知识的运用实际上需要相当长的时间，而且一开始还会显得是一种退步。儿童最初会把正方形描述为“四条边一样长、有四个顶点”。由于他们还没学到垂直的概念，有些儿童会把任意一个菱形都当作正方形。尽管他们对这种“新的正方形”的“样子”会感到冲突，但他们的描述能说服自己相信它就是正方形。不过，在教师的引导下，这种冲突最终会变得有益，因为解决冲突之后他们就能对正方形的属性建立更为坚实的理解。

因此，应该提供各种变式和反例，帮助儿童理解图形的哪些特征和数学领域相关，哪些特征（方向、大小）和数学领域无关。对三角形（见图8.4）和长方形，要涵盖那些“困难的干扰项”，应该讨论图形的各种类别以及每种类别有哪些特征。

这么做会让你成为一个受人欢迎的例外。美国的教育实践通常并没有体现出上述这些建议。低年级几何课程“教”的关于图形的知识，通常跟儿童入学时知

道的内容一样多。这可以归咎于教师和课程编写者的假定：儿童在早期教育课堂中对几何图形知之甚少或一无所知。而且，教师自己的受教育经历中关于几何的内容也很少。因此，大多数课堂中几何教学的内容非常有限也就不足为奇了。一项早期的研究发现，幼儿具有大量关于图形的知识，在教学之前就能对图形进行匹配。他们的教师倾向于引导出并核实这一先前知识，但并没有增添任何内容或发展新的知识。也就是说，大概三分之一的师幼互动是在让儿童翻来覆去地重复他们已经知道的东西，就像下面的对话所展示的那样：

教师：你能告诉我们，它是什么图形吗？

儿童：正方形。

教师：对，它是正方形。

——托马斯（Thomas, 1982）

更糟糕的是，如果教师果真说了点什么，他们又常常表达有误，如，把两个三角形拼在一起，就会得到一个正方形。小学阶段的教学并没有什么改观。儿童在区分图形时，实际上不再数图形的边和角。要避免这些普遍而糟糕的做法。应该多学一点几何，使儿童每年都能多学一点。

家庭和更大范围的文化同样没有促进几何的学习。在一项几何测验中，美国的4岁儿童得分为55%，中国同龄儿童得分为84%。回想一下本章开头关于两个三角形（图8.1）的故事。这个例子是“概念表象”研究结果的例证，显示了特定的视觉原型能够支配儿童的思维。也就是说，即便儿童知道了图形的定义，他们对图形的观念仍被“典型”图形的心理表象所支配。

为了帮助儿童形成准确、丰富的概念表象，需要给他们提供同种图形的许多不同实例。如，图8.9a（“正例”）展现了三角形的多种变式，它们肯定能够引发相关的讨论。此外，还需要呈现一些反例，与那些跟它们相近的正例进行比较，这样有助于把注意力聚焦在关键特征上。如，图8.9b（“反例”）中的几个反例分别与左侧相应的正例很接近，只在一项特征上有差别（你能看出来吗？）。运

用这样的比较，可以聚焦于三角形的每一项定义性特征。

在搭建积木项目中，有研究表明儿童能够很好地理解和运用三角形的定义（Spitler, Sarama, & Clements, 2003）。一个学前班儿童指着图 8.9a 中从上面数第二个图形说：“这个不是三角形！它太瘦了！”他的朋友回应道：“我告诉你，它是三角形。它有三条直直的边，看到了吗？ 1、2、3！跟它瘦没有关系。”全球的类似研究都证实，儿童在很小的年纪时在几何方面能够学会的东西远远超过了多数人的设想。

小学儿童在这方面的能力会有所提升，如，对具有挑战性的几何问题写出自己的解决方法。如，对于“地面大小为 8 英尺 ×10 英尺的帐篷，能否放得下 4 个 3 英尺 ×6 英尺的睡袋？请说出你的理由”这个问题（Gavin et al., 2013），一名二年级儿童写道：“……能放下 3 个睡袋，多余的空间大于 18 平方英尺，但不是 3×6 而是 9×2。”

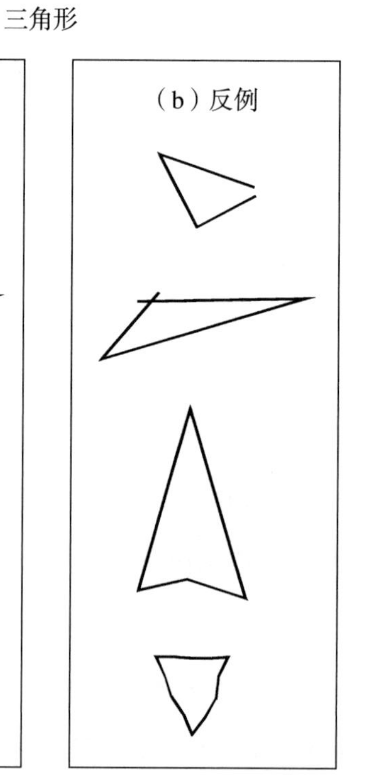

图 8.9　三角形的（a）正例和相应的（b）反例

二年级儿童还能探索二维和三维图形的关系。如，他们能写一段比较正方形

和立方体的文字。如，他们能用二维图形构造三维图形，还能研究视角：从不同的位置观察三维图形，然后画出它们的二维表征（Gavin et al., 2013 谈到了这些以及其他任务，还包括一些儿童的反应）。

*小结——四个指导性特征。*如果教育环境具备以下四个特征，儿童就能掌握更为丰富的图形概念：①多样化的正例和反例；②关于图形及其特征的讨论；③更多样的图形类别；④更丰富的几何任务。

第一，要确保儿童能接触到同种图形的多个不同的正例，使他们不会对任何一种图形形成狭隘的观念。使用原型有益于最初的学习，但应尽早让正例多样化。呈现反例并把它们和相近的正例做对比，有助于把儿童的注意力聚焦在图形的关键特征上，并引发相关讨论。图 8.10 展示的是积木项目的“图形全集”，作为一个例子，它显示了儿童可以探索的图形的多样化程度。

图 8.10　搭建积木项目的“图形全集”。每种独立的、可操作的图形都有两个（颜色不同），使得儿童能够探索、匹配、分类、分析和组合出丰富多样的几何图形

第二，鼓励儿童描述图形的同时要鼓励儿童的语言发展。应当认可、接纳儿童（基于原型的）视觉描述，但也应当鼓励儿童关于特征和属性的描述。一开始，特征和属性的描述对于原型较强且较少的图形（如，圆、正方形）似乎是自发出现的。对于三角形这类图形，则尤其需要鼓励这样的描述。儿童能够学会解释为什么某个图形属于特定的类别——“它有三条直直的边”，或不属于特定的类别——“这些边不是直直的”。最终，他们能够内化这些观点，如，他们会说：“它是一个古怪的、长长的三角形，但它有三条直直的边，而且是闭合的！”

第三，应当涵盖多样化的图形类别。传统的儿童早期课程会介绍四种基本的图形：圆形、正方形、三角形和长方形。“正方形不是长方形”这一观念在儿童 5 岁时就已根深蒂固。我们建议，应当呈现正方形和长方形的多种例子，涵盖各种不同的方向、大小等，包括正方形作为长方形的例子。如果儿童说“这是正方形”，教师可以回应“它是正方形，是一种特殊的长方形”，还可以尝试双重命名（“它是一个方方的长方形”）。大一点的儿童可以讨论更“概括”的类别，如，四边形和三角形，通过数各种图形的边数来确定它们的类别。

同时，教师也可以鼓励儿童描述为什么一个图形属于或不属于某个图形类别。然后，教师可以说，因为这个三角形的三条边都相等，所以它是一种特殊的三角形，叫“等边三角形”。儿童还可以用“直角检测器”（大拇指和食指分开 90°，或一张纸的一角）来“检测”长方形的直角。而且，应当让儿童探索并描述更多的图形，包括但不限于半圆、四边形、梯形、菱形和六边形。

运用电脑环境可以支持和发展儿童对图形类别之间关系的思考，包括正方形和长方形的关系。在一项大型研究中（Clements et al., 2001），一些幼儿介绍自己的 Logo 小世界的作品时，已经形成了自己的概念（如，“它是一个方方的长方形”）。

第四，用更丰富、有趣的任务来挑战儿童。研究结论支持基于操作材料或电脑环境的学习经验，如果这些经验和上面一致。能够促进反思和讨论的活动，可能会包含运用各种要素来构建图形的模型。用电脑进行匹配、识别、探索甚至构造图形的活动是特别有吸引力的（Clements, Sarama, 2003b, 2003c）。甚至幼儿也可以玩 Logo“乌龟图形”（Clements et al., 2001），而且有显著的益处（如，在正

方形和长方形的学习方面他们的收获多于更大的儿童）。参见图 8.11。

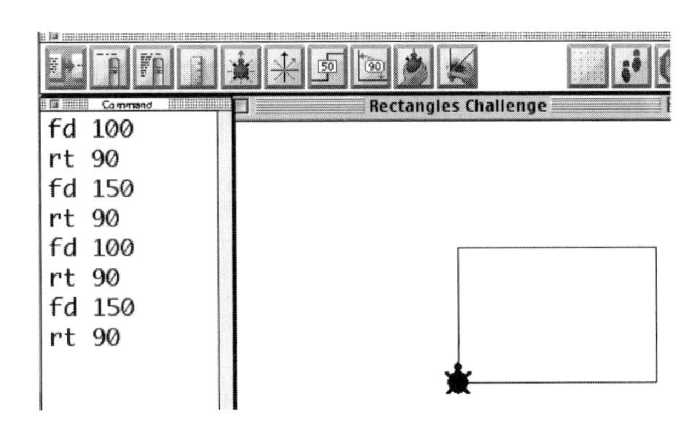

图 8.11 在乌龟数学中，用 Logo 乌龟画长方形（Clements & Meredith, 1994）

三维图形

玩积木和其他活动有很多好处。对于几何学习来说，为了让整个游戏更加生动有趣、富有成效，应当把这些活动数学化。应当引导儿童对积木和其他立体图形进行充分的讨论，对每个积木运用“体”“面”“边”等术语以及描述总体结构的术语，如，各面的对称、水平、竖直和倾斜等。对于用积木和其他三维图形进行搭建，我们了解得更多（参看第九章）。

对三维图形特征的探索能够发展空间技能。儿童应当探索立体图形，感受它们并考察哪些能搭高，哪些会滑，哪些会滚以及**为什么会这样**。他们应当裁剪二维展开图并构建三维图形。一项研究表明，使用操作材料或多媒体的实验组得分高于两种都没使用的对照组，表现最好的那组同时使用了多媒体和操作材料（Thompson, 2012）。

几何运动、全等与对称

鼓励儿童进行几何运动并开展相关的讨论能提高他们的空间能力。使用电脑对此特别有帮助，因为它的屏幕能更为直观地呈现几何运动。运用电脑环境可以帮助儿童学习全等和对称（Clements et al., 2001）。认真考虑儿童的直觉、偏好和兴趣并在此基础上开发关于对称的课程，这方面仍有发展的空间。儿童的图画与

搭建活动可以用作介绍对称的模型，包括二维的涂色、绘画和拼贴，三维的泥塑和积木。

角、平行与垂直

角的概念非常关键，但通常教学效果不佳。儿童对于“什么是角”有许多形形色色的而且通常不正确的观念。要想理解角的概念，儿童必须把角看作几何图形的关键组成部分，能对角进行匹配和比较，能构造“旋转”并形成相应的心理表征，还能将其与角的度数进行整合。这些过程在儿童早期就开始了，如，5 岁儿童就能对角进行匹配。学习旋转与角的发展过程很漫长，在儿童早期和小学就可以非正式地开展相关活动，如，让儿童接触图形的角，比较角的大小，了解旋转。

基于电脑的图形操作与导航环境有助于这些经验的数学化。尤为重要的是理解旋转自己的身体和旋转图形在导航中旋转路径之间的联系，以及学会用数字量化这些涉及旋转和角的情况。如，连 4 岁儿童都能学会点击一个图形让它旋转，而且说“我得让它转 3 次”（Sarama, 2004; 还可参看第十二章）。

密切摩尔和他的同事提出了下面这一系列的任务。一开始，在多样化的情境中提供关于角的操作经验，包括拐角、弯折、旋转、张开和斜面等。每种情境中最初的例子应该实际呈现“角的两边”，如，剪刀、路口、桌角等。拐角对儿童来说是最明显的，应该首先强调这些情境，随后是其他的模型。在这一初期阶段，弯折（如，毛根）和旋转（如，门把手、表盘、门）应该放到最后。

接着，通过讨论相似情境（如，线的弯折和地图上路径的弯折）的共同特征，帮助儿童理解这些情境中角的关系。随后，通过对各种情境中角的共同特征进行表征，帮助儿童在不同情境之间架起桥梁。如，这些角可以表征为有共同终点的两条线段（或射线）。一旦儿童理解了旋转的概念，就可以运用旋转的动态观念开始测量角度的大小。

数学的精神——最后的 Logo 实例

Logo 经验的高质量运用对数学精神——探索、调查、批判性思维、问题解

决——的强调不亚于对几何概念的强调。来看一名一年级学生安德鲁（Clements et al., 2001）的表现。在最后一次访谈中，他对自己颇为自信。每当要求他解释一些他觉得显而易见的事情时，安德鲁总会先用“看！”来强调一下。有一道题是：“假装你正在跟一个从来没见过三角形的人打电话。为了帮他做一个三角形，你会跟他说什么？”

安德鲁：我会问“你见过菱形吗？”

访谈者：我们假设他说，“见过”。

安德鲁：嗯，剪出一个三角形。（停顿）不，我犯了一个错误。

访谈者：哪儿错了？

安德鲁：他们从来没见过三角形。嗯，从中间剪开。从中间折一下，叠到另一半上面，然后撕下来，你就会得到一个三角形。然后把它挂在墙上，你就知道三角形是什么样了！

访谈者：要是他们说没见过菱形，该怎么办呢？

安德鲁：画一条向上斜的线，然后画一条往另一边斜下去的线，然后画一条向上斜的线，然后画一条斜线连到一开始的点。

访谈者（以为他在描述三角形）：什么？

安德鲁（重复上述过程，然后……）：这就是菱形。现在，可以按我之前说的做了！

安德鲁做的事情，正是数学家们喜欢做的。他把这个问题简化为之前已经解决了的问题。最后，他问：“这个测验会写到我的报告卡上吗？因为我做得真的很棒！”在整个访谈过程中，很显然，安德鲁对自己的推理和来自自己经验的知识颇为自信。尽管安德鲁在我们项目的学生中并非典型，需要指出的重要一点是：像安德鲁这样的学生今后可能会成为数学家、科学家和工程师。安德鲁对课程中的各种观念进行了许多反思，而且喜欢对它们进行讨论，因此他才能够展现自己思考的结果。

图形的学习路径

和之前的数学内容相似，图形的学习路径相当复杂。第一，存在多种概念和技能的发展进程，这使得水平的划分更为复杂。第二，有四条彼此联系但发展进程又相对独立的子路径：

1. 比较子路径包括早期的按不同标准进行图形配对以及判断全等。
2. 分类子路径包括图形的识别、确认（命名）、分析和分类。
3. 组成部分子路径包括区分、命名、描述和量化图形的组成部分（如，边、角）。
4. 与之密切联系的表征子路径包括构造或画出几何图形。

作为目标，发展儿童对几何图形进行命名、描述、分析和分类并进行空间思维的能力的重要性仅次于数的目标。《课程焦点》（CFP）和《共同核心州立标准》（CCSS）包含了这些目标，参见图 7.6（特别是 K.G., 1—5; 1.G.1; 2.G.1; 3.G.1）。

在这些目标的基础上，表 8.1 呈现了学习路径的另外两个组成部分：发展进程和教学任务。正如在前面几章已经说过的，所有学习路径中的年龄只是大致的，尤其是因为达到某一水平的年龄通常非常依赖于经验。在几何领域更是如此，大多数儿童获得的经验质量都比较低。

表 8.1　图形的学习路径

年龄（岁）	发展进程	教学任务
0—2	**找出“一样的东西”（“Same Thing” Comparer）** 比较 比较现实世界中的物体（Vurpillot, 1976）。 说出两张房子的照片是否相同。 **图形配对—完全相同（Shape Matcher-Identical）** 比较 对相同大小和方向的常见图形（圆、正方形、典型的三角形）进行配对。 将□和□配对 **图形配对—大小不同（Shape Matcher-Sizes）** 比较	• 图形配对与命名：和儿童围坐成一圈。从“图形全集”（见图8.10）中选择一些熟悉（原型）的图形，两种颜色都有。给每名儿童发一个同种颜色的图形。从另一种颜色的图形集合中挑一个跟某名儿童手中的图形（除了颜色之外）完全一样的图形，请儿童说出谁拿的图形跟它一模一样。得到正确的回答后，继续追问他/她是怎样知道它们是一模一样的。儿童可能会把他/她的图形放在你的图形上来“证明”它们一模一样。请儿童把手中的图形展示给身边的同伴，并尽可能命名这个图形。教师留意观察，必要时给予帮助。本活动可重复一次或两次。随后告诉儿童，稍后在活动时间可以接着探索这些图形并进行配对。

续表

年龄（岁）	发展进程	教学任务
3	对大小不同的常见图形进行配对。 将□和□配对 图形配对—方向不同（Shape Matcher-Orientations） 比较 对方向不同的常见图形进行配对。 将□和◇配对	• 神秘图画 1：儿童选出与目标图形相应的图形，从而完成拼图。这个活动中儿童练习的是配对能力，但程序会说出图形的名称，因此儿童也学习了图形的名称。这一水平的活动所选的图形是儿童熟悉的。
	图形识别—典型图形（Shape Recognizer-Typical） 分类 识别并命名典型的圆形、正方形以及三角形（不那么经常）。会动手旋转处于非典型方向的图形，使其符合心目中的原型。 能说出□是正方形。 一些儿童虽然能对各种不同大小、形状和方向的长方形正确地命名，但也会将一些看上去像而其实不是长方形的图形称为长方形。 将这些图形都称为“长方形”（包括不是长方形的平行四边形）：	• 圆圈时间：请儿童尽可能地围坐成一个标准的圆形。展示一个大的、平面的圆形（如呼啦圈）并说出它的名称。教师一边用手指沿着圆圈的轮廓划过，一边跟儿童讨论它是如何完美的圆；这条曲线的弯曲程度始终是一样的。请儿童说出他们所知道的圆形，如，在玩具、建筑、图书、三轮车或自行车以及衣服上发现的圆形。投放各种圆形供儿童探索：滚一滚、叠到一起、用手沿着边划等。请儿童用手指、手、胳膊和嘴巴做出圆形。总结圆形的特点：圆圆的、弯曲程度一致、不间断。 • 图形配对与命名（如前所述）活动包括对这些图形的命名。以小组和集体的形式进行。 • 神秘图画2：儿童找到搭建积木软件程序说出的图形，从而完成拼图。（也就是说，在这一水平上，儿童需要知道每个图形的名称。建议在这个活动前先进行神秘图画1，因为它会教给儿童图形的名称。）

续表

年龄（岁）	发展进程	教学任务
3	**根据相似判断相同（Similar Comparer）** 比较 对看起来相同点多于不同点的两个图形，判断它们是相同的。 “它们是一样的，上面都是尖尖的。” 	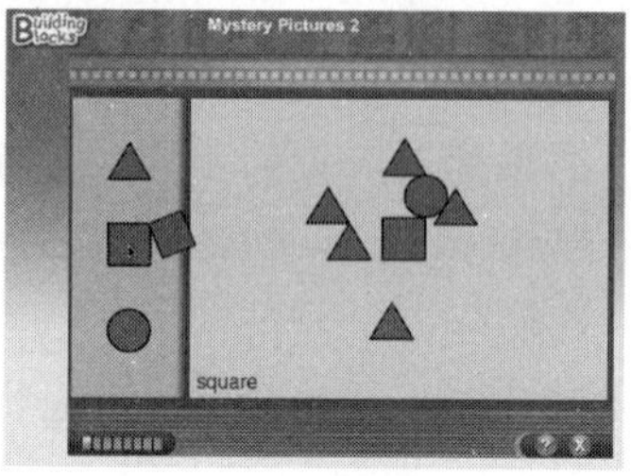
3—4	**图形配对—更多图形（Shape Matcher-More Shapes）** 比较 对更多的图形，能将大小和方向相同的图形进行配对。 **图形配对—大小和方向不同（Shape Matcher-Sizes and Orientations）** 比较 对更多的图形，能将大小和方向不同的图形进行配对。 能将以下图形配对：  **图形配对—组合图形（Shape Matcher-Combinations）** 比较 将组合图形进行配对。 能将以下图形配对： 	• 图形配对与命名：如前所述，但从“图形全集”中选择更多种类的图形，摆成不同的方向。 • 积木配对：请儿童把各种积木图形与教室中的物体进行配对。儿童围坐成一个圆圈，教师坐在圆圈内，面前摆放着不同形状的积木。教师出示一块积木，问儿童教室里哪个东西跟这块积木的形状一样。针对不正确的回答，如，选择了一个三角形的东西却说它是四分之一圆的形状，组织幼儿充分讨论。 • 神秘图画3：儿童选出与目标图形相应的图形，从而完成拼图。这个活动中儿童练习的是配对能力，但程序会说出图形的名称，因此儿童也学习了图形的名称。这一水平的活动所选的图形更为多样，包含了一些新的（儿童不熟悉的）图形。 

续表

年龄（岁）	发展进程	教学任务
3—4		● 图形记忆：这是一个“专注”类游戏。 将两套不同的图形卡片面朝下分别摆成一列。 参加游戏的儿童轮流从每列里选一张卡片翻开。 如果两张卡片上的图形不一样，就再扣到桌子上；如果图形一样，可以把两张卡拿到自己手里。 参加游戏的儿童要一起命名和描述这些图形。 参照“图形全集”，增加新的图形卡片。 ● 摸箱（配对）：把一个图形偷偷藏进摸箱（一个挖有洞的盒子，洞的大小足以伸进儿童的手，却无法看到盒子里的东西）。教师展示5个图形，其中一个与藏起来的图形一样。请儿童把手伸进摸箱里感知里面的图形，然后指出5个图形中哪个跟里面的一样。
4	**图形识别—圆形、正方形和三角形（Shape Recognizer-Circles，Squares，and Triangles）** 分类能识别出一些不太典型的正方形和三角形，或许还包括一些长方形，但通常不包括菱形。通常不能区分边或角。 能把这些图形称为三角形：	● 图形配对与命名，如前所述，包括这些图形的命名。 ● 圆形和罐子：展示一些食品罐，跟儿童谈论它们的形状（圆的）。引导儿童关注每个罐子的底部和顶部（统称底面），指着这些位置告诉儿童这些面是圆的，它们的边缘就是圆形。教师出示几张纸，上面有沿着不同罐子（大小差别要明显）的底部画出的圆形。再用一两个罐子向儿童展示教师是如何描画的，然后打乱这些纸和罐子。请儿童将罐子和纸上的圆圈进行配对。当儿童拿不准时，请他们把罐子直接放到圆圈上去检查。告诉儿童在自由活动时间每人都有机会玩，随后将活动材料投放于某个区角。

续表

年龄（岁）	发展进程	教学任务
4		• 它是不是（圆形）：在整个班级都看得到的平面上画一个标准的圆。请儿童给它命名，并要求他们说明为什么说它是圆形。在旁边再画一个椭圆，问儿童它看起来像什么，然后问他们为什么它不是圆形。再画几个圆形、几个不是圆形但容易和它混淆的图形，跟儿童讨论它们有什么不同。回顾并总结：圆形是一个完美的圆，是一条弯曲程度始终相同的曲线。 • 图形秀（三角形）：向儿童展示一个大的、平面的三角形并说出它的名称。用手指沿着它的边缘划过，伴随夸张的动作和描述：直——直的边……拐弯，直——直的边……拐弯，直——直的边……停。问儿童三角形有几条边，并跟他们一起数一数。 跟儿童强调，三角形的边和角可以有不同的大小；重要的是各边一定是直的，而且连成一个闭合的图形（没有开口或裂缝）。问问儿童在家里有什么东西是三角形的。向儿童展示三角形的不同实例。请儿童徒手在空中画三角形。有条件的话，可以让他们沿着地上的大三角形（如，用彩色胶带在地上贴出的三角形）走路。 • 图形寻宝（三角形）： 1. 在周围找图形。请儿童在房间里找一两个至少有一个面是三角形的物体。也可以事先将“图形全集”里的三角形藏在房间的各个角落。 2. 鼓励儿童数数三角形有几条边，如有可能，把这个三角形拿给成人看，并谈论它的形状，如，三角形有三条边，但是这些边并不总是一样长。讨论结束后，请儿童把这些三角形放回，以便其他儿童继续寻找。 3. 还可以给这些三角形拍照片，做成全班的图形书。

续表

年龄（岁）	发展进程	教学任务
		• 它是不是（三角形）：如前所述。加入一些变式（如，瘦三角形）和那些看上去跟三角形接近的干扰图形（“困难的干扰项”或“迷惑项”），如图8.9b所示。 • 摸箱（命名）：跟“摸箱（配对）”类似，但鼓励儿童给图形命名并解释自己是怎么知道的。
4	**根据组成部分判断相同（Part Comparer）** 比较 在两个图形上找到一条一样长的边，就判断两个图形相同。（Beilin, 1984; Beilin, Klein, & Whitehurst, 1982）. “它们是一样的。”（将两条边配对）：	• 几何快照1：显示一个图形2秒，让儿童在4个选项中选出一个和它相同的。随后他们会看到自己是否选对了（见下图）。
	用组成部分构造图形—看起来像（Constructor of Shapes from Parts–Looks Like） 组成部分 用操作材料代表图形的组成部分（如，边），构造一个“看起来像”目标图形的图形。可能把角看作拐角（“尖尖的”）。 要求用木棒摆出三角形时，儿童摆出了如下造型：	• 构造图形/吸管图形：包括给这些图形命名。在小组活动中，教师和儿童一起用各种长度的塑料棍或吸管摆出他们所知道的各种图形。要确保儿童拼的图形具备正确的特征，如，正方形的四条边一样长，四个角都是直角。所有吸管的端点应该“连接”（接触）在一起。在儿童摆图形的过程中，可以讨论图形的特征。如果儿童需要帮助，可以提供一个模型让他们去复制，或给他们一张图，请他们在图上摆。他们能根据图形选择相应数量和长度的吸管吗？如果儿童表现出色，可以增加难度，要求他们摆出“一模一样”的图形。（在这一思维水平上，儿童只能做出大体相似的表征。） • 构造图形（三角形）：在自选活动区，请儿童用塑料棍摆三角形，并且/或者创作出包含有三角形的图案。

续表

年龄（岁）	发展进程	教学任务
4	**根据部分特征判断相同（Some Attributes Comparer）** 比较 寻找特征的差异，但可能只看到图形的一部分。 “它们是一样的”（两个图形叠在一起，指出上半部是一样的）：	• 图形配对：儿童对“图形全集”中的所有图形进行配对。（也就是说，找出与每个蓝色图形形状和大小相同的黄色图形。）
4—5	**图形识别—所有长方形（Shape Recognizer–All Rectangles）** 分类 识别更多不同大小、形状和方向的长方形。 正确命名这些图形为“长方形”：	• 猜猜我的规则：把“图形全集”中的某些图形根据一种“秘密规则”（某些特征）分成两堆，分的时候请儿童仔细观察。 请儿童默默地（“在心里”）猜教师的分类原则，如，“圆形/正方形”或“四边形/圆形”。 一次分一个图形，直到两堆都至少有两个图形为止。 用手示意“嘘——”，然后拿起一个新图形，停在两堆中间并做出困惑的表情，向儿童示意，鼓励大家安静地用手指出这个图形应该放到哪一堆。 把这个图形放到正确的一堆。所有图形都分完后，请儿童说说他们觉得分类规则是什么。 用其他图形和新的规则重复这个活动：圆形/正方形（同样的方向）、圆形/三角形、圆形/长方形、三角形/正方形、三角形/长方形等。 • 神秘图画4：儿童找到搭建积木软件程序说出的许多不同的图形，从而完成拼图。（也就是说，在这一水平上，儿童需要知道每个图形的名称。建议在这个活动前先进行神秘图画3，如下页图所示，因为它会教给儿童图形的名称。）

续表

年龄（岁）	发展进程	教学任务
4—5		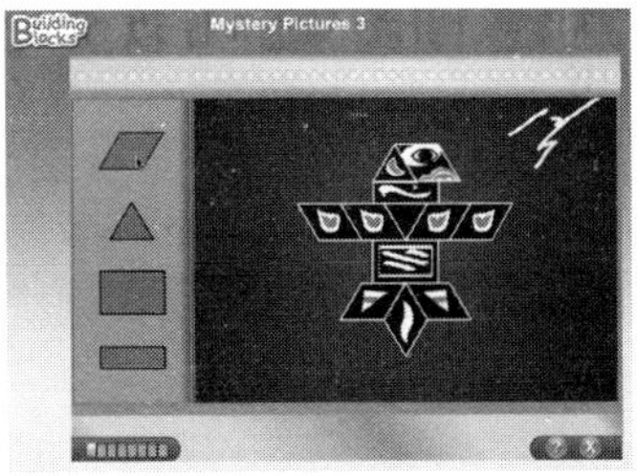 • 图形秀（长方形）：展示一个大的、平面的长方形，并说出它的名称。用手指沿着它的边缘划过，伴随夸张的动作和描述：“直——直的边……拐一个直角，直——直的边……拐一个直角，又是一条直——直的边……拐一个直角，长的直——直的边，停。”问儿童长方形有几条边，并和他们一起数一数。要强调长方形的对边长度相等，所有的“拐弯”都是直角。如果要演示的话，可以拿一根长度与其中一组对边相同的塑料棍，把它分别重叠在这两条对边上，然后演示另一组对边。为了说明什么是直角，可以走到门边，说直角像大写字母“L”。跟儿童一起用大拇指和食指做出大写字母“L”的形状，然后拿这个手势去卡一卡长方形的角。问儿童家里有哪些东西是长方形的。向儿童展示长方形的不同实例。让儿童绕着一个大的、平的长方形（如，地毯）走一走。回到座位后，请儿童在空中用手指画长方形。切记正方形是（“特殊的”）长方形。 • 图形寻宝（长方形）：如前所述（第242页），但增加长方形。 • 构造图形/吸管图形：如前所述（第243页），但增加长方形。 • 构造图形（长方形）：如前所述（第243页），但增加长方形。 • 图形秀（正方形）：如前所述，与图形秀（长方形）类似，但换成正方形。

续表

年龄（岁）	发展进程	教学任务
4—5		• 它是不是：如前所述（第242页），换成长方形或正方形。 • 小小侦探：提前在教室里放好“图形全集”中的图形和其他物体（尤其是形状比较少见的）。教师说出房间里某个东西的形状，可以从简单的开始，如，正方形或三角形。请儿童猜你想的是哪个物体或图形。可能的话，请猜对的儿童想下一个物体或图形，由教师和其他儿童来猜。 变式：可以试试“属性版”。教师描述一个图形的特征，看儿童能否猜出你说的是哪个物体或图形。这个活动可以使用“图形全集”、房间里的实际物体和/或其他图形的操作材料。
	识别边（Side Recognizer） **组成部分** 认识到边是独立的几何组成部分。 当被问到这个图形△是什么时，会用手指沿着每条边，数完所有的边后说出它是“四边形”（或有四条边）。 **根据多数特征判断相同（Most Attributes Comparer）** 比较	• 长方形与盒子：画一个能让全班人都看到的大长方形，用手指沿着它的轮廓划过，同时数出它的边数。可以向儿童提出挑战：在你数边数的时候，请他们用手指在空中画长方形，提醒他们长方形的边都是直的。向儿童展示各种盒子，如，牙膏盒、意大利面条盒、麦片盒，讨论它们的形状。然后引导儿童关注盒子的表面，这些表面绝大多数是长方形的。跟他们谈论上面的边和直角。在一张大纸上水平放置两个盒子，描出它们的面。请儿童把描出的长方形与盒子进行配对。用更多的盒子描出长方形，并重复这个游戏。帮助儿童了解盒子表

续表

年龄（岁）	发展进程	教学任务
4—5	会寻找特征的差异，能检查整个图形，但可能会忽略某些空间关系。 “它们是一样的。”	面的其他形状，如，三角形（糖果盒和食品盒）、八边形（帽子盒和礼物盒）、圆形/圆柱形（玩具盒和麦片桶）。 • 命名积木的各面：在圆圈或自由活动时间，请儿童给不同积木的各面命名。问儿童房间中哪些东西有跟它相同形状的面。 • 摸箱（描述）：如前所述，但要求儿童不能说出图形的名称，必须把图形描述得足够清楚，让同伴能推断出他们说的是什么图形。请儿童解释他/她是怎么推断出是这个图形的。他们应该描述这个图形，强调边是直的还是弯的以及边数和角数。
	识别角［Corner（Angle）Recognizer］ 组成部分 至少在“拐角”的情境中，能认识到角是独立的几何组成部分。 当被问到一个图形为什么是三角形时，会说“它有三个角”，然后清楚地指着每个顶点（指着拐角）数这些角。	• 图形组成部分1：儿童用图形组成部分构造出与目标图形相同的图形。他们必须精确地放置每个组成部分，这实际上是“用组成部分构造图形—精确”水平的能力，不过部分儿童可以从支架性电脑游戏中受益。
5	**图形识别—更多的图形（Shape Recognizer-More Shapes）** 分类 能识别大多数熟悉的图形和其他图形的典型例子，如，六边形、菱形和梯形。 能正确辨认和命名下面的所有图形：	• 踩图形：在户外的地上用遮蔽胶带、彩色胶带贴（或用粉笔画）出各种图形。告诉儿童只能踩某一类图形（如，菱形）往前走。请5名儿童一组都踩着菱形走。请其他儿童仔细观察，确保他们把所有菱形都踩到。尽可能让儿童解释为什么他们踩对了图形（“你怎么知道这是一个菱形？”）。重复这个活动，直到每组儿童都玩过为止。

续表

年龄（岁）	发展进程	教学任务
5		 • 神秘图画4：儿童找到搭建积木软件程序说出的许多不同的图形，从而完成拼图。（也就是说，在这一水平上，儿童需要知道每个图形的名称。）本活动包括六边形、菱形和梯形。 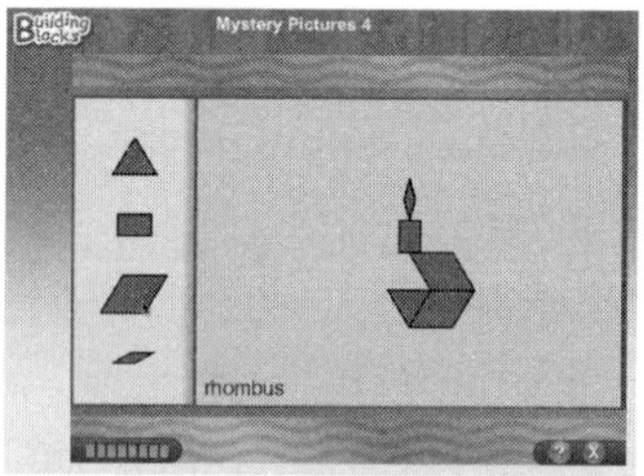  Mystery Pictures 4 rhombus Mystery Pictures 4 • 几何快照2：显示图形组成的一个简单造型2秒，让儿童根据记忆（表象）在4个选项中选出一个和它相同的。 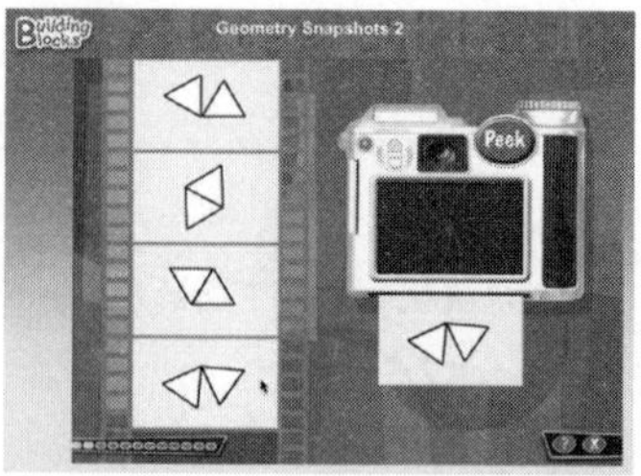 Geometry Snapshots 2 Peek

续表

年龄（岁）	发展进程	教学任务
5		• 猜猜我的规则：如前所述，使用适合这一水平的规则。如，圆形/三角形/正方形（各种不同方向）、三角形/菱形、梯形/菱形、梯形/“不是梯形”、六边形/梯形、三角形/“不是三角形”、正方形/“不是正方形”（如，所有其他图形）、长方形/“不是长方形”、菱形/“不是菱形”。
6	图形识别（Shape Iden-tifier）分类 能命名大多数一般图形（包括菱形），而且准确无误，如，不会把椭圆说成“圆形”。（至少）能识别直角，因此能区分长方形和没有直角的平行四边形。 能正确命名下面的所有图形：	• 梯形和菱形：依次出示各种模式积木图形，请儿童给它们命名，尤其要关注梯形和菱形。问儿童可以用它们做什么。请儿童描述它们的属性：梯形有一对平行的边（平行——“方向一样”）；菱形有两对平行的边，且每条边的长度都相等。 • 糊涂先生（图形）：告诉大家要帮助糊涂先生给图形命名。提醒大家，当糊涂先生犯错时要立刻让他停下来并纠正。使用“图形全集”中的图形，让糊涂先生从弄混“正方形”和“菱形”这两个名字开始。儿童说出正确的名称后，请他们解释正方形和菱形的角有什么不同（正方形的角必须都是直角，菱形的角则可以角度不同）。回顾并总结：所有的菱形和正方形（其实是4个角都是直角的特殊菱形）都有4条长度相等的直边。可以换用梯形、六边形及其他你希望儿童练习的图形进行这个活动。 • 几何快照 4：让儿童根据记忆（表象），在4个选项中选出和造型（中等复杂程度）相同的图案。

续表

年龄（岁）	发展进程	教学任务
7	**识别角—更多情境（Angle Recognizer-More Contexts）** 组成部分 能识别和描述与角相关的情境，包括拐角（可以讨论“更尖”的角）、交叉（如，剪刀），随后还可以包括弯曲物体和弯折（有时表现为弯道和斜坡）。再晚一些，儿童才能明确理解角的概念与这些情境的关联（如，开始时可能不会把路的弯折看作角；在斜坡情境中不能添加水平线或竖直线来完成角的构造；甚至可能只觉得拐角有点“尖”，却没有表征构成角的两条线）。通常不会把这些情境相互联系起来，在每种情境中可能只表征角的部分特征（如，在斜坡情境中用斜线表示斜面）。	• 几何快照 6：让儿童根据记忆（想象）在几个角度不同的选项中进行选择。 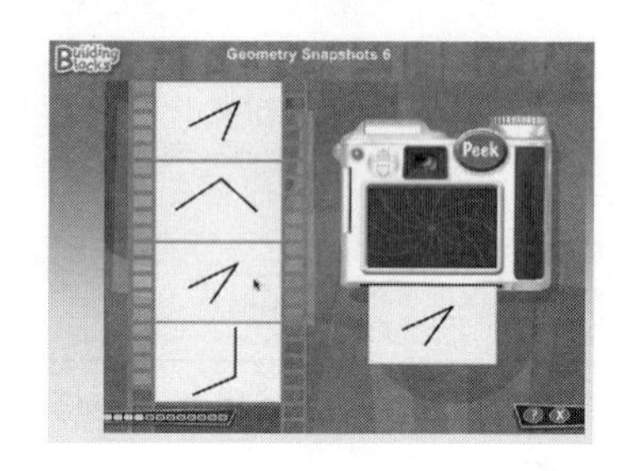 • 糊涂先生（图形）：如前所述，但这次糊涂先生是把“边”和“角”弄混了。一定要请儿童解释什么是边，什么是角。
	根据组成部分识别图形（Parts of Shapes Identifier） 分类 根据组成部分来识别图形。 “不管它看上去有多瘦，它就是一个三角形，因为它有三条边和三个角。” ——— **通过比较判断全等（Congruence Determiner）** 比较 通过比较所有的特征和空间关系，判断图形是否全等。	• 图形商店1：儿童根据图形的特征或它的组成部分数量（如，边数和角数）确定图形。 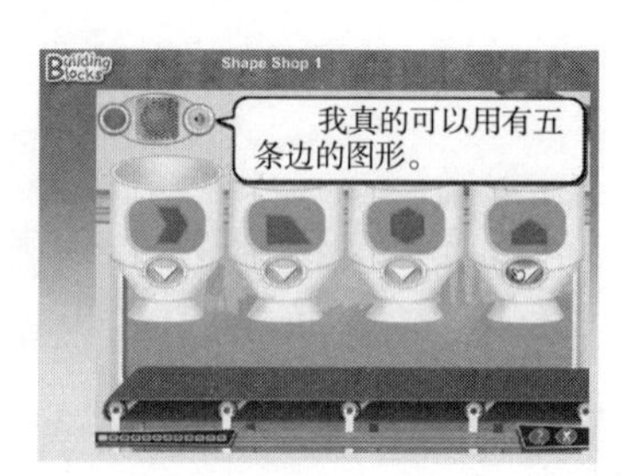

续表

年龄（岁）	发展进程	教学任务
7	对两个图形的每条边和每个角都进行比较之后，判断它们形状相同、大小相同。 **通过重叠判断全等（Congruence Superposer）** 比较 把两个图形上下重叠放置，判断它们是否全等。 两个图形能完全重合，则判断它们形状相同、大小相等。	
	用组成部分构造图形—精确（Constructor of Shapes from Parts–Exact） 表征 基于对图形组成部分及其关系的认识，用操作材料代表图形的组成部分（如，边和角“连接器”）构造出完全正确的图形。 要求用木棒摆出三角形时，摆出了如下图形： △	• 构造图形/吸管图形：如前所述，但现在期望儿童能准确表征所有的组成部分和属性，而且能构造出“图形全集”中的任意图形，或根据教师所说的一组特征摆图形（如，摆出一个图形，使得它两对相邻的边一样长，或四条边都一样长，但没有直角。）。他们能否在尝试次数少、错误率低的情况下摆好每个组成部分？还可以提出其他挑战，如，“用这些吸管（长度不同）中的任意三根，都能摆出一个三角形吗？”。（不能，如果其中一根吸管的长度大于其他两根的长度之和就不行。）“使用两对长度分别相等的吸管，你能摆出多少个不同的图形（类别）？” • 图形组成部分2：让儿童使用图形组成部分构造出与目标图形一样的图形。他们必须精确摆放每个组成部分。

续表

年龄（岁）	发展进程	教学任务
7		• 热身：快照（图形组成部分）：活动准备阶段，教师提前用吸管拼一个图形，如，长方形，随后用深色的布盖住。给儿童一些长度不同的吸管。告诉儿童要仔细看，在头脑中进行“快照”，随后展示图形2秒，随即用深色的布再次盖上。请儿童用自己手里的吸管摆出和自己所看到的图形一样的图形。必要时，可以再给儿童看图形2秒，以便他们检查和修改自己摆的图形。随后，请儿童描述他们看到的图形，以及他们是怎么摆出自己的图形的。可以根据儿童的能力水平选择更复杂的图形，再次进行这个活动。
8+	**角的表征（Angle Repres-enter）** 组成部分 能把角的各种不同情境都表征为两条线，其中明确地包含参照线（斜坡情境中的水平线或竖直线，旋转情境中的“视线”），而且至少隐含地把角的大小表征为两条线之间的旋转（可能依然存在对角度的错误理解，如认为角的大小与角的两边的终点之间的距离相关，而且可能不会把自己的这些理解应用到各种情境中）。	• Logo：参看本章及之前章节中Logo的实例和使用建议。 • 当世界转动时：让儿童估计、测量、画出并标记现实世界中大小不同的角，如，开启的门、收音机的旋钮、门把手、扭头以及打开水龙头等。
	全等的表征（Congruence Representer） 比较 根据几何特征，结合图形变换进行解释。 “它们肯定是‘全等’的，因为它们都有相等的边，所有的角都是方方的，而且把它们重叠放在一起会完全重合。”	

续表

年龄（岁）	发展进程	教学任务
8+	**识别图形类别（Shape Class Identifier）** 分类 能运用图形类别（如，进行归类），但没有明确地基于图形属性。 “我把三角形放到这边，把四边形，包括正方形、长方形、菱形和梯形都放到那边。”	• 猜猜我的规则：如前所述，使用适合该水平的“规则”，涵盖所有的图形类别。 • 踩图形（属性）：如前所述，但告诉儿童的是图形属性而不是图形名称（如，“各边长度都相等的所有图形”或“……至少有一个直角”），请儿童证明他们踩的图形具有这一属性。
	识别图形属性（Shape Property Identifier） 分类 能明确运用图形属性。当图形的方位、形状改变但仍保持原有属性时，能看出其中的不变。 “我把对边平行的图形放在这边，把有四条边但并不是两组对边都平行的图形放在那边。”	• 猜猜我的规则：如前所述，使用适合该水平的“规则”，如，“有直角/没有直角”“正多边形（各边都是直边的闭合图形）/其他任意图形”“对称图形/不对称图形”等。 • 小小侦探：如前所述，但说的是图形属性，如，“我看到一个图形，它有四条边，对边长度相等，但没有直角”。 • 失踪图形的传说：让儿童根据文字线索识别目标图形，如，图形的角是多少度。 • 图形商店2：让儿童通过图形的属性（边数、角数和边角关系）识别图形。

续表

年龄（岁）	发展进程	教学任务
8+	**根据属性区分类别（Prop-erty Class Identifier）** 分类 明确地基于图形属性（包括角度）来将图形类别化（如，进行图形归类或判断图形是否“相似”）。明白图形变换和图形定义的双重限制，并且能把二者结合起来。根据图形属性进行层级分类。 “我把‘等边三角形’放在这边，‘不等边三角形’放在那边。这些都是‘等腰三角形’……里面包括等边三角形。”	• 糊涂先生（图形）：如前所述，但关注图形类别和定义性属性。如，糊涂先生说“长方形有两组平行且长度相等的对边，但（错误地认为）不是平行四边形，因为它是长方形”。 • 猜猜这是什么图形：在儿童面前慢慢地从遮挡物后面逐步展现一个图形，每揭开一点都请儿童判断它可能是哪一类图形，以及他们有多大把握。 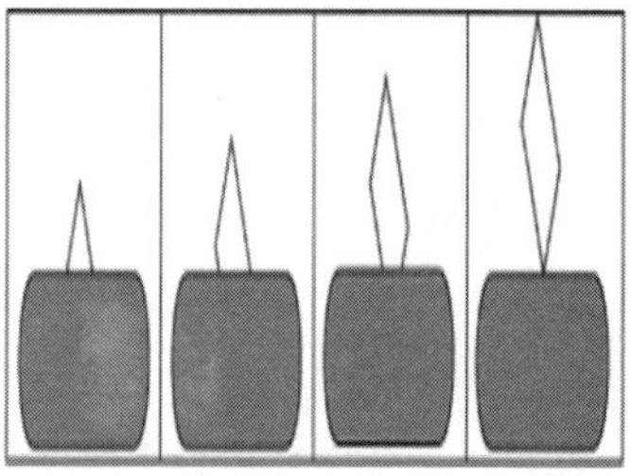 • 图形组成部分3：让儿童使用图形组成部分拼成目标图形，目标图形是经过旋转的，所以拼成的图形与目标图形的方向不同。他们必须精确地摆好每个组件。根据问题和解决方法的不同，这个活动可以应用在不同的发展水平上。 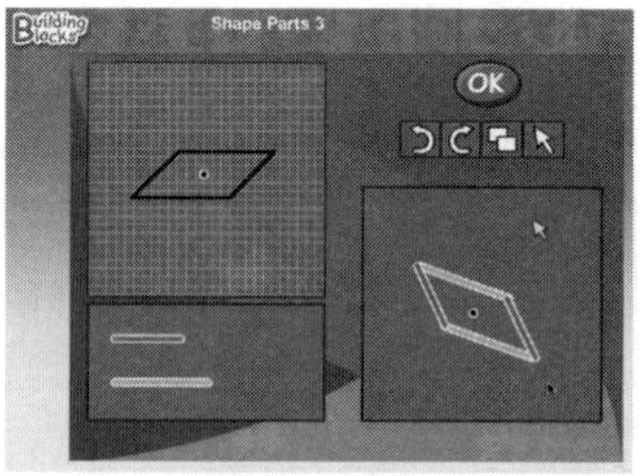

续表

年龄（岁）	发展进程	教学任务
8+		• 图形组成部分4：如前所述，但使用多重嵌套图形。 • 图形组成部分5：如前所述，但不提供范例。 • 图形商店3：让儿童根据图形的属性（边数、角数和边角关系）识别图形。这一水平提供的图形属性更多。

续表

年龄（岁）	发展进程	教学任务
8+	**角的整合（Angle Synthe-sizer）组成部分** 把角的各种意义（旋转、拐角、倾斜）综合在一起，包括角的度数。 “这个斜坡与地面形成了45° 的角。”	• 图形组成部分6：如前所述，但要求儿童必须同时使用边和角（可操作的“拐角”）。 • 图形组成部分7：如前所述，但涉及的图形属性更多，问题也更难。 • Logo：使用Logo乌龟画具有挑战性的图形，如在乌龟数学（Clements & Meredith, 1994）里创建一个等腰三角形。

结语

正如本章所展现的，儿童在几何图形的多个方面都能学到不少东西。此外还有一项重要的能力，重要到我们决定用整个第九章来介绍它：图形组合。

第九章　图形的组合与分解

扎卡里和奶奶一起走出幼儿园。他看着铺满地砖的人行道，喊道：“看，奶奶，六边形，整条路上都是六边形。它们能拼在一起，一点缝隙也没有！”

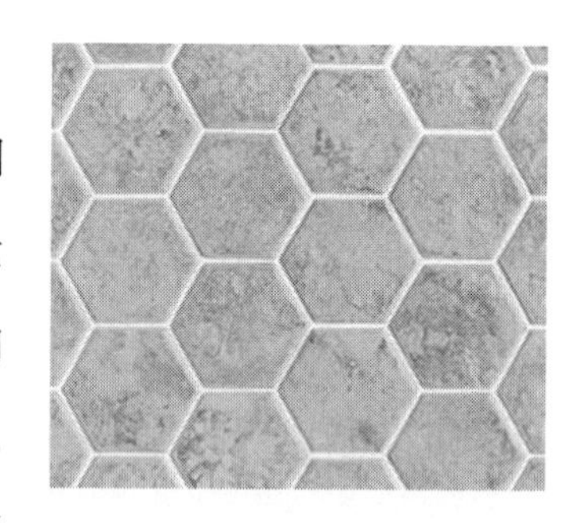

扎卡里的表现说明他对图形与几何有哪些认识？扎卡里和伙伴们一直在参与积木课程，这一课程强调图形的组合。儿童喜欢玩拼图和各种图形，也喜欢七巧板拼图这类挑战。如果把这类经验进行组织，纳入学习路径，儿童能从其中获益更多，也会更加喜欢。教师的报告称，这类经验可以改变儿童看待世界的方式。

对几何区域的组合与分解的效果进行描述、使用和视觉化的能力本质上是非常重要的。它也是理解其他数学领域的基础，尤其是数与运算，如，部分—整体关系、分数等。

在本章中，我们将考查三个相互联系的主题。第一，在“积木搭建”这一虽有限但重要的早期儿童教育情境中，探讨三维图形的组合；第二，探讨二维图形的组合与分解；第三，探讨在嵌套（隐藏）图形这类问题中二维图形的分拆。

三维图形的组合

一开始，儿童搭积木时一次只拿一块，直到后来，他们才会明确地把这些三维图形放在一起来构造新的三维图形。在他们人生的第一年中，他们会拿着积木往地上敲，把两块积木对着碰，让积木在地上滑行，或者用一块积木表示一个物体，如，房子或汽车。儿童首先出现的组合是简单的配对。1 岁左右时，他们会用积木垒高，随后用积木“铺路”。2 岁左右时，他们会把完全相同的积木一个挨一个往下排或往上摞（更多细节和图解参看本书的姐妹篇）。2—3 岁左右，儿童开始把自己的搭建扩展到两个维度，构造出地板或墙面。3—4 岁时，儿童通常都会在同一建筑中搭出竖直和水平的部分，甚至搭出简单的拱门。4 岁时，他们能运用多种空间关系，向多个方向扩展，各部分之间存在多个接触点，显示出他们对建筑结构的各个部分进行构造和整合时的灵活性。少数儿童能运用所有积木搭出一座高塔，如，把三角形积木组合在一起构成长方形积木。虽然关于三维图形组合的研

究很有限，但是和（下面即将介绍的）二维图形组合的研究结果是一致的。

二维图形的组合与分解

关于三维图形的研究，特别是三维图形组合的研究是非常有限的。相反，对于二维图形的组合，我们构造并检验了它的发展进程（同样，更多的细节请参看本书的姐妹篇）。

前组合阶段（Pre-Composer）

儿童把图形当成独立的个体，不能把它们组合在一起形成更大的图形。如，儿童可能会用一个单独的图形表示太阳，一个单独的图形表示大树，另一个单独的图形表示一个人。

部件装配阶段（Piece Assembler ）

这一水平的儿童与前组合阶段类似，但他们会把图形连在一起构成图画，通常只有顶点是互相接触的。如，在自由"作画"任务中，图画的每个图形都有独特的角色或功能（如，一个图形表示一条腿）。儿童可以通过尝试错误来填充简单的轮廓拼图，但还不能轻松地使用旋转或翻转来完成这一任务，他们还不能通过图形运动从不同角度观察图形。

构造图画阶段（Picture Maker）

儿童能把多个图形连续地拼合在一起形成图画，其中多个图形共同表示一个角色，但这一过程是尝试错误的，儿童还不能有意识地构造新的几何图形。

图形组合阶段（Shape Composer）

儿童组合多个图形从而形成新的图形或完成填充拼图，而且越来越有意识和计划性（"我知道哪个合适"）。儿童能运用图形的角和边长等特征，还能有意识地运用旋转和翻转来选择图形、放置图形。

替代组合阶段（Substitution Composer）

儿童能有意识地构造图形的组合单位，识别并运用这些图形之间的替代关系（如，两个模式积木梯形能拼成一个六边形）。

图形的重复组合阶段（Shape Composite Iterater）

儿童能有意识地构造并运用组合单位（单位的单位）。他们能不断重复图形的某种模式，形成“好看的结构”。

运用复合单位进行图形组合的阶段（Shape Composer with Superordinate Units）

儿童能构造并运用（重复和操作）单位的单位的单位。这一发展进程是二维图形组合的学习路径的核心，同时也有助于我们了解三维图形组合的学习路径。

分拆二维嵌套图形

儿童经过多年的发展，逐步学习怎样在嵌套图形中分离出各种结构（参看本书姐妹篇中的图解和描述）——也就是说，在复杂的图案中发现“隐藏的图形”。4岁儿童极少能发现相互嵌套的圆形或正方形中嵌套的正方形，但许多5岁儿童则有可能做到。6岁前，儿童的知觉是以各种基本结构刻板地进行组织的。儿童知觉组织的灵活程度会不断提高，最终能够整合各个组成部分，能够创造并使用“想象的组成部分”。当然，我们都知道嵌套图形可以非常复杂，难倒任何年龄的人，需要一点一点去构建。嵌套图形的学习路径把这方面的研究整合成了一个发展进程。

经验与教育

三维图形的组合

长期以来，积木搭建都是优质幼儿教育的主要内容之一（至少理论上是这样）。

它可以支持儿童对图形的学习以及图形组合能力的发展，更不用说对一般推理能力的促进作用了。令人惊讶的是，幼儿园时期的积木搭建能预测高中时期的数学成绩（Wolfgang, Stannard, & Jones, 2001，不过与大多数此类研究一样，是“相关而非因果”）。积木搭建还能促进空间技能的发展。如，9岁儿童中能用乐高积木搭成某一特定模型的儿童，在空间能力上的得分要高于那些没有搭成这一模型的儿童（Brosnan, 1998）。研究结果还提供了许多有价值的建议：

• 让较小的幼儿和较大的幼儿一起（或在他们旁边）搭；在这种条件下，他们的积木搭建技能发展得更快。

• 要提供操作材料、支持性的同伴关系、搭建所需的时间，还要在课程中加入有计划的、系统的积木搭建活动。儿童既要进行开放式的探索性游戏，也要解决半结构化、结构化的问题，所有这些活动都需要教师有意识地教学。

• 要理解并运用儿童在积木搭建复杂程度上的发展进程。更有效的指导是基于儿童的水平提供言语的支持（如，“有时候人们会用一块积木来连接……”），要避免直接帮助儿童或亲自动手参与搭建。

• 要完整地理解学习路径——也就是说，目标、发展进程和相应的活动，这样才能充分支持儿童积木搭建技能的发展。三个方面都理解了的教师，他们班上儿童的发展要好于控制组，虽然后者在自由游戏环节提供了相同时长的积木搭建经验。

• 注意公平问题。与其他类型的空间训练一样，积木搭建方面的有意识教学对女孩来说更为重要。

结构化的、循序渐进的积木搭建教学干预有助于为男孩和女孩学习积木的结构属性、发展空间技能提供公平且有益的机会。如，活动设计应鼓励空间思维和数学思维，各个活动依据发展进程循序渐进地安排。在一项研究中，第一个问题是搭建闭合的围墙，要求至少两块积木高、有一个拱门（Casey, Andrews, Schindler, Kersh, Samper, & Copley, 2008）。这就引入了搭桥的问题，其中包含了平衡的测量和估计。第二个问题是搭建更复杂的桥，如，有多个拱门、末端有斜面或台阶的桥。这就引入了计划和顺序。第三个问题是搭建复杂的塔，要求至少有两层。为儿童

提供硬纸板做天花板用，因此他们需要根据硬纸板尺寸的限定来搭建适合它的围墙。

单位积木为我们了解年幼儿童游戏中的几何打开了一扇窗。在这个积木的世界里，物体之间的相似程度、相互关系都是明确可期的。儿童构造的各种形式和结构都是以数学关系为基础。如，儿童在搭建房顶时需要处理长度关系，用两块短积木替代一块长积木时，就涉及长度和相等关系。儿童还要考虑高度、面积和体积。现代单位积木的发明者卡罗琳·普拉特（Caroline Pratt）讲过一个故事，是一个儿童怎样设法为一匹马做一个空间足够大的马厩。教师告诉戴安娜，如果她能给这匹马做一个马厩，这匹马就归她了。一开始她和伊丽莎白做了一个，发现太小了，马放不进去。戴安娜又做了一个大的，但这次顶棚又低了。她多次尝试把马放进去都没有成功，然后就去掉顶棚，在围墙上加了一些积木让顶棚高一些，最后又把顶棚放上去。接着，她尝试把自己刚才做的事情说出来。“顶棚太小了。”教师给她提供了新的词汇“高”和“低”，随后她向其他儿童重新做了介绍。

就在搭积木的过程中，儿童会形成许多重要的想法。教师可以促进这些直觉的想法进一步发展，就像戴安娜的老师所做的那样，和儿童讨论这些想法，提供词汇来描述他们的行动。如，教师可以帮助儿童区分高度、面积和体积等不同的量。三名搭建高塔的学前班儿童在争论谁的塔最大。教师问他们，到底是指最高（用手势比画）、最宽敞，还是用的积木最多，儿童惊奇地发现，最高的塔用的积木竟然不是最多的。

在许多情况下，都可以引导儿童观察和讨论他们所用的积木之间、所搭的结构之间的异同。还可以通过提出挑战，把儿童的行动聚焦在这些想法上。时机恰当时，可以向儿童提出以下挑战：

• 把积木按长度排序。

• 用其他积木搭一个跟最长的积木一样长的墙。

• 用 12 个“半单位”（正方形）积木搭出各种不同形状的（长方形）地面，搭出的形状越多越好。

• 做一个四块积木见方的盒子。

三维图形的组合的学习路径

《课程焦点》（CFP）和《共同核心州立标准》（CCSS）中关于发展儿童几何图形组合能力、空间思维的目标已经在图 7.6 中做了描述（特别是 CFP 中学前班和一年级的目标，以及 CCSS 标准中 K.G.6 和 1.G.2 的目标）。

三维几何图形的组合的学习路径参看表 9.1。这一学习路径**仅仅**是单位积木的，其他更复杂、更少见的三维图形的组合应该也遵循相同的发展进程，但相应的年龄会更晚，更依赖于特定的教育经验。

表 9.1 三维图形的组合的学习路径

年龄（岁）	发展进程	教学任务
0—1	**前组合（三维）［Pre-Composer（3D）］** 要么随意放置积木，要么把图形当作独立的个体来操作，但不会把它们连在一起组合成更大的图形。会拿着积木往地上敲，把两块积木对着碰，让积木在地上滑行，或者用一块积木表示一个物体，如，房子或汽车。	这个水平不作为教育目标。
1	**垒高（Stacker）** 运用“在……上”的空间关系把积木垒高，但积木的选择是随意的。	儿童尝试把一块积木放在另一块上，尽管它会滑下来。
1.5	**排成一排（Line Maker）** 运用“在……旁边”的空间关系将积木排成一排。只是一个维度。	
2	**搭建某些图形（Same Shape Stacker）［以前是全等的垒高（Congruency Stacker）］** 运用“在……上”的空间关系把相同的积木垒高，或者运用其他类似的空间关系去垒高或排成一排。	

续表

年龄（岁）	发展进程	教学任务
2	部件装配（三维）［Piece Assembler（3D）］ 在建筑物内部搭建竖直或水平的部分，但只是在有限的范围内，如，搭建“地板”或简单的“墙”。这些是两个维度的结构。	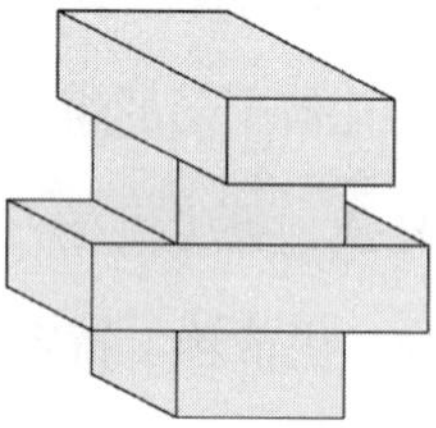 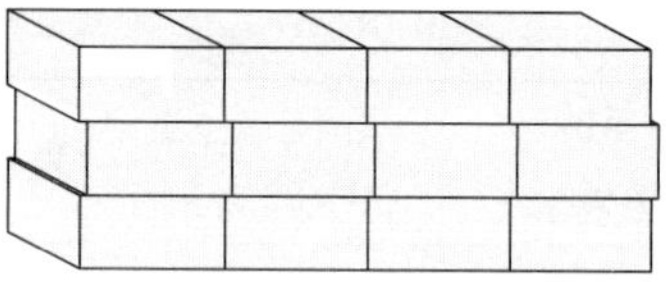
3—4	**构造图画（三维）［Picture Maker（3D）］** 运用多种空间关系向多个方向扩展，各部分之间存在多个接触点，在整合建筑结构的各个部分时显示出灵活性。能搭建拱门、围墙、拐角、十字路口，但可能只是随意地尝试错误和简单堆叠。	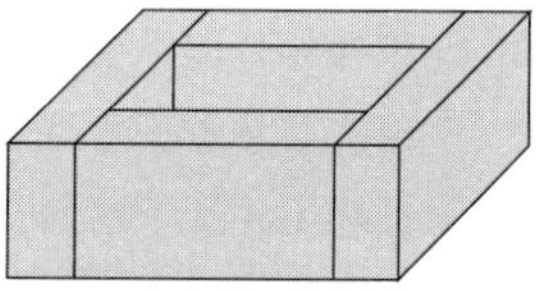 也可参看本书姐妹篇（Sarama & Clements, 2009）中的图9.3。
4—5	**组合图形（三维）［Shape Composer（3D）］** 有预期地组合图形，知道2个或更多（简单、熟悉的）三维图形能组合成什么样的三维图形。能系统地搭建拱门（有竖直的内部空间）、围墙（有水平的内部空间）、拐角和十字路口。能搭建高度为多块积木的围墙和拱门（Kersh, Casey, & Young, 2008）。 在这一水平后期，儿童能够增加深度从而搭建三维结构，在多块积木垒高的结构之间添加顶棚（但可能没有内部空间）（Casey, Andrew, et al., 2008）。	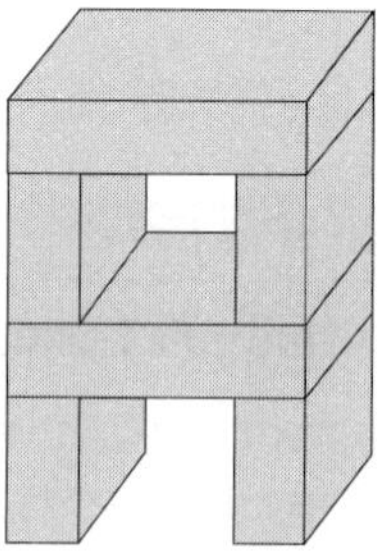 也可参看本书姐妹篇中的图9.5。

续表

年龄（岁）	发展进程	教学任务
5—6	**替代组合和图形的重复组合（三维）**［Substitution Composer and Shape Coposite Repeater（3D）］ 能用图形的组合来替代和它全等的完整图形。能搭建有多个拱门、末端有坡道和楼梯的复杂的桥。这些结构是三维的，而且通常会有顶棚和多处内部空间。	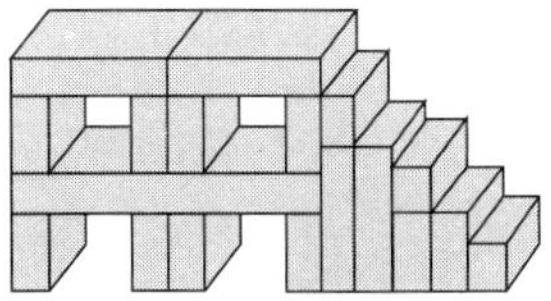 也可参看本书姐妹篇中的图 9.6。
6—8+	**图形的组合—单位的单位（三维）**［Shape Composer-Units of Units（3D）］ 能搭建复杂的塔或其他建筑，包括多个带天花板的水平层（与天花板相适应），以及类似成人的积木结构，包括拱门和其他子结构。	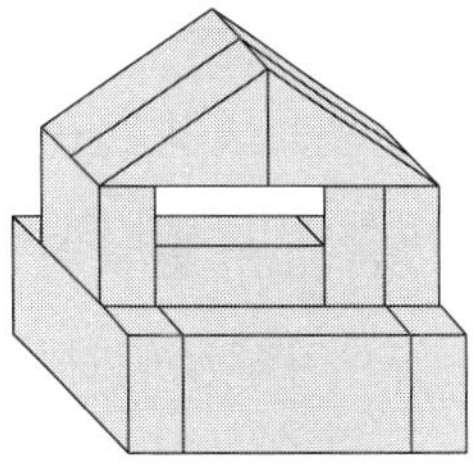 也可参看本书姐妹篇中的图 9.7。

二维图形的组合与分解

年幼儿童在二维图形的组合与分解方面会依次经历不同的水平。一开始儿童缺乏组合几何图形的能力，随后他们能够把图形连在一起形成图画，接着能把几个图形组合成新的图形（组合图形），最终能够操作和重复这些组合图形。这一学习过程最初的基础似乎是在儿童的日常经验中形成的。很少有课程会支持儿童沿着这些水平不断发展。在为不同发展水平的儿童选择拼图时，我们的理论上的学习路径提供了指引。有一个项目的内容和效果显示了图形与图形组合的重要性。一位艺术家与教育研究者合作开发了“阿甘”（Agam）项目来发展 3—7 岁儿童的“视觉语言”（Razel & Eylon, 1986）。其中的活动从构造基本的视觉元素（不同方向的线条、图形等）开始。如，活动中，教师会首先单独介绍水平线，随后介绍线与线的关系，如，平行线。用同样的方式，教师先介绍圆，随后是同心圆，接着是水平线和圆相交。随着每次视觉资料的介绍，这一课程也发展了儿童的口头语

言。根据组合规则（包括基本视觉元素和大、中、小等观念）可以生成复杂图形。词语的组合能够形成句子，与之类似，视觉元素的组合能够形成复杂的模式和对称结构。“阿甘”项目是结构化的，教学指导从被动的识别到记忆再到主动的发现，从简单的形式开始（如，找出教师藏起来的塑料圆圈），随后是需要进行视觉分析的任务（如，在图画书中找出圆圈），在此之后，教师才会提出根据记忆复制图形组合的任务。这一课程在大量活动中不断重复这些观念，这些活动涉及各种不同的表征方式，包括肢体活动、小组活动、听觉活动。

使用（特别是连续数年使用）这一项目的效果是积极的。儿童在几何与空间技能方面得到发展，在算术和书写准备方面也获益颇丰。与这些结果相印证的是，搭建积木项目（我们在设计这一项目时从“阿甘”项目中借鉴甚多）对图形组合的学习路径的注重收到了这方面强有力的效果——其效果与个别指导不相上下。在追踪研究中，我们对 36 个班级进行了大规模随机现场测试，发现在图形组合（及其他多个主题）上，搭建积木项目与非干预组和另一个幼儿园数学课程相比，效果是最显著的。尤其是考虑到另一个课程中也有图形组合的活动，我们相信搭建积木项目之所以能有更显著的效果，应归功于它明确地根据学习路径设计循序渐进的活动，以及教师对学习路径的理解。其他的干预研究也显示了类似的循序渐进的图形组合活动的效果（Casey, Erkut, Ceder, & Young, 2008）。

二维几何图形的组合与分解的学习路径

《课程焦点》（CFP）和《共同核心州立标准》（CCSS）中关于发展儿童几何图形组合能力、空间思维的目标，已经在图 7.6 中做了描述［特别是《课程焦点》（CFP）中学前班和一年级、二年级的目标，以及《共同核心州立标准》（CCSS）中 K.G.6; 1.G, 2—3; 2.G, 2—3; 3.G.2 的目标］。

*分拆二维图形。*要想对“怎样处理二维图形的分拆”“在这方面要花多少时间”提出可靠的建议，还需要进行更多的研究。不过，分拆活动（参见儿童杂志中“隐藏的图形”活动）容易激发儿童兴趣的特点似乎意味着可以把这类活动作为有趣的额外任务，如，添加到区角或带回家去做。

在这一学习路径中，我们呈现的主要任务非常直接——从越来越复杂的几何图形（包括嵌套图形）中找出图形。或许比较明智的建议是，请儿童从嵌套图形中寻找图形之前，可以让他们自己先玩一玩用图形进行嵌套的活动。

表 9.2 二维图形的组合与分解的学习路径

年龄（岁）	发展进程	教学任务
0—3	**前组合（Pre-Composer）** 把图形当成独立的个体来操作，不能把它们组合在一起形成更大的图形。 会摆出下面的图画： **前分解（Pre-Decomposer）** 只能通过尝试错误分解。 面对只有两个梯形构成的六边形，通过随意摆放把它分开，形成下面的简单图画：	这些水平不作为教育目标。不过，可以引导2—4岁儿童参与一些准备性的活动，促进他们向接下来的能力水平发展。 在“画图形”活动中，儿童玩模式积木和“图形全集”的积木时，常常摆出一些简单的图画。 “神秘图画”系列活动（参见第239页）是这条学习路径的基础，也是后续水平的第一个任务。儿童只需进行图形配对或识别，得到的结果却是一个由其他图形组合成的图案——展现的正是图形的组合。
4	**部件装配（Piece Assembler）** 能摆出图画，每个图形表示一个特殊的角色（如,一个图形代表身体的某个部位），图形之间相互接触。能通过尝试错误填充简单的“模式积木拼图”。 会摆出下面的图画：	第一批“模式积木拼图”活动，不只画出了每个图形的轮廓，而且图形之间只有一个接触点，使得图形的匹配尽可能简单。儿童按轮廓线来匹配模式积木即可。 模式积木拼图

续表

年龄（岁）	发展进程	教学任务
4		随后的拼图活动以匹配边的方式来组合图形，但大体上每个图形还是表示独立的角色。 模式积木拼图 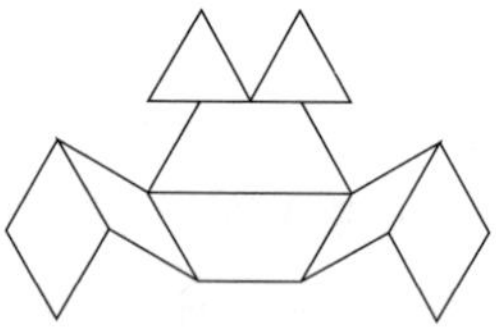
5	**构造图画（Picture Maker）** 能把一些图形放在一起作为图画的一部分（如,两个图形做成一个手臂）。这一过程是尝试错误的，还不能有意识地构造新的几何图形。根据“整体外形”或边长来选择图形。能填充“简单”水平，这提示了每个图形位置的“模式积木拼图”（在右边的例子中，儿童正在尝试把正方形放到拼图中，其实它的直角并不适合这个位置）。 会摆出下面的图画： 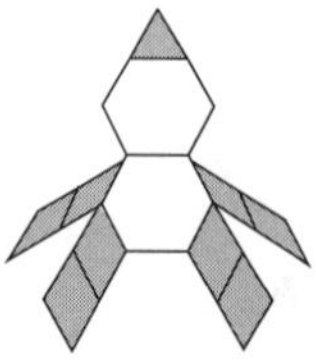	这个水平的“模式积木拼图”中，一开始的拼图中多个图形组合成一个部分，但仍有内部线条。 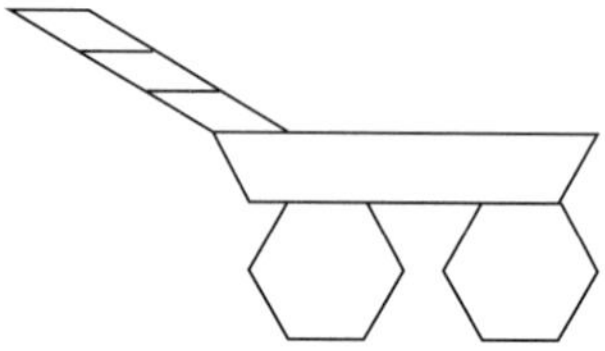 随后的拼图则要求儿童用图形的组合来填充一个或更多的区域，但不再有内部线条提示。 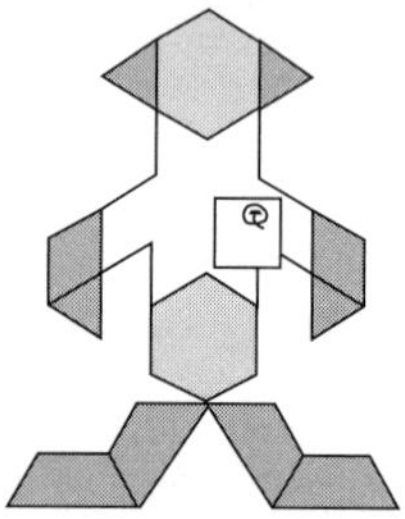 • 部件拼图 3：第一批任务中，儿童必须把图形连在一起，但多数情况下都有内部线条的提示；随后的拼图中，内部线条会逐渐消失。 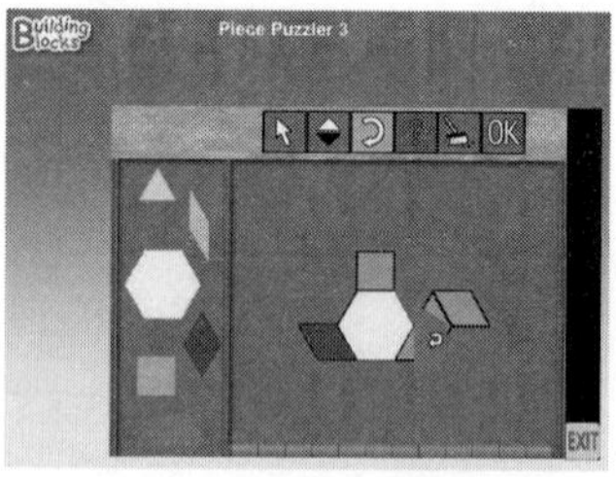

续表

年龄（岁）	发展进程	教学任务
		● 快照（图形）：给儿童提供模式积木。事先用一个正方形（基座）和一个三角形（屋顶）拼一个房子。告诉儿童要仔细看，在头脑中进行“快照”，随后展示房子2秒，随即用深色的布盖起来。让儿童用模式积木拼出自己刚才看到的。必要时，可以再给儿童看房子2秒，以便他们检查和修改自己拼的图形。最后揭开房子上的盖布，请儿童描述他们看到的是什么，以及他们自己是怎么拼出来的。可以根据儿童的能力水平选择其他更复杂的神秘图画，再次进行这个活动。
5	简单分解（Simple Decomposer） 能对有明显分解线索的简单图形进行分解（拆分成更小的图形）。 能把六边形分解，并摆成下面的图画：	● 超级图形1：和“部件拼图”类似，但有一个本质的区别：图形板里只有一个图形，他们必须分解这个超级图形，把这些部分重新组合来完成拼图。他们可以用简单的拆分工具进行分解；使用这一工具时，图形会分解成若干基本的部分。
	组合图形（Shape Composer） 有预期地组合图形（“我知道哪个合适！”）。根据角和边长来选择图形。有意识地运用旋转和翻转来选择和摆放图形。在下面的“模式积木拼图”中，所有的角都是正确的，模式也非常明确。	“模式积木拼图”和“部件拼图”活动不再有内部线条提示而且区域更大，因此儿童必须准确地组合图形。

续表

年龄（岁）	发展进程	教学任务
5	会摆出下面的图画： 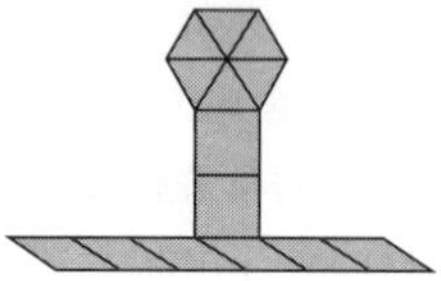	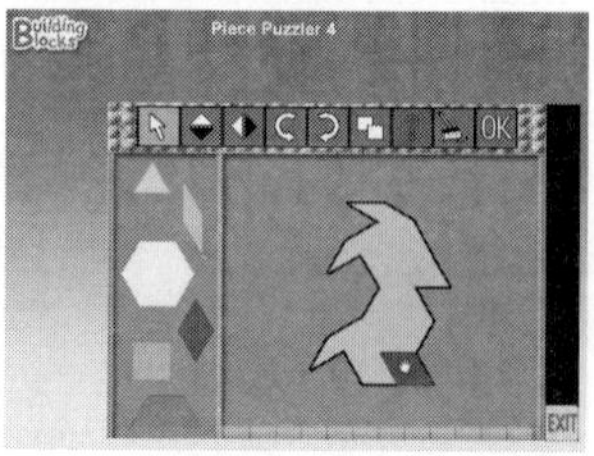 • 几何快照4：让儿童对中等复杂程度的造型根据记忆（表象）在4个选项中选出和它相同的。 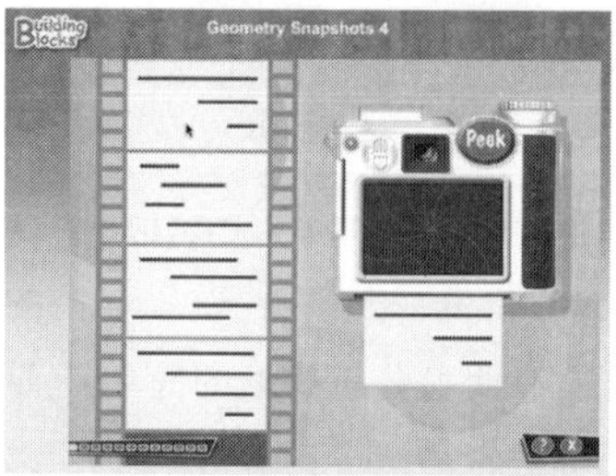 • 快照（图形）：如前所述，但使用多个相同的图形，使得儿童需要在头脑中进行组合。还可以尝试提供简单的轮廓线，看看儿童能否用模式积木组合成相同的图形。七巧板也能够提供额外的挑战。
6	**替代组合（Substitution Composer）** 用小的图形组合成新的图形，尝试错误地用图形组合来替代别的图形，用不同的方式组成新图形。 有意识地用替代的方法完成以下图画： 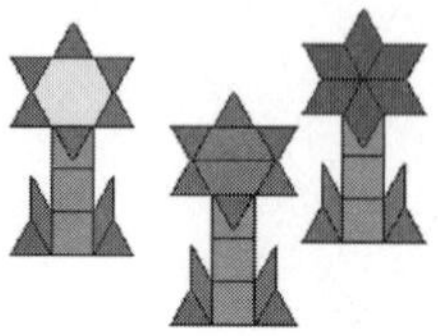	这一水平的“模式积木拼图”要求儿童必须以不同的方式替代图形、填充轮廓。 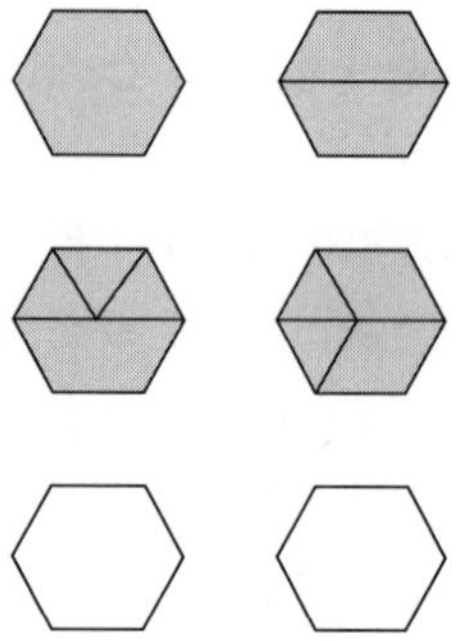 “部件拼图”活动与前面的类似，新的任务是用多种不同的方法完成同一个拼图。

续表

年龄（岁）	发展进程	教学任务
6		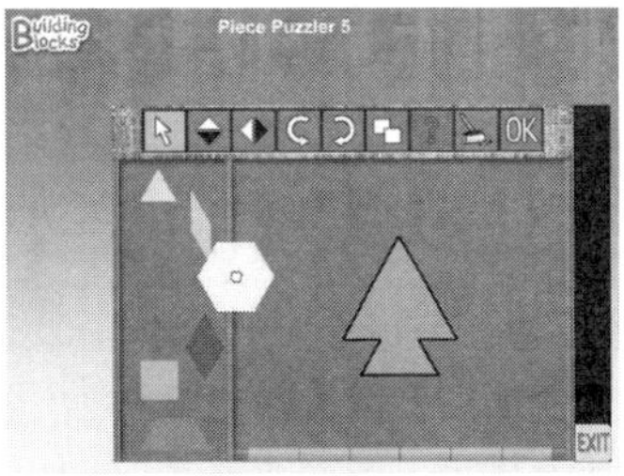 • 模式积木拼图和七巧板拼图：问儿童要用多少个特定图形才能覆盖另一个图形（或图形的造型）。儿童进行预测，记录自己的预测，然后去动手验证。
	分解图形（Shape Decom-poser）（在帮助下） 运用活动或环境所提示和支持的表象来分解图形。 能分解一个或多个六边形，拼成下面这个图形： 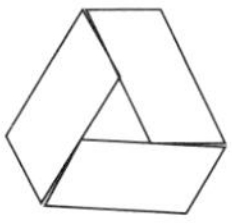	• 超级图形2（和其他多个水平）要求用到多种分解方法。 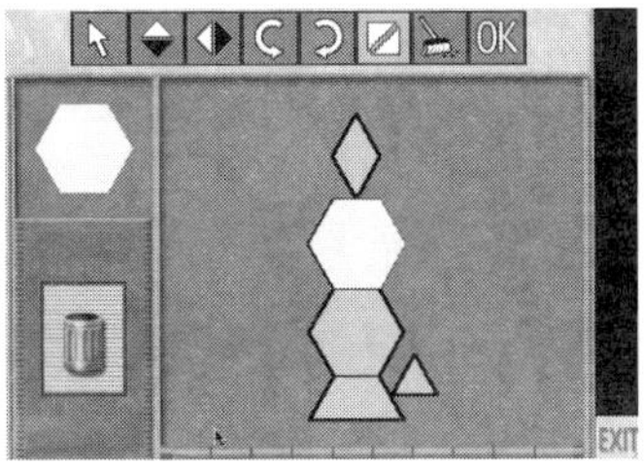 • 几何快照4：让儿童对中等复杂程度的造型，根据记忆（表象）在4个选项中选出和它相同的。 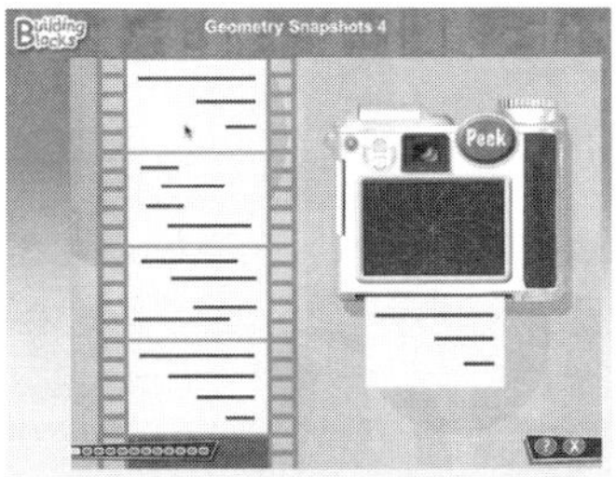

续表

<table>
<tr><th>年龄（岁）</th><th>发展进程</th><th>教学任务</th></tr>
<tr><td rowspan="2">7</td><td>图形组合迭代（Shape Composite Repeater）
有意识地构造和重复单位的单位（由其他图形组合成的图形）；理解每个单位既是许多个小图形，同时也是一个大的图形。能够不断重复图形的模式，进行平铺。
儿童重复使用同一个图形组合来构造一个结构或画面。</td><td>要求儿童重复他们组合好的结构：
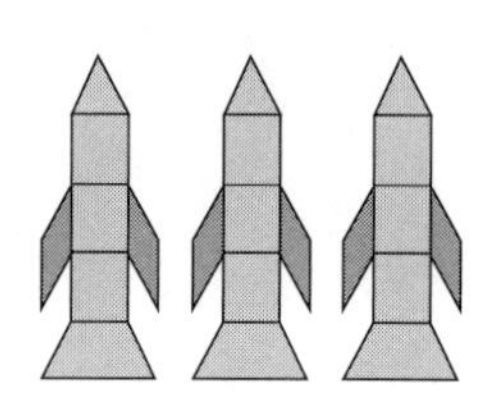</td></tr>
<tr><td>运用表象进行图形分解（Shape Decomposer with Imaginary）
灵活地运用自己独立生成的表象来分解图形。
能分解一个或多个六边形，拼成下面的图形：
 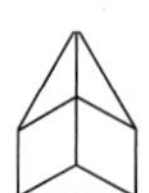 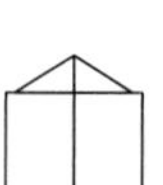</td><td>• 超级图形6：图形板中还是只有一个图形，儿童必须把这个图形分解成许多部分，再把它们重新组合来完成拼图。用来进行分解的工具是剪刀，需要他们确定两个点才能把图形“剪开”。因此，他们的分解操作必须更有意识和计划性。
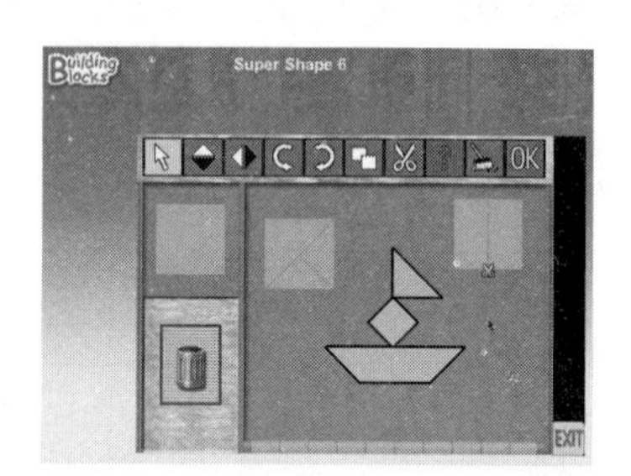
• 几何快照7：让儿童对复杂造型根据记忆（表象）在4个选项中选出和它相同的。
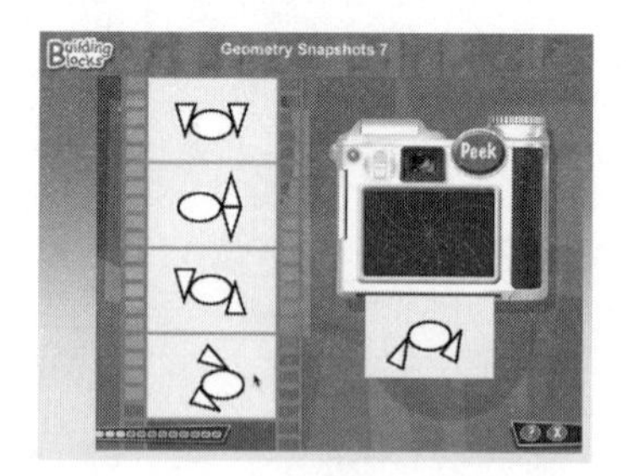</td></tr>
</table>

续表

年龄（岁）	发展进程	教学任务
8	**组合图形—单位的单位（Shape Composer–Units of Units）** 能构造和运用单位的单位（由其他图形组合成的图形）。如，在构造空间模式时，能对模式活动进行扩展，用新的单位图形（他们识别并有意构造的由单位图形组成的单位）来构造一片地砖。 反复使用模式积木的一种组合，再把它们连在一起，形成一个大的结构。	• 四格骨牌（Tetrominoes）：必须反复构建和重复高级单位。如图所示，儿童反复地用4个方块构造“T”，再用4个“T”构造正方形，最后用正方形铺满一个长方形。 • 图形部件4：让儿童用图形部件拼成包含多重嵌套图形的目标图形。

续表

年龄（岁）	发展进程	教学任务
8	**用单位的单位分解图形（Shape Decomposer – Units of Units）** 灵活地运用独立生成的表象分解图形，有计划地对图形分解得到的图形再次进行分解。 能分解正方形——再把分解得到的图形再次分解——从而拼成下面的图形： 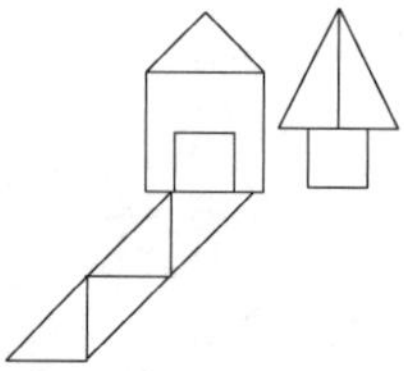	• 超级图形7：只给儿童提供完成拼图所需的超级图形的准确数量。同样需要多次用到“剪刀”工具。 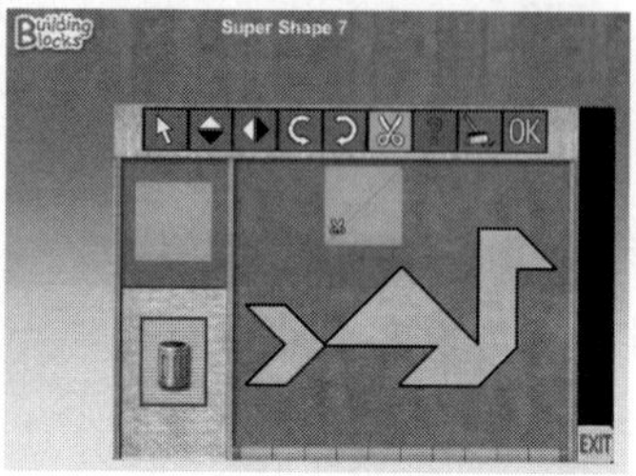 • 几何快照8：让儿童对立方块组成的复杂造型，根据记忆（表象）在4个选项中选出和它相同的。 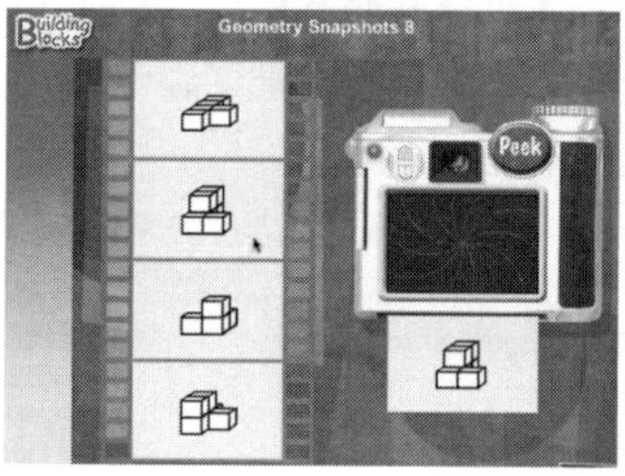

嵌套几何图形的学习路径（2D）

表 9.3 所示的，是分拆嵌套图形的初步的学习路径。

表 9.3　嵌套几何图形的学习路径

年龄（岁）	发展进程	教学任务
3	**前分拆（Pre–Disembedder）** 能记住并复制一个或少数几个互不重叠的图案（独立的）图形。	见第七章、第八章

续表

年龄（岁）	发展进程	教学任务
4	**简单分拆（Simple Disembedder）** 能识别复杂图形的结构。能在图形相互重叠的结构中找到一些图形，但不能发现嵌套在其他图形中的图形。 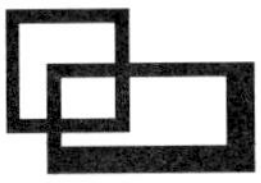	给定： 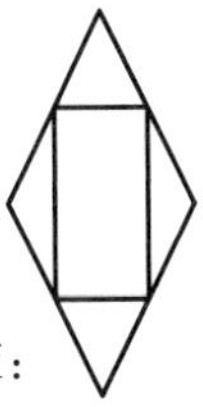　找出： 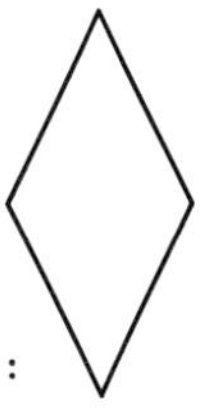 给定： 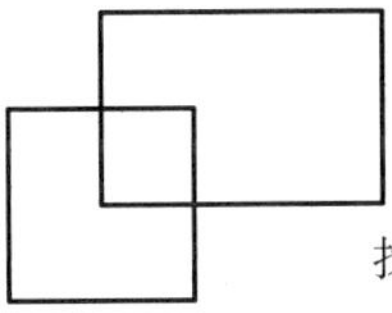　找出： 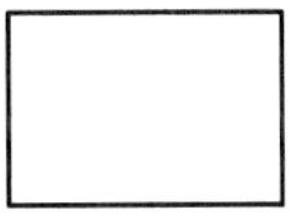
5—6	**分拆图形中的图形（Shapes-in-Shapes Disembedder）** 能识别嵌套在其他图形中的图形，如，同心圆和/或正方形中的圆。能识别复杂图形的基本结构。 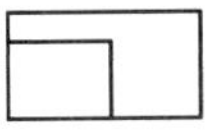	给定： 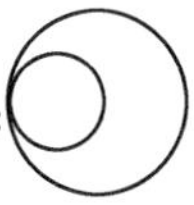　找出： 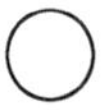 给定： 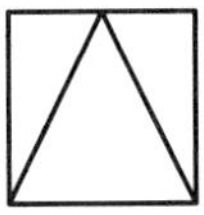　找出：  给定： 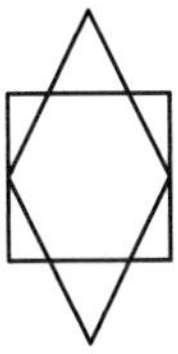　找出：
7	**分拆高级结构（Secondary Structure Disembedder）** 能识别嵌套图形，即使它们和复杂图形的任一基本结构都不一致。 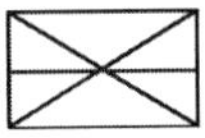	给定： 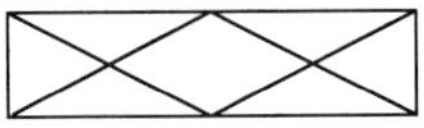　找出： 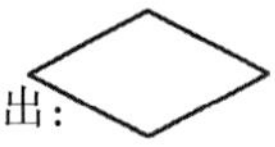 给定： 　找出： 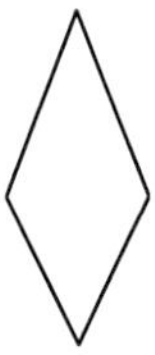

续表

年龄（岁）	发展进程	教学任务
8	**完全分拆（Complete Disembedder）** 成功识别复杂组合的所有变式。	给定： 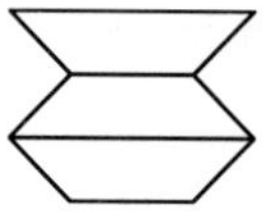　　找出： 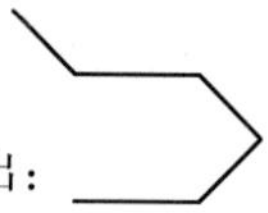 给定： 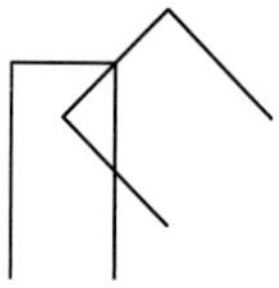　　找出： 

结语

对图形的组合、分解、嵌套、分拆的效果进行描述、使用和视觉化的能力，是一项重要的数学能力。它不仅和几何有关，而且也和儿童数的分解与组合能力有关。此外，它还是艺术、建筑和科学知识与技能的基础。因此，它有助于人们解决非常广泛的问题，从几何证明到楼层空间的设计。当然，这类设计也需要几何测量，这正是下面两章的主题。

第十章　几何测量：长度

一年级学生通常已不是通过点数物体而是通过测量来学习数学。他们描述和表征物体量之间的关系，如，比较两根小棍的长度，并把其符号化为“A<B”。这让他们能够进行关系推理。如，当儿童看到记录板上的以下陈述后——如果 V>M，那么 M ≠ V，V ≠ M，M<V——有一年级学生记录道：“如果是不相等的，那么你能写出四种陈述，如果是相等的，那么你仅能写出两种陈述。”

——斯罗文（Slovin，2007）

你觉得这种情境发生在高智商的班级吗？如果不是，它给年幼儿童的数学思维提供了什么样的启示？你觉得该情境——思考和谈论小棍的长度——有助于一年级学生形成敏锐（remarkable）的数学洞察力吗？

测量是数学在真实世界的一个重要领域。我们在日常生活中总是在使用长度，而且，正如前述故事所讲的，测量能帮助儿童发展数学的其他领域，包括推理和逻辑。从本质上讲，测量把早期数学中两个最关键的领域——几何和数——连接在一起。

但遗憾的是，美国典型的测量教学并没有达成这些目标。大多数儿童以死记硬背的方式进行测量的学习。在国际比较中，美国学生在测量方面的学业表现不佳。通过对测量学习路径的理解，我们可能更好地帮助儿童。

毫无疑义，我们的社会需要更好的测量教学，课外也没有能更多地促进儿童测量方面的知识。人们通常在进入地毯店挑选某种地毯时，会这样问："这块地毯有多大？"通常的回答是："它正好是起居室大小。""是多大尺寸？""是标准起居室大小。"但并没有一个标准的起居室。毫不奇怪的是，即使他们确定了线性的测量值（如，20英尺 ×26英尺），他们仍然无法计算出其价格，价格是按照面积计算的，在该案例中就是平方英尺。我们能做得更好，而且我们必须做得更好。

学习测量

测量被定义为一种按照某种单位成比例地把数字分配给物体某种属性量（如，长度）的过程。这些属性是连续量。也就是说，基于这一点，我们还有一种不连续量，就是通过整数的点数能够精确确定的离散物体的数目。测量涉及连续量——通常能够分割为更小量的量。而我们能够精确点数4个苹果——这是一种不连续量。我们能把4个苹果加到5个不同的苹果上，并获知精确的结果是9个苹果。然而，这些苹果的重量是连续性变化的，采用某种工具的科学测量仅能给我们一个近似的测量值——最接近的磅（或者更好一些的千克）或者是接近于1磅的百分之一，

但常常会有一定的误差。

研究表明，正如在不连续的数领域一样，即使是婴儿，他们对诸如长度这样的连续量也是敏感的。儿童在三岁时就知道，如果他们先前有一些泥土，后来又得到了一些泥土，那么他们现在拥有的就比以前的要多。然而，他们对两堆泥土的数量哪一堆多的问题，却不能做出可靠的判断。如，如果两堆等量泥土中的一堆排成长蛇状的话，他们就会认为它更多一些。

儿童也不能辨别连续量与不连续量。如，儿童常常会试图通过分割饼干的数目而非饼干的量来完成等分。如，为了给某人更多的小块饼干，他们可能会把那个人的饼干中的一块掰开成更小的两块。

尽管测量对儿童具有如此的挑战性，但我们仍然能够给儿童提供适宜的测量经验。儿童会在他们的日常游戏中进行数量的讨论。他们愿意学习测量，把数和量建立联系。本章我们主要讨论长度。下一章我们讨论诸如面积、体积、角的大小等其他连续量。

长度测量

长度是通过量化物体两个端点之间有多远而得到的物体的一种特征，就像量化空间中任意两点之间有多远常常用“距离”一词。此处关于数字线的讨论是一个关键，因为我们常常用数字线来测量长度（见第四章）。测量长度或距离包含两个方面，一是对测量单位的界定，二是用这种单位来（在心里或实际地）细分物体，再把这些单位量沿着物体头尾相连地（重复）摆放。细分和重复单位是复杂的心理操作，而这一点在传统的测量课程材料和教学中又常常会被忽略。因而，大多数的研究者会越过测量的身体动作而考察儿童对测量的理解，如，覆盖空间并且定量这种覆盖。

我们会在以下三个部分讨论长度问题，第一，我们界定几个作为测量基础的关键概念（Clements & Stephen，2004；Stephen & Clements，2003）；第二，我们讨论这些概念的早期发展；第三，我们描述一些基于研究的教学方法，我们设计

这些教学方法的目的是帮助儿童发展长度测量的相关概念和技能。

线性测量中的相关概念

*测量*既是一种较有难度的技能，又涉及很多概念。基本概念主要包括对属性的理解，对守恒、传递、平等分割、重复标准单位、距离累计、原点以及与数的关系等的理解。

*对长度属性的理解*主要是指要理解长度是对固定距离的跨越。

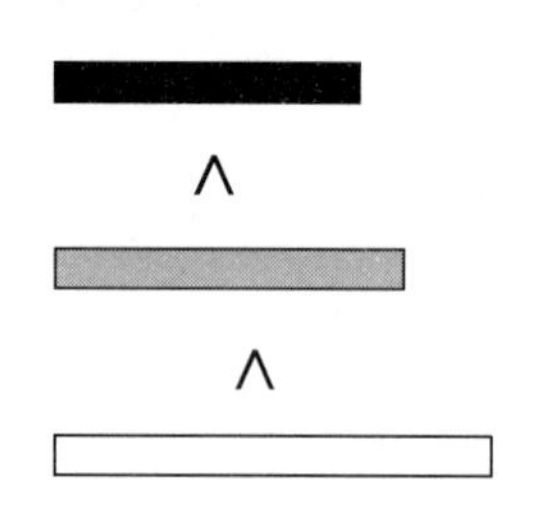

图 10.1　长度传递性的图解

长度守恒的意思是，刚性物体是可以移动的，但其长度不变。

*传递*性的意思是，如果一支白色铅笔的长度比灰色铅笔的长度长，而灰色铅笔的长度又比黑色铅笔的长度长，那么白色铅笔的长度就长于黑色铅笔的长度（见图 10.1）。理解了长度传递性的儿童就能够使用第三个物体去比较其他两个物体的长度。

*平等分割*是把一个物体分成相同大小单位的心理活动。这个观念对儿童来说是不明显的。它的意思是，在进行物理测量之前，儿童要在心理上把物体看作一种能够被分割成更小长度的东西。如，那些还没有这种能力的儿童，可以把“5”理解为尺子上的一个单一刻度，而不会把它理解为是能够划分为 5 个相等单位的长度。

单位和单位重复。就某种程度来说，单位的重复是平等分割“这枚硬币的另一面”。它指的是这样一种能力：把诸如一块积木这样的小单位长度看成是所测量物体的长度的一部分，并且在不重不漏的情况下，点数沿着大物体的长度能重

复放置这块积木多少次。这样就构成对大物体的平等分割。年幼儿童并不总能明白平等分割的需要，因此也就不能总是使用相同的单位。

距离的累计和加法。“距离累计”指的是，当你重复一个单位的时候，点数的数词表征的是所有单位所覆盖的长度。加法的观念指的是长度既可以组合在一起，也可以分开。

原点。比例尺上的任何一点都可以当作原点。年幼儿童缺乏这样的理解，因而常常用“1”而不是“0”作为原点进行测量。

数和测量的关系。儿童必须懂得，他们通过点数进行测量的项目是连续的单位。他们基于数数观念进行的测量判断，通常是基于点数不连续量的经验进行的。如，英海尔德和皮亚杰（Inhelder & Piaget）给儿童呈现了两排火柴，每一排中的火柴长度不同，但每一排中的火柴数量也不一样，这样形成两排火柴的总长度相同（见图 10.2）。

尽管从成人的视角来看，两排火柴的长度相同，但仍有许多儿童认为，6 根火柴的那一排更长一些，因为这一排有更多的火柴。他们点数了不连续量，但在对连续量的测量中，单位的大小是必须要考虑的。

儿童必须认识到，在给定的测量中，单位越大，单位的数量就越小。也就是说，单位的大小和单位的数量之间是相反的关系。

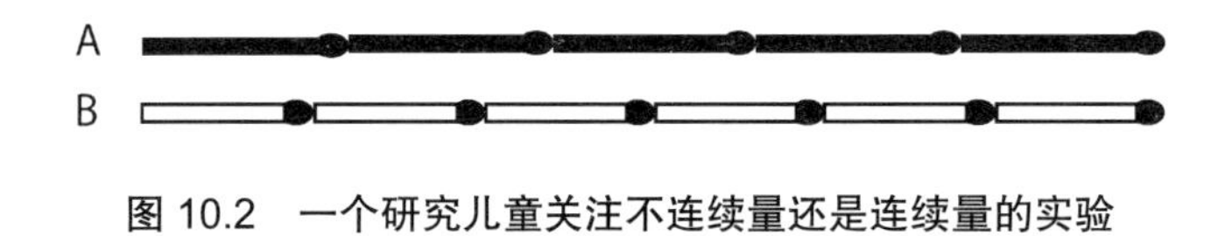

图 10.2 一个研究儿童关注不连续量还是连续量的实验

长度测量概念的早期发展

即使是 6 个月大的儿童也能进行简单的长度判断（Huttenlocher，Levine，& Ratliff，2011）。不过，甚至许多小学生也不能明确地达到长度的守恒，或者进行传递性推理。然而，正如在数概念中一样，这种逻辑观念似乎对儿童理解某些概念是非常重要的。但缺乏这种观念也并不会阻碍儿童对初始概念的学习。如，达到守恒的学生更可能理解我们刚讨论的观念，单位的大小和那些单位的数量之间

是相反的关系。然而，随着高质量教育经验的增加，甚至是某些学前班儿童也理解了这种相反关系。因而，守恒可能并不是一种刚性的需要，仅仅是一种支持性的观念。同样，达到守恒的儿童也更可能理解测量中使用等长单位的需要。总之，儿童在达到守恒之前就能够学习许多有关比较连续量和测量的观念。

当然，这种学习具有挑战性，经过许多年才会形成和发生。本章末的学习路径描述了儿童思维发展的水平。此处我们仅仅是简单描述一些在儿童身上表现出的共性的错误概念和困难。

• 要决定两个物体哪一个更“长”，儿童可能仅在一端比较物体。

• 在进行测量的时候，儿童可能会在单位之间留下空隙，或者把单位交叠在一起。

• 五六岁的儿童可能会随意写下一些数字作为一种测量，很少关注空间的大小。

• 儿童可能从 1 开始测量，而非从 0 开始，或者从尺子的非起点端开始测量。

• 儿童可能错误地把尺子上的刻度或脚跟到脚趾的步子仅仅理解为是数到的一个点，而不是覆盖的一个空间。

• 有些儿童认为，需要复制很多个单位长度来填满物体的长度，而不是用一个单位长度进行重复（把它放下，标注出其结尾处，再移动它，如此循环）。

• 有些儿童会用一种单位长度，如，尺子来填满物体的长度，但并不会把单位延伸出所测量物体的末端。因而，他们常常会忽视单位的任何分数部分。

• 许多儿童并不理解单位是相等大小的（如，用不同大小的纸夹子测量一个长度）。

• 同样，许多儿童可能会把不同大小的单位合并在一起（如，3 尺和 2 英寸合并为“5 的长度”）。

经验与教育

年幼儿童在其游戏中自然会面临和讨论到量的问题（Ginsburg，Inoue，&

Seo，1999）。简单地使用诸如“爸爸、妈妈、孩子”和“大的、小的、微小的”这样的标签可以帮助 3 岁左右的儿童意识到大小，并发展其排序的能力。

我们用安妮特老师和 2 岁的阿尔宾之间的互动为例。我们把他们重组为安妮特老师引导儿童进行大小和形状比较的讨论（Bjorklund，2012）。安妮特老师询问阿尔宾把形状称为什么。

阿尔宾：小。

安妮特：你的意思是一个小圆筒？

阿尔宾：是的（把一个积木块放成一种竖直的位置），它能站住。

安妮特：阿尔宾，我们能比较它们吗？请看，它们有什么不同？（从杯子中拿出黄色的大圆筒，放在桌子上黑色圆筒的旁边）

阿尔宾：（仔细观察了两个圆筒，拿起小的那个，把它放到较大的那个上面。积木上有孔正好能够穿过）

安妮特：是的，它（大积木）里面有它（小积木）的地方吗？

阿尔宾：（尝试把小积木的两端都放进大积木里边，但没有成功）没有。（把黄色的大积木重新竖着放好，把黑色积木放到黄色积木上面）

安妮特：你还能找到更多的大圆筒吗？

阿尔宾：（在盒子里边寻找，拿起另一个黑色的小圆筒。拿着两个黑色的圆筒。）

安妮特：它们确定是相同的吗？

阿尔宾：是的。

安妮特：你能找到一个大圆筒吗？（阿尔宾犹豫了）它也可能是另一种颜色的。

阿尔宾：（快速拿出一个橘黄色的圆筒）这个。

安妮特：很好。

比较是从事和学习数学概念的关键，特别是对大小（连续量）的学习更是如此。

传统上，测量教学的目标是帮助儿童学习使用传统尺子所需要的技能。与此相反，研究和最近的课程方案却认为，除了这种技能，发展这些技能的概念基础

可能是发展儿童对测量的理解及程序能力的关键。更进一步说，在学前班的开始阶段就可以学习这些基础（Zacharos & Kassara，2012）。

许多研究提出了一种教学顺序，即①儿童进行长度比较，②用非标准单位测量，看是否有标准化的需要，③整合各种使用标准单位的策略，④使用尺子测量。如，儿童可能从一点踱步到另一点。当他们讨论自己的策略时，关于重复单位和使用等长单位的观念就会呈现出来。儿童逐步由数步子发展到建构一种单位，如，一条“足条（footstrip）”是由粘在一卷加法机带子上的足迹组成的。随后儿童可能会面对表达不同大小的单位（如，15 步或者 3 个步条，每个步条有 5 步）所形成的结果的问题。他们可能也会讨论如何处理剩余的空间，如何作为一个整体单位或一个单位的一部分来点数这个剩余空间。使用各种单位来测量可以帮助儿童认识到长度是由这些单位构成的。更进一步讲，这样就给儿童建构尺子的观念提供了基础。

然而，也有几项研究认为，早期给予儿童关于使用不同单位的测量经验可能是错误的做法。在儿童较好地理解测量之前，使用不同的任意单位进行测量可能会给儿童造成困惑。如果儿童不能很好地理解测量，或者理解等长单位的作用，频繁地进行单位的转换，即使目的是想呈现标准单位的需要，可能会给儿童传递一种错误的信息，即任何长度的组合都可以成为很好的测量单位。相反，用标准的单位测量——即使是用尺子——对幼儿却不做要求，而这是幼儿更感兴趣也更有意义的。始终如一地使用这些单位就可以发展出一种模型和情境，据此幼儿可以建构需要等长单位的概念，以及所有与测量有关的更广泛的概念。然后，在儿童理解了单位概念以及需要等量单位（否则，就不能成为单位了）之后，不同单位均能用于测量了，这时又可以强调标准的等长单位（厘米或英寸）的需要。

我们提出一种基于近期研究（请见姐妹篇）的教学顺序。即使对最小的儿童，我们也要仔细倾听并理解他们是如何解释和使用语言的（如，“长度”是端点之间的距离或是“一端延伸出来”）。也可以使用语言来辨别诸如“一个玩具”或“两辆卡车”等基于数数的术语，以及诸如“一些沙子”或“更长一些”等基于测量的术语。

一旦儿童懂得了这些概念，就要给儿童提供比较物体长度的各种经验。一旦儿童能够连接起端点，那么儿童就可能会使用线条中切割的部分去探索教室中与他们的座位高度一样的物体，短于或长于其高度的物体。此时，传递性的观念就要明确地加以讨论。

接下来，要让儿童获取联系数与长度的经验。给儿童提供传统的尺子和使用标准长度单位的可操作的单位，如，厘米立方体的边，要特别标注“长度单位”。在儿童探索这些工具的时候，要跟儿童讨论长度单位重复的观念（如，不要在连续的长度单位间留下空间），要（用尺子）形成一条直线以及零点概念。可以让儿童通过绘画、切割以及使用他们自己的尺子来强化这些观念。

在所有的活动中，都要关注尺子上的数字对儿童的意义，如，这是对长度的数字化，而非孤立的数字。换句话说，课堂讨论时应该用“长度单位”来回答“你数的是什么？”这样的问题。点数不连续的物体常常能正确地告诉儿童，点数结果与物体的大小无关，那么现在就要设计活动让儿童在点数不连续物体和长度测量的不同情境中体验和反思长度单位各种属性的本质。让儿童比较使用操作材料和使用尺子测量同一个物体的结果，让儿童把可操作的长度单位作为他们自己的尺子，可以帮助儿童连接起他们的经验和概念。在小学二、三年级，教师可以介绍标准化长度单位的必要性，以及长度单位的大小和长度单位的数量之间的关系。此时，儿童可以探索长度单位大小和数量之间的关系、长度单位标准化的必要性，以及其他额外的测量工具。此时，多样的非标准长度单位的使用对儿童是非常有益的。如果教学关注儿童对他们测量活动的解释，这能让儿童在尺子上使用灵活的起始点成功地完成测量。不注意这一点，儿童在中年级就常常会仅仅是读出尺子上与物体末端相连的数字。

儿童最终必须学习细分长度单位。就这一点而言，制作他们自己的尺子，在单位的二等分和其他等分点做标记对儿童非常有益。儿童可以把一个单位折叠为二等分，把折叠的部分标注为一半，然后继续这样的操作，建立四等分和八等分。

计算机的经验也能帮助儿童建立测量活动中数与几何的联系，并建立测量感。乌龟几何为许多长度测量活动提供了动机与意义。这描述了一种重要的一般性指

导方针：儿童应该把测量作为一种达成目标的手段，而非测量结果本身。如果界面是适宜的，活动是计划好的，那么，即使是幼儿也能通过计算机抽象和概括测量观念。给乌龟指出方向，如，向前 10 步，右转 90°，向前 5 步，儿童就学习了长度、左右转和角度概念。在图 10.3 中，儿童必须通过算出缺失的测量值来“完成图片”（本章末的学习路径中有更具挑战性的例子）。

图 10.3　Logo 乌龟中的“丢失的尺度”问题

无论采取什么样的具体教学策略，研究已经给出了四个方面的一般性启示，而第一条所包含的内容最广泛。第一，不能把测量当作一种简单的技能来教，测量是多年发展的技能与概念的结合。教师只有理解了测量的基本概念，才能更好地解释儿童对概念的理解并通过提问来引导儿童建立这些概念。如，当儿童在测量中进行数数时，要把儿童的对话引导到他们所点数的事物上——并不是“点”，而是相等大小的长度单位。也就是说，如果儿童重复了一个单位 5 次，那么“5”表征的是 5 个长度单位。对某些学生来说，“5”表示的是紧挨着数字 5 的条纹，而非由 5 个单位覆盖的空间量。这样，尺子上的标记就会遮蔽包含于测量中的预期的概念理解。儿童需要理解他们在测量什么，为什么尺子上的一个单位是用它末尾的数字编号的，以及整套的原则。在某种程度上，许多儿童认为，只要完全覆盖了物体的整个长度，那么混用单位（如，既使用回形针，又使用笔盖）或使用不同大小的单位（如，小回形针和大回形针）都没有问题（Clements，Battista，& Sarama，1998；Lehrer，2003）。对儿童的研究和对教师的访谈都支持了如下主张：①测量的原则对儿童是有难度的；②学校需要对测量给予比目前更多的关注；③首先需要花时间进行非正式测量，而其中对测量原则的使用是明确的；④从非正式测量到正式测量的转换需要更多的时间和关注，正式测量的教学常常要关注基本原则（比较 Irwin，Vistro-Yu，& Ell，2004）。

最终，儿童需要创建一种抽象的长度单位（Clements，Battista，& Sarama，

Swaminathan，& McMillen，1997；Steffe，1991）。这并不是一种静态的图像，而是对沿着物体移动（视觉上或物理上）的过程的一种内化，对物体进行分割，并点数所分割的部分。当把连续的单位看作一个单位体（unitary object）时，儿童就已经建构了一种“概念尺（conceptual ruler）”，这种“概念尺”可以投射到未分割的物体上（Steffe，1991）。此外，美国的数学课程并没有充分地处理单位概念。测量是一个富有成效的领域，我们在测量中把注意力从不同的物体转向我们点数的单位（参见 Sophian，2002）。

第二，采用最初的非正式活动来建立长度属性，并发展诸如“长”“短”“等长”等概念，以及诸如直接比较等策略。第三，鼓励儿童解决真实的测量问题，这样做可以帮助儿童建立并重复单位，以及单位的单位。第四，帮助儿童在可操作单位的使用和尺之间建立紧密的联系。在这样实施的时候，测量工具和测量程序就成了学习数学的工具和思考数学的工具（Clements，1999c；Miller，1984，1989）。在小学一年级以前，儿童就已经开始朝向该目标的旅程了。

长度测量的学习路径

长度测量目标的重要性可以从其在美国数学教师理事会的《课程焦点》（CFP）中出现的频率上体现出来。详细见图 10.4。

学前班

测量：识别物体可测量的属性，并据此来比较物体

儿童基于物体的可测量属性，把物体鉴别为“相同”或“不同”，“多”或“少”。他们识别那些诸如长和重的可测量属性，并通过直接比较物体的这些属性来解决问题。

幼儿园

测量：基于物体的可测量特征对物体进行排序

儿童通过比较物体诸如长或重等可测量特征，对物体进行排序，从而解决问题。他们直接（对物体进行相互的比较）或间接（把两个物体与第三个物体进行比较）比较两个物

体的长度，然后根据长度对几个物体进行排序。

测量和数据（CCSS 中的 K.MD）

描述并比较可测量的特征

1. 描述物体的可测量特征，如，长度或重量。描述某个单一物体的几种可测量特征。

2. 直接比较两个物体的某个共同的可测量特征，看哪一个物体的该特征的测量数值“更大”或“更小”，并描述其差异。如，直接比较两名儿童的身高，把某名儿童描述为更高或更矮。

一年级

联系：测量与数据分析

儿童通过解决包含测量与数据的问题强化他们的数感。儿童通过首尾相连地放置一个单位的多个副本进行测量，然后以十个一组和一个一组点数单位，从而建立对数字线和数关系的理解。对图画和柱状图中的不连续数据和测量值的表征，包含了数数和比较，而这些又提供了另一种和数量关系的有意义联系。

测量和数据（CCSS 中的 1.MD）

间接测量长度，并能够通过重复长度单位进行测量。

1. 依据长度对三个物体进行排序；通过与第三个物体进行比较，间接地比较两个物体的长度。

2. 通过首尾相连地放置某个较短物体（长度单位）的多个副本，把物体的长度表述为长度单位的整数倍；理解物体的长度测量值是在物体上毫无空隙或重叠地所覆盖的相同大小的长度单位的数目。极限情况是所测量的物体被毫无空隙或重叠地覆盖了整数数目的长度单位。

二年级

测量：发展儿童对线性测量和长度测量工具的理解

儿童发展出对测量过程及其意义的理解，包括诸如分割（把物体的长度分割为大小相等单位的心理活动）和传递（如，如果物体 A 比物体 B 长，而物体 B 比物体 C 长，那么

物体 A 就比物体 C 长）。儿童把线性测量理解为一种单位重复，并基于这样的理解来使用尺子和其他测量工具。儿童理解等长单位的需要，标准测量单位（厘米和英寸）的使用，以及具体测量中所用单位的大小与单位数目的相反关系（如，儿童认识到单位越小，覆盖给定长度所需的重复次数就越多）。

测量和数据（CCSS 中的 2.MD）

用标准单位测量和估计长度。

1. 选择和使用适宜的工具对物体的长度进行测量，如，直尺、卷尺。

2. 分别使用不同长度的长度单位对物体的长度测量两次；描述两个测量值与所选长度单位大小的关系。

3. 使用英寸、英尺、厘米和米等单位进行长度估计。

4. 测量并辨别一个物体比另一个物体长多少，根据标准长度单位来表述其长度差异。

把加减运算与长度建立联系。

5. 用 100 以内的加减运算来解决包含有相同长度单位的长度文字题，如，通过画图（如，画出尺子）和含有未知数符号的方程来表征问题。

6. 在数字线上以相等的空间点对应于数字 0、1、2 等，把整数表征为从 0 开始的长度，且在数字线图上表征 100 以内的整数和与差。

图 10.4 《课程焦点》（CFP）和《共同核心州标准》（CCSS）中的长度测量目标

基于上述目标，表 10.1 提供了学习路径的两个额外的部分：发展进程和教学任务。

表 10.1 长度测量的学习路径

年龄（岁）	发展进程	教学任务
2	**前长度量识别（Pre-Length Quantity Recognizer）** 不能把长度识别为一种属性。 “这是长的。所有直的东西都是长的。如果东西不是直的，就不能是长的。”	儿童能根据直觉对多种材料进行比较、排序并用来做搭建活动，逐步地学习表示特定维度的词汇。

续表

年龄（岁）	发展进程	教学任务
3	**长度量识别（Length Quantity Recognizer）** 认识到长度/距离是一种属性。 可能会将长度理解为一种绝对的描述方式（如，所有的大人都是高的），但是不能理解长度是相比较而言的（如，一个人比另一个人高）。 “看到了吗？我很高。” 在判断形状的边长时，可能会对不相关的部分进行比较。	教师倾听儿童关于事物“长”和“高”等属性的讨论并帮他们扩展这样的讨论。
4	**直接的长度比较（Length Direct Comparer）** 能在动作层面上将两个物体摆放在一起比较哪个长，或是否一样长。 把两根小木棍紧挨着摆放在桌子上，并做出判断，“这根长”。	在许多日常活动中，引导儿童直接比较物体的高度或其他长度（谁的塔最高，谁用泥巴捏的小蛇最长等）。 • 跟我的胳膊一样长：儿童截出一段跟自己的胳膊一样长的丝带，并且试着寻找教室里跟这个长度一样的物体。 • 比较（电脑游戏）：儿童在一堆物体中指出更长（或更宽）的那个。 • 长度比较：鼓励儿童比较生活中常见物品的长度，如，道路的长度，积木塔或家具的高度，等等。 • 高矮排序：把儿童分成5个一组，让他们根据身高进行排队（在教师的帮助下）。

续表

年龄（岁）	发展进程	教学任务
4	**间接的长度比较（Indirect Length Comparer）** 通过与第三个物体进行比较确定两个物体的长度。 使用一根线绳比较两个物体的长度。 要求儿童测量长度时，他们可能会用猜的方式，或者一边沿着长度移动，一边进行数数（没使用等长的测量单位）。 用手指描画线段，并说出10、20、30、31、32。 可能会使用尺子进行测量，但经常表现出不理解或缺乏必要的技能（如，没有从原点量起）。 能用一把尺子分别测量两个物体从而判断它们是否一样长，但测量其中一个时没能准确地找到0点。	给儿童提供生活中需要通过间接比较解决的问题，如，门的宽度是否能让一张桌子通过。 由于儿童常常会采用覆盖的办法比较物体的长度，所以儿童实际上无法进行间接比较。不过可以让儿童比较类似毡条的物体，如果他们用第三个物体，如，一个（宽些的）纸条，把毡条全盖住了（无法直接看到毡条和纸条的相对长度，只能靠猜测），教师可以鼓励儿童直接比较两根毡条的长度。如果间接比较的结果不对，可以问问他们怎么能更好地用纸条进行比较。必要的情况下可以在旁边给儿童提供范例。 • 深海比较（电脑游戏）：儿童移动珊瑚比较两条鱼的长度，然后点击更长的鱼。 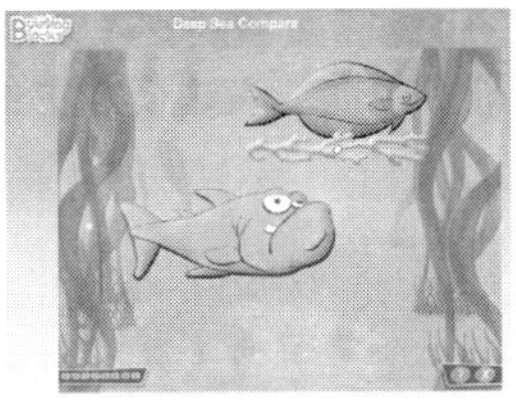 • 在“楼梯建构3”游戏中，当儿童必须要发现遗漏的楼梯时，应该引导儿童把他们的数知识与长度建立联系。 

续表

年龄（岁）	发展进程	教学任务
5	**6个以上（含6）物体的排序［Serial Orderer（to 6+）］** 对标记为1—6个单位长的物体，根据长度进行排序。（这个能力是与首尾相接的长度排序能力同时发展的。） 给儿童叠叠塔的组块，按1—6的顺序进行排序。	• 少了哪一层：儿童明白楼梯是由连接起来的立方体建构的（实物操作像上面“建造楼梯3”那样分步进行）。蒙住儿童的眼睛，教师隐藏了一步。解开眼罩后，儿童要识别出遗漏的那一步，并告诉大家他是如何知道的。 进行数字关联活动——“无敌透视眼”。拿1—6（或更多）的数卡，让儿童按顺序正面朝下扣在桌子上。然后让他们轮流点指其中一张数卡，并使用“无敌透视眼”说出这张数卡是几。
6	**用首尾相接的方式测量长度（End-to-End Length Measurer）** 能把测量单位首尾相接地一个个排列在一起。可能无法发现测量单位要等长的要求。把测量结果用于解决比较任务的能力在这个水平的晚期才会发展起来。［这个能力是与6个以上（含6）物体排序能力并行发展的。］ 把9个单位为1英寸的组块沿着一本书排列成一条直线量这本书有多长。	• 长度谜语：向儿童提问诸如下面的问题，“你跟我一起写，我有7个组块那么长。我是什么？”。  使用实物的或图画的单位进行测量。最好选择长而细的物体做测量单位，如，切成1英寸长的牙签。要明确地强调测量单位的线性特征。也就是说，假如用厘米组块做单位进行测量，那么儿童应该明白所谓线性单位指的是组块的一个边长，而不是某个面积区域或体积。 开始使用尺子进行测量。玩“爬虫尺子”电脑游戏时，儿童要把一个爬虫放到尺子上。游戏程序会把虫子对齐到一个整数值，如果儿童没有把虫子对齐到0点，程序就会给予有意义的反馈。

续表

年龄（岁）	发展进程	教学任务
6		让儿童自己动手画尺子，并讨论自己画的尺子是否体现了测量的某些关键性特征，这种活动有助于儿童理解这些关键概念并正确应用。 还可以让儿童选择特定的测量单位，如，用1英寸或1厘米的组块，制作一把尺子。要注意引导儿童学会仔细地标记每个单位长度，并为其加上正确的数值。再次提醒，要明确地强调测量单位的线性特征。
7	**长度测量单位的相关和重复（Length Unit Relater and Repeater）** 重复使用一个单位进行测量（早期可能无法准确地进行重复）。能在测量单位的大小与其数量之间建立明确的相关（也许不能时刻意识到测量需要用相同的单位进行）。 在测量单位的大小与其数量之间建立明确的相关。 “以厘米为单位进行测量，会比以英寸为单位测量用到更多的单位，因为每个厘米单位都小于英寸单位。” 能够把两个长度相加得到一个完整的长度。 “这个有5个单位长，这个有3个单位长，所以它们加起来是8个单位长。”	重复“长度谜语”活动（见上文），但提供更少的线索（如，只有长度），而且只给每名儿童一个测量单位，使得他们不得不重复使用（放置）这个单位进行测量。 可以在多个发展水平上开展“糊涂先生量东西”活动，这个活动可以适当调整之后放到之前或之后的学习中。如，可以让手偶糊涂先生测量物体时，在测量单位之间留下空隙（在首尾相接地测量长度的水平，空隙存在于多个测量单位之间，而在该水平上，空隙产生在重复放置一个测量单位时）。还可以演示其他的错误操作，如，单位重叠以及没有从起点开始排列（这一点对于学习使用尺子同样重要）。

续表

年龄（岁）	发展进程	教学任务
7	重复使用一个单位进行测量。能够意识到使用不同的单位会得到不同的测量结果，而且测量中应该使用相等的单位，至少在直觉上并且/或者在某些情境中是相等的。需要最少的指导就能使用尺子。 使用尺子精确地测量一本书的长度。	在能够精确测量一个物体之前，儿童就已经能够沿着给定的长度画一条直线了（Nuhrenborger，2001）。可以通过这种画线活动向儿童强调怎么从0点开始，并且讨论在测量物体时也要从0点开始。与此类似，引导儿童讨论测量中的间隔和数所代表的意义，并且分析它与首尾相接地实物测量的关系。 让儿童使用不同单位进行测量，并且跟他们讨论填满一个线性空间需要多少个测量单位。他们能够清晰地说明单位越长需要的个数就越少。
8	**长度测量（Length Measurer）** 能够理解一条弯路的长度是它各部分的长度之和（而不是两个端点之间的距离）。能够进行测量，并能理解测量需要使用等长的单位、不同测量单位之间的关系、单位划分的意义、0点在尺子上的意义以及距离的累加。开始尝试估计长度。 “我在测量时重复用了三次米尺，之后还剩下一小段。然后我又从0点开始量这一小段，发现它有14厘米长。所以，这段路的总长度是3米加14厘米。”	儿童应该能够使用实物单位以及尺子对线段和物体进行测量，这种测量要用到重复使用单位以及对单位进行再划分。在学习对测量单位再划分时，可以让儿童把单位对折，并在对折处做记号作为一半，以此类推，可以做出1/4和1/8的记号。 儿童主动创建测量单位，如，“脚印尺”就是把他们的脚印连续地贴到一条计数单上形成的。他们能够使用不同大小的单位进行测量（如，用15步或3个脚印尺表示距离，每个脚印尺包括5步）并能在单位之间进行精确的换算。他们还会讨论怎么处理测量剩余的非整数的部分，把它计为一个整数单位或其中的一部分。
	概念化的尺子测量（Conceptual Ruler Measurer） 掌握“内化的”测量工具。	• 测量填空：儿童要弄明白怎么用既定的测量工具测量图形。这种活动可以用标志的龟图（如下页图）电脑游戏很好地实现。

续表

年龄（岁）	发展进程	教学任务
8	能在心理层面使用测量工具沿着物体移动，对物体进行分割，并对所分割部分进行计数。在算术层面解决测量问题（“长度相加”）。准确地估计长度。 “我想象自己把一根又一根的米尺接起来测量房间的长度。我就是这么估计出房间长 9 米的。”	儿童学会用准确的策略去估计长度，包括给每个测量单位设计一个基准（如，一块 1 英寸长的口香糖），以及给多个单位设计一个基准(如，一张6英寸长的1美元纸币)，并且能够在心理层面重复使用单位进行测量。

结语

本章阐述了长度测量的教与学的问题。第十一章讨论我们需要测量的其他几何属性，包括面积、体积和角度。

第十一章　几何测量：面积、体积和角度[①]

我的一名学生基本上理解了面积和周长之间的区别。我在格子上画了这样的矩形。为了计算面积，她这样向下进行了点数［图 11.1（a）］，然后横着这样点数［图 11.1（b）］，然后她把 3 乘以 4 得到了 12。这样，我问她周长是什么的时候，她说："周长是环绕在外部的方框。"她是这样点数的［图 11.1（c）］。她理解了周长，她只是数错了。她总是相差 4 个。

① 在本章的末尾我们讨论了非几何测量、时间和重量问题。

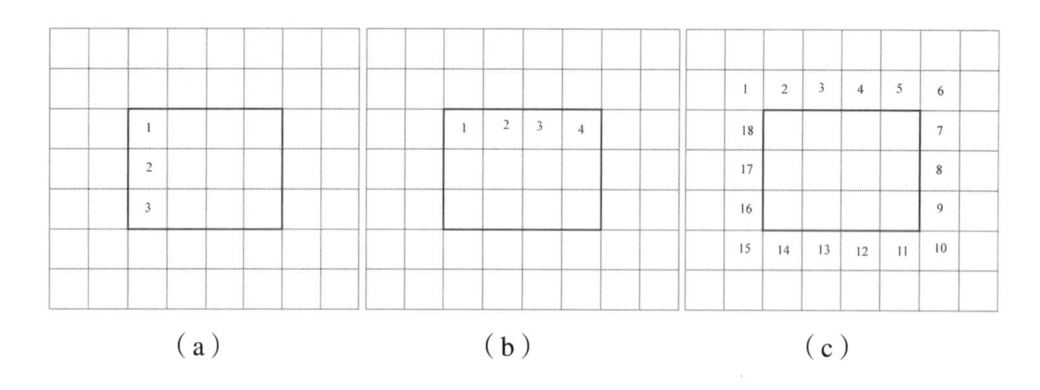

图 11.1 一个学生在解决周长问题

你同意这位老师的意见吗？学生理解面积和周长了吗？学生能区分二者吗？你还会问什么样的问题来确认学生是否理解？

面积测量

面积是包含于一定边界内的二维平面的量。面积概念是复杂的，儿童发展面积的概念需要经历一定的时间。在出生的第一年，儿童就对面积和数字表现了一定的敏感性。然而，婴儿近似的数感却要比相应的面积感更精确一些。因而，婴儿对面积的探索还是具有一定挑战性的。

有关面积理解的教学在传统的美国教学中没有很好地开展，而且在很长时间里没有这样的内容。年幼儿童没有明确理解测量。当问小学低年级学生一个正方形占有的空间有多大时，他们会用尺子进行测量。甚至有的学生会进行操作，先测量正方形一边的长度，然后平行移动尺子到相对的一边，重复这样的过程，把长度值加起来（Lehre，Jenkins et al.，1998）。正如故事开始所描述的，职前教师存在知识上的不足。

要学习面积测量，儿童必须发展什么是面积的概念，也要理解对形状的分解与组合不会对面积产生影响。随后，儿童要发展对二维排列的理解，然后能够把两个长度解释为这些排列维度的测量值。如果没有这样的理解和能力，那么年龄

较大的儿童就会常常在不理解面积概念的情况下学习规则，如，仅仅是把两个长度乘起来。尽管面积测量主要是在小学强调的内容，但文献表明，儿童早期就能接触到面积测量的一些非正式特征。

面积测量的概念

面积测量的理解涉及对许多概念的学习和协调。这些概念，如，数与测量之间的关系与转换，同长度测量所涉及的概念是一样的。以下是其他一些基本概念。

*对面积属性的理解*涉及给二维空间或平面的量以某种定量的意义。儿童对面积的初始意识常见于儿童非正式的观察活动，如，儿童要更多张彩纸来覆盖他们的书桌。比较任务是有目的的评价儿童是否把面积理解为某种属性的重要途径之一。学前班儿童可能会通过比较两种图形的边长来进行面积的比较。随着年龄的增长或经验的丰富，儿童会采取更有效的策略，如，把一种图形叠放到另一种图形上。

要进行测量，必须建立单位。这就要求我们必须遵从以下基本概念。

平等分割。平等分割是把二维空间分割为等面积部分（常常是全等）的心理操作。教师通常认为理解“长乘宽”就是理解面积的目标。然而，年幼儿童常无法进行面积分割和面积守恒，也不能基于数数进行比较。例如，当确定一份纸饼干太少的时候，学前儿童会把那份饼干中的某一块切成两半再放回去，儿童会认为那一份现在更“多一些”（Miller，1984）。这些儿童不可能理解面积的任何基本概念；这里的重点是，最终，儿童必须学习把平面分割为相等面积单位的概念。

单位和单位重复。正如进行长度测量一样，儿童也常常采用覆盖空间的策略，但起初并不能做到不留空隙或没有交叠，而是努力让所有的操作都保留在平面内，不让单位延伸出边界，即使当需要对单位进行细分的时候（如，用正方形单位来测量圆的面积），也是如此。他们更倾向于选用那些在形态上跟所要覆盖的空间区域类似的单位；如，选择砖块覆盖长方形区域，而选择豆子来覆盖手的轮廓。他们也会混合使用不同图形（和面积）的形状，如，矩形和三角形，来覆盖同一块区域，从而获得一个“7”的测量值，即使覆盖图形的“7”的大小是各不相同的。

这些概念必须在儿童能够基于理解而使用相等单位的重复策略进行面积测量之前就发展起来。一旦解决了这些问题，儿童就需要把二维空间建构为一个有组织的单位阵列（array of units）来完成面积计算中的思维操作。

累积和加法。面积的累积和相加的操作跟长度测量相似。小学低年级学生能够学会图形可以分解或组合成相同面积的区域。

构建空间。儿童需要建构一个阵列，真正从二维角度理解面积。也就是，他们需要理解如何在一个平面上以行和列的方式把正方形平铺开。尽管对成人来说这是显而易见的，但绝大多数的小学低年级学生还没有形成这样的理解。如，假如给出行与列，如图 11.2 中所描绘的（在姐妹篇中有更详尽的讨论），可以思考当儿童在尝试画出一组正方形的时候，不同儿童所表现出的思维水平。最低思维水平的儿童看到矩形内部的图形，但并没有覆盖整个空间。只有当学生学习根据正方形的行与列组合二维图形的时候，才能在更高级的水平上从竖直和水平两个方向排列所有正方形。

守恒。与线性测量相似，面积守恒也是一个重要的概念。当儿童分割一个给定的区域，并通过重组各个部分而形成另一个图形的时候，他们还难以接受其面积不变的观念。

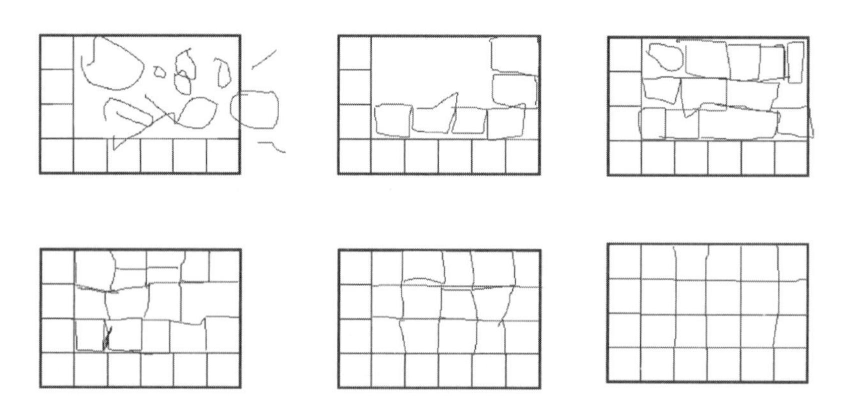

图 11.2　二维空间构建的不同思维水平

经验与教育

通常的美国教学在面积概念和技能上做得不够好。有研究对一组儿童追踪了几年（Lehrer，Jenkins et al.，1998），发现到四年级的时候，他们在空间填充和加法组合方面有所提高，但在其他能力方面，如，面积辨别和长度辨别，应用相同面积单位和探寻不规则形状的测量方面，没有提高。

相比较，基于研究的活动却教会了二年级学生许多不同的面积概念和技能（Lehrer，Jacobson，et al.，1998）。教师给学生呈现了长方形（1×12，2×6，4×3），提问哪一个占的空间更大。在起先的争论之后，学生通过折叠和匹配的办法把图形变形，然后达成一致，认识到这些长方形所覆盖的空间大小相同。沿着每一个维度对 4×3 的长方形进行折叠，就会认识到三种长方形最终都能分解为 12 个正方形（在先前的缝被子活动中这些都是有意形成相同单位的正方形）。这样，儿童就从分解活动迁移到使用面积单位的测量活动。

接下来，为了让儿童在违反直觉的情境中使用正方形进行测量，教师请学生比较手印的面积。儿童起初会采用重叠的策略，然后就会弃用这种策略。黄豆也会被用作面积单位，但常常因为其不适当的空间填充特征（它们会留下缝隙）而被拒绝使用。教师会引入格子纸。儿童起初会拒绝使用这种工具，可能是因为他们认为作为单位的图形应该跟手的形状是一致的。然而，最终儿童还是会采纳格子纸。他们会创造一种概念性体系，相同定额的单位分数采用颜色来编码（如，1/3 和 2/3 采用相同的颜色，这样它们就很容易形成一个单一的单位）。这样，儿童就学习了空间填充、单位形状与被测物体相似性的无关性、符号和非整数等与测量有关的知识。

最后的任务是在给定图形（有些是长方形，另一些是组合图形）和它们的维度但没有内部边界（如，没有格子纸）的情况下，比较动物园笼子的面积。儿童学会建立一种对面积的乘法理解。这些儿童呈现了对面积测量各个方面的基本学习。开始的时候，二年级学生的测量知识大概与纵向追踪的儿童是一致的（Lehrer，Jenkins et al.，1998）。到二年级末的时候，他们的表现就超过了纵向追踪儿童的表现，

后者即使在四年级的时候也是如此。

这样，更多的儿童就能够比现在学习更多的面积知识，更有意义地学习规则。儿童应该学习诸如这些初始的面积概念，也应该学习建构阵列，从而为学习所有面积概念奠定基础，最后，儿童应该学习理解和实施精确的面积测量。作为另一种方法，儿童能通过直接比较区域来确定哪一个覆盖了更多的平面。诸如折纸游戏或折纸手工这些令人愉快的活动，会鼓励一些更复杂的叠加策略——把一种图形放到另一种图形上面。

在有意义的情境中，儿童可以探索和讨论折叠的结果或通过切割和组合，重新排列各个部分来建立一个区域，让其覆盖相同的空间（面积守恒）。然后，让儿童接受挑战，选择二维单位铺出一个区域，在此过程中，跟儿童讨论剩余空间、单位重叠和精确度的问题。把这些讨论引导到让儿童在心理上把一个区域分割为能够数数的子区域。点数相等的面积单位就会把讨论转移到面积测量本身。帮助儿童认识到测量时面积单位之间不能留有空隙，不能重叠，且整个区域均要覆盖。

要确保儿童学会如何建构阵列。让儿童玩一些结构性的材料，如，单位积木、模式积木和瓷砖，可以为这种理解奠定基础。立足于这些非正式的经验，儿童能够在小学低年级学会清楚地理解阵列和面积。

总之，通过简单点数单位来发现面积（学前儿童是可以完成的）的频繁练习直接导向规则教学对许多儿童来说是解决问题的秘方（Lehrer，2003）。更成功的方法是基于儿童的最初的空间直觉，并认识到儿童需要建构测量单位的概念（包括对标准单位测量感的发展；如，在有单位测量的环境中发现共同的物体）；体验用适宜的测量单位来覆盖量并点数那些单位的数量；在空间上组织他们所测量的物体（如，把以组形成的计数与长方形的阵列结构联结起来；建立二维概念），从而为规则建立扎实的基础。

漫长的发展过程通常在儿童一年级以前的那些年就已经开始了。无论如何，我们也应该领会这些早期概念化的重要性。如，3 岁和 4 岁儿童能够在某些情境中直觉地进行面积比较。

面积测量的学习路径

面积和体积的目标在早期并没有很好地建立，但某些经验，特别是覆盖和空间组织的基本概念可能是重要的。如《共同核心州立标准》（CCSS）中所述："通过搭建、绘画和分析二维、三维的图形，学生可以为其在以后年级中理解面积、体积、全等、相似和对称概念打下基础。"表 11.1 提供了学习路径的两个附加的成分：发展进程和教学任务。

表 11.1　面积测量的学习路径（改编自儿童测量项目的新研究；圆括号内是手册中的各水平）

年龄（岁）	发展进程	教学任务
0—3	**前面积量的识别 (Pre-Area Quantity Recognizer)** 表现出一些特定的面积概念。使用匹配边的策略去比较面积（Silverman，York，& Zudema，1984）。	儿童直觉地进行比较、排序和建造各种类型的材料，不断学习有关二维空间的量和覆盖的词汇。
	能够在一个长方形的填补任务中画出类似的圆或其他图案（Mulligan，Prescott，Michelmore，& Outhred，2005）。 画的几乎都是封闭图形和线条，没有覆盖具体区域。	
4	**面积量识别 (Area Quantity Recognizer)** 感知到空间内的物体和空间。填充空间的要求可能会引发儿童把物体放置在该空间或画出捷径（开放的或封闭的），但没有连接区域或封闭边界。比较区域的请求（如，两张长方形纸）可能由于显性的线性范围，从而例证了对物体的线性维度进行直觉的不清晰的计总比较过程。 只用图案的一条边来比较，或者基于长度加（而不是乘）宽度来判断。	问儿童哪张纸可以让他们画出最大的图画。

续表

年龄（岁）	发展进程	教学任务
4	当要求儿童选择一个和 4 厘米 ×5 厘米一样大的长方形糖果时，一名儿童选择了一条边一样的 4 厘米 ×8 厘米的糖果，而另一名儿童则是直觉地将边长相加选择 2 厘米 ×7 厘米的。 用尺测量面积，测量一条边的长度，然后移动尺子测量另一条边，很明显是将长度看作二维空间覆盖的属性。 如果任务可以用重叠或者单位重复完成，则可能比较面积。 给出一个 4×5 的区域，用一些正方形来填满这个区域，问需要多少个正方形，儿童猜要 15 个。 一名儿童会将一张纸放在另一张上面说“这一个”。	
	物体覆盖和计数 (Physical Coverrer and Counter)［**之前是“边对边的面积测量”**(Side-to-Side Area Measurer)］ 关注到结构的某些特征，并能够完全覆盖它。用图形片覆盖一个长方形的空间。可是，在没有感官支持下不能组织、协调和构造二维空间。在图画（或想象和点数）中，只能表现结构的某些方面，如，挨在一起的两个相似的长方形。 用图形片覆盖一个区域，一个一个移动它们以计数。 在区域中绘画，努力覆盖这个区域。可能只是覆盖了有指示的部分（如，只是覆盖了区域的边）。	儿童对于面积的初期经验也许包括用他们选择的一个二维单位覆盖一个区域，进而讨论剩下的空间，重复单位并精确化。这些概念的讨论引导儿童从心理上将区域分割成可数的分区。 在有了缝合的经验后，儿童能够比较三个长方形（如，1×12，2×6，4×3），回答哪个覆盖的空间最大。他们在指导下能够通过折叠和匹配的方法将图形转换为 12 个单位为 1 的正方形。

续表

年龄（岁）	发展进程	教学任务
4	有意覆盖区域，但是留下了一些空隙，不能对齐所画的图形（或只是在一个维度上能够对齐）。 比较：基于简单的直接比较可以对二维区域进行直觉的比较（如，儿童将一张纸放到另一张纸上，来选择能覆盖更多空间的那张）。	
5	**完全覆盖和计数（Complete Coverrer and Counter）［之前是“初级覆盖”（Primitive Coverrer）］** 画出完全覆盖一个特定区域的图，没有任何的空隙或重叠，近似于若干行。当给儿童提供了多于其所需的砖片时，儿童能够建构一个指定面积的区域（如，用一堆 20 块砖片建构一个含有 12 块砖片面积大小的长方形）。 画出一个完全覆盖图，但在对齐方面有一些小的错误。沿着边缘计数，然后无规律地数内部区域，有的数了两次，有的则漏数了。	儿童用正方形覆盖长方形，然后学习用画一条线的方法表示两个临近的边缘。他们讨论怎样能够最好地将覆盖的情况表示出来而没有空隙。

续表

年龄（岁）	发展进程	教学任务
5	**面积单位的关系和重复 (Area Unit Relater and Repeater)** 定量。儿童按行点数单个的单位。基于某种直觉的行或列的结构画出一幅完整的覆盖图。一次一个，关注到画出相等大小的单位。在比较情境中，儿童把大小和单位数量建立联系。认识到不同面积大小的单位会形成不同的测量值。也能认识到，应该使用相同的单位，至少在直觉上是相同的。可以通过点数单位来比较面积。 如上图一样绘画。同样，准确地计数，用一次数一行的方法来帮助计数，通常也要借助感知的标注。 如，当要求比较形状的时候，表述为它们占有相同数量的空间“因为它们都有 4 个”。	儿童讨论、学习、练习有规律地计数阵列。
6	**最初的组合结构 (Initial Composite Structurer) [之前是“部分的行结构 (Partial Row Structurer)”]** 把一个正方形单位既看作一个单位，也看作单位构成的一个成分（一行、一列或一组）；然而，儿童对空间形成结构需要图画支持（这可能包含某些砖片的物理运动或画出某些单位集，而非使用维度）。 一行一行地绘画和计数，但只是部分而不是全部。能够画出一些行，然后又回复到一个个独立的正方形，但它们在一栏中。没有协调好宽度和高度。在测量情境中，还没能用长方形的尺寸去限制单位的规格。 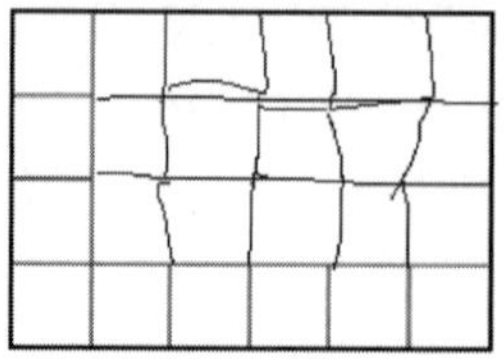	儿童使用正方形纸测量面积，以强化对单位正方形以及非整数值的使用。 呈现一个阵列，向儿童提问：一行有多少个？（5——使用能轻易跳数的数字）。滑动跨越下一行，重复问题。继续。 填补更多数量的缺失部分。使用把这一排移下去或移上来的词汇。 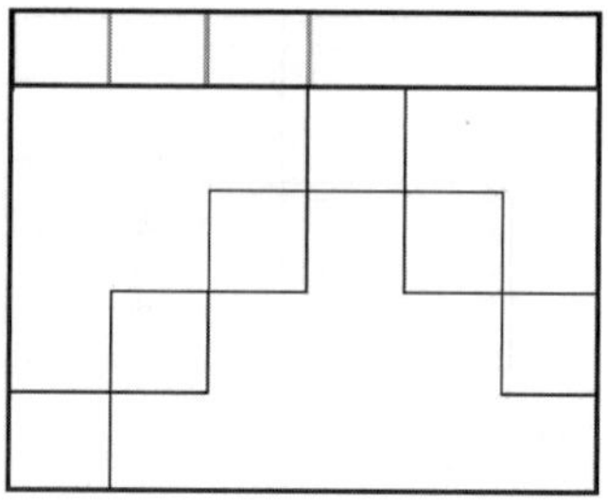

续表

年龄（岁）	发展进程	教学任务
6		通过把连续的正方形添加到长方形的动作，儿童学习到在一个阵列中，每一行都有同样数量的单位，单位必须紧靠在一起。正方形应贴紧长方形的边缘，此外，每一个新加的正方形都必须匹配上已经画好的正方形的两条边。一名儿童使用尺子画穿过长方形的直线后，已经开始清楚地意识到正方形的临界，但可能还没有发觉行的一致性，因此讨论和检验是非常重要的。 • 在“面积中的阵列”游戏中，儿童创建一个由他们设定大小的行，并重复地向下拉行去覆盖区域。然后提交他们的答案，这能够帮助他们解决以上问题。

续表

年龄（岁）	发展进程	教学任务
7	**面积的行列结构（Area Row and Column Structurer）［之前是“行列的结构”（Row and Column Structurer）］** 能够分解和重组部分单位形成一个整体的单位。 一行一行地画和数，画出一些平行的线条。在每行重复计数正方形的数量，或使用自然物测量或估计它重复的次数。能够那样计数的儿童通常有了系统的空间策略，如，按照行来判断。 如果任务是测量一个没有标记的长方形区域，测量一个维度以判断内部正方形的大小，最后判断需要画的行数。也许不需要完全画出来去判断要数（大多是年幼的儿童）或计算（重复的加或者乘）的部分。 在大多数情况下，具备面积守恒以及面积相加的组合推理（如，看起来不同的区域怎样有相同的面积），并认识到空间填充的需求。	为了取得进步，儿童需要从局部空间结构过渡到整体空间结构，协调他们的想法和行动，以便把正方形看作行和列中的一部分。 鼓励儿童填充空白的空间，方法是在头脑中建构一行，与指定的位置建立一一对应关系，然后重复这一行来填充长方形区域。 儿童知道一条线的长度沿着它首尾相接地摆放的单位长度的总长。给儿童没有标记的长方形。进行讨论，在一条线的端点做上 0 的标记，根据线条的长度确定一个适宜的单位量。 在“面积中的列”游戏（如上）中，提高难度，让儿童不覆盖全部的长方形区域，而是用目测的方法得出答案。
8	**阵列结构（Array Structurer）** 通过对两个维度进行线性测量或者其他类似的指标，以在一行或一列中重复倍数的方式来判断面积。对长方形面积公式有抽象的理解。 绘画不再必要。在乘法内容中，儿童能够从长方形的长度和宽度计算面积，并解释怎样用乘法算出面积。	给儿童两个长方形（稍后，可以提供一些由几个长方形构成的图形），询问他们哪个占的空间更大。

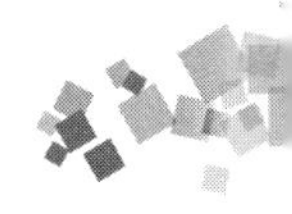

体积

体积引入了更多的复杂性。首先，第三维对儿童的空间建构是一个重要的挑战，但是液体的本质是用体积测量的，这也带来了另一种复杂性。这就决定了物理上的体积测量具有两条路径，一条是用正方体单位“塞满”一个类似于三维阵列的空间，一条是用重复某种流体单位的方式充满某个三维空间，而该流体单位表示了某种容器的形状。填充对儿童来说是较为容易的，难度与长度测量相类似。起初，这可能令人感到惊讶，但我们能明白原因，特别是填充圆柱体罐子，而罐子的高度与所测查的体积正好匹配的情境。

另一方面，“塞满”体积不但比长度测量和面积测量难一些，而且包括对体积更复杂的理解和体积公式。学前儿童可能会明白容器中所能容纳的大物体数量少于所能容纳的小物体的数量。然而，要理解塞满体积，他们必须理解三维的空间结构。如，对一层立方体搭建物的空间结构的理解与对长方形面积的空间结构的理解相似。如果是许多层的话，那情况就复杂了，特别是一些三维阵列的物体处于“内部”，是隐藏起来的。许多年幼儿童会仅仅点数立方体的面，因而常常会多次点数某些立方体，如，在角上的那些立方体，而不去点数内部的立方体。在某项研究中，仅有 1/5 的三年级学生把立方体的阵列按照行列结构的分层来加以理解。

经验与教育

正如长度测量和面积测量一样，儿童如何表征体积会影响他们对体积进行结构化的思考。如，与仅有 1/5 的学生没有关注空间结构相比，所有具有广泛的体积表征和体积经验的三年级学生均成功地把空间结构化为一种三维阵列（Lehrer，Strom，& Confrey，2002）。甚至绝大多数的学生把体积概念发展为面积（如，长乘宽）和高度的积。如，一名三年级学生使用平方格子纸估算圆柱体的底面积，通过画出底面来估算其高度，然后用此估算值乘以圆柱的高得到体积。这就表明，

空间结构化，包括塞满体积的发展进程可能要比基于美国教学序列中的学生所进行的某些横断研究表明的进程更领先一些。

体积测量的学习路径

表 11.2 提供了学习路径的两个附加部分，发展进程和教学任务。

表 11.2　体积测量的学习路径[①]

年龄（岁）	发展进程	教学任务
0—3	**体积量的识别 (Volume Quantity Recognizer)** 识别容积或体积属性。 儿童说：“这个盒子能装下许多积木！”	教师倾听并拓展关于可以容纳很多东西（物体、沙、水）的对话。
4—5	**体积填充 (Volume Filler) [之前是容积的直接比较和间接比较（Capacity Direct Comparer and Capacity Indirect Comparer）]** 能够比较两个容器的大小。用另一个容器（较小的容器）填充某个容器并且点数完全填充满较大容器所需要的数量。 将一个容器倒入另一个容器看哪个装得多。 能够将立方体放入一个长方体盒子中并填满它，最后，以结构化的方式用正方体把盒子完全填满。 能够通过身体或心理的校准比较物体；能够至少引用物体的两个维度；能够借助第三个容器比较，作传递性推理。 将一个容器中的液体分别倒入两个容器，能够得出哪一个装得少，因为一个溢出了而另一个还没有装满。	在比较容积的活动中，儿童比较 8 个容器装了多少沙子或水。请儿童说说哪个更多以及自己是怎样知道的。最后，询问哪个最多。 询问儿童当他们使用第三个容器去衡量每个容器时哪个装得更多。讨论他们是怎样知道的。

① 依据儿童测量研究项目的最新成果进行了修订；之前在本书姐妹篇中所称的水平在圆括号中注明。

续表

年龄（岁）	发展进程	教学任务
6	**体积计量（Volume Quantifier）（之前是简单的三维阵列计算［Primitive 3D Array Counter］）** 片面地把立方体理解为填充一个空间。能够估计填充所需要的勺数。能够注意到容器中被填充的部分和未填充的剩下部分。认识到什么时候容器是一半满。展现出初步的空间结构化能力。熟练地用立方体把盒子填满；可能在填充的时候会一次点数一个立方体，从而数出总数。通过物理上或心理上对三维的校准和对三维清晰的认知，完成物体的比较。 开始，只是数立方体的表面，可能会将角落的数两次，内部的不数。 最终，在一个有结构、有指导的情境下，能一次数一个立方体，如，用立方体装满一个小的盒子。	儿童使用立方体填充构造的盒子，所需的立方体不是很多。最终，他们预测需要多少块立方体填充盒子，然后计数以检验。 请儿童通过点数立方体的数量来比较物体的体积。鼓励儿童把较大的物体分割为较小的单位以“看到”所有的立方体。
7	**体积单位的关系和重复（Volume Unit Relater and Repeater）［之前是容积的关系和重复（Capacity Relater and Repeater）］** 用简单的单位去填充容器，能精确地计数。清楚地在大小和单位数量之间建立联系。认识到要填充一个给定的容器，需要用到的大单位数量少于小单位数量。能精确转换 1：2 比率的单位。 用重复的单位填充容器，数出用的单位有多少。 通过教学，理解要填满一个容器，当所用的单位大的时候需要的少，当所用的单位小时需要的就多。	在测量容积的活动中，提供三个半加仑的容器，用三种颜色分别做上 A、B、C 标记，裁成能够装 2 杯、4 杯和 8 杯水或沙的大小，用一个单位的杯子作为测量杯。让儿童找到一个能装 4 个单位的杯子。帮助他们装到被测杯的最高线。

续表

年龄（岁）	发展进程	教学任务
7	**最初的三维组合结构（Initial Composite 3D Structurer）［之前是“部分的三维结构”（Partial 3D Structurer）］** 把立方体理解为对空间的填充，但没有使用分层和乘法的思维。使用更加精确的计数策略。把立方体个数与立方单位建立联系。如果有一个以立方英寸为单位的量筒，儿童就会明白，把沙填充到量筒中 10 的位置，那么这些沙子就可以填满一个能够放置 10 个 1 立方英寸的立方体的盒子。儿童开始设想或操作组合型单位，如，行或列（我们称作是 1×1×n 中心部分）。儿童能够通过重复来铺满整个空间，会解释为“内部或隐藏”的立方体。儿童能够分解空间，会考虑到单位或子单位的精确使用。认识到当一个盒子仅有一半满的时候，能想象剩下的行或列。 无规律地计数，但是试图数出内部的立方体。 有规律地计数，试图数出外部和内部的立方体。 以一行或列来计数三维结构的立方体数量，运用跳数策略得到总数。	儿童使用立方体填充构造的盒子，所需的立方体不是很多。他们最后预测需要多少块立方体填充盒子，然后计数以检验。
8	**三维的行和列的结构（3D Row and Column Structurer）** 能够灵活地协调体积的填充、平铺和建构性特征。表现出对加法比较偏爱（如，“这个有 12 个以上”），但也可能表现出初步的乘法比较（如，“这个有 4 倍那么大”）。 计数或计算（行 × 列 × 高）一行中的立方体数量，然后运用追加或跳数的办法去得到总数。	预测填满盒子需要多少个立方体，然后计数和验证。先为儿童提供一张网或模型（下方左图）和图案。

续表

年龄（岁）	发展进程	教学任务
8	起初，儿童点数或计算（如，行数乘以列数）一层中的立方体数量，然后以层为单位使用加法或跳数的方法获得总的体积。最后，转到乘法上（如，一层中的立方体数量乘以层数）。 计算（行 × 列 × 高）一行中的立方体数量，然后乘以层数得到总数。	
9	**三维阵列结构（3D Array Structurer）** 儿童对长方体的体积公式有一个抽象的理解。儿童表现出对乘法比较、坐标乘法和复杂的加法比较偏爱。用线性测量或其他相似的三维指标，在一行或列中重复倍数的正方形来决定面积。 建构和绘画不再是必需的。在多种情境下，儿童能够计算长方体的体积，并且解释是怎样通过乘法算出体积的。	问儿童需要多少个立方体才能填满上图那样的盒子，然后问他们盒子的尺寸。再往后，儿童就会用到非整数测量。

长度、面积和体积的关系

研究表明，长度、面积和体积之间没有严格的发展顺序，但在某种意义上具有交叠的发展进程。空间结构化的过程似乎是以一维、二维、三维的顺序发展的。因而，强调对单位的重复，先发展长度测量是合理的。“填充”体积的经验可以作为讨论基本测量概念（如，相等大小单位的重复）重要性的另一个领域。用一些给定数量的物体（如，方砖）建构阵列的非正式经验可以发展儿童二维的空间结构化经验，而面积概念正是建基于这样的经验。塞满体积紧随其后。自始至终，教师应该明确讨论长度测量、面积测量、体积测量中单位结构的相似之处和差异之处。

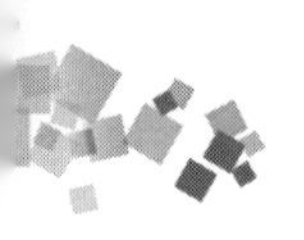

角和旋转测量

测量角的大小的方法基于对圆的分割。正如长度测量和面积测量一样，儿童需要理解诸如等量分割和单位重复这样一些概念来发展对角的测量和旋转测量的理解。此外，在角的测量中也有一些独特的挑战。从数学的角度来说，角以不同但相关的方式被赋予了不同的含义。如，一个角可能会被看作是由同一点延伸出的两条射线所形成的图形，或者是把一条线或一个平面与另一条线或平面建立重合或平行关系所需要的旋转量。前者涉及几何图形的两个或多个部分的组成，后者是对角的大小的测量，涉及两个部分之间的关系。因而，两者都属于几何特性（见第八章），两者均是儿童学习的难点。两者之间建立联系也有难度。学前期儿童和小学生常常会形成不同的角的概念，如，角是一个形状和角是一种位置移动。他们也会形成不同的观念以解释不同的旋转情境（如，一个风扇或一条铰链的无限制旋转）以及道路、绒线棒或图形中的各种“弯曲”。

儿童有许多有关角和角度的迷思概念（misconceptions）。如，“直”可以表示“不弯曲”，也可以表示“不上下”（竖直的）。如果所有的线段是等长的（见图 11.3 的第一部分），那么，许多儿童都能正确地比较角度，但线段不等长时（见图 11.3 的第二部分），仅有不到一半的小学生能够完成角的比较任务。他们常常基于线段的长度或两个端点间的距离来做出判断。还有一些其他的迷思概念，如，儿童认为直角（right angle）是指向右边（right）的角，或者认为，两个不同方向的直角是不相等的。

经验与教育

儿童所面临的困难可能意味着角和旋转测量并不需要介绍给年幼儿童。然而，也有一些把此类任务作为早期儿童数学教育目标的正当理由。首先，儿童能够非正式地比较角和旋转测量。第二，儿童对角的大小的应用，至少暗含了某些对形状的加工，如，儿童要对正方形和非正方的菱形进行区分就需要认识到角的大小

的关系，至少在直觉的水平上是如此。第三，角的测量在整个学校几何教育中起着关键的作用，早期奠定此基础是一个良好的课程目标。第四，研究表明，尽管仅有很小比例的小学生能够较好地领会角的概念，但幼儿也可以成功地学习这些概念。

儿童学习角的概念最困难的地方可能是在旋转情境下动态地理解角的测量。计算机可能是一种有益的教学工具。特定的计算机环境能够帮助儿童对角，特别是旋转进行定量，并把数与量建立联系，形成真正的测量。此处我们调查两类计算机环境。第一类是计算机操作，可能在两类中更适合幼儿。如，软件能鼓励幼儿使用旋转和轻击的工具有意识地绘图或者进行设计以及解决难题。仅仅使用这些工具就可以帮助儿童对旋转概念形成一个明确的认识（Sarama et al.，1996）。如，4 岁儿童利亚（Leah）先是把工具称为“旋转（spin）”工具，它是有意义的。她反复地敲击它，“旋转”形状。不管怎样，在一周内，她称其为旋转（turn）工具并有意使用左右工具。同样，当学前班儿童不使用计算机进行操作的时候，他能快速地操作模式积木片，但拒绝回答任何有关他的意图和原因的问题。当他最终停下来的时候，研究人员问他是如何让某个特定的积木片适合的，他努力寻求答案，最终给出的回答是“旋转了它”。而在计算机上操作的时候，他似乎意识到自己的行动，因为当问他对某个特定的积木片旋转了多少次的时候（在 30° 的增量内），他毫不犹豫且正确地回答说：“3 次。”（Sarama et al.，1996）第二类电脑环境是 Logo 的乌龟几何。Logo 也能帮助儿童学习角和旋转测量的概念。一名幼儿是这样解释他如何把乌龟旋转了 45° 的：“我是 5、10、15、20……45 这样的！（她一边数一边旋转她的手）。它就像一个汽车速度计。你 5 个 5 个增长！”（Clements & Battista，1991）。该儿童以数学的方式表征了旋转。她把某种单位应用到自己的旋转动作上，并且应用她的数数能力来判断某个测量值。

Logo 的乌龟需要精确的旋转指令，如，“向右旋转 90° ”。如果儿童在教师的引导下开展一些有价值的任务，那么儿童通过对乌龟的定向能理解一些有关角和旋转测量的知识。而相关的讨论应该关注旋转的角度和乌龟爬行路线所形成的角之间的差异。

如，图 11.4 呈现了集中工具。“标注旋转”工具 [在图 11.4（a）中描述的] 呈现了对每个旋转的测量，提醒儿童“右转 135° ”的指令会形成一个 135° 的外角，一个 45° 的角（由 100 和 150 个单位的两条线形成的内角）。

图 11.4（b）呈现的工具是让儿童测量一个他们想进行的旋转。这些工具内置于乌龟数学中（Clements & Meredith，1994），但使用任何 Logo 或乌龟几何情境的教师均应该确保儿童理解这些概念之间的关系。鼓励儿童旋转他们的身体，讨论他们的移动，然后在心里用 90° 和 45° 这些基准视觉化呈现这些移动。

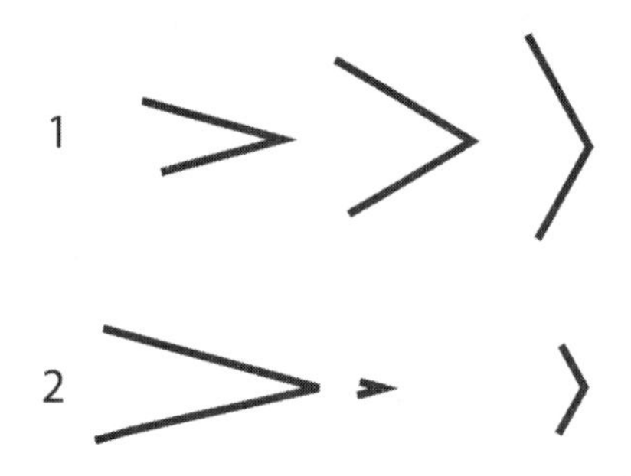

图 11.3　上面的角的线段是相等的，下面的角的线段是不相等的

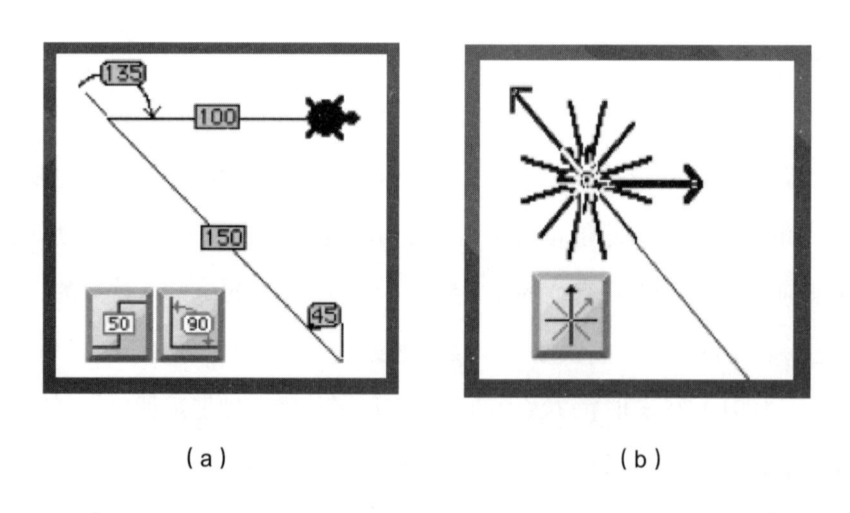

图 11.4　乌龟数学工具：（a）“线标签”和“旋转标签”（插入）和（b）“角度测量”

角和旋转测量的学习路径

要想理解角，儿童必须理解角的概念的各个方面。他们必须克服定向的难度，

把角看作是几何图形的关键部分，表征旋转的概念及其测量值。他们必须学习在所有这些概念之间建立联系。这是一项艰巨的任务，最好早点开始，在儿童处理图形的拐角，比较角的大小和旋转的时候就已经开始。角的测量的学习路径呈现在表 11.3 中。

表 11.3　角和旋转测量的学习路径

年龄（岁）	发展进程	教学任务
2—3	**对角的直觉建构（Intuitive Angle Builder）** 在日常情境中，如，积木搭建中，能直觉地使用某些角度测量的概念。 以直角（靠对积木的感觉支持）和相互平行放置积木搭建一条路。	采用结构性材料（如，单位积木）进行积木搭建活动。 日常导航。
4—5	**对角的隐性使用 (Implicit Angle User)** 在实际定位任务、积木建构或其他日常情境中隐性地使用某些角概念——包含平行和垂直（Mitchelmore，1989，1992；Seo & Ginsburg，2004）。可以使用实物模型辨别一对全等三角形相对应的角。用“角”这个词或其他描述性的词汇描述某些类似的情境。 在调整两块长积木之间的距离后，移动一块，使其与另一块平行，以便在它们之间准确地放置一块垂直的积木。预计在它们之间能垂直放置几块其他积木。	请进行积木建构的儿童描述他们如此建构的原因，或者让他们重新铺设一条积木路，帮助儿童反思平行、垂直和非直角。 用词汇“角”来描述各种含有角的情境。如，图形的角落、弯曲的电线、道路的转弯处或斜坡。请儿童发现并描述生活中“具有相似角”的事物。这样，儿童就可能把开门与剪刀建立联系，把积木搭建的斜坡与斜立于墙的梯子建立联系，等等。此处应该关注“张开”的大小（针对剪刀）或角（相对于地平面，针对的是斜坡）。
6	**角的匹配 (Angle Matcher)** 能正确地对角进行匹配。在具体情境中能清晰地辨识平行与非平行（Mitchelmore，1992）。把角度分类为“小的”和“大的”（但可能会受到无关特征的误导，如，线段的长度）。 如给儿童几个不全等三角形，让他们通过将两个角重叠，找到具有相同角度的一对。	即使图形不是全等的，儿童也能使用形状集合发现具有相同角度的图形。 解决那些需要关注角度大小的形状谜题（如，“图形组合”水平或以上；见第九章）。

续表

年龄（岁）	发展进程	教学任务
7	**角度大小的比较 (Angle Size Comparer)** 把角和角的大小与形状和情境区别开，并比较角度的大小。在不同方向上识别直角和其他大小的等角（Mitchelmore，1989）。比较简单的旋转。（注意：如果不进行教学，即使是小学末期的儿童也可能达不到该水平及以上水平）。 “我把含有直角的形状都放在了这里，把含有较小角或较大角的形状放在了那里。”	儿童利用 Logo 乌龟制作或复制径，建构形状（Clements & Meredith，1994）。同样，儿童谈论各种运动情境中的旋转及其测量值。如，散步和绘制地图。 把各种角度大小的情境与通常的隐喻联系在一起，如，时钟，注意角的两边（钟的指针），旋转的中心以及从一边到另一边的旋转量。讨论“愚蠢行为”（foolers），就是用较长的线段来表示较小的角，从而说明儿童固执的迷思概念，即线段的长度或端点间的长度是角度大小的恰当指标。
8+	**角度的测量 (Angle Measurer)** 在两个主要方面理解角和角的测量，并根据角和角的测量标准化的、可概括的概念和过程来表征多种情境（如，两条射线，共同的端点，一条射线绕端点旋转到另一条射线，并测量该旋转）。	儿童计算由 Logo 乌龟的旋转（外角）所形成的角的测量值（内角）。 请见“角的表征”。

时间、重量和钱怎么学习

当我们在准备美国研究委员会（NRC）关于早期数学学习的报告时（NRC，2009），我们看到在州标准中均共同呈现了时间、重量和钱几个主题。在对相关研究进行综述之后，我们认为这些主题在大多情况下更适合于作为科学或社会研究的主题，而非数学研究的主题。钱在数学教学中是一种有益的表征，但硬币识别并非数学。［这些主题在共同核心标准中均有提及，但可能仅仅因为它们在其他的标准里。如，幼儿园儿童要“使用模拟的钟或数字钟说出并书写整点和半点”（K.MD），二年级学生要“用上午和下午说出并书写从模拟钟和数字钟到最近的

5 分钟”并“能合适地使用符号来解决涉及美元、两角五分、十元钱、分币和便士等的应用题。如，如果你有 2 个十元钱（dimes）和 3 便士，那么你有多少美分？”（2.MD）]。由于这些原因，我在此仅对时间做简单的讨论，在其他章节中有使用钱的例子。

时间是用于排出顺序、序列或事件发生发展并比较事件的持续与间隔的测量值（Burny，Valcke，& Desoete，2009）。因为很多原因，时间可能是令人困惑的。时间的本质仍然困扰着科学家和哲学家们。从数学的角度来说，时间是一个复合体，由 60 秒构成 1 分钟，60 分钟构成 1 小时，24 小时构成 1 天，7 天构成 1 周，4 周构成……，想想所有的那些数字线！儿童需要拥有数感，空间感和时间感，语言能力，点数的能力，以及分数的起始知识（一半和四分之一）。最后，测量时距或时间间隔需要加减的技能。难怪时间对所有儿童来说都是一个难学的概念（Burny，et al.，2009；Burny，2012；Russell & Kamii，2012）。

这里有一个认读钟表的简单发展进程。绝大多数的学前儿童能做的仅仅是把所熟悉的活动与时间相联系，如，睡觉时间和吃饭时间（Burny，et al.，2009）。约有三分之一到一半的 5 岁儿童能够读出整点，绝大多数的 6 岁儿童能准确地读出整点。几乎所有的二年级学生都能够读出整点和半点，三年级学生能够精确到 5 分钟。

即使许多儿童直到三年级才学会整合时间概念，但幼儿教师可以很好地强调时间的意义，强调时间情境之间的联系，如，时钟和日历（Burny，Valcke，& Desoete，2012）。小学生已经具有比某些课程所显示的更高的能力来学习和理解这些概念，那些教儿童早期读钟表的教学在早期儿童教育中是成功的（Burny，Valcke，Desoete，& Van Luit，2013）。他们应该确保儿童理解时间（的科学）概念，数学概念和语言（词汇和故事会有所助益）。时间可能也会涉及空间能力（Burny，et al.，2012）。许多文化会使用空间隐喻来思考时间问题（Nunez，Cooperrider，Doan，& Wassmann，2012）。成功的教学可能会涉及使用手势和言语来注释钟面（Willians，2008）。

数学学习困难儿童（见第十四章）比一般成绩的儿童在认读钟表上表现更差

一些。他们在程序策略和提取策略上均存在问题，儿童需要读出复杂的 5 分钟和 1 分钟的钟表时间（Burny，et al.，2012）。

流逝的时间对儿童特别有难度，因为儿童必须整合不同大小的单位（如，小时和分钟）。如，二年级及以上的学生常常认为 8：30 和 11：00 之间有 3 小时 30 分钟，因为从 8 点到 11 点是 3 小时，然后再加上 30 分钟（Kamii & Russell，2012）。理解这些挑战，帮助儿童思考其生命中的持续性问题并引导他们首先采用自己的非正式策略是非常有帮助的（Kamii & Russell，2012）。

结语

测量是数学在现实世界中的主要应用之一。它可以帮助儿童在早期数学的另外两个关键领域，几何和数之间建立联系。第十二章也涉及一些在联系数学概念和解决实际问题中非常重要的内容领域，主要包括模式、结构、早期代数过程以及数据分析。

第十二章　其他内容领域

图 12.1 中呈现的数学是什么？

图 12.1　两名学前儿童使用的这些东西包含什么数学内容？

美国数学教师理事会的《学校数学原则与标准》包含了针对所有学段的 5 个内容标准：数与运算，几何，测量，代数，数据分析与概率。前面章节已经深入讨论了前三个内容。后两个的具体内容是什么？它们有什么作用？

模式和结构（含代数思维）

术语“模式”的广泛使用说明了该概念作为数学目标的主要优势和劣势。细想几个其他章节中的例子：

• 知觉模式，如，感知到的多米诺模式、手指模式或听觉模式（如，3 次击打声）（见第二章）。

• 数数中的数词模式（Wu，2011）（见第三章）。

• “接数（one-more）”的数数模式（见第三章），该模式把数数和计算联结起来。

• 数值模式，如，把 3 表征为一个三角形；或者诸如对 5 进行分合的相似模式（见第二章、第三章、第五章、第六章）。

• 计算模式，特别有效且易于儿童明白的是：翻倍（3+3，7+7），这样可以帮助儿童理解诸如 7+8 这样的组合，以及 5 个 5 个（6 是由 5+1 形成，7 是由 5+2 形成），这可以帮助儿童理解基于 5 的分解（见第六章，也可见 Parker & Baldridge，2004 的其他例子）。

•空间模式，如，正方形空间模式（第八章）或图形的组合（第九章），也包括阵列结构（第十一章）。

早期数学中的这些模式案例没有一个能刻画出早期儿童课堂中“做模式”的最典型的实践活动。典型的实践如做“红、蓝、红、蓝”纸链这类活动。这种序列化的重复模式可能是很有意义的，但教育工作者应该知道模式在数学和数学教育中的作用，知道诸如纸链这类序列化的重复模式如何纳入（但肯定不是单独构成）模式化和结构的更重要角色中。

首先，数学家琳妮·斯蒂恩（Lynne Steen）认为数学是“模式科学”——关于数和空间的模式（1988）。根据斯蒂恩的观点，数学理论就是建基于模式之间的关系和源于模式与观察之间匹配的应用。其次，这些内容并非数学教育中的附加部分：研究已经表明，儿童模式和结构能力可以预测其数学学习，并且也是儿童数学学习的重要组成部分（Lüken，2012）。

因此，模式概念远不止序列化的重复模式。构建模式（patterning）就是在探寻数学规则和结构。对模式的识别和应用可以让那些似乎无组织的情境形成秩序性、一致性和可预测性，并可以让我们对所面对的信息做出归纳和概括。尽管可以把模式看作是一个内容领域，但构建模式并不仅仅是一个内容领域，它是一个过程，一个研究领域，也是一种思维习惯。从这一广义视角来看，正如前面章节所显示的，儿童的模式发展应该起始于其生命的第一年。在本章中，我们主要关注序列化的和其他类型的重复模式，及其向代数思维的扩展——这是美国数学教师理事会中与儿童早期的模式活动有明确联系的内容领域。不过我们不应该忘记，此处所谈的模式内容仅仅是斯蒂恩的“模式科学”中一个很小的方面。

这个观点与其他文献也是一致的。美国研究委员会关于早期数学的报告（NRC，2004）中有许多模式的文献，不过不是作为一个内容领域，而是作为一种普遍的数学推理过程（见第 46 页的“探寻模式和结构，并组织信息”）。这是本书主要关注之处。同样，《共同核心州立标准》（CCSS）中也有两项“数学实践”与模式和结构相关：“7. 探索并利用结构”和“8. 探索并表达重复推理中的规则”。

从很早的时候，儿童就对模式具有了敏感性，如，动作模式、行为模式、视觉呈现模式等。儿童对模式的清晰理解是在童年早期逐步发展起来的。如，虽然大约有 3/4 的儿童在刚入学时就能够复制一种重复模式，但仅有 1/3 的儿童能够扩展或解释这样的模式。学前儿童能够学习复制简单的模式，至少到学前班的时候，儿童能够学习扩展和创造模式。再大一些，儿童学习识别相同模式的不同表征之间的关系（如，视觉模式和肌肉运动或运动模式之间；红、蓝、红、蓝和响指、拍手、响指、拍手之间）。这是儿童利用模式进行归纳概括和揭示共同的基础结构的关键一步。在入学初期，儿童受益于对核心单位识别的学习，这些核心单位可能是重复的（ABABAB）也可能是增长的（ABAABAAAB），然后，儿童用这些核心单位来生成两种类型的模式。除了模式是视觉素养教学的多种元素之一，在阿甘（Agam）项目中具有积极的长期影响外（Razel & Eylon，1990），我们对其他方面知之甚少。

模式中什么地方有“代数学”呢？用一种事物代替另一种事物是代数表征的起点。在学前班或幼儿园时期，许多儿童就能够用诸如 ABAB 这样的规则命名模式。这可能潜在地成为进入代数思维的另一步，因为它涉及用变量名（字母）来标记或标识包含不同物质体系的模式。这种命名活动帮助儿童认识到数学是关注基本结构，而非物体的外表。另外，一一对应是基本代数概念“映射”（如，函数表）的原始版本。最明显的可能是，早在学前班和幼儿园，儿童就已经能弄清楚“早期代数概括”，如，“从任何一个数中减去 0 仍然是那个数”，或者“一个数减去它自身就得 0”。尽管儿童常常是在教师的明确引导下才能意识到这些代数概括，但这种代数概括在小学阶段会得到进一步发展。

关于幼儿对模式理解的研究可以用于为早期数学教育中的模式教学建立发展

适宜性的学习路径，至少可以用于建立简单的序列重复模式的学习路径。而将模式作为一种思维方式的研究则比较薄弱。下一部分包含了一些有效的方法。

经验与教育

对早期儿童进行最典型的模式——序列重复模式的教学方法已经出现在美国的几个课程计划中（见第十五章）。在下面的表 12.1 中呈现了搭建积木项目针对这种模式的学习路径。这些活动表明，除了能把形状或其他物体按顺序排列，儿童也能参与进节奏和音乐模式中。他们能学习一些比简单的 ABABAB 模式更复杂的模式。如，他们可以以“拍手、拍手、响指；拍手、拍手、响指”为始，然后讨论这种模式，并用词语和其他动作表征该模式，这样，“拍手、拍手、响指”就可以转变为“跳、跳、掉下来；跳、跳、掉下来”，并很快就符号化为 AABAAB 模式。几个课程已经成功把这种模式教给了 4—5 岁的儿童（更多关于节律在数学学习中的作用，见 Steinke，2013）。

在有意义的、富有激励的情境中，幼儿的游戏活动和非正式活动可能是学习数学模式的有效工具。然而，教师需要懂得如何利用这种机会。如，某位教师让儿童为纸娃娃做服饰图案。但不幸的是，她提供的样例是彩色的，且所有案例都是复杂的随机设计，并未包含模式。

在另一项研究中，教师观察到有儿童四次重复画出了一种绿色、粉红色、紫色的模式核心单位。儿童说：“看，我的模式。”教师看到了这些，说：“你做的看起来很美，很具有艺术性。”她似乎并没有意识到自己已经错失了模式教学的机会（Fox，2005）。在另一所幼儿园中，一名儿童正在使用锤子和钉子等建构工具。切尔西正在把一些形状钉到软木板上，她对其他儿童说：“这是一条珍珠项链，珍珠、有趣的形状，珍珠、有趣的形状，珍珠、有趣的形状。”教师也询问了切尔西有关她的创造。在教师介入之后，另一名儿童哈里特开始使用工具复制该模式（黄色圆形、绿色三角形）。艾玛也加入进来，利用 ABBA 模式做了一条项链。切尔西的兴趣明显是在数学模式上，教师的介入鼓励了其他儿童加入模

式创造的活动中。这就是一个在游戏情境中开展有意义的数学模式活动的案例。

延伸这些研究项目的结论，我们认为，教师需要理解各种形式的模式的学习路径以及模式作为一种思维习惯这一更广泛的含义。正如在所有数学领域中一样，我们认为在模式中有必要帮助教师规划特定的经验和活动，利用儿童发起的相关活动，在所有情境中引发和指导儿童进行有关数学的生成性讨论。

有几项研究和项目阐述了这种方法。那些学习过重复模式、对称模式、元素数量增加的模式，以及物体旋转到 6 或 8 个位置的模式的一年级学生在阅读和数学测试上的得分更高（Pasnak et al.，2012）。在一项相关研究中，那些做过模式活动的一年级学生比那些做阅读或社会研究活动的学生在数学概念上表现得更为优秀，且甚至比那些直接进行数学活动的学生在两项测评中的其中一项上表现得更为优秀（Kidd，Carlson，Gadzichowski，Boyer，Gallington，& Pasnak，2013）。

同样，来自澳大利亚的其他项目显示了强调以数学模式和结构为重点的广泛活动的作用。正如他们所观察到的，当学生在诸如数数、分割、目测、分组和单位化（这意味着，正如在本章介绍部分说明的那样，本书大多数最重要的模式活动在其他章节中也存在）的过程中观察、回忆和表征数的结构和空间结构的时候，教学活动发展了学生的视觉记忆。这些活动以不同的形式有规则地重复，鼓励儿童进行归纳概括。如，儿童复制模式，包含序列化的重复模式、不同大小的简单网格和阵列（包括三角形或正方形的数字）。他们也解释了模式相同的原因，用序数来描述重复模式（如，“每隔三块就是蓝色的”）。当网格模式的一部分被隐藏或不在儿童记忆中，他们会创造出网格模式。

这样，这些“模式和结构”活动包含了诸如那些用于感数（第二章）的视觉结构和空间结构（第七章和第十一章），以及结构化的线性空间（第十章）和与这些相联系的数结构（第三章至第六章）。如此，模式和结构的观点就包含了简单的线性模式，但远不止这些，还连接看似独立的数学领域。那些没有发展这类知识的儿童在数学上的进步就小。但对所有儿童来说，特别是那些入学时能力较弱的儿童，为他们提供广泛的有关模式和结构的学习经验（如，不仅仅定义为“改变颜色”；Papic，Mulligan，& Mitchelmore，2011），将有助于他们快速取得实

质性的进步（Mulligan，Mitchelmore，English，& Crevensten，2012）。他们能从模式和结构的教学中获得实质性的益处（Mulligan，2011a；Mulligan，2011b）。

进入小学之后，儿童能得益于用数字描述模式。即使是序列化的重复模式也能描述为“两个物体，然后是一个其他物体”。数数模式、计算模式和空间结构模式等已经在其他章节中强调过。此处我们再次强调的是，应该帮助儿童进行一些算术归纳和概括，如：

- 一个数加上 0，和还是那个数。
- 一个数加上 1，和是其数数序列中相邻的下一个数。
- 两个数相加，和与两个数的先后没有关系。
- 三个数相加，先加哪两个数均可。

对大多数儿童来说，这是模式、数和代数之间的第一个明确的联系。一名儿童使用某一策略可能会促使另一名儿童询问为什么它会起作用，这会引发对给定运算的一般性表述的讨论。然而，卡朋特和利瓦伊（Carpenter & Levi）发现这样的状况并不会有规律地在一、二年级的课堂上发生，因而，他们使用麦迪逊（Madison）项目中鲍勃·戴维斯（Bob Davis）的活动，特别是这些活动中包含了对错题和开放性数量判断。如，要求儿童证明那些对错题的正确性，如，22−12=10（正确还是错误？），其他的如，7+8=16，67+54=571。他们也会解决一些各种形式的开放性数量判断。开放性数量判断涉及单一变量，如，x+58=84，也涉及多变量，如，x+y=12，以及重复变量，如，x+x=48。选择特定案例的目的是激发儿童讨论数值运算及其关系的基本特征。如，对 324+0=324 正确性的证明会引发儿童对 0 的归纳概括。（注意：当你说给一个数加上 0 的时候，并没有改变那个数，你的意思是“添加的仅仅是 0”，而非给数连接一个 0，如，10 连接一个 0 就是 100，也不是添加包含 0 的数字，如，100+100；Carpenter & Levi，1999）。儿童喜欢创造和交换他们自己的对错判断，并能从中受益。另一个案例是 15+16=15+x 这种形式的判断。这可以引发儿童认识到他们并非一定要进行计算，然后用更复杂的策略来解决诸如 67+83=x+82 这类问题（Carpenter，Franke，& Levi，2003，p. 47−57）。

这些研究者也提出了几个需要规避的策略（Carpenter，et al.，2003）。如，避免使用等号列出事物和数量（如，约翰 =8，梅西 =9……）。不要用等号表示某个集合中的元素数（||| =3）或者用它来表示两个集合的元素数目相同。最后，不要用它来表征成串的算式，如，20+30=50+7=57+8=65。最后一个很常见，但可能是最令人震惊的。如果需要，可以用一系列的等式来代替。如，20+30=50，50+7=57，57+8=65。

关于等号，还有更多基于研究的教学建议，但往往教得不好。有个研究项目建议，只有找出一个数的所有分解方式，才可以把被分解的数（如，5）放在等号前面：5=5+0，5=4+1，5=3+2（Fuson & Abrahamson，2009）。这样，儿童就会写下等式链，在等式链中他们会以各种方式写出数字（如，9=8+1=23−14=109−100=1+1+1+1+5=……）。这样的工作可以帮助儿童避免有限的概念化。

另一项研究发现，幼儿园和一年级儿童可以认识合理的数式，如，3+2=5，但仅有一年级儿童能自己生成这样的数式。然而他们发现，认识诸如 8=12−4 这种数式的难度更大。因而，教师需要给儿童提供各种案例，包括把运算放在右边，也包括多重的运算，如，4+2+1+3+2=12。在所有这类工作中，要讨论加减算式的性质，不同符号及其作用，定义的和非定义的属性。如，儿童可能最终通过归纳不仅明白 3+2=5 和 2+3=5，而且明白 3+2=2+3。尽管如此，他们可能仅仅明白数字的顺序无关紧要，而并没有理解这是加法的性质（不是成对的数字）。讨论可以帮助儿童把算术运算理解为“所要思考的事情”，并帮助他们讨论其特征（更多的案例请见 Kaput，Carraher，& Blanton，2008）。

另一个对三、四年级学生的研究表明，在等式中通过与大于号和小于号对比进行等号教学有助于学生理解等号的相关意义（Hattikudur & Alibali，2007）。相比那些仅学习一种符号的学生，这些学生同时学习了三种符号。

一项决定性的研究表明，给二年级学生提供诸如 2+5+1=3+ □这样的等式，并给他们提供反馈，他们的成绩有了显著提高。在该研究中，不同任务类型，如，非符号、半符号或符号的都并不重要（Sherman，Bisanz，& Popescu，2007）。可能主要的是，学生是否把这种工作和所有计算工作理解为一种意义建构的活动。

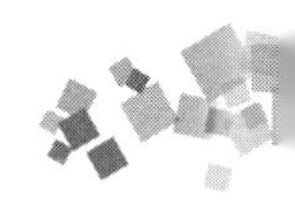

也就是说，当要求解决类似8+4=□+5这样的问题时，学生常常会把12填到空格中。也有学生会把5也包含进总数中，在空格中填入17。还有学生会把12填入空格，再在5的后面添加=17，从而创建一个总数（Franke，& Carpenter， & Battey，2008）。正如前面讨论的，他们把等号理解为一种计算教学，是给出答案的符号，而这并不是等号的数学意义。

在后续的一项研究中，任务类型确实很重要。非符号问题的经验促进了学生在符号性问题上的表现（Sherman，2009）。也就是说，儿童用实物解决问题，比如，在第四个盘子中放入什么才能让两对盘子中物体的数目相同（如，●●●●● ●●|●●●● ？）。这类经验可以帮助儿童把他们成功的概念和策略匹配到符号化的相等问题上。

当儿童理解了语义（每个符号的意义）时，就促进了问题的解决。如，儿童可能会以如下方式思考（Schoenfeld，2008）。

我面对的是含有一个未知数的方程。我应该去发现框中的数字。方程的两边必须是相等的。我知道如何寻找到方程左边的总数：8+4=12。因此，我能重新把方程写作：

$$12=\square+5$$

或者可能是看起来更舒服的一种形式：

$$\square+5=12$$

因此，我要寻找的数字应该是加上5之后和等于12。我知道如何做。答案是7。所以，7可以填入空格中。我能进行检查：8+4=12和7+5=12，因此，8+4=7+5。

这种解决问题的思路有赖于我们对方程含义的理解。如果儿童根据方程的意义理解这些方程，那么他们就能理解其意义并解决问题。舍恩菲尔德（Schoenfeld）认为，每个问题，即使是3+2=5，也有其特定意义（一组3和一组2的结合……），对儿童来说，如果问题与其意义的连接越清晰，其算术能力和早期代数能力就会越强。

这意味着没有关注关系思维和代数思维的计算教学会给儿童以后的数学发展造成障碍。儿童必须把所有的数学看作对模式、结构和关系的探究，看作一种

在一般的理解数量情境和空间情境中形成观念和验证观念的过程（Schoenfeld，2008）。只有当儿童把这样的工作贯穿于他们的数学学习中，他们才能为其后续的数学学习，包括代数学习做好准备。

最近几个项目可能是非常惊人的。英国的数学增强方案已经为学前儿童开发了代数活动。考虑到解决两个联立线性方程 x+y=4 和 x=y 的问题。在这项方案中，4—5 岁的儿童要遵循两条规则在蜗牛的轮廓中涂颜色：他们必须给 4 只蜗牛涂上颜色，棕色蜗牛的数量要等于黄色蜗牛的数量。材料是由大卫・伯格斯（David Burghes）基于匈牙利数学课程开发的。

同样，由玛利亚布兰顿（Maria Blanton）和其同事主持的早期代数项目表明，学前到一年级的儿童能够用物体或图画对模式进行点数和记录，到二、三年级的时候，儿童已经能够独立组织仅有数值的数据。他们建议让所有早期各年级的儿童均可以使用 t 形图（教师姓名为简单函数表名，其中一列数据表示自变量，一列数据表示因变量）。（Blanton，et al.，2012； Blanton & Kaput，2011）如，一年级学生用图 12.2 中所示的 t 形图记录大小不同的组的握手总数。你能理解其模式并扩展它（或检验它）吗？

人	握手	
0	0	
1	0	
2	1	1
3	3	2
4	6	3
5	10	4
6		?

图 12.2　一年级学生用 t 形图解决“握手问题”

另一项研究表明，8 岁儿童同样能够执行并表现出函数思维（Warren & Cooper，2008）。那些对早期代数感兴趣，特别是二年级到中年级的学生，应该查阅学生用书。他们将与不同年级的学生就其他几个项目展开深入的讨论。

模式和结构的学习路径

两个报告和我们的观点一致，即模式是数学思维的一种普遍方法。在形成我们关于早期数学的报告中，我们认为，模式不应该仅仅是一个内容领域，而更应该是一个数学过程（正因如此，才把该部分放到了第十三章）（NRC，2009）。同样，在《共同核心州立标准》（CCSS）中，模式本身并没有出现在内容标准中，而是作为一种数学实践放在了第十三章中。

然而，美国数学教师理事会的《课程焦点》（CFP）把以下目标界定为与模式和代数思维相关的内容（NCTM，2006），这正如我们在本章所提到的。

• 学前班（Pre-k）包含一个联系：

代数：儿童识别并复制简单的序列模式（如，正方形、圆形、正方形、圆形、正方形、圆形）。

• 幼儿园（K）包含一个联系：

代数：儿童识别、复制和扩展简单的数模式和序列性的增长模式（如，图形模式），为创造描述关系的规则做准备。

• 一年级包含一个焦点（加减；见第五章）和两个联系：

数和运算以及代数：儿童使用数学推理，包括诸如交换性、联结性观念，和十位与个位的初步观念，用他们自己理解并能解释的策略来解决两位数的加减问题。他们能解决常规和非常规的问题。

代数：儿童在发展其针对基本事实的策略中，通过识别、描述和应用数字模式和特征，学习了数和运算的其他特征，如，奇数和偶数（如，“偶数物体是可以配对的，没有任何的剩余”），以及 0 作为加法的恒等元素。

• 二年级包含一个焦点（有关加减运算；见第五章）和一个联系：

代数：儿童使用数模式来扩展他们关于数与运算的特征知识。如，在间隔数数时，儿童为理解倍数和因子打下了基础。

如此，早期序列模式的学习很快就会扩展到增长模式和计算模式。

表 12.1 呈现了模式的学习路径。如前所述，这主要涉及简单的序列重复模式的典型案例。（进一步说，这里的序列主要来自关于幼儿模式的一些研究，主要

是我们的搭建积木项目和TRIAD项目）。这仅仅包括了“模式和结构”所描述的概念和模式过程的一小部分。

表 12.1　模式和结构的学习路径

年龄（岁）	发展进程	教学任务
2	**对模式还没有精确的认识 (Pre–Explicit Patterner)** 能隐约地察觉和运用模式，但也许不能清晰或正确地识别连续排列的线性模式。 命名没有重复花纹单位的条纹衬衫为一个模式。	着重关注儿童歌谣、诗歌和自发动作（如，舞蹈）中的模式。 使用可操作性的材料，如，积木、拼图、其他操作材料（简单材料，如，长短不同的铅笔；商业产品，如，蒙氏材料等）来排序，讨论上述东西的规律以帮助儿童使用并最终识别模式。
3	**识别模式 (Pattern Recognizer)** 识别一个简单的模式。 “我穿着一个模式”，能把带有黑、白、黑、白条纹的衬衫看成一个模式。	• 数数并以某种模式移动：花几分钟时间与儿童以2个2个的模式或其他适宜的偶数模式进行数数，如，“1、2、3、4、5、6⋯⋯”。①要使活动更有趣，可以一边数一边击鼓或敲积木，数到偶数时重重地敲击。 • 模式行走（pattern walk）：阅读书籍《我看见了模式》（*I See Patterns*）。各种信息的无关联性和分散性使得世界中的模式具有迷惑性，这本书将有助于儿童解释和区分各种类型的模式，然后进行模式行走活动，寻找、讨论、拍摄并画出看见的模式。 • 衣服上的模式：找儿童衣服颜色上的重复模式。鼓励他们穿带有模式的衣服，并讨论他们衣服上的模式。

① 此处数字2、4、6等偶数重读以表示2个2个的模式。

续表

年龄（岁）	发展进程	教学任务
4	**填补模式 (Pattern Fixer)** 填补模式中缺少的元素，从 ABAB 模式开始。（这可能对某些儿童来说难度更大一些，Warren & Miller，2010）。 把物品排成一排，其中一个物品缺失，ABAB_BAB，让儿童判断并填补缺少的元素。	● 填补模式：给儿童展示一个几何模式，把它的模式有节奏地吟诵出来（如，正方形、三角形、正方形、三角形、正方形、三角形……，至少说三组）。然后指向模式中的一个空缺，问儿童需要填补哪个形状。如果儿童需要帮助，指着每块积木，让他们重复地说刚才的形状，用重复的词来暗示他们应该放哪个形状。
	复制 AB 模式 (Pattern Duplicator AB) 复制 ABABAB 模式。也许必须挨着模式范例进行。	● 模式长条：给儿童展示画在长条纸上的一个几何模式，让他们描述长条上的模式（正方形、圆形、正方形、圆形、正方形、圆形……）。
	给出按 ABABAB 模式排成一排的物品，让儿童在旁边把自己的物品排成 ABABAB 模式。	▲让儿童帮助你复制这个模式，必要的时候让他们直接把模式积木放在带有模式的长条上。 ▲教师指着每块积木让儿童说出模式。 ● 飞机模式——复制 AB 模式：给出一排 AB 模式旗帜的轮廓作为提示，让儿童复制这个 AB 模式。模式完成后，飞机降落。

续表

年龄（岁）	发展进程	教学任务
4	**拓展 AB 模式 (Pattern Extender AB)** 扩展重复的 AB 模式。 给出排成 ABABAB 的一排物品，让儿童在末尾加上 ABAB。	● 模式长条——拓展：给儿童展示带有 ABABAB 模式的一个长条，让他们用材料继续完成这个模式。讨论他们是怎么知道该这么做的。 ● 排队模式 1——拓展 AB 模式：给出一个完整单位（音乐家）的循环，让儿童拓展出一队音乐家的 AB 模式。模式完成后，音乐家开始游行演奏。 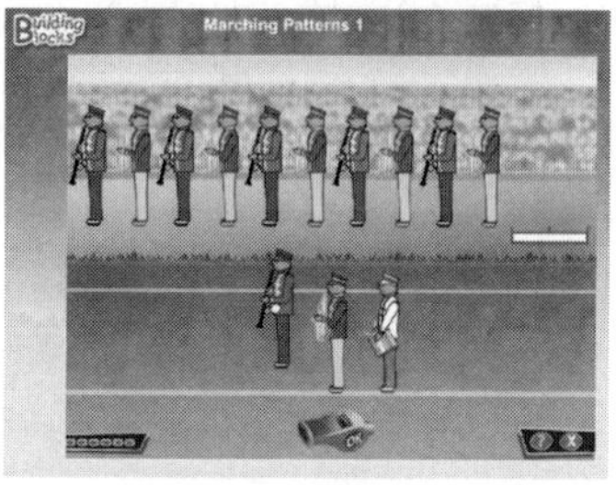
	复制模式 (Pattern Duplicator) 复制简单的模式（不用挨着模式范例）。 给出一排排成 ABBABBABB 模式的物品，让儿童在不同的地方用自己的物品摆出相同的模式。	● 跳舞模式：让儿童玩跳舞模式，一个人拍手（1）、踢腿（1）、踢腿（2），拍手（1）、踢腿（1）、踢腿（2），拍手（1）、踢腿（1）、踢腿（2）……，随着这个模式唱歌。然后，让儿童描述这个模式。 ● 飞机模式 2（和 3）：给出一排 AAB 或 ABB 模式（适用于水平 2；到水平 3 换成 ABC）旗帜的轮廓作为提示，让儿童复制这个模式。模式完成后，飞机降落。 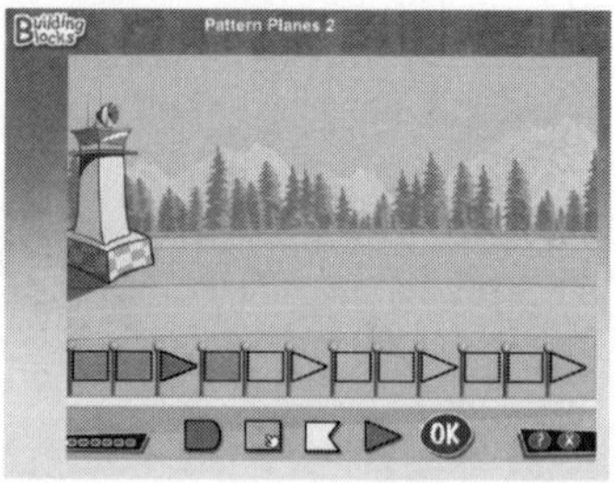

续表

年龄（岁）	发展进程	教学任务
5	**拓展模式 (Pattern Extender)** 拓展简单的重复的模式。 给出一排排成 ABBABBABB 模式的物品，让儿童在末尾加上 ABBABB。	● 创造性的模式：这是把创造模式的材料添加到你的创造区的好机会。肯定有人想做一个能带回家的模式。 ● 模式长条——拓展：（见上页） ● 穿珠子：儿童按照串珠线末端的模式，把珠子穿到线上来拓展这个模式，完成一串模式项链。 ● 排队模式 2（和 3）——拓展：给出一个完整单位（音乐家）的循环，让儿童拓展出一队音乐家的模式。模式完成后，音乐家开始游行演奏。音乐家的模式在水平 2 可以是 AAB 和 ABB，水平 3 为 ABC。

续表

年龄（岁）	发展进程	教学任务
6	**识别模式单位 (Pattern Unit Recognizer)** 识别一个模式最小的单位。能把模式转换成新的媒介。 能识别物品摆成的 ABBABBABB 模式中的核心单位是 ABB。	● 模式长条——核心：重新介绍模式长条，着重强调模式中核心的意思。 ▲给儿童展示一条模式长条，让他们描述长条上的模式（垂直线、垂直线、水平线，垂直线、垂直线、水平线，垂直线、垂直线、水平线……）。 ▲问他们这个模式的核心是什么（垂直线、垂直线、水平线）。 ▲让儿童用小棍帮你复制这个模式，每名儿童复制一个模式核心。 ▲让他们添加跟核心一样的东西来继续完成这个模式。 ● 组块模式：把一大堆组块放在儿童中间，给他们展示用两种颜色（如，蓝、蓝、黄）的组块搭成的一座塔。 ▲让每名儿童搭一座蓝蓝黄模式的塔。 ▲让儿童把这些塔连起来，形成一个长的组块模式串。 ▲一边指着模式串的每个组块，一边有节奏地说出每个组块。 ▲用不同的组块塔重复此活动。 支持性策略： ▲更多的帮助——对于那些完成和拓展模式有困难的儿童，最好让他们一步一步地完成组块模式。帮助他们把一些塔放到别人的塔（如，红组块、蓝组块）旁边，看他们是否一致。“读”自己的塔，一边从下往上“读”每层塔的颜色，一边有节奏地重复说出每种颜色。最后，把塔连成串，并再一次有节奏地重复说出这个模式。 ▲额外挑战——用更多的复杂模。甚至试一试用末尾与开头一样的模式，如，核心单位为 ABBCA，形成具有迷惑性的模式：ABBCAABBCAABBCA。

续表

年龄（岁）	发展进程	教学任务
6		• 模式自由探索：让儿童创造韵律的模式进行探索。模式通过两个音高和相等时长（稳定节拍）的鼓点表现出来，也是视觉可见的——强调模式的核心单位。 
7	**数模式 (Numeric Patterner)** 用数表示模式，这个模式可以用一系列的几何表征和数的表征来表现，并且这两种表征可以相互转换。 用物品摆出一个几何模式，让儿童描述它的数字形式。	• 增长模式：让儿童观察、复制和创造不断增长的模式，尤其是正方形增长模式、三角形增长模式，注意这些模式具体表征的几何模式和数模式。 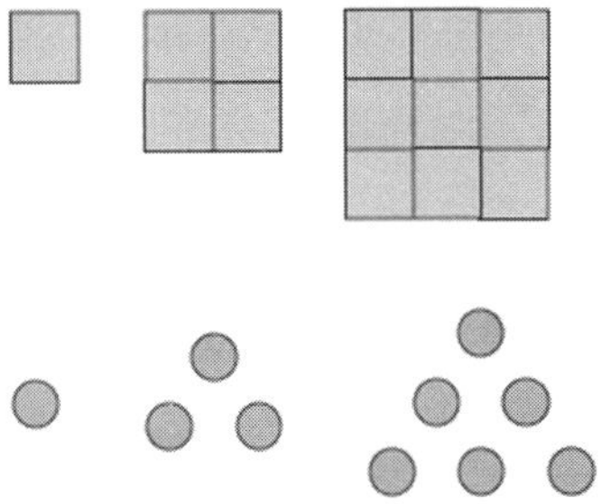 • 发现书中的模式：儿童文学中充满了能够鼓励儿童进行模式探索的好的文本（请见 Whitin & Whitin，2011 文献中的书单和例子）。 • 代数和几何思维：更多例子见本书，特别是第 322−323 页。

数据分析和概率

数据分析的基础，特别是对早期儿童来说，主要是渗透在其他领域中，如，数数和分类这些领域。这也是《课程焦点》（CFP）为何要在针对学前班和幼儿园数据分析内容的描述中强调分类和数量的原因。作为与焦点的连接，数据分析常常是基于对数值项目、几何项目或测量项目的分析而进行的。实物点数在第三章中已有讨论。分类基本能力的内容会在第十三章中讨论。

举一个简单的例子，儿童最初会学习对物体进行分类和排序，对分组进行计数。他们可能把纽扣集合分为1—4个洞的组，并通过点数来确定四个组中每组纽扣的数量。为了完成这样的工作，他们会关注并描述物体的特征，根据那些特征对物体进行分类，并对每个组进行量化。儿童最终能够同时进行分类和点数，如，像前面所描述的那样，儿童可以对一组物体的颜色进行点数。

在收集了用以回答问题的数据之后，儿童起初的表现常常并非是使用分类的方法。他们对数据的兴趣是在具体细节上（Russell，1991）。如，他们可能会简单地列举出本班的儿童以及每名儿童对问题的回答。然后，儿童才会学习对这些答案进行分类，并根据类属表征数据。最后，儿童能用实物制作图表（实物是关注的目标，如，表演，然后是连接数据集的操作），然后是统计图、折线图，以及包含格子线的柱状图，以增加儿童阅读的频率（Friel，Curcio，& Bright，2001）。到二年级的时候，大多数儿童应该已经能够通过诸如数数这样的简单的数值汇总，以及制表、做标签和图表呈现的方式（包括统计图、折线图、柱状图）组织和呈现数据（Russell，1991）。他们能够比较数据的各个部分，把数据作为一个整体进行陈述，通常也能确定图表是否回答了起初呈现的问题。

要想理解数据分析，儿童必须学习期望值和变异性的双重概念。期望值解决的是平均状况和概率问题（如，平均数，一种中心趋势的测量值）。而变异性解决的是不确定性问题，值的分布范围问题（如，标准差）、异常值，以及预期的和非预期的变化等问题。数据分析也被称作在噪音（变异）中寻找某些信号（预期值）(Konold & Pollatsek，2002)。该研究认为，儿童最初看到的常常是数据呈现

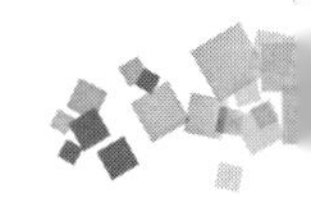

中的单个数据（“那是我，我最喜欢巧克力”）。他们并没有把每一个碎片数据集中起来作为一个整体来思考。在小学后期或中年级早期的儿童能够学习观察数据中的范围或观察数据中的模式（发生频率最高的数字的数目和范围）。最后，儿童能够以一个整体来关注数据集的特征，包括相对频数、密度（“形状”）和位置（中心，如，均值）。此外，更多的信息，特别是针对年龄较大学生的那些信息，可参见学生用书。

概率是一个难度较大的概念，要在儿童年龄较大时才能进行广泛的教学。然而，幼儿对概率也有一些直觉的认识，也能基于这种直觉认识积累一些良好的经验（Falk，Yudilevich-Assouline，& Elstein，2012）。这些可能包括玩一些儿童自由选择的使用骰子和旋转指针的概率游戏。这种游戏在前面章节中作为建立数概念和计算概念的游戏已经推荐过，因而此处也就不再花太多的笔墨。如果儿童感兴趣，那么可以利用随机生成的数字的变化来激发讨论，如，对应不同的数字旋转指针，指向的不同区域。

最后一点是把数据表征和概率与代数思维的讨论联系在一起。两者的目标应该均是为了理解定量化的情境，为更复杂的数学学习建立基础。二者的中心均是对定量关系进行考察，并表征那些关系以更好地理解它们。

经验与教育

美国国家数学教师理事会的《课程焦点》（CFP）（NCTM，2006）和《共同核心州立标准》（CCSS）均界定了图 12.3 中所描述的与数据分析相关的目标。

学前班（Pre-K）

联系（CFP）

儿童通过使用物体的属性学习数据分析的基础，他们在几何和测量活动（如，大小、数量、方向、边或顶点的数量、颜色）中出于各种目的（如，描述、分类或比较）已经对这些属性进行了界定。如，儿童根据形状对几何图形进行分类，根据重量（轻、重）对物体进行比较，或根据每个集合中物体的数量来描述各个集合。

幼儿园（Kindergarten）

联系（CFP）

儿童对物体进行分类，并利用一种或多种属性解决问题。如，他们可能会将易于滚动的固体与那些不能滚动的固体分成不同的类别，或者，他们可能会收集数据，用数数的方法来回答诸如“我们喜欢的快餐是什么”这类问题，他们使用新的属性对物体进行再分类（如，在根据物体是否能滚动进行分类之后，他们可能再根据是否易于堆叠进行再分类）。

测量和数据（CCSS 中的 K.MD）

对物体进行分类，并点数每个类别中的物体数量。

3. 把物体分为给定的类别；点数每个类别内物体的数量并根据数数量进行分类。

一年级

联系（CFP）

儿童通过解决涉及测量和数据的问题增强他们的数感。儿童通过首尾相连多个相同的单位进行测量，然后用十个十个数和逐一点数的方法数出用了多少个单位，这有助于儿童对数线和数关系的理解。对照图片和柱状图中离散数据的表征和对测量值的表征也涉及数数和比较，这就提供了与数关系的另一种有意义的联系。

测量和数据（CCSS 中的 1.MD）

表征和解释数据。

4. 用三个类别组织、表征和解释数据；提出并回答有关数据点总数、每个类别中有多少数据点以及一个类别比另一个类别多或少多少数据点。

二年级

联系（CFP——不是数据，但提到了数据）

儿童通过加减来解决各种问题，包括对测量、几何和数据的应用，对非常规问题也是如此。

儿童在解决涉及数据、空间和空间位移的问题时，会进行长度估算、长度测量和长度计算。

测量和数据（CCSS 中的 2.MD）

表征和解释数据。

9. 通过测量最接近于整个单位的几个物体的长度，或重复同一个物体的测量值形成测量数据。通过制作线条图呈现测量值，线条图的横坐标以整数单位进行分割标记。

10. 绘制一幅统计图和柱状图（单一单位刻度）来表征达到 4 个类别的数据集。使用柱状图中呈现的信息解决简单的组合、分解和比较问题。

三年级

联系（CFP——专用数据）

当儿童建构和分析频率表、柱状图、统计图、折线图，并用它们解决问题的时候，整数的加减乘除就会发挥作用。

测量和数据（CCSS 中的 3.MD）

表征和解释数据。

3. 绘制一种有比例的统计图和柱状图来表征含有几个类别的数据集。用比例柱状图中呈现的信息解决一个或两个步骤的“多多少”和“少多少”的问题。如，绘制一幅柱状图，其中的每个正方形可以表征 5 个宠物。

4. 通过使用标有 1/2 和 1/4 英寸的尺子测量长度形成测量数据。通过制作线条图呈现数据，线条图的横坐标以适宜的单位——整数、1/2 和 1/4 进行分割标记。

图 12.3　来自《课程焦点》（CFP）和《共同核心州立标准》（CCSS）中的测量数据分析目标

因此，数据是解决问题的重要情境，但对各年龄范围来说却并非一个焦点。这与试图为儿童创建研究型标准的那些人的共识是一致的，即数据分析的主要作用在于支持数、几何和空间知觉等内容领域和数学过程的发展（Clements & Conference Working Group，2004）。如，当儿童同时学习数据分析时，通过收集数据来回答问题或做出决定可能是发展应用性问题解决和数感、空间知觉的有效途径。

大多数过程的教育作用已经在前几章中描述过，它们分别与特定的主题有关（分类和其他过程将在第十三章中加以讨论）。此处我们讨论的是图表的作用。学前儿童似乎能够基于一一对应的关系把离散图理解为数量表征。给儿童提供例

子、激励性任务（如，让儿童绘制图表来呈现他们在寻宝游戏中收集所有物品的进度）和反馈，对他们可能是有益的。

一项成功的探索性研究使用了两个阶段的教学（Schwartz，2004）。第一阶段是由团体经验构成。团体绘制图表的主题选择是由儿童的兴趣和易于收集的数据决定的（“谁住在他们房子里？”或“每个孩子怎么上学？”或“他们喜欢什么样的家庭活动？”）。给儿童提供各种各样的记录数据的模型，开始要提供具体材料，然后延伸到图表表征、字母表征和数表征。教师提出如何存储信息的问题，这样“我们就不会忘记我们所说的话了”。某些儿童建议使用具体材料形成图表来记录信息。当然，许多儿童在记录数据时并没有关注对数据进行分类。当一项计划商定好之后，儿童就能够帮助记录信息了。汇总和解释数据起始于某些问题，“我们发现了什么？”这些问题主要与信息分类有关。如果要做出某个决定，如，买什么类型的饼干，儿童就会采取某种方法。第二阶段是那些对此感兴趣的儿童独立收集数据阶段。这些经验建立在第一阶段的经验基础上，教师要给儿童提供工具（最普遍的是剪贴板），还要让儿童去组织、记录和交流他们各自的发现。

另一项研究报告称，他们成功地让儿童通过软件操作发展了基本的数据分析技能（Hancock，1995）。儿童使用“小桌面”来制作和排列物体，如，卡通人物、比萨饼、简笔画、派对帽、属性积木、数字和抽象的图案，这些可以用来表征数据，或者作为探索对象。所有物体都是通过组合一些简单的属性创造的，正如属性积木那样都是结构化的（这种积木是一个物体集）。儿童能为生成的物体选择属性，或者让其随机产生属性（见图 12.4）。

接下来，儿童能够以不同的方式对其进行排列，包括使用循环（文氏图）、束、堆（统计图）、格子、链条等方式。儿童能够根据其特征亲手构建自由形态的排列，或者让其按照属性自动进行排列。物体都是能动的，能在屏幕上移动，以便满足使用者制定的排列规则。排列可以按照某种模式，也可以按照某种设计，或者按照有助于儿童分析数据的平面图和曲线图的方式。图 12.5 是由计算机生成的对儿童手掌大小的分类结果。

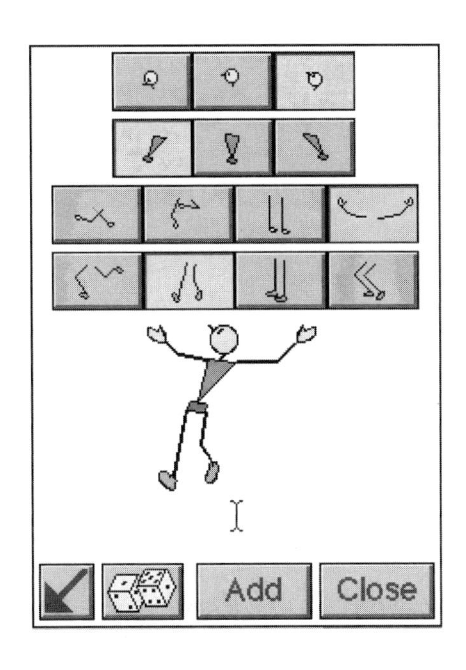

图 12.4　儿童使用“小桌面”，通过选择属性画简笔画

这些工具也可用于玩“猜猜我的规则”和其他强调属性、分类、排列数据的游戏。5 岁儿童的轶事表明了其积极意义（Hancock，1995）。

因此，我们认为，课程和教师可能会关注一个重大的观念：分类、组织、表征，以及使用信息提出和回答问题。如果绘制图表是这类活动的一部分，那么儿童可能会使用实物制作图表，如，把“鞋或运动鞋”放在地方上的正方形网格上，分成两列。接下来，儿童可能会用操作材料，或者其他诸如连接立方体这样的离散实物。接下来这可能会用统计图来表征（Friel et al.，2001）。在一年级，可能会用简单柱状图表征。

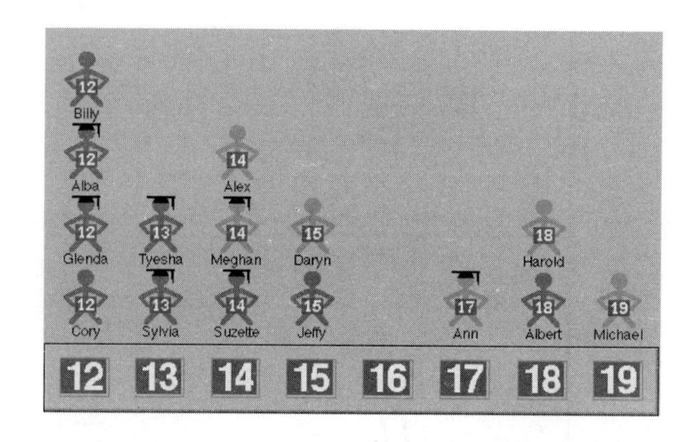

图 12.5　儿童操作计算机对其统计图表中的数据进行分类

到三年级的时候，绝大多数儿童应该已经能够根据问题和数据的要求，通过诸如数数、频数表等简单的数值汇总以及图表呈现的形式，主要有统计图、柱状图、折线图等，来组织和呈现数据（Russell，1991）。儿童能够对数据的各个部分进行比较，把数据作为一个整体加以表述，一般也能判断图表是否能够解决手头的问题。但从始至终，我们都应该强调分类和数值结果，强调如何用这些分类和数值结果做出判断或回答最初提出的问题。

结语

本章的主题是多么重要。如果把其看作“单独的主题”，如，针对重复模式的不同类型的教学单元，或针对图表绘制的教学单元，那它们就不太重要，甚至可能会花太多时间远离前面章节中描述的核心教学。然而，如果把它们看作思维的基本过程和方法——探寻数学模式与结构，对数学对象和概念进行分类的思维习惯——它们就是大多数早期数学教育的基本成分。（早期图表的重要性是未知的，我们在自己的课程开发工作中并没有对它加以强调。）同样的观点也适用于第十三章所关注的过程。

第十三章　数学过程与实践

卡门已经将她想象的比萨填满了馅料。当她准备掷数字骰子时，她说："我要得到一个大的数字并且赢你！""没办法的，"她的朋友回答说，"你还有4个空格，但是这个数字骰子上面只有1、2、3。"

尽管这些都是小数字，但是这个推理过程让人印象深刻。儿童能够进行数学推理。确实，我们可以认为数学是思维的精华。这是一个有力的表述。所有思维都和数学相关，这是真的吗？逻辑推理是数学的一个分支，思维在一定程度上包含逻辑。

仔细思考开始的小故事。在继续深入阅读前，先问问你自己：你认为卡门的朋友运用了怎样的推理过程？在我们看来，卡门的朋友可能本能地运用了如下的推理过程：

- 如果要赢，卡门必须至少掷出 4。
- 这个数字骰子上只有 1、2、3。
- 这些数字都比 4 小。
- 因此，卡门不可能在下一次掷骰子时赢。

尽管逻辑可能看起来是最抽象的，极少有针对年幼儿童关于逻辑的数学学习内容，研究者和其他敏感的观察者仍在儿童中看到隐含的逻辑应用。一个 18 个月大的儿童通过拉动毯子来拿到玩具，这展现了关于“方法—目的（means-end）”分析的开端。

儿童看来是令人印象深刻的问题解决者，就像我们在前面每一章节中所看到的。在这一章中我们将聚焦在问题解决、推理和其他的数学过程，或者像《共同核心州立标准》（CCSS）中的“数学实践”（见表 13.1）。

表 13.1 《共同核心州立标准》（CCSS）中的数学实践（简化）（来自 CCSSO/NGA，2010，p.6-8）

《共同核心州立标准》（CCSS）的数学实践部分描述了所有学段教育者希望学生发展的各种技能。这些实践依据两个对数学教育具有长远重要性的“过程和技能”。一个是美国数学教师理事会提出的过程标准：问题解决、推理和证明、交流、表征、联系。再一个是美国研究理事会的报告《加起来》（*Adding It Up*）中列出的数学技能：适应性推理、策略能力、概念理解（对数学概念、数学运算、数学关系的理解）、过程熟练性（执行过程的灵活性、准确性、有效性和适宜性）、成效心向（把数学看成是可感觉的、有用的、有价值的习惯倾向，以及努力和自我效能感）（Kilpatrick et al.，2001）。

续表

1. 理解并坚持解决问题
数学能力较强的学生首先向自己解释问题的意义，并寻找解决的切入点。他们会监控和评估他们的过程，必要时会做出改变。数学能力较强的学生用不同的方法检查自己的问题的答案，他们不断问自己，“这个讲得通吗？”。他们能理解别人解决复杂问题的方法，识别不同方法之间的一致性。
2. 抽象和量化地推理
数学能力较强的学生能理解问题情境中的数量及其关系。量化推理需要的行为习惯有：清晰地表征当前问题、考虑所包含的单位、努力理解数量的意义而非如何计算、知道并灵活运用运算及物体的不同属性。
3. 建立可行的论证和批判别人的推理
数学能力较强的学生做出猜想并建立有逻辑的连续论述以探索猜想的真实性。他们证明自己的结论，和别人交流，回应别人的论证。小学生会用具体的参照物（如，物体、图画、图表、动作）建立论点。这些论点是有意义的，而且是正确的，尽管他们要到更高年级才能加以普遍化或抽象化。
4. 数学建模
数学能力较强的学生能运用他们掌握的数学知识来解决在日常生活、社会和工作中遇到的问题。在低年级，这可能就像写一个加法算式来描述一个情境一样简单。
5. 策略性地使用适宜的工具
数学能力较强的学生在解决数学问题时会考虑可用的工具。这些工具可能包括纸、笔、具体模型、尺子、量角器、计算器、电子表格。
6. 努力准确化
数学能力较强的学生努力和他人进行准确的交流。他们在与他人讨论和自己推理时努力使用清晰的定义。在小学阶段，学生相互给出仔细阐述的解释。
7. 寻找和运用结构
数学能力较强的学生仔细识别模式和结构。如，年幼的学生可能注意到，3+7 和 7+3 的结果相同，或者他们会根据边的数量给图形分类。再后来，学生看出 7×8 等于他们熟记的 $7\times5+7\times3$，这为学习分配律做了准备。
8. 寻找和表达重复推理中的规律性
数学能力较强的学生会注意到是否重复计算，会寻找通用和简便的方法。

推理和问题解决

虽然高级的数学推理对大多数年幼儿童是不合适的，但是，你可以通过精确的思考和定义帮助他们在自己的水平上发展数学推理。回忆一下，那些学前班儿童判断一个图形是否是三角形的过程，儿童是根据图形的属性和三角形的定义来判断——也就是三角形是有三条直边的（封闭）图形（第八章）。年幼儿童认为“我们已经发现 5+2=7，所以我们知道 2+5 的结果，‘因为你可以随意先加其中一个数字’”，这再次显示了他们从数学属性进行推理的能力（第五章和第六章）。

数字推理是一个重要过程，对儿童的数学发展有着独特的作用。研究支持该理念。有研究者发现，数学推理和算术对数学成绩有独特的贡献（Nunes，Bryant，Barros，& Sylva，2012）。而且，数学推理比算术技能，一般智力、工作记忆更能预测儿童的数学成绩。在一项相关研究中，逻辑推理训练提高了儿童的数学成绩（Nunes et al., 2007）。

当然，儿童会运用这样的推理来解决问题。年幼儿童还有一些额外的策略。三岁的卢克看着父亲在车厢里找不到丢失的垫圈建议说:“你为什么不把车往回开，这样你就能找到了。”卢克运用“方法—目的”的分析好于他的父亲。这个策略涉及区别当前情形和目标的差别。“方法—目的”的问题解决方式可能在儿童 6—9 个月时出现。就像在前面的例子中所描述的那样，儿童学会通过拉毯子将玩具带到自己可以拿到的范围内。

即使是年幼儿童也有多种可以支配和选择的问题解决策略。方法—目的分析是一个一般策略，还有很多其他的策略。儿童知道并且喜欢认知上较为简单的策略。如，在爬山的时候，儿童能够根据当前的情形推理目的地的方向 (DeLoache，Miller，& Pierroutsakos，1998)。

儿童从出生的第一个月就开始发展这些能力。如，6 个月以前的儿童会用不同的方式探索物体。到了 1 岁，他们对新事物产生兴趣，认识到差异，并改变自己的行为去寻找他们想要的物体。这些试误是一种对认知要求较低的活动，有点类似于皮亚杰理论中的循环反应——尝试创造有趣的视觉或声音的重复。在 1—2 岁，

他们寻找隐藏的玩具，并有意识地实验新动作对物体的效果。他们尝试将一个情境中发现的成功策略（用力拉一个被卡住的物体）用于另一个新的情境。到了2岁，他们会系统地改变自己的动作，以新的、创造性的方法使用物体以解决问题。

这些策略的发展贯穿学步儿到学前班儿童，使儿童逐渐学会处理不断复杂的问题。如，回忆一下，当儿童被鼓励使用操作或者用图画表示物体、动作和数量关系时，他们能够解决范围广泛的加减乘除问题。

总之，虽然儿童经验有限，但他们是令人印象深刻的问题解决者。他们学会学习，学会"推理游戏"的规则。关于问题解决和推理的研究再次表明，儿童比过去认为的更加熟练，而成人没有过去认为的那么熟练。最后，尽管领域特殊性知识是必要的，我们还是应该认识到从领域特殊性知识开始的推理构建了普遍的问题解决和推理能力，这在儿童早期的发展中是十分明显的。帮助儿童谈论其问题解决（"有声地投入"）并制定解决问题的策略计划，可以培养他们多方面的能力，降低学业失败的风险。（McDermott et al.，2010）。

分类和排序

分类

儿童会在所有的年龄段凭直觉进行分类。如，2周的小婴儿能够区分哪些是他们可以吮吸的物体。2岁的学步儿能够将具有某些共同属性而不一定完全一样的物体形成集合。

大多数儿童要到3岁才能够通过口头规则进行分类。在学前班，很多儿童通过给定的属性学习分类，形成类别，尽管他们可能会在分类的过程中转换属性。直到5岁或6岁，儿童才能够一贯地使用单一属性进行分类，并且使用不同的属性进行再次分类。

排序

儿童在生命的早期就开始学习对物体进行排序。在18个月时，他们知道词语

“大”“小”和“更多”。到了2岁或3岁，他们可以在一个普通的序列关系中比较数字和数对。在3岁的时候，儿童能够进行配对比较，4岁儿童可以进行小数量的排序，但是大多数不能将所有的物体都按顺序排列。在5岁时，儿童能够进行6以内的长短排序。大多数5岁儿童还能够在已有序列中插入元素。

在进入下一节之前，很显然，我们注意到模式也是数学思维中最主要的过程和思维习惯之一。这种模式包括了“红、红、蓝；红、红、蓝……”，但是不仅限于此，模式包含在每一个数学领域中看到关系、规律和结构的倾向。我们在第十二章讨论了这一基本的过程。

经验与教育

你呈现问题，他们决定如何解决。你再呈现问题，他们决定如何解决。然后你问他们运用了什么方法。我很吃惊，他们学会描述自己的过程！他们将运用这种知识来回答科学问题。他们真的在进行批判性思维。在学前班就问“你是怎么知道的”是非常重要的。

——安妮（Anne），幼儿教师，搭建积木课程

美国数学教师理事会、美国幼儿教育协会、数学家（如Wu，2011）及研究结果均指向相同的教育目标和建议：基本的过程，尤其是推理和问题解决应该是各年龄段数学教育的中心。

推理

帮助儿童发展前数学推理需要从早期开始。提供一个能够让儿童探究和进行推理的有物品的环境，如，积木。鼓励通过语言支持推理能力的发展。如，同时用“爸爸/妈妈/宝宝”和“大/小/微小”标记情境，可以让2岁儿童进行3岁儿童的关系推理。其他几个章节已经表明，让儿童解释和论证他们关于数学问题的解决是发展数学推理能力的一个有效途径。

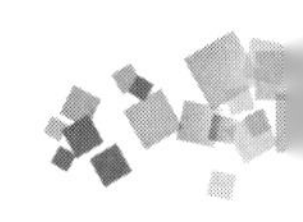

问题解决[①]

儿童在不断解决问题的过程中不断进步。学前班儿童或者更小的儿童能够从一个笃信问题解决重要性的教师的有计划指导（但不是规定的策略）中受益。他们从利用具体实物的广泛情境的（几何的、算术的、各种问题类型，包括加减法及大班以上的乘除法）建模中受益，从用图画表征思维中受益，从对解决方案的解释和讨论中受益。

解决更多的复杂词语问题对小学儿童来说是个挑战。他们的概念必须从现实情境中的许多凌乱细节转移到更加抽象（数学的）和定量的概念 (Fuson & Abrahamson，2009)。如，儿童可能会这样读：“玛丽在商店买了 8 块糖，但是她在回家的路上吃掉了 3 块，当玛丽到家时还剩下几块糖？”儿童必须认识到商店在这个问题中只是很小的一个部分，但是它的重要性在于这是一个糖果的集合。他们可能又会思考，玛丽有 8 块糖但是吃掉了 3 块。然后，我必须找到 8 块再拿走 3 块。接着，他们可能会考虑用手指模拟这个过程，最终举起 8 根手指并且减少一只手上的 3 根手指。

举一个排序的例子，让尽可能多的学生在黑板前用图画、数字等方式解决问题，同时让其他学生在座位上用学生用的黑板或者白板解决问题。接着请 2—3 名学生解释他们的解决方案。再换一组学生到黑板前解决下一个问题。最后，所有的学生都至少解释一个问题（并且大多数能够解释给其他学生听）。英语学习者（ELLS）可能会指着他们的图画或者和同伴共同解释。

从简单到更加复杂的问题类型。对于每一种问题类型，从比较熟悉的情境和语言过渡到不太熟悉的情境和语言，指导学生使用更加复杂的策略，然后使用算术。同时，引入额外或者缺失信息的问题，以及多种步骤的问题。最后，使用更大或者更加复杂的数字（如，分数），和其他问题类型组合成新的问题类型，并在练习中进行反馈。见第 99—100 页的问题类型。

问题解决在小学阶段非常重要。如，让一年级学生解释他们处理问题、解决

① 大部分有关问题解决教学的信息都已整合在数学内容的章节中了。

问题的策略，与更高的数学学业成就相关。研究表明数学化故事情境的过程有一个相反但是同样重要的过程——儿童应该创造和数字算式相适应的应用题（Fuson & Abrahamson，2009）。提出问题似乎是儿童表达他们创造性和综合学习能力的重要途径（Brown & Walter，1990；Kilpatrick，1987；van Oers，1994）。不过很少有实证性的研究证实提出问题的作用，更没有关于年幼儿童的研究。

分类和排序

为所有儿童提供机会，让他们在进入小学前，在分类和排序方面至少达到最低的能力水平。对于分类，儿童应当至少解决过这样的问题——“其中哪个与其他不同”。即使是简单的教学策略——通过具体实物进行示范、练习和反馈都能够使儿童受益，特别是那些有特殊需要的儿童。可以告诉并向儿童展示规则，但可能需要帮助他们了解如何制定规则以及何时使用规则。游戏式的教学可以帮助儿童学习规则。考虑有选择性的、丰富的问题解决途径以促进这些能力的发展（见Clements，1984;Kamii，Rummelsburg，& Kari，2005）。

这种指导应当何时开始呢？应为3岁以前的儿童提供非正式的、受儿童喜欢的经验。许多2.5岁的儿童知道规则并且对相关概念有所了解，但是他们不能运用规则调节行为。32个月大的儿童似乎对改进规则使用的努力无动于衷，即使在分类时给予包括反馈和强化的帮助，他们也不能对图片进行分类（Zelazo，Reznick，& Piñon，1995）。通过规则促进分类的发展可能需要在行动中不断形成控制能力。

为儿童提供能够进行思考、分类和排序的材料。表征和任务的意义比材料的形式更重要，因而对 3 岁以上的儿童来说，设计良好的电脑操作材料可能比物理材料更加有用（Clements，1990a）。在一个研究中，儿童分别通过电脑操作和具体实物学习分类和其他的主题，但是只有电脑组在排序中取得了成功（Kim，1994）。此外，电脑操作能够为儿童提供有趣的学习情境，这能够吸引儿童在任务中花费更多时间。

鼓励大一些的儿童根据物体的多个属性进行标记，讨论属性并分类。提供丰富的材料并且促进对多种策略的讨论。同样的，可以用许多策略来指导儿童排序。

对于分类活动来说，直接的集中式指导是非常有效的。然而，在这样所有的方法中，应当有理由相信有一些方法能够被用来解决儿童日常生活中的问题。就像皮亚杰（1971/1974，p.17）写道：

儿童有时候会因为对排序感兴趣而进行排序，对分类感兴趣而进行分类，等等。但是，一般而言，当需要通过对原因进行组织才能解释事件或者现象、达到目标的时候，运算（逻辑数理知识）才是最常被运用（和发展）的。

如，尽管很多类型的活动能够支持分类的学习，“根据良好的因果关系进行分类”的指导原则（Forman & Hill，1984）表明儿童会根据教师的指导对图形进行分类，但是更多的是从对三维物体的分类中找出哪些能够滚下斜坡及其原因。

基于更广泛的皮亚杰的观点，研究者们给低收入家庭的一年级学生提供各种包含物理知识的活动，如，保龄球、平衡立方（在一个圆板上平衡苏打瓶）和挑棒子[①]，而不是典型的数学教学。当他们表现出对算术已经“准备就绪”时，研究者们将会给他们提供可以激发观点交流的算术游戏和应用题。在一年后，实验组（参与这些活动的学生）与那些接受传统的仅仅片面地关注数量（包括计数、一一对应以及回答 2 + 2 等于多少等问题）的练习的学生进行对比。

实验组在应用题上表现出在心算和逻辑推理方面的优势。研究人员声称，物理知识活动也发展了逻辑数学知识，如，通过对棒子进行分类来决定该首先拿起哪根，并将它们从最容易拿起到最难拿起进行排列。物理知识的影响和算术活动是密不可分的，虽然没有随机分配，但该结果仍具有参考意义 (Kamii & Kato，2005)。我们尚需要精心设计的研究来评估上述方法以及其他方法，并比较他们的长期影响。

最终，研究表明分类和排序的过程与数知识是以令人惊讶的方式相关的。学前儿童被随机分到三个不同的教育情境中，时间为八周。这三组分别是分类排序组、数数组（感数和计数）和控制组（Clements，1984）。前两组都在其被指导的方面获得了提高，并且在其他主题中也获得了进步。令人惊讶的是，数数组对分类和

---

① 该游戏是要从散落的木棒堆上，按照从顶部到底部的顺序拿起木棒，同时禁止先拿掉被压住的木棒。——译者注

排序的学习多于分类排序组对数数的学习。这可能是因为所有的数字和计数在一定程度上暗示了分类。如，儿童可能会点数蓝色的汽车、红色的汽车，接着是所有的汽车。

结语

儿童是令人印象深刻的问题解决者。他们正在学会学习和学会“推理游戏”的规则。提出问题和解决问题是儿童表现他们创造性和综合学习能力的有效途径。儿童的数学、语言和创造性不断得到发展，他们在学会思考的本质中建构联系。

尤其对于年幼儿童来说，数学主题不应该是孤立的主题，相反，应当是相互联系的，应当在解决重要问题的情境中或者在一个有趣的项目中。因此，这本按照数学内容来组织的书不能被认为是对每一部分内容的单独强调。包括推理、问题解决、表征和交流在内的一般数学过程能力都是相互联系的，在教学和学习过程中这些内容和过程是相互交织的（NCTM，2000）。

这是对聚焦于数学目标和具体的学习路径章节的总结，也是与本书姐妹篇同步相关的最后一章。接下来的三章在全书中是比较特别的，提出了在实施学习路径中的本质问题。第十四章主要是对认知（思维、理解和学习）、情感（情绪或感觉）和公平的讨论。

第十四章　认知、情感和公平

三位教师正在讨论他们学生，哪些擅长数学，哪些不太擅长。

艾瑞莎：一些学生擅长数学，然而另一些不擅长。你不能改变他们。你可以在课堂上观察他们时告诉他们。

布兰达：我不这么认为。学生在思考数学问题的过程中变得更加聪明，努力学习数学能够让学生变得更好。

卡瑞娜：肯定有一小部分学生会觉得数学是充满挑战的，也有一小部分学生出于某种原因能够很快地学习新的数学内容。但是没有人的能力是固定的，他们都需要具有良好的经验来进行数学学习，这些经验让他们学得更好，学更多的数学。

你认为以上哪位教师对天资、能力（“自然”）和努力、经验作用（“使然”）的评价是最准确的，为什么？

思维、学习、情感、教学

本书最后三章讨论的是将学习路径运用到实践中的重要议题。本章描述的是儿童如何思考数学，他们的情感如何参与，以及关于公平的问题。在第十五章，我们讨论的是早期教育的环境及使用的课程。我们在第十六章进行总结，主要描述教学实践并回顾相关有效教学的研究。这三章的主题在整本书中是特别的。因为在姐妹书中没有对应的章节，所以有较多的研究回顾。我们已经为只想关注实践的教师们标出了“实践启示”的段落。

专栏 14.1　实践启示

如果你只想读“给教师的启示”，可以寻找“实践启示”的标题。

在本章，我们将讨论各种与数学相关的问题。尽管我们在整本书中都讨论了儿童及其学习，但是仍然有一些对学习十分重要的普遍过程。前面的每一章都讨论了儿童数学学习和他们的学习路径。本章将从一个更加综合的视角讨论

儿童的学习过程、学习成绩和情感。这将引起我们对于个体差异、文化差异以及公平原则等问题的讨论。

学习：过程与问题

认知科学和学习过程

我们的层级互动理论（theory of hierarchic interactionalism，详见姐妹书中）及对学习路径阐释的核心是年幼儿童的学习过程。本部分将从特殊的数学主题退后到关注一些重要而普遍的、可以被用来更好地理解儿童教育的认知和学习原则。这些发现大多数来自认知科学领域，这些过程是认知和学习的基础（更深入的讨论详见 NMP，2008）。

当儿童思考和学习时，他们建构心理表征（我们称之为“精神客体”），并在其上进行认知过程（“针对对象的操作”），通过执行控制（“元认知的”）过程控制这些操作。我们将依次考虑这些类别。首先是认知操作，包括注意、工作记忆、长时记忆和提取。

注意和自我调节（执行功能）：最初的认知（信息加工）过程

思考和问题解决涉及接收和解读信息，以及操作和回应它。这个过程的开始是注意——聚焦的过程，就像大多数幼儿教师所熟知的，它不能被视为理所当然。一位好的教师能够通过一系列的策略来捕捉和保持儿童的注意力。

一个更广泛的包含集中注意的能力是自我调节—— 一种有意的对冲动、注意和行为的控制。它可能包括避免分心，聚焦目标设置，计划，控制注意力、行动和思维。自我调节对数学学习的某些方面产生重要影响（Best，Miller，& Naglieri，2011；Blair & Razza，2007；Cameron et al.，2012；Neuenschwander，Röthlisberger，Cimeli，& Roebers，2012）。如，3 岁儿童的执行控制预测了他们在幼儿园阶段的数学表现，甚至是早期的非正式数学知识、社会经济地位、语言及信息加工速度等变量（Clark， Shefield， wiebe，& Espy，2013）。

自我调节的两个方面是执行功能和努力控制。执行功能是高级的思维过程，包括防止分心的能力、抑制无效策略、转移注意，以及认知灵活性（这些会影响学习品质；Vitiello，Greenfield，Munis，& George，2011）。更新（updating）是维持和操作有关信息的能力。抑制（inhibition）就是控制一个主导性的反应（如第一个出现在你面前的回答），来考虑更优的策略或思想。转移（shifting）就是切换“思维定式”（mental set）。综合起来，执行功能让儿童可以坚持其任务，即使面对疲劳、分心或减弱的动机（Blair & Razza，2007；Neuenschwander et al.，2012）。

努力控制同样也是抑制性的，它是压抑一个反应（如，从他人那里抢来玩具）的能力，以便做出更好的反应（如，请求分享玩具）。努力控制的措施往往聚焦于对冒险 / 奖赏情境做出更多的情绪和动机反应。努力控制可能会影响学习行为以及与成人、同伴的关系。而且，缺乏这种社会情绪的自我调节，会阻碍儿童在幼儿园与教师进行良性互动的能力，反过来，又能预测其后期的低学业成就和行为问题的发生（Hamre & Pianta，2001）。类似的，努力控制较弱的儿童多破坏性和攻击性行为，由此得到的同伴支持也少，反过来也会不利于他们的学习（Valiente et al.，2011）。

自我调节和认知能力是相互联系的，但又是独立发展的（Konold & Pianta，2005）。自我调节，尤其是其中的执行控制成分，能够预测其学业成就（Neuenschwander et al.，2012）。然而自我调节和数学学习是相互联系的，一方面会支持另一方面的成长（Van der Ven，Kroesbergen，Boom，& Leseman，2012；Welsh，Nix，Blair，Bierman，& Nelson，2010）。

*实践启示：*研究者已经指出，一定的教育环境和教师指导可以帮助儿童集中注意力，能力得到不断成长，并且发展自我调节能力（见第十六章）。本书每个学习路径的指导活动都是有意设置来帮助儿童集中注意力的。仔细地指导儿童将注意力集中到具体的数学特点上，如，在一个集合中的数量或者一个多边形的角，很容易提升儿童的学习。自发识别数字的倾向（如在第二章中提到的例子）是一种技能，同时也是一种思维习惯，包括直接注意数字的能力（Lehtinen & Hannula，

2006）。这些思维习惯能够促使具体数学知识的发展和在相关情境中对数学的直接注意能力，也就是能够归纳并转换知识到新的情境中。

工作记忆

当儿童对某些事物开始注意的时候，信息能够被编码并进入他们的工作记忆——他们拥有的能够思考数学和解决数学问题的心理“空间”总和（的确，另一个有用的隐喻是，工作记忆是儿童处理记忆中多种项目的能力）。这允许儿童有意识地思考任务或者问题。工作记忆影响儿童解决问题、学习和记忆的能力（Ashcraft，2006）。如，工作记忆能预测儿童的数的组成计算知识（Geary，2011；Geary et al.，2012；Passolunghi et al.，2007，尤其是工作记忆的执行控制成分）。较慢的和更加复杂的过程对工作记忆提出了额外的需求。不出所料的是，工作记忆的限制可能是引起学习困难或者学习缺陷的一个原因（Geary，Hoaard，& Hamson，1999；见本章后面的论述）。另一方面，特别大的工作记忆则是数学能力优异的一个原因。

实践启示：随着儿童年龄的增长，他们的工作记忆不断得到发展，这可能与更好的自我调节和执行控制能力，以及更有效的表征内容的能力有关（Cowan，Saults，& Elliott，2002）。在所有年龄段，人们克服工作记忆限制的一个方法是让某些过程自动化——快而简单。这种自动化的过程并不占用太多的工作记忆（Shiffrin & Schneider，1984）。一些自动化的过程是“引导程序”的能力，如，脸部识别的能力。在数学中，很多知识必须学习和体验多次。当执行一个更加复杂的任务时，一个熟悉的例子是当对组合计算特别熟悉时，以至于可以“只是知道”，而不需要再去计算。这种自动化需要很多练习。这样的练习是可以被“训练”的，但是一个更广泛的定义是反复体验，这可能包括训练，但也包括在不同情境下对技能和知识的使用，这促进了自动化和在新情境中的转换。

长时记忆和提取

长时记忆是指人们对信息的储存。概念（“理解”）需要努力和时间才能储

存到长时记忆。人们对于将知识应用到新的情境中是有困难的（与被教导的不同），但是如果没有概念性的知识，这将更加困难。

实践启示：帮助儿童建立丰富的概念表征（称作“综合具体知识”，见第十六章）并且观察儿童如何使用他们已知的知识解决新问题来帮助他们记住和转化他们已经学会的知识。不同的情境不一定完全不同。在一个研究中，6 岁和 7 岁的儿童练习使用闪卡和工作单。如果在同样的形式下进行测试，他们有相似的表现。但是，如果形式转换了，他们的成绩就会显著降低（Nishida & Lillard，2007a）。

实践启示：尽管容易理解的材料可以促进快速的初始学习，但它并不能帮助儿童把知识储存到长时记忆中。有挑战性的材料能带来更好的长时记忆，因为儿童必须更彻底地处理和理解它。他们额外的努力转换为更加积极的处理加工，因而更加容易储存信息。这帮助儿童更长时间地记住信息以及更加便捷地提取（“记住”）信息。因此，儿童可以更好地提取信息并且更容易将其应用于新情境中。

基本事实（数的组合）、熟练、长时记忆和提取

基本的事实（如，7+8=15）最终是储存在长时记忆里的，但是儿童在学习时还有很多其他的大脑活动。首先，当儿童学习这些组合时，他们使用脑的额叶区（执行功能和工作记忆）。但是在后面的岁月中，他们转而使用内侧颞区（陈述性记忆）、顶叶区域（大小加工和计算事实提取）和颞叶区（处理表征形式）（Butterworth，Varma，& Laurillard，2011）。这使得他们能自动地处理数量并转而注意更复杂的问题。但是所有年龄的人都运用顶内沟（IPS）来表征数量的大小。所以，所有的计算和数量加工都依赖于大脑的数量知识以及对数字的相对大小的知识。这是所有数学能力的核心（Butterworth et al.，2011）。年龄较大的学生和成人并不会在心里“搜寻”数的组合——他们的大脑一直在自动地处理大小。唯一的例外可能发生在个别有数学困难或数学学习障碍的人身上（见第十四章）——而这可能正是导致那些困难的原因。

实践启示：前面一节的所有建议（挑战性的材料、主动的加工）当然在这里

也适用。而且，这支持了第五章和第六章有关发展思维策略和组合关系，以及运用数的组合的视觉模式（概念性感数）的建议。

执行（元认知）过程

执行或者元认知过程控制着其他认知过程。如，它们选择步骤来形成解决问题的策略或者监控整个问题解决的过程。

实践启示：大多数学生需要大量的工作来学习这些处理过程，如，监控推理和问题解决。帮助儿童理解数学概念，让他们参与有关数学以及他们如何解决数学问题的谈话，会促进执行过程的发展。

下一个认知范畴包括儿童构建的心理对象，包括陈述性的、概念性的和程序性的表征。

心理对象——大脑的表征

第二个范畴包括心理对象或者表征，加工过程是针对表征进行的。表征有不同的类型。陈述性知识是指对具体信息或者事实的明确知识，如，知道大多数人都有两条腿等。过程性知识通常指的是一系列动作或技能的内隐的知识，如，把一块拼图放到相应的位置上或者移动物体来计数。概念性知识包括对概念的理解，如，基数原则。

正如我们在先前的章节中看到的那样，所有类型的知识都是重要的并且相互支持。所有的知识最好是一起学习（通常是同时的，但不是必需的）。一种特殊的心理表征类型是心理模型，它是一种构建可操作的心理图像或一系列图像的方法。“搭建楼梯”系列活动的设计是为了帮助儿童建立新的心理模型用于数数、加法（加一）、测量和它们之间的关系。

情感（情绪）和信念（包括态度和努力之争）

既然数学思维和学习是认知方面的，那情感扮演什么角色呢？即使过程是认知的，它们也受到情感和信念的影响。如，如果人们对数学感到焦虑，他们可能会

表现得较差，并不一定是因为他们的能力或技能有限，而是因为紧张不安的想法“推入”他们的思维，限制了工作记忆用来解决数学问题的数量（Ashcraft，2006）。在这一节中，我们将回顾关于情感的重要发现（见Malmivuori，2001，一个对于情感、信念和认知能动性的精细分析，这超出了本节的范围）。

作为一种文化，美国人对于数学有一种不幸的（消极的）情感和信念。确实，将近17%的人在看到数字的时候会产生数学焦虑（Ashcraft，2006）！

一种根深蒂固的信念是数学成绩大多依赖于天资或者能力，就像艾瑞莎在本章开头指出的。相反，其他国家的人相信成绩来自努力——这是布兰达的观点。更令人不安的是，研究表明这种美国信念会伤害儿童，而且这是个错误的信念。相信或者被鼓励理解“只要他们努力就能学习”的儿童，相比于那些相信你要么“拥有”（或者“得到”）要么没有的儿童，能够长时间地学习并在整个学习生涯中取得更好的成绩。后面的这种观点常常导致失败和“习得性无助”。同样的，那些具有掌握取向目标的儿童——努力学习并懂得学校发展知识和技能的意义，比那些目标指向高分或者超过别人的儿童的成绩更好（Middleton & Spanias，1999；NMP，2008）。他们甚至把失败作为一种学习的机会（cf.Papert，1980）。

就像卡瑞娜认为的那样，儿童之间确实存在差异，这将在后面的章节中进行讨论。然而，这些差异到底是来自先天还是后天教养或者是二者错综复杂的混合，还是很难说清的。在一个高质量的教育环境中，所有的儿童都能发展数学能力甚至是“智力”。

幸运的是，大多数年幼儿童具有积极的关于数学的情感，并被激励积极探索数字和形状（Middleton & Spanias，1999）。不幸的是，在进入小学几年后，他们开始相信“只有某些人具有学数学的能力”。而且，到二、三年级，许多人就经历数学焦虑，尤其是在需要计算和问题解决的时候（Wu，Barth，Amin，Malcarne，& Menon，2012），而且对那些数学学习准备不充分的儿童来说会更糟糕（Wu，et al.，2012）。我们相信那些体验到数学是一种意义建构活动的人将会在他们的整个学习生涯中对数学建立一种积极的情感。这很重要，因为在数学兴趣和数学能力之间有着交互的关系——一方会支持另一方的发展（Fisher，Dobbs-Oates，

Doctoroff，& Arnold，2012）。

实践启示：为儿童提供有意义的并且和他们的每日生活与兴趣有联系的任务（回忆一下“搭建积木”项目的主要方法，第一章的第 10—11 页）。适当的挑战和新奇程度能够促进儿童兴趣的发展，推动和讨论如何提高技能能够促进掌握方向。研究人员估计，儿童应该在 70% 的时间里取得成功，从而最大限度地提升动机（Middleton & Spanias，1999）。

总之，很多消极的信念深嵌在我们的文化中。然而，你可以帮助儿童改变它们。这样做能够让儿童一生受益。**一个最重要的帮助他们的方法就是降低你自己的数学焦虑**。当幼儿园和小学的女教师有数学焦虑时——事实可能就是这样——她们的女学生在数学成绩上会更差，并且开始相信只有男生才擅长数学（Beilock，Gunderson，Ramirez，& Levine，2010）。

回到情感，我们看到不管是欢乐还是沮丧的情感都在问题解决中扮演了重要的角色（McLeod & Adams，1989）。根据曼德勒的理论，这种情感的来源是计划的中断。如，一个计划受到阻碍，一种消极或者积极的情感就会产生。

实践启示：如果儿童意识到他们是错的，他们可能觉得这是令人尴尬的，但是你可以改变儿童的这种想法，让儿童确信努力和讨论，包括犯错误和遇到挫折都是学习过程的组成部分。同样，可以讨论怎样努力学习和解决问题可以让自己“感觉良好”（Cobb，Yackel，& Wood，1989）。进行这样的讨论能够帮助儿童建立关于数学和数学问题解决（一个重要的，有趣的活动本身就是目标）以及学习（如，强调努力而不是能力）的积极情感和信念。

努力也需要动机。幸运的是，大多数儿童对学习充满动机。更好的是，他们的动机是**内在的**——他们因为喜欢学习而学习。这种内在动机与学业成就相关并支持学业成就。然而，儿童的动机并不相同，他们的投入度能预测后期的学业成就。事实上，在不止一个研究中，儿童在学前班中的动机（如，在一个任务中的投入度和坚持性）预测了他们从幼儿园到小学甚至中年级的数学知识水平（Fitzpatrick & Pagani，2013；Lepola，Niemi，Kuikka，& Hannula，2005）。此外，那些一开始具有较少数学知识的儿童对任务的投入度也较低（Bodovske & Farkas，2007）。

外在的动机是和表现性目标相联系的（MP，2008）。与此相关的是我们前面讨论过的儿童的自我调节能力。自我调节能力不仅仅是一个认知过程，还是动机的组成部分。一些研究显示，在更多强调儿童中心的教学方法的课堂中，儿童表现出对数学（和阅读）更大的兴趣（Lerkkanen et al.，2012）。这很重要，不过在下结论之前，请注意作者的儿童中心和教师指导的方法是严格（我们会称其为错误的）对立。如，在儿童中心的纪律中，“冲突的解决是平和的；结果是适宜的，应用是平等的”。教师主导的“纪律是在没有解释和讨论的情况下强加的；结果是不一致的”。这也许能符合作者的研究目标，但我们相信这将导致对该研究以及很多类似研究的错误解释。很多教师指导的活动也是非常适宜的。事实上，我们建议的很多活动都是教师引导的，却被研究者编码为“儿童中心的”。知道这一点很重要。这将带我们到下一个要点。

实践启示：最后的担心就是结构化的数学活动会对儿童的动机或者情感产生消极的影响。目前我们已知的研究中还没有关于这个担心的证据支持。研究结果恰恰相反——（Malofeeva et al.，2004）动机和投入会随着有意的、结构化的、适当的教学活动而增加。教育者确实需要避免狭隘地看待数学和学习。如果教师把成功仅仅定义为对教师示范的迅速而准确的反应，那么教师会阻碍儿童的数学学习（Mdddleton & Spanias，1999）。最后，数学的负面情感对数学学习困难儿童的影响最大（Lebens，Graff，& Mayer，2011）。我们必须尤其认真地考虑对这些儿童的积极教学实践。

什么预测了数学成绩？

关于学习和包括情感、动机在内的认知过程的思考，提出了这样一个问题：这些或者其他能力或者心向会预测数学成绩吗？

也许最重要的是，早期数学学习预测了日后的成绩（Bodovski & Youn，2012）。学前班的数学知识与十年级数学成绩的相关系数是0.46（Stevenson & Newman，1986）。幼儿园儿童的认知技能，如，区分相同或不同的视觉刺激物和对视觉刺激进行编码的能力预测了他们日后对数学的兴趣（Curby，Rimm-

Kaufman，& Ponitz，2009）。

对于很多主题和能力来说，最初的知识预测了日后的学习和知识（Bransford，Brown，& Cocking，1999；Jimerson，Egeland，& Teo，1999；Maier & Greenfield，2008；Thomson，Rowe，Underwood，& Peck，2005；Wright et al.，1994）。然而，早期数学知识的影响常常是强大和显著持久的（Duncan，Claessers & Engel，2004）。而且，和最初具有较低数学能力的人相比，最初具有较高数学能力的儿童数学能力的增长速度更快（Aunola，Leskinen，Lerkkanen，& Nurmi，2004）。研究者总结道："目前来说，促进一年级儿童测试成绩提高的最有力的方法是在儿童进入幼儿园前提高低水平儿童的基本能力。"与研究者的预期相反，"温和"或者社会情感技能，如，能够安静地坐在教室里或者能够在一进入学校就交到朋友并不能预测早期的成绩（Duncan et al.，2004）。（然而，早期的问题行为与较低的学业成绩相关，Bulotsky-Shearer，Fernandez，Dominguez，& Rouse，2011。）

通过六个研究，日后成就的最强预测因素是入学时的数学和注意能力（Duncan et al.，2007）。这个结果已经被重复验证（Romano，Babchishin，Pagani，& Kohen，2010）。确实，早期的阅读知识预测了日后的阅读成果。而且，早期的数学知识是日后数学成就的强大的预测因素。此外，早期的数学知识不仅能够预测数学成就，还能够预测日后的阅读成就。（所有这些研究都控制了儿童在学前期的认知能力、行为和其他重要的背景特征）。其他研究者也发现早期阅读能力（幼儿园时期）并不能预测日后（二、三年级时）的数学兴趣和数学成就（Mctaggart，frijters，& Barron，2005）。

在他们的近期工作中，邓肯及其同事发现在进入幼儿园之初，来自资源匮乏和丰富社区的儿童之间，数学能力差距很大。他们还发现在数学上持续有问题，将是未来高中毕业和大学入学失败的最好的预测变量之一。其他研究也显示，早期的数学成就趋向于连续——那些一开始低的儿童会一直处于低水平（Navarro，Aguilar，Marchena，Ruiz，Menacho，& Van Luit，2012）。教育者需要尽早评估儿童，并且为那些还没有机会发展数学能力的儿童提供一个坚实的基础。

总结一下，早期的数学概念是儿童日后学业成就的最强大的预测因素，能够像阅读技能一样预测日后的阅读成就。语言能力和注意力也具有预测性，但是没有数学的预测力显著（一些研究，如，科诺德和皮安塔2005年的研究已经发现注意力自身并不能显著预测）。一些研究显示，一般知识，尤其是精细动作技能增加了对早期数学知识的预测力（Dinehart & Manfra，2013；Grissmer，Grimm，Aiyer，Murrah，& Steele，2010；Pagani & Messier，2012），尽管我们会把他们所测的很多"精细动作技能"都归为动作和空间几何的能力（如，用积木来重复一个模型、在纸上画出五个手指）。社会情感技能，如，行为问题和社交技能不是显著的预测因素。当然，我们想要有积极的情感、动机和社会关系。而且，其他研究表明，至少对某些认知能力有限的儿童来说，社会性能力可能是成功的重要预测因素（Konalod & Pianta，2005）。但是，我们似乎应该在发展数学的重要知识和技能的同时也促进这些社会能力的发展。一个有趣的例外是有研究提出，当儿童能够理解字母的声音符号系统时，他们就能更好地理解数的符号系统（Austin，Blevins-Knabe，Ota，Rowe，& Lindauer，2010）。

特殊的数学技能会相对更有预测性吗？知道这些可能可以更好地进行筛选或者甄别那些可能有数学困难（MD）（见本章后面章节）的儿童。一些研究已经发现支持特殊任务的依据，如：

• 在自主神经系统（ANS）中大小表征的早期发展（Geary，2013；Mazzocco et al.，2011）。

• 自发地聚焦于数，如，独立地运用感数，可以预测计算但不能预测后期的阅读（见第二章）（Hannula，Lepola，& Lehtinen，2007）。

• 感数，尤其是将数量和数字相联系（Geary，Brown，& Samaranayake，1991）。

• 大小区分，正如指出两个数字中较大的数字，这可能和空间表征的一个弱点有关系（Case，Griffin，& Kelly，1999；Chard et al.，2005；Clarke & Shinn，2004；Gersten，Jordan，& Flojo，2005；Jordan，Hanich & Kaplan，2003；Lembke & Foegen，2008；Lembke，Foegen，Whittake，& Hampton，2008）。如

果幼儿不能比较数字，无论是符号性的或非符号性的，他们后期的数学能力的发展就危险了（Desoete，Ceulemans，De Weerdt，& Pieters，2012）。

•识别数字，如，读出数字（确实是一种语言艺术技能）（Chard et al.，2005；Gersten et al.，2005；Lembke & Foegen，2008；Lembke et al.，2008；Geary et al.，1991）。

•相类似的，运用符号（如，数字）的能力以及将其和数量相联系（Kolkman，Kroesbergen，& Leseman，2013）。

•缺少的数字，指出在数序中缺少的数字（Chard et al.，2005；Cirino，2010；Lembke & Foegen，2008；Lembke et al.，2008）。

•能够正确地进行按物点数（见第三章、第五章）（Cirino，2010；Clarke & Shinn，2004；Gersten et al.，2005；Geary et al.，1991；Passolunghi et al.，2007）。

•将数映射在数线上（Geary et al.，1991）；也就是说，发展对数字系统逻辑结构的清晰理解（Geary，2013）。

•以另一种视角将“数感”测量与以下相结合——数数知识和原则、数的认知、数的比较、非口头计算、应用题、数的组合（Jordan，Glutting，& Ramineni，2009；Jordan，Glutting，Ramineni，& Watkins，2010）。

•流畅地进行算术组合，如，加法“事实”（对于较大的儿童，Geary，Brown，& Smaranayake，1991；Gersten et al.，2005）和数的组合分解（Geary et al.，1991）。

•最后，儿童在幼儿园时期的模式和数学结构的知识也能预测他们在二年级末的数学尤其是计算能力。这个知识几乎和数的知识一样有预测力（Luken，2012）。

需要注意的是，这些筛选变量和预测变量常常忽视常规数学能力之外的数学。

其他领域和数学也是相关的，尤其是语言和识字。如，无论是词汇量还是印刷文字知识都能预测未来的数学得分（Purpura，Hume，Sims，& Lnigan，2011）。另一个研究发现，早期数学技能和语音过程影响了儿童从幼儿园到三年

级的数学发展（Vukovic，2012）。

其他一些认知变量至少对部分有脑损伤或障碍的儿童是有预测性的，包括工作记忆（如，反转数字跨度）（Geary，2003；Gersten et al.，2005）（Toll，Van der Ven，Kroesbergen，& Van Luit，2010）；或者是一般性的智力、工作记忆和加工速度（Geary et al.，1991）。其他研究者已经发现，当注意力（显著预测因素之一）被控制时，工作记忆不是事实流畅性的预测因素（Fuchs et al.，2005）。注意力、工作记忆和非言语的问题解决能力能够预测概念能力。早期的数数能力，包括自信地点数、正确运用点数策略和比较数量大小是尤其重要的（Gersten et al.，2005；Jordan，Hanich，& Kaplan，2003）。

类似地，执行控制（自我调节能力）也能够预测数学成绩（Best，2011；Clark，Pritchard，& Woodward，2010；LeFevre et al.，2013），尤其是在复杂的和不熟悉的任务中（Geary et al.，1991）。在一个研究中，数学和执行功能中的所有指标都相关，只有一个指标例外（Bull & Scerif，2001）。数学与执行功能中的某些指标的相关度，高于读写和语言与执行功能的相关度（Ponitz，McClelland，Mathews，& Morrison，2009）。研究者总结说，对于数学水平较低的儿童来说，数学困难来自缺少抑制能力和较差的工作记忆，这导致了他们在转换和评估解决特定任务的新策略时会遇到困难（Lan，Legare，Ponitz，Li，& Morrison，2011 发现了类似的结果）。坚持性能够显著预测 3 岁和 4 岁儿童的数学成绩（Maier & Greenfield，2008）。在另一个研究中，学前班儿童的工作记忆和短时视觉记忆能预测三年级时的数学成绩，而早期的执行功能则能预测一般性的学业成功（Bull，Espy，& Wiebe，2008）。最后，执行功能中的更新部分（保持记忆中的项目以及往那个列表中增加项目）能预测模式和数的技能（Lee，Ng，Pe，Ang，Hasshim，& Bull，2012）。其他学者同意工作记忆和加工速度等因素是重要的，而诸如数的能力等领域特殊能力也对未来的数学成就有贡献（Passlunghi & Lanfranchi，2012）。

计算组合和文本阅读能力能够由长时记忆中检索动词或者视觉—动词连接的能力所预测（Koponen，Aunola，Ahonen，& Nurmi，2007）。这个结果表明，即

使是单个数字的运算也是一项数学技能，也和语言能力相关。因而，语言困难可能限制了儿童计算技能的获得。算法的知识能够被数字概念知识和母亲的受教育水平所预测。

同样的，布莱尔（Blair）和他的同事们发现学前班阶段的自我调节能力，包括努力的自我控制和自我抑制以及注意转移方面的执行功能，与幼儿园阶段数学（以及读写）能力表现相关（Blair，2002；Blair & Razza，2007）。这些相关性和一般智力无关。除去个别儿童和家庭因素之外，幼儿园阶段的注意力水平越高，小学阶段的课堂参与度就越高（Pagani，Fitzpatrick， & Parent，2012）。教育者需要提高儿童的自我调节机能并增强早期的学习能力来帮助儿童在学校中取得成功。

上述研究还提到，早期数学技能预测了课堂参与度（Pagani et al.，2012）。我们相信发展执行功能和早期数学能力两者是携手共进的，相互支持了对方的发展。

一个最值得信赖的研究结果（见第一章和第十五章关于家庭部分的讨论）是来自高收入家庭（与父母较高的受教育水平和较先进的教养观念有关）的儿童在各个学科中都会有较高的成绩，包括数学成绩（Burchinal，Peisner-Feinberg，Pianta，& Howes，2002）。

此外，与教师的关系亲密和成绩是正向相关的，特别是对年幼儿童和处境危险的儿童。最后，更外向的儿童能够更快地掌握数学（和阅读）的技能（Burchinal et al.，2002）。家庭特点和课程方案也能够预测数学成绩（Pianta et al.，2005），我们将在第十五章对这一主题进行讨论。我们在这里提到的一项研究发现，那些具有较高社会和情感得分并且被父母认为具有较少行为问题的儿童具有显著的高水平的非正式数学成绩（Austin，Blevins-Knabe，& Lindauer，2008）。对于所有儿童来说，关于非正式数学得分的最佳预测因素还包括父母对行为的评定，提供者对儿童优点的评定以及入学准备的测验。

最后，从教师那里接受更多教学支持的儿童显示出更少的拒绝任务的行为，并获得更高的数学技能水平（Pakarinen，Kiuru，Lerkkanen，Pikeus，Ahonen，& Nurmi，2010）。所以，温暖的、体贴的以及富有教育支持性的教师有助于儿童数

学和其他方面的学习。

最后还要提到的一点是，不同的能力对于不同的发展阶段具有重要的意义（Geary，2013）。这些早期能力可能是相互作用的，一部分会补偿另一部分。就像我们看到的，认知过程、自我调节能力和社会技能可能在某种程度上是独立发展的（Konold & Pinata，2005）。此外，某个领域的技能可能帮助儿童弥补其他领域技能的不足。如，如果具有较好的社会技能，那些认知能力一般或较弱的儿童能够在一年级获得较高的分数。相比之下，那些具有较高认知能力但是外部呈现轻微问题的儿童并不会因为成绩好于其他各组而受到影响。

这些研究的一个共同的、重要的组成部分可能是数学思维和学习中的投入程度。一个大型研究证实了投入程度或“学习品质”的重要性，认为它是唯一的行为预测因素，一直影响到五年级的学习（Bodovsi & Youn，2011）。学习的投入程度包括任务坚持性、对学习的渴望、专注性、学习的独立性、灵活性和条理性，对于女孩以及少数族裔学生尤其重要。一个对学前班课程的研究显示，课程、性别、种族对儿童的投入程度并无影响。他们确实发现入学时的技能水平（水平越高越投入）和出勤率会有轻微影响（Bilbrey，Garran，Lipsey，& Hurley，2007）。重要的是，投入程度反过来也预测了进入一年级时的量的概念。

经典的天性/教养议题。一个长期存在的争论是，究竟是天性（基因的）还是教养（家庭和学校的环境）影响儿童的成绩。一个典型的回答是“二者都是”或者“先天因素决定牌而后天因素负责怎么打牌”。这两种说法都有一定的合理性。近期的研究给出了更加具体的答案。研究者对同卵双胞胎进行了纵向研究（儿童为7—10岁），研究发现，基因具有巨大而稳定的影响（数学为0.48），环境起着重要但是适度的作用（共享环境为0.20，剩下的为非共享的环境以及测量误差）。此外，一般智力也就是“g”因素的遗传率低于学科内容领域的学习。作者还指出，基因编码了“爱好，而不仅仅是天资”。换句话说，基因也影响了学习动机。他们得出了三个结论（Kovaas，Hawirth，Dale，& Plomin，2007）：

1. 不正常是正常的。较差的表现是在一定的基因和环境影响下符合正态分布的量化极端。研究者认为并没有特别的“学习困难”。

2. 连续的是基因，而变化的是环境。长期研究分析表明，跨越年龄的稳定性在根本上是受到基因调节的，但是随着时间的变化，环境在不断地改变。

3. 基因是多面手而环境是专门的。在数学、英语和科学这三个领域相似的表现和普遍的认知能力在很大程度上是由基因发挥作用的，而表现的差异则是环境造成的。英语和数学之间大约有三分之一的差异与“g”因素有关，大约三分之一与学术成就有关，但与“g”因素无关。非共享的环境具有惊人的影响。它们解释了在同样的家庭和学校中长大的双胞胎的差异，年龄增长带来的变化以及非共享的环境比共享环境差异更大的原因。研究需要考察学校的特点，以解决这些非共享环境的哪些特征是重要的这个困惑。

在从这些研究中得出启示时，需要注意的是它们是相关的，而不是实验性的。我们不能把因果解释归因于它们。然而，这些研究具有启发性。第十六章包括了来自实验的证据，在证据中我们可以讨论提供更好的早期数学教学的效果。现在我们简单地提出几个建议。

实践启示：尽早开始数学的教育。关注本书概述的关键数学主题，同时关注自我调节能力的提升。请记住自我调节和数学能力的发展是互利的—— 一方的发展支持了另一方的发展（Van der Ven et al., 2012），而读写能力则不是如此（Welsh, 2010）。再说一次，数学是认知的基础。

公平：群体和个别差异

第一章中提到，与他人相比，一些儿童在来学校之前并没有在数学方面准备好。对大多数人来说，这些差异不会消失，而会增长。“成绩差距”不会消失，而会扩大（Geary，2006）。在这一节中，我们考察不同群体之间的差异，如，那些来自资源匮乏和丰富社区的群体；我们将考察个体之间的差异，包括那些具有数学学习困难和障碍的儿童。共同的主题是公平。第十五章和第十六章将讨论教育者怎样在教学活动中处理公平问题。

贫困和少数族裔的地位

我们建议编辑拒绝这篇文章只是因为作者没有看到这些明显的事实：低收入和高收入群体差异的来源是智商。低收入的父母是因为他们不够聪明来获得一份更好的工作。他们把低智商遗传给他们的孩子（来自本书作者之一的研究论文的审阅意见）。

就像在前面章节中已经描述过的，特别是（本书以及姐妹书的）第一章，生活在贫困中和来自少数语言与种族群体的儿童显示出了明显的低成就水平（Bowman et al.，2001；Brooks-Gunn，Duncan，& Britto，1999；Campbell & Silver，1999；Denton & West，2002；Entwisle & Alexander，1990；Halle，Kurtz-Costes，& Mahoney，1997；Mullis et al.，2000；Natriello，McDill，& Pallas，1990；Rouse，Brooks-Gunn，& McLanahan，2005；Secada，1992；Sylva et al.，2005；Thomas & Tagg，2004）。种族差异在 20 世纪 90 年代扩大（Lee，2002）。不能因为年龄小而不考虑公平问题。成就差异源自早期，低收入家庭的儿童在学前班和幼儿园时期比中等收入家庭的儿童获得的数学知识要少（Arnold & Doctoroff，2003；Denton & west，2002；Ginsburg & Russell，1981；Griffin，Case，& Capodilupo，1995；Jordan，Huttenlocher，& Levine，1992；Saxe，Guberman，& Gearhart，1987；Sowder，1992b）。举例来说，早期儿童纵向研究发现，来自高社会经济地位家庭的儿童对数字和图形展现出熟练的比例是 87%，而来自低社会经济地位家庭的儿童这一比例仅为 40%（Chernoff，Flanagan，Mcphee，& Park，2007，但是这仅仅涉及读出数字，所以这个研究并没有提供有用的细节）。这些差异出现较早，并逐渐扩大（Aexander & Entwisle，1988）。

儿童数学知识在特定方面的差异已经在两种类型的比较中报告过。第一种是跨国差异。就像我们在前面章节中已经观察到的，一些数学知识在东亚儿童那里发展得比美国儿童要好（Geary，Bow-Thomas，Fan，& Siegler，1993；Ginsburg，Choi，Lopez，Netley，& Chi，1997；Miller et al.，1995；Starket et al.，1999）。附带地说，我们不知道是什么机制导致了所有这些跨国差异。一些因素可能是国情，如，教师的知识、正式的教学实践和课程标准。其他因素是跨国的，如，语言差

异。还有一些是文化的但没有反映国家界限的，如，家庭价值观（Wang & Lin，2005）。日本幼儿园儿童在数学方面的表现优于美国儿童，但是日本的家庭和学校在儿童这个年龄段时都不强调学业（Bacon & Ichikawam，1988）。能够解释他们的成功的原因，是他们较低的但可能更现实的期望，根据儿童的水平进行非正式的教学，包括引起兴趣和提供范例，而不是直接的教学。

第二种是和社会经济地位相关的差异。和来自低收入家庭的儿童相比，来自中等收入家庭的儿童的数学知识发展得更好（Fryer & Levitt，2004；Griffin & Case，1997；Jordan et al.，1992；Kilpatrick et al.，2001；NMP，2008；Sarama & Clements，2008；Saxe et al.，1987；Starkey & Klein，1992）。一个研究认为，儿童母亲的受教育水平和儿童邻居的贫困水平是重要的影响因素（Lara-Cinisomo，Pebley，Vaiana，& Maggio，2004）。这些都是直接的影响因素，因为收入对儿童有直接的影响，而父母与儿童的互动有一个中介的作用（如，和低收入父母相比，高收入父母会为儿童的问题解决提供更多的支持；Briooks-Gunn et al.，1999；Duncan，Brooks-Gunn，& Klebanov，1994）。类似的，一个对早期儿童纵向研究数据的分析表明，社会经济地位指标和家中的图书数量都能够对数学和阅读成绩产生显著的预测作用（Fryer & Levitt，2004；同时当控制了这些之后，种族差异也实质性地减少了）。

和中等收入父母相比，低收入父母相信数学教育是幼儿园的责任，认为儿童不能学习那些研究已经表明他们可以学习的数学内容（Starkey et al.，1999）。同样，和中等收入家庭相比，低收入家庭更加支持一种技能观点，并且他们的“技能”和“娱乐”观点并不能预测儿童日后的学业成就，而更多中等收入父母所接受的观点是“日常生活中的数学”（Sonnenschein，Baker，Moyer，& LeFevre，2005）。在美国，这些有害的影响比在其他国家更加流行和强烈，尤其是在早期儿童阶段，比在其他年龄阶段更加强烈。

想一想这两个儿童。皮特是一个数字能力很强的儿童。他可以数到 120 以后，说出给定数字的前后两个数字，包括一百以上的数字。他也可以读出这些数字。最后，他可以使用数数策略来解决一系列的加减法任务。汤姆不会数数。他能做

的最好的就是面对一对物体说出“两个”。问他“6”后面是什么数字，他说“马”。问他“1”后面是什么，他说“自行车”。他不能读出任何数字。皮特和汤姆都刚进入幼儿园（Wright，1987）。

一项大规模的关于美国幼儿园儿童差距的研究发现，94% 的幼儿园儿童第一次通过了水平一的测试（数到 10 并且认识数字和图形），58% 的儿童通过了水平二的测试（读出数字，数到 10 以后，模式排序，使用非标准单位长度来比较物体）。然而 79% 的母亲具有学士学位的儿童通过了水平二的测试，而只有 32% 的母亲为高中以下学历的儿童通过了水平二的测试。水平二测试的种族群体的差异也是较大的（NCES，2000）。在幼儿园中这些差异就开始出现。早期儿童纵向研究表明，在进入幼儿园之前，低社会经济地位儿童比中等社会经济地位儿童在数学评估中得分的标准差低 0.55，低社会经济地位儿童比高社会经济地位儿童得分标准差低 1.24。作为低社会经济地位和少数族裔群体中的一员，这些儿童在入学初期受到的影响尤其大。

其他来自同样大型的早期儿童纵向研究表明，开始为最低成就水平的儿童在数学方面从幼儿园到三年级都表现出最低的增长（Bodovski & Farkas，2007）。作者的研究结论是对这些儿童在学前阶段花更多的时间在数学学习上是必要的。

如果高质量的数学教育不是从幼儿园开始，并持续贯穿早期阶段，儿童就会陷入失败的轨道（Rouse et al.，2005）。另一个研究将这两种类型比较组合起来。研究结果表明，3—4 岁中国儿童的数学知识比美国中产阶级儿童的要好，而美国中产阶级儿童比来自低收入家庭的儿童要好（Statkey et al.，1999）。

来自低收入家庭的儿童表现出特殊的困难。他们不理解数字的相对大小以及和数数顺序的关系（Griffin et al.，1994）。他们在解决加减法问题时会遇到更多的困难。英国工人阶级家庭的儿童在 3 岁的时候就已经在简单加减法上落后一年了（Hughes，1981）。同样，美国低收入家庭的儿童在进入幼儿园时就已经比中等收入家庭的儿童落后，即使他们在大多数任务上保持着同样的进度，然而他们最后是落后的并且在一些任务上没有取得进步。如，尽管他们在非语言算术任务中已经充分练习了，但他们在整个幼儿园期间的算术应用题并没有取得进步（Jordan，

Kaplan，Olah，& Locuniak，2006）。此外，低收入家庭的儿童在幼儿园这一年中更可能表现出“平坦”的增长曲线。

最近关于学前儿童能力的研究表明，服务中等社会经济地位人群的幼儿园比服务低社会经济地位人群的幼儿园在总分和大多数单项测验中的得分都优异。除了少数在测量更加复杂的数学概念和技能方面的特例外，这些分测验表现出了显著的差异（Sarama & Clements，2008）。在数概念中，简单的口头数数或者识别小数字方面没有显著的差异（Clements & Sarama，2004a，2007c）。与比较数字并排序、数字构成、算术、点卡数字匹配相比，在按物点数和更加复杂的点数策略上，二者具有显著的差异。几何图形方面，在涉及图形和图形比较的简单任务中没有显著差异。（分测试是相对简单的，但是因为它只包括一个简单的任务，应该谨慎地解释结果。）在表征图形、图形构成、模式方面具有较大的差异。测量例外，由于它涉及复杂的概念和技能，在两个群体中并没有发现显著差异；这个领域的发展可能更多地依赖于学校的教育。

至于个别的项目，低社会经济地位群体的表现和这些结果一致。在数数方面，显著的差异存在于基数原则的使用、根据给定数字做集合、点数无序排列的物体、说出一个数字之后的数字等项目。另一个关于数概念的发展进程表现出一个更加一致的差异。需要注意的是加减法的平均值和差值是较小的。在几何方面，所有的三个发展进程中的项目都表现出了相同的差异模式。

儿童在不同发展进程中的水平提供了关于这些差异的另一个视角。实际上，中等社会经济地位群体的儿童比低社会经济地位群体的儿童在点数方面高1—2个发展阶段，前者分别是使用计算器（小数字）或者计数器（小数字）阶段。对于数字比较来说，大部分高社会经济地位群体在比较任务中取得成功，比大多数低社会经济地位群体的儿童高出一个发展阶段。算术方面的差异较小，而在组合方面的差异较大，但两者都没有显示出思维水平的差异。同样的，模式和几何方面的差异也没有显示出思维水平的区别，但是和中等社会经济地位群体相比，低社会经济地位群体意味着低成就。

其他的研究证实了这个发现，低社会经济地位背景儿童的数学知识具有很大

的变异性（Wright，1991）。对于从幼儿园开始口头数数和认识数字的儿童来说尤其如此。另一方面，最优秀的儿童得到的服务最少。他们在幼儿园的一年中没有学到任何东西。在一年级，他们在理解多位数数字方面没有进步。

同样的，低收入家庭的学前儿童比高收入家庭的同龄儿童落后，体现在感数、对数量的自发识别方面（Hannula，2005）。他们常常缺少基本的分类和排序能力（Pasnak，1987）。年龄较大的儿童进入小学一年级时，家庭因素对计算的影响要小于对数概念和推理的影响。多数族裔和少数族裔的对比较小，但是父母的经济和心理（如，高中毕业）资源是强大的影响因素（Entwisle & Alexander，1990）。

早期研究表明，这样的问题已经存在数十年了，并且具有严重的消极影响（Alexander & Entwisle，1988）。学校的第一年对儿童的数字知识发展路径具有实质性的影响。在这项研究中，黑人儿童比白人儿童获得的更少，每隔两年差距就会变得更大。入学适应以及弥补最初的学习差距，对黑人儿童来说可能比白人儿童更成问题。

进入幼儿园和小学阶段，低收入家庭的儿童比中产阶级儿童使用更少的适应性和不相适应的策略，这可能显示了他们直觉性数字知识和不同策略的不足（Gfiffin et al.，1994；Siegler，1993）。大多数5—6岁的低收入家庭的儿童不能回答简单的算术问题，但是大多数的中等收入家庭的儿童能够回答（Griffin et al.，1994）。在一项研究中，一个上层中产阶级幼儿园中，75%的儿童能够判断两个不同数字的相对大小，并且进行简单的口算，而相比之下，来自同一社区的低收入家庭的儿童中只有7%的儿童可以做到（Case et al.，1999；Griffin et al.，1994）。另一个例子是，大约有72%的高社会经济地位儿童、69%的中等社会经济地位儿童和14%的低社会经济地位群体儿童可以回答口头表述的问题：“如果你有4块巧克力糖果，有人又给了你3块，现在你一共有多少块糖果？”低收入家庭的儿童常常是猜测或者使用其他不合适的策略，如，简单的点数（如，3+4=5）。他们经常这样做，因为他们缺少策略知识和对他们为何工作以及他们要实现什么目标的理解（Siegler，1993）。然而，如果有更多的经验，低收入家庭的儿童会使用多样的策略，与中等收入家庭的儿童具有相同的正确率、速度和适当的推理。

让我们简要地回到本章前面提到的问题，是什么预测了数学成就。本节开头提出了一个重要的议题。在解释某些群体的低成就表现时，能力或者智商的作用是什么？基因的因素在某种程度上决定了能力，如，智商可能会影响数学成就。在中产阶级学生中，是这样的因素而不是家庭或者邻居和学业表现相关（Berliner，2006）。但是，这对于低收入群体来说是不准确的。贫困和与之相伴的匮乏的学习机会是显著的影响因素。即使是对贫困的较小减少也能增加积极的学校行为，产生更好的学业表现（Berliner，2006）。收入，比起父母的受教育水平和其他关于低社会经济地位的指标，是最强大的预测因素（Duncan et al.，1994）。确实在美国，和其他国家相比，社会经济地位是一个较好的预测因素。此外，即使是控制了智商，儿童的认知功能也受到他们母亲的收入和母亲提供的家庭环境的影响（并且，附带着，母亲的智商也同样受到这些因素的影响）。最后，这些影响对儿童早期的影响是最大的。这是非常重要的，因为学校在学前阶段一结束就对儿童进行了分类，而被认为是低成就的儿童将会影响他们的整个学校生涯（Brooks-Gunn et al.，1999）。

缺乏早期学习甚至可能改变大脑的结构——早期学习机会的不足可能会变成生物学上的嵌入（Brooks-Gunn et al.，1999；Case et al.，1999）。当然，儿童的环境决定了他们学习的机会。这并不表明这些儿童没有数学能力，远非如此。在一个研究中，允许儿童用“去掉一个（off by one）”的方法消除了小组之间的差距（Ehrlich & Levine，2007b）。他们似乎掌握了近似数量，不过有关准确数量的能力较弱。

社会经济地位的差距是明显的，并且涵盖数学知识的各个方面：数值的，算术，空间 / 几何，模式和测量知识（A.Klein & Starkey，2004；Sarama & Clements，2008）。这种差距的原因可能是，来自低收入家庭的儿童能够从家庭和学校环境中获得的数学发展支持较少（Blevins-Knabe & Musun-Miller，1996；Holloway，Rambaud，Fuller & Eggers-Pierola，1995；Saxe et al.，1986；Starkey et al.，1999）。和服务于高收入家庭的机构相比，服务于低收入家庭的儿童的公共学前班机构提供的学习机会和数学发展的支持都较少，包括范围较狭窄的数概念（Bryant，

Burchinal, Lau, & Sparling, 1994; D.C.Farran, Silveri, & Culp, 1991)。缺少资源是一个主要的问题，但是研究表明这不是唯一的解释。在态度、动机和信念方面的差异也需要提及（NMP，2008）。如，“刻板印象威胁”——社会偏见施加，如，黑人或者女性学习数学的低能力——会对受威胁群体产生消极的影响（NMP，2008）。我们需要研究这些是否影响了年幼儿童，并且怎样避免这些及其他问题。

此外，当教师缺少关于早期儿童教育的正规训练（或者学历）并且具有较少的儿童中心信念时，一个由超过60%来自贫困线以下家庭的儿童组成的课堂质量是很低的（Pianta et al.，2005）。大型的早期儿童纵向研究数据分析发现，黑人儿童在幼儿园时期的数学知识有了真正的提高，但是在学校生活开始的两年中，他们和其他种族相比失去了实质性的支持（Fryer & Levitt，2004）。这些差异体现在算术——加减法，甚至包括乘除法，而不是低级的技能。满足这些儿童需求的资源是匮乏的。

因此，后期数学成就差异有一个早期的发展基础：要为来自不同社会文化背景的儿童提供不同的基础性的经验（Stakey et al.，1999）。课程方案应该认识到社会文化和个体差异，包括儿童已经知道哪些，他们带到教育机构来的是什么。儿童的已有经验应该在课程方案和教学计划中有所体现。来自资源匮乏社区的儿童应该得到额外的支持。我们必须满足所有儿童的特殊需要，特别是那些在数学方面存在不足的群体，如，有色人种和那些家庭语言和学校语言不一样的儿童。所有这些儿童都为建构有意义的数学学习提供了多样化的经验（Moll，Amanti，Neff，& Gonzalez，1992）。儿童越年幼，他们的学习就越能被有联系和有意义的背景所强化。没有证据表明，这样的儿童不能学习其他儿童可以学习的数学。（如果这看起来是可能的，考虑一下，历史上，有种假设是来自这些群体的儿童在基因上是能力不足的。请回顾本章节开头的评论者的结论。）普遍的情况是，并没有给儿童提供平等的资源和支持（Lee & Burkam，2002）。他们在基本学习经验、数学建构材料（如，积木）、技术等方面的获得渠道是不同且不平等的。来自其他社会文化背景的儿童常常具有更少的资源和更低水平的有质量互动。他们得到的身心健康支持也较少（Waber et al.，2007）。具有生理障碍的儿童（如，听力受损）

和学习困难儿童（如，智力障碍）的需要也必须被考虑。对任何参与教育的人来说，有一个至关重要的需求是解决这个问题，这样高风险的儿童才能得到公平的资源和额外的时间与支持来学习数学。这不意味着我们应该同等对待每名儿童，而是意味着要有公平的资源来满足不同儿童的需要，包括社会文化的和个体上的不同（如，发展迟缓和天才儿童）。这是非常重要的，因为学前阶段的数学知识能够预测后期学校学习的成功（Jimerson et al.，1999；Stevenson & Newman，1986；Young-Loveridge，1989c）。特定的数和量的知识对日后成就的预测力大于智力测验或记忆能力（Krajewski，2005）。那些在早期就具有较低数学能力的儿童在每一年中都更加落后（Arnold & Doctoroff，2003；Aunola et al.，2004；Wright et al.，1994）。

来自少数语言群体的儿童也应该获得更多的关注（Nasir & Cobb，2007）。尽管提前教授具体的词汇术语，强调同根词是一个有效的方法，但仅靠词汇是不够的。教师需要帮助儿童看到在两种语言中词汇的多样的含义（还有两种语言中的困扰），教授数学的语言，而不仅仅是数学的“术语”。把数学教育建立在双语儿童带来的资源基础上是必要的。如，所有的文化中都有“知识储备”（funds of knowledge），可以用来发展数学背景和理解（Moll et al.，1992）。此外，双语儿童往往比单语儿童更能清楚地看到普遍性的数学思想。这是因为通过用两种语言表达后，他们会明白抽象的数学思想不是被给定的术语“系住”的（Secada，1992）。一般而言，“讨论数学”不仅仅是使用数学词汇。

英语学习者（ELLs）。针对那些第一语言不是英语的儿童，提出了一个重要问题。太多人相信数学相比其他学科对语言的关注应该更少，因为数学是建立在“数”和“符号”的基础上。这是错误的。儿童学习数学大多通过口头语言，而不是通过课本或数学符号（Janzen，2008）。挑战还包括一些和日常用语很相似但其实有区别的技术词汇以及复杂的名词短语的用法。有证据表明，最好的方法是用他们的第一语言教这些儿童（Celedon-Pattichis，Musanti，& Marshall，2010；Espada，2012）。长远的目标应该是帮助儿童在增进其英语的流利性和读写技能的同时，维持和发展其第一语言，而不是用英语取代其母语（Espada，2005）。至少，

双语教师需要理解课堂语言的语言学特点，同时掌握将日常语言和数学语言联系起来的方式（Janzen，2008）。

重复并小结：和其他国家相比，在美国，更多的儿童处于深度的贫困中。这个影响是毁灭性的（Brooks-Gunn et al.，1999）。

实践启示：生活在贫困中和来自少数语言、种族群体的儿童需要更多的数学和更好的数学课程（Rouse et al.，2005）。他们需要的课程不仅要强调基本知识和技能，而且要强调各个水平的高级概念和技能（Fryer & Levitt，2004；Sarama & Clement，2008）。他们需要用母语来学习。什么课程能够解决这些问题？一些基于研究的课程方案将在第十五章中详细讨论。这里给出一些一般性的指南（来自 Espinosa，2005）。

• 向来自资源匮乏社区的儿童提供：

1. 正面的、支持性的关系很关键。

2. 在学校和家庭中特别强调语言的发展。家庭中应该大力鼓励和各个年龄阶段的儿童进行有关数学的谈话，尤其是数、算术、空间关系和模式（Levine，Gunderson，& Huttenlocher，2011）。

3. 小班额。每名儿童需要有足够的根据其独特的才能和能力定制的个别化的互动和学习经验。

4. 能够投入到合作性的计划与反思的教师团队。

5. 和父母及其他家庭成员的合作、尊重的关系。

• 向英语学习者提供：

1. 双语的教学支持包括辅助人员（教学助理、家长志愿者、年长或能力强的学生）。

2. 使用儿童母语的教学（Burchinal，Field，Lopez，Howes，& Pianta，2012），或使用同源词以及用熟悉的语言解释数学概念的方法（Janzen；2008）。

3. 师生之间、儿童之间的讨论，以解释解题方法及抽象的数学语言和概念。

4. 使用儿童母语的简单印刷材料，放在区域或物体的标签上。

5. 从儿童的个人叙述中产生的文字应用题，帮助儿童将情境“数学化”（Janzen，

2008）。

6. 通过讲故事生成数学问题。当给予额外的问题解决时间，提出广泛的包含乘除和多步运算的问题，以及和西班牙语一致时（Turner & Celedon-Pattichis，2011），能帮助拉丁裔儿童学习问题解决（Turner，Celedon-Pattichis，& Marshall，2008）。

7. 鼓励父母和其他家庭成员在家庭活动以及早期读写和数学中使用母语作为首要语言，到学校来分享他们在家庭和社区中哪里用到了数学。

8. 使用儿童母语的适合他们年龄的书籍和故事（在学校里或借回家），这也包括电子书（Shamir & Lifshitz，2012）。

9. 从学前班到小学进行干预，并优先运用双语（Clements，Sarama，Spitler，Lange & Wolfe，2011；Clements，Sarama，Wolfe，& Spitler，2013；Fuch et al.，2013；Sarama，Clements，Wolfe，& Spitler，2012）。

10. 如果他们比其他家庭谈得少，鼓励语言障碍儿童的家庭多和儿童谈论数学、数字和算术（Kleemans，Segers，& Verhoeven，2013）。

数学学习困难和障碍

和那些因为其他原因处于危险中的儿童类似，有特殊需要的儿童常常在传统的早期儿童课堂中不能表现得很好。很多年幼儿童表现出在数学方面的特殊学习困难。不幸的是，他们常常没有被识别或者将他们和其他儿童一同广义划分到“发展迟缓”中。这是特别不幸的，因为聚焦于数学的干预措施在早期是有效的（Berch & Mazzocco，2007；Dowker，2004；Lerner，1997）。

有两个类别常常被使用（Berch & Mazzocco，2007）。有数学困难（MD）的儿童是指由于某种原因在数学学习方面需要努力的儿童。有时候是指处于35%之下，估计能占到人群比例的40%—48%。那些具有特殊数学学习障碍（MLD）的儿童具有一些形式的记忆或者认知缺陷，这干扰了他们学习数学某个或多个领域的概念或者过程的能力（Geary，2004）。他们只是那些数学困难群体中的一小部分，占到人群的4%—10%（6%—7%是最常见的）（Berch & Mazzocco，2007；

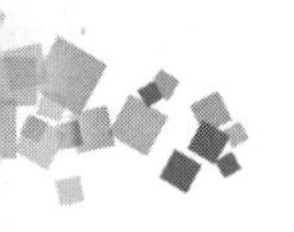

Mazzocco & Myers，2003）。研究发现，这样的分类对许多早期和低年级儿童来说是不合适的；只有 63% 在幼儿园被认为是数学学习障碍的儿童在三年级的时候还被这样认为（Mazzocco & Myers，2003）。

数学学习障碍儿童，从定义上来看，必须有一个遗传的基础，但是目前必须从行为上来界定。然而，用什么行为来界定数学学习障碍—— 一般认知、概念、技能或者它们的结合——还在争论之中（Berch & Mazzocco，2007）。有些人认为数学学习障碍是由于数感的某一基本的缺失，而其他人则认为有多种缺失（Moeller，Fischer，Cress，& Nuerk，2012）。一个最一致的发现是，具有数学学习障碍的儿童在快速提取基本算术事实方面有困难。这被假设是由于无法存储或提取事实，包括提取过程的中断，视觉空间表征的损伤等。工作记忆和加工速度缺陷已经被报告是早在幼儿园时期就非常重要的影响因素，特别是对那些在多个数学方面都有困难的儿童来说（Geary，Hoard，Byrd-Craven，Nugent，& Numtee，2007）。

其他人发现，数学学习障碍儿童的检索时间可以被一些同样用来强调正常成就儿童的表现限制的因素来解释（Hopkins & Lawson，2004）。因此，他们可能并不是具有受损的工作记忆或者特殊种类的"提取不足"，而是其他的困难。

还有其他人指出，语言材料的执行功能损伤（Berch & Mazzocco，2007）可能会阻止这些儿童学习基本的算术组合或事实。所以，即使是到了二年级，数学学习障碍儿童还是不能理解所有的数数原则，并且在工作记忆中控制违反错误方面有困难[①]。他们会犯更多的数数错误并且固执地使用发展不成熟的计数策略。确实，他们会继续使用不成熟的、"倒退的"的策略，并且在整个基础教育阶段只有很小且有限的改变（Ostad，1998）。数学学习障碍儿童不成熟的数数知识和他们落后的发现点数错误的技能，可能造成了他们落后的加法计算技能（Geary，Bow-Thomas，& Yao，1992）。一些儿童在小学结束的时候，只是不用手指点数了。他们在提取算术事实方面仍然有困难，并且尽管其他技能发展缓慢，提取事实的能力在大多数数学学习障碍儿童那里并没有获得提高（Geary et al.，1991）。这些发现表明，他们具有认知障碍而不是缺少教育或者经验，缺少动机或者智商较低。这些儿童的中心执行加工功能可能也是受损的，包括注意控制和无关联的抑制联系（如，对于5+4，说"6"，因为6在5后面），信息表征和语言系统的操作（Geary，

① 另一项研究显示，数学学习障碍儿童理解计数原则以及数数的目的。然而他们的技术操作的流畅性和控制性不如正常儿童，即使在简单的数到 20 的任务中，他们也数得非常慢（Hitch & McAuley，1991）。他们也许缺乏练习，很可能是由于逃避了那些任务，或存在基本的认知缺陷，如，受损的口语工作记忆或执行控制（如，监控数数过程）。

2004）。然而，还有其他研究者淡化这些具有领域普遍性的认知能力，宣称早期数字系统的损伤是更加重要的，如，感数能力（Berch & Mazzocco，2007）。还有很多需要学习。我们在这里将考察一些看上去重要的早期数学概念和技能，然后转向学习障碍的不同类型和组合。

特殊数学概念和技能。在小学低年级，数学学习障碍儿童常常在提取算术组合、应用计算策略和解决复杂应用题上发展落后（Dowker，2004；Jordan & Montani，1997）[①]。数量表征可能会引起许多这样的困难。“数感”似乎最具有预测力——在数字比较、数守恒和数字阅读方面表现较差的幼儿园儿童很可能在二年级和三年级时表现出持续的数学学习障碍。另一个研究发现，数字比较、非言语计算、故事问题和算术组合都能够预测一年级数学成绩（Jordan，Kaplan，Locuniak，& Ramineni，2006）。理解了特定的缺陷可以帮助我们为个别儿童设计方案。如，很多数学学习障碍儿童在数数的某些领域只具有较少的概念知识和技能。这些差距似乎造成了他们在计算算术方面的困难。其他研究显示，可能是因为感数方面的差距（Ashkenazi，Mark-Zigdon，& Henik，2013）。早日解决这些可能是有帮助的。

因此，数学学习障碍或者数学困难儿童具有多样的学习需求（Dowker，2004；Gervasoni，2005；Gervasoni，Hadden，& Turkenburg，2007）。这些发现支持了理解、评估和通过特定主题的学习路径教导这些儿童的需要，这也是本书的主题。也就是，领域特殊性发展进程的层级相互作用论宗旨表明，计算能力有很多相对独立的组成部分，具有各自独立的学习路径。对大脑损伤和数学困难学生的研究表明，其中一个领域的缺陷和其他领域可能是独立的（Dowker，2004，2005）。这些包括基本的事实知识，实施算式处理的能力不足，理解和使用算术原则，估计，处理其他数学知识和应用算术解决问题（Dowker，2005）。

感数的基本能力、计数和计数策略、简单的运算、数量比较对数学学习障碍儿童来说都是至关重要的（P.Aunio，Hautamaki，Sajaniemi，& Van Luit，2008；

---

① 那些能赶上的儿童，尤其是在高质量教学之下能赶上的儿童，很可能是发展延误，而不是无能。干预—反应（RTI）模式包含以下基本思想：如果儿童是由于缺乏高质量的经验和教育而落后，那么他们并没有“数学困难”；他们的环境需要对此负责，并必须加以改善。

Aunola et al.，2004；Geary et al.，1999；Gersten et al.，2005）。研究也识别了一些在位值和应用题解决方面的特殊困难（Dowker，2004）。这些研究经常忽略除了数字之外的数学主题，我们将在接下来的部分谈论数字之外的主题。

数学、阅读和语言学习障碍。理解儿童多个领域的困难是非常重要的。如，在阅读和数学中不同成就模式的儿童在认知测量中具有不同模式的表现（Geary et al.，1999）。同时具有数学学习障碍和阅读学习障碍的儿童在数字产生和理解任务中的得分较低，如，数字命名、书写数字和数量比较。作者假设儿童缺少对阿拉伯数字的充分接触。儿童的数数知识通过一些错误识别任务来评估。同时具有阅读学习障碍和数学学习障碍的儿童更可能将数数看作一种机械的活动。如，他们相信先数一堆物品中的第一种颜色，再数另一种颜色是点数错误。他们能够正确地识别重复点数最后一个的错误，但是不能识别重复点数第一个物体的错误，这表明他们在工作记忆的语音回路组成中保持信息是有困难的（参见 Krajewski & Schneider，2009；Vukovic，2012）。也许更令人惊讶的是，只有数学学习障碍的儿童在实际错误（重复数）中表现得更差，可能是因为他们工作记忆中对物体的操作有特定的缺陷（或者是工作记忆的执行功能，Geary et al.，1999）。他们可能不能在操作其他信息的时候保持信息。这和其他研究发现是一致的（Rourke & Finlayson，1978）。研究表明，在算术方面成绩较低，但是在阅读方面为平均得分的儿童常常在空间能力和定时的而不是非定时的算术测验中表现较差。与之相反，阅读和算术都较差的儿童，在口头的，定时和非定时的测验中表现都较差。在任何情况下，具有较低算术成绩的儿童表现出更多的程序上的和提取的错误（Geary et al.，1999；Jordan & Montani，1997）。

只有数学学习障碍的小学生只在有限的方面表现得比他们的数学学习障碍/阅读学习障碍同伴好（Hanich，Jordan，Kaplan，& Dick，2001），如，算术计算的正确率和故事问题（甚至不是每个人都发现这些差异，Berch & Mazzocco，2007）。他们似乎在计算流畅性方面表现相似，但是只有数学学习障碍的儿童能够更加准确地使用他们的手指，这表明他们的计数过程更加灵活（N.C.Jordan，Hanich，& Kaplan，2003）。在整个研究中，只有数学学习障碍和阅读学习障碍

的儿童在问题解决中的表现是相同的，只是比正常儿童略低一些，这表明他们使用不同的方法来解决问题，通过自身的优点来弥补自身的不足。只有数学学习障碍的儿童在小学阶段可能在数学知识方面发展很快（Jordan，Kaplan，& Hanich，2002）。

只有数学学习障碍和兼具有数学学习障碍 / 阅读学习障碍的儿童在估算中的表现没有差异（估计加减法问题的答案），这表明是与数值大小（而不是口头表征）相关的空间表征能力的弱点支持了事实提取不足（Jordan，Hanich，& Kaplan，2003）。儿童可能在操作视觉（非视觉）的数线方面有困难——这是一种对解决加减问题十分关键的能力。支持这种观点的是，对数字组合掌握不佳的儿童比牢固掌握的儿童在非言语的积木操作和模式识别任务中的表现差。相反，他们在语言认知任务中的表现是相同的。其他研究者也指出数学学习障碍可能包含某个空间方面成分（Mzaaocco & Myers，2003）。

相反，另一个研究表明，具有数学学习障碍和同时具有数学学习障碍 / 阅读学习障碍的儿童能够在比较集合中的数字中表现得和他们发展正常的同龄人一样好，但是当比较阿拉伯数字时有障碍（Rousselle & Noel，2007）。重要的是，在只有数学学习障碍和具有数学学习障碍 / 阅读学习障碍的群体中没有差异。这表明，至少对于部分儿童来说，数学学习障碍意味着在评估符号数字大小而不是处理数字方面有困难。这是非常有意义的，因为数字方面附加的困难会混淆儿童在一系列任务中的表现，并且是许多和数学相关问题的开始。传统的将概念和过程分开的教学方式对这些儿童来说尤其具有毁坏性。相反，将概念和过程，具体 / 视觉的表征与抽象的符号联系起来是更加有效的。

另一个研究证实，数学学习障碍和数学学习障碍 / 阅读学习障碍的群体在 5 岁时就显示出数学方面的质的差异。尽管语言似乎促进了儿童在大多数任务中的表现，它的角色在重要性上次于非言语数学技能（Jordan，Wylie，& Mulhern，2007）。他们貌似在数字认知（或者“数感”）方面有核心缺陷，包括数字知识、数数、算术。那些兼具有数学学习障碍 / 阅读学习障碍的儿童在数学问题解决中的得分都较低。只有数学学习障碍的儿童似乎是通过他们的语言策略来弥补他们数

字方面的弱点。

阅读学习障碍的类型很重要：有诵读困难（Dyslexia）的儿童比起阅读理解困难的儿童在数学上更弱，在数学事实的流畅性、运算、问题解决方面似乎都有不足（Vukovic，Lesaux，& Siegel，2010）。流畅性的不足可能和语音过程中存在的问题有关，尽管其中可能也包含数字处理过程中的困难。

具有特殊语言损伤（SLI）的儿童可能有一些特殊的数学学习障碍，如，在协调语音和数字关系来建立结构关系方面（Donlan，1998）。如，他们可能没有掌握语法系统中的量词，如“一个”“一些”“很少”或者“两个”（Garey，2004）。或者，他们可能在联系“两个、三个、四个、五个……”和“二十、三十、四十、五十”方面有困难。准确的计算可能更需要依赖于语言系统（Berch & Mazzocco，2007）。

其他损伤。特殊的障碍应该放到从婴儿到成人发展路径的整个图景中来考虑（Ansari & Karmiloff-smith）。低水平过程的不同损伤可能会导致儿童和成人的不同困难。

在美国最普遍的障碍就是注意缺陷多动症（ADHD，Berch & Mazzocco，2007）。这些儿童会迅速地适应刺激并且在保持注意力方面有困难，会花费更少的时间重听，犯更多的错误。听觉处理的注意力尤其成问题。这可能可以解释他们学习基本算术组合的困难和他们在多步骤问题和复杂计算方面的困难。通过电脑游戏的辅导和工作已经显示出一些成效（Ford，Poe，& Cox，1993；Shaw，Grayson，& Lewis，2005）。使用计算器能够使一些儿童取得成功（Berch & Mazzocco，2007）。

大多数具有唐氏综合征的儿童可以在数数时保持一一对应，但是在正确说出计数词语方面有特殊的困难。他们最常见的错误是跳过词语，说明他们在听觉记忆顺序方面有困难。那就是，他们在一个数词和按顺序的下一个数词之间没有充分的联系。他们也缺少问题解决或者数数策略的方法（Porter，1999）。唐氏综合征儿童的教师常常忽略数字任务，但这是不明智的。视觉地呈现数字顺序可能可以帮助儿童学习数数（Porter，1999）。

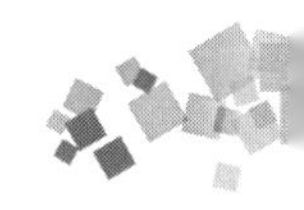

身体缺陷，如，听力障碍可能是数学困难的一个危险因素。然而，这些儿童看起来和他们的同伴用同样的方式学习数学，两者之间并没有牢固或必然的联系（Nunes & Moreno，1998）。基于视觉的干预措施可能对聋儿有效（Nunes & Moreno，2002）。有研究显示，聋儿或听力障碍儿童的数学困难开始于小学之前，所以早期干预尤其重要（Pagliaro & Kritzer，2013）。研究证实，这些儿童常常有其优势领域，如，空间能力，这可以作为教育的出发点，他们也有一些弱势领域，如，问题解决和测量，这些可以在早期阶段加以关注。

一种不寻常的情况是字母—颜色联觉——数字具有明确颜色的无意识经验，如，将数字“5”看作蓝色。这样的儿童可能在大小判断方面有困难并且在算术方面也有困难（Green & Goswami，2007）。

盲童不能依赖视觉空间策略来进行点数，而是使用触觉主导系统来追踪哪些物体已经被点数过（Sicilian，1988）。准确的盲数者使用三种策略。浏览策略被用来决定阵列的大小和所有独特的特点，如，是线性的还是环形的，这将被用来组织点数。组织点数策略利用这些特点来生成一个保持追踪的计划。分割策略选择个别物体并且在已经被计数和尚未被计数的物体之间保持分离。研究者提出了这些策略的发展阶段，每一种策略都是从无到低效的，再到有效的策略：

• 初步浏览策略——不浏览（只是开始数数）；手无系统地在物体上移动；手以一种固定阵列模式在物体上移动，或者在计数的过程中移动物体。

• 组织策略——没有；根据一行、一个圈或者一个序列，但是不用参考点来标记从哪里开始；使用参考点，或者在计数的过程中移动物体。

• 分区——没有一一对应；触摸物体但是没有系统分区，或者移动物体，但是把它们放回同一组中；使用可移动的分区系统或者将物体移动到新的位置。

脑瘫儿童在数学上的表现差于他们的同伴，尤其在应用题的解决上（Jenks，van Lieshout，& de Moor，2012）。视觉空间画板和抑制的损伤能预测未来的应用题解决能力，而事实流畅性和阅读能力对提高这些儿童的应用题解决能力都很重要。

就像我们已经看到的，一些研究者相信，视觉空间策略的不足是数学学习

障碍的组成部分，因为它们可能是数字思考的基础（如，Geary，1991；Jenks et al.，2012）。那么其他数学领域呢？如，集合、空间推理和测量。我们知道得很少，可能是由于研究者的偏见。也就是说，基于以数字和计算为主导的指标，儿童被分为数学学习障碍、数学困难或者正常儿童，他们的成绩比较也都是基于计算和数词问题。难怪他们被认为在那些领域有“主要障碍”。由于这样不幸、局限和循环的思考，我们不知道儿童在其他领域的表现。然而，我们至少可以谈论有某些身体残疾儿童的需要，这也是我们要转向的议题。

几何和空间思考。对于视觉受损的儿童来说，几何是一个比较困难的领域。然而，针对特殊技能的策略已经被提出，如，从触觉地图中进行距离判断（Ungar，Blades，& Spencer，1997）。儿童被教导用他们的手指来测量相对距离并且思考分数和比率，或者至少是“更长”或者“只有一点点长”。30 分钟的训练可以帮助他们和正常视觉儿童有相同的准确率。

在第七章中关于盲童空间思考的讨论表明，所有的儿童都能建构空间感和几何概念。空间知识是空间的，不是“视觉的”。即使是天生盲童也能够明白空间关系。在 3 岁的时候，他们开始学习某些视觉语言的空间特征（Landau，1988）。他们可以从动觉的（运动的）练习中学习（Millar & Ittyerah，1922）。他们在空间任务很多方面的表现和被蒙上眼睛的正常视觉儿童的表现相似（Morrongielo，Timney，Humphrey，Anderson，& Skory，1995）。第二，视觉输入是非常重要的，但是空间关系可以在没有视觉的情况下建构（Morrongiello et al.，1995）。盲人可以学习区分物体的大小，或者通过区分回声来区分它们的形状（圆形、三角形、正方形），正确率为 80%（Rice，1967，引用于 Gibson，1969）。他们可以通过触觉探索来做到这些。如，盲童已经被成功教导可以按序列排列长度（Lebron-Rodriguez & Pasnak，1977）。通过触觉扫描两个维度，小学生能够发展比较长方形区域的能力（Mullet & Miroux，1996）。

然而，视觉损伤越严重的儿童，更应该确保他们获得建立在移动身体和感知物体经验基础上的额外的活动。视觉较弱的儿童可以跟随视觉正常儿童的活动，但是要有放大的打印物、可视教具和操作材料。有时，使用低视力设备有助于儿

童的几何学习。

使用真实物体和可以操作的物体来表示二维或者三维的物体，对所有具有视觉损伤的儿童来说都是至关重要的。二维物体可以通过触觉的方式在二维平面上充分地表征，但是需要注意的是整个描述不能够太复杂。如，《让我们通过计算机辅助来学习图形》（*Let's Learn Shape with Shapely CAL*）展示了常见图形的触觉表征（Keller & Goldberg，1997）。

然而，二维的触觉表征对于三维物体的表征是不够的。详细、具体的指导和阐述儿童对这些对象的体验是非常重要的。这样做耗时耗力，但却是视觉严重损伤儿童教育经验的重要组成部分。要确保儿童探究了物体的所有组成部分，并且能够反映出每个部分之间的关系。儿童可以探究和描述三维物体，重建由组件构成的物体（如，使用 Googooplex），并根据给定的一条边构建一个立方体（如，使用 D-stix）。

关于聋童的研究表明，教师和学生常常都没有关于几何的丰富经验（Mason，1995）。然而，语言并没有扮演重要的角色。如，表示三角形的美国手语（ASL）符号大致是等边三角形或者等腰三角形。在学习一个八天的几何单元之后，很多学生拼写“三角形”替代使用手势，这可能表明他们头脑中对“三角形”这个词新的定义和他们之前用手势表示的“三角形”进行的区分。当学生拥有更加丰富的学习经验，更加多样的数学词汇，并接触到更广泛的几何概念时，学生可以在学习几何时体验到成功和成长（Mason，1995）。

考虑到几何教育中有令人混淆的词汇，因此，需要特别的关注英语水平有限（LEP）的学生。研究表明，精通英语（EP）和英语水平有限（LEP）的学生可以通过使用电脑共同工作来建构反射和旋转的概念。在反射和旋转内容测量以及二维视觉化能力测验中，体验到动态计算机环境的儿童的表现明显优于体验传统教学环境的儿童。在相同的教育环境中，英语水平有限的学生的表现与他们精通英语的同伴在所有测验中的表现都没有统计上的显著差异（Dixon，1995）。

尽管上述研究是有局限的，有些儿童似乎在一些任务中确实有空间组织的困难。有一些数学学习困难的儿童可能在空间关系、视觉控制和视觉感知方面需要

努力，并且方向感较差（Lerner，1997）。他们和没有学习障碍的儿童不同，无法完全地感知形状并且整合起来。如，一个三角形对他们来说似乎就是三条分开的线，就像一个菱形或者甚至就像是未分化的封闭形象（Lerner，1997）。有不同大脑损伤的儿童表现出不同模式的能力。那些右半脑损伤的儿童在将物体组织成连贯的空间分组时有困难，而那些左半脑有损伤的儿童对空间阵列内的关系有困难（Stiles & Nass，1991）。对于有学习障碍和有其他特殊需要的儿童来说，基于这里描述的发展顺序的学习路径而开展的教学活动是更加重要的。了解儿童学习几何概念时所经过的发展顺序。

前面提到过，空间方面的薄弱可能是构成儿童数值大小（如，知道 5 比 4 大，但是只大一点点，而 12 比 4 大很多）、快速提取数字名称和算术组合方面困难的基础（Jordan，Hanich，& Kaplan，2003）。这些儿童可能不能操作数线的视觉表征。

类似的，由于在感知形状和空间关系、识别空间关系、进行空间判断方面的困难，这些儿童不能模仿复制几何形式、图形、数字或字母。他们很可能在书写和算术方面都表现较差。当儿童不能容易地书写数字时，他们也不能读出和恰当地排列数字。因此，他们在计算时会犯错误。

进入幼儿园时数学知识最少的儿童能够从他们参与的学习中获得（或者失去）最多（见本章前述关于情感的部分）。想办法让这些儿童参与学习任务并增加他们的起点知识是至关重要的（Bodovski & Farkas，2007）。

总结和政策启示。在早期数学经验中确实存在实质性的不公平现象。一些儿童不仅开端落后，而且处在一种消极的和不可改变的数学路径中（Case et al.，1999）。早期的低数学技能和较慢的成长速度相关——没有充足数学经验的儿童在开端落后并且每年都更加落后（Aunola et al.，2004）。

由于不重视数学的文化，不适宜的学校，糟糕的教学和意义不大的教科书，美国儿童的教育正处在一种风险中（Ginsburg，1997）。儿童会被认为学习有障碍，如果他们已经经历了“传统教学”却没有学习的话。但是这种教学常常是有缺陷的。这使得很多专家估计，80% 被认为有学习障碍的儿童是被错误标记了（Ginsburg，1997，见干预—反应模式的脚注）

我们需要判断这些被贴标签的儿童是否能够从好的教学中获益。如，一些被认为是学习障碍的儿童在矫正教育后获得了提高，并且达到了不需要再接受矫正教育的水平（Geary，1990）。他们运用与没有学习障碍儿童类似的认知过程。因此，他们可能是发展迟缓而不是学习障碍。也就是说，他们不是数学学习障碍，但是被错误地教导和错贴了标签。好的教育经验及实践对这样的儿童来说是有指示性的。对其他儿童（真的数学学习障碍儿童）来说，他们没有实质性的获益并且似乎发展也不同，他们需要专门的教学。

在以任何方式给儿童贴标签，特别是“数学学习障碍”标签时，只有在充分考虑和好的教学已经提供的前提下（见干预—反应的脚注）才可以。在早期，这样的标签可能弊大于利。相反，高质量的教学（预防性的教育）应该提供给所有的儿童。

没有单一的认知缺陷会导致数学困难（Dowker，2005；Gervasoni，2005；Gervasoni et al.，2007；Ginsburg，1997）。这对儿童和研究来说都是一个难题（因为研究所要施加的人群）。更糟糕的是，低收入家庭的儿童在入学前没有充分的学习数学的机会，就这样进入了托儿所、日托中心和小学，他们在数学方面的表现都较差，这种双重困境在儿童遭遇第三重攻击“错贴标签为学习障碍儿童”时混合，他们遇到的教育者对他们的期望都很低。这是教育的耻辱。我们必须根据儿童的已有经验、当前的知识技能、认知能力（如，策略能力、注意能力、记忆能力）和学习潜力来提供完整的评价。如果儿童有学习困难，我们必须判断他们是否是由于缺少背景信息和非正式知识、基础的概念和过程，或者缺少这些之间的联系。除了日常提供给儿童的教育经验，还必须在几个月的时间框架中提供动态的、形成性的关于儿童需要的评估（Feuerstein，Rand，& Hoffman，1979）以及教学建议。

实践启示。尽**可能**早地识别具有数学困难的儿童。尽可能对这些儿童施加以研究为基础的数学干预。识别那些可能被错误教学和错贴标签的儿童。更好的教育经验及实践对这样的儿童是有指示性的。其他没有从中获得实质性发展的儿童需要专门的指导。在这里，训练和练习都不会有明显的作用。如，用手指数数应

该被鼓励而不是被抑制。

关注基本的领域，如上述讨论的“数感”和“空间感”的组成部分。一些具有数学学习障碍的儿童可能在数数或配对中保持一一对应是有困难的。他们可能需要身体上的抓握和移动物体，因为抓握在发展中是一个比指向更早的技能（Lerner，1997）。他们经常把数数理解为死板的机械活动（Geary，Hamson，& Hoard，2000）。这些儿童也可能在较小的数量范围内长时间地一个接一个点数物体，而他们的同龄人已经能够从策略上感知数量了。强调他们学习感数小数量的能力，也许是用他们的手指来表征，可能会有帮助（在感知和区别即使是较小数字有持续困难的儿童，处于普遍数学困难的风险中，Dowker，2004）。其他儿童可能在感数（Landerl，Bevan，& Butterworth，2004）、数量比较（如，知道哪一个数字更大；Landerl et al.，2004；Wilson，Rwvkin，Cohen，Cohen，& Dehaene，2006）、学习和使用更加复杂的数数和算术策略（Gersten et al.，2005；Wilson，Revkin et al.，2006）方面存在困难。他们在算术方面缺少进步，特别是在掌握算术组合方面，产生一致的困难；因此，早期和密集的干预措施是有指示意义的。具有数学学习障碍的儿童在评估他们解决方法正确率时常常是不准确的，这暗示应该让他们“检查他们的作业”或者“寻求帮助”（Berch & Mazzocco，2007）。

帮助有特殊需要的儿童的资源还有很多空白。目前还没有广泛应用的方法来确定特殊数学学习困难和障碍的儿童（Geary，2004）。基于研究的课程和教学方法很少，但还是有一些。这些现有的方法将在第十五章中讨论。最后，关于早期儿童最重要的启示可能是通过为所有儿童提供高质量的早期儿童数学教育从而去预防大多数的学习困难（Bowman et al.，2001）。公平必须是完全的公平，没有标签、偏见和不平等的学习机会（见 Alan J.Bishop & Forgasz，2007，有更加完整的讨论）。而且，这一点需要贯穿整个早期干预过程，因为数学困难和数学学习障碍比阅读困难更持久（Powell，Fuchs，& Fuchs，2013）。

我们将在下一章回到数学困难和数学学习障碍儿童的教学方法问题上来。

天才和资优儿童

即使他们常常被教育者认为是“做得很好”，那些具有异常能力而又有特殊需要的儿童也没有在早期阶段（和后来的）的课程中做得很好（NMP，2008）。和同伴相比，他们事实上在某些算术技能上还下降了，尤其在学前和小学阶段（Mooij，& Driessen，2008）。

教师有时会教天才和资优儿童一些大孩子学的概念；然而，他们最频繁教授的概念通常在传统的早期儿童课程中都能够找到（Wadlington & Burns，1993）。即使研究表明，这些儿童具有关于测量、时间和分数的先进知识，但这些主题很少被探究过。很多天才和资优儿童可能没有被这样认定。

一项澳大利亚的研究表明，幼儿园的数学课程最适合最落后的儿童。在幼儿园整个一年中，天才儿童学习得很少或者什么也没有学到（B.Wright，1991）。这是一个严重的问题，因为学龄前和幼儿园的开始对天才儿童来说是一个至关重要的时间段。他们常常不能找到和他们具有相似兴趣，处于同一水平的同龄人，他们变得沮丧和无聊（Harrison，2004）。显然，课程和教育者应该做得更好，以满足所有儿童的学习需要。

一项研究表明，家长和教师可以准确地识别天才儿童。儿童的得分比他们年龄的平均得分高一个标准差。儿童在简易智能测试中的语言和视觉空间技能与数学技能测试中的表现一样优秀。尽管男孩在数学技能测试和视觉空间工作记忆广度方面的表现水平要高于女孩，但男孩和女孩认知因素中基本关系的大部分是相似的，除了男孩语言和空间因素的相关性比女孩强之外（Robinson，Abbot，Berninger，& Busse，1996）。然而，总体而言，视觉空间和数学能力之间存在高度的相关性。

天才幼儿和大一些的天才儿童表现出同样的特点。他们是与众不同的思考者，有好奇心而且坚持不懈。他们有过人的记忆力（一名四岁的儿童说：“我能记住事情，因为我已经将它们描绘在头脑中。”）。他们能够进行抽象的联系并且参与到独立的调查中——形成、研究和测试理论。他们表现出领先的思维、知识、视觉表征能力和创造力。他们对数学概念的意识也同样领先。在21个月大，他们能够找

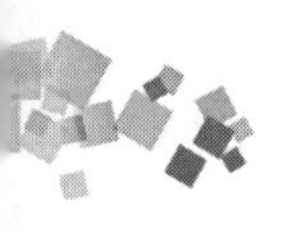

出数字和字母之间的区别。一名儿童说：“我告诉你什么是无穷大。一只青蛙产了卵，卵孵化成蝌蚪，蝌蚪长出腿并且变成青蛙，然后青蛙又产卵。现在就是一个循环，这就是无穷。所有活着的事物都是无穷的……”（Harrison，2004，p.82）

实践启示：尽可能早地识别在数学方面有天赋的儿童，确保他们有有趣的数学内容来思考和操作。研究证明，这些儿童的教学常常是通过非结构化的活动、非指导的发现学习、学习中心和小组游戏进行（Wadlington & Burns，1993）。然而，他们也需要通过使用操作材料、数字和空间感，包括抽象推理在内的推理来解决困难的问题。事实上，教师和这些能力强的儿童互动越多，他们学的反而越少（Molfese et al.，2012）。为什么？教师通过密切关注的互动所提供的结构性经验对低成就儿童是有帮助的，而先进的学习者并不需要那些结构。相反，他们得益于教师鼓励他们的推理和其他语言技能，如，讨论或者解释他们在解决难题时的推理过程。这些互动鼓励了对概念的更深一步理解。

相反，先进学习者的数学技能的成长和互动得分是负相关的，在高互动得分的教室里，这些儿童的数学技能成长反而最少。对这些儿童来说，需要的不是来自密切的师幼互动的结构，其数学技能的成长似乎得益于对其推理和其他语言技能的鼓励，而这些正是《幼儿学习环境评价量表》（ECERS-R）的语言推理子量表的组成部分。在语言推理量表上的高课堂得分，反映了学前班教师在儿童的活动中与儿童的交谈程度，其中包含了正式的或非正式的推理技能。如，课堂观察者注意到，在解决难题时，教师要么鼓励儿童讨论，要么鼓励他们解释自己的推理。这些互动鼓励了对概念的更深一步理解。对这些高分儿童来说，有机会投入到围绕活动的交流似乎支持了他们的数学技能。要保证教师可以对天赋儿童进行有差别的教学，按照才能分组可能有所帮助，也就是在一个或多个混合能力的教室里，要有一组相当数量的天赋儿童（Brulles，Peters，& Saunders，2012）。

最后，经济不利儿童不仅处在高教育风险中，也同样处在天赋未被识别的风险中。我们需要尽早识别出这些儿童，支持他们学习有挑战性的数学（Molfese，2012）。

性别

“我的女儿就是不能学会数字。我告诉她：‘不要着急，亲爱的。我的数学也一直不好。’”　“我知道，”她的朋友说，“只有具有特殊天赋的人才能够真正在数学方面做得好。”

在美国，关于数学的谬见比比皆是。你可能会承认上述谈话中的两点。第一点，只有一小部分“有才华的”人可以在数学上取得成功——我们在本章前面的章节中讨论过。第二点，也是很危险的，那就是女性常常不在能学好数学的群体中。早在小学二年级，儿童就相信“数学是给男生的”，尽管男生和女生的数学成绩均等（Cvencek，Meltzoff，& Greewnwald，2011）。

关于早期数学的性别差异，研究发现和人们的观点相差很大。一个大型的关于 100 项研究的元分析发现，女孩在整体上比男孩表现出微不足道的优胜（0.05 标准差）（Hyde，Fennema，& Lamon，1990）。在计算上，0.14；在理解上，0.03；在复杂问题解决上，−0.08（男孩略高一点）。在高中（−0.29）和大学（−0.32）出现了偏向男生的差异。早期儿童纵向研究数据分析表明，女孩比男孩在认识数字和形状方面更熟练，而男孩在加减乘除运算方面比女孩熟练。所有的这些差别都是很小的（Coley，2002）。女孩可能在绘画任务方面比较好（Hemphill，1987）。有数学困难的男孩和女孩比例相同（Dowker，2004）。

一项来自荷兰的研究发现，女孩具有优越的数字能力（Van de Rijt & Van Luit，1999）；另一项研究没有发现差异（Van de Rijt，Van Luit，& Pennings，1999）。来自新加坡、芬兰和中国香港的关于学前儿童的研究发现，不存在性别差异（Pirjo Aunio，Ee，Lim，Hautamaki，& Van Luit，2004），尽管芬兰的另一项研究发现，女孩在数量关系而不是计数的量表中表现较好（P.Aunio et al.，2008）。研究者发现，中国香港的幼儿中存在数学自我概念的差异（Cheung，Leung，& McBride-Chang，2007）。母亲的能够被感知的支持和自我概念相关，但只是对女孩来说是这样的。

大脑研究显示了差异，但是很小（Waber et al.，2007）。在这项研究中，男孩在知觉分析中比女孩表现略好，但是女孩在处理速度和运动灵活性方面比男孩

表现更好。

一些研究表明，男孩比女孩更可能在数学成就中处于高和低的两端（Callahan & Clements，1984；Hyde et al.，1990；Rathbun & West，2004；Wright，1991）。这甚至适用于前面讨论的天赋儿童（Robinson et al.，1996），这反映了在天赋青少年中发现的差异（NMP，2008）。一些研究表明，差异存在于数的领域，但是在几何和测量方面不存在（Horne，2004）。一项研究发现，儿童在开始进入学校时并没有显著的差异，但是随着从幼儿园到小学四年级，差异变得显著。这个发现和研究中显示的男孩在数学方面比女孩能取得略微大一点的进步是一致的（G.Thomas & Tagg，2004）。

最稳定的性别差异是空间能力，特别是心理旋转。大多数关于空间技能的性别差异研究中都涉及年长的学生。然而近期的研究已经在年幼儿童中发现了差异（Ehrlich，Levine，& Goldin-Meadow，2006；M.Johnson，1987）。 如，4—5 岁的男孩显示出在心理旋转方面强大的优势，而女孩的表现处于随机水平上（Rosser，Ensing，Glider，& Lane，1984）。类似的，男孩在 4—6 个月大时在空间转换任务中就显示出优势，并且在转变项目中的优势没有在旋转中强大。一个类似的词汇任务表明，男孩在空间任务中的优势不是由于整体的智力优势（Levine，Huttenlocher，Taylor，& Langrock，1999）。至少其中的一些是由于缺少经验造成的（Ebbeck，1984）。在生命的第一年中，女孩倾向于更加社会化一些，男孩对运动和动作方面更感兴趣（Lutchmaya & Baron-Cohen，2002）。男孩在空间转换任务中有更多的手势并且表现更好，这提供了评估空间能力的一种方式并且建议鼓励手势动作是有价值的，特别是对女孩来说（Ehrlich et al.，2006）。

一个观察研究证明，男孩和女孩的拼图游戏和他们的心理旋转能力相关（MaGuinness & Morley，1991）。然而，父母对空间语言的使用只和女孩的心理旋转能力相关，和男孩无关（控制了父母对儿童说的所有话语的影响，社会经济地位和父母的空间能力）。父母的空间语言可能对女孩来说更加重要（Levine，Ratliff，Huttenlocher，& Cannon，2012）。

类似的，这样的研究建议在空间能力方面的有意教学对女孩来说尤其重

要。对女孩和男孩来说，空间能力和数学成就之间都存在高度的相关（Battista，1990；M.B.Casey，Nuttall，& Pezaris，2001；Friedman，1995；Kersh et al.，2008）。中等学校在空间测试中得分高的女孩能够和男孩一样或者比男孩更好地解决数学问题（Fennema & Tartre，1985）。这些空间得分低而语言得分高的女孩在数学方面表现最弱。空间能力是比数学焦虑和自信心更加强大的中介因素（Casey，Nuttall，& Pezaris，1997）。父母对空间语言的使用与女孩的心理旋转能力相关，但是和男孩无关。如，在做拼图时，父母可能会谈到物体的特征、维度或形状（如"角""直线""正方形"），方向和转换（如，"上下颠倒""旋转""翻转"），空间关系（如，"上面""下面""之间""靠近"），或整体与部分的关系（如，"整体""部分""一半"）。女孩在一些任务中可能会使用更多的语言中介（Levine et al.，2012）。

在一项研究中，男孩在数学方面更加有自信，但是他们并不准确，因为自信心预测数学能力（Carr，Steiner，Kyser，& Biddlevomb，2008）。然而一个重要的差异就是女孩喜欢使用操作材料来解决问题，但是男孩喜欢用更加复杂的策略来解决问题。这些认知策略可能会影响他们的表现和后面的学习。这种在策略使用上的差异被多次重复并且引起高度关注（Carr & Alexeev，2011；Carr & Davis，2001；Fennema，Carpenter，Franke，& Levi，1998）。儿童在两种情境下解决基本的算术问题：一种是允许他们用任何自己喜欢的方式来解决问题的自由选择情境，还有一种是儿童的策略使用被限制以便所有的儿童使用相同的策略来解决相同问题的游戏情境。在自由选择情境中的策略使用重复了早期研究的发现，女孩倾向于使用利用操作材料的策略，而男孩倾向于使用检索策略。在游戏情境中，当我们控制了儿童在不同问题中使用策略的类型时，我们发现男孩和女孩一样能够使用操作材料解决问题。但是女孩不能像男孩那样有能力从记忆中检索问题的答案，在错误率或者检索速度方面没有发现差异。在正确检索的可变性方面发现存在性别差异，男孩比女孩更加具有可变性（Carr & Davis，2001）。男孩更倾向于冒险，尝试使用检索策略，并得益于这种策略（Geary，2012）。冒险者得到了更多的练习。同时，空间技能较强的女孩更倾向于使用高级的计算策略（Laski，

Casey，Yu，Dulaney，Heyman，& Dearing，2013）。

尽管来源未知，但我们知道向所有儿童提供良好的教育，包括鼓励每个人去发展复杂的策略和去冒险时，性别差异可以被最小化。一项研究表明，女孩的策略使用受到课堂规范引导，而课堂规范并没有积极推动更加成熟策略的使用。不幸的是，这个模式导致了女孩在能力测试中的大量失败（Carr & Alexee，2011）。空间能力也可能促进更加成熟的策略（Carr，Shing，Janes，& Steiner，2007）。

实践启示：教授空间能力，特别是对女孩进行有意指导，并且鼓励父母也这样做。鼓励女孩和男孩一样使用复杂的策略，尽管这意味着“冒险”。

结语

要达到完全的专业和有效性，教师必须理解儿童的认知和情感，认识到个体差异和公平的问题。然而，这是不够的——我们也需要理解怎样使用这些理解来促进思考，积极的性格和公平。这就是下面两章的目的。第十五章提出了教学的背景——儿童被教导的情境类型，包括儿童的最初环境，他们的家人和他们的家庭环境，以及能够有效帮助年幼儿童学习数学的具体课程。

第十五章　早期儿童数学教育：背景与课程

我很喜欢教搭建积木这个课程。孩子们表现出惊人的进步。有一个孩子刚开始的时候根本不能唱数，现在可以通过一一对应的方法进行数数，而且能很自信地数到20了。

——卡拉（Carla），幼儿园老师，2006

什么样的数学课程是适合幼儿的？你如何评价自己所使用的课程？在前面的章节中，我们已经讨论了早期经验、教育和教学在不同的教学主题中所发挥的作用。在本章中，我们将之前的讨论扩展至幼儿学习数学的环境，包括幼儿最初的环境——家人和家庭环境。接下来，我们着重关注有效帮助幼儿学习数学的具体课程。请记住，由于本书的姐妹篇中没有与之对应的章节，因此本章的内容主要是相关研究的综述。我们已将包含教学建议的段落标注为“实践启示”，供教师们查阅。

早期儿童教育背景：历史与现状

让我们来听一听两位教师的对话，其中一位教师对早期数学教育持怀疑态度，通过这段对话我们一起来了解早期儿童数学教育的历史与现状。

怀疑论者：有组织的数学经验不适合幼儿园的孩子。

数学教师：如果老师没有教好，那当然是不合适的！其实，研究表明，幼儿一岁时就已经非常自然地习得了有关数和几何图形的知识。另外，幼儿的教育环境可以强化这些知识的学习。

怀疑论者：是的，你是可以不停地教给他们更多知识，但这势必给幼儿带来学习压力，这简直是当今教育的误区。

数学教师：我不这么认为，早期儿童教育者们一直都在琢磨怎么教好数学。

对早期数学的一个简短历史回顾证实了以上观点。弗雷德里克·福禄贝尔（Frederick Froebel）创造了人类历史上的第一所幼儿园——最初的混龄幼儿教育，他也创造了当今的幼儿园和学前班。福禄贝尔可谓是一位晶体学家。他的幼儿园理念的所有方面都被结晶为完美的数学形式——“对几何形状的普遍、完美、另类的表达”（Brosterman，1997）。幼儿园最终的目标是让幼儿了解几何形状背后隐藏的数学逻辑。福禄贝尔用恩物来教幼儿大自然中的几何语言。圆柱体、球体、

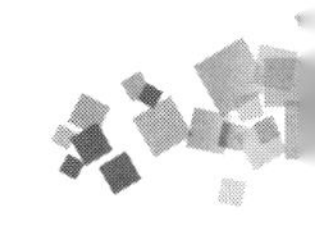

立方体和其他的教学材料组合在一起并通过变化来显示几何关系。如，福禄贝尔最基本的恩物大多是可操作的物体，从立体（球体、圆柱体、立方体）转变成平面、线条和点，或者从平面转变成立体。福禄贝尔将儿童对这些材料的使用分为探索（如，从不同方向旋转立方体，显示立方体如何在旋转时看上去像圆柱体）、拼图、折纸和建构。这些三角形是儿童熟知的面或其他图片的组成部分，被用来教授平面几何的概念。儿童用正方形的瓷片覆盖住立方体的各个面，然后把瓷片从立方体上剥离开从而看出立方体的部分、特性和一致性。许多积木和瓷片的形状都是精心设计的，能够以不同方式拼装在网格中。各式各样的形状、圆环和木条以平面图的形式呈现在幼儿园课桌常见的网格图上，经过组合和重新组合形成不断变化的对称图形或几何模型。

除此之外，结构化的活动和早期的阅读也将随着基本算术和几何的练习而开展。如，在幼儿园的每一张课桌上都刻着一个网格，儿童可以把先前做成椅子和灶台的立方体通过几何图案在网格上呈现出来，然后将几何图案摆成两排，每排 4 个，表示为“4+4”。这样，物体与几何图案之间的关系是重点：这个“椅子”成为一种审美的几何图案，而用数学的语言表达出来。

R. 巴克明斯特·富勒（R. Buckminster Fuller）、弗兰克·劳埃德·赖特（Frank Lloyd Wright）和保罗·卡莱（Paul Kale）认为，他们在福禄贝尔式幼儿园的经历为他们日后的创造性工作奠定了基础（Brosterman，1997）。不论你认为这种说法是否言过其实，很明显早期的数学教育并非现代产物。

福禄贝尔对早期数学教育所做的工作大部分已经被后人淡忘。正当人们不幸地争论着到底该给幼儿提供怎样的数学经验时，我们早已将福禄贝尔的开创性工作抛之脑后（Balfanz，1999）。纵观历史，研究者们不断发现和证实幼儿喜爱前数学活动。然而，很多人对数学是否适合幼儿表示担忧，尽管这些观点都是基于广泛的社会理论或发展趋势，并非基于直接观察或研究（Balfanz，1999）。然而，早期教育的制度化所衍生出的官僚主义和商业规则抹杀了许多颇具前景的数学运动。

举一个有代表性的例子。爱德华·桑代克（Edward Thorndike）由于强调健康教育，将第一个恩物（各种小球体）更换为牙刷，把儿童的首要数学工作更换为“睡

觉”（Brosterman，1997）。还有另外一个例子，传统的幼儿园积木。幼儿根据数学关系创造出各种图形和结构。如，幼儿为了寻找一个建筑的屋顶而纠结于物体的长度关系。幼儿用两块短积木代替一块长积木要用到长度和相等这两个数学概念。幼儿在搭积木时还会经常考虑高度、面积和体积。回顾当今单位积木的发明者，卡罗琳·普拉特（Caroline Pratt，1948）曾告诉幼儿他们需要为一匹马搭建一个足够大的马厩。老师甚至告诉戴安娜如果她可以搭一个马厩出来，她就能拥有一匹马。于是她和伊丽莎白开始尝试搭一个小的建筑，但是马进不去。戴安娜又搭了一个屋顶很低的大马厩。在经过几次失败的尝试后，她决定将屋顶去掉，向墙壁添加积木使屋顶变高，然后更换屋顶。在搭积木的过程中，她尝试用语言表达她所做的努力。“屋顶太小。”老师教她新的词汇，“高”和“低”，她又用自己的语言把意思解释给另外一名幼儿听。在搭积木的过程中，幼儿逐渐掌握了一些重要的概念。像戴安娜一样，教师和幼儿一起讨论并在此过程中教给幼儿相应的词汇，对幼儿的直观思维进行解释，并在此基础上向前推进。如，可以帮助幼儿区分不同的量的概念，如，高度、面积和体积。三名幼儿用积木搭高楼，然后争论谁搭的高楼最大。他们的老师问他们所说的最大到底是指什么，是指最高（老师用手势表示），还是最宽，或是用了最多的积木。幼儿很惊奇地发现搭得最高的楼并没有使用最多数量的积木（有关积木请见第九章）。

不幸的是，与福禄贝尔幼儿园所使用的建构材料相比，这些典型的幼儿园积木结构性偏低，而玩具性偏高。这些积木的数学模块化也无法与福禄贝尔所用的材料相提并论。但是，所有这些积木的设计都体现了数学的思维。

现代早期教育——数学在哪儿

总体而言，与没有上过幼儿园的儿童相比，上过幼儿园的儿童能更好地为学前班期间的学习做准备（Barnett，Frede，Mobasher，& Mohr，1987；Lee，Brooks-Gunn，Schnur，& Liaw，1990）。但是，这些研究的结果可能针对不同的学校和人群。如，在某个研究中，在提前开端计划幼儿园，而非其他性质的幼儿

园，提高了儿童的语言成绩，降低了儿童在学校留级的频率（Currie & Thomas，1995）。然而，开端计划幼儿园所带来的促进作用在非裔美国儿童身上迅速消失，对白人儿童则不然。虽然研究结果似乎消除了家庭对儿童的影响，进而提出非裔美国儿童后劲不足很可能是因为其就读的小学教育质量较差（Leonard，2008），该研究并没有对这一现象做出明确的解释。那么，就读其他性质幼儿园的儿童是否也会出现这种情况我们不得而知，因此该研究有待验证。

以上研究结果均基于幼儿园达到了学前教育质量的最低标准（Barnett et al.，1987）。如果不考虑教育质量，该研究只能得出幼儿园没有任何作用的结果。但是，在美国不是所有幼儿园的教学都是高质量的，尤其是那些教育资源匮乏的社区幼儿园，尤其是早期数学教育这一块。一般的质量指标并不总能预测数学或其他结果（Weiland，Ulvestad，Sachs，& Yoshikawa，2013）。接下来，我们先考察一下我们对早期数学教育已有的了解。如，与白人儿童相比，在就读于学前班的非裔、亚裔和拉丁裔的儿童中有许多都来自低收入家庭。更重要的是，这些来自低收入家庭的儿童很难获得好的教育资源和好的师资（Clifford et al.，2005）。

整体而言，数学学习在早期儿童教育中并不常见。如，儿童在一年级入学考试中的数学成绩并没有显著高于他们在入园时的数学成绩（Heuvel-Panhuizen，1996）。幼儿园阶段和小学一年级的课程可能花太多时间教儿童已经知道的事情，而没有花足够的时间教他们更具挑战的数学，包括解决问题（Carpenter & Moser，1984）。

幼儿园的数学教育

学前阶段教师到底教了多少数学？在一项大型的早期教育跟踪调查研究中，教师的自我报告显示，幼儿园期间教师数学教学的平均课时为 39 分钟，平均每周 4.7 天，一周数学教学总量为 3.1 小时。这个课时只接近儿童平时阅读课时的一半。调查还发现，对于女孩和高社会经济地位的儿童，教师多采用直接教学法，而对于能力较低的儿童，教师则多采用“建构主义”教学法。每周教师为儿童安排 1—2 次的动手操作活动，2—3 次的解决问题和实际应用活动（作业单）。研究指出，儿童个人的数学能力与是否经常解决不同类型的数学问题没有必然联系。研究者

警告课堂活动中数学问题的单一性可能导致了这一结果。尤其是后续的一些小规模的详细研究得出了截然相反的数据，这提醒大家要注意教师自我报告的局限性以及对数学课程的具体了解还很缺乏。

学前班的数学教育

这类研究从描述学前班的数学教学活动着手。对3岁儿童在园期间一日生活的观察发现数学活动、数学课，或者数学游戏可谓少之又少。在180个观察事件记录中，有60%的儿童在一天中完全没有任何数学经验（Tudge & Doucet，2004）。诸如民族、社会经济地位、环境（家庭或日托中心）等因素对该数据没有显著影响。另一个研究则发现就读于日托中心的儿童在正式的和非正式的数学能力方面的得分显著高于寄放在托管家庭的儿童（Austin et al.，2008）。

一项针对两所学前班四位教师的调查研究发现，在任何一间教室中，很少直接或间接地讲授数学知识（Graham，Nash，& Paul，1997）。研究者只观察到了仅有的一次利用物理材料开展的非正式教学活动和为数不多的几次正式的或非正式的数学活动。教师们表示，她们都知道数学的重要性，而且她们的确让儿童参与了数学讨论。对这些教师而言，似乎选择了诸如字谜、积木、游戏、唱歌和手指游戏之类的材料或活动，就是对儿童进行了数学教育。

类似的研究如国家早期儿童发展与学习中心（NCEDL）的一次大规模研究发现，在幼儿园一日生活的绝大多数时间里，儿童基本没有参与任何学习或知识建构的活动（Early et al.，2005；Winton et al.，2005）。儿童在园一日生活的绝大部分时间里，约占44%都在从事常规活动（如，排队）和用餐。一天当中只有约6%—8%的时间在进行各种形式的数学活动。令研究者吃惊的是，这些被观察的教师在一天中有75%的时间与儿童没有任何形式的互动，18%的时间里有极少的互动。平均而言，儿童参加学习活动的时间不足在园一日生活时间的3%，而且只有不到一半的儿童参与了这些活动（Winton et al.，2005）。

一项近期的研究显示，儿童在语言/读写、社会和美术方面花更多的时间，而在数学和大肌肉运动方面则花时间较少。幼儿园一日生活中的大部分时间都花在了

“未能编码的学习活动”上。在拉丁裔或非裔美国儿童比例较低，平均收入与需求儿童比较高的班级，儿童通常会有更丰富、刺激的经历（Early et al.，2010）。

即使是最近创建和运行高质量项目之一——雅培项目（Abbott projrams），其数学领域的教学材料和教学质量也不尽如人意（Lamy et al.，2004）。这可能是东亚国家的儿童在数学方面的表现要优于西方国家的儿童的原因之一——东亚国家的文化更能持续地培养儿童的数学思维和能力（Pirjo Aunio et al.，2004；Pirjo Aunio et al.，2006）。

以读写识字为导向的学前班课程中的数学

这些看上去“全面”却以读写识字为目标的课程到底会产生怎样的影响？我们来看以下两个课程，一个是以读写识字为导向的课程（光明的开端），另一个是发展导向的课程（创意课程）。这两个课程为儿童提供的数学活动并不比控制组课程多。但是，研究发现侧重于读写或数学的课程体系下的儿童在自由选择（游戏）活动时间里的学习品质更高。而且，与侧重于其中一方面或完全没有侧重的课程体系相比，侧重于读写和数学两方面的课程体系下的儿童在自由时间里更能表现出高品质的学习。

另一项研究显示，即使是开启学习的世界（OWL）课程，虽然声称在一日紧凑的各项活动中包含了数学教育，其数学的含金量也少得可怜。儿童在园的360分钟里，只有短短58秒用于数学教育（Dale C. Farran，Lipsey，Watson，& Hurley，2007）。一天之中几乎没有任何形式的教学，儿童与数学学习材料的互动机会也很少，讨论数学的机会就更少了（或其他与数学有关的活动，以园为单位的讨论居多，以小组为单位的讨论较少，集体教学活动最少）。没有儿童获得数学能力的提高，即使是入园时数学成绩较高的儿童在园一年以后也丧失了原有的数学能力。虽然儿童读写识字的能力的确得到了提高，但那只是较少的提高而已（Dale C. Farran，et al.，2007）。在园一年里，绝大多数儿童的数学能力要么处于原有水平，要么逐渐丧失。

来自教师的报告

一个针对各地区各园幼儿教师关于集体数学教学应该从几岁开始的问卷调查（Sarama，2002；Sarama & DiBiase，2004）发现，来自家庭托管中心的教师最常回答的年龄是 2—3 岁，其他各园所教师认为集体教学要等到儿童 4 岁之后才能开始。多数教师在其职业生涯中采用可操作的材料（95%）、数字歌（84%）、数数（74%）和游戏（71%），少数教师采用了教学软件（33%）或工具书（16%）。教师们更希望儿童“去探索数学活动”或者参加“开放式自由游戏”，而不是参与“集体上课”或者“做数学作业”。当问及有关数学教学的主题时，67% 的教师教过数数，60% 教过分类，51% 教过认数字，46% 教过找规律，34% 教过数概念，32% 教过空间关系，16% 教过形状，14% 教过测量。与几何和测量相关的概念是教师们最不常教的。另一项调查显示，公立与私立幼儿园教师都认为儿童不需要特定的数学教学（Starkey，Klein，& Wakeley，2004）。她们认为儿童只需要“通识”就可以了。在整个学前时期，儿童需要学校具有浓厚的氛围，包括积极的学科氛围和有力的学术聚焦（Bodovski，Nahum-Shani，& Walsh，2013）。一学年中，在这样的学校中的天数越多，效果越好（Fitzpatrick，Grissmer，& Hastedt，2011）。

以上这些情况与当前的很多政策有关。在接下来的这一部分中，我们将了解到家长对儿童的影响是巨大的。除此之外，绝大多数幼儿园教师薪水低，而且各园之间教师的收入差别很大。公立学校教师的薪水远高于其他机构的学前班教师（Early et al.，2005），而且，各园之间教师的资历也相差甚远。

在我们了解更有发言权的数学课程之前，我们先来看看对儿童数学学习的首要影响因素，也是持续影响因素——家庭。

家庭

毫无疑问，家长在儿童的发展过程中，包括数学学习中，扮演着主要作用。事实上，家长的教育水平和其他的家庭因素，如，和教育相关的养育实践，对于儿童早期的数学学习非常重要（Crosnoe & Cooper，2010）。儿童早期的数学表

现与家长使用数字的频率很可能是有关联的（Blevins-Knabe & Musun-Miller，1996），尽管频率经常太低以至于这种关联并不显著（Blevins-Knabe，Berghout Austin，Musum-Miller，Eddy，& Jones，2000）。这里存在一些社会文化的障碍。如，对于儿童阅读能力的发展，家长们都认为家庭教育和学校教育同样重要，可是对于数学能力的发展，家长们则认为学校教育更重要。因此，家长们更多的是指导儿童阅读而非数学方面的学习（Sonnenschein et al.，2005）。家长们认为教儿童阅读比教儿童数学更重要（Cannon，Fernandez，& Ginsburg，2005），认为数学不如社会技能、常识、阅读和语言技能重要（Blevins-Knabe et al.，2000）。家长们更喜欢教儿童语言，而且他们认为学习语言比学习数学更重要（Cannon et al.，2005）。正因为家庭教育重语言而轻数学，家长们认为学校的数学教育应该确保儿童掌握具体的语言知识，加深他们对语言的理解，并且促进儿童在日常生活中的语言学习。家长们对数学教育的区别对待深刻地影响着目前幼儿园的日常教学。

除此之外，和学前班的教师一样，家长们对于数学是否适合儿童持有十分狭隘的观点（Sarama，2002）。与数学相比，家长们更了解语言该如何教（Cannon et al.，2005）。不论种族背景和社会经济地位，这都是个不争的事实。然而，文化差异与儿童的数学学习也可能相关。如，与美国的母亲相比，中国的母亲在日常参与儿童的学习中更可能教儿童算术，而且在学习比例概念时，中国儿童的学习表现与母亲的指导有关，美国儿童则不然（Pan，Gauvain，Liu，& Cheng，2006）。研究还发现，中国的母亲认为数学和语言同样重要，但是美国的母亲却认为数学远不及语言重要（Miller，Kelly，& Zhou，2005）。

接下来我们详细了解一下家长对儿童学习数学的影响。在之前有关性别的章节中，那位母亲称自己的女儿“就是没办法理解数字”，这说明家长对孩子能否学好数学有影响——有时是消极影响。研究还发现：

• 孕期饮酒会导致胎儿出生后运算能力下降。显然，儿童“对数字的敏感度”——基本的量化自举能力，完全受到了酒精的影响（Dehaene，1997; 也可参见第二章和第四章的内容）。这种能力与大脑顶叶皮层的活动密切相关，在孕期胎儿大脑的这一区域会不同程度地受到酒精的影响（Burden，Jacobson，Dodge，

Dehaene，& Jacobson，2007）。

• 出生时体重过轻的婴儿在数理推理能力方面发育较迟缓，这一能力与处理空间数理问题和较复杂的数理问题密切相关；但是儿童的口头任务完成情况受家长教育水平影响较大（Wakeley，2005）。类似的，中度早产儿比足月儿的数学成绩要低（van Baar，de Jong，& Verhoeven，2013）。一些干预项目可以有效帮助这些儿童做得更好（Liaw，Meisels，& Brooks-Gunn，1995）。

• 儿童学习成绩较差与冷漠的亲子关系有关（T. R. Konold & Pianta，2005）。

• 若母亲十分疼爱孩子，同时对孩子十分强势——经常操控孩子的思想、情感，以及孩子对家长的依恋（如，诱导孩子感到羞愧），那么这样的孩子在数学方面进步缓慢。由于儿童陷入家庭关系中，缺乏独立性，而且母亲的情感和态度前后不一致，导致儿童时常担忧自己的表现。

• 家长喜欢教语言而不喜欢教数学。家长偏好语言教育，而且他们认为教儿童语言比教数学更重要的是“众所周知”的道理。家长对儿童学习语言和学习数学的能力也抱有偏见。与数学相比，家长更注重语言教育，他们认为语言教育更应该教给儿童具体的知识，加深儿童对语言知识的理解，整天想方设法促进儿童语言方面的学习（Cannon et al.，2005）。

• 家中的数学活动，如，测量与比较数量、讨论数学知识、用时钟讨论时间等，与女孩的数学能力密切相关，并且母亲的空间能力和语言能力也能预测她们女儿的空间能力（Dearing，Casey，Ganley，Tillinger，Laski，& Montecillo，2012）。

• 家中的电脑能够预测儿童入学时的数学知识（Navarro et al.，2012）。

• 美国家长对儿童的期望值较低。与中国家长相比，美国家长给儿童设定的要求较低。而且美国文化不像中国文化那样提倡勤奋刻苦。中国学生的座右铭是“天才出自勤奋，知识来源于积累”。美国家长表示，倘若儿童的成绩比既定目标低 7 分，他们也会感到满意，而中国家长只有在儿童取得比既定目标高 10 分的情况下才会表现出满意。

• 近期的国际比较（显示美国落后）也证明，如果家长能让儿童在家中进行各

项数学活动（让他们接受高质量的学前教育），那么他们在小学阶段的数学成绩会较好（Mullis et al.，2012）。

• 在许多低收入家庭中，家长为儿童提供的数学活动极其有限（Blevins-Knabe & Musun-Miller，1996；Ginsburg，Klein，& Starkey，1998；Thirumurthy，2003）。

• 当各种风险因素“堆积如山”时——家长受教育水平较低、贫穷、儿童参与教育机会较少，这些因素对儿童的数学学习尤其有害（Crosnoe & Cooper，2010）。

• 一项研究显示，美国家长辅导儿童功课的频率较低而且时间较少（Chen & Uttal，1998）。然而，另一项研究显示，美国家长更热衷于参与儿童在校的各项活动，而中国家长则更关注儿童的数学学习和培养儿童的责任感（Pan & Gauvain，2007）。东亚国家的家长还为儿童安排数学游戏、搭积木和折纸等活动，而美国的家长则放任儿童玩电脑游戏和看电视。

• 黑人儿童在上学伊始各方面能力与其他儿童相当，只是进步较慢。他们不太受家长因素的影响，只是从幼儿园过渡到小学时面临较大困难。针对这些儿童开设的家长培训班能有效帮助儿童更好地适应小学，以及缓解他们在幼小衔接时面临的困难（Alexander & Entwisle，1988）。

• 家中的数字活动可以预测儿童的数字能力（LeFevre，Polyzoi，Skwarchuk，Fast，& Sowinskia，2010）。

有关儿童家庭中的其他“风险因素”也得到了研究，包括生活在国家贫困线以下的家庭（年收入 1 万 6 千美元以下），家庭的第一语言不是英语，母亲的最高学历低于高中水平以及生活在单亲家庭。家庭中诸如此类的因素越多，儿童面临的风险就越大。然而，这些因素并不会直接导致儿童学习成绩差。如，单亲家庭本身并不是主要原因，主要原因是单亲家庭里教育资源匮乏，而且家长对儿童的学习期望值很低（Entwisle & Alexander，1997）。还有一些文化因素的影响。也许最重要的是入学伊始优势群体儿童与弱势群体儿童之间已经有了很大的差距（West，Denton，& Reaney，2001），而且差距在儿童入学后的头 4 年里越来越

大（Rathbun & West，2004）。家庭的风险因素越多，儿童就越不可能达到数学学习的最高水平。如，20% 来自无风险因素家庭的儿童在三年级时可以熟练使用百分比和测量的知识来解决数学问题，相比较而言，只有 11% 来自单一风险因素家庭的儿童和 2% 来自双重或多重风险因素家庭的儿童可以做到。

当然，家长要为儿童提供积极的学习经验，这是至关重要的。家长让儿童参与的数学活动越多，儿童的数学成绩就会越好（Blevins-Knabe & Musun-Miller，1996；Blevins-Knabe，Whiteside-Mansell，& Selig，2007）。研究发现，旨在改善家庭数学学习的项目，如果能满足以下三个前提条件会非常有效，这三个前提条件是：有家长和儿童共同参与和分开参与的学习环节，一个有组织的数学课程，以及专为家长设计的便于在家中指导儿童学习数学的“建桥”活动（Doig，McCrae，& Rowe，2003）。

家长可以为儿童提供良好的学习材料，这也能支持儿童的数学学习。然而，令人吃惊的是，一项研究显示，母亲“提供行为的指导”越多，儿童的数学能力就越差（Christiansen，Austin，& Rogan，2005）。研究者们发现，如果儿童展现出许多数学行为，母亲过多的指令行为对他们来说是过量的刺激。引入正式的数学知识会对儿童的非正式数学知识产生消极影响。研究还发现以上这些因素似乎只影响男孩，而不影响女孩。像本章中引用的其他研究一样，该研究也是相关性研究，因此，我们不能绝对地说家长的教养行为会直接影响儿童成绩的好坏。研究结果只是提醒家长要对儿童的行为给予适当回应，这样会对儿童的学习有所帮助。

强度更大的干预能帮助家长提高他们的数学能力。如，学前儿童家长家庭指导（HIPPY）项目帮助母亲更积极地参与儿童在园和在家中的教育。每一次家访时，教师给家长提供课程材料，亲自示范如何用发展适宜性方法使用这些资料，并与家长分享儿童发展的知识。教师的示范能帮助家长从儿童的角度体验和学习课程活动，并且帮助教师评估家长对课程的理解程度。大多数（85%）学前儿童家长家庭指导项目中的儿童被幼儿园教师评定为已经做好入学准备。儿童上学的出勤率较高，且与其他幼儿相比能顺利升入一年级。最后，学前儿童家长家庭指导项目中的三年级儿童在全国统一测试中的得分显著高于他们的同伴。

学校可以将家园合作成为儿童教育中的积极的推动力。如，当家长和教师在以儿童为中心、低控、高支持的观点一致时，儿童能够学得更多（Barbarin，Downer，Odom，& Head，2010）。教育政策应该鼓励家长积极参与和管理儿童的教育（Crosnoe & Copper，2010），这对受教育水平较低、经济条件较差的家长来说更具挑战（Dearing et al.，2012）。

实践启示

研究为家长更好地指导儿童在家中学习数学提供了一些建议：

• 家长与婴儿互动、交流和支持婴儿的游戏有助于为婴儿日后数学学习（和阅读）奠定基础（Cook，Rogan，& Boyce，2012）。

• 保证儿童充足的睡眠——儿童每晚的睡眠通常不能少于 10 小时（Touchette et al.，2007）。

• 为儿童提供积极的学习经验，包括对儿童的学习需求保持敏感，注意在帮助儿童解决问题时所提供指导的质量，避免采用严苛或惩罚的方法（这些因素都与儿童的智商紧密相关；Brooks-Gunn et al.，1999）。

• 在阅读故事书的时候，与儿童一起讨论书中的数学概念（Anderson，Anderson，& Shapiro，2004）（尽管这个思路的普适性有限），并且和儿童一起做各种各样的数字活动（LeFevre et al.，2010）。

• 经常和儿童谈论数字，从儿童进入学步期就开始（Levine，Suriyakham，Rowe，Huttenlocher & Gunderson,2010）。谈论的类型很重要。按顺序数数，标记一系列当前的或看得见的物体，都和儿童日后的基数知识相关，正如我们在前面感数和数数章节中所说的（Gunderson & Levine，2011）。当讨论当前物体的数量时，较大的数量（如，已经超出了儿童目前能力的 4—10 个物体）可能比较小的数量对儿童更有帮助。

• 像与男孩讨论数学一样，经常与女孩讨论数学。研究显示，家长与男孩讨论数学的频率是与女孩讨论的两倍（Chang，Sandhofer，& Brown，2011；Gunderson，Ramirez，Levine，& Beilock，2012）。

• 让父亲参与儿童的数学教育。一项研究显示，父亲与两岁儿童的互动可以预测儿童五岁和七岁时的数学能力（McKelvey，Bokony，Swindle，Conners-Burrow，Schiffman，& Fitzgerald，2011）。一项针对低收入、少数族裔家庭的类似研究显示，父亲参与儿童的学习活动对儿童的数学学习有着长远影响，包括儿童在五年级时优异的数学成绩（McFadden，Tamis-LeMonda，& Cabrera，2011）。

• 与儿童讨论几何和空间关系。家长使用的空间语言越多，儿童使用的空间语言就越多，那么儿童日后解决空间问题的能力就越好（Pruden，Levine，& Huttenlocher，2011）。

• 同样地，儿童做拼图的机会越多，他们在空间转化任务中的表现就越好（Levine et al.，2012）。

• 与儿童一起玩数学游戏。家长务必要花时间单独和儿童一起玩，因为在亲子游戏中，儿童能从积极的互动和指导中受益良多（Benigno & Ellis，2004）。

• 与儿童一起烹饪，尤其是使用与数字和测量相关的丰富的语言和词汇（Young-Loveridge，1989a）。根据具体的情况，给儿童具体的解释和回答比只告诉他们某个词更重要——给儿童反馈，在他们回应的基础上进一步阐述，这对帮助儿童建构数学知识更有效。

• 鼓励儿童在适当的时候数数，但同时也要鼓励他们参与更多其他形式的数学学习（Blevins-Knabe & Musun-Miller，1996）。

• 对儿童的学习保持非常高的期望值（Thomson et al.，2005）。

• 采用经研究证实的一些教学方案，这些教学方案为家长提供了量身定制的实施建议（Doig et al.，2003）。

• 主动和积极参加学校开设的数学课或培训班，以便更有效地帮助儿童在课堂上学习（Thomson et al.，2005）。

• 支持和鼓励儿童，这与儿童的学习动机密切相关（Cheung & McBride-Chang，2008）。儿童的（内在）学习动机，而不是家长的行为或观点，是他们认为自己能否学好的主要原因。

• 使用网络资源，如，美国数学教师理事会的网站：http://www.nctm.org/

resources/families.aspx。举个例子，http://bedtimemath.org 为各年龄阶段的儿童（和成人）每天提供一个数学问题。还可以登录以下网站：http://www.figurethis.org，http://www.math.com/parents/family.html，以及 http://sv.berkeley.edu/show-case/pages/fm_act.html。

• 与儿童所在学校和教师密切合作（Crosnoe & Cooper，2010）。当教师给家长更多提示和指导的时候，家长能在家中各项活动中，如，烹饪活动中，引入更多的数学概念（Vandermaas-Peeler，Boomgarden，Finn，& Pittard，2012）。

• 采用高质量的教材，这些教材通常提供活动思路和具体指导方案。对家长来说，也许最实用的莫过于那些能提供亲子数学活动的书籍和其他教辅材料。家庭数学是个不错的项目，他们提供家长用书（Stenmark，Thompson，& Cossey，1986）。详情请见网站链接：http://www.lawrencehallofscience.org/equals/aboutfm.html。其他的书籍还包括《幼儿家庭数学（学前阶段至三年级）》[*Math for Young Children (Pre-k-3*）]，由布莱恩·哥德伯格（Brian Gothberg）所著的《幼儿家庭数学》（*Family for Young Children*），金斯伯格（Ginsburg）、迪什（Duch）、埃特勒（Ertle）以及诺布尔（Noble）2012 年编著的书籍。只需在搜索引擎里输入关键词“家庭数学”，您就能找到这些资源。

• 美国数学教师理事会（NCTM）的网站上也有许多资源，详情请见：http://www.nctm.org/resources/families.aspx；以及 http://www.figurethis.orglfc/fami-ly_corner.htm。

家庭和学校之间的关系是相互促进、相辅相成的。如，一项研究显示，家长对子女在校总体学习能力的看法与儿童能否完成学校的各项学习任务相关，既而对儿童的数学成绩产生影响（Aunola，Nurmi，Lerkkanen，& Rasku-Puttonen，2003）。但是家长对儿童数学能力的看法直接影响儿童数学成绩的好坏。在这种相互影响的关系中，儿童优异的数学成绩会反过来强化家长对儿童数学能力强的看法，儿童能否完成学校的各项学习任务也会强化家长对儿童总体学习能力的看法。不幸的是，父亲对于儿子能学好数学的观点会随着儿童年级的增长而增强，但是对于女儿能学好数学的观点会越来越弱（Aunola et al.，2003）。这一点尤为

重要，因为这种自我促进机制可能是良性循环，也可能是恶性循环。

家长需要数学知识和技能，同样也需要教养技巧来为儿童提供一个积极的学习数学的家庭环境（Blevins-Knabe et al.，2007）。母亲对儿童所掌握数学知识的态度和观点似乎直接影响儿童正式和非正式的数学知识，以及儿童对于数学学习的自我效能感。这些观点和态度还受到母亲自身数学成绩的影响。母亲的教养行为直接影响儿童的非正式数学表现。母亲自身的数学成绩也影响着儿童的正式数学成绩（Blevins-Knabe et al.，2007）。因此，母亲自身的数学知识很重要，但是亲子之间的互动更重要。总的来说，研究指出，对儿童的数学学习持有积极态度的家长会鼓励和期望儿童参与数学学习，以及为儿童提供更具挑战的学习任务。

早期数学教育工作者在面对幼儿家长、政策制定者以及幼儿时，应该力争为各年龄阶段的所有幼儿提供基础的、明确的数学学习经验。尤其是在最早期的阶段，数学学习可以与幼儿的游戏和各项活动完美地衔接起来，只是还需要一位知识渊博的成人来为幼儿创造一个支持数学学习的环境，为幼儿提供建议，设置挑战和任务，以及教幼儿数学的语言。

课程与活动——强调数学

研究指出儿童的学习路径受初期教育经验的影响。诚然，“低年级阶段很可能是受学校教育影响最深的时期”（Alexander & Entwisle，1988）。幼儿园以及幼儿园的教师有能力和责任尽可能给儿童的数学学习带来最积极的影响。然而正如我们所见，这种潜在的能力和责任往往被忽视了。除此之外，有些家庭不能为儿童提供有力的、积极的数学学习经验，这些是儿童最需要的，但他们往往没有从幼儿园的活动中得到这些经验。我们的课程和活动还能提供什么方案来满足这些儿童，乃至所有儿童的需要呢？要回答这个问题，我们首先要从最有需要的儿童入手。

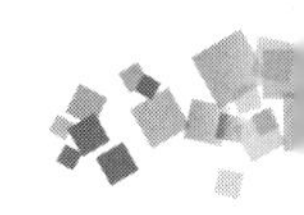

教育公平：面临风险的儿童

正如我们所见，为高风险儿童提供高质量的教育支持能帮助他们为进入幼儿园做好准备（Bowman et al.，2001；Magnuson & Waldfogel，2005；Shonkoff & Phillips，2000）。因为这些教育支持能帮儿童在非正式数学知识方面打下基础（Clements，1984）。研究显示，早期的数学知识有助于儿童在数学方面取得好成绩，而缺少这一基础会导致部分儿童远离数学与科学学习（Campbell，Pungello，Miller-Johnson，Burchinal，& Ramey，2001；Oakes，1990）。跟踪研究显示，在学前阶段上过托幼中心（非其他形式的托幼机构）的儿童在幼儿园和小学一年级时（较小程度）数学成绩较好（Turner & Ritter，2004），而且学前阶段的数学成绩与拉美裔儿童在小学阶段数学成绩的差异有关（K. Shaw，Nelsen，& Shen，2001）。在另一项研究中，非洲裔儿童、拉美裔儿童和女童参与了一项干预项目，研究结果显示，与没有参与干预项目的同伴相比，这些儿童在四年级时更可能在数学方面取得高分（Roth，Carter，Ariet，Resnick，& Crans，2000）。总体而言，学前机构对儿童有所帮助，对于低收入家庭的儿童来说，他们在学前机构的时间越长，他们的算术能力就越强（Votruba-Drzal & Chase，2004）。

有了高质量的学前教育经验，儿童进入小学以后在数学上的成功是可以预见的（Broberg，Wessels，Lamb，& Hwang，1997；F. A. Campbell et al.，2001；Peisner-Feinberg et al.，2001），而且这种影响会持续到多年以后（Brooks-Gunn，2003）。对数学学习最重要的影响因素来自于实际课堂教学——教材、教学活动以及师生互动（Peisner-Feinberg et al.，2001）。尽管研究结果显示，这些值并不大，但是对数学的影响是非常显著的（与其他科目相比），而且影响可达四年之久（Peisner- Feinberg et al.，2001）。

然而不幸的是，那些最需要高质量数学学习环境的儿童并不一定进入高质量的小学，即使他们所上的学前教育机构是高质量的。一项研究显示，学前阶段的教育质量与小学的教育质量之间的相关性非常小（0.06—0.15）（Peisner-Feinberg et al.，2001）。在某些情况下，有的影响只在后期出现（休眠效应）（Broberg et al.，1997）。因此，为了研究与实践的科学性，评估儿童的整体教育经验是至关

重要的。

其他研究也证实了学校教育质量的重要性。俄克拉荷马州已经在全国率先将学前教育普及率提高到70%，并且将教学质量保持在较高的水平（Barnett，Hustedt，Hawkinson，& Robin，2006）。两项非常严格的评估显示，高质量的教育对儿童的数学和语言成绩有着巨大的积极影响（虽然对语言成绩的影响比对数学成绩的影响更显著）。来自各民族、社会各阶层的儿童从中受益（Barnett，Hustedt et al.，2006；Gormley，Gayer，Phillips，& Dawson，2005）。但不幸的是，普及学前教育、提供高质量的学前教育以及为学前教育提供充足经费支持到目前为止在美国仍是一句口号，并未落实（Barnett，Hustedt et al.，2006；Winton et al.，2005）。

与以上情况类似，研究显示，由州政府资助的高质量的学前教育项目对学前儿童的数学成绩有积极影响（Wong，Cook，Barnett，& Jung，2008），而且影响值是提前开端计划的两倍（虽然我们要更审慎地比较两者，更何况开端计划是全国性的，但是这五个州的学前机构的确比其他州的教学水平更高）。另外，当我们采用随机分配时，提前开端计划影响研究结果显示，该计划并未对3—4岁儿童的数学能力产生显著影响（DHHS，2005）（参见Vogel，Brooks-Gunn，Martin，& Klute，2013）。因此，提前开端计划也许并未包含足够的数学内容。

*实践启示（针对低收入家庭儿童的干预措施——两个案例；参见Clements，& Samara，2011）*最有说服力的一个例子是，生活在贫困中的儿童和有特殊需求的儿童在经过高质量的数学干预措施之后，其数学成绩有所提高（Campbell & Silver，1999；Fuson，Smith，& Lo Cicero，1997；Griffin，2004；Griffin et al.，1995；Ramey & Ramey，1998），这种进步可以持续到小学一年级（Magnuson，Meyers，Rathbun，& West，2004）直至三年级（Garnel-McCormick & Amsden，2002）。另一个例子，正确开端（现在的数学世界）学前教育项目（Griffin et al.，1994），主要是围绕数字的不同形式而开展的游戏和活动，极大地提高了儿

童对数字的认识[①]。在五项研究当中，几乎所有儿童都没有通过数字前测，但是绝大多数参与了干预项目的儿童通过了后测，而大多数对照组中的儿童却没有通过后测。参与了干预项目的儿童在测试中能更好地采用合理的策略，而且能够做出比课程大纲中的题目还要难的算术题。参与干预项目的儿童也通过了另外五项远迁移测试，这些测试都是根据儿童的认知发展水平设置的（如，有关平衡木、时间和金钱的数学问题）。这些儿童在前期打下的数学基础帮助他们在一年级能更好地学习新的、更复杂的数学知识。在一项长达三年的跟踪研究中，儿童从幼儿园到小学获得连续一致的数学学习经验，这些儿童在测试中的成绩超过了低社会经济地位对照组和混合社会经济地位对照组的儿童，而这两组儿童一开始数学成绩较好，而且是在数学课程较丰富的磁石学校就读。干预组儿童的数学成绩与中国和日本高社会经济地位组儿童的成绩也不相上下（Case et al.，1999）。（需要注意的是其他研究指出课程的某些部分实施起来比较困难，Gersten et al.，2008）

一系列的研究同样指出，搭建积木课程（Clements & Sarama，2007a）显著提高了低社会经济地位儿童的数学知识（Carey，2009）。形成性的质化研究结果显示，该课程提高了儿童在数学各领域的学习成绩（Clements & Sarama，2004a；Sarama & Clements，2002a）。总结性的量化研究也证实了以上结果，在一个小规模的研究中，效应值从数字概念的0.85（科恩的d值）到几何概念中的1.47（Clements & Sarama，2007c）。在一项有关36个班级的随机分配研究中，搭建积木课程有效改善了数学教学环境，提升了教学的数量和质量，也显著提高了儿童的数学成绩。其效应值相对于控制组较大（d=1.07），而且效应值相对于接受其他拓展性数学课程的对照组也较显著（d=0.47）。而不同学校类别之间的成绩差异并不显著（开端计划学校对比于公立学校）。

数学世界和搭建积木课程之间有一些共同点。这两个课程里所包含的全面的认知概念和认知过程都来源于实证研究（虽然数学世界较强调数字领域的内容）。

---

① 我们前面已经指出，我们接受了搭建积木课程销售的版税，但是要完整披露的是，请注意搭建积木的软件只是数学世界课程的一个（很小的）部分。而且，我们和这研究（在将这个软件添加到课程之前就已经开展）并无联系。

两个课程都设置了符合儿童认知发展规律和进程的教学活动，能有效地帮助教师意识到儿童数学认知的发展规律，评估儿童的认知发展进程，以及采取有效措施促进儿童的认知发展（目前世界范围内基于实证研究的发展进程的项目都有助于提高儿童的数学成绩，如 ,Thomas & Ward，2001；Wright，Martland，Stafford，& Stanger，2002）。这两个课程都采用了多种教学方法。

为了缓解人们对于以上课程缺少社会情感要素的担忧，美国教育部学前课程评估研究（PCER）并未显示出任何消极影响。除此之外，另一项研究显示，各种数学干预项目对儿童数学能力的提高都有积极影响，而且儿童的数学能力越强，其问题行为越少；儿童数学能力越强，其自制力越强，与亲人的依恋情感越稳定，学习主动性越高。另外，研究显示，干预项目不仅提高了儿童的数学能力，也增加了儿童积极的社会情感行为（Dobbs，Doctoroff，Fisher，& Arnord，2006）。

即使在教育资源较少的情况下，家长仍然可以采取以下措施改善儿童的入学准备情况。家长可以开展亲子阅读，也可以让他人读故事给儿童听；为儿童提供更有挑战的书籍、游戏和拼图；帮助儿童学数数和解决数学问题；积极参与公共图书馆举办的阅读和其他活动。提供温暖的教养环境、采取一致的教养方法对儿童的入学准备很重要（Lara-Cinisomo et al.，2004）。

来自不同收入水平家庭的儿童在早期教育阶段所接受的教育活动也是不同的。然而，研究结果尚不清楚。一项大型教师自我报告调查显示，低收入家庭的儿童和少数族裔儿童越多的班级更有可能参与解决数学问题和数学练习活动（Hausken & Rathbun，2004）。然而，其他研究却指出，低收入家庭的儿童反复练习数学题的可能性更高，而通过学习软件解决数学问题的可能性较低（Clements & Nastasi，1992）。

高质量的课程能为小学阶段的学习带来好处，包括数学方面的学习（Fuson，2004；Griffin，2004；KaroIy et al.，1998）。不幸的是，大多数美国儿童没有接受高质量的学前教育，更不用说那些基于实证研究的数学课程了（Hinkle，2000）。除此之外，母亲拥有大学学历的儿童比那些母亲没有完成高中的儿童有几乎两倍的可能性就读于高质量的托幼机构（Magnuson et al.，2004）。再举一个例子，拉

美裔儿童较少参与数学学习和前阅读活动，尽管研究显示，他们参与这些活动所带来的学习益处是非拉美裔白人儿童的两倍（Loeb，Bridges，Bassok，Fuller，& Rumberger，2007）。同样的，来自极贫困家庭的儿童如果能上幼儿园，他们在数学概念上的得分比没有上幼儿园的同伴高出 0.22（所有儿童的平均标准差值为 0.1）。如果这些儿童能参与数学课程的学习，他们的平均得分还会更高。因此，我们可以看出来自低收入家庭和少数族裔地区的儿童拥有的教育机会更少。这里对教育的启示包括为所有儿童及其家庭提供高质量的课程。不考虑家长的职业和教育背景因素的情况下，一些家庭活动，如，在家里陪儿童玩数学游戏，也会对儿童的数学发展有显著促进作用（Sylva，Melhuish，Sammons，Siraj- Blatchford，& Taggart，2005）。

高风险儿童是否已具有大量的数学知识？有关不同社会阶层儿童的数学知识和能力的研究数据似乎相互矛盾。一方面，有证据显示，差距显著而且不断扩大。另一方面，低收入和中等收入家庭的儿童在自由游戏时所体现出的数学知识只有极小差别，或几乎没有差别（Ginsburg，Ness，& Seo，2003；Seo & Ginsburg，2004）。研究者们通常认为低收入家庭的儿童的数学能力比预期要好。我们可以从以下几个方面来解释两组研究相互矛盾的原因。低收入家庭的儿童在家中可能参与了不同类型的非正式数学学习活动（虽然这一假设证据不足；Tudge & Doucet，2004）。研究者也观察了低收入家庭的儿童在学校的学习情况，证据显示，家长为这些儿童提供的数学思维上的帮助较少（Thirumurthy，2003）。因此，很有可能这些儿童在学校游戏中展现出了数学知识，但与高收入家庭的儿童相比他们参与这些游戏的机会太少。另一个原因是家长没有为儿童提供机会来反思和讨论他们所参与的前数学活动。研究显示，来自不同收入水平家庭的儿童在语言的使用方面有明显的、本质的差别（Hart & Risley，1995，1999）。低收入家庭的儿童可能参与了前数学活动，但是还不能把这些活动与学校的数学学习联系起来，因为这样做需要儿童把前数学活动中隐含的数学思想提升到意识水平。已经有研究证实，儿童之间的主要差别并不在于他们能否进行实际操作，而在于他们能否用语言表达解决问题的过程（Jordan et al.，1992），或者将他们思考的过程解释清楚（Sophian，

2002）。以一个满 4 岁的小女孩为例，当研究者问“10 加 1 等于几”，她拿出积木，把一块积木和十块积木加起来，然后回答“11”。五分钟之后，研究者再用同样的方式问她“那再加 2 和 1 等于几”，小女孩默不作声，研究者反复询问，最后小女孩用满不在乎的语气答道“15”（Hughes，1981，p. 216—217）。

总而言之，虽然没有直接证据显示，但我们相信以上研究结果所呈现出的规律似乎告诉我们，低收入家庭的儿童不缺少前数学知识，他们缺少的是数学知识的重要组成部分。他们缺少的是能力——因为他们一直缺少学习上的帮助——将前数学知识与学校数学联系起来的能力。儿童必须学会将非正式的学习经验转化为数学经验，通过数学方式对知识进行抽象、表征和阐述，并且用数学思想和符号为日常活动建立数学模型。这需要儿童具备概括能力，能将数学思想与不同的情形联系起来，灵活地运用数学思想和推导过程。对于数学知识的各个方面，这些儿童的数学语言都很匮乏。

我们认为以上结论的重要性应该引起关注。有研究者发现，低收入家庭的儿童在非语言的运算任务中与中等收入家庭的儿童相差无几，但是前者在语言运算任务中的成绩却明显低于后者（N. C. Jordan，Hanich，& Uberti，2003），这也与我们的观点一致。这些研究者们指出他们的研究结果与其他研究者的发现是一致的（Ginsburg & Russell，1981），都认为儿童之间的差别在于语言和解决问题的方法，而不是所谓的“基本数学能力”。我们通常不称之为“基本数学能力”，而称之为基础能力。我们强调的是数学的思维过程——包括重新描述、重新组织、抽象、概括、反思，以及用语言表达直觉思维和非正式的数学经验——这个思维过程是基本数学能力的前提条件。这不仅仅是词义上的区别，更关系到对数学建构的定义，以及对实际教育决策的关键影响，如，基于教育公平的资源分配等。

实践启示。从认数字开始，用具体的物体来表征数字，并给予儿童规范的语言描述，促进儿童接受和表达词汇。从学步期开始，把物体分成数量很小的组，让儿童说出物体的数量，这样做可以改善儿童各方面的数字能力（Hannula，2005）。再举一个例子，把积木放进盒子和把积木从盒子里取出来这个看似简单的任务显示，即使是 4 岁的儿童也喜欢并能做算术了（Hughes，1986）。（尽管

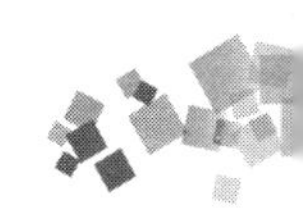

那个年代的儿童学习指南提到“算术对于这个年龄段的儿童来说是荒唐的”）一个名叫理查德的小男孩，在盒子里只有两块积木（他其实看不到盒子里积木的数量），却被要求从盒子里拿出三块积木时，这样回答：

理查德：拿不出来，不是吗？

研究者：为什么拿不出来呢？

理查德：你还得再放一个进去，不是吗？

研究者：放一个进去？

理查德：对呀，放一个进去你才能拿出来 3 个。

最终，这些活动有助于儿童顺利过渡到使用更抽象的数学符号。总的来说，我们要把沟通和表征的过程作为数学教育的重要目标，而不是可有可无的附属品。这些过程并非表达数学的最理想的方式，或是次要条件，而是数学理解的精髓所在。

数学发展与语言发展之间存在着大量的双向联系。如，学前儿童的叙述能力，尤其是转述故事主要情节的能力，用不同视角叙述故事情节的能力，用连词将故事的主要情节联系起来的能力，都与儿童两年以后的数学能力紧密相关（O’Neill，Pearce，& Pick，2004）。丰富的数学活动，如，讨论解决问题的不同方法，在叙述故事时提出问题和解决问题，有助于帮儿童打下良好的语言基础；而丰富的语言，包含但不限于语音能力，为日后的数学发展打下良好的基础。

对一些读者来说，读写和语言能力对学习丰富的数学知识的裨益似乎“有些牵强”。因此，如果我们说有严格的研究支持这一观点的话，大家应该满意了。首先，我们针对搭建积木课程对儿童字母识别和口头语言能力的影响进行了随机取样调查。搭建积木课程组的儿童和控制组的儿童在字母识别方面，以及在衡量口头语言能力的三个维度上的表现似乎相当。但是，搭建积木课程组的儿童在以下衡量口头语言能力的四个维度上的表现优于控制组儿童：①回忆关键词的能力；②使用复杂语言的能力；③能够独立进行复述的能力；④推理的能力。这些能力与数学课程没有明显的关系，但是儿童却从数学课程中掌握了重要的语言能力。

问儿童“你是怎么知道的？”以及（像皮亚杰那样）培养儿童的逻辑数理能力，对儿童认知能力的发展非常重要。另外，一项针对英国5—7岁儿童的研究显示，早期数学和逻辑数理干预能让儿童日后的英语成绩提高14个百分点（Shayer & Adhami，2010）。虽然这可能会占用很多教学时间，但是数学干预的引入并不会损害语言和读写的发展，相反，语言能力还能从中获得发展。

性别。正如我们在第十四章中看到的，性别平等一直以来是我们担心的问题。女性被社会化，认为数学是男性的专项，而且女性认为她们自己的能力不如男性。教师通常也更关心数学学得不好的男生。他们让男生回答问题和对男生说话的次数更多。最终，教师们相信数学学得好是因为男生的能力比女生强，而且认为班上数学学得最好的都是男生。所有的这些观点和行为无意中打击了女生学习数学的动力（Middleton & Spanias，1999）。在不止一项研究中，男生比女生更可能出现在数学成绩的最低分段和最高分段（Callahan & Clements，1984；Rathbun & West，2004）。另外，有证据显示，高分段男生的增长速度比女生快（Aunola et al.，2004）。其中的原因还不清楚，但是已经有实例证明。有研究显示，早在幼儿园阶段男生在某些方面已经超越了女生，如，对数字的敏感度、估数能力、非语言估数能力等，这些能力可能都与空间思维能力有关（Jordan，Kaplan，OlAh et al.，2006）。然而，在英国，学前班女生的数学成绩比男生好（Sylva et al.，2005）。

实践启示。因此，有关性别与数学的问题是复杂的，而且男生和女生在学习数学方面有各自的问题。教育者需要确保每一名儿童都能拥有完整的学习机会。

有特殊需要的儿童——数学困难（MD）和数学学习障碍（MLD）。正如我们在第十四章中看到的，有些儿童表现出数学困难（MD）和数学学习障碍（MLD）。不幸的是，教师通常没有发现他们的学习困难或障碍，或者没有把他们与“发展迟缓”的儿童归为一类。这样就太不幸了，因为早期针对这种学习障碍的干预措施是非常有效的（Dowker，2004；Lerner，1997）。这些儿童在认数、数数、事件检索和运算方面的能力和概念比较差。他们似乎不使用理性思维的方法和策略，而是固执地用不成熟的方法来解决问题、数数和运算。有特殊需要的儿童需要最早和最持续的干预（Gervasoni，2005；Gervasoni et al.，2007）。

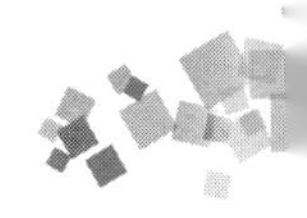

在小学阶段，有数学学习障碍的儿童（不是数学学习障碍 / 阅读学习障碍）在计时数学测试中比正常发展的儿童表现要差，但是在不计时测试中成绩却与正常发展的儿童相差无几，这证明有数学学习障碍的儿童可能只是需要更多的时间来学习运算方法和完成运算任务。也许使用计算器或其他辅助手段可以让这些儿童专注于培养自己解决问题的能力（Jordan & Montani，1997）。有数学学习障碍 / 阅读学习障碍的儿童需要更系统的干预，干预的主要目的在于帮助儿童更好地认识问题，教他们有效的运算策略，以及事件检索的有效方法（Jordan & Montani，1997）。

*实践启示：对于有特殊需要的儿童的教学方法。*许多有特殊需要的儿童有着完全不一样的学习需求（Gervasoni，2005；Gervasoni et al.，2007）。我们的教学要个性化。另外，没有哪一个特定的教学主题非得走在另一个主题前面。因此，按照学习路径的方法去教学是满足所有儿童需要的最好方法，尤其是有特殊需要的儿童。我们建议在开始使用学习路径教学之前给所有的儿童，尤其是有各种特殊需要的儿童进行形成性测试，虽然书上已经重点介绍了，但是在本章的后半部分我们将详细地讲解。

对不同学习需求的儿童提供不同的干预是非常重要的，但是这不能代替日常数学教育，只能作为日常数学教育的有效补充。所有儿童都能从优质的数学教育中学到东西。如果我们想要缩小差距，在进校时数学知识较差的儿童需要更多的时间和更好的数学教育（Perry et al.，2008）。研究显示，全日制幼儿园中的儿童比半日制幼儿园中的儿童在数学方面的进步更大，尤其是弱势儿童（Bodovski & Farkas，2007）。但是如果其他儿童也上全日制幼儿园，那么差距仍会不断扩大。

面临风险或有特殊需求的儿童需要更多的时间和更多的数学学习机会。正如我们在第十四章中所见，情感和动机对儿童的数学学习也很重要。进入幼儿园时数学知识最少的儿童在参与学习之后进步（退步）的空间最大（见第十四章中情感部分的相关阐述）。这些儿童的学习参与度比较低可能是因为教师组织的学习活动不能引起他们的注意和兴趣，或不能让他们维持对学习的兴趣。因此，今后对这些儿童的教学应该注意教学方法的创新，以提高他们的学习参与度。如果学

习成绩较差的儿童能每天进行一定时间的小组个别指导，补习他们所缺乏的基本的数学知识，那么他们的学习参与度和学习成绩都有望得到提高。最后，如果这些儿童在进入幼儿园时的平均成绩可以通过学前班阶段的集中干预得到提高，而且这些儿童后续的学习成绩也会有所提高（Bodovski & Farkas，2007）。接下来我们将讨论教学干预如何具体解决这些需求。

*实践启示：更多的资源。*我们目前已经拥有很多资源来解决这个国家在数学教育公平方面所存在的严重问题。详情请见以下有关参考文献（Nasir & Cobb，2007）。

其他基于实证研究的早期数学课程和方法

在第十四章中，我们已经看到早期数学知识对儿童多年以后数学成绩的影响。在入校时数学能力较差的儿童在整个小学阶段往往数学成绩相对较差。许多儿童逐渐患上数学焦虑症，并且再也不学习更高层次的数学课程（Wright et al.，1994）。然而，优秀的课程和优秀的教师却可以改变儿童的这一学习路径，并把他们引上成功的道路（Horne，2005）。最近有一些刚开发的面向全体儿童的数学课程（包括，但不仅限于高风险儿童）。这些新兴课程响应了数学教育心理学学会（PME）的号召，该学会回顾了相关文献，核查了研究结果，证明儿童的数学能力比预想的要强，并指出我们目前需要综合课程和教学法来提高儿童的数学思维能力（Hunting & Pearn，2003）。

*那些广泛使用、普通的课程并没有效果。*许多学前项目，如，提前开端计划，使用的是创意课程和聪明开端课程。有效教育策略资料中心（What Works Clearinghouse）明确表示高质量的研究证明以上这些课程“对于儿童的口头语言、书面语言、语音的发展或数学能力没有可辨识的效果”（What Works Clearinghouse，2013a，2013b）。课程的广泛使用程度并不能作为其应该被使用的有效标准。

*课程概览。*我们已经描述了几种教学方法和两个幼儿园课程的例子，这些都是基于实证研究的（有关这些课程和其他早期数学课程的详细情况请见金斯伯

格，2008年的研究）。在此，我们只是简要地概括一下——什么是真正的基于实证研究的课程。

早期研究：比较不同的教学方法。如果我们真的想把数学教好，应该怎么做呢？一项研究比较了两种教学方法（Clements，1984）。一种方法是基于比较流行的，而且到目前为止都有影响的立场，那就是早期数学能力教学无用论（Baroody & Benson，2001）。基于皮亚杰的认知发展理论，这种立场坚持认为如果儿童还做不到数量守恒——也就是说，儿童认为物体排列的形状会改变物体的数量——那么教学反而是有害的。而且，如果实在要教数学，教学也应该基于归类、排序和守恒的逻辑基础。另一种教学方法则声称儿童可以直接建构数学能力。这种立场认为数学能力，如，数数，本身就是复杂的认知过程，对于儿童建构数字概念和逻辑基础起到重要的、建设性的作用（Clements & Callahan，1983）。在一项研究中，4 岁儿童被随机分配为三组：逻辑基础组、数字组、对照组。研究结果显示，学习了分类和排序的儿童在逻辑运算方面进步显著。同样地，学习数字概念的儿童也学会了逻辑运算。这是个好消息，但并不那么令人惊讶。

令人惊讶的是逻辑基础组的儿童在数字概念方面取得了小幅度的进步，但是数字组的儿童却在分类和排序方面取得了大幅度的进步——与学习分类和排序的儿童成绩相当。而对照组没有获得任何数学能力上的提高。因此，我们从研究结果得出儿童受益于参加类似于分类和排序这样有意义的数学活动。

小学阶段的课程研究。对于各年龄阶段都很重要的小学数学课程，有一项研究发现，如果数学课程是集培养学生的数学能力、讲授数学概念以及解决问题的能力为一体的综合课程，那么学生获得的数学能力与从只强调数学能力的课程上所学到的数学能力相差无几，但是综合课程能帮助学生学到数学能力课程中所欠缺的数学概念和解决问题的能力（Senk & Thompson，2003）。

算术能力恢复课程。我们之前介绍过一些针对数学困难儿童和数学学习障碍儿童的干预课程。另一个为数学能力较差的小学生特别设计的课程叫算术能力恢复课程。该课程主要围绕学习算术所需要的独立的核心知识：数数的过程和原则、数字的书面符号、理解数值在数字运算中的作用、解决词义问题、数字信息检索、

估算以及把具体的语言描述的算术问题转换成数字形式的问题等。如果该干预课程能持续至少一年以上，那么儿童在以上领域的能力能够得到显著提高（Dowker，2005）。

儿童学校成就课程。儿童学校成就课程（Lieber，Horn，Palmer，& Fleming，2008）采用的数学活动来自搭建积木课程（Clements & Sarama，2013），而且使用了通用教学设计。课程的实施显示，该课程能有效帮助残疾学前儿童获得学科和社会方面的发展。

数学能力恢复课程。数学能力恢复课程是一个专门为高风险小学生所设计的较集中的、有效的干预课程（Wright，2003；Wright et al.，1996；Wright et al.，2006）。该课程是基于斯泰费（Steff）有关儿童在数数和运算方面概念和能力的增长理论（见第三章和第五章）。因此，归根结底，该课程是基于学习路径理念的（我们在前面的章节中介绍过这个课程，在该书的姐妹篇的第十四章中也介绍过）。后续的研究发现，该课程也适合数学能力较强的学生（虽然与其他课程一样，该课程主要围绕数字）。在接下来的这一段中我们将讨论该课程对澳大利亚和新西兰的数学课程的重要影响（Wright et al.，2002）。

“我也算一个”课程（CMIT）、早期数学研究课程（ENRP）和早期数学项目（ENP）。一系列数学课程，包括澳大利亚的“我也算一个”课程和早期数学研究课程，以及新西兰的早期数学项目一直对这两个国家的幼儿数学学习和早期数学教育研究有着重要的影响（Perry et al.，2008；Wright et al.，2006；Young-Loveridge，1989b，2004）。课程实施的结果非常积极有效，本书也重点介绍了这几个课程和其他一些有效的干预课程（如，Aubrey，1997）。

蒙台梭利课程。蒙台梭利课程原本是为高风险儿童设计的（Montessori，1964），一项对蒙台梭利课程的评估显示，该课程不仅对儿童数学各方面能力的发展起到了积极作用，还有效促进了儿童的自我调控和语言方面的发展（Lillard & Else-Quest，2007）。虽然研究并未将教师培训和课程内容作为控制因素，但是这一研究结果为该课程的实施提供了相当重要的科学依据。

基于“数学单位”的提前开端计划课程。这是一项为提前开端计划学校设计的

数学实验课程，着重教学生数学单位的概念，因为数学单位涉及计数、测量以及辨识几何图形之间的关系。通过学习该课程，儿童能明白从数数或其他运算方式所算得的结果取决于我们所选择的数学单位，而且单位能组合起来形成更高一级的单位。该实验课程的结果是显著的，并对学生的数学学习起到了积极作用（Sophian，2004b）。

围绕数学之毯。这一补充性的课程（从学前班到小学二年级）包含6个以解决问题为导向的冒险故事。该课程中的数学概念是通过口头讲述故事这一媒介教给儿童的。这种数学和语言的综合课程既强调语言表达的艺术，又培养了儿童早期的数学能力，并且强调空间思维能力（B. Casey，Kersh，& Young，2004）。

项目建构。这一强调学习过程的课程与对照组比较并没有显著优势。然而，主要原因是在课程实施的过程中教师对该课程的保真度不高。因此，在开发课程时不管有多难，实现和评估教师对课程的保真度是相当重要的（Mayfield，Morrison，Thornburg，& Scott，2007）。

综合课程。该课程综合了其他两个课程，研究者通过随机分配实验对这个课程进行了评估。研究结果显示，实验组儿童在教学结束后对数字的敏感度有显著提高，但优势在之后的6个月里逐渐消失。实验组和对照组儿童在一般数学思维能力上（远迁移测试）没有显著差异（Pirjo Aunio，Hautam&i，& Van Luit，2005）。研究者认为，儿童进步甚微是因为教师事先没有经过相关的教学培训。但是，对于一小部分原本数字敏感度较低的儿童来说，他们的数学能力却得到了较大的提高。一个类似的围绕认知冲突、社会建构和元认知的儿童认知能力提升课程，对5—6岁儿童的影响更为显著（Adey，Robertson，& Venville，2002）。在该课程中，教师与小组共同合作来完成认知领域中有关一般认知运算能力的任务，如，分类和排序。对该课程的评估采用了准实验研究设计，研究结果显示，实验组儿童的认知能力有显著提高。另外，采用远迁移测试（考察课程范围以外的概念和能力）所测得的儿童在认知能力方面的提高显示，该课程对儿童的整体认知能力有促进作用。课程的成功实施在于前期大量深入的教师培训，包括每个教学主题每人6天的集中培训，以及3—4次的专家进校看课指导（Adey et al.，2002）。

ELM课程。ELM是一项基于研究的幼儿园综合课程，尤其强调整数概念。面临风险的儿童在参与学习该课程之后，在标准化的数学测试中的表现优于控制组的儿童（Clarke，Smolkowski，Baker，Fien，Doabler，& Chard，2011）。

小学课程。小学课程更广为人知。但是，一些研究也很重要。如，凯伦·富森的“数学表达”课程在一项小学生数学的研究中表现出色。我们所得出的一个主要结论是，早期数学课堂远远低估了幼儿的数学学习能力，而且无法帮助幼儿更好地学习数学。有研究者发现，幼儿的某些数学能力在幼儿园阶段反而倒退了，研究指出，只教幼儿分类和一一对应是远远不够的（Wright et al.，1994）。我们需要更系统、更复杂、更完善、更有序的早期数学课程。那么我们如何才能办到呢？

基于研究的课程框架

虽然建构主义数学教育的影响较大，但是近年来其影响也在逐渐减退。其中一个问题是研究者们一直以来没有得出明确、稳定、可重复的研究结果，如，很多课程都可以通过更大规模和更系统的方法进行评估（Burkhardt，2006；Confrey & Kazak，2006）。同样的，数学教育心理学学会（PME）（Hunting & Pearn，2003）呼吁课程框架的设计要以早期儿童研究为基础。我们在过去的十年里已经为此不懈努力，因为我们也意识到了问题的紧迫性。政府部门和教育研究界的专家和学者们也都振臂高呼基于研究的课程。然而，“基于研究”这个词本身模棱两可的含义却阻碍了大家为课程的开发和选择建立一个共同的研究基础。

因此，在回顾现有研究和专业实践的基础上，我们为建构基于研究的课程设计了一套框架并对其进行了检测。我们的课程研究框架（CRF，Clements，2007）拒绝将商业价值为导向的“市场研究”和“研究到实践”作为唯一的策略，虽然他们包含在课程研究框架中，但仅有这种策略是不够的。如，因为只是单向转化研究成果，在他们的假设中研究到实践的策略是有缺陷的，对学习内容目标的变化不敏感，而且不能完善目前的理论和知识。而这样的知识建构——与开发科学、有效的课程同步——是科学的课程研究中的重要目标。诚然，开发一个科学、有效的课程需要从三个方面——实践、政策以及理论，解决两个基本问题——效果

和条件，如表 15.1 所示。

为了解决以上所有问题，本课程研究框架包含了课程开发研究过程中的十个步骤，以确保我们的课程是实实在在基于研究的。这十个步骤分为三个范畴，分别对应表 15.1 中满足目标所需要的三个方面的知识。这三个范畴包括回顾现有研究、建立某个领域内儿童思维与学习的模型以及评估。这三个范畴以及其中的各个步骤都列在表 15.2 中。

用课程研究框架开发出的第一个课程是搭建积木课程。这是一个国家自然基金资助的数学研究和课程项目，课程主要针对学前班到小学二年级的儿童。这是首个研发的课程材料，全面考虑了早期数学教育的最新标准（Clements & Conference Working Group，2004；NCTM，2000）。接下来将详细讨论我们是如何通过课程框架的这些步骤设计出搭建积木课程的。

范畴一，先决基础，包括研究到实践模型的三个变体，并对现有研究进行了综述，提出了课程开发的初步建议。（1）*先决基础之总则*。在这个部分中，我们首先广泛地回顾了有关教与学的哲学、理论和实证研究。在早期教与学理论和研究的基础上（Bowman et al.，2001；Clements，2001），我们决定搭建积木课程的基本思路是从儿童的日常活动中寻找数学和培养他们的数学思维，如，将日常生活中的问题“数学化”。（2）*先决基础之教学主题*。在这个部分中，我们回顾了相关研究并咨询了专家，共同商讨和确定有助于儿童数学能力发展，对儿童今后数学理解能力有促进作用，且儿童感兴趣的教学主题。我们依照数学的文化价值（如，NCTM，2000）以及有关早期数学核心概念和能力的实证研究（Baroody，2004a；Clements & Battista，1992；Clements & Conference Working Group，2004；Fuson，1997），包括各领域之间的融合，尤其是数字与几何领域的融合，我们修订了教学内容说明，根据四位数学家和数学教育者对教学内容的文本分析，最终产生了数字领域的学习路径（数数、感数、排序、算术）和几何领域的学习路径（匹配、命名、建构、组合图形），以及几何图案、测量。（3）*先决基础之教学法*。我们首先参考了有关如何使教学活动富有教育意义的研究文献——既能激发儿童的学习积极性，又能有效促进学习的教学活动——来制定活动设计指导纲要。

如，有关幼儿使用电脑软件学习数学的研究显示，学前儿童可以有效使用电脑，而且我们可以通过采用动画、童声和清晰反馈等手段让电脑软件更有效地帮助儿童学习数学（Clements，Nastasi，& Swaminathan，1993；Clements & Swaminathan，1995；Steffe & Wiegel，1994）。

范畴二，学习模式。在这个部分中，课程开发者根据实证研究得出的儿童在某一特定数学领域的思维模式来编排教学活动。步骤（4）*根据具体的学习模式组织教学*，包括创建基于研究的学习路径，这个在本书中已经有详细的描述。

范畴三，评估。在这一部分中，课程开发者收集实证研究数据来评估课程某个版本的受欢迎程度、使用情况和效果。步骤（5）*市场研究*之后是步骤（6）*形成性研究*：小组研究，课程开发者对儿童个人或小组进行有关课程要素（如，某个具体的教学活动、游戏或软件环境）或课程中的几个部分进行试点研究。虽然教师全程参与课程研发的各个步骤，但是课程实施的过程主要集中在接下来的两个步骤中。课程开发者研究了参与课程研发的教师在步骤（7）*形成性研究*：单个班级中的授课情况和新加入的教师在步骤（8）*形成性研究*：多个班级中的授课情况，为课程的使用情况、教师职业培训的需求以及课程支撑材料提供有用的信息。以上每一个步骤我们都开展了多重案例分析研究（如，Clements & Sarama，2004a；Sarama，2004），反复修订了课程内容，包括两个不同版本的课程（Clements & Sarama，2003a，2007a）。最后两个步骤：步骤（9）*总结性研究*：小规模研究和步骤（10）*总结性研究*：大规模研究中，课程开发者评估在现有情况下普通教师可以实现课程中的哪些目标。我们开展了一个小规模的总结性研究（Clements & Sarama，2007c），结果显示效应值在1和2之间（科恩的d值）。研究结果如下页图15.1所示。尽管这个小规模的研究只涉及四个班级。

步骤（10）也采用了随机分配实验设计，这种研究设计能让我们以最有效和偏差最小的方式来检测变量之间的因果关系（Cook，2002），这一次参与实验的班级更多，多样化更明显，理想的情况更少。在一项较大规模的研究中（Clements & Sarama，2008），我们将36个班级随机分配到三种课程中的任意一种。实验组使用搭建积木课程（Clements & Sarama，2007），对照组使用另一个不同的学

前数学课程——与我们之前在幼儿园课程评估研究中使用的课程一样（Klein，Starkey，& Ramirez，2002），控制组使用他们学校现有的课程（“一切照旧”）。两项观察研究显示，课程实施过程中教师保真度较高，实验条件对班级数学环境和教学有显著积极影响。实验组的数学成绩显著高于对照组（效应值 0.47）和控制组（效应值 1.07），如下页图 15.2 所示。集中的早期数学干预课程，尤其是那些在研发和评估的综合模式下创建的基于研究的课程，可以改善数学教学环境，提高教学质量，帮助学前儿童为学习非正式数学知识打下良好基础（Clements & Sarama，2008）。

我们相信以上这些积极的影响，即使与另一个得到同样支持的课程相比，是源自搭建积木课程中的核心要素——学习路径。

表 15.1　课程研究的目标（摘自 Clements，2007）

	实践	政策	理论
效果	a. 该课程能否有效帮助儿童达到既定的学习目标，课程语气和非预期的结果是否对儿童的学习有积极作用。（证据：效度怎样——建构内部效度。）（6—10）[①] b. 对于此前的研究和有关该课程的研究有没有可靠的参考文献显示与其他课程相比该课程的有效性如何。（所有步骤）	c. 课程目标重要吗？（1、5、10） d. 对学生的影响有多大？（9、10） e. 对教师有哪些影响？（10）	f. 课程为什么是有效的？（所有步骤） g. 理论基础是什么？ h. 发生了哪些认知上的转变？哪些过程影响认知的转变？也就是说，哪些具体要素和特征（如，教学过程、教材）对学生的认知产生了影响？为什么？（4、6、7）
条件	i. 何时何地——在何种条件下课程是有效的。（结果是否可以推广——外部效度。）（8、10）	j. 对不同的教学环境（8-10）有哪些支持条件？（7）	k. 为什么有的条件削弱或增强了课程的效果？（6—10） l. 哪些具体的教学策略导致了之前无法实现的结果？为什么？（6—10）

① 课程研究框架的相应步骤详见表 15.2。

表 15.2 课程研究框架中的范畴和步骤

范畴	要问的问题	步骤
先决基础。包括研究到实践模型的三个变体，并对现有研究进行了综述，提出了课程开发的初步建议。	有哪些我们已经知道的知识可以应用于预期课程？ 目标[①] 步骤 b c f g 1 b f g 2 b f g 3	采用评审程序（Light & Pillemer，1984）和文本分析（NRC，2004）来获取有关具体教学内容的知识，包括这些教学内容对儿童今后发展的影响（步骤 1），有关心理学、教育学和系统性变化的一般问题（步骤 2），以及教学法，包括特定教学活动的有效性（步骤 3）。
学习模式。根据实证研究得出的儿童在某一特定数学领域的思维模式来编排教学活动。	课程要如何编排才能与儿童的思维和学习模式保持一致？（假设有何种特性和发展性课程不是任意的，因此并不适合所有的教学策略和课程路线） 目标 步骤 b f h 4	在步骤 4 中，教学活动的性质和内容基于儿童数学思维与学习的模式（James，189211958；Tyler，1949）。另外，可以根据具体的学习路径（Clements & Sarama，2004b）编排一系列教学活动（基于研究假设机制）。步骤 4 与步骤 3 的区别在于步骤 3 着重基于教学法的先决条件，而步骤 4 强调儿童的学习特点而且不只是侧重于教学策略，而是其应用所具有的迭代。也就是说，在实践中，我们可以使用扎根理论的方法、临床访谈法、教学实验以及设计实验，对这种学习模式进行应用，并不断对其进行修订（或者，常见的是，对其进行更新），使之与教学任务的进展保持一致。
评估。收集实证研究数据来评估课程某个版本的受欢迎程度、使用情况和效果。	如何才能最大化该课程的市场份额？ 目标 步骤 b c f 5	步骤 5 主要侧重于课程的市场性，使用的策略包括收集有关法定教学目标的信息，以及针对消费者所做的调查。

① 目标指的是表 15.1 中的具体问题，对这些问题的回答即为课程研究框架的目标。

续表

范畴	要问的问题	步骤
评估。收集实证研究数据来评估课程某个版本的受欢迎程度、使用情况和效果。	不同的学生和教师能否使用和有效使用该课程？有哪些地方需要改进或调整来适应不同的学习情境和学习需求？ 目标　步骤 a b f h k l　6 a b f h j k l　7 a b f i j k l　8	形成性。步骤6—8主要在于了解在逐渐扩大的社会环境下，儿童和教师赋予课程内容和活动的意义；如，先由对教材熟悉的教师对几名儿童或小组进行教学（步骤6），然后是全班教学（步骤7），再接下来是不同的教师群体开展教学（步骤8），在这些情境下了解课程的具体组成部分和特征的可用性和有效性。使用了模型测试和模型生成的综合方法，包括设计实验、微观发生实验、微型人种志实验、现象学研究方法（步骤6），以班级为单位的课堂教学实验、人种志参与观察（步骤7），以及文本分析法（步骤8）。该课程根据实证研究结果修订，将其侧重面扩展至为教师提供必要的支持。
	该课程，以其完整形式，在现实的教学环境中实施以后效果如何（如，如何影响教学实践和学生的学习）？ 目标　步骤 a b d f j k l　9 a b c d e f i j k l　10	总结性。步骤9和步骤10采用随机田野实验，其区别主要在于实验规模。也就是说，步骤10检测大规模使用该课程时，课程的保真度或实施情况和课程的可持续性，以及检测对课程实施有效性产生影响的关键的环境和实施变量。实验设计或精心设计的准实验设计，与观察法和调查法相结合，对于获得政策和公众支持是非常有用的，对研究本身也是有利的。另外，质化研究方法对于解决教学活动中的复杂问题和不确定性依然是有用的（Lester & Wiliam，2002）。

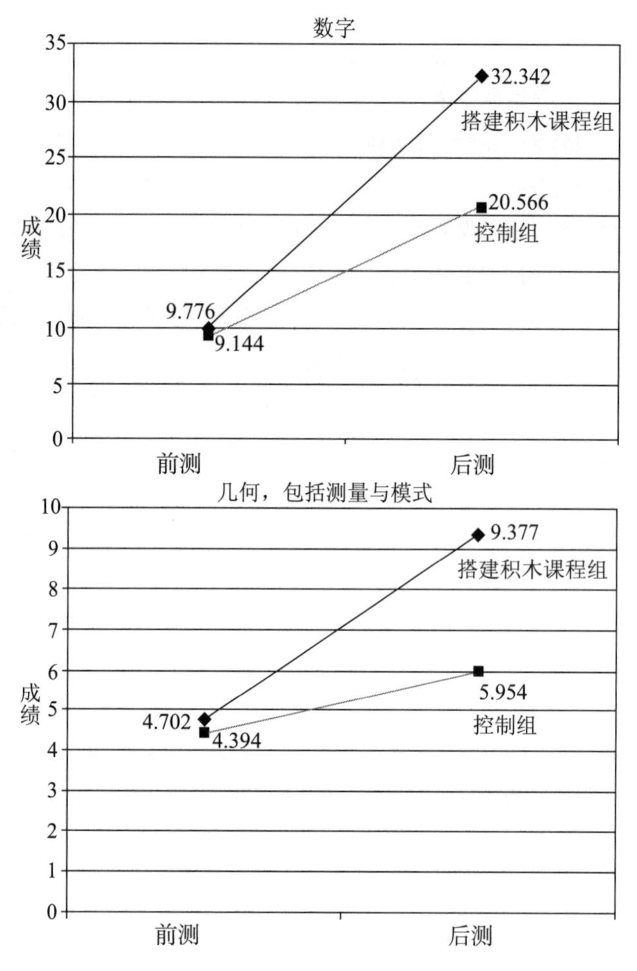

图 15.1　搭建积木课程与控制组比较［该图和下面的图均已转化为项目反应理论（Item Response Theory，IRT）分数］

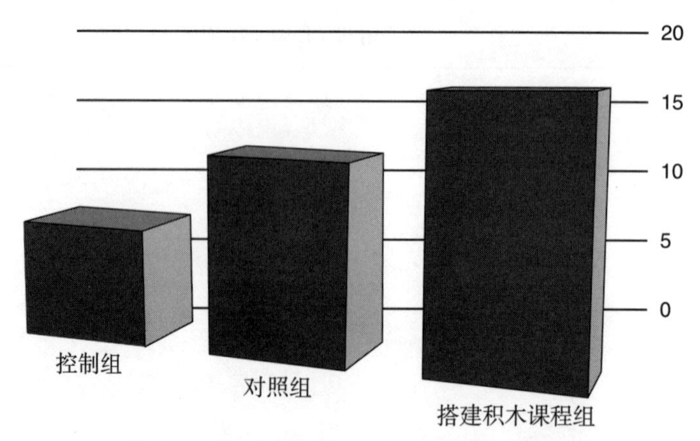

图 15.2　搭建积木课程与控制组及另一个强化数学课程的比较

*影响能否持续？*我们查阅了许多研究，这些研究显示，儿童早期数学课程能带来有意义的、积极的影响。但是，许多跟踪研究发现，这些影响会随着时间消逝。怀疑论者指出，如果影响会消失就不值得我们为此努力。虽然，我们还需要更多的研究来弄清楚这个问题，但是我们相信以上消极的观点显然忽视了现有的证据。首先，有些研究结果的确显示出持久的影响。其次，一直延续到小学阶段的课程和提供大量早期干预措施的课程有最持久的长远影响（Brooks–Gunn, 2003）。再次，如果没有后续的努力，指望短时间的早期干预课程的影响可以无限期地延长下去也是不现实的。特别是当大多数面临风险的儿童都上了教育质量最差的小学。如果年复一年这些儿童和那些优势群体儿童学得一样多，那才叫奇怪（Brooks-Gunn，2003）。最后，我们 TRIAD 项目已经通过审阅的那些支撑研究（以及本章中引用的其他研究）均显示，大多数幼儿数学教师没有回应高数学知识幼儿的学习需求。因此，数学能力强的幼儿在幼儿园期间都在完成没有任何挑战——没有教会他们任何东西的学习任务。他们的发展停滞了，因为缺少新的数学知识。这种悲剧的现象导致了这些儿童的数学学习面临危险（Campbell et al.，2001）。

因此，我们在两个城市开展了规模最大的和最近的一次 TRIAD 项目，在该项目中我们随机将学校分为三组（Clements，Sarama，Wolfe，& Spitler，2013；Sarama，Clements et al.，2012）。在 4 岁这一年龄段中，两个实验干预手段几乎完全一样，但其中的一个接受幼儿园和一年级的后续干预，包括 4 岁组干预的知识和利用学习路径构建知识。学前教师在教搭建积木课程时保真度非常高，使得 4 岁时使用搭建积木课程班级的幼儿得分总是比控制组幼儿高，如下页图 15.3（a）所示。

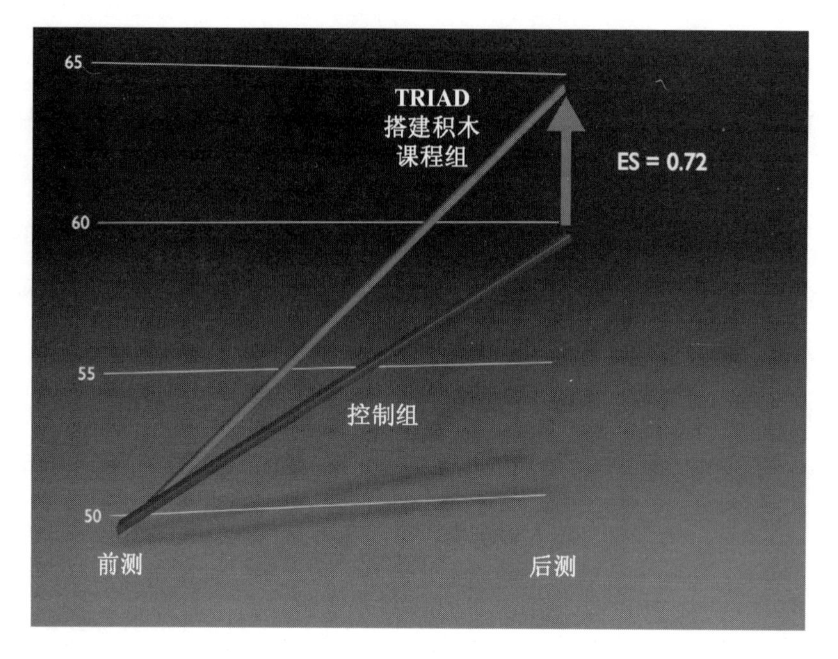

(a)

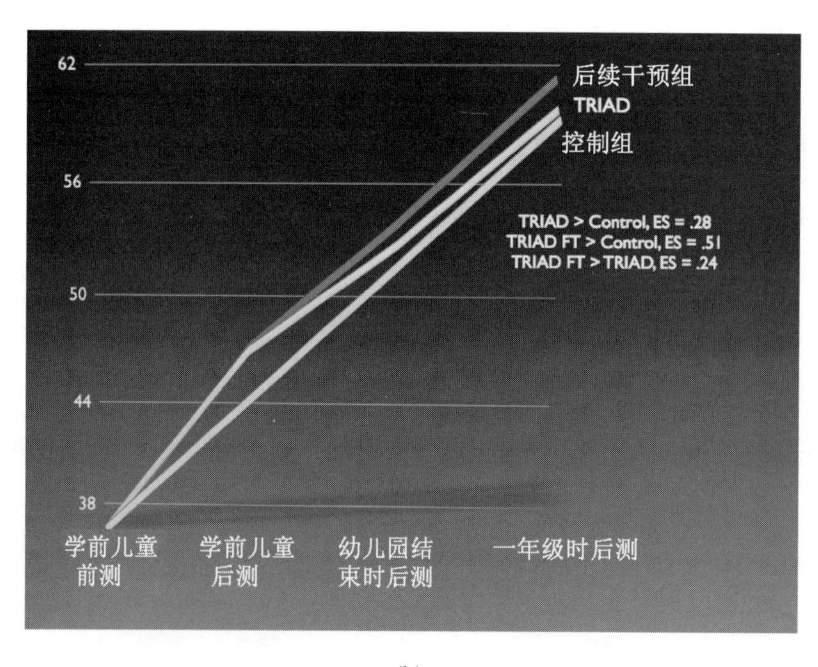

(b)

图 15.3　使用搭建积木课程的 TRIAD 模型与控制组比较（a）学前儿童的前测与后测成绩，（b）幼儿园结束以及一年级时三组的表现对比（Clements，Sarama，Wolfe，& Spitler，2013；Sarama，Clements et al.，2012）

学前教师非常喜爱数学学习，但是有些教师担心他们的课程负责人和校长更关注幼儿的读写成绩。一个强调数学的课程是否影响幼儿语言和读写的学习，为了弄明白这个问题，我们也对幼儿的语言和读写能力进行了测试（Sarama，Lange，Clements，& Wolfe，2012）。让我们倍感欣慰的是，搭建积木课程组和控制组的幼儿在语言读写成绩上似乎没有明显差别。而且让我们感到高兴的是，搭建积木课程组幼儿的语言成绩更好。在一项针对幼儿语言表达——复述故事——的测试中，幼儿在使用关键词的数量、使用语法较复杂的句型、独立进行复述，以及推理等方面的得分明显高于控制组幼儿。搭建积木数学课程的一个显著特点在于讨论数学，包括让幼儿解释自己的想法。如，当一名幼儿从一组形状当中辨识出长方形时，搭建积木课程教师会问这名幼儿，“你怎么知道这是一个长方形？”刚进入学校时，幼儿对这样的问题经常只是简单地回答：“因为它长得像长方形”或者“我就是想出来的”。随着课程的不断深入，教师不断地要幼儿解释他们自己的想法，支持幼儿给出准确、理性的答案，如，“因为它有四条边和四个角”。

两个实验组的差别在于升入幼儿园和一年级的时候，只有 TRIAD 后续干预组的教师学习了有关学习路径的知识，以及如何帮助学生在以前的数学基础上建立新的知识。研究的结果是，虽然两个实验组的学生得分明显高于控制组的学生，如果没有后续干预，他们之间差距对于 TRIAD 组更小（图 15.3b）。TRIAD 后续干预组的标准差的效应值是 0.51，而非后续干预组的效应值是 0.28。另外，TRIAD 后续干预组的学生成绩显著优于非后续干预组的学生（效应值为 0.24）。

*来自其他研究的支持。*其他的一些独立研究也证实了搭建积木课程的有效性。一项研究显示，搭建积木课程对 4 岁幼儿的数学成绩影响最显著（Weiland & Yoshikawa，2012）。

我们相信诸如“学前阶段的进步会消退吗？”这一问题本身就存在问题。这样的说法错误地把学前阶段的效果看作孤立地存在于学生今后学校学习中。进步本身就不是一个静止的东西。它们是真实的学习，而且必须建立在以前的基础上。如果所有的学前儿童在进入幼儿园后学习的都是同样的、过时的课程，那么他们的学习路径将会变得扁平。我们采用适当的后续干预就能看出来，幼儿的知

识建立在他们之前知识的基础上，对于非裔美国幼儿尤其如此，而且我们能做得更好。我们不应该只是坚守幼儿4岁时获得的知识，更应该坚守通向成功的学习路径。

结语

想要教学取得良好的效果，教师必须了解教学的环境和所使用的课程。教师最终的专业领域涉及具体的教学策略，这就是第十六章的主题。

第十六章　教学实践与教学方法

三个好友正在讨论她们是如何教数学的。

艾瑞莎：数学与其他功课不一样。孩子们得记住具体的知识和技能。不像语言，你可以帮助孩子很自然地学或非正式地学。但是，数学你得直接教他们。

布兰达：也许吧，可是你不认为孩子们需要在周围世界中发现数学吗？我的意思是说当孩子们在玩积木的时候，他们难道不是在学数学吗？

卡琳娜：你们两个说的都有道理。如果把你们刚才说的方法结合起来，是否能奏效呢？

你们如何看待教学？你的教学是以教师为中心还是以儿童为中心？早期数学教育中游戏的作用是什么？我们如何才能最好地满足每名儿童的需求？具体的演算对儿童有帮助吗？我们是应该强调技能还是概念呢？儿童家中的技术产品已经够多了，在学校我们是否要让儿童远离电脑？还是我们应该利用优质的教学环境来告诉儿童如何使用技术辅助学习？如果可以，我们使用什么类型的技术，使用的频率是多高呢？

本章内容比较多，因为它回答了以上这些问题和其他一些重要问题。除了像“项目”（如，提前开端计划）一样的大型实体或者课程，还有一些关于幼儿数学教学的具体视角、方法和策略，经研究证明这些方法是有效的。在本章中，我们简要阐述几个重要问题。虽然每个问题都有研究证据支撑，研究证据在很多情况下都是质化的或者是相关联的；因此，不像第十五章所描述的课程评估，我们不能确定哪种具体的教学策略能导致某种类型的学习。即使我们引用的研究是采用随机实验设计（如，Clements & Sararna，2007c，2008），情况也是如此，因为有关具体教学环节的数据并非随机分配的（只有整个课程是）。因此，研究结果都只是建议性的，而不是决定性的。当然我们也注意到有一两个研究的确是通过非常严格的实验对某一个具体方法进行评估。

教学观念和基本教学策略

总的来说，对早期教育的教与学有一定观念体系的教师，以及那些趋向于使用相应类别的教学策略的教师，更能成功地促进儿童的学习。如，研究者通过对教师的观察，将教师大致分为三类观念体系：传授知识、探索发现、联结主义或它们的结合（Askew，Brown，Rhodes，Wiliam，& Johnson，1997）。传授知识的教师相信“教师教学生知识”，并且认为数学是各种技能的整合。这些教师认为评价儿童数学技能的主要途径是纸笔测试。他们把学习主要看成是个人行为，儿童一次记一个解题的套路，儿童的解题策略无关紧要，犯错失误都是因为没有掌握正确的解题方法。他们不指望所有的儿童都精通（认为某些儿童“数学能力”

更强）。

注重探索发现的教师认为儿童是在探索数学。他们认为儿童可以通过任何方式寻找问题的答案，并且能够应用数学知识解决日常生活中的问题。他们也认为学习是个人行为，通常包括动手操作。他们认为学生要做好学习的“准备”。

最后，联结主义的教师看重儿童的学习策略，为了帮助儿童建立数学思想、能力与主题之间的联系，同时也教授儿童一些策略。他们认为计算需要有效的方法，但是也强调思维的策略、推理或论证结果。他们把学习看作集体行为，儿童首先形成自己的解题策略，然后在教师的帮助下完善解题策略。大家一起讨论和解决迷思概念。教师期待所有儿童都精通。

实践启示

研究者也根据儿童在一年中数学成绩的实际变化将教师的教学效果进行了分类（Askew et al.，1997）。研究发现，联结主义倾向更明显的教师比探索发现或传授知识倾向更明显的教师更有效。该结果与我们的层级相互作用理论和美国数学教师理事会课程重点中的内容期望均高度一致。研究还发现，教师本身对数学感兴趣以及有一定的数学知识是非常重要的（Thomson et al.，2005）。

小组人数

我们对什么才是最有效的教学方法的了解是有限的。之前的研究（Askew et al.，1997）没有发现与效果较差的教师相比，更有效的教师更可能采用集体教学、小组教学还是个人指导的教学方法（Askew et al.，1997）。如果考试内容与小组教学内容一致，小组教学可以显著提高儿童的考试成绩（Klein Starkey，2004；Klein，Starkey & Wakeley，1999）。儿童也可以将他们在小组活动中所学的知识迁移到尚未学习的内容上去（Clements，1984）。

实践启示

我们猜测搭建积木课程取得成功的主要原因可能在于小组教学、儿童个人在

电脑上的学习，以及并不太多的集体教学。然而，我们的课程也利用了区域和日常活动（Clements & Sarama，2007c，2008）。所有的活动中儿童都非常活跃，但我们还是做了许多额外的努力来确保儿童在集体活动中活跃——身体上的活跃（“数数和移动”）、思维上的活跃、个体的活跃（给“兔耳朵”来张“抓拍”——所有儿童都在解决问题，都把自己的方法展示出来），以及集体的活跃（“告诉你旁边的同学你是怎么算出来的”）——有时是多种方式的结合。

在那些通常使用集体教学的国家，我们对儿童的课堂进行观察，研究发现，美国的幼儿教育可能忽视了集体教学的优势。如，在韩国，以教师为导向的集体教学为儿童营造了一个积极、滋养的环境，让儿童有机会学习基本的学习技能（French & Song，1998）。

有目的、有计划的教学

实践启示

要认识到早期数学教育需要有目的、有计划、有顺序的教学（Thomson et al.，2005），让儿童积极参与教学（Clements & Sarama，2008； Thomson et al.，2005）。

有计划的教学并不一定要用某种方法才能实现，通常情况下可以像游戏一样（请见后面有关游戏的部分）。

举个例子，卢克，3岁，已经可以数一组数了，可是教师发现他对小组活动好像并不是很感兴趣。但是她知道卢克喜欢小车。于是，她收集了20张纸板然后对卢克说：“卢克，我们来做一个大的车展吧！每个站台放4辆小车！”卢克很高兴地把纸板摊开，然后在每个纸板上放4辆小车。如果儿童不来找你，那么你就去找儿童。这个活动非常有意义，令儿童印象深刻，而且始终是有目的、有计划的。

运用学习路径

一名教师说，当她给一名儿童面试并准备把成绩单告诉家长时，她如何运用学习路径来充分了解该儿童。

她可以唱数到 8，当她慢慢数的时候，她能数到 11。所以我问她："你能拿 6 个组成一组吗？"她这样做了。所以我又要她再拿多一点，我要她拿 12 个组成一组。她没办法完成。

然后我注意到，我想到了学习路径，我认为她还处在数数的水平（小一些的数），对吗？她慢慢就可以数到 10 了，她刚好处在两个阶段中间。我知道接下来该怎么教她更高层次的数学思考。我是这样想的，也是这样做的（Pat，2004）。

实践启示

参与与学习路径相关的有目的、有计划的教学（Carpenter & Moser，1984；Clarke et al.，2002；Clements & Sarama，2007c，2008；Cobb et al.，1991，注意不是所有的项目都使用这个表达——过程是关键）。把重点放在核心概念上，并了解儿童是如何学习这些核心概念的。合理使用学习路径，正如以上教师所言，意味着使用更高一级的教学策略和形成性评估。

形成性评估

接受培训的教师经常向我（Sarama）咨询。教师们经常说他们用教科书中的标准测试和测试题。我反问他们为什么以及他们是怎么用这些测试题的。教师们回答是为了给儿童一个分数。我又问，这对教学有什么作用，通常教师们就默不作声了。在我们自身的教育当中，我们经历过无数的考试，而且我们根本不知道这些考试的目的到底是什么。也许，最有效的测试是服务于教学策略的，它叫"形成性评估"。

美国数学顾问委员会研究了十种教学实践方法，其中只有几种有充分数量的严格研究作基础。备受研究支持的实践方法是教师采用形成性评估（NMP，2008）。形成性评估是对儿童学习的一种持续监测，为教学提供指导。教师可以通过形成性评估监测整个班级的学习情况和儿童个人的学习情况。

虽然美国数学顾问委员会的研究只包含了小学高年级的学生，其他的研究都证实了定期测试和个性化教学是早期数学教育成功的关键（Thomson et al.，2005）。教师不仅要观察儿童的回答，更要观察他们的解题策略。

其他研究也指出形成性评估作为教学干预手段的效应值在0.4—0.7，比大多数教学方法的效应值都大（Black & Wiliam，1998；Shepard，2005）。形成性评估能帮助所有儿童更好地学习，但是对于成绩较差的儿童最有用。他们能获得更高层次的数学能力（元认知），而这个能力是成绩较好的儿童已经具备的。

另外，形成性评估适用于任何一名儿童。入学第一年，哈里已经知道教师上课讲的那些数学知识。哈里一直表现得非常出色，而且对数学很感兴趣，并愿意完成数学功课。然而，似乎他从幼儿园的数学经验里获得的最深体会是“你不需要这么努力”（Perry & Dockett，2005）。同样的，对幼儿园教师的观察显示，他们经常错误判断了幼儿的数学水平并采用（“更多相同”）的教学方法，即使当他们有意提供学习机会（富有挑战的问题），尤其是对那些成绩较好的儿童。这里我们只是想提醒大家，正如第十四章里所讨论的，满足资优儿童的学习需要和满足学习有困难儿童的需要同样重要（Bennett，Desforges，Cockburn，& Wilkinson，1984）。因此，成绩好的儿童从教学上得到的帮助是最少的——他们几乎没有学到新的数学知识。第二个最有可能匹配失误的就是那些成绩较差的儿童——教师几乎不会将教学内容降低几个层次来满足这些儿童的需要。

对儿童按能力分班应该要灵活，要基于形成性评估，并且要符合儿童的情感和社会性发展。如果处理不当，会使入校时能力较差的儿童产生行为的偏差并降低儿童的自我效能感（Catsambis & Buttaro，2012）。不幸的是，在那些低社会经济地位和高比例少数族裔儿童的学校里，处理不当时有发生，小学教师可能同时要教4—5个班（减少上课时间），并且将时间都花在成绩较好的儿童身上（Nomi，

2010)。相比之下,在经济条件较好的优势学校,按能力分班能提高所有儿童的成绩。

实践启示

使用形成性评估来满足所有儿童的需要。像所有的教学实践一样，形成性评估需要使用得当。请问自己如下这些问题（Shepard，2005）：

- 儿童犯的最主要的错误是什么?
- 儿童出错可能的原因是什么?
- 我如何指导这名儿童让他今后避免再犯这种错误?

另外，当形成性评估着重考查儿童对概念以及概念之间关系的理解时，知识的迁移也是可以考查的。如果以上这些显而易见而且轻而易举，请注意一项对早期儿童纵向研究（ECLS）数据的分析：大约有一半的幼儿园教师报告他们从未使用像数学成绩分组这样的方法（NRC，2009）。为数不多的学前班教师使用小组教学——绝大多数使用的是集体教学。

互动、讨论和联系数学

教学颇有成效的教师经常与他们的学生讨论数学。学前班教师与儿童之间有关数学的谈话在数量上差别显著（Klibanoff，Levine，Huttenlocher，Vasilyeva，& Hedges，2006）。教师越常和儿童讨论数学，儿童的数学知识进步越快。讨论数学的情境从有计划的数学教学到日常活动（如，儿童参与一个美术项目，他们需要制作一本书,教师要儿童按顺序将页码写上去),再到偶然的关于数量的讨论(如,“你能告诉我这两串串珠的区别是什么吗？”）。一项后续研究发现，与儿童数学学习进步相关的并不是教师总共说了多少个字，而是具体数学讨论的数量（Ehrlich & Levine，2007a）。另外，在教师不常讨论数学的班级里，儿童的数学能力实际上降低了。

不幸的是，大部分教师都不和儿童讨论数学，即使儿童已经发起了讨论。一项研究中，儿童说出了很多数学的语句，但是 60% 都被教师忽略了。教师用数学语言的回答只有 10%（Diaz，2008）。这可能因为只有四分之一的教师认为数学不仅仅是数数那么简单。

还有一些研究显示，当教师能够创设适宜的课堂环境，给予儿童高质量的反馈并拓展他们的知识和技能时，儿童与教师之间的关系更加可靠和积极（Howes，Fuligni，Hong，Huang，& Lara-Cinisomo，2013）。

研究还发现，另外一个交流的媒介，写数学日记也能帮助儿童学习数学（Kostos & Shin，2010）。

实践启示

和儿童讨论数学。与教学成效较低的教师相比，教学颇有成效的教师通常采用开放式问题。问儿童，“为什么？”和“你是怎么知道的？”，期待儿童从学前班开始，与大家一起分享解题的策略，解释自己思考的过程，共同努力解决问题，互相倾听（Askew et al.，1997；Carpenter，Fennema，Franke，Levi，& Empson，1999；Carpenter，Franke，Jacobs，Fennema，& Empson，1998；Clarke et al.，2002；Clernents & Sarama，2007c，2008；Cobb et al.，1991；Thomson et al.，2005）。

更加强调在任何活动的末尾对重点概念进行总结，意识到数学的特性以及概念之间的关系。突出数学概念之间的联系以及数学与日常生活中需要解决的问题之间的联系（Askew et al.，1997；Clarke et al.，2002；Clements & Sarama，2007c，2008）。

总而言之，教师要围绕有计划的活动与儿童积极开展数学讨论。在讨论数学的基础上建立和培养他们的数学思想和解题策略，使他们能更好地做出回答（Clements & Sarama，2008）。虽然具体教学实践的研究大多是相关性研究，并非实验研究，但是研究结果对我们还是有很大的启发。

高期望

实践启示

挑战儿童。与教学成效甚微的教师相比，教学颇有成效的教师对儿童的期望值较高（Clarke et al.，2002； Clements & Sararna，2007c，2008； Thomson et al.，2005）。他们对所有儿童都抱有高期望（Askew et al.，1997）。

培养积极的数学态度

许多研究者一致认为，促进儿童早期发展的学习环境有一个共同特点，那就是能培养儿童对数学的积极态度（Anghileri，2001，2004； Clements，Sarama，& DiBiase，2004； Cobb，1990； Cobb et al.，1991； Cobb et al.，1989；Fennema et al.，1996； Hiebert，1999； Kutscher et al.，2002； McClain，Cobb，Gravemeijer，& Estes，1999）。不足为奇的是，这些策略中的大多数只是反映了我们之前讨论过的那些教学策略，但重点是这些教学策略也被证实可以改善儿童对数学的态度和观念。

实践启示

有效的教学方法包括以下几个方面：

- 使用对儿童来说有意义的问题（实际意义和数学意义）。
- 期望儿童在社会情境中创造、解释以及批判自己的解题思路。
- 为儿童提供创造发明和实践的机会。
- 鼓励和支持儿童朝着越来越复杂和抽象的数学方法和理解进步，鼓励儿童理解和形成更有效、更简洁的解题策略。
- 帮助儿童发现不同类型知识和主题之间的联系，其目的在于帮助每名儿童建立系统、连贯的数学知识体系。

• 确保对女孩有关数学的期待和互动是积极的，并且与男孩相当（Gunderson et al.，2012）。

作业、成绩和“教学职责”

我（Sarama）经常碰到研究生请求我延长收作业的时间，说他们是如何忙或者他们遇到了多大的难处。我总是说“好的”，并且嘱咐他们：“请你们也做一件事情作为回报。当你们的学生请你们延长交作业的时间时，你们也要充分理解他们。”这一点对教师来说并不是显而易见的。我有一次（也只有一次）问教师有关他们家庭作业的政策。我们列了一张单子，包括一些惩罚措施，如，推迟一天交作业得零分等。教师们声称这是他们的教学职责。我说：“我们这一门课的作业就按照这种方式执行。”教师们气急败坏并认为我不尊重他们。似乎大家都只记得别人的不是，而没有人反思自己的不对。

请记住，当儿童不能理解某个数学概念时，我们要教他们。当儿童不会系鞋带时，我们要教他们。当儿童忘记做作业（可能只是忘记带了），我们就要……惩罚吗？这不是教。

天才和资优儿童

大多数天才和资优儿童并没有得到很好的教育。许多天才儿童可能并没有得到确认，尤其是幼儿。教师有时候只是把更高年级的学生会学到的数学概念提前教给这些天才儿童；然而，他们最常教的还是那些在幼儿园就教过的概念（Wadlington & Burns，1993）。尽管研究显示，这些儿童在测量方面知识超前，但是像时间和分数这样的主题却几乎没有学过。目前，教师通常使用零星的活动、探索学习、区域、小组游戏等经研究证实在某些情境下有效的教学方法。但是，这些天才儿童也应该学会解决数字、运算、几何和空间思维方面的难题。教师应该要挑战这些儿童，让他们进行更高层次的数学推理，包括抽象思维。

一项非常严格的研究将一组同样资优的儿童随机分配到一个数学培训班，每

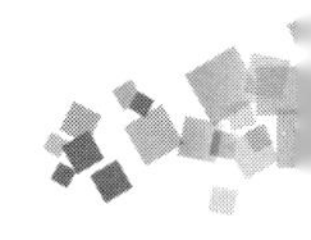

周六上课并持续两年；对另一组儿童不进行任何形式的干预。数学培训班总共上课28次，并基于“发展适宜性”的建构主义理念，遵循美国数学教师理事会的指导纲要。教师以解决开放式问题为中心组织学习小组。两年以后，参与数学培训班的儿童成绩超过了没有上培训班的儿童（效应值0.44，刚好比显著值差一点，但还是比较大的，因此前景也是比较乐观的）。教师并没有加速儿童的学习进程，这种完全不同的教学策略经常用在高年级儿童身上而且比较成功（NMP，2008）。

有特殊学习需求的小学生——数学学习障碍和数学困难

实践启示

正如第十五章所述，目前有一些干预项目和课程可以帮助有特殊需要的儿童。对研究文献的综述发现以下方法可以帮助这些有困难的学生：

- 明确最重要的教学内容，如，核心概念中的数能力（Doabler et al.，2012）。将一些特别需要的知识点进行重点讲解。
- 为了达到这个目标，使用学习路径和形成性评估。
- 确保所有教师都得到和使用有关学生学习的持续性的测试数据，以及提供持续的反馈，教师使用这些数据来调整自己的教学策略（Jayanthi，Gersten，& Baker，2008；NMP，2008）。
- 与学生分享他们的表现信息。
- 给家长提供有关孩子数学成绩的明确、具体的反馈。
- 让成绩好的同伴当小老师（请见接下来的一部分）。
- 使用显性的教学策略，包括示范。使用清楚、准确的语言，鼓励学生用多种形式表征数学概念（Doabler et al.，2012；Jayanthi et al.，2008；NMP，2008）。
- 精心编排教学示例（Doabler et al.，2012）。
- 采用多元教学示例（Jayanthi et al.，2008；NMP，2008）。
- 鼓励学生用语言表达他们是如何思考的以及他们的解题策略，甚至复述教师

采用的策略（Jayanthi et al.，2008； NMP，2008）。

- 鼓励学生采用多种策略解决问题（Jayanthi et al.，2008； NMP，2008）。
- 使用特殊的指导干预（一个针对一年级学生的成功方案源自研究以及本书的第一版；Nunes，et al.，2011）。
- 寻找其他基于研究的干预（如，Clements，2000； Dowker，2009；Dowker & Sigley，2010； Gersten et al.，2005）来满足你的需要，因为并不是所有的干预都适合早期数学教育（如，Philips & Meloy，2012）。
- 即使是短期内，也要把个别化的指导作为集中干预的一个要素 （Dowker，2004； Gersten et al.，2008）。
- 给有数学困难的学生提供有关数学和语言理解的特殊指导，研究表明学生能从中受益（Powell & Fuchs，2010）。

总的来说，有数学困难和数学学习障碍的学生最能受益于显性、系统的教学（NMP，2008；Powell et al.，2013）。这种教学策略是在教师指导的练习和学生独立练习的过程中使用教师示范，采用“想出声”的策略来了解和促进学生的理解和推理过程。教师讲授概念、技能和问题解决策略，通常借助视觉表征，以及明确提醒学生注意启发式和有助记忆的一些策略。形成性评估是关键，教师根据测试结果对照主要数学主题中的学习路径来仔细监测学生的进步。

对于有数学困难和数学学习障碍的学生采用的显性教学策略，包括示范—引导—测试（MLT）、系统错误更正以及集体回应。在示范—引导—测试中，教师示范新的技能，引导全班学生回应，然后让学生自己练习。如，“接下来我们两两一数——2、4、6、8、10，我们一起来数一遍……，你们自己数一数”。如果学生出错了，教师及时更正。如，如果学生把某个形状说错了，教师可以说：“这是个长方形（慢慢说）。这是个三角形（慢慢说）。来跟着我说‘长方形’。很好。现在，每名同学，这是什么形状（又拿出一个长方形）？”（Kretlow，Wood，& Cooke，2011）

干预项目开始得越早，对知识体系的建构以及防止对数学产生消极态度和焦

虑的效果就越好（Dowker，2004）。以下是其他一些针对小学生的教学策略。

数字和算术

美国数学顾问委员会开展了一系列的严格实验研究，对这些研究的文献综述为我们指导有数学困难和数学学习障碍的学生指引了方向。一个主要的成功教学方法是系统的、有目的的教学（通常是明确的，虽然高质量的隐性教学法也是有效的）。这种教学包括具体的和视觉的表征、教师的解释、儿童的解释和相互讨论（包括让学生在解决问题时“边想边说”）、学生之间的合作探究、精心编排的练习并附有反馈，以及教师对学生较高但合理的期望（NMP，2008）。其他一些比较有成效的具体方法包括教学生计算的策略，与练习结合起来（通常学生不太感兴趣而且概念较少），使用视觉模型，以及教学生分析算术应用题的结构。举个例子，美国数学顾问委员会的一项研究提供的显性教学，对象是一个有数学学习障碍的二年级学生，还没学会用“从大的开始数”的方法来解决加法问题（Tournaki，2003）。

教师：当我们拿到一个问题的时候，我们应该做什么？

学生（应该重复解题的规则）：我把问题读一遍，5 加 3 等于几？然后我去找那个小的数。

教师（指向这个数）：现在我们来掰一掰手指。那么我要掰几根手指呢？

学生：三根（以此类推……）

几个问题之后，教师要学生自己边想边说来解决问题，也就是不断地重复这些步骤和向自己提问。当学生犯错时，教师也不断提供明确、及时的反馈。这个研究的效应值很大（1.61），这显示了教师把解题策略教给学生的好处，而不只是让他们做练习题，尤其是对于有数学学习障碍的学生。

另一项研究包括美国数学顾问委员会的一份报告，属于较隐性的教学方法，调查了48次小组教学的效果，包括使用具体的物体来促进概念学习，研究对象是

成绩较差、学习较困难的一年级学生。与控制组学生相比，随机分配到干预教学组的学生在计算、概念/应用、应用题方面有进步，但是在数学思维流畅性方面没有进步（Fuchs et al.，2005）。然而，这些学生依然无法赶上那些没有学习困难的学生。因此，这似乎是一个早期干预项目，对象是一年级刚开始的时候在数学学习方面有问题的学生，同时这个研究也为我们提供了一个例子，告诉我们可以通过强化、综合教学和练习把概念、过程和问题解决的方法教给学生。

在早期把最基本的能力教给儿童也是有效的。一个名为“数量、数数、数字”的课程，旨在增强儿童早期对数量、数字以及数字之间关系的意识。该课程使用游戏的方式教儿童数字的意义，使数字的结构变得具体和可见。儿童动手操作表征数字和数字结构的材料，并且在其发展阶段中逐步建立对数字的理解。对该课程的评估显示出较大的效应值（Hasselhorn & Linke-Hasselhorn，2013）。

一项近期的研究发现，两种辅导条件，一种是集中提高数字组合的流畅度，另一种是专门教学生解题策略，结果显示，两种情况下学生的数字组合流畅度都有所进步（Fuchs，Powell，Cirino et al.，2008）。两组学生过程计算的能力都有所提高，解题策略组的学生进步更加显著。但是只有解题策略组的学生在数学思考能力和应用题方面有进步。根据以上研究结果，解题策略组不仅包含了一节有关数数策略的课，同样在每节课热身阶段和回顾上节课内容时教数字组合，确实对学生的促进作用更大。

美国数学顾问委员会的报告揭示了近期新式的显性教学方法（或者是显性教学与隐性教学的结合）的要素给学生带来的促进作用，与之前老式的“直接教学”大相径庭。教师明确地教学生解题策略，而不仅仅是“知识”和“技能”，这样能每次帮学生积累一点解题能力。学生参与大量的小组合作和互动，在解决数学问题时，教师鼓励学生边想边说，同伴和教师还给予学生反馈。学生学习如何解决问题，如何使用策略，通常还依靠具体的物体和视觉表征，或者结合更加抽象的表征来分析问题的结构。教师将每一类问题的重点标记出来（不是“关键词”），帮助学生区分不同类型的问题。在每一个教学周期结束时，学生进行练习，教师会以明确的方式帮助学生归纳和迁移所学知识。

研究发现，其他的干预辅导也是有效的。如，辅导成功地帮助学生弥补了信息检索、过程计算、估算等方面的不足（Fuchs，Powell，Hamlett et al.，2008）。这种干预辅导能够帮助所有儿童（如，有数学困难的儿童或既有数学困难又有阅读困难的儿童）。电脑辅助教学也能帮助学生掌握算数组合（Burns，Kanive，& DeGrande，2012），但是，此类项目也需要教师的广泛参与。

许多有数学困难和数学学习障碍的儿童在建立数字“敏感度”方面有难度。一项专门针对这一困难的干预项目是“数字竞赛”电脑游戏（Wilson，Dehaene et al.，2006； Wilson，Revkin et al.，2006）。研究者声称，学生最基本的缺陷可能是与“数的感觉”相关的能力、表征的能力和非语言熟练处理数量问题的能力，主要是数量比较和估数。[研究者们一直将其称为“数感（number sense）”，但是，为了避免与数学教育研究中广泛使用的数感一词发生混淆，我们在这里用“数的感觉（numerical sense）”]研究者们假设，由于与符号表征分离，儿童既缺乏非语言数的感觉能力，也没办法获得这一能力。作为实证检验，前者由于数量系统的直接障碍导致了非符号和符号数值测试的失败，然而后者应该可以让非符号任务保持原样。

为了验证他们的理论和软件干预，研究者们为儿童提供有关数值比较的适应性的训练，每天半小时，一周4天，持续5周。9名儿童使用“数字竞赛”软件来强化他们的数的感觉能力，另外还给这些儿童提供数值比较以及数值与空间之间联系的强化训练。教师为儿童提供鹰架支持，反复将阿拉伯数字、语言和数量符号联系起来并共同呈现，而且将符号信息作为决定依据的作用逐渐增强。

研究结果显示，儿童在核心数值比较任务中成绩有所提高。如，计数和数值比较的速度提高了好几百微秒。在数值比较方面，符号任务中速度提升显著，非符号任务中准确度和速度都有所改善，虽然符号任务中速度提升得更快。减法的准确率提高了23%，但是加法的成绩和十进制测试的成绩没有改善。这些结果与理论假设一致，因为相对于减法，我们通常用记忆表来解决加法问题，而减法更多的依赖数的感觉能力。因此，更严重的症状，如，减法障碍，也许是由于核心数的感觉系统的功能失调导致的。对结果的诠释我们应该持有谨慎的态度，因为

他们对代码转换的测试只针对语言和符号代码，研究的几项结果也没有达到显著值，最重要的原因是参与的儿童非常少（9名儿童），并且没有控制组。基于以上这些问题，我们从研究结果可以看出，数的感觉能力对于那些有数学困难的儿童来说可能是一个重要的缺陷，研究证据也没有区分非语言数的感觉能力和符号表征分离的先后顺序（研究者暗示是后者，但是这仅仅基于单个的 “刚好显著”测试）。

其他方法也显示出乐观的前景，包括那些更具革新的方法。即使有心智障碍的儿童也能获得有意义的学习（Baroody，1986）。教师必须确保这些儿童学会基本的计数和数数的能力和概念。也就是说，教师不能只局限于培养儿童的能力，而是要采用更加均衡和全面的教学方法，利用儿童现有的能力来弥补他们的不足，这样才能带来更好的长远的进步。视觉和空间的训练或者集中练习不应取代儿童在学习基本概念和算术策略时寻找和利用规律的经验（Baroody，1996）。较差的教学可能是很多儿童表现出数学困难，甚至数学学习障碍的原因。如果我们能帮助这些儿童在自己强项和非正式知识的基础上，创造数数策略，把概念和过程连接起来以及解决问题，那么这些儿童的数学是可以学好的。策略和规律可能需要明确教给儿童，但一定不能忽视（Baroody，1996）。

对于那些有心智障碍的儿童来说，教师需要小心谨慎地根据相关的学习路径评估他们的知识和能力，而且对儿童的表现必须要保持敏感。如，中度智障的儿童也许不能唱数到5，但有可能数5个数或更多数的集合。他们只是缺乏口头计数的动机（Baroody，1999）。基于以上原理的训练取得了一些成功，更多的是在近迁移测试中（Baroody，1996）。对测试本身的关注也是重要的。如，帮助儿童掌握一些 n+1的任务（4+1，6+1），帮助他们发现 n 之后的数字规则，之后儿童就发明出接着往下数的策略（如，意识到如果7+1=8，那么7+2就是7后面连续数两个）。

因此，从这个角度来看，有心智障碍的学前儿童的数学知识和能力肯定不如正常发展的儿童那样强。但是，许多有心智障碍的儿童似乎能够学好数数、数字、与算术相关的概念和技能，这些为他们在小学阶段的有意义的数学学习打下

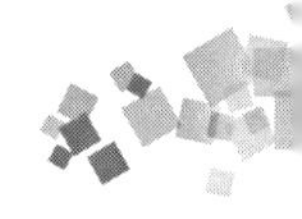

了基础（Baroody，1996）。他们也可以成为积极的学习者，只要发展适宜性的教学培养他们的专长，他们可以学会监控自己的数学学习活动。

然而，在大多数课程中，不论是“传统”或“改革”的课程，研究都持审慎的态度。教师们必须牢记有数学困难和数学学习障碍的儿童或许需要额外的帮扶手段，以确保他们始终积极地参与数学学习（Woodward，2004）。

空间思维和几何

大多数研究者干预项目的重点是数字学习，这对于教育者来说太局限了。高分儿童的数学能力与他们的空间以及测量能力之间的联系，以及低分儿童的数学能力与他们停滞不前的测量和几何能力之间的联系告诉我们，几何和测量也要成为研究的重点（Stewart，Leeson，&Wright，1997）。如，一些儿童在各种任务中很难进行空间组织。有一定数学学习困难的儿童可能在空间关系、视觉—运动、视觉感知的学习上也有困难，并且伴有较差的方向感（Lerner，1997）。正如我们之前所讨论的，与没有学习障碍的儿童相比，他们眼中的形状也许不是完整的统一体（Lerner，1997）。有不同程度大脑损伤的儿童，其学习的困难程度也各不相同。大脑右半球受伤的儿童很难把物体摆成连贯的空间组合，而大脑左半球受伤的儿童很难弄清空间阵列中的内部关系（Stiles & Nass，1991）。用基于儿童发展规律和顺序的学习路径来教学对于有学习障碍的儿童以及有其他特殊需求的儿童来说更为重要。教师必须要很清楚这些儿童在学习几何概念的时候他们的发展路径是什么样的。

如我们所见，空间思维能力较弱的儿童在理解数值量，以及在快速检索数字名称和算术组合方面有困难（Jordan，Hanich，& Kaplan，2003）。同样的，由于在感知形状和空间关系、辨识空间关系、做出空间判断等方面有困难，这些儿童不能正确地阅读和排列数字。因此，他们在计算的时候容易犯错。他们必须学习正确地复制和排列数字，来计算加减、位值和乘除法的问题（Bley & Thornton，1981；Thoton，Langrall，& Jones，1997）。

让我们一起来回顾早期数学强调结构与模式所带来的满意结果（第十二章和

其他章节）。模式与结构数学意识项目（PASMA）旨在改善儿童的视觉记忆、识别和应用模式的能力，以及寻找数学概念和表征中结构的能力，该项目研究结果显示，（小规模的非随机实验）对今后有学业失败风险的儿童有积极的作用（Fox，2006）。

被诊断出患有自闭症的儿童需要尽早接受系统的干预。他们必须保持与周围世界的联系，包括数学。许多自闭症儿童对某物有强烈的兴趣，我们要利用这一点来激励他们学习几何和空间结构。如，如果他们喜欢建构游戏，他们可以学习三角形是如何在桥梁结构中使用的。许多自闭症儿童是视觉学习者，可以用操作物和图片来帮助他们学习很多主题的内容，包括几何、数字以及其他一些知识。哪怕是用动画来阐述一个动词都能让这些儿童受益匪浅。同样的，教师可以将很长的语言解释或一连串的指示分解成小的单位。大约有十分之一的自闭症儿童具有天才（超常）的能力，通常生来在空间思维方面能力过人，如，艺术、几何或算术的某个特定领域。这些能力也许不是因为某种神奇的天赋，而是通过大量的练习获得的，但是其中的原因和动机我们还不得而知（Ericsson et al.，1993）。

对于所有的儿童和所有的教学主题来说，聚焦是关键。要想发展最基本的数学能力，教师需要（在共同核心能力中）选择2—3个对这个年龄段的儿童来说最重要的学习路径（Powell et al.，2013）。使用形成性评估，明确儿童位于学习路径的哪个阶段，在此基础上计划教学活动来帮助儿童顺利进入下一阶段（Sarama & Clements，2009； Gervasoni et al.，2012）。

总而言之，有实质性证据显示，早期数学知识方面的不平等可以避免或得到改善，但是也有大量证据显示，整个社会并没有采取有效措施（Gersten et al.，2005）。干预项目必须从学前班和幼儿园阶段开始（Gersten et al.，2005）。如果没有这些干预措施，有特殊需求的儿童通常会被我们忽视，从而走向失败（Baroody，1999； Clements & Conference Working Group，2004； Jordan，Hanich，& Uberti，2003； Wright，1991； Wright et al.，1996）。

协作学习 / 同伴辅导

美国数学顾问委员会对小学和中学阶段“以儿童为中心”和“以成人为中心”的数学教学的文献综述发现，教学不能只“以儿童为中心”，或只“以教师为中心”（NMP，2008）。在同伴帮辅学习策略（PALS）中（http://kc.vanderbilt.edu/pals/），教师确定在某些技能方面需要帮助的儿童，以及能够在这些方面提供帮助的儿童。儿童一对一组成帮辅小组，所有的小组共同学习数学。小组成员和所有技能也经常更换，以确保所有儿童都有机会当“教练”和“运动员”。教师在小组之间来回走动，观察各个小组的学习情况并提供个别指导。这种教学方法的结果的前景比较乐观，但不是绝对的。对于成绩较差的儿童在计算测量方面的提高是最明显的。有些研究也使用了形成性评估，因此，这两种教学方法的相对贡献还不清楚。如，幼儿组成了一对一的帮辅小组，开展为期15周的数学学习（Fuchs，Fuchs，& Karns，2001）。控制组的儿童接受教师为主的直接授课和示范。研究结果表明，有特殊需要的儿童（效应值0.43）、成绩较差的儿童（效应值0.37）以及成绩中等的儿童（效应值0.44）都有所进步，这也表明帮辅小组策略对儿童的实际积极影响（尽管数值上不太显著）。

类似的，全班性的同伴帮辅项目也取得了巨大的成功（Greenwood，Delquadri，& Hall，1989）。这种方法是每周将全班分成小老师和帮辅对象小组，教师奖励回答问题的小组。当我们对一年级最初的前测成绩和智商的差异进行调整时，与接受标准教学（包括第一章所提到的教学方法）的同等情况的低收入家庭控制组儿童相比，实验组低收入家庭的儿童的数学成绩（和语言成绩）提高更显著。与高收入家庭的儿童对照组相比，实验组儿童与对照组儿童的成绩差别不显著，实验组的效应值比高收入家庭的儿童的效应值要低。

其他的合作学习方法并没有得到一致严格的研究检验（NMP，2008）。然而，研究提供了一些教学指导（Johnson & Johnson，2009；Nastasi & Clements，1991）。儿童需要建设性的小组讨论，包括做口头报告、小组活动、征求意见和提供解释，并且轮流担任小组长（Wilkinson，Martino，& Camilli，1994）。

实践启示

为了提高儿童的社会技能，激发他们的学习动机，加强他们更高层次的思维能力，我们推荐的教学方法是基于对研究结论的整合（Nastasi & Clements，1991）。这些推荐的教学方法都有如下共同特点：

• *小组成员积极相互依存*（如，如果你学得好，我也学得好）。小组成员拥有共同的学习目标，分享学习资源（如，每个小组一份作业单）。每个人都有各自的角色，角色是轮流担任的。儿童共同讨论数学问题，鼓励对方学习。

• *相互推动理解*（如，将理解建立在同伴的想法之上）。儿童力争理解对方的观点，并在对方的理解的基础上加以阐述。他们在互动的过程中建构对问题的理解。

• *认知冲突，然后形成共识*（如，两个脑袋比一个好使——事实上，有时候两个错的也能得出个对的！）。儿童通过采择同伴的观点进行学习，尝试归纳总结不同的想法，最后得出更好的想法。维持个体责任（如，每个人都必须学习），每名儿童都有责任理解这些概念。

这就关系到教师必须明确以下各项儿童的义务：

• *合作学习，为对方解释透彻*。

• *努力理解同伴的解释*。

• *需要帮助时，提问要具体*。当同伴向你提问时，你有责任帮助他。不要只告诉对方答案，要把过程解释给他听。有的教师也使用“在问我之前请先问三个人”的策略。只有当问过三位同学并且这三位同学都无法帮助的情况下，才能向教师提问。

• *欢迎不同的想法，朝着共识努力*。小组成员必须达成一致才能将最终答案写下来。当然，他们也可以同意“检验”其中一个人的想法。

• *鼓励对方*。有不同意见的时候，对事不对人。

儿童相互协作的时候，教师的主要角色是鼓励互动和合作，以及讨论儿童的解题方案。如，如果一名儿童没有回答他/她的同伴的问题，那么教师可以给出回答让讨论能够继续进行下去。教师还要让儿童知道努力去理解对方的想法比得到单个正确答案更重要。教师也要仔细观察，注意哪些问题可以拿出来共同讨论而且对全班都有用。如，某名儿童可以告诉全班，虽然他们这组只共同解决了两道问题，但是他们却从了解对方的思考过程中学到了很多知识。有时候，也可以让儿童讨论他们是如何处理一些合作过程中的社交问题的。如，教师可以让一组儿童和全班分享他们是如何成功处理轮次的冲突的。在小组内，教师也可以鼓励儿童讨论和决定责任的划分。

如果教师想推进班级儿童有效的合作，可以采纳如下建议：

• *强调社会支持的重要性*。鼓励儿童为同伴提供帮助，强调目标是所有儿童都参与学习，而且能学好。

• *教儿童具体的沟通技巧*，如，积极倾听、提问和回答、提供解释以及有效的辩论方法。

• *针对儿童的社交互动给他们提供信息反馈和社会强化措施*。教儿童为对方提供类似的信息反馈。另外，教师可以示范恰当的互动行为。

• *教授儿童并示范解决冲突的技巧*，如，谈判、妥协以及合作。

• *鼓励儿童根据自己的发展水平采择观点*（“站在别人的立场上去思考问题”）。

• 在所有阶段，评估儿童的学习，帮助他们反思他们所学的东西，以及协同工作如何帮助他们学习，或者他们如何可以协作得更好（Johnson & Johnson，2009）。

最后一条启示是给非裔美国儿童的：研究建议对这些儿童来说，除了表现性的创造力之外，主动协作和参与是非常有益的（Waddell，2010）。

游戏

有些研究结果支持传统的教学方法，强调游戏和以儿童为主的学习经验。有一项研究发现，与严格的以学科为主的学习相比，当儿童参与由他们自主发起的学习时，他们在各个方面都有所进步，尤其是在数学方面（Marcon，1992）。证据显示，这些儿童的成绩在临近小学毕业时（六年级，不是五年级）有所进步（Marcon，2002）。这与一些亚洲国家的情况一致。如，日本的学前班和幼儿园很注重儿童的社会情感，而不是成绩（虽然非正式的数学学习普遍存在于学校和家庭，我们接下来会谈到）。学前儿童一天之中大多数时间都在进行自由游戏。在日常生活中，家长也经常在数学方面与儿童互动，如，数电梯里的数字。很少有家长提及作业（Murata，2004）。与此类似，比利时弗兰德的学前教育比荷兰更关注儿童的全面发展，而较少关注某个具体领域的知识内容的教学（Torbeyns et al.，2002）。虽然荷兰儿童起步较早，但是到了小学阶段他们被弗兰德儿童赶超（原因尚不清楚）。最后，一项跨国研究显示，与那些以个人或社会活动为主（个人保育和小组社会活动）的学前班相比，以自由选择活动为主的学前班儿童在7岁时语言成绩更好（Montie，Xiang，& Schweinhart，2006）。学前班的集体活动与儿童7岁时的认知成绩负相关（认知包括与数学相关的知识领域：数量、空间关系、解决问题和时间）。以上这些成绩与教学设备和教学材料的数量和种类正相关。

但是，我们对这些研究结果要保持谨慎的态度，因为马尔孔（Maron）的研究在方法上备受批评（Lonigan，2003），而且大多数研究都是相关性研究——无法得知其中的因果关系。另外，中国儿童比美国儿童在数学上进步显著是因为接受了数学教育和指导（Geary & Liu，1996）。也许对于“以日常生活为主”或“以游戏为主”的数学教育方法最大的问题在于这样的教学通常收效甚微。一项对幼儿园课程评估研究的分析指出，通过日常活动来间接地教儿童数学不会带来数学成绩的提高，但是小组合作学习可以。尽管如此，为儿童精心设计自由选择的游戏，并且适合儿童的发展阶段是非常重要的。

也许最重要的是我们关于什么是教学目标和什么不是教学目标的概念。日本的学前教师，正如之前所述，认为自己与小学教师最主要的区别在于促进儿童的社会情感发展。然而，他们的意思是指，不是直接教数学，而是准备与数学思维有关的教学材料，如，纸牌游戏、跳绳以及写数字的记分牌等（Hatano & Sakalubara，2004）。除此之外，他们通过向儿童提问或亲自参加这些游戏来推动游戏的发展。他们邀请理解程度更好的儿童说出他们的想法以激励其他儿童思考（Hatano & Sakalubara，2004）。由于更广泛的日本文化比较重视数学能力和概念，像这样的数学游戏很常见，并且也很吸引儿童。如，在自由游戏时间里，一名儿童拿了几张报纸，其他儿童也要，于是教师发明了"每人一张报纸"（数字）的游戏。教师将两名儿童分成一组，给每组发两卷纸，有的儿童开始自己折纸，把边缘部分折成三角形。一名儿童边折边说："把这个对折，变成一半，再把这个对折，又变成一半。"（变成四分之一那么大。）教师也参与这个游戏，他们折出稍微复杂一些的物体，然后儿童聚集在一起讨论这些物体的形状和数量。儿童也开始自己动手做一些比较复杂的物体，从这个活动中，儿童了解和讨论形状的构成和分解。大小和测量的概念也贯穿于儿童的讨论中。因此，这些"非教学"的教师其实教给儿童很多数学，并且为儿童设计了既可以操作物体又可以讨论自己的想法的教学情境；为儿童提供越来越富有挑战的任务；通过示范、参与、指导以及纠正儿童的错误或提供详细的反馈来帮助儿童的学习（Hatano & Sakalubara，2004）。因此，在儿童的家庭和学校中，数学无处不在，即使学前阶段的数学与小学数学的教学目标侧重点不一样，这表明日本社会对数学的重视。

游戏对促进儿童数学发展有以下几个方面的作用。"游戏创造了儿童的最近发展区。在游戏中，儿童总是有超越他当前年纪和日常生活的行为举止；在游戏中，他比自己高半个头。"（Vygotsky，1978）在43%的观察时间里，学前阶段儿童至少显示出一次数学思维的标志（Ginsburg et al.，1999）。当然，这可能只是一个很短暂的片段，但这表示儿童在大量的自由游戏时间里可以参与数学学习。研究发现了儿童游戏中的六种数学内容（Seo & Ginsburg，2004）。

• 分类（2%）指分组、排序以及根据特征归类。一个小女孩，安娜，从盒子里拿出所有的塑料小虫，然后把它们按照类型和颜色分类。

• 大小（13%）指描述或比较物体的大小。当布里安娜拿出一张报纸铺在美术桌上时，艾米说："这张报纸太小了，不能把桌子遮起来。"

• 计数（12%）指说出数字词语、数数、马上认出物体的数量（认数），或者数字的阅读和书写。三个女孩在画他们的家人，讨论她们有几个哥哥或妹妹，以及她们的兄弟姐妹几岁了。

• 变化（5%）指把物体拼在一起或拆开，探索物体翻转等动作。几个女孩把用油泥做成的球拍扁，用小刀切，做成"比萨"。

• 模式和形状（21%）指认识和创造模式或形状，或探索几何特征。珍妮用串珠做了一串项链，她用的是红黄模式。

• 空间关系（4%）指描述或画出一个地点或方向。当特蕾莎把娃娃家的小沙发放在窗边时，凯蒂把它搬到客厅中央，说"沙发应该放在电视机前面"（Seo & Ginsburg，2004）。

在游戏中，88%的儿童至少参与了以上一项数学活动。与那些教师只强调唱数和辨识形状的学前班相比，这为我们日后建构有趣的数学活动提供了丰富的基础。我们把这些活动称之为前数学活动——非常重要，但是，对大多数儿童还没有完全数学化，直到教师帮助儿童讨论数学，反思数学和建构数学。

那么更小一些的儿童呢？即使是学步儿也在游戏中展现出不错的数学能力，主要表现在三大学习领域中：数字和数数、几何以及问题解决（Reikeras，Loge，& Knivsberg，2012）。观察还发现，如果游戏激发了儿童的学习，整合了儿童和教师的兴趣，那么游戏可以支持儿童的数学学习（van Oers，1994）。一项观察研究发现，4—7岁儿童在游戏时自发地使用数学非常频繁，其中的教学机会远比教师想象得多，而教师实际抓住的机会要少得多（van Oers，1996）。虽然研究采用了不同的分类体系，而且只观察了一个扮演游戏的情境，一个"鞋店"，我们还是可以进行一些比较：分类（5%）、数数（5%）、一一对应（4%）、

测量（27%）、估数（1%）、解决数字问题（1%）、简单算术（1%）、数量概念（20%）、数词（11%）、空间—时间（5%）、记数法（7%）、尺寸维度（5%）、金钱（5%）以及序列和守恒（0%）。在另一项研究中，参与以游戏为主的数学教学的儿童的成绩显著高于全国平均成绩。但是这个研究结果仍值得推敲，因为成绩差异从5—7岁逐渐下降，从显著变成不显著，而且儿童的语言成绩显著低于全国平均成绩（van Oers，2003，注意测试只是强调低思维水平的内容）。

儿童也可以从游戏中获得抽象的知识。为了使游戏富有教育意义，教师必须要在游戏中引入有趣的问题并对儿童的行为意义提供反馈（van Oers & Poland，2012）。如，如果儿童在玩动物园的游戏，教师可以提示说，如果我们能给动物园的参观者们画一张地图就更有趣了。一旦儿童开始制作地图，教师可以组织他们讨论如何表征物体、距离和方向（见第七章）。

游戏也有很多类型，如，感知运动/操作类游戏和象征/假装游戏（Monighan-Nourot，Scales，Van Hoorn，& Almy，1987；Piaget，1962）。感知运动类游戏可能指节奏韵律模式、回应以及探索材料，如，积木（请见几何部分的描述）。

象征游戏又可以分为建构游戏、表演游戏或规则支配游戏。在建构游戏中，儿童通过动手操作物体而构建一个事物。3岁儿童40%的游戏和4—6岁儿童一半的游戏都是建构游戏。建构游戏的魅力在于儿童用不同的方法搭建物体。

诸如细沙、油泥和积木这样的材料为培养儿童的数学思维提供了丰富的机会（Perry & Dockett，2002）。教师可以提供建议性的材料（如，饼干模具）和儿童进行平行游戏，在游戏中对饼干的形状和数量做出评论和提问，如，利用油泥和饼干模具做出很多相同形状的饼干，或者将沙或油泥做成的物体改变形状。一位教师告诉两名男孩，她要把油泥做成的小球“藏起来”，然后她用一个平板盖住小球，接着往下压。两名男孩说小球还在那儿，但当教师把这块扁平的东西拎起来时，小球“不见了”。孩子们非常惊喜，然后按教师的方法重复做，相互讨论并认为小球在这个圆里面（Forman & Hill，1984）。

用这些材料来游戏，如果再加上有创意地使用，可以帮助儿童解决数学问题。一项针对研究的综述指出，如果在解决数学问题之前，教师鼓励儿童富有成效地使用这些材料，那么他们在解决问题的时候会比没有这种经验的儿童或者只是学过如何使用材料的儿童更有效（Holton，Ahmed，Williams，& Hill，2001）。

假装游戏需要用假想情境来替代儿童当下的环境。建构游戏中的数学可以通过添加假想的成分而得以加强。两名儿童同时用积木搭高楼，并开始争执他们自己的高楼是“最高的”。同样地，社会表演游戏如果情境设置得当可以自然地成为数学游戏。在搭建积木课程中有一套活动是关于恐龙商店的，儿童可以去这个商店买玩具。教师和儿童一起在假想游戏区搭建了一个商店，售货员填好订单并且告诉顾客该付多少钱（每个恐龙玩具只要一美元）。

在一次课上，盖比当售货员。塔米卡递给他一张5的卡片（5个点和数字5）来买她要的玩具。盖比数出了5个恐龙玩具。

教师（刚刚进入这个区域）：你买了几个恐龙？

塔米卡：5个。

教师：你怎么知道的？

塔米卡：因为盖比数了一下。

塔米卡的数数技能尚在需要提高的阶段，而且她相信盖比数数肯定比她强。这个游戏的情境帮助她更好地数数。

贾内尔：我要买的数量很大。她给了盖比一张2的卡片和一张5的卡片。

盖比：我没有那么多一样的恐龙。

教师：你可以给贾内尔2个这样的恐龙和5个那样的恐龙。

当盖比数完两拨恐龙并把它们都放进篮子里时，贾内尔正在数手上的钱。她

不小心数错了，给了张6美元。

盖比：你要付7美元。

这种社会假想游戏的情境再加上教师的帮助，对三个层次儿童的数学思维都有促进作用。

规则游戏是指儿童慢慢接受预设好的规则，规则通常是随意制定的。这类游戏是锻炼儿童数学思维的沃土，尤其是培养儿童有策略地思考问题、自主性或独立性（Griffin，2004；Kamii，1985）。如，用数字卡片可以提供数数和比较的经验（Kamii & Housman，1999）。教师可以用数字卡片游戏来组织数学学习或思维训练，如，比较（“战争”）、奇数牌（“老妇人”）以及钓鱼（Clements & Sarama，2004a；Kamii & DeVries，1980）。这些游戏通常围绕一个重点突出、循序渐进的数学课程，我们将在接下来的部分中讨论。

教师通过提供一个丰富的环境和适时的干预来促进儿童在游戏中学习数学。对于以感知为主的学步儿童来说，游戏需要依靠真实的物体。所有儿童都应该玩结构性、开放性的材料。在中国和美国，对乐高和积木的使用一般与数学活动紧密相关，尤其是模式与形状的学习。然而，美国的幼儿园里虽然有很多玩具，但有的并不鼓励数学活动。中国的幼儿园里玩的东西并不多，以积木和乐高为主（Ginsburg et al.，2003）。再次强调，少即是多。

在象征游戏中，教师需要对情境进行规划，观察游戏的发展趋势，并根据观察适时地提供材料（如，如果儿童在比较大小，教师需要提供测量工具），当数学在游戏中出现时，将其拿出来讨论并询问诸如“你是怎么知道的？”“你确定吗？”这样的问题（有关你的回答或解决思路）（van Oers，1996）。

这些例子给我们带来了另一种游戏，**数学游戏**或者**玩数学**（Steffe & Wiegel，1994）。如，我们再回顾一下艾比正在玩她父亲带回来的玩具火车头，这5个火车头一模一样，艾比正在玩其中的3个。艾比边玩边说：“我有1、2、3。所以（指向空中）4、5……，还有两个不见了。4、5。（停顿）不！我要这几个成为

（指向这3个火车头）1、3、5。那么2和4不见了。还是有两个不见了，但它们是2和4。”艾比把她的象征游戏变成了数学游戏，在这个游戏里数数的词也可以拿来当数字数。

数学游戏有如下一些特点：（1）以问题解决者为中心的活动，其中问题解决者决定游戏的过程；（2）游戏依靠问题解决者当前的知识；（3）游戏进行中将问题解决者当前的知识体系连接贯通；（4）可以通过（3）强化当前知识；（5）帮助儿童更好地参与未来解决问题/数学游戏，因为它强化未来对知识的获取；（6）这些行为和优势与问题解决者的年龄无关（Holton et al.，2001）。

有人提出，所有的数学学习都应该通过游戏进行，认为“学科化”的方法和游戏化的方法是冲突的（Fisher，Hirsh-Pasek，& 2012）。然而，他们也说搭建积木课程是一个基于游戏的学习项目。我们同意——如果你广义地定义“游戏”，并且不把“学科化”和游戏化对立起来。尽管数学可以并且应该是游戏化的、好玩的，这并不意味着“让儿童游戏”就能提供高质量的，甚至只是足够的数学教育（Sarama & Clements，2012；参见下一部分“教育时机”的更多证据）。“自由游戏”的教室里数学的收获最少（Chien et al.，2010）。儿童，尤其是处境不利的儿童，需要有目的的和系统的教学。传统的早期教育方法，如，“发展适宜性实践”并未显示出增进了儿童的学习（Van Horn，Karlin，Ramey，Aldredge，& Snyder，2005）。仅仅基于“日常生活”和“游戏”的数学教育课程往往收效甚微。我们需要在维持发展适宜性实践可能带来的好处，如，社会情绪发展（Van Horn，et al.，Curby，Brock，& Hamre，2013）的同时，还要让儿童的一日生活中充满有趣、同样具有适宜性的、投入到数学思维中的机会（见Peisner-Feinberg et al.，2001）。通过日常生活间接地教数学不能预测学业的进步，而系统的、有目的的集体教学却能（Klein，Starkey，Clements，Sarama，& Iyer，2008）。数学化是基本数学能力的必要前提。成人必须帮助儿童讨论和思考他们在游戏中学到的数学。而且数学是一个系统性的科目。运用系统化课程的有目的教学对于丰富和鹰架自由游戏来说是个重要的补充。这对于来自资源匮乏社区的儿童来说尤为重要。高质量的、显性的、系统化的教学应该是儿童早期数学学习经验的核心。这

有助于儿童的学习，也有助于教师看到其他日常活动中的数学潜力，以及这种数学能促进高质量的游戏——这一点很重要。是的，在重视数学的课堂里，儿童在自由选择（游戏）时间里也倾向于高水平地投入（Aydogan et al.，2005）。所以，高质量的数学教学和高质量的自由游戏并不需要“竞争”时间。两个都做，两个都能做好，儿童从两个途径中都能获益。不幸的是，很多成人认为“开放的自由游戏”是好的，数学“课”就不好（Sarama，2002；Sarama & DiBiase，2004）。他们不相信学前儿童需要专门的数学教学（Clements & Sarama，2009）。他们没有认识到他们在剥夺儿童享受数学欢乐的同时，也在剥夺儿童享受高质量自由游戏的魅力的权利。其实这是可以双赢的。

教育时机

既然游戏对于激发儿童的数学思维有着如此大的潜力，那么教育者是否应该只利用“教学时段”呢？抓住教育时机是一个备受推崇的传统教学方法，也是一个非常重要的教学方法。教师仔细观察儿童，从儿童自发学习情境中找出教育时机所需的要素，并利用这些要素促进数学的学习（Ginsburg，2008）。但是完全依赖这种方法也会有严重的问题。如，大多数教师几乎没有花时间对儿童进行仔细观察以便捕捉教育时机（Ginsburg，2008；Lee，2004）。在儿童自由游戏时，教师也几乎没有和儿童在一起（Seo & Ginsburg，2004）。正如我们所见，许多教师以他们自身的数学水平很难让儿童参与到数学学习中来（Bennett et al.，1984）。大多数教师都不能正确地使用数学语言以及自由地运用数学概念。如，他们不会思考与数学相关的术语。研究者发现，教师的语言一般会影响他们在课程的实施中捕捉教育时机的能力（Ginsburg，2008； Moseley，2005）。最后，期望教师抓住时机让多名儿童建构多个数学概念也是不现实的（Ginsburg，2008）。

实践启示

寻找和探索教育时机。然而，需要意识到在大多数情况下，这些教育时机仅占儿童所需全部数学活动的一小部分。

直接教学、以儿童为中心的教学方法、发现学习、游戏——怎样才能促进数学知识和自我调控能力

我们已经知晓了一些支持直接教学的研究文献（对于成绩较差的儿童），以及一些支持以儿童为中心的教学方法的研究证据。其他研究也指出，直接教学可以提高儿童成绩，尤其是短期内，但是偏向于以儿童为中心的教学方法对儿童整体智力有长远的促进作用（Schweinhart & Weikart，1988，1997）。教育者能得出什么结论呢？在这一部分中，我们对以往的研究进行归纳并提供明确的教学建议。

不幸的是，以儿童为中心的教学方法这个专业术语变成了无所不包的代名词，从教师什么都不教的自由放任式课堂，到有计划、有组织、师生互动的课堂，后者能够帮助儿童朝着基本技能更成熟的阶段发展，如，自我调控能力。这也难怪很多只认前者的人认为，以儿童为中心的教学方法并无效果。类似的，教师指导的含义也包罗万象，从适宜的鹰架活动到像监狱一样的严格的活动（Lerkkanen et al.，2012）。也难怪很多只认后者的人要拒绝教师的指导。

研究显示，一些以儿童为中心的教学活动，如，游戏，如果精心设计和实施的话，对儿童适应小学，今后取得好的学习成绩所需的基本认知能力和社会情感能力都大有裨益。具体的、以儿童为中心的教学方法能帮助儿童建构基本的自我调控学习能力。幼儿比较缺乏注意力，那么我们可以减少不必要的干扰。帮助幼儿建立积极的自我调控能力是可以实现的，这对幼儿来说益处良多。

在以小组或大组为单位的学习情境中，鼓励儿童在解决问题时彼此沟通和交流（“转向你的同伴，告诉他你认为这个数是几”）也能促进自我调控能力的养成。高水平的社会表征游戏是促进自我调控能力发展的一个关键方法，因为

在游戏中，儿童需要协商角色和规则——要遵守规则，如果他们想参与游戏的话。同样重要的是，消除游戏中那些对儿童自我调控能力毫无益处的冷场、枯燥的常规以及过于专制的环境。这样的方法已经被证明可以成功改善幼儿的自我调控能力和学习成绩（如，Bodrova & Leong，2006）。作为全面的学前课程的一部分，以及早期语言发展干预项目的一部分，这些方法也可以成功改善幼儿的自我调控能力和学习成绩（Barnett，Yarosz，Thomas，& Hornbeck，2006；Bodrova & Leong，2001，2003；Bodrova，Leong，Norford，& Paynter，2003；Diamond，Barnett，Thomas，& Munro，2007）。然而，在近期的一个研究性的研讨会上，提出了四项独立的研究［包括我们中的一位作者和博德罗瓦（Bodrova）及梁（Leong）］。在这项研究中，教师以很好的保真度使用游戏教学的策略，但却发现在执行功能方面并无促进作用（教育有效性研究学会的学术年会，华盛顿特区，2012年3月7日）。所以，这个方法是有用的，但还不够。它的好处可能是有助于课堂管理，减少儿童的问题行为，减轻儿童的压力，这些有利于自我调控和学业成绩的进步（Raver，jones，Li-Grining，Zhai，Bub，& Pressler，2011；Raver，Jones，Li-Grining，Zhai，Metzger，& Solomon，2009）。存在一些发展以上教师能力的有效模式（Hemmeter，Ostrosky，& Fox，2006；Hsieh，Hemmeter，McCollum，& Ostrosky，2009）。

近期研究显示，发展儿童执行功能（如，注意力）的一个重要途径是，和提供指导的成人互动。这可以在不同的情境下完成，如，小组的数学活动（正如搭建积木课程）、音乐训练或专门的注意力训练（Neville et al.，2008）。

同样，不幸的是，大多数反对直接教学的研究（Schweinhart & Weikart，1988，1997）可能并不可靠。研究的结果通常是不显著的，在不同组间采用的方法并不如我们预想的那样明显不同，研究对象的数量十分小，以及其他一些因素等（Bereiter，1986；Gersten，1986；Gersten & White，1986）。最后，这些研究的结论支持某种类型的直接教学，正如我们之前所了解到的。

研究发现，那些旨在改善儿童自我调控能力和提高早期学习能力的课程最能有效帮助儿童在学校取得成功（如，Blair & Razza，2007）。另外，研究也发现，

在有意强调数学的课堂中，儿童的数学能学得更好，但是还不止这些。在有数学内容的课堂中，儿童更可能在自由游戏时间里有高质量的投入（Dale C. Farran，Kang，Aydogan，& Lipsey，2005）。

最后，直接教学还是发现教学？一个对许多研究进行的大型元分析显示了和我们这里的文献综述一致的结果。首先，无指导的发现学习任务是无效的。然而，有质量的和有指导的发现学习通常比其他所有方法（直接教学、提供解释或无指导的发现学习）都好。也就是说，当儿童在建构自己的解释和参与有指导的发现时，学习得最好。这些有质量的发现任务需要儿童的主动参与来优化他们的学习。无指导的发现不能使儿童受益，而反馈、有用的范例、鹰架及启发式的解释却可以（Alfieri et al.，2010，p.1；Levesque，2010发现了同样的结果）。

实践启示

我们从各类研究中总结出的结论如下：

- 当以内容为主的直接教学被误用为（只有）教师引导的活动，并且以让儿童参与自己选择的活动为代价，儿童练习变成“教师调控”，以及教师不给儿童机会来发展自我调控行为，这样的教学会影响儿童日后按照自己的意愿参与学习行为的能力。

将直接教学和以儿童为中心的教学方法二元对立是错误的，高质量的早期数学课程应该结合对内容和促进游戏及自我调控行为的明显关注。

- 以儿童为中心的教学方法，如，实施扮演、假扮游戏以及小组讨论（包括在集体时段一对儿童互相讨论如何解决问题），在教师的精心组织和协调下，对儿童的发展有非常重要的贡献。
- 旨在同时改善儿童自我调控能力和提高早期学习能力的课程最能有效帮助儿童在学校取得成功。
- 如果儿童先探索问题，则可以在教学中学得更好。如，如果二年级学生在教学之前先尝试解决3+5=4+__的问题，他们就比传统的“先教学再实践”的方法学

得更好。探索有助于儿童更精确地判断他们自己的理解和能力，鼓励他们尝试各种策略，以及把他们导向问题的重要方面（DeCaro & Rittle-johnson，2012）。

• 综合运用各种教学策略，但是强调有指导的发现。在有指导的任务中鹰架儿童，帮助儿童解释他们自己的思想，通过提供及时反馈以及数学词汇和概念来确保这些思想是准确的。提供如何完成任务的有用的范例（Alfieri et al.，2010；Baroody et al.，2006）。

• 回顾（第十五章中）我们谈到的教授技能、概念和问题解决的数学课程，可以帮助儿童掌握技能，且与那些只学技能的儿童表现一样好，还可以帮助儿童掌握概念和解决问题的方法，这是那些只学习技能课程的儿童无法获得的（如，Senk & Thompson，2003）。

项目

数学应该来自无数的日常生活情景，包括游戏，但又远远超出日常生活。如，一组幼儿探索了许多测量方法，为的是给木匠画一个草图，让他能做一张新桌子（Malaguzzi，1997）。

然而，学前课程评估研究发现，这种以项目为中心的教学方法与控制组课堂相比，并不能对儿童的数学发展产生多大的用处。我们尚不知道这些教师有没有把项目课程实施好，或者说这种基于项目的课程，或其他以儿童为中心的课程是否对支持长远、全面的数学知识和技能的提高效果甚微。我们还需要进行研究来确定，如果拥有了像瑞吉欧·艾米利亚（Reggio Emelia）那样丰富的环境，基于项目的课程是否可以顺利实施，并且带来哪些益处。

时间

儿童花在学习上的时间越多，他们学到的东西就越多。与半日托幼儿园相比，这一点更适用于全托幼儿园（Lee，Burkam，Ready，Honigman，& Meisels，

2006； Walston & West，2004）。儿童花在数学上的时间越多，所学到的数学知识也就越多，尽管这个影响可能不会持续到小学三年级（Walston，West，& Rathbun，2005）。另外，教学质量中等的托幼机构也许会对儿童的社会情感发展有消极影响。超过15—30小时的上学时间对来自资源匮乏社区的儿童有益，但对资源丰富社区的儿童作用不大。如果儿童在2—3岁之间入园，他们的收获最大（Leob et al.，2008）。记住，这些研究虽然包括大量儿童，但是依旧只是相关性研究。

同样的，儿童在学校花越多的时间学习数学，参加的数学活动越多（在学前班每天20—30分钟），他们学到的数学就越多——而不会妨碍其他方面的发展（Clements & Sarama，2008）。

混龄教学

一项研究显示，混龄教学本身并不能支持学习（Wood & Frid，2005）。相反，有效的教学取决于教师是否有能力激发儿童相互讨论，以及实施发展适宜性课程以满足不同儿童的学习需求。教学计划能力、教师“辅助能力”、同伴分享和辅导，以及同伴监督都是很重要的因素。也就是说，当教师需要解释活动以及为完成这些活动设定参数的时候，教师要采取直接教学。然而，监督儿童在活动中的进展时，或者当儿童寻求帮助时，教师应采用提问、解释以及建议来间接指导儿童靠自己解决问题。到目前为止，尚不知道哪一种方法更有效，但是众多方法的集合与有关这些方法的研究结果是一致的。

班级规模与教师助手

一项元分析发现，当班级只有22名或更少儿童的时候，以及当儿童的家庭经济状况较差，或者是少数族裔儿童时，小班教学对幼儿园至三年级的儿童阅读和数学的发展有极大的积极作用（Robinson，1990）。STAR研究项目，一项大规模的随机实验（Finn & Achilles，1990； Finn，Gerber，Achilles，& Boyd-Zaharias，

2001； Finn，Pannozzo，& Achilles，2003）发现，从幼儿园至三年级的每个年级，与参加普通规模班级，以及有各科教师助手的普通规模班级的儿童相比，参加小班教学的儿童成绩更好。（Finn & Achilles，1990； Finn et al.，2001）。从上学伊始就参加小班教学的儿童，以及参加小班教学时间越长的儿童受益最大。

但是，我们很少注意到为什么小班教学有用。一些研究发现，小班教学让教师的情绪得到了改善，教师能把更多的时间花在直接教学上，而花在管理班级秩序的时间较少，纪律问题更加少见，儿童的学习参与度更高，留级和辍学的情况也明显减少了（Finn，2002）。因此，教师能更有效地教学。另外，儿童也会变得更好。他们更加积极地参与学习，表现出更多亲学习和亲社会行为，以及更少的反社会行为（Finn et al.，2003）。

但是，这项研究至少有两个政策上的缺陷，或者“错误地使用小班教学”（Finn，2002）。首先，管理者可能忽略了对专业教师的需求（加州迅速减小班级规模，因此也招收了很多没有相关资质的教师——STAR项目的所有教师都是拥有资质的）。第二，他们可能混淆了师生比（30名儿童配备两名教师，看似师生比较低，但是班级规模还是较大的——研究的重点就是班级规模）。毫无计划地减小班级规模很可能产生不了任何作用（Milesi & Gamoran，2006）。

实践启示

总而言之，小班教学有很多好处，尤其是对于年龄偏小的儿童以及有留级危险的儿童（Finn，2002； Finn et al.，2001）。小班教学并非教好和学好的“原因”，只是为更有效的教和学提供了机会。STAR项目并没有其他的干预。如果教师能够参与职业培训，专门指导他们如何在小班教学的情境下有效采用创新课程和形成性评估，我们可以预见研究的结果将更加显著。

另一个来自这些研究让人惊讶的结果是，教师助手的出现并不会对儿童的学习产生任何影响（Finn，2002；NMP，2008）。经费的投入可以放在引进新教师或为教师提供职业培训方面（请见本书姊妹篇的第十四章）。

练习或重复经验

对于幼儿来说，那些需要重复练习才能掌握的知识，如，计数、数数、比大小、说出形状的名称、算术组合等，研究为我们提供了一些指导。大量的练习是有必要的。我们更喜欢用重复经验这个术语，因为它包含很多不同的情境和不同类型的活动，没有哪一种情况下幼儿非得“严格操练”，而且不同的学习情境能支持知识的概括和迁移。另外，分散的、有间隔的练习比集中的大规模练习（都安排在一节课里，一遍又一遍重复做同一种题）更好（Cepeda，Pashler，Vul，Wied，& Rohrer，2006）。由于我们希望儿童能在学习生涯里尽快掌握这些知识，如果儿童已经把概念基础学得很好，并且理解透彻了，那么我们建议可以经常让儿童练习基于这些概念基础的知识和技能。

操作物和“具体”表征

“具体”的概念，从具体的操作物到诸如“从具体到抽象”的教学顺序，是隐含在教育理论、研究和实践中的，对于数学教育尤其如此。被大家广为接受的概念背后一定有它的道理，而且这些概念还能免受批评。

总的来说，在数学课上使用操作物的儿童数学成绩优于那些不使用操作物的儿童（Driscoll，1983；Greabell，1978；Guarino et al.，2013；Johnson，2000；Lamon & Huber，1971；Raphael & Wahlstrom，1989；Sowell，1989；Suydam，1986；Thompson，2012），即使好处可能是微小的（Anderson，1957）。操作物带来的好处应该不受儿童所在年级、能力以及教学主题的限制，由于操作物的使用可以让儿童“理解”教学主题。使用操作物还可以提高儿童在记忆测试与问题解决测试中的成绩。当教师在课堂上给儿童提供具体的操作材料时，儿童对数学的态度也会得到改善（Sowell，1989）。

然而，操作物并不能确保成功（Baroody，1989）。一项研究发现，在一个知识迁移测试中，没有使用操作物的课堂成绩得分优于使用了操作物的课堂

（Fennema，1972）。二年级儿童在学习乘法时，一组儿童使用操作物（彩色棒），另一组儿童用数学符号（如，2+2+2），两组儿童都学了乘法，但是符号组的儿童在知识迁移测试中的成绩更好。该研究中的所有教师都强调学习的目的是理解，不论是使用操作物、心算还是纸笔测试。

另一项研究揭示儿童的表征之间通常缺乏联系，如，操作物与纸笔测试之间的联系。如，研究者发现，那些使用操作物在减法测试中取得最优成绩的儿童反而在纸笔测试中的成绩最差，反之亦然（Resnick & Omanson，1987）。研究者们随之探查了“概念图示教学”的好处，所谓概念图示教学就是专门帮助儿童建立通过使用操作物获得的“具体”知识与数学符号之间的联系。虽然这听上去比较合理，但是它带来的好处毕竟是有限的。通过这个方法受益的儿童只有那些接受了大量的教学指导，并利用教学时段学习重命名所包括的如何正确地用语言表达数量。因此，不仅仅是“具体”的经验起作用，而是儿童对数量的关注起了作用。具体操作物可能有一定的作用，但是我们必须要认真地使用这些材料来为学习过程中的每一步建立扎实的理解（Resnick & Omanson，1987）。儿童有时只是机械地学习如何使用操作物，虽然他们操作的步骤都是对的，但实则什么也没学到。如，一名儿童在用豆子和豆串练习数位，这名儿童把（一颗）豆子放在十位上，而把一串豆子（十个豆子）放在个位上（Hiebert & Wearne，1992）。

在一项类似的研究中，幼儿不能运用简单的方块来帮助他们解决简单的加减问题。他们不具备运用方块解决问题的策略，而运用数线则更为困难（Skoumpourdi，2010）。

以上研究和其他一些研究都支持一个最基本的观点：操作物并没有“承载”数学概念。最后举一个例子，教师通常让儿童用具体的材料，使用不同的尺寸单位来测量物体的长度。然而，在儿童意识到统一测量单位的重要性之前，他们就已经知道单位的数量和单位的大小成反比，即使后者的经验应该建立在前者的基础之上（Carpenter & Lewis，1976）。

鉴于以上警告以及细微差别，一个最令人担忧的问题是，教师通常使用操作物作为数学教学改革的一种方法，却没有反思他们使用数学概念的表征是否

合理，或者教学还有哪些方面是必须改进的（Grant，Peterson，& Shojgreen-Downer，1996）。另外，教师和家长通常认为数学教育的改革就意味着“具体”都是好的，而“抽象”都是不好的。

总而言之，虽然研究可能指出教学要从“具体”开始，但是研究也警告我们，操作物并不足以保证带来有意义的学习。要了解操作物的作用，以及任何从具体到抽象的教学顺序，我们必须进一步明确“具体”到底是什么意思。

大多数教育者和研究者争辩说操作物是有效的，因为它们是具体的物体。作为“具体”的含义，很多时候意味着实实在在的物体，并且儿童可以用双手操作。这种感官上的特性表面上使得操作物具有“真实性”，与我们直觉上有意义的自我联系在一起，因此对我们有所帮助。但是，这个观点存在问题（Metz，1995）。首先，我们不能假定概念可以从操作材料中“读出来”。也就是说，这些实际物体可能在操作上充满意义，却不带有任何概念的启发。操作奎逊纳棒[①]，约翰·霍特（John Holt）说他和他的同事“对于彩色棒十分兴奋，因为我们可以看到彩色棒与数学之间的密切联系。因此，我们假定儿童看到彩色棒和操作彩色棒，也可以明白数字和数学运算是怎么一回事。这个理论的问题在于我的同事和我早已知道数字运算。我们可以说，‘噢，这些彩色棒就像是数字一样’。但是，如果我们事先不知道数字运算是怎么一回事，看着这些彩色棒能帮我们弄明白吗？也许有用，也许没用”（Holt，1982，138—139）。

其次，即使儿童开始建立操作物与原始理解的联系，对于某种操作物的实际行为会暗示某种思维活动，这种思维活动与我们想要教给儿童的思维活动相差甚远。如，研究者发现，儿童使用数线做加法时有很多不匹配的情况。做6+3时，儿童在数线上找到6，然后接着数“1、2、3”，然后读出答案“9”。这对他们心算没有任何帮助，因为这样做他们要数“7、8、9”，而且同时他们还要计算数量——7是1，8是2，以此类推。这些行为与我们预期的行为是完全不一样的（Gravemeijer，1991）。研究者们还发现，儿童在操作算盘时表现出的外部行为

① 一种数学教具。由一些长度不同的木棒组成。用于比例和测量，同时也用来表示单个实体的数。——编辑注

与教师想要教给儿童的心算行为不完全匹配。诚然，有些作者认为数线模型虽然不能有效帮助儿童学习加法和减法，但是用数线模型来检测儿童的数学知识能帮助我们做出一些重要的推断，了解儿童还知道些什么（Ernest，1985）。无论如何，数线不能被当成“理所当然的”模型（Núãez，Cooperrider，& Wasmann，2012）；如果要用，就一定要教。

同样的，二年级儿童也不会学习在百数表上使用更复杂的策略（如，要算34+52，就十个一数：“34、44、54……”），因为这个东西与儿童的活动不匹配，或者不能有效帮助他们建立有用的数字图像，帮助他们创建抽象的由十位数构成的复合数（Cobb，1995）。

因此，操作物虽然在数学学习中有重要的地位，但是，它们本身并不承载——甚至可能不是必要的支持——数学概念的含义。它们甚至可以被机械地使用，就像那名儿童把一颗豆子放在十位上，把一串豆子放在个位上一样。刚开始的时候，儿童可能需要具体的材料来建构理解，但是，他们必须反思他们对于操作物的行为。教师要能够反思儿童对于数学概念的表征，并且帮助他们建立越来越复杂的数学表征。虽然感知协调练习能提高感知能力与思维能力，但是，对概念的理解不会从手指尖传送至手臂（Ball，1992）。

除此之外，当我们谈到具体理解的时候，我们不一定指的是实际物体。高年级的教师希望儿童有超越实际物体的具体理解能力。如，我们希望看到数字——作为思维（43+26我可以想出来）的载体——对于高年级的儿童来说是“具体”的东西。我们对于“具体”似乎有不同的理解方式。

当我们利用感官材料来理解一个概念时，我们的知识是“感知—具体知识”。如，早期阶段，如果不借助实物，幼儿不能进行有意义的数数、加或减。以布兰达为例，研究者将7块方块中的4块盖上布，然后告诉布兰达已经遮住4块了，问她一共有几块方块。布兰达想把布掀起来看，但是被研究者拒绝了。于是她只好去数看得见的3块方块。

布兰达想把那块布掀起来说明她意识到布下面藏起来的那些方块，而且她想要去数这些方块。她还达不到数数的程度，因为她还不能按顺序说出她能够想到

的方块的数量，她需要客观存在的物体来协助数数。注意，这并不是说操作物是这些概念最初的根源。研究显示情况并非如此（Gelman & Williams，1997）。然而，当儿童需要借用具体物体来解决问题，并且没有这种物体就无法解决问题时，儿童可能处于某种思维阶段。如，我们要一个刚满4岁的女孩用积木或者不用积木（“小砖块”）来做加法（Hughes，1981）。

E：我们再放1个进去（放1个进去）。10个加1个是多少个？

C：嗯……（思考）……11！

E：是的，很棒。那我们再放1个进去（又放1个）。11加1是多少？

C：12。

五分钟以后，积木被拿走。

E：我问你几个问题，好吗？2个加1个是多少个？

C：（不作声）。

E：2个加1个是多少？

C：嗯……是……

E：是……多少呢？

C：嗯……15。（毫不在乎的语气）

接下来是一个稍大一点儿的男孩。

E：3个加1个是多少？3加1等于多少？

C：3个和什么？1个什么？字母——我的意思是数字吗？（我们之前在玩磁力数字玩具的游戏，所以这个小男孩理所当然地想到那些数字玩具。）

E：3个再加1个是多少？

C：再加1个什么？

E：就是再加1，明白吗？

C：我不明白（很生气）。

这与研究结果是一致的，也就是说，大多数儿童要到五岁半以后才能解决较大数字的问题，并且不需要借助具体事物（Levine，Jordan，& Huttenlocher，1992）。显然，儿童不仅要学会数数的顺序和基数原则，还要掌握把数字语言转化成数量的含义（序数—基数的转变，Fuson，1992a）。学前班儿童在有积木的情况下能更好地解决算术问题（Carpenter & Moser，1982），而且如果不借助客观存在的、具体的事物，可能连最简单的问题都无法解决（Baroody，Eiland，Su，& Thompson，2007）。

研究者认为，即使在很小的年龄，儿童对于数字的理解也是比较具体的，直到他们学会数字。到那时，他们所获得的理解就比较抽象了（Spelke，2003）。

总而言之，那些通过感知—具体知识的儿童需要使用或者至少直接提及感官材料来理解一个概念或过程（Jordan，Huttenlocher，& Levine，1994）。这些材料作为儿童行动图示的支撑，能够促使儿童更有效地进行数学运算（Correa，Nunes，& Bryant，1998）。这并不意味着他们的理解是具体的，因为即使是婴儿也能产生和运用抽象思维（Gelman，1994）。再举一个例子，学前儿童都知道——至少是“行动中的理论”——几何距离的原则，并且不需要依靠具体、感知的经验来判断距离（Bartsch & Wellman，1988）。

具体“对”抽象?

那么，什么是抽象呢？有些人错误地认为就是有限的抽象的知识。这也是有可能的：“直接教概念是不可能的，也是无用的。想要这样做的教师除了教儿童一些空洞的套话，什么也做不了，儿童也只不过像鹦鹉学舌一样重复这些套话，不可能获得与概念相对应的知识，只是掩盖一个真空而已。”（Vygotsky，1934/1986）这就是纯抽象知识。

然而，抽象在任何一个年龄段是不可避免的。数学是有关抽象和概括的。“2”——作为一个概念——是抽象的。另外，即使是婴儿也会使用抽象的概念范畴来给物体分类（Lehtinen & Hannula，2006；Mandler，2004），包括按照数量分类。这是通过与生俱来的知识来实现的——天生的素养给儿童在建构知识时一个

良好的开端。这些是“行动中的抽象”，因此并非由儿童明显地表征出来，而是用来建构知识的（Karmiloff-Smith，1992）。当一个小婴儿说“两只小狗”时，她其实是在使用数量表征的抽象结构来标记具体情况。因此，这种情况与维果斯基提到的自发（“具体”）概念和科学（“抽象”）概念的形成相似，因为行动中的抽象概念引导了具体知识的发展，并最终在社会中介的作用下成为外显的言语抽象。我们将在下面讨论这种类型的知识：具体知识和抽象知识的结合。

综合—具体知识

综合—具体知识是由一种特殊方式连接在一起的知识。这是具体这个词最原始的意思——“一起成长”。是什么给了人行道上混凝土以强度？是许许多多单独的颗粒组合成的一个相互联系的整体。是什么给了综合—具体知识以强度呢？是许许多多独立的概念组合成的一个相互联系的知识结构。如果儿童拥有这种内部相互联系的知识结构，那么客观物体、对客观物体的操作以及抽象的知识在强大的心理结构中都是相互关联的。诸如“75”“3/4”“直角”这样的概念会成为真实的、看得见摸得着的、牢固的概念，就像人行道上的混凝土一样。概念对于儿童就像扳手对于水管工那样具体——一个唾手可得且有用的工具。这就像人们对金钱的概念也是在使用金钱的过程中逐渐形成的。

因此，一个概念不是只有具体和非具体之分的。这得看这个概念与你既有的知识之间到底是什么关系（Wilensky，1991），有可能是感知—具体的、纯抽象的或者是综合—具体的。另外，作为教育者，我们没办法把数学揉进感知—具体材料中，因为像数字这样的概念并不是“就在那里唾手可得的”。正如皮亚杰所言，知识是建构的——在每个人的头脑里重新发明的过程。“4”这个概念再也不“在”4块积木中了，而“在”显示4块积木的图片中。儿童通过建立数字的表征而创造“4”这个概念，并把它与实际的积木或书上的积木联系起来（Clements，1989； Clements & Battista，1990； Kamii，1973，1985，1986）。正如皮亚杰的合作者赫敏·辛克莱（Hermine Sinclair)所言，“……数字都是儿童创造出来的，不是找到的（如，他们找到一些漂亮的积木），也不是从成人这获得的（如，从

成人这拿到一个玩具）”（Sinclair，Forward，in Steffe & Cobb，1988）。

最终使数学概念变成综合—具体知识的并不是具体事物的物理特征。诚然，根据皮亚杰所言，物理知识与逻辑/数理知识不同（Kamii，1973）。同样，研究也指出，图片对学习的辅助作用就像客观操作物一样（Scott & Neufeld，1976）。使概念变得综合—具体是这个概念与其他概念和其他情形之间的联系——有无“意义”。约翰·霍特指出，那些已经理解了数字的儿童在有或没有积木的情况下都能完成任务。“但是那些没有积木就无法完成任务的儿童即使拿到积木也不知道该怎么做。……对他们来说，积木和数字一样是……抽象的、与现实脱离的、神秘的、任意的、变化多端的，因此积木应该要被赋予生命才行。”（Holt，1982）对操作材料的良好使用应该能帮助儿童建立、强化和联通有关数学概念的各种表征。诚然，我们经常假定能力更强或更高年级的儿童对数学的熟练掌握程度得益于他们日渐增长的知识、数学思维过程或者解题方法。然而，事实通常是年龄更小的儿童其实已经掌握了相关知识，只是还不能有效创建对必要信息的心理表征（Greeno & Riley，1987）。从这一点上来说，操作材料可以起到重要作用。

当我们比较这两个层面的具体知识时，我们会发现“具体”这个形容词所描述的东西发生了变化。感知—具体知识指的是需要依靠具体事物以及儿童操作这些物体所获得的知识。综合—具体知识指的是高层次的“具体”知识，因为它与其他知识联系在一起，既包括抽象出的物理知识，因此与具体事物相隔甚远，还包括各种类型的抽象知识。这种知识包含的内容主要是具体的、嵌入式的、综合的以及生动的（Varela，1999）。总的来说，这些描述的都是儿童在发展过程中知识的转变过程。与其他理论家一致（J. R. Anderson，1993），我们并不认为这两类知识存在本质上的差别，或者不具备可比性，正如“具体”对“抽象”或“具体”对“符号”。

实践启示：操作材料的教学运用

通常情况下，操作材料的使用是为了让“数学变得有趣”，这使得“操作的

数学”和“真正的数学”经常被看作两回事（Moyer，2000）。当教师不明白自己该如何表征数学概念时，他们经常会转向操作材料。把操作材料用于教学的理由通常是它们是“具体的”，而且“容易理解”。然而，我们也见过，正如这句话——情人眼里出西施——只有懂的人才能看出“具体”。

操作材料应该起到什么作用呢？研究给我们提供了一些指导：

- *用操作材料建立模型*。我们注意到儿童在很小的时候就能解决数学问题，似乎需要一些具体事物来操作——或者，更准确地说，需要感知—具体支撑材料——来解决问题。有研究显示，在数数任务中使用操作材料的儿童成绩更好（Guarino，2013）。但是，他们成功的关键在于他们可以模拟情形（Carpenter，Ansell，Franke，Fennema，& Weisbeck，1993； Outhred & Sardelich，1997）。儿童早期的数字识别、数数以及算术能力（回忆布兰达的案例），可能需要或者得益于使用感知—具体支撑材料，如果它们能有效帮助儿童探索和理解数学的结构和过程。如，比起用图片，儿童更得益于用钢丝把不是三角形的东西变成三角形（Martin，Lukong，& Reaves，2007）。他们在纸上只能画图，但是他们可以把钢丝掰成各种形状。另外，对这些操作材料进行细微的调整可以在不同发展阶段对儿童产生影响。一项研究显示，如果使用更“有趣的”操作材料（水果而不是枯燥的积木），3岁儿童更有可能在记忆测试中准确辨认出数字并正确回答减法问题，但儿童对课堂的注意力却不存在差别（Nishida & Lillard，2007b）。研究者没有做出进一步的假设，只是谈到了儿童的已有经验，也许建构更复杂的心理模型才是导致差别的真正原因。

- *确保操作材料起到符号表征的作用*。回忆有关模型与地图的作用（DeLoache，1987）。很多类似的研究（Munn，1998； Uttal，Scudder，& DeLoache，1997）支持以下指导原则：“具体物”并不一定是一项教学优势。这种“具体物”会导致儿童很难把操作材料当作数学符号的表征。要使操作材料发挥作用，儿童必须理解操作材料代表了某个数学概念。另一个例子来源于早期代数思维培养。当我们的目标是培养儿童的抽象思维时，具体的材料不一定能发挥一定的作

用。如，在解答儿童身高差的数学问题时（如，玛丽比汤姆高4英寸），儿童们都同意用“T”表示汤姆的身高，却反对用“T+4”来表示玛丽的身高，而是更喜欢用“M”来表示（Schliemann，Carraher，& Brizuela，2007）。其他儿童虽然算出了一些问题，却坚持强调用“T”表示“高”或“10”。另外，儿童趋向于把身高差当作（绝对的）高度差。儿童的一部分困难在于他们需要想出一个字母来表示一个变化的量，而用于教学的具体情境却隐含了一个特定的量——也许未知，但并不是那个变化的量。也就是说，儿童可以想出表示某个高度的值，或者钱包里未知的钱的数量，或者某个“惊喜”，但是很难把这些值看作一组数值。相反，他们在数学游戏中学到的更多，如，“猜猜我的规则”，这是个简单的数学游戏，并非具体的操作材料、各种物体或情境。单纯的数字游戏是有意义的，而且能帮助那些来自较差学校的儿童思考数值之间的关系和使用代数符号。总的来说，操作材料与它们所表征的数学概念之间的关系对于儿童来说并不是显而易见的（Uttal，Marzolf et al.，1997）。儿童必须要能够把操作材料看作某个数学概念的符号表征。除此之外，在某些情境下，操作材料的实体性可能会妨碍儿童数学能力的发展，其他的表征可能对学习更有效。另外，积极的教学应该指导儿童把操作材料当作解决数学问题的符号或工具，并在此前提下制作、坚持和使用操作材料。我们在接下来的部分将详细讨论，把操作材料（如，数值积木）与语言和表征连接起来能成功建构数学概念和技能。（Brownell & Moser，1949； Fuson & Briars，1990； Hiebert & Wearne，1993）。

总的来说，儿童必须建构、理解和使用表征符号与问题情境之间在结构上的相似性，从而把物体当作思维的工具。当儿童无法理解结构上的相似性时，操作材料也许毫无意义，甚至可能会阻碍问题解决和数学学习（Outhred & Sardelich，1997）。正如在前面的部分提到的，如果操作材料不能与我们需要儿童发展的思维动作相对应，那么操作材料的使用不仅浪费时间，甚至会妨碍教学效果。操作材料、图画以及其他形式的表征应该尽量与我们需要儿童发展的对物体的心理动作一致。

图 16.1　教师有效地运用操作材料和讨论来建构儿童的综合—具体知识

• *鼓励儿童适当使用操作材料*。让儿童操作操作材料有好处吗？通常情况下是的，但有时候不是。大多数教师发现，如果不让儿童亲自操作某个材料（如，玩具恐龙），让他们跟着教学计划走（如，数数）的效果很差，有时候基本上做不到。

另外，儿童不仅可以而且能够通过自主游戏打下许多前数学的基础，尤其是在操作比较系统的操作材料时，如，图形积木或建构积木（Seo & Ginsburg，2004）。然而，如果没有教师的指导，这些经验几乎没有数学内涵。反过来说，操作材料有时候也可能没有任何作用。当某个物体被当作数学符号来使用时，操作这个物体可能会对理解产生干扰。如，让儿童操作一个房间的模型会降低他们在地图搜索任务中把该模型当成符号的成功率，不让儿童操作房间模型反而会增加他们的成功率（DeLoache，Miller，Rosengren，& Bryant，1997）。因此，使用操作材料的目的必须仔细考量。

• *操作材料的使用要少而精*。一些研究指出，操作材料使用得越多越好。然而，美国教师趋向于使用不同种类的操作材料来提高儿童的“学习动机”和“使数学更有趣”（Moyer，2000； Uttal，Marzolf et al.，1997）。另外，迪恩斯（Dienes）的多元具体化理论（Multipe embodimel theory）也指出如果真要抽象出数学概念，儿童需要在多个情境中体验这个数学概念。然而，也出现了一些

反对的教学实践和证据。在日本，成功的教师趋向于重复使用同一个操作材料（Uttal，Marzolf et al.，1997）。研究的确指出，与操作不同材料所获得的经验相比，对某个操作材料更深层次的操作反而更有效（Hiebert & Wearne，1996）。一项研究综述指出，多个表征是有用的（如，一个操作材料、图画、语言表达、符号），但是许多不同类型的操作材料却不一定有用。不同的操作材料必须用于不同的任务，从而让儿童明白它们并不是玩具，而是思维的工具（Sowell，1989）。

• *刚开始使用“预先结构”操作材料时要小心谨慎*。我们必须小心使用“预先结构”的操作材料——那些数学内涵已经被制造商事先植入的操作材料，如，十进制积木（与连锁积木相反）。这些操作材料可能是约翰·霍特给儿童用的彩色棒——“这是另一种数字，用彩色木头做成的符号，而不是纸上的标记”（Holt，1982）。有的时候越简单越好。如，荷兰的教师们发现，儿童用十进制积木和其他结构的十进制积木时学得不是很好。也许在使用这种操作材料时，儿童还不能在头脑里把用一个十进制积木置换另一个积木与把一个10分成10个1这样的思维动作相匹配，或者立刻明白“1个10”和“10个1”的数量相同。荷兰的儿童通过听一个有关苏丹数金子的故事反而学得更好。这个故事的情境给儿童提供了数数和分组的机会。金子要数，要包装，有时候包装还要拆开——并始终保持一定的库存（Gravemeijer，1991）。因此，儿童最好是使用他们自己创作的操作材料，而且把10个一组的数分解成单个的数（如，连锁积木）而不是使用十进制积木（Baroody，1990）。游戏的情境如果提供分组机会就更完美了。

• *使用图画和符号——尽早脱离操作材料*。二年级的时候做算术题时需要操作材料的儿童很可能到了四年级还这样做（Carr & Alexeev，2008），这表示儿童没能沿着数学学习路径向前发展。虽然模式化需要我们在儿童思维发展的初级阶段使用操作材料，但是，即使是学前班和幼儿园的儿童都能使用其他形式的表征，如，与操作材料搭配或不用操作材料搭配的图画和符号（Carpenter et al.，1993；Outhred & Sardelich，1997； van Oers，1994）。即使是5岁的幼儿，有形的操作材料发挥的作用也许微乎其微。如，一项研究发现，使用操作材料和不使用操作材料的儿童在准确率和算术策略上没有显著差别（Grupe & Bray，1999）。两组

儿童的相似性在于：没有给予操作材料的儿童使用手指的频率为30%，而给予了操作材料的儿童使用玩具熊的频率是9%，但是，同时使用手指的频率为19%，这样使用外界辅助物的总频率为28%。最后，在一项长达12周的研究完成约一半的时候，儿童停止借用外界辅助。有形的物体对教学有重要贡献，但是不一定有效（Baroody，1989；Clements，1999a）。图画也可以成为模型，如，“空白数线”（Klein，Beishuizen，& Treffers，1998；见第五章）。另一个我们关心的问题是儿童的心理图像。成绩优异的儿童所建构的心理图像质量较高，并且有一个更具概念化和关系化的核心。他们能够将不同的学习经验连接起来并抽象出相似的东西。成绩较差的儿童所建构的心理图像更趋向于表面特征。教学应该帮助这些儿童形成更复杂的心理图像（Gray & Pitta，1999）。

面对有形的操作材料和电脑中虚拟的操作材料，我们应该选择有意义的表征，这些表征提供给儿童的实物和思维活动与我们想要儿童掌握的数学概念和思维动作（运算过程或者运算法则）一致。然后我们需要指导儿童在这些表征之间建立联系（Fuson & Briars，1990；Lesh，1990）。

技术——电脑（iPad、平板电脑、手机等）和电视

在幼儿园就读的克里斯正在用Logo的简化版（Clements et al.，2001）画图形。他一直在电脑上打“R”字（代表直角），然后输入两个数字作为边长。这一次他选择的数字是9和9，他看到了一个正方形然后大笑。

成人：现在，你知道这两个9对于这个直角意味着什么了吗？

克里斯：我现在还不知道，也许我可以把它叫作方形直角！

在接下来的几天里克里斯重复用着他发明的这个词。

电脑技术

在几岁的时候电脑能对儿童发展，不仅是数学而且是“整个儿童”的发展有

好处呢？1995年，我们声称“我们不再需要问技术的使用是否‘适宜’”早期儿童发展（Clements & Swarninathan，1995）。有关支持这一说法的研究曾经是而且一直是可信的。然而，对于在儿童早期使用电脑的误解和无端的职责始终不绝于耳（如，Cordes & Miller，2000）。这很重要，因为有些教师一直对电脑持有偏见，他们的做法与研究证据背道而驰，尤其是那些在中等社会经济地位学校任职的教师，他们坚信在儿童的教室里放置电脑是“不适宜的”（Lee & Ginsburg，2007）：

> 我就是讨厌这个年龄段的孩子用电脑，……这个东西太不实际了，太不贴近孩子们的感官了，……这里面完全没有思考的过程，完全就是敲键盘。如果敲这个键不对，那你就随便敲另外一个键。这完全没有思考，没有任何解题过程，也没有任何东西的逻辑分析。
>
> 我认为电脑也许能够一次管住幼儿。我的意思是，也许一次可以管住两三个幼儿，做一些小组活动。但是，这似乎是把这个孩子与外界隔绝了。我真的不认为电脑在早期教育中占有一席之地。
>
> ——李、金斯伯格（Lee & Ginsberg，2007，p.15）

我们在其他地方也对此批评做过回应（Clements & Sarama，2003b）。在此，我们只是简单地概括一下有关年幼儿童使用电脑的一些研究结果（Clements & Sarama，2010）：

- 儿童在使用电脑时表现出非常积极的情感（Ishigaki，Chiba，& Matsuda，1996；Shade，1994）。当儿童一起使用电脑时他们表现出更积极的情感和兴趣（Shade，1994），而且他们更喜欢与同伴一起而不是独自一人（Lipinski，Nida，Shade，& Watson，1986；Rosengren，Gross，Abrams，& Perlmutter，1985；Swigger & Swigger，1984）。另外，在电脑上操作可以激发新的学习契机，形成团队合作，如，同伴互助和指导，以及在彼此的想法上展开讨论

（Clements，1994）。

• 在儿童的发展情况和家庭经济条件大致相同的情况下，在家中可以使用电脑的儿童在学校的阅读和认知能力发展测试中表现更好（Li & Atkins，2004）。家中是否有电脑可以预测儿童入学时的数学知识（Navarro et al.，2012）。

• 幼儿园设置电脑中心不仅不会干扰现有的游戏和社会互动，还可以促进更广泛、更积极的社会互动、合作以及互助行为（Binder & Ledger，1985； King & Alloway，1992； Rhee & Chavnagri，1991； Rosengren et al.，1985）。即使是在幼儿园的教室里，电脑区可以营造一个以同伴的夸奖和鼓励为特色的积极学习氛围（Klinzing & Hall，1985）。

• 电脑可以代表一种环境，在这个环境中儿童的认知与社会互动同时受到鼓励，而且两者相辅相成（Clements，1986； Clements & Nastasi，1985）。

• 电脑可以提升学业成绩（在Clements & Sarama，2003b中多次提到）。儿童精力充沛。他们非常主动而且对自己的学习过程负责。那些在其他领域落后的儿童却在电脑学习领域出类拔萃（Primavera，Wiederlight，& DiGiacomo，2001）。

• 电脑可以激发儿童的创造力，包括创意数学思维（Clements，1986，1995；Clements & Sarama，2003b）。

其中最后一点与本书的内容最为直接相关，因此我们会在这一点上进行深入阐述。首先，我们提供美国数学顾问委员会相关系列严格研究的概要，虽然研究对象大多是小学高年级学生。研究综述指出，电脑辅助教学（CAI）项目以及一些教程项目（通常结合了反复训练和练习），如果通过设计与实施能对学生的在校数学成绩有积极的作用。另外，与传统教学相比，学习编辑电脑程序可以提高学习成绩，对理解概念和运用概念的帮助最大，尤其是几何概念（NMP，2008）。接下来，我们来看看更为广泛的一些研究，包括但不限于那些设计严密并且针对年幼儿童的研究。

电脑辅助教学（CAI）。儿童可以使用电脑辅助教学方法学习算术的过程，培养更深层次的概念思考。教学软件可以帮助儿童发展数数和分类方面的能力（Cle-

ments & Nastasi，1993）以及做加法的能力（Fuchs，Hamlett，Powell，Capizzi & Seethaler，2006）。的确，有些综述指出，使用电脑辅助教学收获最大的是在学前教育阶段（Fletcher-Flinn & Gravatt，1995）或者小学阶段，尤其是在补偿教育方面（Lavin & Sanders，1983； Niemiec & Walberg，1984；Ragosta，Holland，& Jamison，1981）。每天只要大约10分钟就能带来显著的成效，20分钟则效果更好。电脑辅助教学法可能与传统教学方法同样——或者更加——成本低收益高（Fletcher，Hawley，& Piele，1990），或者与其他的教学干预措施同样有效，如，同伴指导和缩小班额（Niemiec & Walberg，1987）。这种方法对于所有儿童都适用，尤其是来自教学资源匮乏的社区的儿童获得了非常显著的进步（Primavera et al.，2001）。

电脑训练和练习可以给所有需要培养自主学习的儿童带来帮助，尤其是那些有数学困难和数学学习障碍的儿童。然而，电脑必须出现在学习路径中合适的地方。训练对那些还处在数数策略欠成熟阶段的儿童来说没有帮助，儿童必须要能理解数概念并且在进行训练之前要明白算术事实（尽管他们会逐渐记得）（Hasselbring，Goin，& Bransford，1988）。另外，那些依赖于教师的流畅程度和认知策略的训练会更有效，尤其是对于男孩来说（Carr，Taasoobshirazi，Stroud，& Royer，2011）。

*电脑管理。*这些系统许多都采用电脑管理教学（CMI），电脑可以跟踪儿童的学习过程并帮助儿童接受个性化教学。如，搭建积木软件储存了儿童在每一个活动中的表现。根据活动中的表现将难度适宜的任务分配给儿童，每一个活动主题都采用了基于研究的学习路径。教师可以观看全班或每名儿童的活动记录。这个管理系统还可以自动调节活动内容并提供适宜的反馈和帮助。

与电脑管理教学相关的另一种系统没有设置教学环节，而是储存和分析儿童测试的结果从而帮助教师因材施教，根据儿童的能力水平调整自己的教学方法，并给儿童提供相关的练习和及时的反馈。也就是说，这种系统帮助教师实施形成性评估（请见本章中相关内容），有的可以生成测试和作业单。这种程序已经被证明可以提高低、中、高分儿童的数学成绩（Ysseldyke et al.，2003）。

*电脑游戏。*如果精心挑选，电脑游戏也可以是有效的。克劳斯（Kraus，1981）发现平均每两周有一个小时与电脑互动的二年级学生在加法快速测试中的正确率是控制组学生的两倍。学前班的儿童也可以从各种各样的在线或离线电脑游戏中获益（Clements & Sarama，2008）。

*多小的儿童？*多小的儿童能玩电脑游戏并能从中收获益处呢？对于3岁儿童来说，从电脑游戏任务中学会分类就如同给真实的洋娃娃分类那么简单（Brinkley & Watson，1987-88a）。还有一些研究发现，学前班的儿童也可以从电脑游戏中学会诸如数数的技能（Hungate，1982）。然而，这些游戏的本质内容应该要进行评估，因为这种训练的方式有可能会减弱小学生的学习动机（Clements & Nastasi，1985），而且学生们的创造力会被一成不变的训练磨灭（Haugland，1992）。

*Logo和乌龟几何。*另一种方法是针对小学生的，叫乌龟几何。西摩和佩珀特（Seymour，Papert，1980）发明了龟标，因为这个东西是“身体同步的”。大量有关标记和数学学习的研究基于这样一个立场，也就是儿童不是从被动的观察来构建最初的空间概念，而是从行动中构建，不仅来源于感知觉[①]和想象，还来源于对行动的反思（Piaget & Inhelder，1967）。对儿童来说，这些都是非常珍贵的积极经验，然而，这些经验如果不数学化[②]，那么它们将一直停留在直觉上。有一些方法可以帮助儿童反思和表征这些经验，研究表明，Logo的乌龟几何就是其中一种很有效的方法（Clements & Sarama，1997）。

Logo的环境事实上是基于行动的。先让儿童通过走路排成一些线条或者形状，然后用Logo，儿童可以学着思考把龟标的动作当作自己刚做的动作；也就是说，龟标的动作与“身体同步”。但是，为什么非得用电脑来画图呢？这是因为在纸上画几何图形，如，对大多数人来说是程序化的过程，对于儿童来说尤其如

---

① 这里使用了“感知”，与皮亚杰原意一致，表示依靠感官输入而获得的现象或经验，与心理表征经验相对（可以不通过感官输入而依靠想象“再－表征”）。因此，这里的感官不应与我们和皮亚杰一样所反对的一个概念混淆——“完美的感知”，即所感知的物体立即储存在大脑里。

② 数学化强调的是用数学表征和阐述——为日常生活中的数学对象创建模式，例如数字和形状；数学行为，例如数数和改变物体的形状；以及在这些数学对象之间的结构关系创建模型。数学化包括将日常生活情境下的直观的、非正式的思考进行再创造、再描述、再组织、量化、结构、抽象，以及归纳。

此，因为儿童还没有把他们所受的教学再次表征出来。那么，他们不能实质性地改变绘画的程序（Karmiloff-Smith，1990），在反思的层面上就更加无意识了。然而，在创造Logo的画图程序时，儿童必须分析图形的视觉要素以及绘画时各要素的移动，这也就要求他们反思这些要素是怎么组合在一起的。写Logo程序的命令或者画图，“都允许或赋予儿童机会将他们的直觉感受进行外化。当直觉转化成程序时，直觉感受变得更加明显而且更易于反思”（Papert，1980，p. 145）。也就是说，儿童必须分析图形的空间要素，并思考如何用这些要素建构图形。小学生在参与了龟标练习之后已经对图形的特征和测量的意义表现出了明显的认识（Clements & Nastasi，1993）。他们学会了测量长度（Campbell，1987；Clements，Battista，Sarama，Swaminathan et al.，1997；Sarama，1995）和角度（Browning，1991；Clements & Battista，1989；du Boulay，1986；Frazier，1987；Kieran，1986；Kieran & Hillel，1990；Olive，Lankenau，& Scally，1986）。一项微观发生学研究证实了儿童在参与线上和线下相结合的练习后，能够将身体和思维动作转换成弯度和角度的概念（Clements & Burns，2000）。儿童归纳并且整合了两个心理图示，一方面是身体的转动，另一方面是数字带来的转动（Clements，Battista，Sarama，& Swaminathan，1996）。他们运用了一种叫作心理缩减的过程，在这个过程中，儿童逐渐将手臂、手掌、手指的转动代替整个身体的转动，并且最终将这些动作内化成心理图像。

Logo其实学起来并不容易。然而，正如一名小学生所言，“这个图太难了，我花了1小时20分钟才做好，但是这个东西必须得做，而且我很喜欢”（Carmichael，Burnett，Higginson，Moore，& Pollard，1985，p. 90）。另外，当这个环境逐渐和系统地介绍给儿童时，并且当这个界面适宜儿童的年龄时，即使是幼儿也能学会控制龟标，并且在认知发展方面有所收获（Allen，Watson，& Howard，1993；Brinkley & Watson，1987-88b；Clements，1983-84；R. Cohen & Geva，1989；Howard，Watson，& Allen，1993；Stone，1996；Watson，Lange，& Brmkley，1992）。因此，有大量证据表明，幼儿可以学会使用Logo并且能够把知识迁移到其他领域，如，地图任务和解释物体向左向右旋转。他们

学会思考数学的方法和他们自身的问题解决策略。如，一年级学生瑞安想要把龟标转过来指向与自己垂直的方向。他问老师："90的一半是多少？"老师回答完以后，他输入RT 45。"噢，我的方向错了。"他什么也没说，只是眼睛盯着屏幕。"试试左转90° 。"他最后说。这种逆向操作恰好达到了预期的效果（Kull，1986）。

Logo带来的学习成效还远不限于这些小规模的研究。一项针对基于Logo几何课程的重要评估涉及1624名学生和他们的老师，并采用了各种各样的研究工具，包括纸笔测试、前测后测、访谈、课堂观察以及个案研究等（Clements et al.，2001）。从幼儿园到六年级，在一般几何测试中，Logo学生的得分显著高于控制组的学生，得分是控制组学生的两倍。这个差别是非常显著的，因为测试采用的是纸笔形式，不允许学生使用电脑，而测试组的学生正是在电脑上学习几何；再者，这个干预课程为期较短，只有短短6周。其他的测试也证实了同样的结果，并指出Logo为学习数学、推理和问题解决创造了一个特别适宜的环境。

这些研究以及数以百计的其他研究 （Clements & Sarama，1997）表明，如果通过深思熟虑之后运用Logo，能够为幼儿探索数学概念提供富有启发的学习环境。这种深思熟虑之后的运用包括编排和指导Logo工作从而帮助幼儿形成扎实、有效的数学概念（Clements et al.，2001）。如果没有人帮助幼儿用数学的思维看待问题，他们很可能看不到Logo中隐含的数学思想。有效的数学教师会针对幼儿的直觉与电脑反馈之间产生的"惊讶"与冲突进行提问，从而促进他们的反思。他们为幼儿提供挑战并且给幼儿布置任务，就是为了使幼儿能够清楚地看到其中的数学概念（Clements，1987； Watson & Brinkley，1990/91）。这是我们需要强调的一般的教学指导。研究显示，在适宜的电脑软件上进行操作对幼儿学习数学有帮助，但**不总是这样**。在某些情况下会有持续的显著效果。 教师们可以做些什么呢?

电脑操作。 我们可以使用活动指导教程以及问题解决为导向的实际操作，还有就是电脑操作，如，在搭建积木课程中提供的软件。这些软件程序的使用和益处在整本书中都有介绍。对该软件的评估显示，由搭建积木课程带来的成绩大幅

度提升一部分归因于儿童使用这个软件（Clements & Sarama，2008）。

让我们回到操作材料这个主题。即使我们同意“具体”不能简单地等同于物理教具，但是，我们也可能不容易把电脑屏幕上的东西当作有效的操作材料。然而，就像实物能对儿童个人产生意义一样，电脑也能提供同样意义的表征。有意思的是，研究发现电脑表征更容易掌控，而且比实物更加“清楚”、灵活，更具扩展性。如，一组低年级学生在电脑环境下学习数概念。他们通过选择和排列豆子、棒子和数学符号构建“豆棒图”。与真实的豆—棒环境相比，这个电脑环境为儿童提供了同等的，有时更大的操作性和灵活性（Char，1989）。

电脑操作对学习意义匪浅而且更容易使用。电脑豆棒与实际豆棒都具有价值。但是，为了解决教学顺序的问题，使用了其中的一种就不必再使用另一种接着上了。同样的，与只使用实际操作材料的控制组儿童相比，同时使用电脑实物和软件操作的儿童在分类与逻辑思维方面展现出较大的复杂性（Olson，1988）。其他的研究则支持使用实物与具体的操作材料（Thompson，2012）。

一部分原因在于电脑操作可以遵循一定的指导，我们在前面讨论过。使用电脑操作的这些优势和其他潜在的优势可以归纳为两类：一类是为儿童和教师带来数学和心理上的帮助，另一类是为实践与教学带来帮助。

数学/心理上的好处。也许软件最大的特点在于操作动作蕴含一些重要的过程，而我们又恰恰希望儿童能掌握这些过程，并内化成他们自己的心理活动：

• *让儿童意识到数学的思维和过程*。大多数儿童能使用实际操作材料来完成一些动作，如，滑动、翻转以及旋转，但是他们只是根据直觉做出和修改动作，并没有意识到这中间的几何运动。即使是年幼儿童都能移动拼图而对可以描述物体实际的几何运动毫无意识。我们的研究表明，使用电脑工具来操作形状可以让儿童清楚地看到这些几何运动（Sarama et al.，1996）。如，4岁儿童如果脱机操作拼图积木，他们根本无法解释完成拼图所需要的运动。如果有了电脑，儿童很快就能适应这个软件并能向同伴解释他们接下来要如何做：“你要点这里。你要把这个转一下。”

• *鼓励和帮助儿童做出完整、准确的解释*。与使用笔纸的儿童相比，使用电脑

的儿童在解决数学问题时更精准（Clements et al.，2001； Gallou-Dumiel，1989； Johnson-Gentile，Clements，& Battista，1994）。

• *支持心理的"作用于物体"*。电脑操作的灵活性比实物操作更能让儿童看到心理上的"作用于物体"。如，实实在在的十进制积木可能会比较笨拙，而且操作起来不连贯，这让儿童只能看到树木——碎片的操作——而忘记了整片森林——数值的概念。另外，儿童可以把电脑中的十进制积木拆散成一块块的积木，或者也可以把一块块的积木黏在一起形成十。这种动作与我们想要儿童掌握的心理动作更加一致。几何工具则可以帮助儿童学习形状的组合与分解（Clements & Sarama，2007c； Sarama et al.，1996）。举个例子，米切尔开始用三角形组合出一个六边形（Sarama et al.，1996）。在摆放好两个三角形之后，他用手指在电脑屏幕上围着尚未完成的六边形的中心数，边数边想象还需要几个三角形。他宣布还需要4个。放了一个三角形之后，他说："哇啊！现在还要3个！"然而，如果没有电脑，米切尔必须要照着一个具体的六边形，每摆放一次就要检查一次，在电脑上有目的的操作帮助他形成了心理影像（依靠想象来分解六边形）以及预测每一次成功的摆放。另外，组合图形能帮助儿童根据自己的瓷砖和图案一个单元接着一个单元地建构。教师可以与儿童讨论每一个小的单元是如何组成一个大的结构的。如果把这个放进软件里，教师可以向儿童展示粘贴工具如何制作一个结构单元，并且在这个单元的基础上复制、滑动、旋转以及翻转。

这使得构建这样的图案和模式变得更容易（也更巧妙）。我们可以用一组形状组合成的图案进行旋转和翻转，也可以以一组形状为单位进行旋转和翻转。因此，儿童在电脑上进行的操作反映了他们的心理运算，这正是我们想要儿童掌握的。儿童在电脑上的操作可以包括准确的图形分解，这是依靠物理教具不容易实现的；如，把一个形状（如，一个常规六边形）剪切成其他的形状（如，不仅仅是两个梯形，而且还有两个五边形以及各种各样的形状组合）。电脑操作极大地提高了儿童在这方面的能力（Clements，Battista，Sarama，& Swaminathan，1997； Clements & Sarama，2007c； Sarama et al.，1996）。

• *改变了操作材料的本质*。同样的，电脑操作的灵活性可以让儿童以物理教

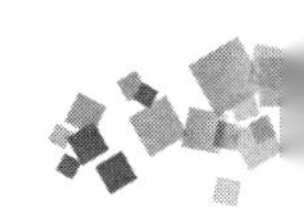

具无法做到的方式探索几何形状。如，儿童可以改变电脑中形状的大小，改变所有的形状，或者只改变某些形状的大小。马修想要做一个完全是蓝色的小人，他意识到他可以重叠电脑中的两个菱形，这样恰好能覆盖一个三角形区域。在一项有关模式的研究中，研究者声称，电脑操作的灵活性对儿童学习模式有很多好处（Moyer，Niezgoda，& Stanley，2005）。与实物操作或绘画相比，电脑操作能让儿童做出更多的模式以及在模式中使用更多的元素。最终，他们只有在电脑上操作才能创造出新的形状（通过部分遮挡）。

• *符号化和建立联系。*电脑操作可以作为数学概念的符号，通常比物理的操作材料更好。如，电脑操作可以拥有我们希望它们所拥有的数学特征，也可以拥有我们希望儿童掌握的运算，并且没有其他可能造成干扰的特征。

• *用反馈将具体与抽象联系起来。*紧密相关的是，电脑可以将教具与符号联系起来——多个表征联系在一起。如，由十进制积木所表征的数字与儿童对积木的操作是动态联系在一起的，因此，当儿童改变积木时，显示的数字也会自动发生改变。这可以帮助儿童了解他们的动作与数字之间的关系。与直接操作实物材料相比，操作符号是否太过拘束或太难？有趣的是，更少的“自由”可能带来更大的帮助。在一项有关位值的研究中，一组儿童在电脑上操作十进制教具，这组儿童并不能直接移动这些电脑中的积木，相反，他们只能操作符号（Thompson，1992； Thompson & Thompson，1990）。另一组儿童使用实物十进制积木，虽然教师频繁地指导儿童去关注他们对积木的操作与纸上所写内容之间的联系，实物积木组的儿童对在纸上写一些东西来表征他们对于积木的操作并没有感到拘束。相反，他们似乎把两件事看成是两项不相干的任务。相比之下，电脑组的儿童能有意义地使用符号，更可能把符号与十进制积木联系起来。在电脑环境中，诸如电脑十进制积木或者电脑程序，儿童不会忘记他们的动作产生的结果，而在实物操作过程中儿童却很可能会忘记。因此，电脑操作可以帮助儿童在实际经验的基础上，把实际经验与符号表征紧密联系在一起。这样，电脑可以帮助儿童把感官—具体的知识与抽象的知识联系在一起，那么，儿童就能构建综合—具体知识。

• *记录和回放儿童的动作*。电脑不仅能让我们储存静态的操作。一旦完成一系列的动作，通常我们很难去反思其过程，但是，电脑能记录并回放我们的操作顺序。我们可以对动作进行记录、回放、改变以及观看。这样做能够促进真正的数学探索。电脑游戏，如，俄罗斯方块能让儿童把同样的游戏再玩一遍。其中的一个版本，翻滚多米诺（Clements，Russell，Tierney，Battista，& Meredith，1995），儿童需要用任意顺序的多米诺覆盖一个区域。如果儿童认为可以改进他们的策略，他们可以选择用同样的多米诺按照同样的顺序再玩一遍。

实践/教学上的好处。这些好处包括可以给儿童带来实际的帮助以及为教师提供教学机会：

• *提供另一个媒介，一个可以储存与回顾操作的媒介*。形状作为另一个建构的媒介，尤其是日复一日地操作能带来细微的发展（也就是说，实物积木在大多数时间里都被收起来——而在电脑上操作，它们可以被保存，也可以一遍遍地操作，可以无限满足所有儿童的需要）。

当一组儿童用实物积木练习模式时我们观察到这一好处。他们想要在地毯上轻微地移动积木。两个小女孩（用四只手）想要把她们的设计拼起来，可是没能成功。于是玛丽莎要利亚去调整她的图案。利亚试了，但是在调整图案的过程中，她插入了两块额外的积木，图案跟以前不一样了。两个小女孩尝试了很多办法想恢复“旧”的图案，却经历了无数的挫败。如果她们能够保存当初的设计，或者如果她们可以整体移动图案，她们的小组作业就能继续完成了。

• *提供可掌控的、清晰的、灵活的教具*。形状电脑教具比实际的材料更便于控制，更加清楚。如，只要把轮廓填充好，它们就能自动形成正确的图案——另外，不像实际材料——它们会一直保持自己的位置。如果儿童想让它们一直保持自己的位置，他们可以“冻结”这些形状的位置。我们观察到儿童在电脑上操作形状软件的时候，如果他们需要更多空间来继续他们的设计，儿童能迅速学会将形状粘贴在一起，并且将形状作为组合来移动。

• *提供一个可扩展的操作材料*。某些特定的建构活动用软件比用实际材料更容易完成，如，尝试建构不同类型的三角形。我们观察到儿童用形状部分遮挡其他

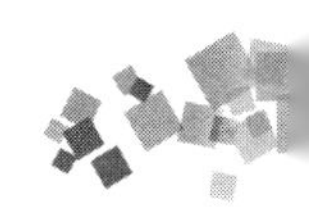

形状来建构非等边三角形，并创造出许多不同类型的三角形。还有一个例子就是儿童用组合和遮挡各种形状的方法来建构正确的角度。

• *记录和扩展幼儿的操作*。打印机可以及时打印出电脑记录的操作，儿童可以将其带回家，做成海报并进行复印。（虽然我们也喜欢儿童用模板或/和剪贴画来记录自己的操作，但这比较费时，因此不是任何时候都需要。）

电脑支持儿童把他们自己的知识变得显而易见，这也能帮助他们构建整合—具体的知识。电脑和实物材料的混合使用比不使用任何操作材料或只使用其中一种要更好（Lane，2010）。

电脑与游戏。研究显示，与实物材料或纸张媒介相比，电脑的动态特征更能支持儿童的数学游戏（Steffe & Wiegel，1994）。如，两名学前儿童正在搭建积木课程软件中自由探索一系列名为“派对时刻”的活动（Clements & Sarama，2004a），在这个游戏中她们可以拿出任意数量的物品，接着电脑就会去数这个数并把它标记出来。“我有一个主意！”一个女孩说，她清空了所有的物品然后把餐垫拖到每一张椅子上。“你要给每个人拿一个杯子，但是首先你要告诉我一共要多少个杯子。”她的朋友还没来得及数，她就打断道：“每个人都要一个喝牛奶的杯子和一个喝果汁的杯子！”两个小女孩非常努力地合作，一开始她们在房子中间找杯子，但是，最后她们把屏幕上的餐垫数了两遍。她们的答案是——最开始是19——不准确，但是，当她们一个一个去放置这些杯子的时候并未因出错而受挫，她们发现需要20个杯子。这两名儿童在这个情境中带着数学在游戏，带着问题在游戏，同时也在与同伴做游戏。

如果可以边构建数学概念，边让儿童进行数学游戏，数学其实在本质上对儿童来说是非常有趣的（Steffe & Wiegel，1994）。要做到这一点，教学材料，无论是实物的、电脑上的，或只是口头上的，都必须是高质量的。

实践启示：用电脑有效开展教学。[①]成人给予的最初支持能帮助幼儿使用电脑进行学习（Rosengren et al.，1985； Shade，Nida，Lipinski，& Watson，1986）。

---

① 这一部分摘自克莱门茨和萨拉马 2002 年的论文。

有了这些帮助，幼儿可以经常独立使用电脑。但是，有成人在一旁时幼儿会更加专注，更加努力，挫败感也更少（Binder & Ledger，1985）。因此，研究的一项启示指出，教师要让电脑成为幼儿的众多选择之一，并且要把电脑放在他们或其他成人可以指导和帮助幼儿的地方（Sarama & Clements，2002b）。

在这一部分，我们提供了更多的研究启示，这些研究启示涉及如何安排和管理教室、选择软件、在电脑环境中与儿童互动的策略，以及支持有特殊需要的儿童：

• *布置教室*。电脑在教室中的实际位置可以强化其社会功能（Davidron & Wright，1994； Shade，1994）。电脑中与儿童互动的部分，如，键盘、鼠标、显示器和麦克风，必须放置在儿童的视平线上，或者放在一张较矮的桌上，或者地上。如果儿童要从光驱中更换碟片，光驱也要放在儿童可以看见并可以轻易操作的位置。软件可以更换，与其他的区域一起来配合教学主题。电脑的其他部分应该要放在儿童碰不到的地方，所有的部件都必须固定并且在必要时锁定。如果是几名儿童共同使用一台电脑，可以使用有轮子的平板车。

• *在电脑前放两张座椅以便教师坐在一旁促进积极的社会互动*。如果两名以上的儿童同时使用一台电脑，他们通常会抢着控制键盘（Shrock，Matthias，Anastasoff，Vensel，& Shaw，1985）。把电脑放在离彼此都很近的地方能促进幼儿分享彼此的想法。放在教室中央的电脑能吸引儿童驻足观看以及参与电脑活动。这样的布置也能让教师的参与保持最佳水平。教师在附近提供必要的指导和帮助（Clements，1991）。

其他因素，如，电脑与儿童的比例也可能会影响儿童的社会行为。如果电脑和儿童的比例在10：1以下，能比较理想地促进电脑的使用、合作以及男女相同的使用权限（Lipinski et al.，1986； Yost，1998）。合作使用电脑能提升儿童的成绩（Xin，1999），两两共用一台电脑和一人使用一台电脑的混合使用是最理想的（Shade，1994）。

• *鼓励儿童把线上与线下的学习经验联系起来，把打印材料、教具和实物放在*

电脑旁边（Hutinger & Johanson，2000），这也为正在观察和轮次的儿童提供了很好的活动。

• *管理电脑区域*。正如其他的学习区域一样，告诉儿童适当地使用电脑和维护电脑，张贴标记提醒儿童操作规则（如，不要在电脑旁放置任何液体、沙子、食物或磁铁）。设备要以儿童为中心，方便儿童寻找和使用他们想要的各种程序，防止他们因粗心而弄坏其他程序或文件，这样每个人使用起来会更自在。

• *监测儿童用电脑的时间，给予每名儿童平等使用的机会，这是非常重要的*。然而，至少有一项研究发现，严格的时间限制让儿童对彼此产生了敌意，这不利于社会交流（Hutinger & Johanson，2000）。一个更好的主意是用签到制度，采用灵活的时间鼓励儿童的自我管理。签到表对儿童的读写萌发也有积极的促进作用（Hutinger & Johanson，2000）。

• *循序渐进地介绍电脑操作*。刚开始时给儿童提供极大的支持和指导，甚至可以与儿童一起坐在电脑旁来鼓励他们轮次。然后慢慢地培养儿童自我指导和合作学习。必要时，教儿童如何有效开展合作，如，交流和切磋的技巧。对于儿童来说，这还包括在特定游戏或在自由探索环境中“轮次”到底是什么意思。但是，不强制儿童每时每刻共享电脑，尤其是以建构为主的活动，如Logo那样的教具和自由探索环境，儿童有时需要独自完成。如果有可能，至少放置两台主机，这样就能有同伴教学和其他形式的互动，即使儿童在一台电脑上操作。

• *一旦儿童能独立操作，提供充分的指导，但是不要太多*。干预太多或干预时机不对都会降低同伴指导和合作（Bergin，Ford，& Mayer-Gaub，1986； Emihovich & Miller，1988； Riel，1985）。另一方面，如果没有任何的教师指导，儿童很可能会摩拳擦掌地坐在电脑旁抢着玩电脑游戏（Lipinski et al.，1986；Silvern，Countermine，& Williamson，1988）。

• *研究显示，教学中引入电脑通常会对教师带来额外的要求*（Shrock et al.，1985）。*教师应精心计划并且只使用对儿童有益的电脑程序*。电脑不应该只是简单地摆在那儿。电脑可以帮助儿童学习而且在使用过程中教师和儿童都应该反思。儿童应学会理解他们所使用的程序是如何工作的，背后的原因是什么

（Turkle，1997）。

• *采用有效的教学策略*。对于电脑的有效使用至关重要的一点是教师的计划、参与和支持。最佳的策略是，教师的角色应该是儿童学习的促进者。这种促进不仅包括创建学习环境，还包括建立学习环境的各项标准和支持各种类型的学习环境。使用开放式程序时，如，帮助儿童学会独立操作可能需要教师提供大量的支持。其他的重要支持包括编排和讨论电脑操作以帮助儿童形成可行的概念和策略，提出问题以帮助儿童反思他们的概念和策略，以及搭建桥梁来帮助儿童把电脑和非电脑的经验联系起来。理想的情况是，电脑软件的内容必须与课程内容紧密联系在一起。

• *积极参与*。纵观教育目标，我们发现那些让儿童从电脑中受益匪浅的教师通常都非常积极。这种积极的指导对儿童使用电脑学习有显著的积极作用（Primavera et al.，2001）。这些教师密切指导儿童学习基本技能，鼓励他们尝试开放性的问题。他们经常鼓励、提问、促进和演示，而不提供不必要的帮助或限制儿童探索的机会（Hutinger & Johanson，2000）。他们为儿童不恰当的行为提供引导，为解题策略提供榜样，并给予儿童充分的选择（Hutinger et al.，1998）。这种方式的鹰架使儿童学会反思他们自己的思考行为，并带来更高层次的思考过程。这种以元认知为导向的教学策略包括明确目标、积极监测、树立榜样、提问、反思、同伴指导、讨论和推理（Elliott & Hall，1997）。

• *明确即将要学的知识并扩展儿童的思考*。教师应注意教学活动的重要内容和概念。适当的时候，可以通过使用电脑的反馈实现认知冲突以促进儿童的反思和质疑他们自己的想法，并最终强化所学的概念。教师还需要帮助儿童把电脑操作与非电脑操作联系起来。集体讨论可以帮助儿童交流他们的解题策略以及反思他们学到的知识，这也是使用电脑教学的重要组成部分（Galen & Buter，1997）。有效的教师能避免过于指导性的教学行为（但对于特定群体以及使用电脑设备的注意事项是必要的），而且正如刚才所说，避免严格的时间限制（会导致与社会交流相悖的敌意与隔绝），避免提供不必要的帮助并且不允许儿童自由探索（Hutinger et al.，1998）。相反，教师通过让一名儿童扮演教的角色或口头提醒儿

童解释自己的操作过程，并在其他儿童需要帮助时给予回应，来促进儿童相互指导（Paris & Morris，1985）。

• *记住，准备和后续工作对于电脑活动来说是必要的，其他活动也一样。* 不要忽略在电脑操作之后的重要的集体讨论环节。可以考虑使用一台大屏幕电脑或者投影仪。

• *支持有特殊需要的儿童。* 即使是对技术提出批评的人也赞同它对有特殊需要的儿童带来的帮助。如果使用得当，技术可以提高儿童在多样化和限制较少的情境中的能力。电脑的优势在于（Schery & O'Connor，1997）：耐心而不带有任何评判、提供不可分割的专注、按照儿童的步伐前进、提供即时的强化。教师应确保他们选相应的软件，并指导有特殊需要的儿童使用"补偿"软件。儿童可以从探索和问题解决中受益。如，一些研究发现，Logo是一个特别能吸引儿童的活动，能从幼儿园到小学一贯地培养儿童更高的思维水平，包括有特殊需要的儿童（Clements & Nastasi，1988； Degelman，Free，Scarlato，Blackburn，& Golden，1986； Lehrer，Harckharn，Archer，& Pruzek，1986； Nastasi，Clements，& Battista，1990）。

• *使用高质量的软件。* 一项最重要的指导原则就是使用高质量的软件，其有效性是有实证依据的。对搭建积木软件和TRIAD软件的评估发现，教师使用该软件促进了学生的学习。即使对软件的独立评估也发现，学生的数学成绩有所提高（Anthony，Hecht，Williams，Clements，& Sarama，2011）。

• *考虑全方位的技术。*电脑存在于写字板、桌面和电话等设备中。所有类型的技术提供了广阔的工具资源，如，让儿童用遍布教室的摄像头记录下学习经验可以有效促进他们的数学学习（Northcote，2011）。

软件可以提供帮助，但是我们可以做得更好。很少有软件程序的设计是基于明确的（如，出版了的）理论和实证研究基础的（见 Clements，2007； Clements & Sarama，2007c； Ritter，Anderson，Koedinger，& Corbett，2007）。这个领域还需要更多持续性的反复研究和发展项目。基于研究的评估与开发重复周期，

在每一个周期内微调软件的数学内容和教学方法会对学习带来巨大的差异（如，Aleven & Koedinger，2002； Clements & Battista，2000； Clements et al.，2001；Lauritlard & Taylor，1994； Steffe & Olive，2002）。这些研究可以明确如何改进软件设计以及为什么要改善软件设计（NMP，2008）。

电视

有关电视对儿童早期的影响——积极的和消极的——争议更大。相关的文献已经有很多（见Clements & Nastasi，1993）。接下来我们总结了一些重要研究结果：

• 节目内容很重要——暴力的电视节目会导致儿童的攻击行为，但是教育节目会促进儿童的亲社会行为。

• 许多专家建议3岁以下的儿童不应看电视（还有一些专家建议小学之前都不应该看电视）。

• 教育电视节目像《芝麻街》（*Sesame Street*）、《蓝色线索》（*Blue's Clues*）以及《瞭望大世界》（*Peep and the Big Wide World*）对儿童的学习有积极作用，并在节目内容和方法上持续更新。观看教育节目可以预测儿童5岁时在校阅读成绩。

• 跟踪调研发现，观看教育节目的高中生比不观看教育节目的成绩更好。可能一部分原因在于早期学习方式——学习使得他们在学校第一年的成绩不错，这也激发了他们积极的学习动机，认为教师教得好，分在高能力班上，得到更多的关注，因此在校学习持续进步。

• 如果成人在儿童看电视时加以引导，则可促进儿童的学习（其他的媒体也是一样）。家长可以和儿童一起收看教育节目，并和儿童讨论节目内容。他们可以帮助儿童积极参与节目素材、节目之后的讨论或制造自己的节目。

• 教师有必要给家长提供纸质的材料，或者请家长亲自参与讨论如何借助媒体促进儿童的学习。

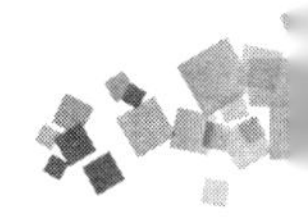

一个令人不安的研究结果是，高社会经济地位家庭的儿童比低社会经济地位家庭的儿童能够更好地理解《芝麻街》（*Sesame Street*）中的数学概念。另外，儿童的词汇量越大，对数学理解得更好，那么，儿童对屏幕上的数学概念就能理解得更好（Morgenlander，2005）。另一项研究发现，“富有的人越发富有”，给教育者和整个社会带来很大的挑战。

把教概念、技能和问题解决整合在一起

美国数学顾问委员会曾说：“数学课程必须同时发展儿童的概念理解、运算流畅以及问题解决的能力。”有关教师是否要把教学重心放在 “能力”或“概念”上的争论应该要停止了——两者都需要，而且两者要同时发展，以一种综合的方式。举个例子，二年级的学生一般是任意分配到两个教学方案中的一个。一个是以“现实生活中的数学教育”为蓝本的基于改革的教学方案，学生要创造和讨论他们的解决方法。教学伊始，这个教学方案强调概念理解、程序性技巧和灵活应用多种策略的同时发展。这些学生比那些一开始强调程序性技能的掌握，只在教学快结束时才强调各种策略的应用的传统书本教学方案的学生成绩更好。改革方案组的学生更多地选择与问题中数字属性相关的策略，以及更灵活地使用解题策略，如，用补偿策略解决以数字8结尾的整数。也就是说，灵活的问题解决者会根据手头现有问题中的数字特点来调整自己的策略，如，解62−49这道题时，能先用62−50=12， 然后12+1=13来得出答案，在解62−44时，可以将算式拆成44+6=50，50+10=60，60+2=62，然后6+10+2=18。这种灵活的应用显示了对概念的理解和程序性技能的掌握。传统教学方案组的学生即使学了几个月以后也没有灵活地使用运算程序。改革组的学生在三项测试中得分更好，展示了更好的概念理解。两个组的学生在掌握程序性技能之前就已经掌握了概念，但是，改革组的学生在这两方面融通的能力更强（Blote，Van der Burg，& Klein，2001）。

其他的研究也传递了同样的信息。如，低社会经济地位的城市一、二年级学生从概念教学中受益匪浅，这种教学将数位值积木和书写表征联系起来（Fuson

& Briars，1990）。一个很久以前的研究也得出过相似的结论。采用机械化教学的二年级学生在教学结束后的随即后测中算得更快更准，但是，概念化教学的学生能更好地解释算法的可行性，在保持测试中得分更高，并能更好地迁移所学知识（Brownell & Moser，1949）。还有一项研究同样指出概念教学的好处（Hiebert & Wearne，1993），能帮助成绩较差的学生上升到与成绩好的学生相当的水平。这些研究虽然都有不足之处，但是都揭示了同一个道理：为了帮助学生达到我们今天所倡导的数学目标，好的概念教学和程序性教学比机械化教学更好（Hiebert & Grouws，2007）。

最后一项研究发现，不像往常的“技能”教学方法（Stipek & Ryan，1997），贫困儿童更能从强调意义、理解以及问题解决的教学中受益（Knapp，Shields，& Turnbull，1992）。这种方法对学生构建更高的能力更有效——或者至少——对教基本技能更有效。另外，这种方法更让学生投入到学习中来。

对于能力最好的学生来说，研究指出，灵活并创造性地使用数学程序的基础在于概念理解。学生的知识必须把程序与概念、日常生活经验、类比以及其他的技能和概念联系起来（Baroody & Dowker，2003）。

实践启示

教学生概念可以帮助学生构建技能和概念理解，能帮助他们适应性地使用自己的技能。除了解题效率以外，学生还具备了流畅和适应性的专长（Baroody，2003）。教师需要提出问题、建立联系以及用让连接可见的方式来解决问题，有时扮演更积极的角色，有时则把主动权交给学生。

结语

教师的影响比其他因素都大，而且早期教师对幼儿的影响最大（Tymms，Jones，Albone，& Henderson，2009）。因此，早期数学教师必须要使用最好的教学策略。

教学手段，包括教学用具，必须谨慎、小心、深思熟虑并恰当地使用。每一种教学策略，从游戏到直接教学，可能是教育性的，也可能是误导性的。“任何误导性的学习经验都有可能会束缚和扭曲接下来经验的发展。”（Dewey，1938/1997，p.25）如，由不恰当的直接教学导致的误导性的学习经验会降低学生把数学概念进行广泛应用的敏感度，或即使学生自动发展了技能，但是，作为技能基础的概念而言，学生的进一步学习经验得不到发展。相反，那些完全反对教学内容结构化和程序化的以学生为中心的教育方法也许一时能激发学生的学习热情，但是，由于教学内容之间毫无关联而限制了学生今后的综合学习经验。“高质量的学习来源于在学前教育阶段正式的和非正式的学习经验。‘非正式’并不意味着无计划和即兴的学习经验。”（NCTM，2000，p.75）正如杜威所说：“正因为传统的教育是常规化的，里面的计划和内容都是一代一代往下传的，这并不意味着进步的教育是无计划的即兴之事。”诸如此类的日常活动已经被证实能有效丰富提前开端计划学校中幼儿的数学知识（Arnold，Fisher，Doctoroff，& Dobbs，2002）。

总的来说，在这个全新的教育时代，我们所知道的主要有几种方法，如果在高品质的情境下使用，可以有效促进儿童的学习。大多数成功的教学策略，即使是那些目标明确的策略，也包括游戏或类似游戏的活动。所有的方法都有一个共同的核心，那就是关注儿童的兴趣和参与度，以及学习内容与儿童的认知水平相适应。虽然有的研究支持一般的以游戏为导向的教学方法，但是，学习数学似乎是一个特殊的过程，即使在学前阶段（Day，Engelhardt，Maxwell，& Bolig，1997），而且以数学为焦点的方法是成功的。

无论采用何种教学方法和策略，教育者必须牢记儿童所构建的概念与成人的概念有天壤之别（如，Piaget & Inhelder，1967；Steffe & Cobb，1988）。幼儿教师必须非常谨慎，不可假定儿童像成人一样“明白”情况、问题或解决方法。成功的教师解释儿童的操作和思考，并努力从儿童的视角来看待问题。基于解释，教师可以推测儿童有可能学会的知识或者儿童能从他/她的经验中抽象出什么样的知识。同样的，当教师与儿童互动的时候，他们通常从儿童的视角来思考自己的行

为，这使得早期教学充满挑战，同时也充满回报。

我们看到的不光是儿童的概念与成人的有天壤之别，儿童的概念可以作为后续学习的最好的出发点。研究和专家实践一致认为，儿童需要掌握技能，而技能要对应他们所学的概念——诚然，还没有理解概念就学习技能会导致许多的学习困难（Baroody，2004a，2004b； Fuson，2004； Kilpatrick et al.，2001； Sophian，2004a； Steffe，2004）。成功的创新课程和教学是直接建立在儿童的思考之上的（他们所理解的概念和他们所掌握的技能），给儿童提供创造和实践的机会，要儿童解释他们的各种策略（Hiebert，1999）。这种教学方案能促进概念的发展和更高一级的思维，并且不以掌握技能为代价。

在与儿童的所有互动中，教师必须帮助儿童在所学概念和技能之间建立牢固的联系，因为坚实的概念基础能促进技能的发展。教师应该鼓励儿童创造和描述他们自己的解决方法，应该鼓励儿童尝试那些经证实行之有效的方法，并在适当的时候把这种方法教给儿童，教师还应该鼓励儿童描述和比较不同的解决方法。研究发现，那些把儿童视为有初步知识的积极学习者并在学习过程中给予大量支持的教学方法比传统的缺乏以上特点的教学方法要更好（Fuson，2004）。教师要持续地将生活中的真实情境、问题解决以及数学内容综合起来（Fuson，2004）。这种综合不仅仅是一种教学策略，这对儿童理解概念和掌握诸如运算流畅等技能都是必要的，这也可以促进儿童把课堂上所学知识迁移到未来的学习和课外情境中。

数学本身包含了大量的概念和主题，这些概念和主题之间的关系就像一张巨大的网（NCTM，2000）。从幼儿园之前到小学的数学教学必须把现实生活、有意义的学习情境、问题解决以及数学概念和技能交织在一起。这样的教学才有可能扭转美国当前日益下滑的数学教育，当前的教育是让一开始就对探索数学感兴趣的儿童（Perlmutter，Bloom，Rose，& Rogers，1997）逐渐“明白”努力没有用，只有极少数的儿童才有“天赋”学数学（Middleton & Spanias，1999）。教师要采用基于探究和话语丰富的教学方法（Walshaw & Anthony，2008），强调要付出努力才能理解数学（而不是强调“学完”或是“正确答案”），并且关注儿童的内

在动机。把所学知识与真实生活联系起来也可以巩固儿童的知识以及他们对于数学的观念（Perlmutter et al.，1997）。

尽管如此，早期的数学能力只能反映有限的理解。这其中有很多原因。人们的期待也在不断上升。在几百年前，大学数学水平也不过是简单的运算。数学的文化工具也已经成倍增长。在美国的大多数教学方法并没有意识到这些工具以及/或者意识到儿童的思维能力，没有意识到要把这种思维引向深度以及促进儿童创新的必要性。我们希望这本书中的知识能帮助您成为真正有效的、专业的教育者。

参考文献

Adey, P., Robertson, A., & Venville, G. (2002). Effects of a cognitive acceleration programme on Year 1 pupils. *British Journal of Educational Psychology*, *72* (Pt. 1), 1–5.

Agodini, R., & Harris, B. (2010). An experimental evaluation of four elementary school math curricula. *Journal of Research on Educational Effectiveness*, *3*(3), 199–253. doi: 10.1080/19345741003770693.

Aleven, V. A. W. M. M., & Koedinger, K. R. (2002). An effective metacognitive strategy: Learning by doing and explaining with a computer-based Cognitive Tutor. *Cognitive Science*, *26*(2), 147–179.

Alexander, K. L., & Entwisle, D. R. (1988). Achievement in the first 2 years of school: Patterns and processes. *Monographs of the Society for Research in Child Development*, *53*(2), 1–157.

Alfieri, L., Brooks, P. J., Aldrich, N. J., & Tenenbaum, H. R. (2010). Does discovery-based instruction enhance learning? *Journal of Educational Psychology*, *103*(1), 1–18. doi: 10.1037/a0021017

Allen, J., Watson, J. A., & Howard, J. R. (1993). The impact of cognitive styles on the problem solving strategies used by preschool minority children in Logo MicroWorlds. *Journal of Computing in Childhood Education*, *4*(3–4), 205–217.

Anderson, A., Anderson, J., & Shapiro, J. (2004). Mathematical discourse in shared storybook reading. *Journal for Research in Mathematics Education*, *35*(1), 5–33.

Anderson, G. R. (1957). Visual-tactual devices and their efficacy: An experiment in grade eight. *Arithmetic Teacher*, *4*(5), 196–203.

Anderson, J. R. (Ed.). (1993). *Rules of the mind*. Hillsdale, NJ: Lawrence Erlbaum Associates.

Anghileri, J. (2001). What are we trying to achieve in teaching standard calculating procedures? In M. v. d. Heuvel-Panhuizen (Ed.), *Proceedings of the 25th Conference of the International Group for the Psychology in Mathematics Education* (Vol. 2, pp. 41–48). Utrecht, the Netherlands: Freudenthal Institute.

Anghileri, J. (2004). Disciplined calculators or flexible problem solvers? In M. J. Høines & A. B. Fuglestad (Eds.), *Proceedings of the 28th Conference of the International Group for the Psychology in Mathematics Education* (Vol. 2, pp. 41–46). Bergen, Norway: Bergen University College.

Ansari, D., & Karmiloff-Smith, A. (2002). Atypical trajectories of number development: A neuroconstructivist perspective. *Trends in Cognitive Sciences*, *6*(12), 511–516.

Anthony, J., Hecht, S. A., Williams, J., Clements, D. H., & Sarama, J. (2011). *Efficacy of computerized Earobics and Building Blocks instruction for kindergarteners from low SES, minority, and ELL backgrounds: Year 2 results*. Paper presented at the Institute of Educational Sciences Research Conference, Washington, D.C.

Arditi, A., Holtzman, J. D., & Kosslyn, S. M. (1988). Mental imagery and sensory experience in congenital blindness. *Neuropsy chologia*, *26*(1), 1–12.

Arnold, D. H., & Doctoroff, G. L. (2003). The early education of socioeconomically disadvantaged children. *Annual Review of Psychology*, *54*, 517–545.

Arnold, D. H., Fisher, P. H., Doctoroff, G. L., & Dobbs, J. (2002). Accelerating math development in Head Start classrooms: Outcomes and gender differences. *Journal of Educational Psychology*, *94*(4), 762–770.

Ashcraft, M. H. (2006, November). *Math performance, working memory, and math anxiety: Some possible directions for neural functioning work*. Paper presented at the

Neural Basis of Mathematical Development, Nashville, TN.

Ashkenazi, S., Mark-Zigdon, N., & Henik, A. (2013). Do subitizing deficits in developmental dyscalculia involve pattern recognition weakness? *Developmental Science*, *16*(1), 35–46. doi: 10.1111/j.1467-7687.2012.01190.x

Askew, M., Brown, M., Rhodes, V., Wiliam, D., & Johnson, D. (1997). Effective teachers of numeracy in UK primary schools: Teachers' beliefs, practices, and children's learning. In M. v. d. Heuvel-Panhuizen (Ed.), *Proceedings of the 21st Conference of the International Group for the Psychology of Mathematics Education* (Vol. 2, pp. 25–32). Utrecht, the Netherlands: Freudenthal Institute.

Aubrey, C. (1997). Children's early learning of number in school and out. In I. Thompson (Ed.), *Teaching and learning early number* (pp. 20–29). Philadelphia, PA: Open University Press.

Aunio, P., Ee, J., Lim, S. E. A., Hautamäki, J., & Van Luit, J. E. H. (2004). Young children's number sense in Finland, Hong Kong and Singapore. *International Journal of Early Years Education*, *12*(3), 195–216.

Aunio, P., Hautamäki, J., & Van Luit, J. E. H. (2005). Mathematical thinking intervention programmes for preschool children with normal and low number sense. *European Journal of Special Needs Education*, *20*(2), 131–146.

Aunio, P., Hautamäki, J., Sajaniemi, N., & Van Luit, J. E. H. (2008). Early numeracy in low-performing young children. *British Educational Research Journal*, *35*(1), 25–46.

Aunio, P., Niemivirta, M., Hautamäki, J., Van Luit, J. E. H., Shi, J., & Zhang, M. (2006). Young children's number sense in China and Finland. *Scandinavian Journal of Psychology*, *50*(5), 483–502.

Aunola, K., Leskinen, E., Lerkkanen, M.-K., & Nurmi, J.-E. (2004). Developmental dynamics of math performance from preschool to grade 2. *Journal of Educational Psychology*, *96*(4), 699–713.

Aunola, K., Nurmi, J.-E., Lerkkanen, M.-K., & Rasku-Puttonen, H. (2003). The roles

of achievement-related behaviours and parental beliefs in children's mathematical performance. *Educational Psychology*, *23*(4), 403–421.

Austin, A. M. B., Blevins-Knabe, B., & Lindauer, S. L. K. (2008). *Informal and formal mathematics concepts of children in center and family child care*. Unpublished manuscript.

Austin, A. M. B., Blevins-Knabe, B., Ota, C., Rowe, T., & Lindauer, S. L. K. (2010). Mediators of preschoolers' early mathematics concepts. *Early Child Development and Care*, *181*(9), 1181–1198. doi: 10.1080/03004430.2010.520711

Aydogan, C., Plummer, C., Kang, S. J., Bilbrey, C., Farran, D. C., & Lipsey, M. W. (2005). *An investigation of prekindergarten curricula: Influences on classroom characteristics and child engagement*. Paper presented at the National Association for the Education of Young Children (NAEYC).

Bacon, W. F., & Ichikawa, V. (1988). Maternal expectations, classroom experiences, and achievement among kindergartners in the United States and Japan. *Human Development*, *31*(6), 378–383.

Balfanz, R. (1999). Why do we teach young children so little mathematics? Some historical considerations. In J. V. Copley (Ed.), *Mathematics in the early years* (pp. 3–10). Reston, VA: National Council of Teachers of Mathematics.

Ball, D. L. (1992). Magical hopes: Manipulatives and the reform of math education. *American Educator*, *16*(2), 14; 16–18; 46–47.

Baratta-Lorton, M. (1976). *Mathematics their way: an activity-centered mathematics program for early childhood education*. Menlo Park, CA: Addison-Wesley.

Barbarin, O. A., Downer, J. T., Odom, E., & Head, D. (2010). Home–school differences in beliefs, support, and control during public pre-kindergarten and their link to children's kindergarten readiness. *Early Childhood Research Quarterly*, *25*(3), 358–372. doi: http://dx.doi.org/10.1016/j.ecresq.2010.02.003

Barnett, W. S., Frede, E. C., Mobasher, H., & Mohr, P. (1987). The efficacy of public preschool programs and the relationship of program quality to efficacy. *Educational Evaluation and Policy Analysis, 10*(1), 37–49.

Barnett, W. S., Hustedt, J. T., Hawkinson, L. E., & Robin, K. B. (2006). *The state of preschool 2006: State preschool yearbook.* New Brunswick, NJ: National Institute for Early Education Research (NIEER).

Barnett, W. S., Yarosz, D. J., Thomas, J., & Hornbeck, A. (2006). *Educational effectiveness of a Vygotskian approach to preschool education: A randomized trial.* New Brunswick, NJ: National Institute of Early Education Research (NIEER).

Baroody, A. J. (1986). Counting ability of moderately and mildly handicapped children. *Education and Training of the Mentally Retarded, 21*(4), 289–300.

Baroody, A. J. (1987). *Children's mathematical thinking.* New York, NY: Teachers College.

Baroody, A. J. (1989). Manipulatives don't come with guarantees. *Arithmetic Teacher, 37*(2), 4–5.

Baroody, A. J. (1990). How and when should place value concepts and skills be taught? *Journal for Research in Mathematics Education, 21*, 281–286.

Baroody, A. J. (1996). An investigative approach to the mathematics instruction of children classified as learning disabled. In D. K. Reid, W. P. Hresko, & H. L. Swanson (Eds.), *Cognitive approaches to learning disabilities* (3rd ed., pp. 547–615). Austin, TX: Pro-Ed.

Baroody, A. J. (1999). The development of basic counting, number, and arithmetic knowledge among children classified as mentally handicapped. In L. M. Glidden (Ed.), *International review of research in mental retardation* (Vol. 22, pp. 51–103). New York, NY: Academic Press.

Baroody, A. J. (2003). The development of adaptive expertise and flexibility: The integration of conceptual and procedural knowledge. In A. J. Baroody & A. Dowker (Eds.), *The development of arithmetic concepts and skills: Constructing*

adaptive expertise (pp. 1–33). Mahwah, NJ: Lawrence Erlbaum Associates.

Baroody, A. J. (2004a). The developmental bases for early childhood number and operations standards. In D. H. Clements, J. Sarama, & A.-M. DiBiase (Eds.), *Engaging young children in mathematics: Standards for early childhood mathematics education* (pp. 173–219). Mahwah, NJ: Lawrence Erlbaum Associates.

Baroody, A. J. (2004b). The role of psychological research in the development of early childhood mathematics standards. In D. H. Clements, J. Sarama, & A.-M. DiBiase (Eds.), *Engaging young children in mathematics: Standards for early childhood mathematics education* (pp. 149–172). Mahwah, NJ: Lawrence Erlbaum Associates.

Baroody, A. J., & Benson, A. P. (2001). Early number instruction. *Teaching Children Mathematics*, *8*(3), 154–158.

Baroody, A. J., & Dowker, A. (2003). *The development of arithmetic concepts and skills: Constructing adaptive expertise*. Mahwah, NJ: Lawrence Erlbaum Associates.

Baroody, A. J., & Tiilikainen, S. H. (2003). Two perspectives on addition development. In A. J. Baroody & A. Dowker (Eds.), *The development of arithmetic concepts and skills: Constructing adaptive expertise* (pp. 75–125). Mahwah, NJ: Lawrence Erlbaum Associates.

Baroody, A. J., Bajwa, N. P., & Eiland, M. (2009). Why can't Johnny remember the basic facts? *Developmental Disabilities*, *15*(1), 69–79.

Baroody, A. J., Eiland, M. D., Purpura, D. J., & Reid, E. E. (2012). Fostering at-risk kindergarten children's number sense. *Cognition and Instruction*, *30*(4), 435–470. doi: 10.1080/07370008.2012.720152

Baroody, A. J., Eiland, M. D., Purpura, D. J., & Reid, E. E. (2013). Can computer-assisted discovery learning foster first graders' fluency with the most basic addition combinations? *American Educational Research Journal*, *50*(3), 533–573. doi: 10.3102/0002831212473349

Baroody, A. J., Eiland, M., Su, Y., & Thompson, B. (2007). *Fostering at-risk*

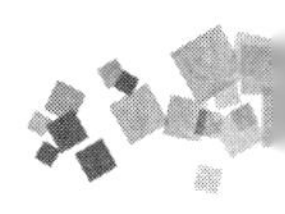

preschoolers' number sense. Paper presented at the American Educational Research Association.

Baroody, A. J., Lai, M.-L., & Mix, K. S. (2005, December). *Changing views of young children's numerical and arithmetic competencies*. Paper presented at the National Association for the Education of Young Children, Washington, D.C.

Baroody, A. J., Lai, M.-L., & Mix, K. S. (2006). The development of young children's number and operation sense and its implications for early childhood education. In B. Spodek & O. N. Saracho (Eds.), *Handbook of research on the education of young children* (pp. 187–221). Mahwah, NJ: Lawrence Erlbaum Associates.

Baroody, A. J., Li, X., & Lai, M.-L. (2008). Toddlers' spontaneous attention to number. *Mathematical Thinking and Learning*, *10*(3), 240–270.

Bartsch, K., & Wellman, H. M. (1988). Young children's conception of distance. *Developmental Psychology*, *24*(4), 532–541.

Battista, M. T. (1990). Spatial visualization and gender differences in high school geometry. *Journal for Research in Mathematics Education*, *21*(1), 47–60.

Beilin, H. (1984). Cognitive theory and mathematical cognition: Geometry and space. In B. Gholson & T. L. Rosenthal (Eds.), *Applications of cognitive-developmental theory* (pp. 49–93). New York, NY: Academic Press.

Beilin, H., Klein, A., & Whitehurst, B. (1982). *Strategies and structures in understanding geometry*. New York, NY: City University of New York.

Beilock, S. L., Gunderson, E. A., Ramirez, G., & Levine, S. C. (2010). Female teachers' math anxiety affects girls' math achievement. *Proceedings of the National Academy of Sciences*, *107*(5), 1860–1863.

Benigno, J. P., & Ellis, S. (2004). Two is greater than three: Effects of older siblings on parental support of preschoolers' counting in middle-income families. *Early Childhood Research Quarterly*, *19*(1), 4–20.

Bennett, N., Desforges, C., Cockburn, A., & Wilkinson, B. (1984). *The quality of pupil*

learning experiences. Hillsdale, NJ: Lawrence Erlbaum Associates.

Berch, D. B., & Mazzocco, M. M. M. (Eds.). (2007). *Why is math so hard for some children? The nature and origins of mathematical learning difficulties and disabilities*. Baltimore, MD: Paul H. Brooks.

Bereiter, C. (1986). Does direct instruction cause delinquency? Response to Schweinhart and Weikart. *Educational Leadership*, *44*(3), 20–21.

Bergin, D. A., Ford, M. E., & Mayer-Gaub, G. (1986). *Social and motivational consequences of microcomputer use in kindergarten*. San Francisco, CA: American Educational Research Association.

Berliner, D. C. (2006). Our impoverished view of educational research. *Teachers College Record*, *108*(6), 949–995.

Best, J. R., Miller, P. H., & Naglieri, J. A. (2011). Relations between executive function and academic achievement from ages 5 to 17 in a large, representative national sample. *Learning and Individual Differences*, *21*(4), 327–336. doi: 10.1016/j.lindif.2011.01.007

Bilbrey, C., Farran, D. C., Lipsey, M. W., & Hurley, S. (2007, April). *Active involvement by rural children from low income families in prekindergarten classrooms: Predictors and consequences*. Paper presented at the Biennial Meeting of the Society for Research in Child Development, Boston, MA.

Binder, S. L., & Ledger, B. (1985). *Preschool computer project report*. Oakville, Ontario, Canada: Sheridan College.

Bishop, A. J. (1980). Spatial abilities and mathematics education—A review. *Educational Studies in Mathematics*, *11*(3), 257–269.

Bishop, A. J. (1983). Space and geometry. In R. A. Lesh & M. S. Landau (Eds.), *Acquisition of mathematics concepts and processes* (pp. 7–44). New York, NY: Academic Press.

Bishop, A. J., & Forgasz, H. J. (2007). Issues in access and equity in mathematics

education. In F. K. Lester, Jr. (Ed.), *Second handbook of research on mathematics teaching and learning* (pp. 1145–1167). New York, NY: Information Age Publishing.

Björklund, C. (2012). What counts when working with mathematics in a toddler-group? *Early Years*, *32*(2), 215–228. doi: 10.1080/09575146.2011.652940

Black, P., & Wiliam, D. (1998). Assessment and classroom learning. *Assessment in Education: Principles, Policy & Practice*, *5*(1), 7–76.

Blair, C. (2002). School readiness: Integrating cognition and emotion in a neurobiological conceptualization of children's functioning at school entry. *American Psychologist*, *57*(2), 111–127.

Blair, C., & Razza, R. P. (2007). Relating effortful control, executive function, and false belief understanding to emerging math and literacy ability in kindergarten. *Child Development*, *78*(2), 647–663.

Blanton, M. L., & Kaput, J. J. (2011). Functional thinking as a route into algebra in the elementary grades. In J. Cai & E. J. Knuth (Eds.), *Early algebraization: A global dialogue from multiple perspectives* (pp. 5–23). New York, NY: Springer.

Blanton, M. L., Stephens, A. C., Knuth, E. J., Gardiner, A. M., Isler, I., Marum, T. et al. (2012). The development of children's algebraic thinking using a learning progressions approach. Paper presented at the Research Presession of the 2012 Annual Meeting of the National Council of Teachers of Mathematics, Philadelphia, PA.

Blevins-Knabe, B., & Musun-Miller, L. (1996). Number use at home by children and their parents and its relationship to early mathematical performance. *Early Development and Parenting*, *5*(1), 35–45.

Blevins-Knabe, B., Berghout Austin, A., Musun-Miller, L., Eddy, A., & Jones, R. M. (2000). Family home care providers' and parents' beliefs and practices concerning mathematics with young children. *Early Child Development and Care*, *165*(1), 41–58. doi: 10.1080/0300443001650104

Blevins-Knabe, B., Whiteside-Mansell, L., & Selig, J. (2007). Parenting and mathematical development. *Academic Exchange Quarterly*, *11*, 76–80.

Bley, N. S., & Thornton, C. A. (1981). *Teaching mathematics to the learning disabled.* Rockville, MD: Aspen Systems Corporation.

Blöte, A. W., Van der Burg, E., & Klein, A. S. (2001). Students' flexibility in solving two-digit addition and subtraction problems: Instruction effects. *Journal of Educational Psychology*, *93*(3), 627–638.

Bodovski, K., & Farkas, G. (2007). Mathematics growth in early elementary school: The roles of beginning knowledge, student engagement, and instruction. *The Elementary School Journal*, *108*(2), 115–130.

Bodovski, K., & Youn, M.-J. (2011). The long term effects of early acquired skills and behaviors on young children's achievement in literacy and mathematics. *Journal of Early Childhood Research*, *9*(1), 4–19.

Bodovski, K., & Youn, M.-J. (2012). Students' mathematics learning from kindergarten through 8th grade: The long-term influence of school readiness. *International Journal of Sociology of Education*, *1*(2), 97–122. doi: 10.4471/rise.2012.07

Bodovski, K., Nahum-Shani, I., & Walsh, R. (2013). School climate and students' early mathematics learning: Another search for contextual effects. *American Journal of Education*, *119*(2), 209–234. doi: 10.1086/667227

Bodrova, E., & Leong, D. J. (2001). *The tools of the mind: A case study of implementing the Vygotskian approach in American early childhood and primary classrooms.* Geneva, Switzerland: International Bureau of Education.

Bodrova, E., & Leong, D. J. (2006). Self-regulation as a key to school readiness: How can early childhood teachers promote this critical competency? In M. Zaslow & I. Martinez-Beck (Eds.), *Critical issues in early childhood professional development* (pp. 203–224). Baltimore, MD: Brookes Publishing.

Bodrova, E., Leong, D. J., Norford, J. S., & Paynter, D. E. (2003). It only looks like

child's play. *Journal of Staff Development, 24*(2), 47–51.

Bofferding, L., & Alexander, A. (2011). *Nothing is something: First graders' use of zero in relation to negative numbers*. Paper presented at the American Educational Research Association, New Orleans, LA.

Bonny, J. W., & Lourenco, S. F. (2013). The approximate number system and its relation to early math achievement: Evidence from the preschool years. *Journal of Experimental Child Psychology, 114*(3), 375–388. doi: http://dx.doi.org/10.1016/j.jecp.2012.09.015

Bowman, B. T., Donovan, M. S., & Burns, M. S. (Eds.). (2001). *Eager to learn: Educating our preschoolers*. Washington, D.C.: National Academy Press.

Bransford, J. D., Brown, A. L., & Cocking, R. R. (Eds.). (1999). *How people learn*. Washington, D.C.: National Academy Press.

Brinkley, V. M., & Watson, J. A. (1987–88a). Effects of MicroWorld training experience on sorting tasks by young children. *Journal of Educational Technology Systems, 16*(4), 349–364.

Brinkley, V. M., & Watson, J. A. (1987–88b). Logo and young children: Are quadrant effects part of initial Logo mastery? *Journal of Educational Technology Systems, 19*(1), 75–86.

Broberg, A. G., Wessels, H., Lamb, M. E., & Hwang, C. P. (1997). Effects of day care on the development of cognitive abilities in 8-year-olds: A longitudinal study. *Developmental Psychology, 33*(1), 62–69.

Brooks-Gunn, J. (2003). Do you believe in magic? What we can expect from early childhood intervention programs. *Social Policy Report, 17*(1), 1, 3–14.

Brooks-Gunn, J., Duncan, G. J., & Britto, P. R. (1999). Are socioeconomic gradients for children similar to those for adults? In D. P. Keating & C. Hertzman (Eds.), *Developmental health and the wealth of nations* (pp. 94–124). New York, NY: Guilford Press.

Brosnan, M. J. (1998). Spatial ability in children's play with Lego blocks. *Perceptual and Motor Skills*, *87*(1), 19–28. doi: 10.2466/ pms.1998.87.1.19

Brosterman, N. (1997). *Inventing kindergarten*. New York, NY: Harry N. Abrams.

Brown, S. I., & Walter, M. I. (1990). *The art of problem posing*. Mahwah, NJ: Lawrence Erlbaum Associates.

Brownell, W. A., & Moser, H. E. (1949). *Meaningful vs. mechanical learning: A study in grade III subtraction*. Durham, NC: Duke University Press.

Browning, C. A. (1991). Reflections on using Lego© Logo in an elementary classroom. In E. Calabrese (Ed.), *Proceedings of the Third European Logo Conference* (pp. 173–185). Parma, Italy: Associazione Scuola e Informatica.

Brulles, D., Peters, S. J., & Saunders, R. (2012). Schoolwide mathematics achievement within the gifted cluster grouping model. *Journal of Advanced Academics*, *23*(3), 200–216. doi: 10.1177/1932202x12451439

Bryant, D. M., Burchinal, M. R., Lau, L. B., & Sparling, J. J. (1994). Family and classroom correlates of Head Start children's developmental outcomes. *Early Childhood Research Quarterly*, *9*(3–4), 289–309.

Bull, R., & Scerif, G. (2001). Executive functioning as a predictor of children's mathematics ability: Inhibition, switching, and working memory. *Developmental Neuropsychology*, *19*(3), 273–293.

Bull, R., Espy, K. A., & Wiebe, S. A. (2008). Short-term memory, working memory, and executive functioning in preschoolers: Longitudinal predictors of mathematical achievement at age 7 years. *Developmental Neuropsychology*, *33*(3), 205–228.

Bulotsky-Shearer, R. J., Fernandez, V., Dominguez, X., & Rouse, H. L. (2011). Behavior problems in learning activities and social interactions in Head Start classrooms and early reading, mathematics, and approaches to learning. *School Psychology Review*, *40*(1), 39–56.

Burchinal, M. R., Field, S., López, M. L., Howes, C., & Pianta, R. (2012). Instruction in Spanish in pre-kindergarten classrooms and child outcomes for English language learners. *Early Childhood Research Quarterly*, *27*(2), 188–197. doi: http://dx.doi.org/10.1016/j.ecresq.2011.11.003

Burchinal, M. R., Peisner-Feinberg, E., Pianta, R., & Howes, C. (2002). Development of academic skills from preschool through second grade: Family and classroom predictors of developmental trajectories. *Developmental Psychology*, *40*(5), 415–436.

Burden, M. J., Jacobson, S. W., Dodge, N. C., Dehaene, S., & Jacobson, J. L. (2007). *Effects of prenatal alcohol and cocaine exposure on arithmetic and "number sense."* Paper presented at the Society for Research in Child Development.

Burger, W. F., & Shaughnessy, J. M. (1986). Characterizing the van Hiele levels of development in geometry. *Journal for Research in Mathematics Education*, *17*(1), 31–48.

Burkhardt, H. (2006). From design research to large-scale impact: Engineering research in education. In J. J. H. van den Akker, K. P. E. Gravemeijer, S. McKenney, & N. Nieveen (Eds.), *Educational design research* (pp. 133–162). London, England: Routledge.

Burns, M. K., Kanive, R., & DeGrande, M. (2012). Effect of a computer-delivered math fact intervention as a supplemental intervention for math in third and fourth grades. *Remedial and Special Education*, *33*(3), 184–191. doi: 10.1177/0741932510381652

Burny, E. (2012). Towards an understanding of children's difficulties with conventional time systems. In *Time-related competences in primary education* (Chapter 2), doctoral dissertation, Ghent University, Belgium.

Burny, E., Valcke, M., & Desoete, A. (2009). Towards an agenda for studying learning and instruction focusing on time-related competences in children. *Educational Studies*, *35*(5), 481–492. doi: 10.1080/03055690902879093

Burny, E., Valcke, M., & Desoete, A. (2012). Clock reading: An underestimated topic

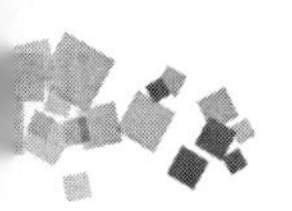

in children with mathematics difficulties. *Journal of Learning Disabilities*, *45*(4), 351–360. doi: 10.1177/0022219411407773

Burny, E., Valcke, M., Desoete, A., & Van Luit, J. E. H. (2013). Curriculum sequencing and the acquisition of clock-reading skills among Chinese and Flemish children. *International Journal of Science and Mathematics Education*, *11*, 761–785.

Butterworth, B., Varma, S., & Laurillard, D. (2011). Dyscalculia: From brain to education. *Science*, *332*(6033), 1049–1053.

Callahan, L. G., & Clements, D. H. (1984). Sex differences in rote counting ability on entry to first grade: Some observations. *Journal for Research in Mathematics Education*, *15*, 378–382.

Cameron, C. E., Brock, L. L., Murrah, W. M., Bell, L. H., Worzalla, S. L., Grissmer, D. et al. (2012). Fine motor skills and executive function both contribute to kindergarten achievement. *Child Development*, *83*(4), 1229–1244. doi: 10.1111/j.1467- 8624.2012.01768.x

Campbell, F. A., Pungello, E. P., Miller-Johnson, S., Burchinal, M., & Ramey, C. T. (2001). The development of cognitive and academic abilities: Growth curves from an early childhood educational experiment. *Developmental Psychology*, *37*, 231–242.

Campbell, P. F. (1987). *Measuring distance: Children's use of number and unit. Final report submitted to the National Institute of Mental Health Under the ADAMHA Small Grant Award Program. Grant No. MSMA 1 R03 MH423435–01*, University of Maryland, College Park.

Campbell, P. F., & Silver, E. A. (1999). *Teaching and learning mathematics in poor communities*. Reston, VA: National Council of Teachers of Mathematics.

Cannon, J., Fernandez, C., & Ginsburg, H. P. (2005, April). *Parents' preference for supporting preschoolers' language over mathematics learning: A difference that runs deep*. Paper presented at the Biennial Meeting of the Society for Research in Child Development, Atlanta, GA.

Cannon, J., Levine, S. C., & Huttenlocher, J. (2007, March). *Sex differences in the relation between early puzzle play and mental transformation skill*. Paper presented at the Biennial Meeting of the Society of Research in Child Development, Boston, MA.

Canobi, K. H., Reeve, R. A., & Pattison, P. E. (1998). The role of conceptual understanding in children's addition problem solving. *Developmental Psychology*, *34*, 882–891.

Carey, B. (2009). Studying young minds, and how to teach them, *New York Times*, p. A1; A23.

Carey, S. (2004). Bootstrapping and the origin of concepts. *Daedulus*, *133*(1), 59–68.

Carmichael, H. W., Burnett, J. D., Higginson, W. C., Moore, B. G., & Pollard, P. J. (1985). *Computers, children and classrooms: A multisite evaluation of the creative use of microcomputers by elementary school children*. Toronto, Ontario, Canada: Ministry of Education.

Carnegie Corporation. (1998). *Years of promise: A comprehensive learning strategy for America's children* [Electronic version]. Retrieved June 13, 1998, from http://www.carnegie.org/sub/pubs/execsum.html.

Carpenter, T. P., & Levi, L. (1999). *Developing conceptions of algebraic reasoning in the primary grades*. Montreal, Canada: American Educational Research Association.

Carpenter, T. P., & Lewis, R. (1976). The development of the concept of a standard unit of measure in young children. *Journal for Research in Mathematics Education, 7*, 53–58.

Carpenter, T. P., & Moser, J. M. (1982). The development of addition and subtraction problem solving. In T. P. Carpenter, J. M. Moser, & T. A. Romberg (Eds.), *Rational numbers: An integration of research*. Hillsdale, NJ: Lawrence Erlbaum Associates.

Carpenter, T. P., & Moser, J. M. (1984). The acquisition of addition and subtraction concepts in grades one through three. *Journal for Research in Mathematics*

Education, *15*, 179–202.

Carpenter, T. P., Ansell, E., Franke, M. L., Fennema, E. H., & Weisbeck, L. (1993). Models of problem solving: A study of kindergarten children's problem-solving processes. *Journal for Research in Mathematics Education*, *24*, 428–441.

Carpenter, T. P., Coburn, T., Reys, R. E., & Wilson, J. (1975). Notes from National Assessment: Basic concepts of area and volume. *Arithmetic Teacher*, *22*, 501–507.

Carpenter, T. P., Fennema, E. H., Franke, M. L., Levi, L., & Empson, S. B. (1999). *Children's mathematics: Cognitively guided instruction*. Portsmouth, NH: Heinemann.

Carpenter, T. P., Franke, M. L., Jacobs, V. R., Fennema, E. H., & Empson, S. B. (1998). A longitudinal study of invention and understanding in children's multidigit addition and subtraction. *Journal for Research in Mathematics Education*, *29*, 3–20.

Carpenter, T. P., Franke, M. L., & Levi, L. (2003). *Thinking mathematically: Integrating arithmetic and algebra in elementary school*. Portsmouth, NH: Heinemann.

Carper, D. V. (1942). Seeing numbers as groups in primary-grade arithmetic. *The Elementary School Journal*, *43*, 166–170.

Carr, M., & Alexeev, N. (2011). Fluency, accuracy, and gender predict developmental trajectories of arithmetic strategies. *Journal of Educational Psychology*, *103*(3), 617–631.

Carr, M., & Davis, H. (2001). Gender differences in arithmetic strategy use: A function of skill and preference. *Contemporary Educational Psychology*, *26*, 330–347.

Carr, M., Shing, Y. L., Janes, P., & Steiner, H. H. (2007). *Early gender differences in strategy use and fluency: Implications for the emergence of gender differences in mathematics*. Paper presented at the Society for Research in Child Development.

Carr, M., Steiner, H. H., Kyser, B., & Biddlecomb, B. (2008). A comparison of predictors of early emerging gender differences in mathematics competence. *Learning and Individual Differences*, *18*, 61–75.

Carr, M., Taasoobshirazi, G., Stroud, R., & Royer, M. (2011). Combined fluency and cognitive strategies instruction improves mathematics achievement in early elementary school. *Contemporary Educational Psychology*, *36*, 323–333.

Case, R., Griffin, S., & Kelly, W. M. (1999). Socioeconomic gradients in mathematical ability and their responsiveness to intervention during early childhood. In D. P. Keating & C. Hertzman (Eds.), *Developmental health and the wealth of nations* (pp. 125–149). New York, NY: Guilford Press.

Casey, B., Andrews, N., Schindler, H., Kersh, J. E., Samper, A., & Copley, J. (2008). The development of spatial skills through interventions involving block building activities. *Cognition and Instruction*, *26*(3), 1–41.

Casey, B., Erkut, S., Ceder, I., & Young, J. M. (2008). Use of a storytelling context to improve girls' and boys' geometry skills in kindergarten. *Journal of Applied Developmental Psychology*, *29*(1), 29–48.

Casey, B., Kersh, J. E., & Young, J. M. (2004). Storytelling sagas: An effective medium for teaching early childhood mathematics. *Early Childhood Research Quarterly*, *19*(1), 167–172.

Casey, B., Nuttall, R. L., & Pezaris, E. (1997). Mediators of gender differences in mathematics college entrance test scores: A comparison of spatial skills with internalized beliefs and anxieties. *Developmental Psychology*, *33*(4), 669–680.

Casey, B., Nuttall, R. L., & Pezaris, E. (2001). Spatial–mechanical reasoning skills versus mathematics self-confidence as mediators of gender differences on mathematics subtests using cross-national gender-based items. *Journal for Research in Mathematics Education*, *32*(1), 28–57.

Catsambis, S., & Buttaro, A., Jr. (2012). Revisiting "Kindergarten as academic boot camp": A nationwide study of ability grouping and psycho-social development. *Social Psychology of Education*, *15*(4), 483–515. doi: 10.1007/s11218-012-9196-0

CCSSO/NGA. (2010). Common core state standards for mathematics. Washington, D.C.:

Council of Chief State School Officers and the National Governors Association Center for Best Practices.

Celedón-Pattichis, S., Musanti, S. I., & Marshall, M. E. (2010). Bilingual elementary teachers' reflections on using students' native language and culture to teach mathematics. In M. Q. Foote (Ed.), *Mathematics teaching & learning in K–12: Equity and professional development* (pp. 7–24). New York, NY: Palgrave Macmillan.

Cepeda, N. J., Pashler, H., Vul, E., Wixted, J. T., & Rohrer, D. (2006). Distributed practice in verbal recall tasks: A review and quantitative synthesis. *Psychological Bulletin*, *132*, 354–380.

Chang, A., Sandhofer, C. M., & Brown, C. S. (2011). Gender biases in early number exposure to preschool-aged children. *Journal of Language and Social Psychology*, *30*(4), 440–450.

Chang, A., Zmich, K. M., Athanasopoulou, A., Hou, L., Golinkoff, R. M., & Hirsh-Pasek, K. (2011). *Manipulating geometric forms in two-dimensional space: Effects of socio-economic status on preschoolers' geometric-spatial ability*. Paper presented at the Society for Research in Child Development, Montreal, Canada.

Char, C. A. (1989). *Computer graphic feltboards: New software approaches for young children's mathematical exploration*. San Francisco, CA: American Educational Research Association.

Chard, D. J., Clarke, B., Baker, S., Otterstedt, J., Braun, D., & Katz, R. (2005). Using measures of number sense to screen for difficulties in mathematics: Preliminary findings. *Assessment for Effective Intervention*, *30*(2), 3–14.

Chen, C., & Uttal, D. H. (1988). Cultural values, parents' beliefs, and children's achievement in the United States and China. *Human Development*, *31*, 351–358.

Chernoff, J. J., Flanagan, K. D., McPhee, C., & Park, J. (2007). *Preschool: First findings from the third follow-up of the early childhood longitudinal study, birth cohort (ECLS-B) (NCES 2008–025)*. Washington, D.C.: National Center for Education

Statistics, Institute of Education Sciences, U.S. Department of Education.

Cheung, C., Leung, A., & McBride-Chang, C. (2007). *Gender differences in mathematics self concept in Hong Kong children: A function of perceived maternal academic support*. Paper presented at the Society for Research in Child Development.

Cheung, Cecilia, & McBride-Chang, Catherine. (2008). Relations of perceived maternal parenting style, practices, and learning motivation to academic competence in Chinese children. *Merrill-Palmer Quarterly*, *54*(1), 1–22.

Chien, N. C., Howes, C., Burchinal, M. R., Pianta, R. C., Ritchie, S., Bryant, D. M. et al. (2010). Children's classroom engagement and school readiness gains in prekindergarten. *Child Development*, *81*(5), 1534–1549. doi: 10.1111/j.1467-8624.2010.01490.x

Christiansen, K., Austin, A., & Roggman, L. (2005, April). *Math interactions in the context of play: Relations to child math ability*. Paper presented at the Biennial Meeting of the Society for Research in Child Development, Atlanta, GA.

Cirino, P. T. (2010). The interrelationships of mathematical precursors in kindergarten. *Journal of Experimental Child Psychology*, *108*(4). doi: 10.1016/j.jecp.2010.11.004

Clark, C. A., Pritchard, V. E., & Woodward, L. J. (2010). Preschool executive functioning abilities predict early mathematics achievement. *Developmental Psychology*, *46*(5), 1176–1191. doi: 10.1037/a0019672

Clark, C. A. C., Sheffield, T. D., Wiebe, S. A., & Espy, K. A. (2013). Longitudinal associations between executive control and developing mathematical competence in preschool boys and girls. *Child Development*, *84*(2), 662–677. doi: 10.1111/j.1467-8624.2012.01854.x

Clarke, B., & Shinn, M. R. (2004). A preliminary investigation into the identification and development of early mathematics curriculum-based measurement. *School Psychology Review*, *33*(2), 234–248.

Clarke, B., Smolkowski, K., Baker, S., Fien, H., Doabler, C. T., & Chard, D.

(2011). The impact of a comprehensive Tier I core kindergarten program on the achievement of students at risk in mathematics. *Elementary School Journal*, *111*(4), 561–584.

Clarke, B. A., Clarke, D. M., & Horne, M. (2006). A longitudinal study of children's mental computation strategies. In J. Novotná, H. Moraová, M. Krátká, & N. Stehlíková (Eds.), *Proceedings of the 30th Conference of the International Group for the Psychology in Mathematics Education* (Vol. 2, pp. 329–336). Prague, Czech Republic: Charles University.

Clarke, D. M., Cheeseman, J., Gervasoni, A., Gronn, D., Horne, M., McDonough, A., et al. (2002). *Early numeracy research project: Final report*. Department of Education, Employment and Training, the Catholic Education Office (Melbourne), and the Association of Independent Schools, Victoria, Australia.

Clements, D. H. (1983–1984). Supporting young children's Logo programming. *The Computing Teacher*, *11*(5), 24–30.

Clements, D. H. (1984). Training effects on the development and generalization of Piagetian logical operations and knowledge of number. *Journal of Educational Psychology*, *76*, 766–776.

Clements, D. H. (1986). Effects of Logo and CAI environments on cognition and creativity. *Journal of Educational Psychology*, *78*, 309–318.

Clements, D. H. (1987). Longitudinal study of the effects of Logo programming on cognitive abilities and achievement. *Journal of Educational Computing Research*, *3*, 73–94.

Clements, D. H. (1989). *Computers in elementary mathematics education*. Englewood Cliffs, NJ: Prentice-Hall.

Clements, D. H. (1991). Current technology and the early childhood curriculum. In B. Spodek & O. N. Saracho (Eds.), *Yearbook in early childhood education, Volume 2: Issues in early childhood curriculum* (pp. 106–131). New York, NY: Teachers

College Press.

Clements, D. H. (1994). The uniqueness of the computer as a learning tool: Insights from research and practice. In J. L. Wright & D. D. Shade (Eds.), *Young children: Active learners in a technological age* (pp. 31–50). Washington, D.C.: National Association for the Education of Young Children.

Clements, D. H. (1995). Teaching creativity with computers. *Educational Psychology Review*, *7*(2), 141–161.

Clements, D. H. (1999a). "Concrete" manipulatives, concrete ideas. *Contemporary Issues in Early Childhood*, *1*(1), 45–60.

Clements, D. H. (1999b). Subitizing: What is it? Why teach it? *Teaching Children Mathematics*, *5*, 400–405.

Clements, D. H. (1999c). Teaching length measurement: Research challenges. *School Science and Mathematics*, *99*(1), 5–11.

Clements, D. H. (2000). Translating lessons from research into mathematics classrooms: Mathematics and special needs students. *Perspectives*, *26*(3), 31–33.

Clements, D. H. (2001). Mathematics in the preschool. *Teaching Children Mathematics*, *7*, 270–275.

Clements, D. H. (2007). Curriculum research: Toward a framework for "research-based curricula". *Journal for Research in Mathematics Education*, *38*, 35–70.

Clements, D. H., & Battista, M. T. (1989). Learning of geometric concepts in a Logo environment. *Journal for Research in Mathematics Education*, *20*, 450–467.

Clements, D. H., & Battista, M. T. (1990). Constructivist learning and teaching. *Arithmetic Teacher*, *38*(1), 34–35.

Clements, D. H., & Battista, M. T. (1992). Geometry and spatial reasoning. In D. A. Grouws (Ed.), *Handbook of research on mathematics teaching and learning* (pp. 420–464). New York, NY: Macmillan.

Clements, D. H., & Battista, M. T. (2000). Designing effective software. In A. E. Kelly

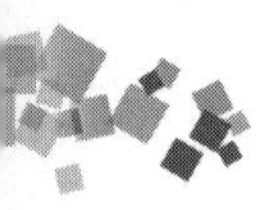

& R. A. Lesh (Eds.), *Handbook of research design in mathematics and science education* (pp. 761–776). Mahwah, NJ: Lawrence Erlbaum Associates.

Clements, D. H., & Battista, M. T. (Artist). (1991). *Logo geometry*. Morristown, NJ: Silver Burdett & Ginn.

Clements, D. H., & Burns, B. A. (2000). Students' development of strategies for turn and angle measure. *Educational Studies in Mathematics, 41*, 31–45.

Clements, D. H., & Callahan, L. G. (1983). Number or prenumber experiences for young children: Must we choose? *The Arithmetic Teacher, 31*(3), 34–37.

Clements, D. H., & Callahan, L. G. (1986). Cards: A good deal to offer. *The Arithmetic Teacher, 34*(1), 14–17.

Clements, D. H., & Conference Working Group. (2004). Part one: Major themes and recommendations. In D. H. Clements, J. Sarama, & A.-M. DiBiase (Eds.), *Engaging young children in mathematics: Standards for early childhood mathematics education* (pp. 1–72). Mahwah, NJ: Lawrence Erlbaum Associates.

Clements, D. H., & Meredith, J. S. (1993). Research on Logo: Effects and efficacy. *Journal of Computing in Childhood Education, 4*, 263–290.

Clements, D. H., & Meredith, J. S. (1994). *Turtle math* [Computer software]. Montreal, Quebec: Logo Computer Systems, Inc. (LCSI).

Clements, D. H., & Nastasi, B. K. (1985). Effects of computer environments on social-emotional development: Logo and computer- assisted instruction. *Computers in the Schools, 2*(2–3), 11–31.

Clements, D. H., & Nastasi, B. K. (1988). Social and cognitive interactions in educational computer environments. *American Educational Research Journal, 25*, 87–106.

Clements, D. H., & Nastasi, B. K. (1992). Computers and early childhood education. In M. Gettinger, S. N. Elliott, & T. R. Kratochwill (Eds.), *Advances in school psychology: Preschool and early childhood treatment directions* (pp. 187–246). Mahwah, NJ: Lawrence Erlbaum Associates.

Clements, D. H., & Nastasi, B. K. (1993). Electronic media and early childhood education. In B. Spodek (Ed.), *Handbook of research on the education of young children* (pp. 251–275). New York, NY: Macmillan.

Clements, D. H., & Sarama, J. (1996). *Turtle Math*: Redesigning Logo for elementary mathematics. *Learning and Leading with Technology*, *23*(7), 10–15.

Clements, D. H., & Sarama, J. (1997). Research on Logo: A decade of progress. *Computers in the Schools*, *14*(1–2), 9–46.

Clements, D. H., & Sarama, J. (2002). Teaching with computers in early childhood education: Strategies and professional development. *Journal of Early Childhood Teacher Education*, *23*, 215–226.

Clements, D. H., & Sarama, J. (2003a). *DLM Early Childhood Express Math Resource Guide*. Columbus, OH: SRA/McGraw-Hill.

Clements, D. H., & Sarama, J. (2003b). Strip mining for gold: Research and policy in educational technology—A response to "Fool's Gold". *Educational Technology Review*, *11*(1), 7–69.

Clements, D. H., & Sarama, J. (2003c). Young children and technology: What does the research say? *Young Children*, *58*(6), 34–40.

Clements, D. H., & Sarama, J. (2004a). *Building Blocks* for early childhood mathematics. *Early Childhood Research Quarterly*, *19*, 181–189.

Clements, D. H., & Sarama, J. (2004b). Learning trajectories in mathematics education. *Mathematical Thinking and Learning*, *6*, 81–89.

Clements, D. H., & Sarama, J. (2007a). *Building Blocks—SRA Real Math, Teacher's Edition, Grade PreK*. Columbus, OH: SRA/ McGraw-Hill.

Clements, D. H., & Sarama, J. (2007b). *Building Blocks—SRA Real Math, Grade PreK*. Columbus, OH: SRA/McGraw-Hill.

Clements, D. H., & Sarama, J. (2007c). Effects of a preschool mathematics curriculum: Summative research on the *Building Blocks* project. *Journal for Research in*

Mathematics Education, *38*, 136–163.

Clements, D. H., & Sarama, J. (2008). Experimental evaluation of the effects of a research-based preschool mathematics curriculum. *American Educational Research Journal*, *45*, 443–494.

Clements, D. H., & Sarama, J. (2010). Technology. In V. Washington & J. Andrews (Eds.), *Children of 2020: Creating a better tomorrow* (pp. 119–123). Washington, D.C.: Council for Professional Recognition/National Association for the Education of Young Children.

Clements, D. H., & Sarama, J. (2011). Early childhood mathematics intervention. *Science*, *333*(6045), 968–970. doi: 10.1126/ science.1204537

Clements, D. H., & Sarama, J. (2013). *Building Blocks* (Volumes 1 and 2). Columbus, OH: McGraw-Hill Education.

Clements, D. H., & Stephan, M. (2004). Measurement in pre-K–2 mathematics. In D. H. Clements, J. Sarama, & A.-M. DiBi- ase (Eds.), *Engaging young children in mathematics: Standards for early childhood mathematics education* (pp. 299–317). Mahwah, NJ: Lawrence Erlbaum Associates.

Clements, D. H., & Swaminathan, S. (1995). Technology and school change: New lamps for old? *Childhood Education*, *71*, 275–281.

Clements, D. H., Battista, M. T., & Sarama, J. (1998). Students' development of geometric and measurement ideas. In R. Lehrer & D. Chazan (Eds.), *Designing learning environments for developing understanding of geometry and space* (pp. 201–225). Mahwah, NJ: Lawrence Erlbaum Associates.

Clements, D. H., Battista, M. T., & Sarama, J. (2001). Logo and geometry. *Journal for Research in Mathematics Education Monograph Series*, *10*.

Clements, D. H., Battista, M. T., Sarama, J., & Swaminathan, S. (1996). Development of turn and turn measurement concepts in a computer-based instructional unit. *Educational Studies in Mathematics*, *30*, 313–337.

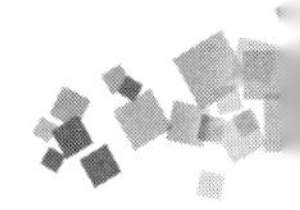

Clements, D. H., Battista, M. T., Sarama, J., & Swaminathan, S. (1997). Development of students' spatial thinking in a unit on geometric motions and area. *The Elementary School Journal*, *98*, 171–186.

Clements, D. H., Battista, M. T., Sarama, J., Swaminathan, S., & McMillen, S. (1997). Students' development of length measurement concepts in a Logo-based unit on geometric paths. *Journal for Research in Mathematics Education*, *28*(1), 70–95.

Clements, D. H., Nastasi, B. K., & Swaminathan, S. (1993). Young children and computers: Crossroads and directions from research. *Young Children*, *48*(2), 56–64.

Clements, D. H., Russell, S. J., Tierney, C., Battista, M. T., & Meredith, J. S. (1995). *Flips, turns, and area*. Cambridge, MA: Dale Seymour Publications.

Clements, D. H., Sarama, J., & DiBiase, A.-M. (2004). *Engaging young children in mathematics: Standards for early childhood math- ematics education*. Mahwah, NJ: Lawrence Erlbaum Associates.

Clements, D. H., Sarama, J., Spitler, M. E., Lange, A. A., & Wolfe, C. B. (2011). Mathematics learned by young children in an inter- vention based on learning trajectories: A large-scale cluster randomized trial. *Journal for Research in Mathematics Education*, *42*(2), 127–166.

Clements, D. H., Sarama, J., Wolfe, C. B., & Spitler, M. E. (2013). Longitudinal evaluation of a scale-up model for teaching mathematics with trajectories and technologies: Persistence of effects in the third year. *American Educational Research Journal*, *50*(4), 812–850. doi: 10.3102/0002831212469270

Clements, D. H., Swaminathan, S., Hannibal, M. A. Z., & Sarama, J. (1999). Young children's concepts of shape. *Journal for Research in Mathematics Education*, *30*, 192–212.

Clifford, R., Barbarin, O., Chang, F., Early, D., Bryant, D., Howes, C., et al. (2005). What is pre-kindergarten? Characteristics of public pre-kindergarten programs. *Applied Developmental Science*, *9*, 126–143.

Cobb, P. (1990). A constructivist perspective on information-processing theories of mathematical activity. *International Journal of Educational Research, 14*, 67–92.

Cobb, P. (1995). Cultural tools and mathematical learning: A case study. *Journal for Research in Mathematics Education, 26*, 362–385.

Cobb, P., Wood, T., Yackel, E., Nicholls, J., Wheatley, G., Trigatti, B., et al. (1991). Assessment of a problem-centered second-grade mathematics project. *Journal for Research in Mathematics Education, 22*(1), 3–29.

Cobb, P., Yackel, E., & Wood, T. (1989). Young children's emotional acts during mathematical problem solving. In D. B. McLeod & V. M. Adams (Eds.), *Affect and mathematical problem solving: A new perspective* (pp. 117–148). New York, NY: Springer- Verlag.

Codding, R. S., Hilt-Panahon, A., Panahon, C. J., & Benson, J. L. (2009). Addressing mathematics computation problems: A review of simple and moderate intensity interventions. *Education and Treatment of Children, 32*(2), 279–312.

Cohen, J. (1977). *Statistical power analysis for the behavioral sciences* (Rev. ed.). New York, NY: Academic Press.

Cohen, R., & Geva, E. (1989). Designing Logo-like environments for young children: The interaction between theory and practice. *Journal of Educational Computing Research, 5*, 349–377.

Coley, R. J. (2002). *An unequal start: Indicators of inequality in school readiness*. Princeton, NJ: Educational Testing Service.

Confrey, J., & Kazak, S. (2006). A thirty-year reflection on constructivism in mathematics education in PME. In A. Gutiérrez & P. Boero (Eds.), *Handbook of research on the psychology of mathematics education: Past, present, and future* (pp. 305–345). Rotterdam, the Netherlands: Sense Publishers.

Cook, G. A., Roggman, L. A., & Boyce, L. K. (2012). Fathers' and mothers' cognitive stimulation in early play with toddlers: Predictors of 5th grade reading and math.

Family Science, *2*, 131–145.

Cook, T. D. (2002). Randomized experiments in educational policy research: A critical examination of the reasons the educational evaluation community has offered for not doing them. *Educational Evaluation and Policy Analysis*, *24*, 175–199.

Cooper, R. G., Jr. (1984). Early number development: Discovering number space with addition and subtraction. In C. Sophian (Ed.), *Origins of cognitive skills* (pp. 157–192). Mahwah, NJ: Lawrence Erlbaum Associates.

Cordes, C., & Miller, E. (2000). Fool's gold: A critical look at computers in childhood. Retrieved November 7, 2000, from http:// www.allianceforchildhood.net/projects/computers/computers_reports.htm.

Correa, J., Nunes, T., & Bryant, P. (1998). Young children's understanding of division: The relationship between division terms in a noncomputational task. *Journal of Educational Psychology*, *90*, 321–329.

Cowan, N., Saults, J. S., & Elliott, E. M. (2002). The search for what is fundamental in the development of working memory. *Advances in Child Development and Behavior*, *29*, 1–49.

Crosnoe, R., & Cooper, C. E. (2010). Economically disadvantaged children's transitions into elementary school: Linking family processes, school contexts, and educational policy. *American Educational Research Journal*, *47*, 258–291.

Curby, T. W., Brock, L. L., & Hamre, B. K. (2013). Teachers' emotional support consistency predicts children's achievement gains and social skills. *Early Education & Development*, *24*(3), 292–309. doi: 10.1080/10409289.2012.665760

Curby, T. W., Rimm-Kaufman, S. E., & Ponitz, C. C. (2009). Teacher–child interactions and children's achievement trajectories across kindergarten and first grade. *Journal of Educational Psychology*, *101*(4), 912–925. doi: 10.1037/a0016647

Currie, J., & Thomas, D. (1995). Does Head Start make a difference? *American Economic Review*, *85*, 341–364.

Curtis, R. P. (2005). *Preschoolers' counting in peer interaction*. Paper presented at the American Educational Research Association, New Orleans, LA.

Cvencek, D., Meltzoff, A. N., & Greenwald, A. G. (2011). Math–gender stereotypes in elementary school children. *Child Development*, *82*(3), 766–779. doi: 10.1111/j.1467-8624.2010.01529.x

Davidson, J., & Wright, J. L. (1994). The potential of the microcomputer in the early childhood classroom. In J. L. Wright & D. D. Shade (Eds.), *Young children: Active learners in a technological age* (pp. 77–91). Washington, D.C.: National Association for the Education of Young Children.

Davis, R. B. (1984). *Learning mathematics: The cognitive science approach to mathematics education*. Norwood, NJ: Ablex.

Davydov, V. V. (1975). On the formation of an elementary concept of number by the child. In J. Kilpatrick & I. Wirszup (Eds.), *Soviet studies in the psychology of learning and teaching mathematics* (Vol. 13). Stanford, CA: School Mathematics Study Group, Stanford University.

Dawson, D. T. (1953). Number grouping as a function of complexity. *The Elementary School Journal*, *54*, 35–42.

Day, J. D., Engelhardt, J. L., Maxwell, S. E., & Bolig, E. E. (1997). Comparison of static and dynamic assessment procedures and their relation to independent performance. *Journal of Educational Psychology*, *89*(2), 358–368.

Dearing, E., Casey, B. M., Ganley, C. M., Tillinger, M., Laski, E., & Montecillo, C. (2012). Young girls' arithmetic and spatial skills: The distal and proximal roles of family socioeconomics and home learning experiences. *Early Childhood Research Quarterly*, *27*, 458–470.

DeCaro, M. S., & Rittle-Johnson, B. (2012). Exploring mathematics problems prepares children to learn from instruction. *Journal of Experimental Child Psychology*, *113*(4), 552–568. doi: 10.1016/j.jecp.2012.06.009

Degelman, D., Free, J. U., Scarlato, M., Blackburn, J. M., & Golden, T. (1986). Concept learning in preschool children: Effects of a short-term Logo experience. *Journal of Educational Computing Research*, *2*(2), 199–205.

Dehaene, S. (1997). *The number sense: How the mind creates mathematics*. New York, NY: Oxford University Press.

DeLoache, J. S. (1987). Rapid change in the symbolic functioning of young children. *Science*, *238*, 1556–1557.

DeLoache, J. S., Miller, K. F., & Pierroutsakos, S. L. (1998). Reasoning and problem solving. In D. Kuhn & R. S. Siegler (Eds.), *Handbook of child psychology: Vol. 2. Cognition, perception, & language* (5th ed.) (pp. 801–850). New York, NY: Wiley.

DeLoache, J. S., Miller, K. F., Rosengren, K., & Bryant, N. (1997). The credible shrinking room: Very young children's performance with symbolic and nonsymbolic relations. *Psychological Science*, *8*, 308–313.

Denton, K., & West, J. (2002). Children's reading and mathematics achievement in kindergarten and first grade. 2002, from http:// nces.ed.gov/pubsearch/pubsinfo.asp?pubid=2002125.

Desoete, A., Ceulemans, A., De Weerdt, F., & Pieters, S. (2012). Can we predict mathematical learning disabilities from symbolic and non-symbolic comparison tasks in kindergarten? Findings from a longitudinal study. *British Journal of Educational Psychology*, *82*(1), 64–81. doi: 10.1348/2044-8279.002002

Dewey, J. (1938/1997). *Experience and education*. New York, NY: Simon & Schuster.

DHHS. (2005). *Head Start impact study: First year findings*. Washington, D.C.: U.S. Department of Health and Human Services; Administration for Children and Families.

Diamond, A., Barnett, W. S., Thomas, J., & Munro, S. (2007). Preschool program improves cognitive control. *Science*, *318*, 1387–1388.

Diaz, R. M. (2008). The role of language in early childhood mathematics: A parallel

mixed method study. Doctoral dissertation, Florida International University. Retrieved from http//search.proquest.com/docview/304815869.

Dinehart, L., & Manfra, L. (2013). Associations between low-income children's fine motor skills in preschool and academic performance in second grade. *Early Education & Development*, *24*(2), 138–161. doi: 10.1080/10409289.2011.636729

Dixon, J. K. (1995). Limited English proficiency and spatial visualization in middle school students' construction of the concepts of reflection and rotation. *The Bilingual Research Journal*, *19*(2), 221–247.

Doabler, C. T., Cary, M. S., Jungjohann, K., Clarke, B., Fien, H., Baker, S. et al. (2012). Enhancing core mathematics instruction for students at risk for mathematics disabilities. *Teaching Exceptional Children*, *44*(4), 48–57.

Dobbs, J., Doctoroff, G. L., Fisher, P. H., & Arnold, D. H. (2006). The association between preschool children's socio-emotional functioning and their mathematical skill. *Journal of Applied Developmental Psychology*, *27*, 97–108.

Doig, B., McCrae, B., & Rowe, K. (2003). *A good start to numeracy: Effective numeracy strategies from research and practice in early childhood*. Canberra ACT, Australia: Australian Council for Educational Research.

Donlan, C. (1998). Number without language? Studies of children with specific language impairments. In C. Donlan (Ed.), *The development of mathematical skills* (pp. 255–274). East Sussex, UK: Psychology Press.

Dowker, A. (2004). *What works for children with mathematical difficulties?* (Research report no. 554). Nottingham, England: University of Oxford/DfES Publications.

Dowker, A. (2005). Early identification and intervention for students with mathematics difficulties. *Journal of Learning Disabilities*, *38*, 324–332.

Dowker, A. (2009). *What works for children with mathematical difficulties? The effectiveness of intervention schemes*. Nottingham, England: DCSF Publications.

Dowker, A., & Sigley, G. (2010). Targeted interventions for children with arithmetical

difficulties. *British Journal of Educational Psychology Monographs, II*(7), 65–81.

Downs, R. M., & Liben, L. S. (1988). Through the map darkly: Understanding maps as representations. *The Genetic Epistemologist, 16*, 11–18.

Downs, R. M., Liben, L. S., & Daggs, D. G. (1988). On education and geographers: The role of cognitive developmental theory in geographic education. *Annals of the Association of American Geographers, 78*, 680–700.

Draisma, J. (2000). Gesture and oral computation as resources in the early learning of mathematics. In T. Nakahara & M. Koyama (Eds.), *Proceedings of the 24th Conference of the International Group for the Psychology in Mathematics Education* (Vol. 2, pp. 257–264).

Driscoll, M. J. (1983). *Research within reach: Elementary school mathematics and reading*. St. Louis: CEMREL, Inc.

Du Boulay, B. (1986). Part II: Logo confessions. In R. Lawler, B. du Boulay, M. Hughes, & H. Macleod (Eds.), *Cognition and computers: Studies in learning* (pp. 81–178). Chichester, England: Ellis Horwood Limited.

Duncan, G. J., & Magnuson, K. (2011). The nature and impact of early achievement skills, attention skills, and behavior problems. In G. J. Duncan & R. Murnane (Eds.), *Whither opportunity? Rising inequality and the uncertain life chances of low-income children* (pp. 47–70). New York, NY: Russell Sage Press.

Duncan, G. J., Brooks-Gunn, J., & Klebanov, P. K. (1994). Economic deprivation and early childhood development. *Child Development, 65*, 296–318.

Duncan, G. J., Claessens, A., & Engel, M. (2004). *The contributions of hard skills and socio-emotional behavior to school readiness*. Evanston, IL: Northwestern University.

Duncan, G. J., Dowsett, C. J., Claessens, A., Magnuson, K., Huston, A. C., Klebanov, P. et al. (2007). School readiness and later achievement. *Developmental Psychology, 43*(6), 1428–1446.

Early, D., Barbarin, O., Burchinal, M. R., Chang, F., Clifford, R., Crawford, G., et al. (2005). *Pre-kindergarten in eleven states: NCEDL's multi-state study of pre-kindergarten & study of State-Wide Early Education Programs (SWEEP)*. Chapel Hill, NC: University of North Carolina.

Early, D. M., Iruka, I. U., Ritchie, S., Barbarin, O. A., Winn, D.-M. C., Crawford, G. M. et al. (2010). How do pre-kindergarteners spend their time? Gender, ethnicity, and income as predictors of experiences in pre-kindergarten classrooms. *Early Childhood Research Quarterly*, *25*(2), 177–193. doi: http://dx.doi.org/10.1016/j.ecresq.2009.10.003

Ebbeck, M. (1984). Equity for boys and girls: Some important issues. *Early Child Development and Care*, *18*, 119–131.

Edens, K. M., & Potter, E. F. (2013). An exploratory look at the relationships among math skills, motivational factors and activity choice. *Early Childhood Education Journal*, *41*(3), 235–243. doi: 10.1007/s10643-012-0540-y

Edwards, C., Gandini, L., & Forman, G. E. (1993). *The hundred languages of children: The Reggio Emilia approach to early childhood education*. Norwood, N.J.: Ablex Publishing Corp.

Ehrlich, S. B., & Levine, S. C. (2007a, March). *What low-SES children DO know about number: A comparison of Head Start and tuition-based preschool children's number knowledge*. Paper presented at the Biennial Meeting of the Society of Research in Child Development, Boston, MA.

Ehrlich, S. B., & Levine, S. C. (2007b, April). *The impact of teacher "number talk" in low- and middle-SES preschool classrooms*. Paper presented at the American Educational Research Association, Chicago, IL.

Ehrlich, S. B., Levine, S. C., & Goldin-Meadow, S. (2006). The importance of gesture in children's spatial reasoning. *Developmental Psychology*, *42*(6), 1259–1268. doi: 10.1037/0012-1649.42.6.1259

Eimeren, L. v., MacMillan, K. D., & Ansari, D. (2007, April). *The role of subitizing in children's development of verbal counting*. Paper presented at the Society for Research in Child Development, Boston, MA.

Elia, I., Gagatsis, A., & Demetriou, A. (2007). The effects of different modes of representation on the solution of one-step additive problems. *Learning and Instruction*, *17*, 658–672.

Elliott, A., & Hall, N. (1997). The impact of self-regulatory teaching strategies on "at-risk" preschoolers' mathematical learning in a computer-mediated environment. *Journal of Computing in Childhood Education*, *8*(2/3), 187–198.

Emihovich, C., & Miller, G. E. (1988). Talking to the turtle: A discourse analysis of Logo instruction. *Discourse Processes*, *11*, 183–201.

Entwisle, D. R., & Alexander, K. L. (1990). Beginning school math competence: Minority and majority comparisons. *Child Development*, *61*, 454–471.

Entwisle, D. R., & Alexander, K. L. (1997). Family type and children's growth in reading and math over the primary grades. *Journal of Marriage and the Family*, *58*, 341–355.

Ericsson, K. A., Krampe, R. T., & Tesch-Römer, C. (1993). The role of deliberate practice in the acquisition of expert performance. *Psychological Review*, *100*, 363–406.

Ernest, P. (1985). The number line as a teaching aid. *Educational Studies in Mathematics*, *16*, 411–424.

Espada, J. P. (2012). The native language in teaching kindergarten mathematics. *Journal of International Education Research*, *8*(4), 359–366.

Espinosa, L. M. (2005). Curriculum and assessment considerations for young children from culturally, linguistically, and economically diverse backgrounds. *Psychology in the Schools*, *42*(8), 837–853. doi: 10.1002/pits.20115

Evans, D. W. (1983). *Understanding infinity and zero in the early school years*. Unpublished doctoral dissertation, University of Pennsylvania.

Falk, R., Yudilevich-Assouline, P., & Elstein, A. (2012). Children's concept of probability as inferred from their binary choices— revisited. *Educational Studies in Mathematics*, *81*(2), 207–233. doi: 10.1007/s10649-012-9402-1

Farran, D. C., Kang, S. J., Aydogan, C., & Lipsey, M. (2005). Preschool classroom environments and the quantity and quality of children's literacy and language behaviors. In D. Dickinson & S. Neuman (Eds.), *Handbook of early literacy research*, *Vol. 2*. New York, NY: Guilford Publications.

Farran, D. C., Lipsey, M. W., Watson, B., & Hurley, S. (2007). *Balance of content emphasis and child content engagement in an early reading first program.* Paper presented at the American Educational Research Association.

Farran, D. C., Silveri, B., & Culp, A. (1991). Public preschools and the disadvantaged. In L. Rescorla, M. C. Hyson, & K. Hirsh-Pase (Eds.), *Academic instruction in early childhood: Challenge or pressure? New directions for child development* (pp. 65–73). San Francisco, CA: Jossey-Bass.

Fennema, E. H. (1972). The relative effectiveness of a symbolic and a concrete model in learning a selected mathematics principle. *Journal for Research in Mathematics Education*, *3*, 233–238.

Fennema, E. H., & Tartre, L. A. (1985). The use of spatial visualization in mathematics by girls and boys. *Journal for Research in Mathematics Education*, *16*, 184–206.

Fennema, E. H., Carpenter, T. P., Frank, M. L., Levi, L., Jacobs, V. R., & Empson, S. B. (1996). A longitudinal study of learning to use children's thinking in mathematics instruction. *Journal for Research in Mathematics Education*, *27*, 403–434.

Fennema, E. H., Carpenter, T. P., Franke, M. L., & Levi, L. (1998). A longitudinal study of gender differences in young children's mathematical thinking. *Educational Researcher*, *27*, 6–11.

Feuerstein, R., Rand, Y. a., & Hoffman, M. B. (1979). *The dynamic assessment of retarded performers: The Learning Potential Assessment Device, theory, instruments, and techniques*. Baltimore, MD: University Park Press.

Finn, J. D. (2002). Small classes in American schools: Research, practice, and politics. *Phi Delta Kappan*, *83*, 551–560.

Finn, J. D., & Achilles, C. M. (1990). Answers and questions about class size. *American Educational Research Journal*, *27*(3), 557–577.

Finn, J. D., Gerber, S. B., Achilles, C. M., & Boyd-Zaharias, J. (2001). The enduring effects of small classes. *Teachers College Record*, *103*(2), 145–183.

Finn, J. D., Pannozzo, G. M., & Achilles, C. M. (2003). The "why's" of class size: Student behavior in small classes. *Review of Educational Research*, *73*, 321–368.

Fisher, K., Hirsh-Pasek, K., & Golinkoff, R. M. (2012). Fostering mathematical thinking through playful learning. In S. Suggate & E. Reese (Eds.), *Contemporary Debates in Childhood Education and Development*. New York, NY: Routledge.

Fisher, P. H., Dobbs-Oates, J., Doctoroff, G. L., & Arnold, D. H. (2012). Early math interest and the development of math skills. *Journal of Educational Psychology*, *104*(3), 673–681. doi: 10.1037/a0027756

Fitzpatrick, C., & Pagani, L. S. (2013). Task-oriented kindergarten behavior pays off in later childhood. *Journal of Developmental & Behavioral Pediatrics*, *34*(2), 94–101 doi: 10.1097/DBP.0b013e31827a3779

Fitzpatrick, M. D., Grissmer, D., & Hastedt, S. (2011). What a difference a day makes: Estimating daily learning gains during kindergarten and first grade using a natural experiment. *Economics of Education Review*, *30*(2), 269–279. doi: http://dx.doi.org/10.1016/j.econedurev.2010.09.004

Fletcher, J. D., Hawley, D. E., & Piele, P. K. (1990). Costs, effects, and utility of microcomputer assisted instruction in the classroom. *American Educational Research Journal*, *27*, 783–806.

Fletcher-Flinn, C. M., & Gravatt, B. (1995). The efficacy of computer assisted instruction (CAI): A meta-analysis. *Journal of Educational Computing Research*, *12*, 219–242.

Flexer, R. J. (1989). Conceptualizing addition. *Teaching Exceptional Children, 21*(4), 21–25.

Fluck, M. (1995). Counting on the right number: Maternal support for the development of cardinality. *Irish Journal of Psychology, 16*, 133–149.

Fluck, M., & Henderson, L. (1996). Counting and cardinality in English nursery pupils. *British Journal of Educational Psychology, 66*, 501–517.

Ford, M. J., Poe, V., & Cox, J. (1993). Attending behaviors of ADHD children in math and reading using various types of software. *Journal of Computing in Childhood Education, 4*, 183–196.

Forman, G. E., & Hill, F. (1984). *Constructive play: Applying Piaget in the preschool* (rev. ed.). Menlo Park, CA: Addison Wesley.

Fox, J. (2005). Child-initiated mathematical patterning in the pre-compulsory years. In H. L. Chick & J. L. Vincent (Eds.), *Proceedings of the 29th Conference of the International Group for the Psychology in Mathematics Education* (Vol.2, pp. 313–320). Melbourne, AU: PME.

Fox, J. (2006). A justification for mathematical modelling experiences in the preparatory classroom. In P. Grootenboer, R. Zevenbergen, & M. Chinnappan (Eds.), *Proceedings of the 29th annual conference of the Mathematics Education Research Group of Australia* (pp. 221–228). Canberra, Australia.: MERGA.

Franke, M. L., Carpenter, T. P., & Battey, D. (2008). Algebra in the early grades. In J. J. Kaput, D. W. Carraher, & M. L. Blanton (Eds.), (pp. 333–359). Mahwah, NJ: Lawrence Erlbaum Associates.

Frazier, M. K. (1987). *The effects of Logo on angle estimation skills of 7th graders.* Unpublished master's thesis, Wichita State University.

French, L., & Song, M.-J. (1998). Developmentally appropriate teacher-directed approaches: Images from Korean kindergartens. *Journal of Curriculum Studies, 30*, 409–430.

Friedman, L. (1995). The space factor in mathematics: Gender differences. *Review of Educational Research, 65*(1), 22–50.

Friel, S. N., Curcio, F. R., & Bright, G. W. (2001). Making sense of graphs: Critical factors influencing comprehension and instructional implications. *Journal for Research in Mathematics Education, 32*, 124–158.

Frontera, M. (1994). On the initial learning of mathematics: Does schooling really help? In J. E. H. Van Luit (Ed.), *Research on learning and instruction of mathematics in kindergarten and primary school* (pp. 42–59). Doetinchem, the Netherlands: Graviant.

Fryer, J., & Levitt, S. D. (2004). Understanding the Black–White test score gap in the first two years of school. *The Review of Economics and Statistics, 86*(2), 447–464.

Fuchs, L. S., Compton, D. L., Fuchs, D., Paulson, K., Bryant, J. D., & Hamlett, C. L. (2005). The prevention, identification, and cognitive determinants of math difficulty. *Journal of Educational Psychology, 97*, 493–513.

Fuchs, L. S., Fuchs, D., & Karns, K. (2001). Enhancing kindergartners' mathematical development: Effects of peer-assisted learning strategies. *Elementary School Journal, 101*, 495–510.

Fuchs, L. S., Fuchs, D., Hamlett, C. L., Powell, S. R., Capizzi, A. M., & Seethaler, P. M. (2006). The effects of computer-assisted instruction on number combination skill in at-risk first graders. *Journal of Learning Disabilities, 39*, 467–475.

Fuchs, L. S., Geary, D. C., Compton, D. L., Fuchs, D., Schatschneider, C., Hamlett, C. L. et al. (2013). Effects of first-grade number knowledge tutoring with contrasting forms of practice. *Journal of Educational Psychology, 105*(1), 58–77. doi: 10.1037/a0030127.supp

Fuchs, L. S., Powell, S. R., Cirino, P. T., Fletcher, J. M., Fuchs, D., & Zumeta, R. O. (2008). *Enhancing number combinations fluency and math problem-solving skills in third-grade students with math difficulties: A field-based randomized control trial.*

Paper presented at the Institute of Education Science 2007 Research Conference.

Fuchs, L. S., Powell, S. R., Hamlett, C. L., Fuchs, D., Cirino, P. T., & Fletcher, J. M. (2008). Remediating computational deficits at third grade: A randomized field trial. *Journal of Research on Educational Effectiveness*, *1*, 2–32.

Fuchs, L. S., Powell, S. R., Seethaler, P. M., Cirino, P. T., Fletcher, J. M., Fuchs, D. et al. (2010). The effects of strategic counting instruction, with and without deliberate practice, on number combination skill among students with mathematics difficulties. *Learning and Individual Differences*, *20*(2), 89–100. doi: 10.1016/j.lindif.2009.09.003

Fuson, K. C. (1988). *Children's counting and concepts of number*. New York, NY: Springer-Verlag.

Fuson, K. C. (1992a). Research on learning and teaching addition and subtraction of whole numbers. In G. Leinhardt, R. Putman, & R. A. Hattrup (Eds.), *Handbook of research on mathematics teaching and learning* (pp. 53–187). Mahwah, NJ: Lawrence Erlbaum Associates.

Fuson, K. C. (1992b). Research on whole number addition and subtraction. In D. A. Grouws (Ed.), *Handbook of research on mathematics teaching and learning* (pp. 243–275). New York, NY: Macmillan.

Fuson, K. C. (1997). Research-based mathematics curricula: New educational goals require programs of four interacting levels of research. *Issues in Education*, *3*(1), 67–79.

Fuson, K. C. (2004). Pre-K to grade 2 goals and standards: Achieving 21st century mastery for all. In D. H. Clements, J. Sarama, & A.-M. DiBiase (Eds.), *Engaging young children in mathematics: Standards for early childhood mathematics education* (pp. 105–148). Mahwah, NJ: Lawrence Erlbaum Associates.

Fuson, K. C. (2009). *Mathematically-desirable and accessible whole-number algorithms: Achieving understanding and fluency for all students*. Chicago, IL: Northwestern

University.

Fuson, K. C., & Abrahamson, D. (2009). *Word problem types, numerical situation drawings, and a conceptual -phase model to implement an algebraic approach to problem-solving in elementary classrooms*. Chicago, IL: Northwestern University.

Fuson, K. C., & Briars, D. J. (1990). Using a base-ten blocks learning/teaching approach for first- and second-grade place-value and multidigit addition and subtraction. *Journal for Research in Mathematics Education, 21*, 180–206.

Fuson, K. C., Perry, T., & Kwon, Y. (1994). Latino, Anglo, and Korean children's finger addition methods. In J. E. H. Van Luit (Ed.), *Research on learning and instruction of mathematics in kindergarten and primary school* (pp. 220–228). Doetinchem, the Netherlands: Graviant.

Fuson, K. C., Smith, S. T., & Lo Cicero, A. (1997). Supporting Latino first graders' ten-structured thinking in urban classrooms. *Journal for Research in Mathematics Education, 28*, 738–760.

Fuson, K. C., Wearne, D., Hiebert, J. C., Murray, H. G., Human, P. G., Olivier, A. I. et al. (1997). Children's conceptual structures for multidigit numbers and methods of multidigit addition and subtraction. *Journal for Research in Mathematics Education, 28*, 130–162.

Gadanidis, G., Hoogland, C., Jarvis, D., & Scheffel, T.-L. (2003). Mathematics as an aesthetic experience. In *Proceedings of the 27th Conference of the International Group for the Psychology in Mathematics Education* (Vol. 1, pp. 250). Honolulu, HI: University of Hawai'i.

Gagatsis, A., & Elia, I. (2004). The effects of different modes of representation on mathematical problem solving. In M. J. Høines & A. B. Fuglestad (Eds.), *Proceedings of the 28th Conference of the International Group for the Psychology in Mathematics Education* (Vol. 2, pp. 447–454). Bergen, Norway: Bergen University College.

Galen, F. H. J. v., & Buter, A. (1997). De rol van interactie bij leren rekenen met de computer [Computer tasks and classroom discussions in mathematics]. *Panama-Post. Tijdschrift voor nascholing en onderzoek van het reken-wiskundeonderwijs*, *16*(1), 11–18.

Gallou-Dumiel, E. (1989). Reflections, point symmetry and Logo. In C. A. Maher, G. A. Goldin, & R. B. Davis (Eds.), *Proceedings of the eleventh annual meeting, North American Chapter of the International Group for the Psychology of Mathematics Education* (pp. 149–157). New Brunswick, NJ: Rutgers University.

Gamel-McCormick, M., & Amsden, D. (2002). *Investing in better outcomes: The Delaware early childhood longitudinal study*: Delaware Interagency Resource Management Committee and the Department of Education.

Gathercole, S. E., Tiffany, C., Briscoe, J., Thorn, A., & The, A. T. (2005). Developmental consequences of poor phonological short- term memory function in childhood: a longitudinal study. *Journal of Child Psychology and Psychiatry*, *46*(6), 598–611. doi: 10.1111/j.1469-7610.2004.00379.x

Gavin, M. K., Casa, T. M., Adelson, J. L., & Firmender, J. M. (2013). The impact of challenging geometry and measurement units on the achievement of grade 2 students. *Journal for Research in Mathematics Education*, *44*(3), 478–509.

Geary, D. C. (1990). A componential analysis of an early learning deficit in mathematics. *Journal of Experimental Child Psychology*, *49*, 363–383.

Geary, D. C. (1994). *Children's mathematical development: Research and practical applications*. Washington, D.C.: American Psychological Association.

Geary, D. C. (2003). Learning disabilities in arithmetic: Problem solving differences and cognitive deficits. In H. L. Swanson, K. Harris, & S. Graham (Eds.), *Handbook of learning disabilities*. New York, NY: Guilford Press.

Geary, D. C. (2004). Mathematics and learning disabilities. *Journal of Learning Disabilities*, *37*, 4–15.

Geary, D. C. (2006). Development of mathematical understanding. In D. Kuhn, R. S. Siegler, W. Damon, & R. M. Lerner (Eds.), *Handbook of child psychology: Volume 2—Cognition, perception, and language* (6th ed.) (pp. 777–810). Hoboken, NJ: Wiley.

Geary, D. C. (2011). Cognitive predictors of achievement growth in mathematics: A 5-year longitudinal study. *Developmental Psychology*, *47*(6), 1539–1552. doi: 10.1037/a0025510

Geary, D. C. (2013). Early foundations for mathematics learning and their relations to learning disabilities. *Current Directions in Psychological Science*, *22*(1), 23–27. doi: 10.1177/0963721412469398

Geary, D. C., & Liu, F. (1996). Development of arithmetical competence in Chinese and American children: Influence of age, language, and schooling. *Child Development*, *67*(5), 2022–2044.

Geary, D. C., Bow-Thomas, C. C., Fan, L., & Siegler, R. S. (1993). Even before formal instruction, Chinese children outperform American children in mental addition. *Cognitive Development*, *8*, 517–529.

Geary, D. C., Bow-Thomas, C. C., & Yao, Y. (1992). Counting knowledge and skill in cognitive addition: A comparison of normal and mathematically disabled children. *Journal of Experimental Child Psychology*, *54*, 372–391.

Geary, D. C., Brown, S. C., & Samaranayake, V. A. (1991). Cognitive addition: A short longitudinal study of strategy choice and speed-of-processing differences in normal and mathematically disabled children. *Developmental Psychology*, *27*(5), 787–797.

Geary, D. C., Hamson, C. O., & Hoard, M. K. (2000). Numerical and arithmetical cognition: A longitudinal study of process and concept deficits in children with learning disability. *Journal of Experimental Child Psychology*, *77*, 236–263.

Geary, D. C., Hoard, M. K., Byrd-Craven, J., Nugent, L., & Numtee, C. (2007). Cognitive

mechanisms underlying achievement deficits in children with mathematical learning disability. *Child Development*, *78*, 1343–1359.

Geary, D. C., Hoard, M. K., & Hamson, C. O. (1999). Numerical and arithmetical cognition: Patterns of functions and deficits in children at risk for a mathematical disability. *Journal of Experimental Child Psychology*, *74*, 213–239.

Geary, D. C., Hoard, M. K., & Nugent, L. (2012). Independent contributions of the central executive, intelligence, and in-class attentive behavior to developmental change in the strategies used to solve addition problems. *Journal of Experimental Child Psychology*, *113*(1), 49–65. doi: 10.1016/j.jecp.2012.03.003

Gelman, R. (1994). Constructivism and supporting environments. In D. Tirosh (Ed.), *Implicit and explicit knowledge: An educational approach* (Vol. 6, pp. 55–82). Norwood, NJ: Ablex.

Gelman, R., & Williams, E. M. (1997). Enabling constraints for cognitive development and learning: Domain specificity and epigenesis. In D. Kuhn & R. Siegler (Eds.), *Cognition, perception, and language. Vol. 2: Handbook of Child Psychology* (5th ed., pp. 575–630). New York, NY: John Wiley & Sons.

Gersten, R. (1986). Response to "consequences of three preschool curriculum models through age 15." *Early Childhood Research Quarterly*, *1*, 293–302.

Gersten, R., & White, W. A. T. (1986). Castles in the sand: Response to Schweinhart and Weikart. *Educational Leadership*, *44*(3) 19–20.

Gersten, R., Chard, D. J., Jayanthi, M., Baker, M. S., Morpy, S. K., & Flojo, J. R. (2008). *Teaching mathematics to students with learning disabilities: A meta-analysis of the intervention research.* Portsmouth, NH: RMC Research Corporation, Center on Instruction.

Gersten, R., Jordan, N. C., & Flojo, J. R. (2005). Early identification and interventions for students with mathematical difficulties. *Journal of Learning Disabilities*, *38*, 293–304.

Gervasoni, A. (2005). The diverse learning needs of children who were selected for an intervention program. In H. L. Chick & J.L. Vincent (Eds.), *Proceedings of the 29th Conference of the International Group for the Psychology in Mathematics Education* (Vol. 3, pp. 33–40). Melbourne, Australia: PME.

Gervasoni, A., Hadden, T., & Turkenburg, K. (2007). Exploring the number knowledge of children to inform the development of a professional learning plan for teachers in the Ballarat Diocese as a means of building community capacity. In J. Watson & K. Beswick (Eds.), *Mathematics: Essential research, essential practice (Proceedings of the 30th Annual Conference of the Mathematics Education Research Group of Australasia)* (Vol. 3, pp. 305–314). Hobart, Australia: MERGA.

Gervasoni, A., Parish, L., Hadden, T., Livesey, C., Bevan, K., Croswell, M. et al. (2012). *The progress of grade 1 students who participated in an extending mathematical understanding intervention program.* Paper presented at the Mathematics Education Research Group of Australasia, Singapore.

Gibson, E. J. (1969). *Principles of perceptual learning and development.* New York, NY: Appleton-Century-Crofts, Meredith Corporation.

Gilmore, C. K., & Papadatou-Pastou, M. (2009). Patterns of individual differences in conceptual understanding and arithmetical skill: A meta-analysis. *Mathematical Thinking and Learning, 10*, 25–40.

Ginsburg, H. P. (1977). *Children's arithmetic.* Austin, TX: Pro-Ed.

Ginsburg, H. P. (1997). Mathematics learning disabilities: A view from developmental psychology. *Journal of Learning Disabilities, 30*, 20–33.

Ginsburg, H. P. (2008). Mathematics education for young children: What it is and how to promote it. *Social Policy Report, 22*(1), 1–24.

Ginsburg, H. P., & Russell, R. L. (1981). Social class and racial influences on early mathematical thinking. *Monographs of the Society for Research in Child Development, 46*(6, Serial No. 193).

Ginsburg, H. P., Choi, Y. E., Lopez, L. S., Netley, R., & Chi, C.-Y. (1997). Happy birthday to you: The early mathematical thinking of Asian, South American, and U.S. children. In T. Nunes & P. Bryant (Eds.), *Learning and teaching mathematics: An international perspective* (pp. 163–207). East Sussex, England: Psychology Press.

Ginsburg, H. P., Duch, H., Ertle, B., & Noble, K. G. (2012). How can parents help their children learn math? In B. H. Wasik (Ed.), *Handbook of family literacy* (2nd ed., pp. 496). New York, NY: Routledge.

Ginsburg, H. P., Inoue, N., & Seo, K.-H. (1999). Young children doing mathematics: Observations of everyday activities. In J. V. Copley (Ed.), *Mathematics in the early years* (pp. 88–99). Reston, VA: National Council of Teachers of Mathematics.

Ginsburg, H. P., Klein, A., & Starkey, P. (1998). The development of children's mathematical thinking: Connecting research with practice. In W. Damon, I. E. Sigel, & K. A. Renninger (Eds.), *Handbook of child psychology. Volume 4: Child psychology in practice* (pp. 401–476). New York, NY: John Wiley & Sons.

Ginsburg, H. P., Ness, D., & Seo, K.-H. (2003). Young American and Chinese children's everyday mathematical activity. *Mathematical Thinking and Learning*, *5*, 235–258.

Gormley, W. T., Jr., Gayer, T., Phillips, D., & Dawson, B. (2005). The effects of universal pre-K on cognitive development. *Developmental Psychology*, *41*, 872–884.

Graham, T. A., Nash, C., & Paul, K. (1997). Young children's exposure to mathematics: The child care context. *Early Childhood Education Journal*, *25*, 31–38.

Grant, S. G., Peterson, P. L., & Shojgreen-Downer, A. (1996). Learning to teach mathematics in the context of system reform. *American Educational Research Journal*, *33*(2), 509–541.

Gravemeijer, K. P. E. (1990). Realistic geometry instruction. In K. P. E. Gravemeijer, M. van den Heuvel, & L. Streefland (Eds.), *Contexts free productions tests and geometry in realistic mathematics education* (pp. 79–91). Utrecht, the Netherlands:

OW&OC.

Gravemeijer, K. P. E. (1991). An instruction-theoretical reflection on the use of manipulatives. In L. Streefland (Ed.), *Realistic mathematics education in primary school* (pp. 57–76). Utrecht, the Netherlands: Freudenthal Institute, Utrecht University.

Gray, E. M., & Pitta, D. (1997). Number processing: Qualitative differences in thinking and the role of imagery. In L. Puig & A. Gutiérrez (Eds.), *Proceedings of the 20th Annual Conference of the Mathematics Education Research Group of Australasia* (Vol. 3, pp. 35–42).

Gray, E. M., & Pitta, D. (1999). Images and their frames of reference: A perspective on cognitive development in elementary arithmetic. In O. Zaslavsky (Ed.), *Proceedings of the 23rd Conference of the International Group for the Psychology of Mathematics Education* (Vol. 3, pp. 49–56). Haifa, Israel: Technion.

Greabell, L. C. (1978). The effect of stimuli input on the acquisition of introductory geometric concepts by elementary school children. *School Science and Mathematics, 78*(4), 320–326.

Green, J. A. K., & Goswami, U. (2007). *Synaesthesia and number cognition in children.* Paper presented at the Society for Research in Child Development.

Greeno, J. G., & Riley, M. S. (1987). Processes and development of understanding. In R. E. Weinert & R. H. Kluwe (Eds.), *Metacognition, motivation, and understanding* (pp. 289–313): Lawrence Erlbaum Associates.

Greenwood, C. R., Delquadri, J. C., & Hall, R. V. (1989). Longitudinal effects of classwide peer tutoring. *Journal of Educational Psychology, 81*, 371–383.

Griffin, S. (2004). Number Worlds: A research-based mathematics program for young children. In D. H. Clements, J. Sarama, & A.-M. DiBiase (Eds.), *Engaging young children in mathematics: Standards for early childhood mathematics education* (pp. 325–342). Mahwah, NJ: Lawrence Erlbaum Associates.

Griffin, S., & Case, R. (1997). Re-thinking the primary school math curriculum: An approach based on cognitive science. *Issues in Education*, *3*(1), 1–49.

Griffin, S., Case, R., & Capodilupo, A. (1995). Teaching for understanding: The importance of the Central Conceptual Structures in the elementary mathematics curriculum. In A. McKeough, J. Lupart, & A. Marini (Eds.), *Teaching for transfer: Fostering generalization in learning* (pp. 121–151). Mahwah, NJ: Lawrence Erlbaum Associates.

Griffin, S., Case, R., & Siegler, R. S. (1994). Rightstart: Providing the central conceptual prerequisites for first formal learning of arithmetic to students at risk for school failure. In K. McGilly (Ed.), *Classroom lessons: Integrating cognitive theory and classroom practice* (pp. 25–49). Cambridge, MA: MIT Press.

Grissmer, D., Grimm, K. J., Aiyer, S. M., Murrah, W. M., & Steele, J. S. (2010). Fine motor skills and early comprehension of the world: Two new school readiness indicators. *Developmental Psychology*, *46*(5), 1008–1017. doi: 10.1037/a0020104.supp

Grupe, L. A., & Bray, N. W. (1999). What role do manipulatives play in kindergartners' accuracy and strategy use when solving simple addition problems? Albuquerque, NM: Society for Research in Child Development.

Guarino, C., Dieterle, S. G., Bargagliotti, A. E., & Mason, W. M. (2013). What can we learn about effective early mathematics teaching? A framework for estimating causal effects using longitudinal survey data. *Journal of Research on Educational Effectiveness*, *6*, 164–198.

Gunderson, E. A., & Levine, S. C. (2011). Some types of parent number talk count more than others: Relation between parents' input and children's number knowledge. *Developmental Science*, *14*(5), 1021–1032. doi: 10.1111/j.1467- 7687.2011.01050.x

Gunderson, E., Ramirez, G., Levine, S., & Beilock, S. (2012). The role of parents and

teachers in the development of gender-related math attitudes. *Sex Roles*, *66*(3–4), 153–166. doi: 10.1007/s11199-011-9996-2

Halle, T. G., Kurtz-Costes, B., & Mahoney, J. L. (1997). Family influences on school achievement in low-income, African American children. *Journal of Educational Psychology*, *89*, 527–537.

Hamre, B. K., & Pianta, R. C. (2001). Early teacher-child relationships and the trajectory of children's school outcomes through eighth grade. *Child Development*, *72*, 625–638.

Hancock, C. M. (1995). Das Erlernen der Datenanalyse durch anderweitige Beschäftigungen: Grundlagen von Datencompetenz bei Schülerinnen und Schülern in den klassen 1 bis 7. [Learning data analysis by doing something else: Foundations of data literacy in grades 1–7]. *Computer und Unterricht*, *17*(1).

Hanich, L. B., Jordan, N. C., Kaplan, D., & Dick, J. (2001). Performance across different areas of mathematical cognition in children with learning difficulties. *Journal of Educational Psychology*, *93*, 615–626.

Hannula, M. M. (2005). *Spontaneous focusing on numerosity in the development of early mathematical skills*. Turku, Finland: University of Turku.

Hannula, M. M., Lepola, J., & Lehtinen, E. (2007). *Spontaneous focusing on numerosity at Kindergarten predicts arithmetical but not reading skills at grade 2*. Paper presented at the Society for Research in Child Development.

Harris, L. J. (1981). Sex-related variations in spatial skill. In L. S. Liben, A. H. Patterson, & N. Newcombe (Eds.), *Spatial representation and behavior across the life span* (pp. 83–125). New York, NY: Academic Press.

Harrison, C. (2004). Giftedness in early childhood: The search for complexity and connection. *Roeper Review*, *26*(2), 78–84.

Hart, B., & Risley, T. R. (1995). *Meaningful differences in the everyday experience of young American children*. Baltimore, MD: Paul H. Brookes.

Hart, B., & Risley, T. R. (1999). *The social world of children: Learning to talk.* Baltimore, MD: Paul H. Brookes.

Hasselbring, T. S., Goin, L. I., & Bransford, J. (1988). Developing math automaticity in learning handicapped children: The role of computerized drill and practice. *Focus on Exceptional Children, 20*(6), 1–7.

Hasselhorn, M., & Linke-Hasselhorn, K. (2013). Fostering early numerical skills at school start in children at risk for mathematical achievement problems: A small sample size training study. *International Educational Studies, 6*(3), 213–220. doi: doi:10.5539/ies.v6n3p213

Hatano, G., & Sakakibara, T. (2004). Commentary: Toward a cognitive-sociocultural psychology of mathematical and analogical development. In L. D. English (Ed.), *Mathematical and analogical reasoning of young learners* (pp. 187–200). Mahwah, NJ: Lawrence Erlbaum Associates.

Hattikudur, S., & Alibali, M. (2007). *Learning about the equal sign: Does contrasting with inequalities help?* Paper presented at the Society for Research in Child Development.

Haugland, S. W. (1992). Effects of computer software on preschool children's developmental gains. *Journal of Computing in Childhood Education, 3*(1), 15–30.

Hausken, E. G., & Rathbun, A. (2004). *Mathematics instruction in kindergarten: Classroom practices and outcomes*. Paper presented at the American Educational Research Association.

Hegarty, M., & Kozhevnikov, M. (1999). Types of visual-spatial representations and mathematical problems-solving. *Journal of Educational Psychology, 91*, 684–689.

Hemmeter, M. L., Ostrosky, M. M., & Fox, L. (2006). Social emotional foundations for early learning: A conceptual model for intervention. *School Psychology Review, 35*, 583–601.

Hemphill, J. A. R. (1987). *The effects of meaning and labeling on four-year-olds' ability to copy triangles*. Columbus, OH: The Ohio State University.

Henry, V J., & Brown, R. S. (2008). First-grade basic facts: An investigation into teaching and learning of an accelerated, high-demand memorization standard. *Journal for Research in Mathematics Education, 39*, 153–183.

Heuvel-Panhuizen, M. v. d. (1996). *Assessment and realistic mathematics education*. Utrecht, the Netherlands: Freudenthal Institute, Utrecht University.

Hiebert, J. C. (1999). Relationships between research and the NCTM Standards. *Journal for Research in Mathematics Education, 30*, 3–19.

Hiebert, J. C., & Grouws, D. A. (2007). The effects of classroom mathematics teaching on students' learning. In F. K. Lester, Jr. (Ed.), *Second handbook of research on mathematics teaching and learning* (pp. 371–404). New York, NY: Information Age Publishing.

Hiebert, J. C., & Wearne, D. (1992). Links between teaching and learning place value with understanding in first grade. *Journal for Research in Mathematics Education, 23*, 98–122.

Hiebert, J. C., & Wearne, D. (1993). Instructional tasks, classroom discourse, and student learning in second-grade classrooms. *American Educational Research Journal, 30*, 393–425.

Hiebert, J. C., & Wearne, D. (1996). Instruction, understanding, and skill in multidigit addition and subtraction. *Cognition and Instruction, 14*, 251–283.

Hinkle, D. (2000). *School involvement in early childhood*. Washington, D.C.: National Institute on Early Childhood Development and Education, U.S. Department of Education, Office of Educational Research and Improvement.

Hitch, G. J., & McAuley, E. (1991). Working memory in children with specific arithmetical learning disabilities. *British Journal of Psychology, 82*, 375–386.

Holloway, S. D., Rambaud, M. F., Fuller, B., & Eggers-Pierola, C. (1995). What is "appropriate practice" at home and in child care?: Low-income mothers' views on

preparing their children for school. *Early Childhood Research Quarterly*, *10*, 451–473.

Holt, J. (1982). *How children fail*. New York, NY: Dell.

Holton, D., Ahmed, A., Williams, H., & Hill, C. (2001). On the importance of mathematical play. *International Journal of Mathematical Education in Science and Technology*, *32*, 401–415.

Hopkins, S. L., & Lawson, M. J. (2004). Explaining variability in retrieval times for addition produced by students with mathematical learning difficulties. In M. J. Høines & A. B. Fuglestad (Eds.), *Proceedings of the 28th Conference of the International Group for the Psychology in Mathematics Education* (Vol. 3, pp. 57–64). Bergen, Norway: Bergen University College.

Horne, M. (2004). Early gender differences. In M. J. Høines & A. B. Fuglestad (Eds.), *Proceedings of the 28th Conference of the International Group for the Psychology in Mathematics Education* (Vol. 3, pp. 65–72). Bergen, Norway: Bergen University College.

Horne, M. (2005). The effects of number knowledge at school entry on subsequent number development: A five-year longitudinal study. In P. Clarkson, A. Downton, D. Gronn, M. Horne, A. McDonough, R. Pierce, & A. Roche, (Eds.). *Building connections: Research, theory and practice (Proceedings of the 28th annual conference of the Mathematics Education Research Group of Australasia)* (pp. 443–450). Melbourne, Australia: MERGA.

Howard, J. R., Watson, J. A., & Allen, J. (1993). Cognitive style and the selection of Logo problem-solving strategies by young black children. *Journal of Educational Computing Research*, *9*, 339–354.

Howes, C., Fuligni, A. S., Hong, S. S., Huang, Y. D., & Lara-Cinisomo, S. (2013). The preschool instructional context and child–teacher relationships. *Early Education & Development*, *24*(3), 273–291. doi: 10.1080/10409289.2011.649664

Hsieh, W.-Y., Hemmeter, M. L., McCollum, J. A., & Ostrosky, M. M. (2009). Using coaching to increase preschool teachers' use of emergent literacy teaching strategies. *Early Childhood Research Quarterly*, *24*, 229–247.

Hudson, T. (1983). Correspondences and numerical differences between disjoint sets. *Child Development*, *54*, 84–90.

Hughes, M. (1981). Can preschool children add and subtract? *Educational Psychology*, *1*, 207–219.

Hughes, M. (1986). *Children and number: Difficulties in learning mathematics*. Oxford, England: Basil Blackwell.

Hungate, H. (1982, January). Computers in the kindergarten. *The Computing Teacher*, *9*, 15–18.

Hunting, R., & Pearn, C. (2003). The mathematical thinking of young children: Pre-K–2. In N. S. Pateman, B. J. Dougherty, & J. Zilliox (Eds.), *Proceedings of the 27th Conference of the International Group for the Psychology in Mathematics Education* (Vol. 1, p. 187). Honolulu, HI: University of Hawai'i.

Hutinger, P. L., & Johanson, J. (2000). Implementing and maintaining an effective early childhood comprehensive technology system. *Topics in Early Childhood Special Education*, *20*(3), 159–173.

Hutinger, P. L., Bell, C., Beard, M., Bond, J., Johanson, J., & Terry, C. (1998). *The early childhood emergent literacy technology research study. Final report*. Macomb, IL: Western Illinois University.

Huttenlocher, J., Jordan, N. C., & Levine, S. C. (1994). A mental model for early arithmetic. *Journal of Experimental Psychology: General*, *123*, 284–296.

Huttenlocher, J., Levine, S. C., & Ratliff, K. R. (2011). The development of measurement: From holistic perceptual comparison to unit understanding. In N. L. Stein & S. Raudenbush (Eds.), *Developmental science goes to school: Implications for education and public policy research*. New York, NY: Taylor and Francis.

Hyde, J. S., Fennema, E. H., & Lamon, S. J. (1990). Gender differences in mathematics performance: A meta-analysis. *Psychological Bulletin*, *107*, 139–155.

Irwin, K. C., Vistro-Yu, C. P., & Ell, F. R. (2004). Understanding linear measurement: A comparison of Filipino and New Zealand children. *Mathematics Education Research Journal*, *16*(2), 3–24.

Ishigaki, E. H., Chiba, T., & Matsuda, S. (1996). Young children's communication and self expression in the technological era. *Early Childhood Development and Care*, *119*, 101–117.

James, W. (1892/1958). *Talks to teachers on psychology: And to students on some of life's ideas*. New York, NY: Norton.

Janzen, J. (2008). Teaching English language learners. *Review of Educational Research*, *78*, 1010–1038.

Jayanthi, M., Gersten, R., & Baker, S. (2008). *Mathematics instruction for students with learning disabilities or difficulty learning mathematics: A guide for teachers*. Portsmouth, NH: RMC Research Corporation, Center on Instruction.

Jenks, K. M., van Lieshout, E. C. D. M., & de Moor, J. M. H. (2012). Cognitive correlates of mathematical achievement in children with cerebral palsy and typically developing children. *British Journal of Educational Psychology*, *82*(1), 120–135. doi: 10.1111/j.2044-8279.2011.02034.x

Jimerson, S., Egeland, B., & Teo, A. (1999). A longitudinal study of achievement trajectories: Factors associated with change. *Journal of Educational Psychology*, *91*, 116–126.

Johnson, D. W., & Johnson, R. T. (2009). An educational psychology success story: Social interdependence theory and cooperative learning. *Educational Researcher*, *38*(5), 365–379.

Johnson, M. (1987). *The body in the mind*. Chicago: The University of Chicago Press.

Johnson, V. M. (2000). *An investigation of the effects of instructional strategies on*

conceptual understanding of young children in mathematics. New Orleans, LA: American Educational Research Association.

Johnson-Gentile, K., Clements, D. H., & Battista, M. T. (1994). The effects of computer and noncomputer environments on students' conceptualizations of geometric motions. *Journal of Educational Computing Research, 11*, 121–140.

Jordan, J.-A., Wylie, J., & Mulhern, G. (2007). *Ability profiles of five to six-year-olds with mathematical learning difficulties*. Paper presented at the Society for Research in Child Development.

Jordan, K. E., Suanda, S. H., & Brannon, E. M. (2008). Intersensory redundancy accelerates preverbal numerical competence. *Cognition, 108*, 210–221.

Jordan, N. C., & Montani, T. O. (1997). Cognitive arithmetic and problem solving: A comparison of children with specific and general mathematics difficulties. *Journal of Learning Disabilities, 30*, 624–634.

Jordan, N. C., Glutting, J., & Ramineni, C. (2009). The importance of number sense to mathematics achievement in first and third grades. *Learning and Individual Differences, 22*(1), 82–88.

Jordan, N. C., Glutting, J., Ramineni, C., & Watkins, M. W. (2010). Validating a number sense screening tool for use in kindergarten and first grade: Prediction of mathematics proficiency in third grade. *School Psychology Review, 39*(2), 181–195.

Jordan, N. C., Hanich, L. B., & Kaplan, D. (2003). A longitudinal study of mathematical competencies in children with specific mathematics difficulties versus children with comorbid mathematics and reading difficulties. *Child Development, 74*, 834–850.

Jordan, N. C., Hanich, L. B., & Uberti, H. Z. (2003). Mathematical thinking and learning difficulties. In A. J. Baroody & A. Dowker (Eds.), *The development of arithmetic concepts and skills: Constructing adaptive expertise* (pp. 359–383). Mahwah, NJ:

Lawrence Erlbaum Associates.

Jordan, N. C., Huttenlocher, J., & Levine, S. C. (1992). Differential calculation abilities in young children from middle- and low- income families. *Developmental Psychology*, *28*, 644–653.

Jordan, N. C., Huttenlocher, J., & Levine, S. C. (1994). Assessing early arithmetic abilities: Effects of verbal and nonverbal response types on the calculation performance of middle- and low-income children. *Learning and Individual Differences*, *6*, 413–432.

Jordan, N. C., Kaplan, D., & Hanich, L. B. (2002). Achievement growth in children with learning difficulties in mathematics: Findings of a two-year longitudinal study. *Journal of Educational Psychology*, *94*, 586–597.

Jordan, N. C., Kaplan, D., Locuniak, M. N., & Ramineni, C. (2006). Predicting first-grade math achievement from developmental number sense trajectories. *Learning Disabilities Research and Practice*, *22*(1), 36–46.

Jordan, N. C., Kaplan, D., Oláh, L. N., & Locuniak, M. N. (2006). Number sense growth in kindergarten: A longitudinal investigation of children at risk for mathematics difficulties. *Child Development*, *77*, 153–175.

Kamii, C. (1973). Pedagogical principles derived from Piaget's theory: Relevance for educational practice. In M. Schwebel & J. Raph (Eds.), *Piaget in the classroom* (pp. 199–215). New York, NY: Basic Books.

Kamii, C. (1985). *Young children reinvent arithmetic: Implications of Piaget's theory.* New York, NY: Teaching College Press.

Kamii, C. (1986). Place value: An explanation of its difficulty and educational implications for the primary grades. *Journal of Research in Childhood Education*, *1*, 75–86.

Kamii, C. (1989). *Young children continue to reinvent arithmetic: 2nd grade. Implications of Piaget's theory*. New York, NY: Teaching College Press.

Kamii, C., & DeVries, R. (1980). *Group games in early education: Implications of Piaget's theory*. Washington, D.C.: National As- sociation for the Education of Young Children.

Kamii, C., & Dominick, A. (1997). To teach or not to teach algorithms. *Journal of Mathematical Behavior*, *16*, 51–61.

Kamii, C., & Dominick, A. (1998). The harmful effects of algorithms in grades 1–4. In L. J. Morrow & M. J. Kenney (Eds.), *The teaching and learning of algorithms in school mathematics* (pp. 130–140). Reston, VA: National Council of Teachers of Mathematics.

Kamii, C., & Housman, L. B. (1999). *Young children reinvent arithmetic: Implications of Piaget's theory* (2nd ed.). New York, NY: Teachers College Press.

Kamii, C., & Kato, Y. (2005). Fostering the development of logico-mathematical knowledge in a card game at ages 5–6. *Early Education & Development*, *16*, 367–383.

Kamii, C., & Russell, K. A. (2012). Elapsed time: Why is it so difficult to teach? *Journal for Research in Mathematics Education*, *43*(3), 296–315.

Kamii, C., Rummelsburg, J., & Kari, A. R. (2005). Teaching arithmetic to low-performing, low-SES first graders. *Journal of Mathematical Behavior*, *24*, 39–50.

Kaput, J. J., Carraher, D. W., & Blanton, M. L. (Eds.). (2008). *Algebra in the early grades*. Mahwah, NJ: Lawrence Erlbaum Associates.

Karmiloff-Smith, A. (1990). Constraints on representational change: Evidence from children's drawing. *Cognition*, *34*, 57–83.

Karmiloff-Smith, A. (1992). *Beyond modularity: A developmental perspective on cognitive science*. Cambridge, MA: MIT Press.

Karoly, L. A., Greenwood, P. W., Everingham, S. S., Houbé, J., Kilburn, M. R., Rydell, C. P., et al. (1998). *Investing in our children: What we know and don't know about the costs and benefits of early childhood interventions*. Santa Monica,

CA: Rand Education.

Kawai, N., & Matsuzawa, T. (2000). Numerical memory span in a chimpanzee. *Nature, 403*, 39–40.

Keller, S., & Goldberg, I. (1997). *Let's Learn Shapes with Shapely-CAL*. Great Neck, NY: Creative Adaptations for Learning, Inc.

Kersh, J., Casey, B. M., & Young, J. M. (2008). Research on spatial skills and block building in girls and boys: The relationship to later mathematics learning. In B. Spodek & O. N. Saracho (Eds.), *Contemporary perspectives on mathematics in early childhood education* (pp. 233–251). Charlotte, NC: Information Age Publishing.

Kidd, J. K., Carlson, A. G., Gadzichowski, K. M., Boyer, C. E., Gallington, D. A., & Pasnak, R. (2013). Effects of patterning instruction on the academic achievement of 1st-grade children. *Journal of Research in Childhood Education, 27*(2), 224–238. doi: 10.1080/02568543.2013.766664

Kieran, C. (1986). Logo and the notion of angle among fourth and sixth grade children. In C. Hoyles & L. Burton (Eds.), *Proceedings of the tenth annual meeting of the International Group for the Psychology in Mathematics Education* (pp. 99–104). London, England: City University.

Kieran, C., & Hillel, J. (1990). "It's tough when you have to make the triangles angles": Insights from a computer-based geometry environment. *Journal of Mathematical Behavior, 9*, 99–127.

Kilpatrick, J. (1987). Problem formulating: Where do good problems come from? In A. H. Schoenfeld (Ed.), *Cognitive science and mathematics education* (pp. 123–147). Hillsdale, NJ: Lawrence Erlbaum Associates.

Kilpatrick, J., Swafford, J., & Findell, B. (Eds.) (2001). *Adding it up: Helping children learn mathematics*. Washington, D.C.: Mathematics Learning Study Committee, National Research Council; National Academies Press.

Kim, S.-Y. (1994). The relative effectiveness of hands-on and computer-simulated

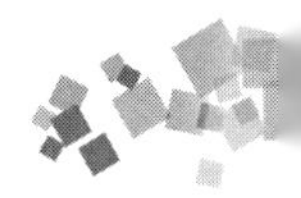

manipulatives in teaching seriation, classification, geometric, and arithmetic concepts to kindergarten children. *Dissertation Abstracts International, 54/09*, 3319.

King, J. A., & Alloway, N. (1992). Preschooler's use of microcomputers and input devices. *Journal of Educational Computing Research, 8*, 451–468.

Kleemans, T., Segers, E., & Verhoeven, L. (2013). Relations between home numeracy experiences and basic calculation skills of children with and without specific language impairment. *Early Childhood Research Quarterly, 28*(2), 415–423. doi: http:// dx.doi.org/10.1016/j.ecresq.2012.10.004

Klein, A., & Starkey, P. (2004). Fostering preschool children's mathematical development: Findings from the Berkeley Math Readiness Project. In D. H. Clements, J. Sarama, & A.-M. DiBiase (Eds.), *Engaging young children in mathematics: Standards for early childhood mathematics education* (pp. 343–360). Mahwah, NJ: Lawrence Erlbaum Associates.

Klein, A., Starkey, P., & Ramirez, A. B. (2002). *Pre-K mathematics curriculum*. Glenview, IL: Scott Foresman.

Klein, A., Starkey, P., & Wakeley, A. (1999). *Enhancing pre-kindergarten children's readiness for school mathematics*. Paper presented at the American Educational Research Association.

Klein, A. S., Beishuizen, M., & Treffers, A. (1998). The empty number line in Dutch second grades: Realistic versus gradual program design. *Journal for Research in Mathematics Education, 29*, 443–464.

Klibanoff, R. S., Levine, S. C., Huttenlocher, J., Vasilyeva, M., & Hedges, L. V. (2006). Preschool children's mathematical knowledge: The effect of teacher "math talk". *Developmental Psychology, 42*, 59–69.

Klinzing, D. G., & Hall, A. (1985). *A study of the behavior of children in a preschool equipped with computers*. Chicago: American Educational Research Association.

Knapp, M. S., Shields, P. M., & Turnbull, B. J. (1992). *Academic challenge for the*

children of poverty. Washington, D.C.: U.S. Department of Education.

Kolkman, M. E., Kroesbergen, E. H., & Leseman, P. P. M. (2013). Early numerical development and the role of non-symbolic and symbolic skills. *Learning and Instruction*, *25*(165), 95–103. doi: http://dx.doi.org/10.1016/j.learninstruc.2012.12.001

Konold, C., & Pollatsek, A. (2002). Data analysis as the search for signals in noisy processes. *Journal for Research in Mathematics Education*, *33*, 259–289.

Konold, T. R., & Pianta, R. C. (2005). Empirically-derived, person-oriented patterns of school readiness in typically-developing children: Description and prediction to first-grade achievement. *Applied Developmental Science*, *9*, 174–187.

Koponen, T., Aunola, K., Ahonen, T., & Nurmi, J.-E. (2007). Cognitive predictors of single-digit and procedural calculation and their covariation with reading skill. *Journal of Experimental Child Psychology*, *97*, 220–241.

Koponen, T., Salmi, P., Eklund, K., & Aro, T. (2013). Counting and RAN: Predictors of arithmetic calculation and reading fluency. *Journal of Educational Psychology*, *105*(1), 162–175. doi: 10.1037/a0029285

Kostos, K., & Shin, E.-K. (2010). Using math journals to enhance second graders' communication of mathematical thinking. *Early Childhood Education Journal*, *38*(3), 223–231.

Kovas, Y., Haworth, C. M. A., Dale, P. S., & Plomin, R. (2007). The genetic and environmental origins of learning abilities and disabilities in the early school years. *Monographs of the Society for Research in Child Development*, *72*, *whole number 3, Serial No. 188*, 1–144.

Krajewski, K. (2005) "Prediction of mathematical (dis-)abilities in primary school: A 4-year German longitudinal study from kindergarten to grade 4." Paper presented at the *Biennial Meeting of the Society for Research in Child Development*, Atlanta, GA, April 2005.

Krajewski, K., & Schneider, W. (2009). Exploring the impact of phonological awareness, visual–spatial working memory, and preschool quantity–number competencies on mathematics achievement in elementary school: Findings from a 3-year longitudinal study. *Journal of Experimental Child Psychology*, *103*(4), 516–531. doi: 10.1016/j.jecp.2009.03.009

Kretlow, A. G., Wood, C. L., & Cooke, N. L. (2011). Using in-service and coaching to increase kindergarten teachers' accurate delivery of group instructional units. *The Journal of Special Education*, *44*(4), 234–246.

Kull, J. A. (1986). Learning and Logo. In P. F. Campbell & G. G. Fein (Eds.), *Young children and microcomputers* (pp. 103–130). Englewood Cliffs, NJ: Prentice-Hall.

Kutscher, B., Linchevski, L., & Eisenman, T. (2002). From the Lotto game to subtracting two-digit numbers in first-graders. In A. D. Cockburn & E. Nardi (Eds.), *Proceedings of the 26th Conference of the International Group for the Psychology in Mathematics Education* (Vol. 3, pp. 249–256).

Lamon, W. E., & Huber, L. E. (1971). The learning of the vector space structure by sixth grade students. *Educational Studies* in *Mathematics*, *4*, 166–181.

Lamy, C. E., Frede, E., Seplocha, H., Strasser, J., Jambunathan, S., Juncker, J. A., et al. (2004). Inch by inch, row by row, gonna make this garden grow: Classroom quality and language skills in the Abbott Preschool Program [Publication]. Retrieved September 29, 2007, from http://nieer.org/docs/?DocID=94

Lan, X., Legare, C. H., Ponitz, C. C., Li, S., & Morrison, F. J. (2011). Investigating the links between the subcomponents of executive function and academic achievement: A cross-cultural analysis of Chinese and American preschoolers. *Journal of Experimental Child Psychology*, *108*, 677–692. doi: 10.1016/j.jecp.2010.11.001

Landau, B. (1988). The construction and use of spatial knowledge in blind and sighted children. In J. Stiles-Davis, M. Kritchevsky, & U. Bellugi (Eds.), *Spatial cognition: Brain bases and development* (pp. 343–371). Mahwah, NJ: Lawrence Erlbaum

Associates.

Landerl, K., Bevan, A., & Butterworth, B. (2004). Developmental dyscalculia and basic numerical capacities: A study of 8–9-year-old children. *Cognition, 93*(99–125).

Lane, C. (2010). *Case study: The effectiveness of virtual manipulatives in the teaching of primary mathematics.* (Master thesis), University of Limerick, Limerick, UK. Retrieved from http://digitalcommons.fiu.edu/etd/229

Langhorst, P., Ehlert, A., & Fritz, A. (2012). Non-numerical and numerical understanding of the part–whole concept of children aged 4 to 8 in word problems. *Journal für Mathematik-Didaktik, 33*(2), 233–262. doi: 10.1007/s13138-012-0039-5

Lansdell, J. M. (1999). Introducing young children to mathematical concepts: Problems with "new" terminology. *Educational Studies, 25*, 327–333.

Lara-Cinisomo, S., Pebley, A. R., Vaiana, M. E., & Maggio, E. (2004). *Are L.A.'s children ready for school?* Santa Monica, CA: Rand.

Laski, E. V., Casey, B. M., Yu, Q., Dulaney, A., Heyman, M., & Dearing, E. (2013). Spatial skills as a predictor of first grade girls' use of higher level arithmetic strategies. *Learning and Individual Differences, 23*(1), 123–130. doi: http://dx.doi.org/10.1016/j. lindif.2012.08.001

Laurillard, D., & Taylor, J. (1994). Designing the Stepping Stones: An evaluation of interactive media in the classroom. *Journal of Educational Television, 20*, 169–184.

Lavin, R. J., & Sanders, J. E. (1983). *Longitudinal evaluation of the C/A/I Computer Assisted Instruction Title 1 Project: 1979–82*. Chelmsford, MA: Merrimack Education Center.

Lebens, M., Graff, M., & Mayer, P. (2011). The affective dimensions of mathematical difficulties in schoolchildren. *Education Research International, 2011*, 1–13.

Lebron-Rodriguez, D. E., & Pasnak, R. (1977). Induction of intellectual gains in blind children. *Journal of Experimental Child Psychology, 24*, 505–515.

Lee, J. (2002). Racial and ethnic achievement gap trends: Reversing the progress toward equity? *Educational Researcher, 31*, 3–12.

Lee, J. (2004). Correlations between kindergarten teachers' attitudes toward mathematics and teaching practice. *Journal of Early Childhood Teacher Education, 25*(2), 173–184.

Lee, J. S., & Ginsburg, H. P. (2007). What is appropriate mathematics education for four-year-olds? *Journal of Early Childhood Research, 5*(1), 2–31.

Lee, K., Ng, S. F., Pe, M. L., Ang, S. Y., Hasshim, M. N. A. M., & Bull, R. (2012). The cognitive underpinnings of emerging mathematical skills: Executive functioning, patterns, numeracy, and arithmetic. *British Journal of Educational Psychology, 82*(1), 82–99. doi: 10.1111/j.2044-8279.2010.02016.x

Lee, S. A., Spelke, E. S., & Vallortigara, G. (2012). Chicks, like children, spontaneously reorient by three-dimensional environmental geometry, not by image matching. *Biology Letters, 8*(4), 492–494. doi: 10.1098/rsbl.2012.0067

Lee, V. E., & Burkam, D. T. (2002). *Inequality at the starting gate*. Washington, D.C.: Economic Policy Institute.

Lee, V. E., Brooks-Gunn, J., Schnur, E., & Liaw, F.-R. (1990). Are Head Start effects sustained? A longitudinal follow-up comparison of disadvantaged children attending Head Start, no preschool, and other preschool programs. *Child Development, 61*, 495–507.

Lee, V. E., Burkam, D. T., Ready, D. D., Honigman, J. J., & Meisels, S. J. (2006). Full-day vs. half-day kindergarten: In which program do children learn more? *American Journal of Education, 112*, 163–208.

Leeson, N. (1995). Investigations of kindergarten students' spatial constructions. In B. Atweh & S. Flavel (Eds.), *Proceedings of 18th Annual Conference of Mathematics Education Research Group of Australasia* (pp. 384–389). Darwin, AU: Mathematics Education Research Group of Australasia.

Leeson, N., Stewart, R., & Wright, R. J. (1997). Young children's knowledge of three-dimensional shapes: Four case studies. In F. Biddulph & K. Carr (Eds.), *Proceedings of the 20th Annual Conference of the Mathematics Education Research Group of Australasia* (Vol. 1, pp. 310–317). Hamilton, New Zealand: MERGA.

LeFevre, J.-A., Berrigan, L., Vendetti, C., Kamawar, D., Bisanz, J., Skwarchuk, S.-L. et al. (2013). The role of executive attention in the acquisition of mathematical skills for children in grades 2 through 4. *Journal of Experimental Child Psychology*, *114*(2), 243–261. doi: 10.1016/j.jecp.2012.10.005

LeFevre, J.-A., Polyzoi, E., Skwarchuk, S.-L., Fast, L., & Sowinskia, C. (2010). Do home numeracy and literacy practices of Greek and Canadian parents predict the numeracy skills of kindergarten children? *International Journal of Early Years Education*, *18*(1), 55–70.

Lehrer, R. (2003). Developing understanding of measurement. In J. Kilpatrick, W. G. Martin, & D. Schifter (Eds.), *A Research companion to Principles and Standards for School Mathematics* (pp. 179–192). Reston, VA: National Council of Teachers of Mathematics.

Lehrer, R., & Pritchard, C. (2002). Symbolizing space into being. In K. P. E. Gravemeijer, R. Lehrer, B. Van Oers, & L. Verschaffel (Eds.), *Symbolizing, modeling and tool use in mathematics education* (pp. 59–86). Dordrecht: Kluwer Academic Publishers.

Lehrer, R., Harckham, L. D., Archer, P., & Pruzek, R. M. (1986). Microcomputer-based instruction in special education. *Journal of Educational Computing Research*, *2*, 337–355.

Lehrer, R., Jacobson, C., Thoyre, G., Kemeny, V., Strom, D., Horvarth, J., et al. (1998). Developing understanding of geometry and space in the primary grades. In R. Lehrer & D. Chazan (Eds.), *Designing learning environments for developing understanding of geometry and space* (pp. 169–200). Mahwah, NJ: Lawrence Erlbaum Associates.

Lehrer, R., Jenkins, M., & Osana, H. (1998). Longitudinal study of children's reasoning about space and geometry. In R. Lehrer & D. Chazan (Eds.), *Designing learning environments for developing understanding of geometry and space* (pp. 137–167). Mahwah, NJ: Lawrence Erlbaum Associates.

Lehrer, R., Strom, D., & Confrey, J. (2002). Grounding metaphors and inscriptional resonance: Children's emerging understandings of mathematical similarity. *Cognition and Instruction*, *20*(3), 359–398.

Lehtinen, E., & Hannula, M. M. (2006). Attentional processes, abstraction and transfer in early mathematical development. In L. Verschaffel, F. Dochy, M. Boekaerts, & S. Vosniadou (Eds.), *Instructional psychology: Past, present and future trends. Fifteen essays in honour of Erik De Corte* (Vol. 49, pp. 39–55). Amsterdam, the Netherlands: Elsevier.

Lembke, E. S., & Foegen, A. (2008). Identifying indicators of performance in early mathematics for kindergarten and grade 1 students. Submitted for publication.

Lembke, E. S., Foegen, A., Whittake, T. A., & Hampton, D. (2008). Establishing technically adequate measures of progress in early numeracy. *Assessment for Effective Intervention*, *33*(4), 206–210.

Leonard, J. (2008). *Culturally specific pedagogy in the mathematics classroom: strategies for teachers and students*. New York, NY: Routledge.

Lepola, J., Niemi, P., Kuikka, M., & Hannula, M. M. (2005). Cognitive-linguistic skills and motivation as longitudinal predictors of reading and arithmetic achievement: A follow-up study from kindergarten to grade 2. *International Journal of Educational Research*, *43*, 250–271.

Lerkkanen, M.-K., Kiuru, N., Pakarinen, E., Viljaranta, J., Poikkeus, A.-M., Rasku-Puttonen, H. et al. (2012). The role of teaching practices in the development of children's interest in reading and mathematics in kindergarten. *Contemporary Educational Psychology*, *37*(4), 266–279. doi: http://dx.doi.org/10.1016/

j.cedpsych.2011.03.004

Lerkkanen, M.-K., Rasku-Puttonen, H., Aunola, K., & Nurmi, J.-E. (2005). Mathematical performance predicts progress in reading comprehension among 7-year-olds. *European Journal of Psychology of Education, 20*(2), 121–137.

Lerner, J. (1997). *Learning disabilities*. Boston, MA: Houghton Mifflin Company.

Lesh, R. A. (1990). Computer-based assessment of higher order understandings and processes in elementary mathematics. In G. Kulm (Ed.), *Assessing higher order thinking in mathematics* (pp. 81–110). Washington, D.C.: American Association for the Advancement of Science.

Lester, F. K., Jr., & Wiliam, D. (2002). On the purpose of mathematics education research: Making productive contributions to policy and practice. In L. D. English (Ed.), *Handbook of international research in mathematics education* (pp. 489–506). Mahwah, NJ: Lawrence Erlbaum Associates.

Levesque, A. (2010). *An investigation of the conditions under which procedural content enhances conceptual self-explanations in mathematics*. Master's thesis, Concordia University. Available from ProQuest Dissertations and Theses database (UMI no. MR67234). Retrieved from http://proquest.umi.com/pqdlink?did=2191474161&Fmt=7&clientId=39334&RQT=309&VN ame=PQD

Levine, S. C., Gunderson, E., & Huttenlocher, J. (2011). Mathematical development during the preschool years in context: Home and school input variations. In N. L. Stein & S. Raudenbush (Eds.), *Developmental Science Goes to School: Implications for Education and Public Policy Research*. New York, NY: Taylor and Francis.

Levine, S. C., Huttenlocher, J., Taylor, A., & Langrock, A. (1999). Early sex differences in spatial skill. *Developmental Psychology, 35*(4), 940–949.

Levine, S. C., Jordan, N. C., & Huttenlocher, J. (1992). Development of calculation abilities in young children. *Journal of Experimental Child Psychology, 53*, 72–103.

Levine, S. C., Ratliff, K. R., Huttenlocher, J., & Cannon, J. (2012). Early puzzle play: A predictor of preschoolers' spatial transformation skill. *Developmental Psychology, 48*(2), 530–542. doi: 10.1037/a0025913

Levine, S. C., Suriyakham, L. W., Rowe, M. L., Huttenlocher, J., & Gunderson, E. A. (2010). What counts in the development of young children's number knowledge? *Developmental Psychology*, *46*(5), 1309–1319. doi: 10.1037/a0019671

Li, Z., & Atkins, M. (2004). Early childhood computer experience and cognitive and motor development. *Pediatrics, 113*, 1715–1722.

Liaw, F.-r., Meisels, S. J., & Brooks-Gunn, J. (1995). The effects of experience of early intervention on low birth weight, premature children: The Infant Health and Development program. *Early Childhood Research Quarterly, 10*, 405–431.

Liben, L. S. (2008). Understanding maps: Is the purple country on the map really purple? *Knowledge Question, 36*, 20–30.

Libertus, M. E., Feigenson, L., & Halberda, J. (2011a). Preschool acuity of the Approximate Number System correlates with math abilities. *Developmental Science, 14*(6), 1292–1300. doi: 10.1111/j.1467-7687.2011.080100x

Libertus, M. E., Feigenson, L., & Halberda, J. (2011b). *Effects of approximate number system training for numerical approximation and school math abilities*. Poster presented at NICHD Math Cognition Conference, Bethesda, MD.

Lieber, J., Horn, E., Palmer, S., & Fleming, K. (2008). Access to the general education curriculum for preschoolers with disabilities: Children's School Success. *Exceptionality, 16*(1), 18–32. doi: 10.1080/09362830701796776

Light, R. J., & Pillemer, D. B. (1984). *Summing up: The science of reviewing research.* Cambridge, MA: Harvard University Press.

Lillard, A. S., & Else-Quest, N. (2007). Evaluating Montessori education. *Science, 313*, 1893–1894.

Linnell, M., & Fluck, M. (2001). The effect of maternal support for counting and cardinal

understanding in pre-school children. *Social Development*, *10*, 202–220.

Lipinski, J. M., Nida, R. E., Shade, D. D., & Watson, J. A. (1986). The effects of microcomputers on young children: An examination of free-play choices, sex differences, and social interactions. *Journal of Educational Computing Research*, *2*, 147–168.

Loeb, S., Bridges, M., Bassok, D., Fuller, B., & Rumberger, R. (2007). How much is too much? The influence of preschool centers on children's development nationwide. *Economics of Education Review*, *26*, 52–56.

Lonigan, C. J. (2003). Comment on Marcon (*ECRP*, Vol. 4, No. 1, Spring 2002): Moving up the grades: Relationship between preschool model and later school success. *Early Childhood Research & Practice*, *5*(1). Available at: http://ecrp.illinois.edu/ v5n1/ lonigan.html.

Lüken, M. M. (2012). Young children's structure sense. *Journal für Mathematik-Didaktik*, *33*(2), 263–285. doi: 10.1007/s13138- 012-0036-8

Lutchmaya, S., & Baron-Cohen, S. (2002). Human sex differences in social and non-social looking preferences, at 12 months of age. *Infant Behavior and Development*, *25*, 319–325.

Magnuson, K. A., & Waldfogel, J. (2005). Early childhood care and education: Effects on ethnic and racial gaps in school readiness. *The Future of Children*, *15*, 169–196.

Magnuson, K. A., Meyers, M. K., Rathbun, A., & West, J. (2004). Inequality in preschool education and school readiness. *American Educational Research Journal*, *41*, 115–157.

Maier, M. F., & Greenfield, D. B. (2008). *The differential role of initiative and persistence in early childhood*. Paper presented at the Institute of Education Science 2007 Research Conference.

Malaguzzi, L. (1997). *Shoe and meter*. Reggio Emilia, Italy: Reggio Children.

Malmivuori, M.-L. (2001). *The dynamics of affect, cognition, and social environment in the regulation of personal learning processes: The case of mathematics*. Helsinki, Finland: University of Helsinki.

Malofeeva, E., Day, J., Saco, X., Young, L., & Ciancio, D. (2004). Construction and evaluation of a number sense test with Head Start children. *Journal of Education Psychology*, *96*, 648–659.

Mandler, J. M. (2004). *The foundations of mind: Origins of conceptual thought*. New York, NY: Oxford University Press.

Marcon, R. A. (1992). Differential effects of three preschool models on inner-city 4-year-olds. *Early Childhood Research Quarterly*, *7*, 517–530.

Marcon, R. A. (2002). Moving up the grades: Relationship between preschool model and later school success. *Early Childhood Research & Practice*. Retrieved from http://ecrp.uiuc.edu/v4n1/marcon.html.

Markovits, Z., & Hershkowitz, R. (1997). Relative and absolute thinking in visual estimation processes. *Educational Studies in Mathematics*, *32*, 29–47.

Martin, T., Lukong, A., & Reaves, R. (2007). The role of manipulatives in arithmetic and geometry tasks. *Journal of Education and Human Development*, *1*(1).

Mason, M. M. (1995). Geometric knowledge in a deaf classroom: An exploratory study. *Focus on Learning Problems in Mathematics*, *17*(3), 57–69.

Mayfield, W. A., Morrison, J. W., Thornburg, K. R., & Scott, J. L. (2007). *Project Construct: Child outcomes based on curriculum fidelity*. Paper presented at the Society for Research in Child Development.

Mazzocco, M. M. M., & Myers, G. F. (2003). Complexities in identifying and defining mathematics learning disability in the primary school-age years. *Annals of Dyslexia*, *53*, 218–253.

Mazzocco, M. M. M., & Thompson, R. E. (2005). Kindergarten predictors of math learning disability. *Quarterly Research and Practice*, *20*, 142–155.

Mazzocco, M. M. M., Feigenson, L., & Halberda, J. (2011). Preschoolers' precision of

the approximate number system predicts later school mathematics performance. *PLoS ONE*, *6*(9), e23749. doi: 10.1371/journal.pone.0023749.t001

McClain, K., Cobb, P., Gravemeijer, K. P. E., & Estes, B. (1999). Developing mathematical reasoning within the context of measurement. In L. V. Stiff & F. R. Curcio (Eds.), *Developing mathematical reasoning in grades K–12* (pp. 93–106). Reston, VA: National Council of Teachers of Mathematics.

McDermott, P. A., Fantuzzo, J. W., Warley, H. P., Waterman, C., Angelo, L. E., Gadsden, V. L. et al. (2010). Multidimensionality of teachers' graded responses for preschoolers' stylistic learning behavior: The learning-to-learn scales. *Educational and Psychological Measurement*, *71*(1), 148–169. doi: 10.1177/0013164410387351

McFadden, K. E., Tamis-LeMonda, C. S., & Cabrera, N. J. (2011). Quality matters: Low-income fathers' engagement in learning activities in early childhood predict children's academic performance in fifth grade. *Family Science*, *2*, 120–130.

McGee, M. G. (1979). Human spatial abilities: Psychometric studies and environmental, genetic, hormonal, and neurological influences. *Psychological Bulletin*, *86*, 889–918.

McGuinness, D., & Morley, C. (1991). Gender differences in the development of visuospatial ability in pre-school children. *Journal of Mental Imagery*, *15*, 143–150.

McKelvey, L. M., Bokony, P. A., Swindle, T. M., Conners-Burrow, N. A., Schiffman, R. F., & Fitzgerald, H. E. (2011). Father teaching interactions with toddlers at risk: Associations with later child academic outcomes. *Family Science*, *2*, 146–155.

McLeod, D. B., & Adams, V. M. (Eds.). (1989). *Affect and mathematical problem solving*. New York, NY: Springer-Verlag.

McNeil, N. M. (2008). Limitations to teaching children 2 + 2 = 4: Typical arithmetic problems can hinder learning of mathematical equivalence. *Child Development*, *79*(5), 1524–1537.

McTaggart, J., Frijters, J., & Barron, R. (2005, April). *Children's interest in reading and math: A longitudinal study of motivational stability and influence on early academic*

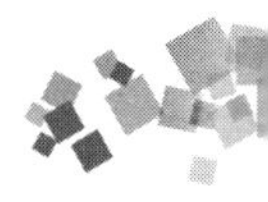

skills. Paper presented at the Biennial Meeting of the Society for Research in Child Development, Atlanta, GA.

Methe, S., Kilgus, S., Neiman, C., & Chris Riley-Tillman, T. (2012). Meta-analysis of interventions for basic mathematics computation in single-case research. *Journal of Behavioral Education, 21*(3), 230–253. doi: 10.1007/s10864-012-9161-1

Metz, K. E. (1995). Reassessment of developmental constraints on children's science instruction. *Review of Educational Research, 65*, 93–127.

Middleton, J. A., & Spanias, P. (1999). Motivation for achievement in mathematics: Findings, generalizations, and criticisms of the research. *Journal for Research in Mathematics Education, 30*, 65–88.

Milesi, C., & Gamoran, A. (2006). Effects of class size and instruction on kindergarten achievement. *Education Evaluation and Policy Analysis, 28*(4), 287–313.

Millar, S., & Ittyerah, M. (1992). Movement imagery in young and congenitally blind children: Mental practice without visuospatial information. *International Journal of Behavioral Development, 15*, 125–146.

Miller, K. F. (1984). Child as the measurer of all things: Measurement procedures and the development of quantitative concepts. In C. Sophian (Ed.), *Origins of cognitive skills: The eighteenth annual Carnegie symposium on cognition* (pp. 193–228). Hillsdale, NJ: Lawrence Erlbaum Associates.

Miller, K. F. (1989). Measurement as a tool of thought: The role of measuring procedures in children's understanding of quantitative invariance. *Developmental Psychology, 25*, 589–600.

Miller, K. F., Kelly, M., & Zhou, X. (2005). Learning mathematics in China and the United States: Cross-cultural insights into the nature and course of preschool mathematical development. In J. I. D. Campbell (Ed.), *Handbook of mathematical cognition* (pp. 163–178). New York, NY: Psychology Press.

Miller, K. F., Smith, C. M., Zhu, J., & Zhang, H. (1995). Preschool origins of

cross-national differences in mathematical competence: The role of number-naming systems. *Psychological Science*, *6*, 56–60.

Mitchelmore, M. C. (1989). The development of children's concepts of angle. In G. Vergnaud, J. Rogalski, & M. Artique (Eds.), *Proceedings of the 13th Annual Conference of the International Group for the Psychology of Mathematics Education* (Vol. 2). Paris, France: City University.

Mitchelmore, M. C. (1992). Children's concepts of perpendiculars. In W. Geeslin & K. Graham (Eds.), *Proceedings of the 16th Annual Conference of the International Group for the Psychology in Mathematics Education* (Vol. 2, pp. 120–127). Durham, NH: Program Committee of the 16th PME Conference.

Moeller, K., Fischer, U., Cress, U., & Nuerk, H.-C. (2012). Diagnostics and intervention in developmental dyscalculia: Current issues and novel perspectives. In Z. Breznitz, O. Rubinsten, V. J. Molfese, & D. L. Molfese (Eds.), *Reading, writing, mathematics and the developing brain: Listening to many voices* (Vol. 6, pp. 233–275). The Netherlands: Springer.

Molfese, V. J., Brown, T. E., Adelson, J. L., Beswick, J., Jacobi-Vessels, J., Thomas, L. et al. (2012). Examining associations between classroom environment and processes and early mathematics performance from pre-kindergarten to kindergarten. *Gifted Children*, *5*(2), article 2. Retrieved from http://docs.lib.purdue.edu/giftedchildren/vol5/iss2/2

Moll, L. C., Amanti, C., Neff, D., & Gonzalez, N. (1992). Funds of knowledge for teaching: Using a qualitative approach to connect homes and classrooms. *Theory into Practice*, *31*, 132–141.

Monighan-Nourot, P., Scales, B., Van Hoorn, J., & Almy, M. (1987). *Looking at children's play: A bridge between theory and practice*. New York, NY: Teachers College.

Montessori, M. (1964). *The Montessori method*. New York, NY: Schocken Books.

Montie, J. E., Xiang, Z., & Schweinhart, L. J. (2006). Preschool experience in 10 countries: Cognitive and language performance at age 7. *Early Childhood Research Quarterly*, *21*, 313–331.

Mooij, T., & Driessen, G. (2008). Differential ability and attainment in language and arithmetic of Dutch primary school pupils. *British Journal of Educational Psychology*, *78*(Pt 3), 491–506. doi: 10.1348/000709907X235981

Morgenlander, M. (2005). *Preschoolers' understanding of mathematics presented on Sesame Street*. Paper presented at the American Educational Research Association, New Orleans, LA.

Morrongiello, B. A., Timney, B., Humphrey, G. K., Anderson, S., & Skory, C. (1995). Spatial knowledge in blind and sighted children. *Journal of Experimental Child Psychology*, *59*, 211–233.

Moseley, B. (2005). Pre-service early childhood educators' perceptions of math-mediated language. *Early Education & Develop- ment*, *16*(3), 385–396.

Moyer, P. S. (2000). Are we having fun yet? Using manipulatives to teach "real math". *Educational Studies in Mathematics: An International Journal*, *47*(2), 175–197.

Moyer, P. S., Niezgoda, D., & Stanley, J. (2005). Young children's use of virtual manipulatives and other forms of mathematical representations. In W. Masalski & P. C. Elliott (Eds.), *Technology-supported mathematics learning environments: 67th Yearbook* (pp. 17–34). Reston, VA: National Council of Teachers of Mathematics.

Mullet, E., & Miroux, R. (1996). Judgment of rectangular areas in children blind from birth. *Cognitive Development*, *11*, 123–139.

Mulligan, J., English, L. D., Mitchelmore, M. C., Welsby, S., & Crevensten, N. (2011a). An evaluation of the pattern and structure mathematics awareness program in the early school years. In J. Clark, B. Kissane, J. Mousley, T. Spencer & S. Thornton (Eds.), *Proceedings of the AAMT-MERGA Conference 2011, The Australian Association of Mathematics Teachers Inc. & Mathematics Education Research Group of Australasia*

(pp. 548–556). Alice Springs, Australia.

Mulligan, J. T., English, L. D., Mitchelmore, M. C., Welsby, S. M., & Crevensten, N. (2011b). Developing the Pattern and Structure Assessment (PASA) interview to inform early mathematics learning. Paper presented at the AAMT-MERGA Conference 2011, Alice Springs, Australia.

Mulligan, J., Mitchelmore, M., English, L. D., & Crevensten, N. (2012). *Evaluation of the "reconceptualising early mathematics learning" project*. Paper presented at the AARE APERA International Conference, Sydney.

Mulligan, J., Prescott, A., Mitchelmore, M. C., & Outhred, L. (2005). Taking a closer look at young students' images of area measurement. *Australian Primary Mathematics Classroom, 10*(2), 4–8.

Mullis, I. V. S., Martin, M. O., Foy, P., & Arora, A. (2012). *TIMSS 2011 International Results in Mathematics*. Chestnut Hill, MA: TIMSS & PIRLS International Study Center, Lynch School of Education, Boston College.

Mullis, I. V. S., Martin, M. O., Gonzalez, E. J., Gregory, K. D., Garden, R. A., O'Connor, K. M. et al. (2000). *TIMSS 1999 international mathematics report*. Boston: The International Study Center, Boston College, Lynch School of Education.

Munn, P. (1998). Symbolic function in pre-schoolers. In C. Donlan (Ed.), *The development of mathematical skills* (pp. 47–71). East Sussex, England: Psychology Press.

Murata, A. (2004). Paths to learning ten-structured understanding of teen sums: Addition solution methods of Japanese Grade 1 students. *Cognition and Instruction, 22*, 185–218.

Murata, A. (2008). Mathematics teaching and learning as a mediating process: The case of tape diagrams. *Mathematical Thinking and Learning, 10*, 374–406.

Nasir, N. i. S., & Cobb, P. (2007). *Improving access to mathematics: Diversity and equity in the classroom*. New York, NY: Teachers College Press.

Nastasi, B. K., & Clements, D. H. (1991). Research on cooperative learning: Implications for practice. *School Psychology Review*, *20*, 110–131.

Nastasi, B. K., Clements, D. H., & Battista, M. T. (1990). Social-cognitive interactions, motivation, and cognitive growth in Logo programming and CAI problem-solving environments. *Journal of Educational Psychology*, *82*, 150–158.

Natriello, G., McDill, E. L., & Pallas, A. M. (1990). *Schooling disadvantaged children: Racing against catastrophe*. New York, NY: Teachers College Press.

Navarro, J. I., Aguilar, M., Marchena, E., Ruiz, G., Menacho, I., & Van Luit, J. E. H. (2012). Longitudinal study of low and high achievers in early mathematics. *British Journal of Educational Psychology*, *82*(1), 28–41. doi: 10.1111/j.2044-8279.2011.02043.x

NCES. (2000). *America's kindergartners (NCES 2000070)*. Washington, D.C.: National Center for Education Statistics, U.S. Government Printing Office.

NCTM. (2000). *Principles and standards for school mathematics*. Reston, VA: National Council of Teachers of Mathematics.

NCTM. (2006). *Curriculum focal points for prekindergarten through grade 8 mathematics: A quest for coherence*. Reston, VA: National Council of Teachers of Mathematics.

Nes, F. T. v. (2009). *Young children's spatial structuring ability and emerging number sense*. Doctoral dissertation, de Universtiteit Utrecht, Utrecht, the Netherlands.

Neuenschwander, R., Röthlisberger, M., Cimeli, P., & Roebers, C. M. (2012). How do different aspects of self-regulation predict successful adaptation to school? *Journal of Experimental Child Psychology*, *113*(3), 353–371. doi: http://dx.doi.org/10.1016/j.jecp.2012.07.004

Neville, H., Andersson, A., Bagdade, O., Bell, T., Currin, J., Fanning, J. et al. (2008). Effects of music training on brain and cognitive development in under-privileged 3- to 5-year-old children: Preliminary results. In C. Asbury & B. Rich (Eds.), *Learning,*

Arts, & the Brain. New York/Washington D.C.: Dana Press.

Newcombe, N. S., & Huttenlocher, J. (2000). *Making space: The development of spatial representation and reasoning*. Cambridge, MA: MIT Press.

Ng, S. N. S., & Rao, N. (2010). Chinese number words, culture, and mathematics learning. *Review of Educational Research, 80*(2), 180–206.

Niemiec, R. P., & Walberg, H. J. (1984). Computers and achievement in the elementary schools. *Journal of Educational Computing Research, 1*, 435–440.

Niemiec, R. P., & Walberg, H. J. (1987). Comparative effects of computer-assisted instruction: A synthesis of reviews. *Journal of Educational Computing Research, 3*, 19–37.

Nishida, T. K., & Lillard, A. S. (2007a, April). *From flashcard to worksheet: Children's inability to transfer across different formats*. Paper presented at the Society for Research in Child Development, Boston, MA.

Nishida, T. K., & Lillard, A. S. (2007b, April). *Fun toy or learning tool?: Young children's use of concrete manipulatives to learn about simple math concepts*. Paper presented at the Society for Research in Child Development, Boston, MA.

NMP. (2008). *Foundations for success: The final report of the National Mathematics Advisory Panel*. Washington D.C.: U.S. Department of Education, Office of Planning, Evaluation and Policy Development.

Nomi, T. (2010). The effects of within-class ability grouping on academic achievement in early elementary years. *Journal of Research on Educational Effectiveness, 3*, 56–92.

Northcote, M. (2011). Step back and hand over the cameras! Using digital cameras to facilitate mathematics learning with young children in K–2 classrooms. *Australian Primary Mathematics Classroom, 16*(3), 29–32.

NRC. (2004). *On evaluating curricular effectiveness: Judging the quality of K–12 mathematics evaluations*. Washington, D.C.: Mathematical Sciences Education

Board, Center for Education, Division of Behavioral and Social Sciences and Education, National Academies Press.

NRC. (2009). *Mathematics in early childhood: Learning paths toward excellence and equity*. Washington, D.C.: National Academy Press.

Nührenbörger, M. (2001). Insights into children's ruler concepts—Grade-2 students' conceptions and knowledge of length measurement and paths of development. In M. v. d. Heuvel-Panhuizen (Ed.), *Proceedings of the 25th Conference of the International Group for the Psychology in Mathematics Education* (Vol. 3, pp. 447–454). Utrecht, the Netherlands: Freudenthal Institute.

Nunes, T., & Moreno, C. (1998). Is hearing impairment a cause of difficulties in learning mathematics? In C. Donlan (Ed.), *The development of mathematical skills* (Vol. 7, pp. 227–254). Hove, UK: Psychology Press.

Nunes, T., & Moreno, C. (2002). An intervention program for promoting deaf pupils' achievement in mathematics. *Journal of Deaf Studies and Deaf Education*, *7*(2), 120–133.

Nunes, T., Bryant, P., Evans, D., & Bell, D. (2010). The scheme of correspondence and its role in children's mathematics. *British Journal of Educational Psychology*, *2*(7), 83–99. doi: 10.1348/97818543370009x12583699332537

Nunes, T., Bryant, P., Evans, D., Bell, D., & Barros, R. (2011). Teaching children how to include the inversion principle in their reasoning about quantitative relations. *Educational Studies in Mathematics*, *79*(3), 371–388. doi: 10.1007/s10649-011-93145

Nunes, T., Bryant, P., Evans, D., Bell, D., Gardner, S., Gardner, A. et al. (2007). The contribution of logical reasoning to the learning of mathematics in primary school. *British Journal of Developmental Psychology*, *25*(1), 147–166. doi: 10.1348/026151006x153127

Nunes, T., Bryant, P. E., Barros, R., & Sylva, K. (2012). The relative importance of two

different mathematical abilities to math-ematical achievement. *British Journal of Educational Psychology*, *82*(1), 136–156. doi: 10.1111/j.2044-8279.2011.02033.x

Nunes, T., Bryant, P. E., Burman, D., Bell, D., Evans, D., & Hallett, D. (2009). Deaf children's informal knowledge of multiplicative reasoning. *Journal of Deaf Studies and Deaf Education*, *14*(2), 260–277.

Núñez, R., Cooperrider, K., Doan, D., & Wassmann, J. (2012). Contours of time: Topographic construals of past, present, and future in the Yupno valley of Papua New Guinea. *Cognition*, *124*(1), 25–35. doi: http://dx.doi.org/10.1016/j.cognition.2012.03.007

Núñez, R., Doan, D., & Nikoulina, A. (2011). Squeezing, striking, and vocalizing: Is number representation fundamentally spatial? *Cognition*, *120*(2), 225–235. doi: http://dx.doi.org/10.1016/j.cognition.2011.05.001

Núñez, R., Cooperrider, K., & Wassmann, J. (2012). Number concepts without number lines in an indigenous group of Papua New Guinea. *PLoS ONE*, *7*(4), 1–8. doi: 10.1371/journal.pone.0035662

Núñez, R. E. (2011). No innate number line in the human brain. *Journal of Cross-cultural Psychology*, *42*(4), 651–668. doi: 10.1177/0022022111406097

O'Neill, D. K., Pearce, M. J., & Pick, J. L. (2004). Preschool children's narratives and performance on the Peabody Individualized Achievement Test Revised: Evidence of a relation between early narrative and later mathematical ability. *First Language*, *24*(2), 149–183.

Oakes, J. (1990). Opportunities, achievement, and choice: Women and minority students in science and mathematics. In C. B. Cazden (Ed.), *Review of research in education* (Vol. 16, pp. 153–222). Washington, D.C.: American Educational Research Association.

Obersteiner, A., Reiss, K., & Ufer, S. (2013). How training on exact or approximate mental representations of number can enhance first-grade students' basic number

processing and arithmetic skills. *Learning and Instruction, 23*(1), 125–135. doi: http:// dx.doi.org/10.1016/j.learninstruc.2012.08.004

Olive, J., Lankenau, C. A., & Scally, S. P. (1986). *Teaching and understanding geometric relationships through Logo: Phase II. Interim Report: The Atlanta–Emory Logo Project.* Atlanta, GA: Emory University.

Olson, J. K. (1988). *Microcomputers make manipulatives meaningful.* Budapest, Hungary: International Congress of Mathematics Education.

Ostad, S. A. (1998). Subtraction strategies in developmental perspective: A comparison of mathematically normal and mathematically disabled children. In A. Olivier & K. Newstead (Eds.), *Proceedings of the 22nd Conference for the International Group for the Psychology of Mathematics Education* (Vol. 3, pp. 311–318). Stellenbosch, South Africa: University of Stellenbosch.

Outhred, L. N., & Sardelich, S. (1997). Problem solving in kindergarten: The development of representations. In F. Biddulph & K. Carr (Eds.), *People in Mathematics Education. Proceedings of the 20th Annual Conference of the Mathematics Education Research Group of Australasia* (Vol. 2, pp. 376–383). Rotorua, New Zealand: Mathematics Education Research Group of Australasia.

Owens, K. (1992). Spatial thinking takes shape through primary-school experiences. In W. Geeslin & K. Graham (Eds.), *Proceedings of the 16th Conference of the International Group for the Psychology in Mathematics Education* (Vol. 2, pp. 202–209). Durham, NH: Program Committee of the 16th PME Conference.

Pagani, L., & Messier, S. (2012). Links between motor skills and indicators of school readiness at kindergarten entry in urban disadvantaged children. *Journal of Educational and Developmental Psychology*, 2(1), 95. doi: 10.5539/jedp.v2n1p95

Pagani, L. S., Fitzpatrick, C., & Parent, S. (2012). Relating kindergarten attention to subsequent developmental pathways of classroom engagement in elementary school. *Journal of Abnormal Child Psychology*, *40*(5), 715–725. doi: 10.1007/s10802- 011-

96054

Pagliaro, C. M., & Kritzer, K. L. (2013). The math gap: A description of the mathematics performance of preschool-aged deaf/ hard-of-hearing children. *Journal of Deaf Studies and Deaf Education*, *18*(2), 139–160. doi: 10.1093/deafed/ens070

Pakarinen, E., Kiuru, N., Lerkkanen, M.-K., Poikkeus, A.-M., Ahonen, T., & Nurmi, J.-E. (2010). Instructional support predicts children's task avoidance in kindergarten. *Early Childhood Research Quarterly*, *26*(3), 376–386. doi: 10.1016/j. ecresq.2010.11.003

Palardy, G., & Rumberger, R. (2008). Teacher effectiveness in first grade: The importance of background qualifications, attitudes, and instructional practices for student learning. *Educational Evaluation and Policy Analysis*, *30*, 111–140.

Pan, Y., & Gauvain, M. (2007). *Parental involvement in children's mathematics learning in American and Chinese families during two school transitions*. Paper presented at the Society for Research in Child Development.

Pan, Y., Gauvain, M., Liu, Z., & Cheng, L. (2006). American and Chinese parental involvement in young children's mathematics learning. *Cognitive Development*, *21*, 17–35.

Papert, S. (1980). *Mindstorms: Children, computers, and powerful ideas*. New York, NY: Basic Books.

Papic, M. M., Mulligan, J. T., & Mitchelmore, M. C. (2011). Assessing the development of preschoolers' mathematical patterning. *Journal for Research in Mathematics Education*, *42*(3), 237–269. doi: 10.5951/jresematheduc.42.3.0237

Paris, C. L., & Morris, S. K. (1985). *The computer in the early childhood classroom: Peer helping and peer teaching*. Cleege Park, MD: MicroWorld for Young Children Conference.

Parker, T. H., & Baldridge, S. J. (2004). *Elementary mathematics for teachers*. Quebecor World, MI: Sefton-Ash Publishing.

Pasnak, R. (1987). Accelerated cognitive development of kindergartners. *Psychology in the Schools*, *28*, 358–363.

Pasnak, R., Kidd, J. K., Gadzichowski, M., Gallington, D. A., McKnight, P., Boyer, C. E. et al. (2012). *An efficacy test of patterning instruction for first grade*. Fairfax, VA: George Mason University.

Passolunghi, M. C., & Lanfranchi, S. (2012). Domain-specific and domain-general precursors of mathematical achievement: A longitudinal study from kindergarten to first grade. *British Journal of Educational Psychology*, *82*(1), 42–63. doi: 10.1111/j.2044-8279.2011.02039.x

Passolunghi, M. C., Vercelloni, B., & Schadee, H. (2007). The precursors of mathematics learning: Working memory, phonological ability and numerical competence. *Cognitive Development*, *22*(2), 165–184. doi: 10.1016/j.cogdev.2006.09.001

Peisner-Feinberg, E. S., Burchinal, M. R., Clifford, R. M., Culkins, M. L., Howes, C., Kagan, S. L., et al. (2001). The relation of preschool child-care quality to children's cognitive and social developmental trajectories through second grade. *Child Development*, *72*, 1534–1553.

Perlmutter, J., Bloom, L., Rose, T., & Rogers, A. (1997). Who uses math? Primary children's perceptions of the uses of mathematics. *Journal of Research in Childhood Education*, *12*(1), 58–70.

Perry, B., & Dockett, S. (2002). Young children's access to powerful mathematical ideas. In L. D. English (Ed.), *Handbook of International Research in Mathematics Education* (pp. 81–111). Mahwah, NJ: Lawrence Erlbaum Associates.

Perry, B., & Dockett, S. (2005). "I know that you don't have to work hard": Mathematics learning in the first year of primary school. In H. L. Chick & J. L. Vincent (Eds.), *Proceedings of the 29th Conference of the International Group for the Psychology* in *Mathematics Education* (Vol. 4, pp. 65–72). Melbourne, Australia: PME.

Perry, B., Young-Loveridge, J. M., Dockett, S., & Doig, B. (2008). The development

of young children's mathematical understanding. In H. Forgasz, A. Barkatsas, A. Bishop, B. A. Clarke, S. Keast, W. T. Seah et al. (Eds.), *Research in mathematics education in Australasia 2004–2007* (pp. 17–40). Rotterdam, the Netherlands: Sense Publishers.

Phillips, D., & Meloy, M. (2012). High-quality school-based pre-K can boost early learning for children with special needs. *Exceptional Children*, *78*(4), 471–490.

Piaget, J. (1962). *Play, dreams and imitation in childhood*. New York, NY: W. W. Norton.

Piaget, J. (1971/1974). *Understanding causality*. New York, NY: W. W. Norton.

Piaget, J., & Inhelder, B. (1967). *The child's conception of space*. New York, NY: W. W. Norton.

Pianta, R. C., Howes, C., Burchinal, M. R., Bryant, D., Clifford, R., Early, D., et al. (2005). Features of pre-kindergarten programs, classrooms, and teachers: Do they predict observed classroom quality and child–teacher interactions? *Applied Developmental Science*, *9*, 144–159.

Pollio, H. R., & Whitacre, J. D. (1970). Some observations on the use of natural numbers by preschool children. *Perceptual and Motor Skills*, *30*, 167–174.

Ponitz, C. C., McClelland, M. M., Matthews, J. S., & Morrison, F. J. (2009). A structured observation of behavioral self-regulation and its contribution to kindergarten outcomes. *Developmental Psychology*, *45*(3), 605–619.

Porter, J. (1999). Learning to count: A difficult task? *Down Syndrome Research and Practice*, *6*(2), 85–94.

Powell, S. R., & Fuchs, L. S. (2010). Contribution of equal-sign instruction beyond word-problem tutoring for third-grade students with mathematics difficulty. *Journal of Educational Psychology*, *102*(2), 381–394.

Powell, S. R., Fuchs, L. S., & Fuchs, D. (2013). Reaching the mountaintop: Addressing the common core standards in mathematics for students with

mathematical disabilities. *Learning Disabilities Research & Practice*, *28*(1), 38–48. doi: 10.1111/ldrp.12001

Pratt, C. (1948). *I learn from children*. New York, NY: Simon and Schuster.

Primavera, J., Wiederlight, P. P., & DiGiacomo, T. M. (2001, August). *Technology access for low-income preschoolers: Bridging the digital divide*. Paper presented at the American Psychological Association, San Francisco, CA.

Pruden, S. M., Levine, S. C., & Huttenlocher, J. (2011). Children's spatial thinking: Does talk about the spatial world matter? *Developmental Science*, *14*(6), 1417–1430. doi: 10.1111/j.1467-7687.2011.01088.x

Purpura, D. J., Hume, L. E., Sims, D. M., & Lonigan, C. J. (2011). Early literacy and early numeracy: The value of including early literacy skills in the prediction of numeracy development. *Journal of Experimental Child Psychology*, *110*, 647–658. doi: 10.1016/j.jecp.2011.07.004

Ragosta, M., Holland, P., & Jamison, D. T. (1981). *Computer-assisted instruction and compensatory education: The ETS/LAUSD study*. Princeton, NJ: Educational Testing Service.

Ramani, G. B., Siegler, R. S., & Hitti, A. (2012). Taking it to the classroom: Number board games as a small group learning activity. *Journal of Educational Psychology*, *104*(3), 661–672. doi: 10.1037/a0028995.supp

Ramey, C. T., & Ramey, S. L. (1998). Early intervention and early experience. *American Psychologist*, *53*, 109–120.

Raphael, D., & Wahlstrom, M. (1989). The influence of instructional aids on mathematics achievement. *Journal for Research in Mathematics Education*, *20*, 173–190.

Rathbun, A., & West, J. (2004). *From kindergarten through third grade: Children's beginning school experiences*. Washington, D.C.: U.S. Department of Education, National Center for Education Statistics.

Raver, C. C., Jones, S. M., Li-Grining, C., Zhai, F., Bub, K., & Pressler, E. (2011).

CSRP's impact on low-income preschoolers' preacademic skills: Self-regulation as a mediating mechanism. *Child Development*, *82*(1), 362–378. doi: 10.1111/j.1467-8624.2010.01561.x

Raver, C. C., Jones, S. M., Li-Grining, C., Zhai, F., Metzger, M. W., & Solomon, B. (2009). Targeting children's behavior problems in preschool classrooms: A cluster-randomized controlled trial. *Journal of Consulting and Clinical Psychology*, *77*(2), 302–316. doi: 10.1037/a0015302

Razel, M., & Eylon, B.-S. (1986). Developing visual language skills: The Agam program. *Journal of Visual Verbal Languaging*, *6*(1), 49–54.

Razel, M., & Eylon, B.-S. (1990). Development of visual cognition: Transfer effects of the Agam program. *Journal of Applied Developmental Psychology*, *11*, 459–485.

Razel, M., & Eylon, B.-S. (1991, July). *Developing mathematics readiness in young children with the Agam program*. Genoa, Italy.

Reardon, S. F. (2011). The widening academic achievement gap between the rich and the poor: New evidence and possible explanations. In G. J. Duncan & R. Murnane (Eds.), *Whither Opportunity? Rising Inequality, Schools, and Children's Life Chances*(pp. 91–116). New York, NY: Russell Sage Foundation.

Reikerås, E., Løge, I. K., & Knivsberg, A.-M. (2012). The mathematical competencies of toddlers expressed in their play and daily life activities in Norwegian kindergartens. *International Journal of Early Childhood*, *44*(1) 91–114. doi: 10.1007/s13158-011-0050-x

Resnick, L. B., & Omanson, S. (1987). Learning to understand arithmetic. In R. Glaser (Ed.), *Advances in instructional psychology*(pp. 41–95). Hillsdale, NJ: Lawrence Erlbaum Associates.

Rhee, M. C., & Chavnagri, N. (Cartographer). (1991). *Four-year-old children's peer interactions when playing with a computer*. ERIC Document No. ED342466.

Richardson, K. (2004). Making sense. In D. H. Clements, J. Sarama, & A.-M. DiBiase

(Eds.), *Engaging young children in mathematics: Standards for early childhood mathematics education* (pp. 321–324). Mahwah, NJ: Lawrence Erlbaum Associates.

Riel, M. (1985). The Computer Chronicles Newswire: A functional learning environment for acquiring literacy skills. *Journal of Educational Computing Research, 1*, 317–337.

Ritter, S., Anderson, J. R., Koedinger, K. R., & Corbett, A. (2007). Cognitive Tutor: Applied research in mathematics education. *Psychonomics Bulletin & Review, 14*(2), 249–255.

Robinson, G. E. (1990). Synthesis of research on effects of class size. *Educational Leadership, 47*(7), 80–90.

Robinson, N. M., Abbot, R. D., Berninger, V. W., & Busse, J. (1996). The structure of abilities in math-precocious young children: Gender similarities and differences. *Journal of Educational Psychology, 88*(2), 341–352.

Rogers, A. (2012). *Steps in developing a quality whole number place value assessment for years 3-6: Unmasking the "experts."* Paper presented at the Mathematics Education Research Group of Australasia, Singapore.

Romano, E., Babchishin, L., Pagani, L. S., & Kohen, D. (2010). School readiness and later achievement: Replication and extension using a nationwide Canadian survey. *Developmental Psychology, 46*(5), 995–1007. doi: 10.1037/a0018880

Rosengren, K. S., Gross, D., Abrams, A. F., & Perlmutter, M. (1985). An observational study of preschool children's computing activity. Austin, TX: "Perspectives on the Young Child and the Computer" conference, University of Texas at Austin.

Rosser, R. A. (1994). The developmental course of spatial cognition: Evidence for domain multidimensionality. *Child Study Journal, 24*, 255–280.

Rosser, R. A., Ensing, S. S., Glider, P. J., & Lane, S. (1984). An information-processing analysis of children's accuracy in predicting the appearance of rotated stimuli. *Child Development, 55*, 2204–2211.

Rosser, R. A., Horan, P. F., Mattson, S. L., & Mazzeo, J. (1984). Comprehension of Euclidean space in young children: The early emergence of understanding and its limits. *Genetic Psychology Monographs, 110*, 21–41.

Roth, J., Carter, R., Ariet, M., Resnick, M. B., & Crans, G. (2000, April). *Comparing fourth-grade math and reading achievement of children who did and did not participate in Florida's statewide Prekindergarten Early Intervention Program.* Paper presented at the American Educational Research Association, New Orleans, LA.

Rourke, B. P., & Finlayson, M. A. J. (1978). Neuropsychological significance of variations in patterns of academic performance: Verbal and visual-spatial abilities. *Journal of Abnormal Child Psychology, 6*, 121–133.

Rouse, C., Brooks-Gunn, J., & McLanahan, S. (2005). Introducing the issue. *The Future of Children, 15*, 5–14.

Rousselle, L., & Noël, M.-P. (2007). Basic numerical skills in children with mathematics learning disabilities: A comparison of symbolic vs. non-symbolic number magnitude processing. *Cognition, 102*, 361–395.

Russell, K. A., & Kamii, C. (2012). Children's judgements of durations: A modified republication of Piaget's study. *School Science and Mathematics, 112*(8), 476–482.

Russell, S. J. (1991). Counting noses and scary things: Children construct their ideas about data. In D. Vere-Jones (Ed.), *Proceedings of the Third International Conference on Teaching Statistics*. Voorburg, the Netherlands: International Statistical Institute.

Sandhofer, C. M., & Smith, L. B. (1999). Learning color words involves learning a system of mappings. *Developmental Psychology, 35*, 668–679.

Sarama, J. (1995). *Redesigning Logo: The turtle metaphor in mathematics education.* Unpublished doctoral dissertation, State University of New York at Buffalo.

Sarama, J. (2002). Listening to teachers: Planning for professional development.

Teaching Children Mathematics, *9*, 36–39.

Sarama, J. (2004). Technology in early childhood mathematics: "Building Blocks" as an innovative technology-based curriculum. In D. H. Clements, J. Sarama, & A.-M. DiBiase (Eds.), *Engaging young children in mathematics: Standards for early childhood mathematics education* (pp. 361–375). Mahwah, NJ: Lawrence Erlbaum Associates.

Sarama, J., & Clements, D. H. (2002a). *Building Blocks* for young children's mathematical development. *Journal of Educational Computing Research*, *27*(1&2), 93–110.

Sarama, J., & Clements, D. H. (2002b). Learning and teaching with computers in early childhood education. In O. N. Saracho & B. Spodek (Eds.), *Contemporary Perspectives on Science and Technology in Early Childhood Education* (pp. 171–219). Greenwich, CT: Information Age Publishing, Inc.

Sarama, J., & Clements, D. H. (2009). *Early childhood mathematics education research: Learning trajectories for young children*. New York, NY: Routledge.

Sarama, J., & Clements, D. H. (2011). Mathematics knowledge of low-income entering preschoolers. *Far East Journal of Mathematical Education* 6(1), 41–63.

Sarama, J., & Clements, D. H. (2012). Mathematics for the whole child. In S. Suggate & E. Reese (Eds.), *Contemporary debates in childhood education and development* (pp. 71–80). New York, NY: Routledge.

Sarama, J., & DiBiase, A.-M. (2004). The professional development challenge in preschool mathematics. In D. H. Clements, J. Sarama, & A.-M. DiBiase (Eds.), *Engaging young children in mathematics: Standards for early childhood mathematics education* (pp. 415–446). Mahwah, NJ: Lawrence Erlbaum Associates.

Sarama, J., Clements, D. H., Swaminathan, S., McMillen, S., & González Gómez, R.M. (2003). Development of mathematical concepts of two-dimensional space in grid environments: An exploratory study. *Cognition and Instruction*, *21*,

285–324.

Sarama, J., Clements, D. H., & Vukelic, E. B. (1996). The role of a computer manipulative in fostering specific psychological/ mathematical processes. In E. Jakubowski, D. Watkins, & H. Biske (Eds.), *Proceedings of the 18th Annual Meeting of the North America Chapter of the International Group for the Psychology of Mathematics Education* (Vol. 2, pp. 567–572). Columbus, OH: ERIC Clearinghouse for Science, Mathematics, and Environmental Education.

Sarama, J., Clements, D. H., Wolfe, C. B., & Spitler, M. E. (2012). Longitudinal evaluation of a scale-up model for teaching mathematics with trajectories and technologies. *Journal of Research on Educational Effectiveness*, *5*(2), 105–135.

Sarama, J., Lange, A., Clements, D. H., & Wolfe, C. B. (2012). The impacts of an early mathematics curriculum on emerging literacy and language. *Early Childhood Research Quarterly*, *27*, 489–502. doi: 10.1016/j.ecresq.2011.12.002

Saxe, G. B., Guberman, S. R., & Gearhart, M. (1987). Social processes in early number development. *Monographs of the Society for Research in Child Development*, *52*(2, Serial #216).

Schery, T. K., & O'Connor, L. C. (1997). Language intervention: Computer training for young children with special needs. *British Journal of Educational Technology*, *28*, 271–279.

Schliemann, A. c. D., Carraher, D. W., & Brizuela, B. M. (2007). *Bringing out the algebraic character of arithmetic*. Mahwah, NJ: Lawrence Erlbaum Associates.

Schoenfeld, A. H. (2008). Early algebra as mathematical sense making. In J. J. Kaput, D. W. Carraher, & M. L. Blanton (Eds.), *Algebra in the early grades* (pp. 479–510). Mahwah, NJ: Lawrence Erlbaum Associates.

Schumacher, R. F., & Fuchs, L. S. (2012). Does understanding relational terminology mediate effects of intervention on compare word problems? *Journal of Experimental Child Psychology*, *111*(4), 607–628. doi: 10.1016/j.jecp.2011.12.001

Schwartz, S. (2004). Explorations in graphing with prekindergarten children. In B. Clarke (Ed.), *International perspectives on learning and teaching mathematics* (pp. 83–97). Gothenburg, Sweden: National Centre for Mathematics Education.

Schweinhart, L. J., & Weikart, D. P. (1988). Education for young children living in poverty: Child-initiated learning or teacher- directed instruction? *The Elementary School Journal*, *89*, 212–225.

Schweinhart, L. J., & Weikart, D. P. (1997). The High/Scope curriculum comparison study through age 23. *Early Childhood Research Quarterly*, *12*, 117–143.

Scott, L. F., & Neufeld, H. (1976). Concrete instruction in elementary school mathematics: Pictorial vs. manipulative. *School Science and Mathematics*, *76*, 68–72.

Secada, W. G. (1992). Race, ethnicity, social class, language, and achievement in mathematics. In D. A. Grouws (Ed.), *Handbook of research on mathematics teaching and learning* (pp. 623–660). New York, NY: Macmillan.

Senk, S. L., & Thompson, D. R. (2003). *Standards-based school mathematics curricula. What are they? What do students learn?* Mahwah, NJ: Lawrence Erlbaum Associates.

Seo, K.-H., & Ginsburg, H. P. (2004). What is developmentally appropriate in early childhood mathematics education? In D. H. Clements, J. Sarama, & A.-M. DiBiase (Eds.), *Engaging young children in mathematics: Standards for early childhood mathematics education* (pp. 91–104). Mahwah, NJ: Lawrence Erlbaum Associates.

Shade, D. D. (1994). Computers and young children: Software types, social contexts, gender, age, and emotional responses. *Journal of Computing in Childhood Education*, *5*(2), 177–209.

Shade, D. D., Nida, R. E., Lipinski, J. M., & Watson, J. A. (1986). Microcomputers and preschoolers: Working together in a classroom setting. *Computers in the Schools*, *3*, 53–61.

Shamir, A., & Lifshitz, I. (2012). E-books for supporting the emergent literacy and

emergent math of children at risk for learning disabilities: can metacognitive guidance make a difference? *European Journal of Special Needs Education*, *28*(1), 33–48. doi: 10.1080/08856257.2012.742746

Shaw, K., Nelsen, E., & Shen, Y.-L. (2001, April). *Preschool development and subsequent school achievement among Spanish-speaking children from low-income families*. Paper presented at the American Educational Research Association, Seattle, WA.

Shaw, R., Grayson, A., & Lewis, V. (2005). Inhibition, ADHD, and computer games: The inhibitory performance of children with ADHD on computerized tasks and games. *Journal of Attention Disorders*, *8*, 160–168.

Shayer, M., & Adhami, M. (2010). Realizing the cognitive potential of children 5–7 with a mathematics focus: Post-test and long- term effects of a 2-year intervention. *British Journal of Educational Psychology*, *80*(3), 363–379.

Shepard, L. (2005). Assessment. In L. Darling-Hammond & J. Bransford (Eds.), *Preparing teachers for a changing world*(pp. 275–326). San Francisco, CA: Jossey-Bass.

Sherman, J., Bisanz, J., & Popescu, A. (2007, April). *Tracking the path of change: Failure to success on equivalence problems*. Paper presented at the Society for Research in Child Development, Boston, MA.

Shiffrin, R. M., & Schneider, W. (1984). Controlled and automatic human information processing: II. Perceptual learning, automatic attending, and a general theory. *Psychological Review*, *84*, 127–190.

Shonkoff, J. P., & Phillips, D. A. (Eds.). (2000). *From neurons to neighborhoods: The science of early childhood development*. Washington, D.C.: National Academy Press.

Shrock, S. A., Matthias, M., Anastasoff, J., Vensel, C., & Shaw, S. (1985). *Examining the effects of the microcomputer on a real world class: A naturalistic study*. Anaheim, CA: Association for Educational Communications and Technology.

 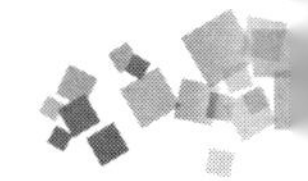

Sicilian, S. P. (1988). Development of counting strategies in congenitally blind children. *Journal of Visual Impairment & Blindness*, 331–335.

Siegler, R. S. (1993). Adaptive and non-adaptive characteristics of low income children's strategy use. In L. A. Penner, G. M. Batsche, H. M. Knoff, & D. L. Nelson (Eds.), *Contributions of psychology to science and mathematics education* (pp. 341–366). Washington, D.C.: American Psychological Association.

Siegler, R. S. (1995). How does change occur: A microgenetic study of number conservation. *Cognitive Psychology*, *28*, 255–273.

Siegler, R. S., & Booth, J. L. (2004). Development of numerical estimation in young children. *Child Development*, *75*, 428–444.

Silverman, I. W., York, K., & Zuidema, N. (1984). Area-matching strategies used by young children. *Journal of Experimental Child Psychology*, *38*, 464–474.

Silvern, S. B., Countermine, T. A., & Williamson, P. A. (1988). Young children's interaction with a microcomputer. *Early Child Development and Care*, *32*, 23–35.

Simmons, F. R., Willis, C., & Adams, A.-M. (2012). Different components of working memory have different relationships with different mathematical skills. *Journal of Experimental Child Psychology*, *111*(2), 139–155. doi: 10.1016/j.jecp.2011.08.011

Skoumpourdi, C. (2010). Kindergarten mathematics with 'Pepe the Rabbit': how kindergartners use auxiliary means to solve problems. *European Early Childhood Education Research Journal*, *18*(3), 149–157.

Slovin, H. (2007, April). *Revelations from counting: A window to conceptual understanding*. Paper presented at the Research Presession of the 85th Annual Meeting of the National Council of Teachers of Mathematics, Atlanta, GA.

Sonnenschein, S., Baker, L., Moyer, A., & LeFevre, S. (2005, April). *Parental beliefs about children's reading and math development and relations with subsequent achievement*. Paper presented at the Biennial Meeting of the Society for Research in Child Development, Atlanta, GA.

Sophian, C. (2002). Learning about what fits: Preschool children's reasoning about effects of object size. *Journal for Research in Mathematics Education, 33*, 290–302.

Sophian, C. (2004a). A prospective developmental perspective on early mathematics instruction. In D. H. Clements, J. Sarama, & A.-M. DiBiase (Eds.), *Engaging young children in mathematics: Standards for early childhood mathematics education* (pp. 253–266). Mahwah, NJ: Lawrence Erlbaum Associates.

Sophian, C. (2004b). Mathematics for the future: Developing a Head Start curriculum to support mathematics learning. *Early Childhood Research Quarterly, 19*, 59–81.

Sophian, C. (2013). Vicissitudes of children's mathematical knowledge: Implications of developmental research for early childhood mathematics education. *Early Education & Development, 24*(4), 436–442. doi: 10.1080/10409289.2013.773255

Sophian, C., & Adams, N. (1987). Infants' understanding of numerical transformations. *British Journal of Educational Psychology, 5*, 257–264.

Sowder, J. T. (1992a). Estimation and number sense. In D. A. Grouws (Ed.), *Handbook of research on mathematics teaching and learning* (pp. 371–389). New York, NY: Macmillan.

Sowder, J. T. (1992b). Making sense of numbers in school mathematics. In G. Leinhardt, R. Putman, & R. A. Hattrup (Eds.), *Analysis of arithmetic for mathematics teaching*. Mahwah, NJ: Lawrence Erlbaum Associates.

Sowell, E. J. (1989). Effects of manipulative materials in mathematics instruction. *Journal for Research in Mathematics Education, 20*, 498–505.

Spaepen, E., Coppola, M., Spelke, E. S., Carey, S. E., & Goldin-Meadow, S. (2011). Number without a language model. *Proceedings of the National Academy of Sciences, 108*(8), 3163–3168. doi: 10.1073/pnas.1015975108

Spelke, E. S. (2003). What makes us smart? Core knowledge and natural language. In D. Genter & S. Goldin-Meadow (Eds.), *Language in mind* (pp. 277–311). Cambridge, MA: MIT Press.

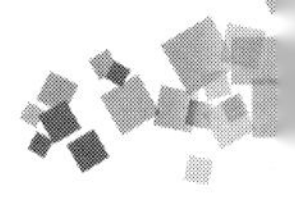

Spelke, E. S. (2008). Effects of music instruction on developing cognitive systems at the foundations of mathematics and science. In C. Asbury & B. Rich (Eds.), *Learning, Arts, & the Brain*. New York/Washington D.C.: Dana Press.

Spitler, M. E., Sarama, J., & Clements, D. H. (2003). *A preschooler's understanding of "Triangle": A case study*. Paper presented at the 81st Annual Meeting of the National Council of Teachers of Mathematics.

Starkey, P., & Klein, A. (1992). Economic and cultural influence on early mathematical development. In F. L. Parker, R. Robinson, S. Sombrano, C. Piotrowski, J. Hagen, S. Randoph, & A. Baker (Eds.), *New directions in child and family research: Shaping Head Start in the 90s* (p. 440). New York, NY: National Council of Jewish Women (NCJW Center for the Child).

Starkey, P., Klein, A., Chang, I., Qi, D., Lijuan, P., & Yang, Z. (1999, April). *Environmental supports for young children's mathematical development in China and the United States*. Paper presented at the Society for Research in Child Development, Albuquerque, NM.

Starkey, P., Klein, A., & Wakeley, A. (2004). Enhancing young children's mathematical knowledge through a pre-kindergarten mathematics intervention. *Early Childhood Research Quarterly*, *19*, 99–120.

Starr, A., Libertus, M. E., & Brannon, E. M. (2013). Infants show ratio-dependent number discrimination regardless of set size. *Infancy*, *18*(6), 927–941. doi: 10.1111/infa.12008

Steen, L. A. (1988). The science of patterns. *Science*, *240*, 611–616.

Steffe, L. P. (1991). Operations that generate quantity. *Learning and Individual Differences*, *3*, 61–82.

Steffe, L. P. (2004). *PSSM* from a constructivist perspective. In D. H. Clements, J. Sarama, & A.-M. DiBiase (Eds.), *Engaging young children in mathematics: Standards for early childhood mathematics education* (pp. 221–251). Mahwah, NJ:

Lawrence Erlbaum Associates.

Steffe, L. P., & Cobb, P. (1988). *Construction of arithmetical meanings and strategies.* New York, NY: Springer-Verlag.

Steffe, L. P., & Olive, J. (2002). Design and use of computer tools for interactive mathematical activity (TIMA). *Journal of Educational Computing Research, 27*(1&2), 55–76.

Steffe, L. P., Thompson, P. W., & Richards, J. (1982). Children's counting in arithmetical problem solving. In T. P. Carpenter, J. M. Moser, & T. A. Romberg (Eds.), *Addition and subtraction: A cognitive perspective*. Mahwah, NJ: Lawrence Erlbaum Associates.

Steffe, L. P., & Wiegel, H. G. (1994). Cognitive play and mathematical learning in computer MicroWorlds. *Journal of Research in Childhood Education, 8*(2), 117–131.

Steinke, D. (2013) *Rhythm and number sense: How music teaches math*. Lafayette, CO: NumberWorks.

Stenmark, J. K., Thompson, V., & Cossey, R. (1986). *Family math*. Berkeley, CA: Lawrence Hall of Science, University of California.

Stephan, M., & Clements, D. H. (2003). Linear, area, and time measurement in prekindergarten to grade 2. In D. H. Clements (Ed.), *Learning and teaching measurement: 65th Yearbook* (pp. 3–16). Reston, VA: National Council of Teachers of Mathematics.

Stevenson, H. W., & Newman, R. S. (1986). Long-term prediction of achievement and attitudes in mathematics and reading. *Child Development, 57*, 646–659.

Stewart, R., Leeson, N., & Wright, R. J. (1997). Links between early arithmetical knowledge and early space and measurement knowledge: An exploratory study. In F. Biddulph & K. Carr (Eds.), *Proceedings of the Twentieth Annual Conference of the Mathematics Education Research Group of Australasia* (Vol. 2, pp. 477–484). Hamilton, New Zealand: MERGA.

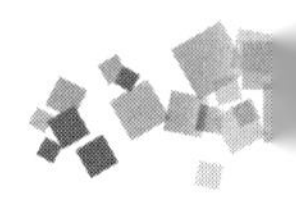

Stigler, J. W., Fuson, K. C., Ham, M., & Kim, M. S. (1986). An analysis of addition and subtraction word problems in American and Soviet elementary mathematics textbooks. *Cognition and Instruction*, *3*, 153–171.

Stiles, J., & Nass, R. (1991). Spatial grouping activity in young children with congenital right or left hemisphere brain injury. *Brain and Cognition*, *15*, 201–222.

Stipek, D. J., & Ryan, R. H. (1997). Economically disadvantaged preschoolers: Ready to learn but further to go. *Developmental Psychology*, *33*, 711–723.

Stone, T. T., III. (1996). The academic impact of classroom computer usage upon middle-class primary grade level elementary school children. *Dissertation Abstracts International*, *57–06*, 2450.

Sun Lee, J., & Ginsburg, H. P. (2009). Early childhood teachers' misconceptions about mathematics education for young children in the United States. *Australasian Journal of Early Childhood*, *34*(4), 37–45.

Suydam, M. N. (1986). Manipulative materials and achievement. *Arithmetic Teacher*, *33*(6), 10, 32.

Swigger, K. M., & Swigger, B. K. (1984). Social patterns and computer use among preschool children. *AEDS Journal*, *17*, 35–41.

Sylva, K., Melhuish, E., Sammons, P., Siraj-Blatchford, I., & Taggart, B. (2005). *The effective provision of pre-school education [EPPE] project: A longitudinal study funded by the DfEE (1997–2003)*. London, England: EPPE Project, Institute of Education, University of London.

Tharp, R. G., & Gallimore, R. (1988). *Rousing minds to life: Teaching, learning, and schooling in social contexts*. New York, NY: Cambridge University Press.

Thirumurthy, V. (2003). *Children's cognition of geometry and spatial thinking—A cultural process*. Unpublished doctoral dissertation, University of Buffalo, State University of New York.

Thomas, B. (1982). *An abstract of kindergarten teachers' elicitation and utilization*

of children's prior knowledge in the teaching of shape concepts. Unpublished manuscript, School of Education, Health, Nursing, and Arts Professions, New York University.

Thomas, G., & Tagg, A. (2004). *An evaluation of the Early Numeracy Project 2003*. Wellington, Australia: Ministry of Education.

Thomas, G., & Ward, J. (2001). *An evaluation of the Count Me In Too pilot project*. Wellington, New Zealand: Ministry of Education.

Thommen, E., Avelar, S., Sapin, V. r. Z., Perrenoud, S., & Malatesta, D. (2010). Mapping the journey from home to school: A study on children's representation of space. *International Research in Geographical and Environmental Education, 19*(3), 191–205.

Thompson, A. C. (2012). *The effect of enhanced visualization instruction on first grade students' scores on the North Carolina standard course assessment*. (Dissertation), Liberty University, Lynchburg, VA.

Thompson, P. W. (1992). Notations, conventions, and constraints: Contributions to effective use of concrete materials in elementary mathematics. *Journal for Research in Mathematics Education, 23*, 123–147.

Thompson, P. W., & Thompson, A. G. (1990). Salient aspects of experience with concrete manipulatives. In F. Hitt (Ed.), *Proceedings of the 14th Annual Meeting of the International Group for the Psychology of Mathematics* (Vol. 3, pp. 337–343). Mexico City, Mexico: International Group for the Psychology of Mathematics Education.

Thomson, S., Rowe, K., Underwood, C., & Peck, R. (2005). *Numeracy in the early years: Project Good Start*. Camberwell, Victoria, Australia: Australian Council for Educational Research.

Thorton, C. A., Langrall, C. W., & Jones, G. A. (1997). Mathematics instruction for elementary students with learning disabilities. *Journal of Learning Disabilities, 30*,

142–150.

Toll, S. W. M., Van der Ven, S., Kroesbergen, E., & Van Luit, J. E. H. (2010). Executive functions as predictors of math learning disabilities. *Journal of Learning Disabilities, 20*(10), 1–12. doi: 10.1177/0022219410387302

Torbeyns, J., van den Noortgate, W., Ghesquière, P., Verschaffel, L., Van de Rijt, B. A. M., & van Luit, J. E. H. (2002). Development of early numeracy in 5- to 7-year-old children: A comparison between Flanders and the Netherlands. *Educational Research and Evaluation. An International Journal on Theory and Practice, 8*, 249–275.

Touchette, E., Petit, D., Séguin, J. R., Boivin, M., Tremblay, R. E., & Jacques Y. Montplaisir. (2007). Associations between sleep duration patterns and behavioral/ cognitive functioning at school entry. *Sleep, 30*, 1213–1219.

Tournaki, N. (2003). The differential effects of teaching addition through strategy instruction versus drill and practice to students with and without learning disabilities. *Journal of Learning Disabilities, 36*(5), 449–458.

Tudge, J. R. H., & Doucet, F. (2004). Early mathematical experiences: Observing young Black and White children's everyday activities. *Early Childhood Research Quarterly, 19*, 21–39.

Turkle, S. (1997). Seeing through computers: Education in a culture of simulation. *The American Prospect, 31*, 76–82.

Turner, E. E., & Celedón-Pattichis, S. (2011). Problem solving and mathematical discourse among Latino/a kindergarten students: An analysis of opportunities to learn. *Journal of Latinos and Education, 10*(2), 146–169.

Turner, E. E., Celedón-Pattichis, S., & Marshall, M. E. (2008). Cultural and linguistic resources to promote problem solving and mathematical discourse among Hispanic kindergarten students. In R. S. Kitchen & E. A. Silver (Eds.), *Promoting high participation and success in mathematics by Hispanic students: Examining opportunities and probing promising practices* (Vol. 1, pp. 19–42). Tempe, AZ:

TODOS: Mathematics for ALL.

Turner, R. C., & Ritter, G. W. (2004, April). *Does the impact of preschool childcare on cognition and behavior persist throughout the elementary years?* Paper presented at the American Educational Research Association, San Diego, CA.

Tyler, R. W. (1949). *Basic principles of curriculum and instruction*. Chicago: University of Chicago Press.

Tymms, P., Jones, P., Albone, S., & Henderson, B. (2009). The first seven years at school. *Educational Assessment and Evaluation Accountability*, *21*, 67–80.

Tzur, R., & Lambert, M. A. (2011). Intermediate participatory stages as zone of proximal development correlate in constructing counting-on: A plausible conceptual source for children's transitory "regress" to counting-all. *Journal for Research in Mathematics Education*, *42*, 418–450.

Ungar, S., Blades, M., & Spencer, C. (1997). Teaching visually impaired children to make distance judgments from a tactile map. *Journal of Visual Impairment and Blindness*, *91*, 163–174.

Uttal, D. H., Marzolf, D. P., Pierroutsakos, S. L., Smith, C. M., Troseth, G. L., Scudder, K. V., et al. (1997). Seeing through symbols: The development of children's understanding of symbolic relations. In O. N. Saracho & B. Spodek (Eds.), *Multiple perspectives on play in early childhood education* (pp. 59–79). Albany, NY: State University of New York Press.

Uttal, D. H., Scudder, K. V., & DeLoache, J. S. (1997). Manipulatives as symbols: A new perspective on the use of concrete objects to teach mathematics. *Journal of Applied Developmental Psychology*, *18*, 37–54.

Valiente, C., Eisenberg, N., Haugen, R., Spinrad, T. L., Hofer, C., Liew, J. et al. (2011). Children's effortful control and academic achievement: mediation through social functioning. *Early Education & Development*, *22*(3), 411–433. doi: 10.1080/10409289.2010.505259

Vallortigara, G. (2012). Core knowledge of object, number, and geometry: a comparative and neural approach. *Cognitive Neuropsychology*, *29*(1–2), 213–236. doi: 10.1080/02643294.2012.654772

Vallortigara, G., Sovrano, V. A., & Chiandetti, C. (2009). Doing Socrates *[sic]* experiment right: controlled rearing studies of geometrical knowledge in animals. *Current Opinion in Neurobiology*, *19*(1), 20–26. doi: 10.1016/j.conb.2009.02.002

van Baar, A. L., de Jong, M., & Verhoeven, M. (2013). Moderate preterm children born at 32–36 weeks gestational age around 8 years of age: Differences between children with and without identified developmental and school problems. In O. Erez (Ed.), *Preterm Birth* (pp. 175–189). Rijeka, Croatia: InTech Europe.

Van de Rijt, B. A. M., & Van Luit, J. E. H. (1999). Milestones in the development of infant numeracy. *Scandinavian Journal of Psychology*, *40*, 65–71.

Van de Rijt, B. A. M., Van Luit, J. E. H., & Pennings, A. H. (1999). The construction of the Utrecht early mathematical competence scales. *Educational and Psychological Measurement*, *59*, 289–309.

Van der Ven, S. H. G., Kroesbergen, E. H., Boom, J., & Leseman, P. P. M. (2012). The development of executive functions and early mathematics: A dynamic relationship. *British Journal of Educational Psychology*, *82*(1), 100–119. doi: 10.1111/j.2044-8279.2011.02035.x

van Oers, B. (1994). Semiotic activity of young children in play: The construction and use of schematic representations. *European Early Childhood Education Research Journal*, *2*, 19–33.

van Oers, B. (1996). Are you sure? Stimulating mathematical thinking during young children's play. *European Early Childhood Education Research Journal*, *4*, 71–87.

van Oers, B. (2003). Learning resources in the context of play. Promoting effective learning in early childhood. *European Early Childhood Education Research Journal*, *11*, 7–25.

van Oers, B., & Poland, M. (2012). Promoting abstract thinking in young children's play. In B. van Oers (Ed.), *Developmental Education for Young Children* (Vol. 7, pp. 121–136). The Netherlands: Springer.

Vanbinst, K., Ghesquiere, P., & Smedt, B. D. (2012). Numerical magnitude representations and individual differences in children's arithmetic strategy use. *Mind, Brain, and Education*, *6*(3), 129–136. doi: 10.1111/j.1751-228X.2012.01148.x

Vandermaas-Peeler, M., Boomgarden, E., Finn, L., & Pittard, C. (2012). Parental support of numeracy during a cooking activity with four-year-olds. *International Journal of Early Years Education*, *20*(1), 78–93. doi: 10.1080/09669760.2012.663237

Varela, F. J. (1999). *Ethical know-how: Action, wisdom, and cognition*. Stanford, CA: Stanford University Press.

Vergnaud, G. (1978). The acquisition of arithmetical concepts. In E. Cohors-Fresenborg & I. Wachsmuth (Eds.), *Proceedings of the 2nd Conference of the International Group for the Psychology of Mathematics Education* (pp. 344–355). Osnabruck, Germany.

Verschaffel, L., Greer, B., & De Corte, E. (2007). Whole number concepts and operations. In F. K. Lester, Jr. (Ed.), *Second handbook of research on mathematics teaching and learning* (pp. 557–628). New York, NY: Information Age Publishing.

Vitiello, V. E., Greenfield, D. B., Munis, P., & George, J. L. (2011). Cognitive flexibility, approaches to learning, and academic school readiness in head start preschool children. *Early Education & Development*, *22*(3), 388–410. doi: 10.1080/10409289.2011.538366

Vogel, C., Brooks-Gunn, J., Martin, A., & Klute, M. M. (2013). Impacts of early Head Start participation on child and parent outcomes at ages 2, 3, and 5. *Monographs of the Society for Research in Child Development*, *78*(1), 36–63. doi: 10.1111/j.1540-5834.2012.00702.x

Votruba-Drzal, E., & Chase, L. (2004). Child care and low-income children's development: Direct and moderated effects. *Child Development*, *75*, 296–312.

Vukovic, R. K. (2012). Mathematics difficulty with and without reading difficulty: Findings and implications from a four-year longitudinal study. *Exceptional Children*, *78*, 280–300.

Vukovic, R. K., & Lesaux, N. K. (2013). The language of mathematics: Investigating the ways language counts for children's mathematical development. *Journal of Experimental Child Psychology*, *115*(2), 227–244. doi: http://dx.doi.org/10.1016/j.jecp.2013.02.002

Vukovic, R. K., Lesaux, N. K., & Siegel, L. S. (2010). The mathematics skills of children with reading difficulties. *Learning and Individual Differences*, *20*(6), 639–643.

Vurpillot, E. (1976). *The visual world of the child*. New York, NY: International Universities Press.

Vygotsky, L. S. (1934/1986). *Thought and language*. Cambridge, MA: MIT Press.

Vygotsky, L. S. (1978). Internalization of higher psychological functions. In M. Cole, V. John-Steiner, S. Scribner, & E. Souberman (Eds.), *Mind in society* (pp. 52–57). Cambridge, MA: Harvard University Press.

Waber, D. P., de Moor, C., Forbes, P., Almli, C. R., Botteron, K., Leonard, G., et al. (2007). The NIH MRI study of normal brain development: Performance of a population based sample of healthy children aged 6 to 18 years on a neuropsychological battery. *Journal of the International Neuropsychological Society*, *13*(5), 729–746.

Waddell, L. R. (2010). How do we learn? African American elementary students learning reform mathematics in urban classrooms. *Journal of Urban Mathematics Education*, *3*(2), 116–154.

Wadlington, E., & Burns, J. M. (1993). Instructional practices within preschool/kindergarten gifted programs. *Journal for the Education of the Gifted*, *17*(1), 41–52.

Wagner, S. W., & Walters, J. (1982). A longitudinal analysis of early number concepts:

From numbers to number. In G. E. Forman (Ed.), *Action and Thought* (pp. 137–161). New York, NY: Academic Press.

Wakeley, A. (2005, April). *Mathematical knowledge of very low birth weight pre-kindergarten children.* Paper presented at the Biennial Meeting of the Society for Research in Child Development, Atlanta, GA.

Walshaw, M., & Anthony, G. (2008). The teacher's role in classroom discourse: A review of recent research into mathematics classrooms. *Review of Educational Research, 78*, 516–551.

Walston, J. T., & West, J. (2004). *Full-day and half-day kindergarten in the United States: Findings from the "Early childhood longitudinal study, kindergarten class 1998–99" (NCES 2004-078).* Washington, D.C.: U.S. Department of Education, Institute of Education Sciences, National Center for Education Statistics.

Walston, J. T., West, J., & Rathbun, A. H. (2005). *Do the greater academic gains made by full-day kindergarten children persist through third grade?* Paper presented at the Annual Meeting of the American Educational Research Association, Montreal, Canada.

Wang, J., & Lin, E. (2005). Comparative studies on U.S. and Chinese mathematics learning and the implications for standards- based mathematics teaching reform. *Educational Researcher, 34*(5), 3–13.

Wang, M., Resnick, L. B., & Boozer, R. F. (1971). The sequence of development of some early mathematics behaviors. *Child Development, 42*, 1767–1778.

Warren, E., & Cooper, T. (2008). Generalising the pattern rule for visual growth patterns: Actions that support 8 year olds' thinking. *Educational Studies in Mathematics, 67*, 171–185. doi: 10.1007/sl0649-007-9092-2

Warren, E., & Miller, J. (2010). Exploring four year old Indigenous students' ability to pattern. *International Research in Early Childhood Education, 1*(2), 42–56.

Watson, J. A., & Brinkley, V. M. (1990/91). Space and premathematic strategies young

children adopt in initial Logo problem solving. *Journal of Computing in Childhood Education*, *2*, 17–29.

Watson, J. A., Lange, G., & Brinkley, V. M. (1992). Logo mastery and spatial problem-solving by young children: Effects of Logo language training, route-strategy training, and learning styles on immediate learning and transfer. *Journal of Educational Computing Research*, *8*, 521–540.

Weiland, C., & Yoshikawa, H. (2012). *Impacts of BPS K1 on children's early numeracy, language, literacy, executive functioning, and emotional development*. Paper presented at the School Committee, Boston Public Schools, Boston, MA.

Weiland, C., Ulvestad, K., Sachs, J., & Yoshikawa, H. (2013). Associations between classroom quality and children's vocabulary and executive function skills in an urban public prekindergarten program. *Early Childhood Research Quarterly*, *28*(2), 199–209.

Wellman, H. M., & Miller, K. F. (1986). Thinking about nothing: Development of concepts of zero. *British Journal of Developmental Psychology*, *4*, 31–42.

Welsh, J. A., Nix, R. L., Blair, C., Bierman, K. L., & Nelson, K. E. (2010). The development of cognitive skills and gains in academic school readiness for children from low-income families. *Journal of Educational Psychology*, *102*(1), 43–53.

West, J., Denton, K., & Reaney, L. (2001). The kindergarten year: Findings from the "Early childhood longitudinal study, kindergarten class of 1998–99." Retrieved from http://nces.ed.gov/pubsearch/pubsinfo.asp?pubid=2002125

What Works Clearinghouse. (2013a). *Bright beginnings WWC Intervention Report*. Princeton, NJ: What Works Clearinghouse.

What Works Clearinghouse. (2013b). *The creative curriculum for preschool WWC Intervention Report*. Princeton, NJ: What Works Clearinghouse.

Wheatley, G. (1996). *Quick draw: Developing spatial sense in mathematics*. Tallahassee, FL: Mathematics Learning.

Whitin, P., & Whitin, D. J. (2011, May). Mathematical pattern hunters. *Young Children, 66*(3), 84–90.

Wiegel, H. G. (1998). Kindergarten students' organizations of counting in joint counting tasks and the emergence of cooperation. *Journal for Research in Mathematics Education, 29*, 202–224.

Wilensky, U. (1991). Abstract mediations on the concrete and concrete implications for mathematics education. In I. Harel & S. Papert (Eds.), *Constructionism* (pp. 193–199). Norwood, NJ: Ablex.

Wilkinson, L. A., Martino, A., & Camilli, G. (1994). Groups that work: Social factors in elementary students mathematics problem solving. In J. E. H. van Luit (Ed.), *Research on learning and instruction of mathematics in kindergarten and primary school* (pp. 75–105). Doetinchem, the Netherlands: Graviant Publishing Company.

Williams, R. F. (2008). Guided conceptualization? Mental spaces in instructional discourse. In T. Oakley & A. Hougaard (Eds.), *Mental spaces in discourse and interaction* (pp. 209–234). Amsterdam, the Netherlands: John Benjamins Publishing Company.

Wilson, A. J., Dehaene, S., Pinel, P., Revkin, S. K., Cohen, L., & Cohen, D. K. (2006). Principles underlying the design of "The Number Race", an adaptive computer game for remediation of dyscalculia. *Behavioral and Brain Functions, 2*, 19.

Wilson, A. J., Revkin, S. K., Cohen, D. K., Cohen, L., & Dehaene, S. (2006). An open trial assessment of "The number race," an adaptive computer game for remediation of dyscalculia. *Behavioral and Brain Functions, 2*, 20.

Winton, P. J., Buysse, V., Bryant, D., Burchinal, M., Barbarin, O., Clifford, D., et al. (2005). *National Center for Early Development and Learning multi-state study of pre-kindergarten, 2001–2003*. Ann Arbor, MI: Inter-university Consortium for Political and Social Research.

Wolfgang, C. H., Stannard, L. L., & Jones, I. (2001). Block play performance among

preschoolers as a predictor of later school achievement in mathematics. *Journal of Research in Childhood Education*, *15*, 173–180.

Wong, V. C., Cook, T. D., Barnett, W. S., & Jung, K. (2008). An effectiveness-based evaluation of five state pre-kindergarten programs. *Journal of Policy Analysis and Management*, *27*(1), 122–154.

Wood, K., & Frid, S. (2005). Early childhood numeracy in a multiage setting. *Mathematics Education Research Journal*, *16*(3), 80–99.

Woodward, J. (2004). Mathematics education in the United States: Past to present. *Journal of Learning Disabilities*, *37*, 16–31.

Wright, A. (1987). The process of microtechnological innovation in two primary schools: A case study of teachers' thinking. *Educational Review*, *39*(2), 107–115.

Wright, B. (1991). What number knowledge is possessed by children beginning the kindergarten year of school? *Mathematics Education Research Journal*, *3*(1), 1–16.

Wright, R. J. (2003). A mathematics recovery: Program of intervention in early number learning. *Australian Journal of Learning Disabilities*, *8*(4), 6–11.

Wright, R. J., Martland, J., Stafford, A. K., & Stanger, G. (2002). *Teaching number: Advancing children's skills and strategies*. London, England: Paul Chapman Publications/Sage Publications.

Wright, R. J., Stanger, G., Cowper, M., & Dyson, R. (1994). A study of the numerical development of 5-year-olds and 6-year-olds. *Educational Studies in Mathematics*, *26*, 25–44.

Wright, R. J., Stanger, G., Cowper, M., & Dyson, R. (1996). First-graders' progress in an experimental mathematics recovery program. In J. Mulligan & M. Mitchelmore (Eds.), *Research in early number learning* (pp. 55–72). Adelaide, Australia: AAMT.

Wright, R. J., Stanger, G., Stafford, A. K., & Martland, J. (2006). *Teaching number in the classroom with 4–8 year olds*. London, England: Paul Chapman Publications/Sage Publications.

Wu, H.-H. (2011). *Understanding numbers in elementary school mathematics*. Providence, RI: American Mathematical Society.

Wu, S. S., Barth, M., Amin, H., Malcarne, V., & Menon, V. (2012). Math anxiety in second and third graders and its relation to mathematics achievement. *Frontiers in Psychology*, *3*(162), 1–11. doi: 10.3389/fpsyg.2012.00162

Wynn, K. (1992). Addition and subtraction by human infants. *Nature*, *358*, 749–750.

Xin, J. F. (1999). Computer-assisted cooperative learning in integrated classrooms for students with and without disabilities. *Information Technology in Childhood Education Annual*, *1*(1), 61–78.

Yackel, E., & Wheatley, G. H. (1990). Promoting visual imagery in young pupils. *Arithmetic Teacher*, *37*(6), 52–58.

Yost, N. J. M. (1998). Computers, kids, and crayons: A comparative study of one kindergarten's emergent literacy behaviors. *Dissertation Abstracts International, 59–08*, 2847.

Young-Loveridge, J. M. (1989a). The development of children's number concepts: The first year of school. *Australian Journal of Early Childhood*, *21*, 16–20.

Young-Loveridge, J. M. (1989b). The development of children's number concepts: The first year of school. *New Zealand Journal of Educational Studies*, *24*(1), 47–64.

Young-Loveridge, J. M. (1989c). The relationship between children's home experiences and their mathematical skills on entry to school. *Early Child Development and Care*, *43*, 43–59.

Young-Loveridge, J. M. (2004). Effects on early numeracy of a program using number books and games. *Early Childhood Research Quarterly*, *19*, 82–98.

Ysseldyke, J., Spicuzza, R., Kosciolek, S., Teelucksingh, E., Boys, C., & Lemkuil, A. (2003). Using a curriculum-based instructional management system to enhance math achievement in urban schools. *Journal of Education for Students Placed at Risk*, *8*(2), 247–265.

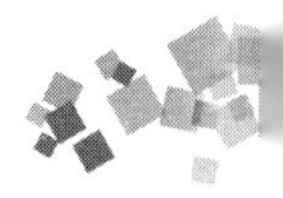

Zacharos, K., & Kassara, G. (2012). The development of practices for measuring length in preschool education. *Skholê*, *17*, 97–103.

Zelazo, P. D., Reznick, J. S., & Piñon, D. E. (1995). Response control and the execution of verbal rules. *Developmental Psychology*, *31*, 508–517.

Zur, O., & Gelman, R. (2004). Young children can add and subtract by predicting and checking. *Early Childhood Research Quarterly*, *19*, 121–137.

Learning and Teaching Early Math：The Learning Trajectories Approach, 2nd Edition By Douglas H. Clements and Julie Sarama